PLC PROGRAMMING

탄탄한 기초를 위한

PLC 프로그래밍

XGB series

김진태 · 이현옥 저

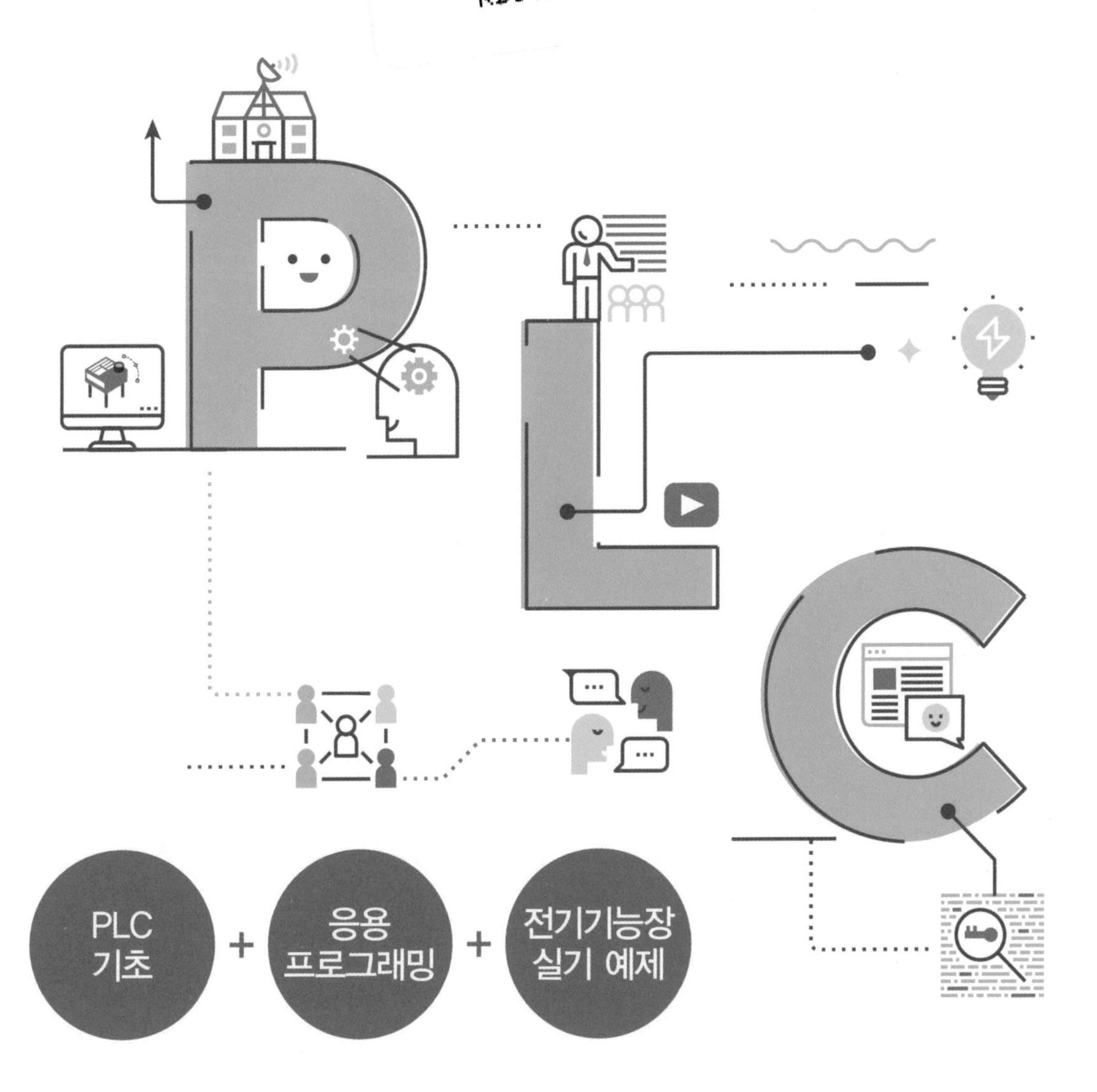

PREFACE 머리말

IoT, ICT가 우리 일상에서 낯설지 않은 시대가 되었다. 이렇듯 하드웨어 방식에서 소프트웨어 방식으로 빠르게 변화하고 있다. 자동제어 영역뿐만 아니라 스마트팩토리 응용분야에서도 PLC의 활용도가 지속적으로 늘어나고 있는 추세이다.

그동안 PLC 교육을 하면서 PLC 입문자들이 PLC를 매우 어려워하고 배울 기회가 많지 않다는 것을 알게 되어, PLC 입문자도 교재만 따라 하면 쉽게 시작할 수 있는 기초 교재를 정리하게 되었다.

PLC 기초를 익힌 초급자가 프로그래밍 응용력을 키울 수 있도록 PLC 프로그래밍 기초뿐만 아니라, 기본 실습문제, 응용 실습문제를 통해 PLC 중급자로 발전할 수 있도록 본 교재 한 권에 기초부터 응용까지의 내용을 실었다.

또한 제어의 다양성을 고려하여 시퀀스회로, 논리회로, 타임차트, 동작설명, 플로차트로 된 다양한 형태의 실습문제를 통하여 프로그래밍 응용력을 키울 수 있도록 하였다. 그리고 전기기능장 실기 작업형을 준비하는 분들을 위하여 시험대비 실전 예제문제와 기출문제를 복원하여 부록으로 실었다.

아무쪼록 본 교재로 PLC 기초, 응용 프로그래밍, 전기기능장 실기 작업형 대비까지 할 수 있게 정리하였으니 많은 도움이 되었으면 한다.

저자

CONTENTS 차례

제1편 PLC 프로그래밍 기초

CONTENTS 차례

부록 전기기능장 실기 실습문제

PART

01

PLC 프로그래밍 기초

PLC의 개요

1 PLC의 정의

PLC(Programmable Logic Controller)란 종래에 사용하던 제어반 내의 릴레이, 타이머, 카운터 등의 기능을 LSI(Large Scale Integrated Circuit), 트랜지스터 등의 반도체 소자로 대체시켜 기본적인 시퀀스제어 기능에 수치 연산 기능을 추가하여 프로그램 제어가 가능하도록 한 자율성이 높은 제어 장치입니다.

2 PLC의 구조

1) 하드웨어 구조

(1) 전체 구성

PLC는 마이크로프로세서(Microprocessor) 및 메모리를 중심으로 구성되어 인간의 두뇌 역할을 하는 중앙처리장치(CPU), 외부 기기와의 신호를 연결시켜 주는 입 · 출력부, 각 부에 전원을 공급하는 전원부, PLC 내의 메모리에 프로그램을 기록하는 주변장치로 구성되어 있습니다.

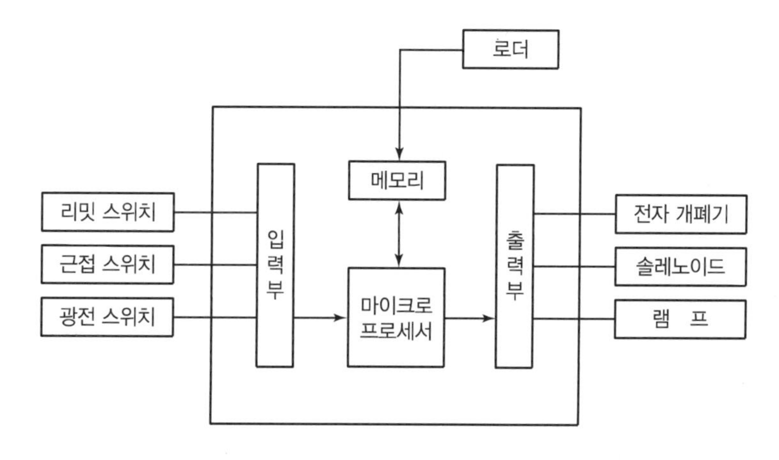

[그림 1-1] PLC의 전체 구성도

(2) PLC의 CPU 연산부

PLC의 두뇌에 해당하는 부분으로서 메모리에 저장되어 있는 프로그램을 해독하여 실행합니다. CPU는 매우 빠른 속도로 반복 실행되며 모든 정보는 2진수로 처리됩니다.

(3) PLC의 CPU 메모리

① 메모리 소자의 종류

- IC메모리 종류에는 ROM(Read Only Memory)과 RAM(Random Access Memory)이 있으며 ROM은 읽기 전용으로, 메모리 내용을 변경할 수 없습니다. 따라서 맨 처음 한 번 작성하면 이후에 변경되지 않는 시스템 관련 프로그램을 저장하여 두는 역할을 합니다. ROM 영역의 정보는 전원이 끊어져도 메모리의 내용이 그대로 보존되는 불휘발성 메모리입니다.
- RAM 은 메모리에 정보를 수시로 읽고 쓰기가 가능하여 정보를 일시 저장하는 용도로 사용되나, 전원이 끊어지면 기억시킨 정보 내용을 모두 상실하는 휘발성 메모리입니다. 그러나 필요에 따라 RAM 영역 일부를 전원이 오프되어도 배터리에 의해 필요한 전원을 공급하여 메모리의 내용이 지워지지 않도록 하는 방법을 배터리 백업(Battery Back－up)이라 하는데, 이러한 방법을 통하여 RAM도 불휘발성 영역으로 사용할 수 있습니다. PLC의 데이터 영역과 사용자 프로그램은 변경이 가능해야 하므로 RAM 영역에 저장됩니다.

② 메모리 내용

- PLC의 메모리는 사용자 프로그램 메모리, 데이터 메모리, 시스템 메모리 등의 3가지로 구분됩니다. 사용자 프로그램 메모리는 제어하고자 하는 시스템 규격에 따라 사용자가 작성한 프로그램이 저장되는 영역으로, 제어 내용이 프로그램 완성 전이나 완성 후에도 변경될 수 있으므로 RAM이 사용됩니다. 프로그램이 완성되어 고정되면, ROM에 기록하여 실행할 수 있는데, 이를 ROM 운전이라 합니다.
- 데이터 메모리는 입 · 출력 릴레이, 보조 릴레이, 타이머와 카운터의 접점 상태 및 설정값, 현재값 등의 정보가 저장되는 영역으로 정보가 수시로 바뀌므로 RAM 영역이 사용됩니다.
- 시스템 메모리는 PLC 제작회사에서 작성한 시스템 프로그램이 저장되는 영역입니다. 이 시스템 프로그램은 PLC의 명령어를 실행시켜주는 명령어 관련 프로그램과 자기 진단기능 등과 같이 PLC 동작 시 발생하는 오류나 에러 등을 체크해주는 프로그램, XG5000과의 통신을 담당하는 프로그램 등으로 구성되어 있으며 PLC 제작회사에서 파워를 On/Off 하여도 지워지지 않도록 ROM에 저장하여 둡니다.

(4) PLC의 입 · 출력부

PLC의 입 · 출력부는 현장의 기기에 직접 접속하여 사용합니다. PLC 내부는 DC5V의 전원을 사용하지만 입 · 출력부는 DC24V 또는 AC110V, 220V 등의 높은 전압 레벨을 사용하므로 PLC 내부 회로와 입 · 출력 회로의 접속(Interface) 시 시스템 안정에 매우 많은 영향을 미치게 되므로 PLC의 입 · 출력부는 다음과 같은 사항이 필수적으로 요구됩니다.

• 외부 기기와 전기적 규격이 일치해야 합니다.
• 외부 기기로부터의 노이즈가 CPU 쪽에 전달되지 않도록 해야 합니다[광 절연 소자인 포토커플러(Photocoupler) 사용].
• 외부 기기와의 접속이 용이해야 합니다.
• 입 · 출력의 각 접점 상태를 감시할 수 있어야 합니다(LED 부착). 입력부는 외부기기의 상태를 검출하거나 조작 Panel을 통해 외부 장치의 움직임을 지시하고 출력부는 외부 기기를 움직이거나 상태를 표시합니다.

입 · 출력부에 접속되는 외부 기기의 예는 〈표 1－1〉과 같습니다.

〈표 1－1〉 **입 · 출력 기기**

I/O	구 분	부착 장소	외부 기기의 명칭
입력부	조작 입력 (명령 · 지시 입력)	제어반과 조작반	푸시버튼 스위치 선택 스위치 토글 스위치
	검출 입력 (센서)	기계 장치	리밋 스위치 광전 스위치 근접 스위치 레벨 스위치
출력부	표시 · 경보 출력	제어반 및 조작반	파일럿 램프 부저
	구동 출력 (액추에이터)	기계 장치	전자 밸브 전자 클러치 전자 브레이크 전자 개폐기

① 입력부

외부 기기로부터의 신호를 CPU의 연산부로 전달해 주는 역할을 합니다. 입력의 종류로는 DC24[V], AC100～240[V] 등이 있고, 그 밖의 특수 입력 모듈로는 아날로그 입력(A/D) 모듈, 고속 카운터(High Speed Counter) 모듈 등이 있습니다.

[그림 1－2]는 입력부 회로의 예를 나타냈습니다(입력 회로용 전원 : DC24V).

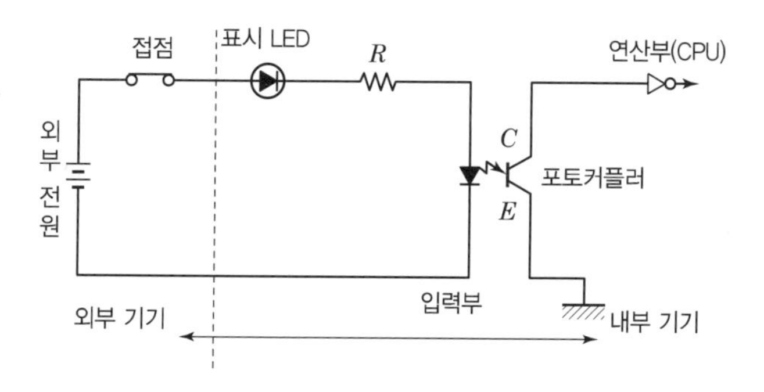

[그림 1－2] **DC24V 입력부 회로**

[그림 1-3]은 PLC의 입력부에 사용되는 각종 스위치에 대한 사진 및 회로입니다.

[그림 1-3] **입력 스위치 종류 및 회로**

② 출력부

내부 연산의 결과를 외부에 접속된 전자 접촉기나 솔레노이드에 전달하여 구동시키는 부분입니다. 출력의 종류에는 릴레이 출력, 트랜지스터 출력, SSR(Solid State Relay) 출력 등이 있고, 그 밖의 출력 모듈로는 아날로그 출력(D/A) 모듈, 위치 결정 모듈 등이 있습니다.

트랜지스터 출력부 회로의 예는 [그림 1-4]와 같습니다.

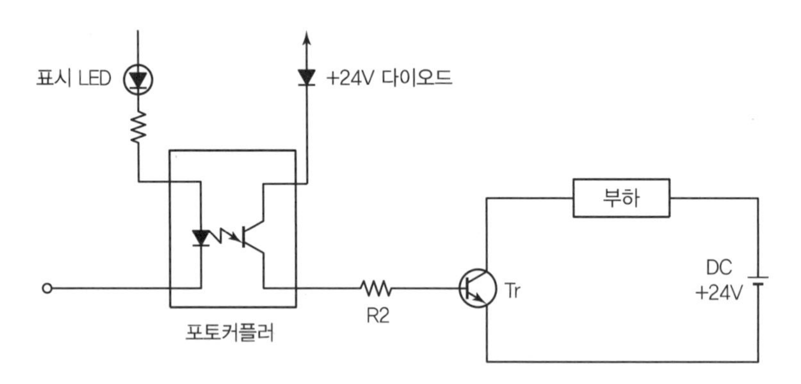

[그림 1-4] **트랜지스터의 출력부 회로**

출력 모듈을 출력 신호와 개폐 소자에 따라 분류하면 〈표 1-2〉와 같습니다.

〈표 1-2〉 **출력 모듈의 종류**

출력 회로용 전원	개폐소자	
	유접점	무접점
직류(DC24V)	릴레이 출력	트랜지스터 출력
교류(AC220V)	릴레이 출력	SSR 출력

〈표 1-2〉에서와 같이 릴레이 출력은 직류와 교류 모두 사용할 수 있으나, 기계적 수명의 한계 때문에 접점의 개폐가 빈번할 경우는 교류 전원 전용인 무접점 SSR 출력이나 직류전원 전용인 트랜지스터 출력을 사용하는 것이 좋습니다.

[그림 1－5]는 릴레이의 형태와 14Pin 릴레이에 대한 그림입니다. 4회로용이므로 공통단자인 코먼(COMMON)접점과 a, b 접점이 각각 4회로가 구성되었다는 의미입니다. 릴레이는 구동부인 코일과 접점으로 구성되어 있으며, 기계적인 접점으로 수명에 한계(약 10만～100만 회)가 있기 때문에 릴레이용 소켓을 사용하여 고장 시에 교체가 쉽도록 설계하고 있습니다.

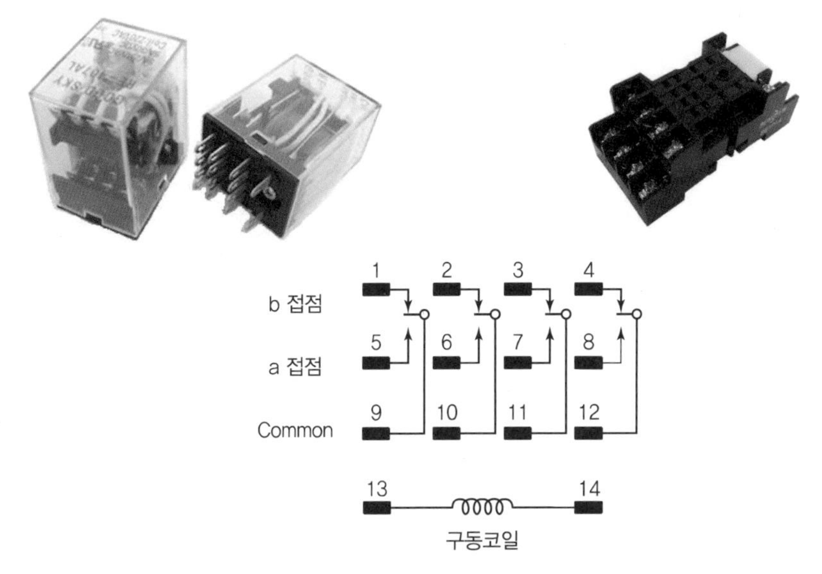

[그림 1－5] **릴레이의 형태와 소켓 및 내부 회로도**

[그림 1－6]은 PLC 릴레이 출력 구동 원리에 대한 그림입니다. 릴레이는 사용되는 전원이 DC24V 용과 AC110V 또는 AC220V용 등으로 구분됩니다. 따라서 사용되는 곳의 구동전원에 따라서 릴레이를 선택해서 사용해야 합니다.

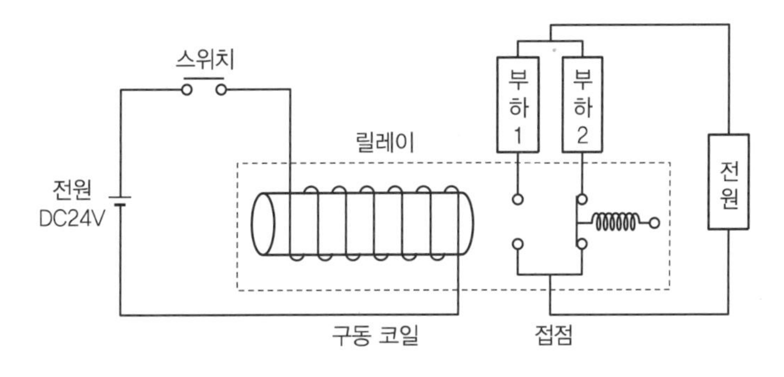

[그림 1－6] **릴레이의 구동 원리**

[그림 1－6]의 릴레이는 DC24V용 릴레이입니다. 스위치를 온(On)시키면 릴레이 코일에 전류가 흐르게 되고 전류가 흐름으로써 자력이 형성되어 철판을 끌어 당기게 됩니다. 따라서 부하 2가 b 접점으로 평상시에 접점이 닫혀 있다가(Close) 코일에 전류가 흐르게 되면 부하 1쪽 접점이 닫히게 되고 부하 2쪽 접점은 개방(Open)되게 됩니다. 따라서 코일에 전류가 흐르지 않을 때, 즉 스위치가 오프일 때는 부하 2회로가 동작되고, 스위치가 온일 때는 부하 1회로가 동작되게 됩

니다. 스위치용 전원이 투입되지 않을 때 동작이 이루어지는 접점을 b 접점(부하 2 연결접점)이라 하고 스위치가 온 되어 릴레이가 동작 시에 온 되는 접점(부하 1 연결접점)을 a 접점이라 합니다. 이러한 원리에 의하여 DC24V용 저전압용 전원의 스위치를 이용하여 AC110V 또는 AC220V용의 높은 전압의 부하를 On/Off 하여 제어가 가능하게 됩니다.

[그림 1－7]은 일반적으로 사용되는 전등회로입니다. 스위치를 On/Off 함에 따라 전등이 On/Off 되는, 우리 주변에서 흔히 볼 수 있는 간단한 전등 On/Off 회로입니다.

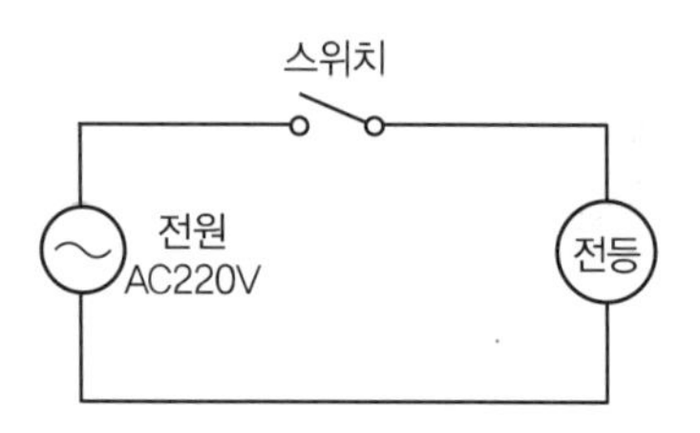

[그림 1－7] **전기회로 구성**

[그림 1－7]의 전기회로를 PLC로 제어할 경우에는 [그림 1－8]처럼 스위치를 입력부, 전등을 출력부로 구분하여 회로를 별도로 구성해야 합니다. 입·출력을 별도로 구성하고 입·출력 간의 연결 구성은 PLC의 프로그램에 의하여 작성합니다. PLC의 프로그램은 소프트웨어적으로 처리되기 때문에 수정 및 편집이 자유스럽습니다. 따라서 입·출력만 결선하고 나면 프로그램에 의하여 모든 로직 회로를 자유롭게 변경 및 수정이 가능합니다.

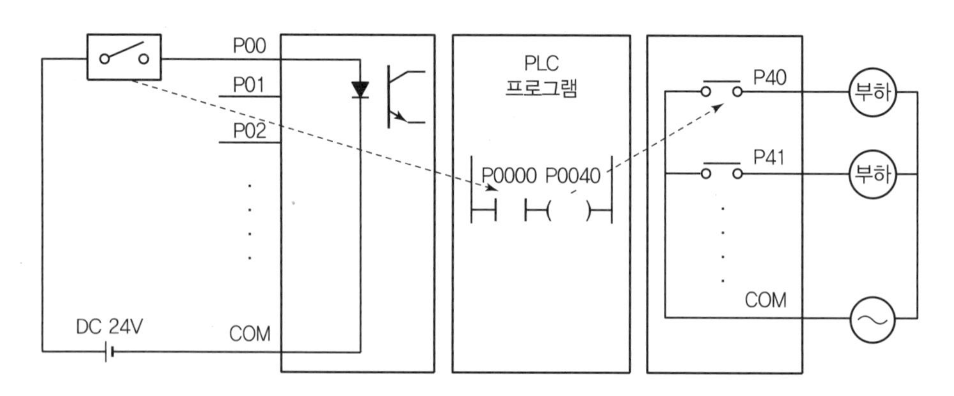

[그림 1－8] **PLC 회로 구성**

2) 소프트웨어 구조

(1) 하드 와이어드와 소프트 와이어드

종래의 릴레이 제어 방식은 일의 순서를 회로도에 전개하여 그곳에 필요한 제어 기기를 결합하여 리드선으로 배선 작업을 해서 요구하는 동작을 실현합니다. 이 같은 방식을 하드와이어드 로직(Hardwired Logic)이라고 합니다.

하드와이어드 로직 방식에서는 하드웨어(기기)와 소프트웨어가 한 쌍이 되어 있어, 사양이 변경되면 하드웨어와 소프트웨어를 모두 변경해야 하므로, 여러 가지 문제를 발생시키는 원인이 됩니다.

따라서 하드웨어와 소프트웨어를 분리하는 연구 끝에 컴퓨터 방식이 개발되었습니다.

컴퓨터는 하드웨어(Hardware)만으로는 동작할 수 없습니다. 하드웨어 속에 있는 기억 장치에 일의 순서를 넣어야만 비로소 기대되는 일을 할 수가 있습니다. 이 일의 순서를 프로그램이라 하며, 기억 장치인 이 메모리에 일의 순서를 넣는 작업을 프로그래밍이라 합니다. 이는 마치 배선작업과 같다고 생각하면 됩니다.

이 방식을 소프트와이어드 로직(Softwired Logic)이라 하며, PLC는 이 방식을 취하고 있습니다.

(2) 릴레이 시퀀스와 PLC 프로그램의 차이점

PLC는 LSI 등 전자 부품의 집합으로 릴레이 시퀀스와 같은 접점이나 코일은 존재하지 않으며, 접점이나 코일을 연결하는 동작은 소프트웨어로 처리되므로 실제로 눈에 보이는 것이 아닙니다. 또 동작도 코일이 여자되면 접점이 닫혀 회로가 활성화되는 릴레이 시퀀스와는 달리 메모리에 프로그램을 기억시켜 놓고 순차적으로 내용을 읽어서 그 내용에 따라 동작하는 방식입니다.

PLC 제어는 프로그램의 내용에 의하여 좌우됩니다. 따라서 사용자는 자유자재로 원하는 제어를 할 수 있도록 프로그램의 작성 능력이 요구됩니다.

① 직렬 처리와 병렬 처리

PLC 시퀀스와 릴레이 시퀀스의 가장 근본적인 차이점은 [그림 1-9]에 나타낸 것과 같이 '직렬 처리'와 '병렬 처리'라는 동작상의 차이에 있습니다.

PLC는 메모리에 있는 프로그램을 순차적으로 연산하는 직렬 처리 방식이고 릴레이 시퀀스는 여러 회로가 전기적인 신호에 의해 동시에 동작하는 병렬 처리 방식입니다. 따라서 PLC는 어느 한 순간을 포착해 보면 한 가지 일밖에 하지 않습니다.

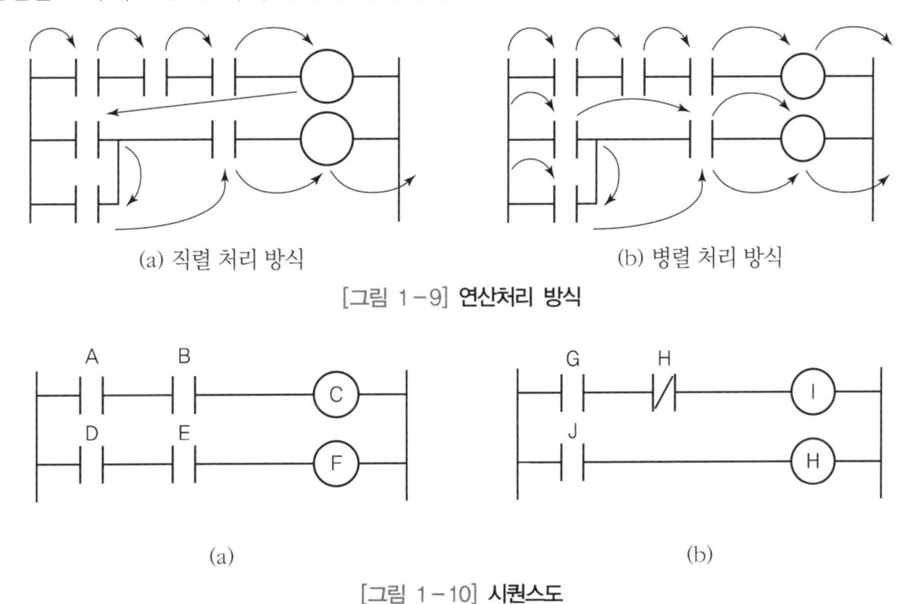

[그림 1-9] **연산처리 방식**

[그림 1-10] **시퀀스도**

먼저 그림 [1-10] (a)의 시퀀스도로 PLC와 릴레이의 동작상의 차이점을 설명합니다. 릴레이 시퀀스에서는 전원이 투입되어 접점 A와 B, 그리고 접점 D와 E가 동시에 닫히면, 출력 C와 F는 On 되고, 어느 한쪽이 빠를수록 먼저 동작합니다.

이에 비하면 PLC는 연산 순서에 따라 C가 먼저 On 되고 다음에 F가 On 됩니다. PLC와 릴레이의 동작상의 차이점을 [그림 1-10] (b)의 경우에서 살펴보면 먼저 릴레이 시퀀스에서는 전원이 투입되면 접점 J가 닫힘과 동시에 H가 On 되어 출력 I는 동작될 수 없습니다.

PLC는 직렬 연산 처리되므로 최초의 연산 때 G가 닫히면 I가 On되고 J가 닫히면 H가 On 됩니다. H가 On 되면 b 접점 H에 의해 I는 Off 됩니다.

② 사용 접점 수의 제한

릴레이는 일반적으로 1개당 가실 수 있는 접점 수에 한계가 있습니다. 따라서 릴레이 시퀀스를 작성할 때에는 사용하는 접점 수를 가능한 한 줄여야 합니다. 이에 비하여 PLC는 동일 접점에 대하여 사용 횟수에 제한을 받지 않습니다.

이는 동일 접점에 대한 정보(On/Off)를 정해진 메모리에 저장해 놓고, 연산할 때 메모리에 있는 정보를 읽어서 처리하기 때문입니다.

③ 접점이나 코일 위치의 제한

PLC 시퀀스에는 릴레이 시퀀스에는 없는 규정이 있습니다. 그중 하나는 코일 이후 접점을 금지하는 사항입니다. 즉, PLC 시퀀스에서는 코일을 반드시 오른쪽 모선에 붙여서 작성해야 합니다. 또 PLC 시퀀스에서는 항상 신호가 왼쪽에서 오른쪽으로 전달되도록 구성되어 있습니다. 따라서 PLC 시퀀스는 릴레이 시퀀스와는 다르게 오른쪽에서 왼쪽으로 흐르는 회로나, 상하로 흐르는 회로 구성을 금지하고 있습니다.

PLC 시퀀스의 규정을 [그림 1-11]에 나타냅니다.

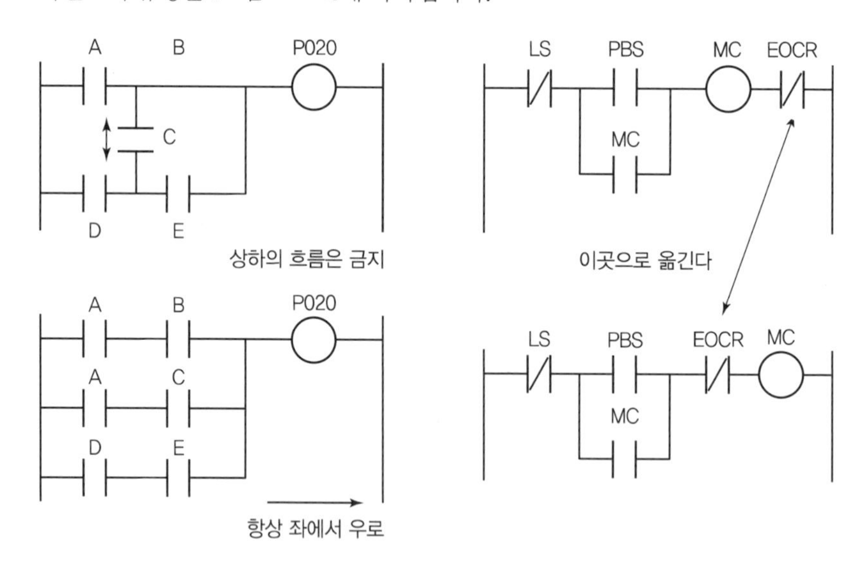

[그림 1-11] **PLC 시퀀스의 규정**

PLC는 [그림 1-12]에서 보는 바와 같이 맨 위 좌측의 명령어부터 우측으로, 그리고 다시 아래 방향으로 한 명령어씩 실행하게 됩니다. 이러한 방법으로 모든 명령어를 실행하고 나면 맨 마지막으로 END 명령(END 명령어 생략 가능)을 만나게 됩니다. END 명령은 자기진단기능, 타이머, 카운터처리, 통신, 입 · 출력 리프레쉬를 하고서 프로그램 실행 순서를 맨 처음으로 되돌려 주는 역할을 하게 됩니다. 따라서 프로그램 시작 부분으로 되돌아가면서 동일한 방법으로 반복해서 프로그램을 연속하여 실행하게 됩니다.

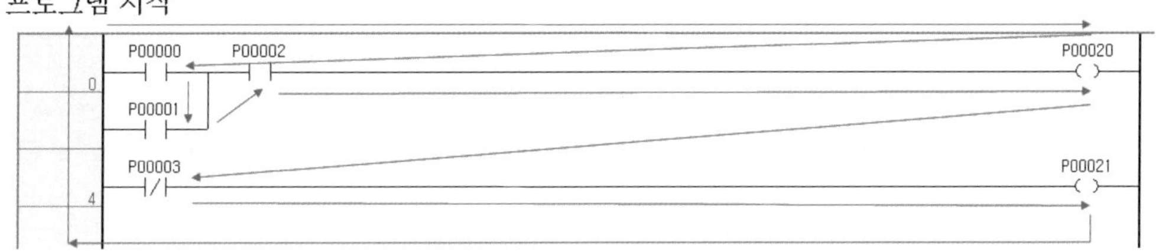

[그림 1-12] PLC 시퀀스의 실행 순서

3 PLC의 동작 원리

PLC는 사용자의 프로그램에 의하여 본체에 연결된 외부 입·출력기기를 제어합니다.
따라서 정확한 동작을 위해서는 입·출력기기의 올바른 배선과 프로그램 및 PLC 제어특성에 대하여 이해해야 합니다.

1) PLC 프로그래밍 언어

현재 사용 중인 프로그래밍 언어로 IL(Instruction List), 레더(Ladder), SFC(Sequential Function Chart) 등이 있습니다.
XGK(B) PLC는 IL(Instruction List)과 래더(Ladder) 등의 언어를 제공하며, 상호 호환(Conversion)이 가능합니다.

(1) IL(Instruction List)

MASTER－K PLC에서 니모닉(Mnemonic)이라고 불린 언어이며, 어셈블리언어 형태의 문자 기반 언어로 MASTER－K에서는 휴대용 프로그램 입력기(Handy Loader)를 이용하여 현장에서 간단한 로직의 프로그래밍에 주로 사용되었으나 요즈음에는 노트북이 이를 대체함으로써 굳이 IL로 작성할 필요성이 사라짐으로써 거의 사용되지 않는 언어입니다.

렁	스텝	명령어	OP 1 변수	OP 2 변수	OP 3 변수	OP 4 변수	OP 5 변수	OP 6 변수	OP 7 변수
0	0	LOAD	P00000						
	1	OR	P00001						
	2	AND	P00002						
	3	OUT	P00020						

[그림 1－13] **IL 프로그램 예**

(2) 래더(Ladder) : 사다리도

사다리 형태로 전원을 생략하여 로직을 표현하는 릴레이 로직과 유사한 도형기반의 언어로, 현재 가장 널리 사용되고 있습니다(PLC 언어를 대표함).

[그림 1－14] **래더 프로그램 예**

2) PLC 동작 이해

(1) PLC 기본 약호(명령어)

릴레이 로직과 유사한 형태의 스위치 형태의 입력과 출력 코일이 있습니다.

〈표 1-3〉 PLC 기본 약호

구분	릴레이 로직	PLC 로직	내 용
a 접점			평상시 개방(Open)되어 있는 접점 NO(Normally Open) PLC : 외부입력, 내부출력 On/Off 상태를 입력
b 접점			평상시 폐쇄(Closed)되어 있는 접점 NC(Normally Closed) PLC : 외부입력, 내부출력 On/Off 상태의 반전된 상태를 입력
c 접점		없음	a, b 접점 혼합형으로 PLC에서는 로직의 조합으로 표현
출력 코일		─( )─	이전까지의 연산 결과를 접점 출력
응용 명령	없음	─[ ]─	PLC 응용 명령을 수행

(2) 기초 용어 정의

① 점(Point)

- 입력 12점, 출력 8점의 PLC는 스위치나 센서 등 입력기기를 최대 12개, 램프나 릴레이 등 출력기기를 8개 연결할 수 있습니다.
- PLC의 입출력 용량을 표시할 때 사용합니다.

② 스텝(Step)

- PLC 명령어의 최소 단위로 a 접점, b 접점, 출력 코일 등의 명령이 1스텝에 해당하는 명령이고 기타 응용 명령어의 경우 하나의 명령어가 다수의 스텝을 점유합니다.
- 프로그램 용량 및 CPU 속도를 표시하는 단위로 사용됩니다(용량 : 30k step, 속도 : sec/Step).

③ 스캔타임(Scan Time)

- 사용자 프로그램의 1회 수행에 걸리는 시간(1 연산주기)을 의미합니다.
- 스텝 수가 많은 프로그램의 경우 스캔 타임은 증가합니다.

④ WDT(Watch Dog Timer)

- 프로그램 연산 폭주나 CPU 기능고장에 의하여 출력을 하지 못할 경우 설정한 시간(WDT)대기 후 에러를 발생시키는 시스템 감시 타이머입니다.
- 기본 50ms로 설정되어 있으며 파라미터 지정에 의해 변경시킬 수 있습니다.

⑤ 파라미터(Parameter)

프로그램과 함께 PLC에 저장되는 운전 데이터로 통신, 시스템 환경 등을 지정합니다.

(3) PLC 기본 동작 이해

그림은 PLC 기본구성을 간략화한 것으로 외부 접점과 PLC 연산 관계에 대하여 설명합니다.

① 시스템 구성 원리

- 점선 내부는 PLC의 CPU에 저장되어 동작되는 프로그램으로 프로그램 Loader(XG5000)를 이용하여 입력하면 됩니다.
- 입력단자와 COM 단자 사이에 DC24V를 인가해 주면 입력이 형성됩니다.
- 출력단자와 COM 단자 사이에 부하(LAMP)를 연결하고 부하구동전원을 연결하면 됩니다(DC 부하일 경우 부하구동전원은 DC 전원이 됩니다).

② PLC 동작 예

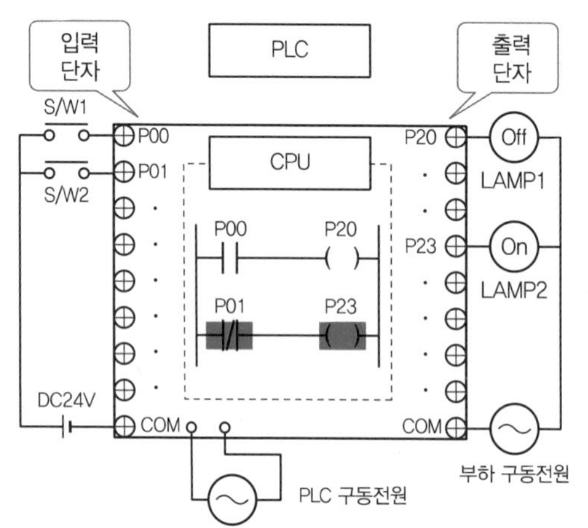

- S/W1 01이므로 a 접점인 P00은 S/W1의 Off 상태를 적용, 단전(Disconnect)되어 출력 P20이 Off 됩니다.
- S/W2 Off이므로 b 접점인 P01은 S/W2의 Off 상태 반전 적용, 연결(Connect)되어 출력 P23은 On 됩니다.

접점의 연결 및 출력 상태를 나타냅니다.
: 접점 닫힘 (연결)

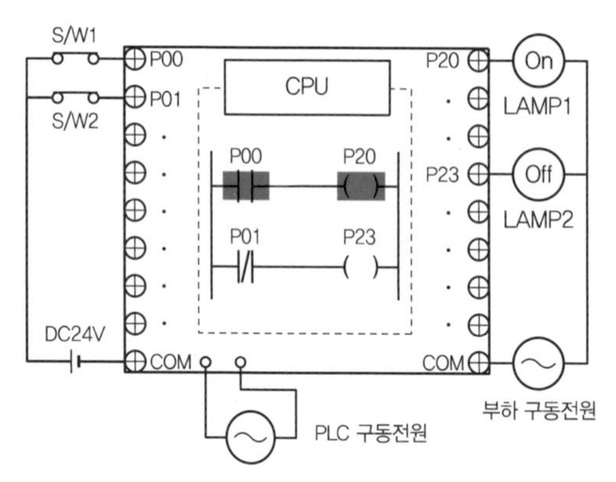

- S/W1이 On이므로 a 접점인 P00는 S/W1의 On 상태를 적용, 연결(Connect)되어 출력 P20은 On 됩니다.
- S/W2가 On이므로 b 접점인 P01은 S/W2의 On 상태 반전 적용, 단전(Disconnect)되어 출력 P23은 Off 됩니다.

③ 자기 유지 회로 동작 이해

일시적인 스위치 입력(P00)에 의해서 지속적 램프 출력(P10)을 유지하는 회로입니다.

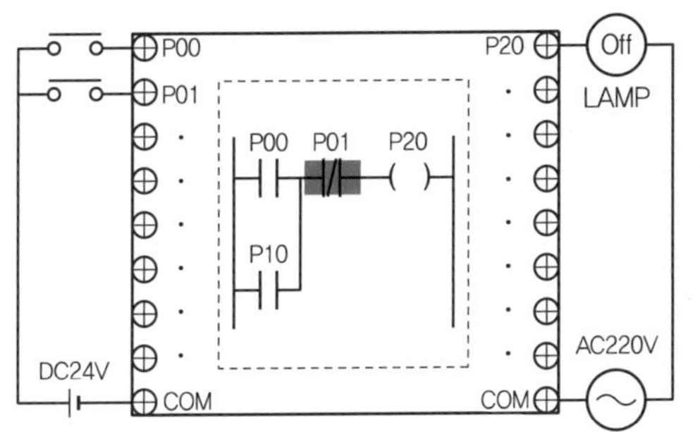

• 스위치 P00 Off → 프로그램 P00 단선
• 스위치 P01 Off → 프로그램 P01 연결
• 프로그램 P20 Off → 램프 P20 Off

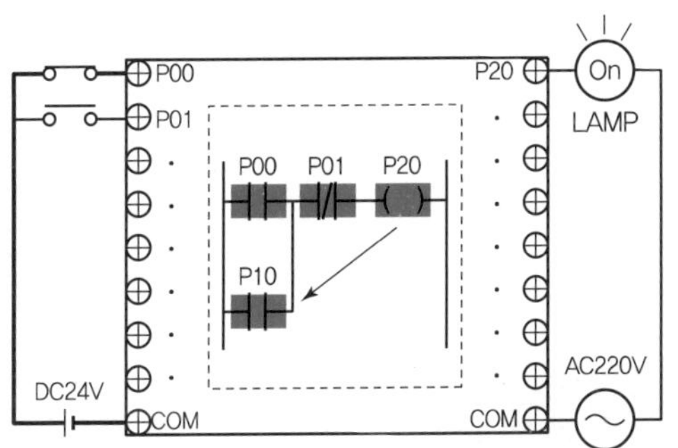

• 스위치 P00 On → 프로그램 P00 연결
• 스위치 P01 Off → 프로그램 P01 연결
• 프로그램 P20 On → 램프 P20 On
• 프로그램 P20, a 접점 연결

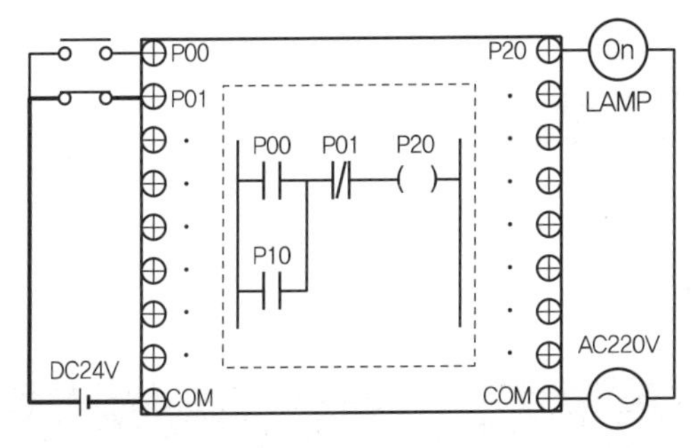

• 스위치 P00 Off → 프로그램 P00 단선
  프로그램 P10 연결
• 스위치 P01 Off → 프로그램 P01 연결
• 프로그램 P20 On → 램프 P20 On

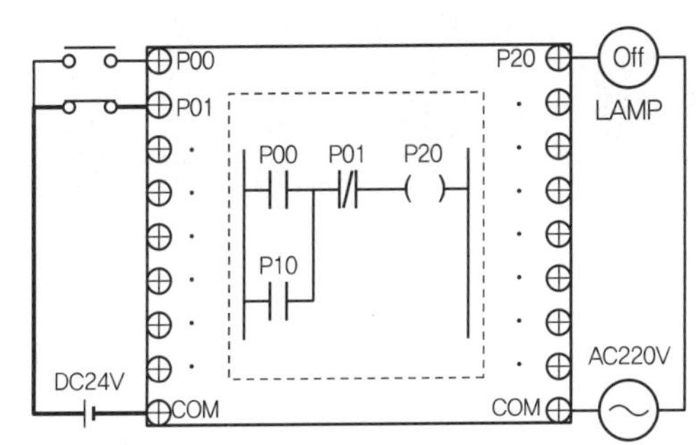

• 스위치 P00 Off → 프로그램 P00 단선
• 스위치 P01 On → 프로그램 P01 단선
• 프로그램 P20 Off → 램프 P20 Off

CHAPTER 02 XGB 개요

1 XGB Series

PLC단위시스템은 베이스(Base), 전원부(SMPS), CPU부, Digital 입 · 출력부(Di, Do)를 포함한 기본구성에 옵션인 특수, 통신모듈 등을 추가한 시스템으로 구분할 수 있습니다.
위 구성을 하나의 제품에 포함한 Type을 블록형이라 합니다. 이에 속하는 기종으로 XGB 시리즈가 있습니다.
이 밖에 각각의 구성품으로 이루어진 Type을 모듈형이라고 하며 위의 기종을 제외한 전 제품이 포함됩니다.

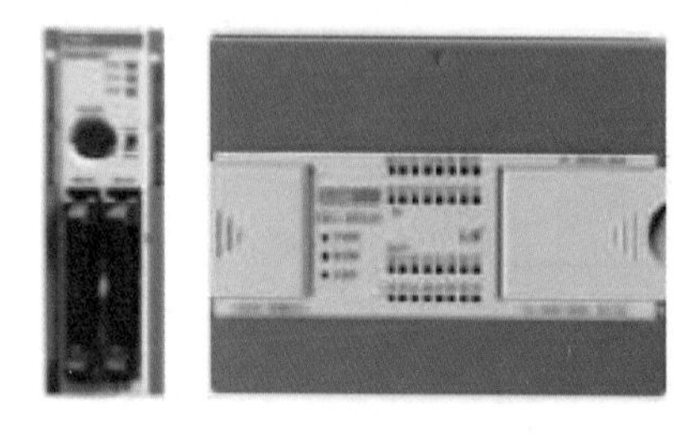

[그림 2-1] **블록형(XGB Series)**

[그림 2-2] **모듈형(XBK, XGI Series)**

XGB 시리즈는 MASTER-K 시리즈 프로그램 언어를 지원하는 XBC Type과 GLOFA GM 시리즈의 프로그램 언어(IEC)를 지원하는 XEC Type으로 구분합니다.

기본 유닛의 제품명은 다음과 같이 구분합니다.

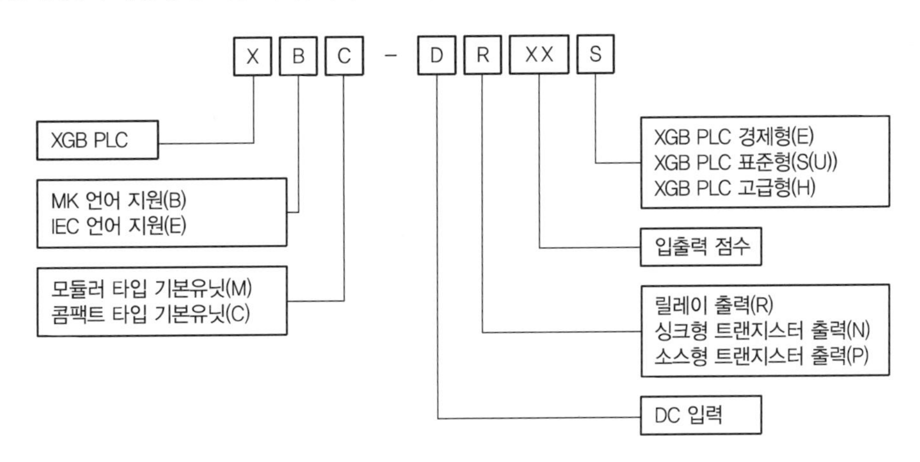

[그림 2-3] **유닛의 제품명**

2 입 · 출력 메모리 할당

PLC 프로그램 작성, 외부 입 · 출력 결선 및 유지 보수에 있어서 PLC 외부 단자대와 PLC 메모리와 대응관계를 정확히 이해해야 합니다.

예를 들어, [그림 2－4]와 같이 PLC 외부 접점과 메모리와의 정확한 대응 관계를 이해하지 못하면 프로그램의 작성 및 이해가 불가능해지기 때문입니다.

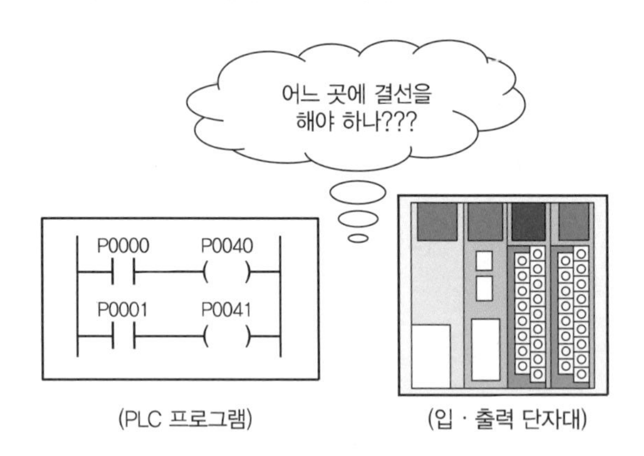

[그림 2－4] **프로그램 디바이스와 입 · 출력 단자대**

1) PLC 외부 입 · 출력(P)

외부 입 · 출력 번호의 할당은 첨자 (Device 이름) P로 표현하며 형식은 아래와 같습니다.

P □□□□■
"□□□□" Slot 번호 : 10진수
"■" 접점번호 : 16진수(0~F)

[그림 2－5] **PLC 외부 입 · 출력 표현 방식**

(1) 입력 영역(P)

입력 P는 입력기기로 사용되는 푸시 버튼, 선택 스위치, 리밋 스위치 등의 신호를 받아들이는 입력부로 입력 P에 대해서는 PLC 내부의 메모리에 입력상태가 보존되므로 a, b 접점 사용이 가능하며 입력 디바이스는 다음과 같습니다.

P00000, P00001, P00002~P0000A

(2) 출력 영역(P)

출력 P는 출력기기로 사용되는 릴레이, 솔레노이드, 모터, 램프 등에 연산결과를 전달하는 출력부로 이루어진 영역입니다.

출력부 P 역시 a, b 접점의 사용이 가능하고 출력 디바이스는 다음과 같습니다.

P00040, P00041, P00042~P0004C

[그림 2-6]은 입 · 출력 회로 구성 예를 보여 줍니다.

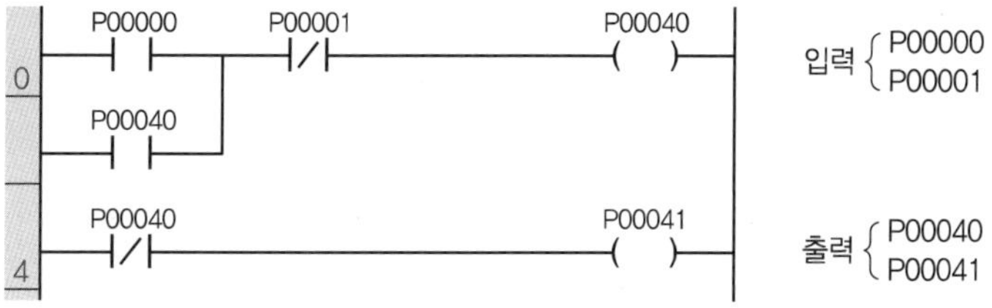

[그림 2-6] **입 · 출력 회로 구성의 예**

3 내부 메모리 할당

1) 내부 메모리

PLC 외부 입 · 출력에 관계되지 않는, 즉 P 영역을 제외한 모든 메모리 영역을 내부 메모리라고 합니다. On/Off, Data 등이 외부 입력이나 출력에 직접적으로 의존하지 않고, 오로지 PLC 기동 시 내부에서만 연산이 이루어지는 메모리를 통칭합니다.

특히, 접점(Bit) 영역으로 사용될 때 시퀀스회로의 보조 릴레이와 동작이 유사하여 보조 접점 혹은 보조 릴레이라고 합니다.

(1) 내부 메모리의 종류

① 보조 릴레이 M

PLC 내부 릴레이로서 외부로 직접 출력은 불가능하지만 출력(P)과 연결하면 외부 출력이 가능합니다. 프로그램 연산 중 내부 정보를 가공할 때 정보를 전달해 주는 용도로 사용됩니다. a, b 접점의 사용이 가능하며, 식별자로서 M의 기호를 사용합니다.

② 정전유지 릴레이 K(불휘발성 영역)

보조 릴레이와 사용 용도는 동일하나 PLC 정전 시 정전 이전의 Data를 보존하여 정전 복구 시 Data가 복구됩니다(파라미터 설정에 관계없이 배터리백업).

③ 특수 릴레이 F

PLC의 내부 시스템 상태, 펄스 등을 제공하는 내부 접점으로 PLC 이상 체크 및 특수한 기능을 제공합니다.

④ 스텝 제어 릴레이 S

- 2스텝 제어용 릴레이로 명령어(OUT, SET) 사용에 따라서 후입 우선, 순차 제어로 구분됩니다.
- 전원 On 시와 RUN 시작 시에 파라미터로 지정한 영역 이외는 첫 단계인 0으로 소거됩니다.

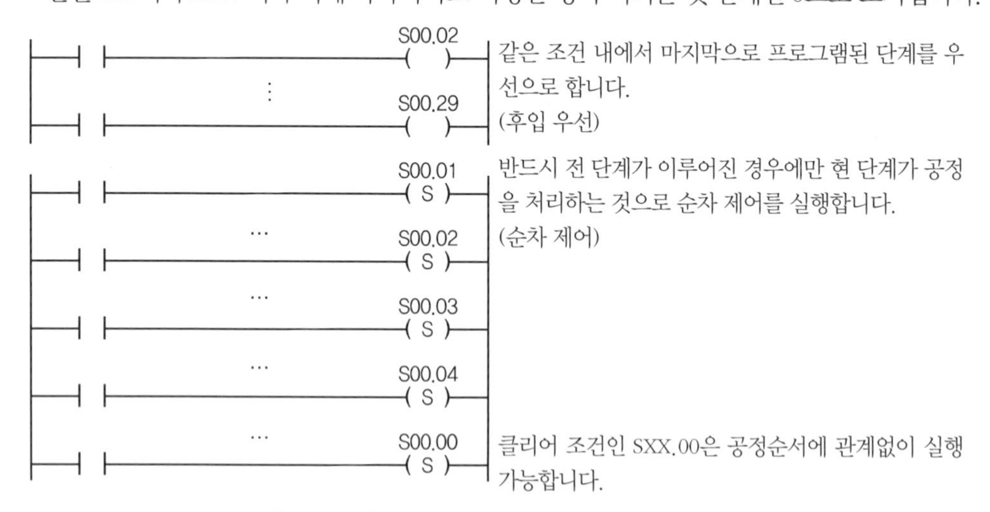

[그림 2-7] 스텝 제어 릴레이 프로그램

⑤ Data Register D

수치 연산을 위해 내부 데이터를 저장하는 영역으로 기본 16Bit(1Word) 또는 32Bit(2Word) 단위로 데이터의 쓰고 읽기가 가능합니다. 파라미터 사용에 의해 일부 영역을 불휘발성 영역으로 사용할 수 있습니다.

⑥ 타이머 T

시간을 제어하는 용도로 사용되며 타이머 일치 접점과 설정시간이 경과된 시간을 저장하는 별도의 영역으로 구성됩니다.

⑦ 카운터 C

수를 세는 용도로 사용되며 카운터 일치 접점과 설정값, 현재값을 저장하는 별도의 영역으로 구성됩니다.

2) 디바이스의 구분

디바이스는 크게 표현방법 및 오퍼랜드 처리방법에 따라 비트 디바이스와 워드 디바이스로 나뉩니다.

(1) 비트(BIT) 디바이스

LOAD나 OUT과 같은 기본 명령어에 사용할 때, .(점) 없이 비트 표현이 가능한 디바이스 P, M, K, F, T(비트 접점), C(비트 접점), S

(2) 워드(WORD) 디바이스

- 디바이스의 기본 표현이 워드 단위로 되는 디바이스입니다.
- 디바이스 번호의 원하는 비트 위치를 지정하고자 할 경우 .(점)을 사용합니다.

예 D10의 BIT4의 표현은 D10.4가 됩니다.

해당 디바이스 : D, R, U, T(현재값 영역), C(현재값 영역), Z

3) 내부 메모리의 구조

(1) Bit(접점) 영역

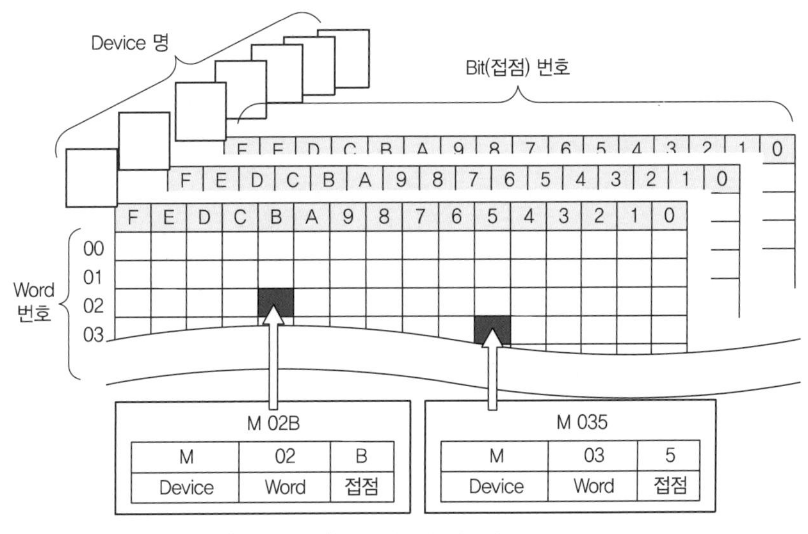

[그림 2-8] Bit 영역의 메모리 구조

[그림 2-8]은 Bit 영역의 메모리 구조로 외부 입·출력 카드의 형태로 CPU 내부에 각 영역이 구성되어 있다고 이해하면 됩니다.

(2) Word 영역

Word 번호만으로 표현되며 접점 영역으로는 사용되지 않고 수치 Data의 연산, 저장용으로 사용됩니다. 1개의 카드 번호는 16Bit 영역에 해당되고 표현할 수 있는 최대 수치는 65535(16 진수 : FFFF)이며 데이터 레지스터 D, 타이머 현재값 T, 카운터 현재값 C가 해당됩니다.

4 명령어

1) 기본 명령어

(1) 접점 명령

분류	명칭	심벌	기능
접점	LOAD		a 접점 연산 개시
	LOAD NOT		b 접점 연산 개시
	AND		a 접점 직렬 접속
	AND NOT		b 접점 직렬 접속
	OR		a 접점 병렬 접속
	OR NOT		b 접점 병렬 접속
	LOAPP	P	양(Positive) 변환 검출 접점
	LOADN	N	음(Negative) 변환 검출 접점
	ANDP	P	양 변환 검출 접점 직렬 접속
	ANDN	N	음 변환 검출 접점 직렬 접속
	ORP	P	양 변환 검출 접점 병렬 접속
	ORN	N	음 변환 검출 접점 병렬 접속

(2) 결합 명령

분류	명칭	심벌	기능
접점	AND LOAD	A B	a, b 블록 직렬 접속
	OR LOAD	A B	a, b 블록 병렬 접속
	MPUSH	MPUSH	현재까지의 연산결과 Push
	MLOAD	MLOAD	분기점 이전 연산결과 Load
	MPOP	MPOP	분기점 이전 연산결과 Pop

(3) 반전 명령

분류	명칭	심벌	기능
반전	NOT		이전 연산결과 반전

(4) 마스터 컨트롤 명령

분류	명칭	심벌	기능
접점	MCS	─[MCS │ n]─	마스터 컨트롤 설정(n : 0 ~ 7)
	MCSCLR	─[│ MCSCLR │ n]─	마스터 컨트롤 해제(n : 0 ~ 7)

(5) 출력 명령

분류	명칭	심벌	기능
출력	OUT	─( )─	연산결과 출력
	OUT NOT	─(/)─	연산결과 반전 출력
	OUTP	─(P)─	입력조건 상승 시 1 스캔 출력
	OUTN	─(N)─	입력조건 하강 시 1 스캔 출력
	SET	─(S)─	접점 출력 On 유지
	RST	─(R)─	접점 출력 Off 유지
	FF	─[FF │ D]─	입력조건 상승 시 출력 반전

(6) 순차/후입 우선 명령

분류	명칭	심벌	기능
스텝 컨트롤	OUT S	Sxx,xx ─( )─	후입 우선
	SET S	Sxx,xx ─(S)─	순차 제어

(7) 종료 명령(종료 명령은 생략 가능)

분류	명칭	심벌	기능
종료	END	─[END]─	프로그램 종료

(8) 타이머 명령

분류	명칭	심벌	기능
타이머	TON	─[TON │ T │ t]─	On Delay
	TOFF	─[TOFF │ T │ t]─	Off Delay
	TMR	─[TMR │ T │ t]─	적산 On Delay
	TMON	─[TMON │ T │ t]─	MOnostable(단안정상태 : 선입력)
	TRTG	─[TRTG │ T │ t]─	Retriggerable(신입력)

(9) 카운터 명령

분류	명칭	심벌	기능
카운터	CTU	CTU C c	Up(가산) 카운터
	CTD	CTD C c	Down(감산) 카운터
	CTUD	CTUD C U D c	Up/Down(가감산) 카운터
	CTR	CTR C c	Ring(가산) 카운터

2) 응용 명령어

(1) 데이터 전송 명령

분류	명칭	심벌	기능
전송	MOV	MOV S D	(S) → (D)
	MOVP	MOVP S D	

(2) 비교 명령

분류	명칭	심벌	기능
비교	=	= S1 S2	(S1)과 (S2)의 내용을 비교하여 주어진 조건식을 만족하면 Bit Result(BR)에 1을 저장(Signed 연산)
	>	> S1 S2	
	<	< S1 S2	
	> =	>= S1 S2	
	< =	<= S1 S2	
	< >	< > S1 S2	
3개의 비교	=3	=3 S1 S2 S3	(S1), (S2), (S3)의 값이 주어진 조건식을 만족하면 Bit Result(BR)에 1을 저장(Signed 연산)
	>3	>3 S1 S2 S3	
	<3	<3 S1 S2 S3	
	> =3	>=3 S1 S2 S3	
	< =3	<=3 S1 S2 S3	
	< >3	< >3 S1 S2 S3	

(3) BIN 사칙 명령

분류	명칭	심벌	기능
덧셈	ADD	ADD S1 S2 D	(S1)+(S2) → (D)
	ADDP	ADDP S1 S2 D	
뺄셈	SUB	SUB S1 S2 D	(S1)−(S2) → (D)
	SUBP	SUBP S1 S2 D	
곱셈	MUL	MUL S1 S2 D	(S1)×(S2) → (D+1,D)
	MULP	MULP S1 S2 D	
나눗셈	DIV	DIV S1 S2 D	(S1)÷(S2) → (D) 몫 (D+1) 나머지
	DIVP	DIVP S1 S2 D	

CHAPTER 03

XG5000 기본 사용법

1 XG5000 시작하기

1) XG5000 시작화면

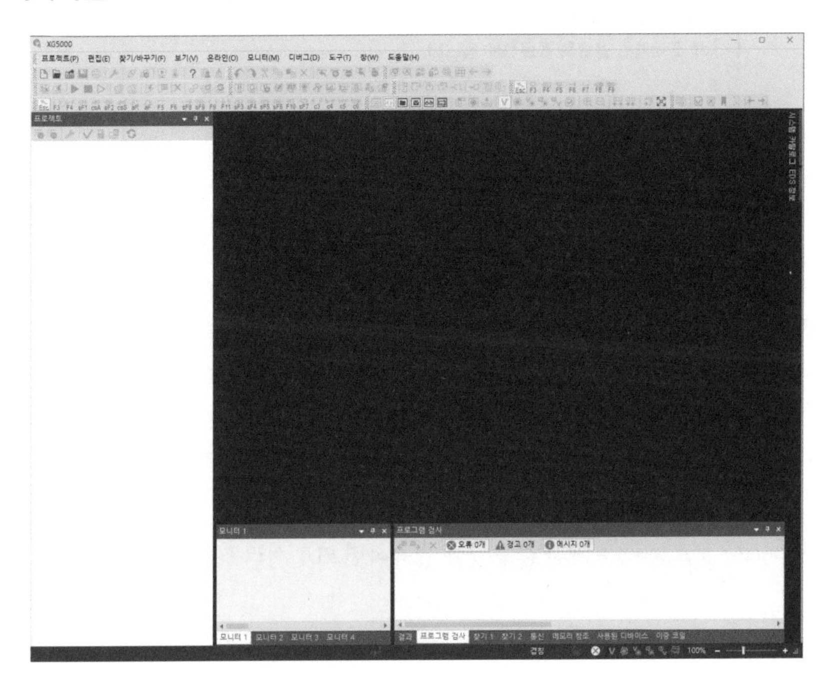

2) 아이콘 또는 프로젝트 → '새 프로젝트' 클릭

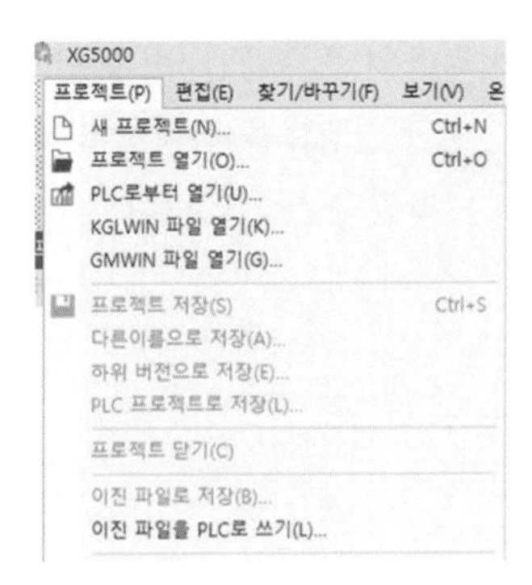

3) 새 프로젝트

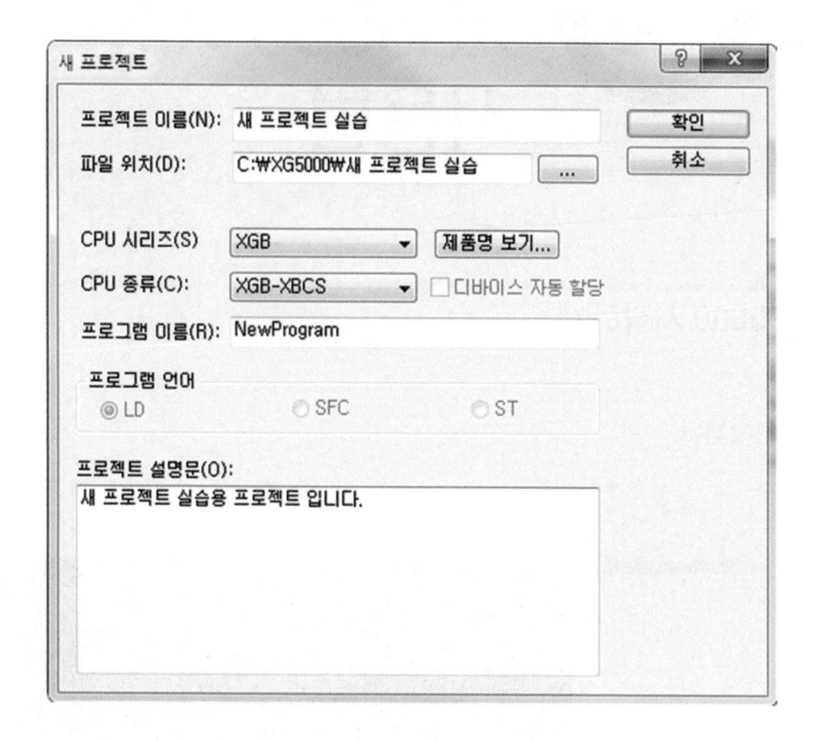

① 프로젝트 이름 : 프로젝트 이름을 입력합니다.

② 파일 위치 : XG5000은 파일 위치로 지정된 폴더 하부에 프로젝트 이름과 같은 폴더를 만들고 그 폴더에 프로젝트 파일을 저장합니다. 파일 위치 폴더는 XG5000의 도구 메뉴 옵션 항목에서 변경할 수 있습니다.

③ CPU 시리즈 : PLC 시리즈를 선택합니다(XGB 선택).
PLC 시리즈를 모르는 경우 제품명 보기를 클릭하면 PLC 시리즈별 제품 일람표에서 확인할 수 있습니다.

④ CPU 종류 : CPU 종류를 선택합니다(XGB－XBCS 선택).
XGK 시리즈와 XGB 시리즈 중 XBM/XBC는 서로 기종 변환이 가능하며, XGI/XGR 시리즈와 XGB 시리즈 중 XEC는 서로 기종 변환이 가능합니다.

⑤ 프로그램 이름 : 한 대의 PLC가 연산할 프로그램을 여러 개로 나누어서 작성할 수 있습니다.

⑥ 프로그램 언어 : XGB(XBC) 시리즈의 프로그램 언어는 LD로 기본 설정됩니다.

⑦ 프로젝터 설명문 : 프로젝트에 대한 설명문을 입력합니다.

⑧ 위와 같이 설정하고 'Enter' 또는 '확인'을 클릭합니다.

4) 기본 구성 화면

① 메뉴 : 프로그램을 위한 기본 메뉴입니다.
② 도구모음 : LD 편집을 위한 도구입니다.
③ 단축아이콘 : 메뉴를 간편하게 실행할 수 있습니다.
④ 프로젝트 창 : 현재 열려 있는 프로젝트의 구성 요소를 나타냅니다.
⑤ 프로그램(편집) 창 : 현재 LD 프로그램(편집) 창이 보이고 있습니다.
⑥ 메시지 창 : XG5000 사용 중에 발생하는 각종 메시지가 나타납니다.

5) 편집 도구

기호	단축키	설명
↖	Esc	화살표
┤ ├	F3	평상시 열린 접점(a 접점)
┤/├	F4	평상시 닫힌 접점(b 접점)
┤P├	Shift+F1	양 변환 검출 접점(⊕)
┤N├	Shift+F2	음 변환 검출 접점(⊖)
──	F5	가로선
│	F6	세로선
┤( )├	F9	코일

기호	단축키	설명
-(S)-	Shift+F3	SET 코일
-(R)-	Shift+F4	RESET 코일
-|*|-	Shift+F9	반전 접점
-[F]-	F10	펑션/펑션블록
	Ctrl+X	잘라내기
	Ctrl+C	복사
	Ctrl+V	붙여넣기
	Delete	삭제
	Ctrl+L	라인 삽입
	Ctrl+D	라인 삭제
	Ctrl+I	셀 삽입
	Ctrl+T	셀 삭제

2 변수/설명 입력

1) 프로젝트 → New PLC → '변수/설명' 더블 클릭

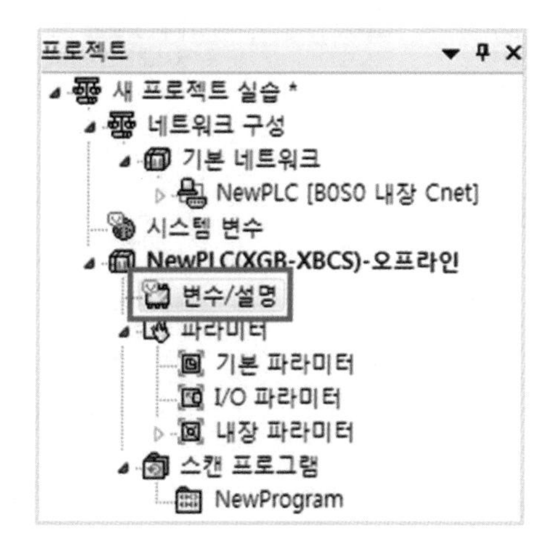

2) 변수/설명 창 구성 화면

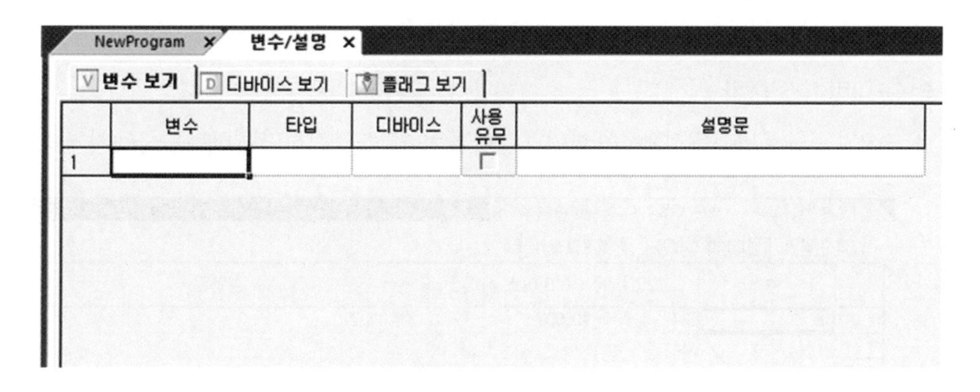

변수/설명 창은 변수, 디바이스, 플래그로 구성되어 있습니다.

① 변수 : 사용할 입 · 출력 메모리 및 내부 메모리의 명칭을 의미합니다.
② 타입 : 데이터 타입(BIT, WORD, BIT/WORD)으로 디바이스 입력 시 자동으로 설정됩니다.
③ 디바이스 : 메모리 할당 번지를 의미합니다.
④ 플래그는 특수 릴레이 등의 변수/디바이스입니다.

3) 변수/디바이스 입력

NewProgram × 변수/설명 ×

변수 보기 | 디바이스 보기 | 플래그 보기

	변수	타입	디바이스	사용 유무	설명문
1	Q1	BIT	M00001	☐	내부 메모리
2	Q2	BIT	M00002	☐	내부 메모리
3	PB1	BIT	P00000	☐	푸시버튼스위치입력1
4	PB2	BIT	P00001	☐	푸시버튼스위치입력2
5	LS1	BIT	P00002	☐	리밋스위치입력1
6	LS2	BIT	P00003	☐	리밋스위치입력2
7	PL1	BIT	P00040	☐	램프출력1
8	PL2	BIT	P00041	☐	램프출력2
9	X1	BIT	P00042	☐	릴레이출력1
10	X2	BIT	P00043	☐	릴레이출력2
11	카운터1	BIT/WORD	C0001	☐	내부 메모리
12	카운터2	BIT/WORD	C0002	☐	내부 메모리
13	타이머1	BIT/WORD	T0001	☐	내부 메모리
14	타이머2	BIT/WORD	T0002	☐	내부 메모리
15	설정값	WORD	D00000	☐	내부 메모리(데이터용)

변수 등록 후 해당 데이터를 호출할 때 디바이스 또는 변수 이름을 이용하여 호출할 수 있으며, 1개의 변수에는 1개의 디바이스가 할당되어야 합니다.
변수에 사용할 수 있는 기호는 문자, 숫자, 특수 문자(_)로 제한이 되며, 변수의 선두에는 숫자를 사용할 수 없습니다(단, 디바이스에 사용되는 문자는 사용 불가, 예 P, M, K, T, C …).

(1) 변수/디바이스 증가

① 숫자가 포함된 변수를 선택하여 화면과 같이 클릭하고 드래그하면 원하는 만큼 숫자가 증가합니다.

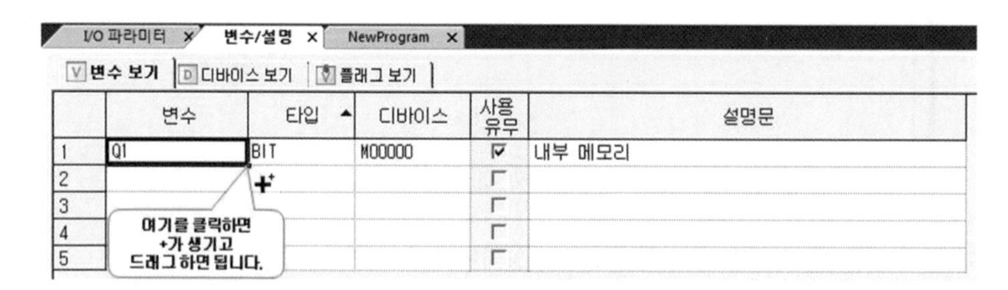

② 디바이스를 선택하고 다음과 같이 드래그하면 원하는 만큼 숫자가 증가합니다.

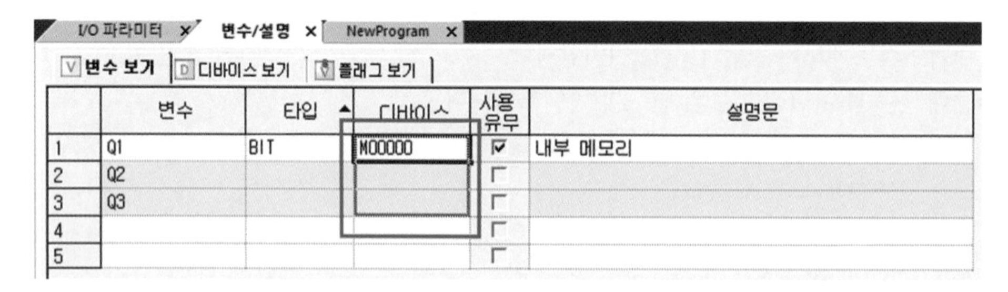

(2) 설명문 편집하기

① 설명문을 편집한 후 마우스를 아래 또는 위로 드래그하면 선택된 설명문이 복사됩니다.

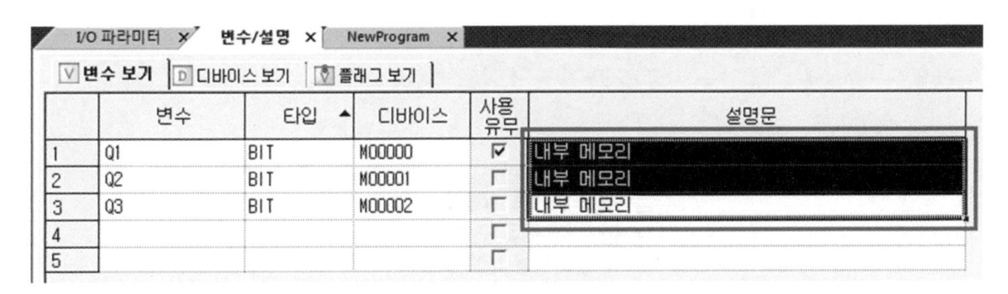

② 설명문에 포함된 숫자 자동 증가 : 숫자가 포함된 디바이스 설명문을 선택하고 Ctrl 키를 누른 상태에서 마우스를 아래 또는 위로 드래그하면 드래그 위치만큼 숫자가 증가합니다.

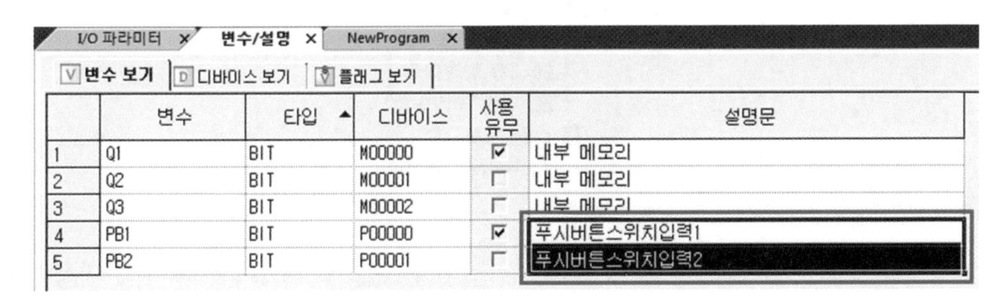

(3) 삭제

삭제 : 'Delete', 라인 삭제 'Ctrl+D'

(4) 글씨 크기 변경

변수 창 화면에서 Ctrl 키를 누른 상태에서 마우스 휠을 돌리면 확대(⇩), 축소(⇧)됩니다.

※ 변수/디바이스 입력은 프로그램을 편집하며 하나씩도 가능합니다.
변수/디바이스 입력 창은 엑셀 문서와 호환 가능하며, 편집방법도 호환됩니다.

3 I/O 파라미터 입력

1) 프로젝트 → New PLC → 'I/O파라미터' 더블 클릭

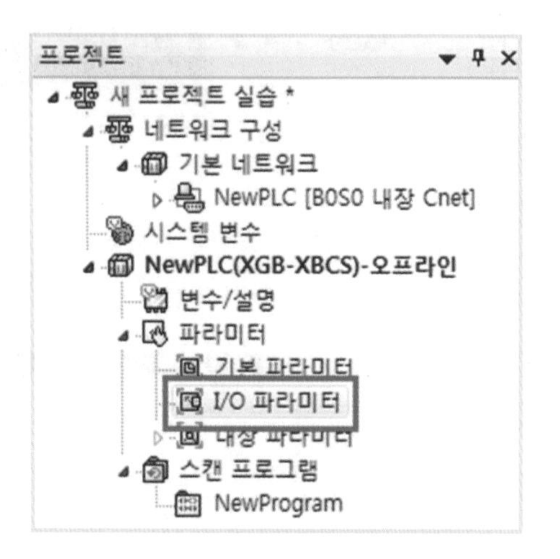

2) 모듈 → '디지털 모듈 리스트' 더블 클릭 → '입출력 모듈' 더블 클릭 → PLC 제품명 'XBC－DR20S' 더블 클릭

슬롯	모듈	설명
0(메인)		
1	디지털 모듈 리스트	
2	입출력 모듈	
3	XBC-DR20S (DC 24V 입력 12점/RELA	
4	XBC-DR30S (DC 24V 입력 18점/RELA	
5	XBC-DR40S (DC 24V 입력 24점/RELA	
6	XBC-DR60S (DC 24V 입력 36점/RELA	
7	XBC-DN/DP20S (DC 24V 입력 12점/T	
8	XBC-DN/DP30S (DC 24V 입력 18점/T	
9	XBC-DN/DP40S (DC 24V 입력 24점/T	
	XBC-DN/DP60S (DC 24V 입력 36점/T	

3) I/O 모듈 입력 완료

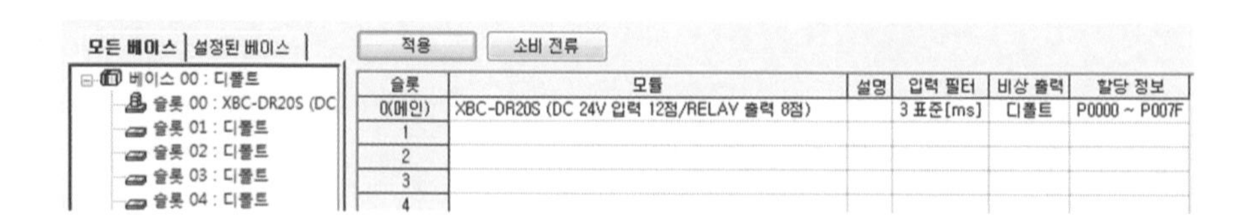

슬롯	모듈	설명	입력 필터	비상 출력	할당 정보
0(메인)	XBC-DR20S (DC 24V 입력 12점/RELAY 출력 8점)		3 표준[ms]	디폴트	P0000 ~ P007F
1					
2					
3					
4					

기본 프로그래밍

1 a 접점 회로

1) 시퀀스

2) 타임차트

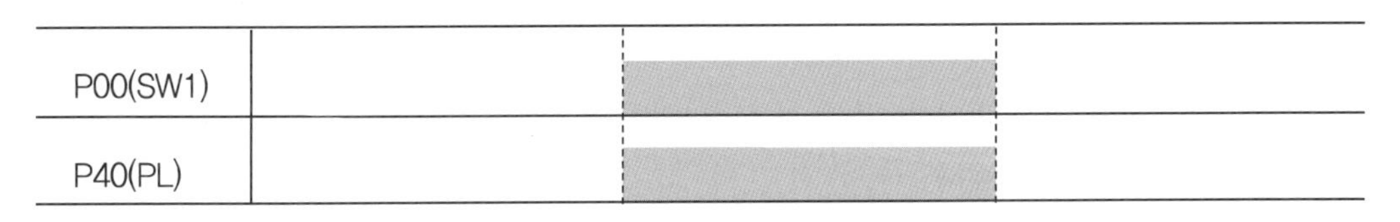

3) 프로그램하기

(1) 접점 편집

원하는 위치에 클릭 → F3

또는 접점(a 접점) 클릭 → 원하는 위치에 클릭

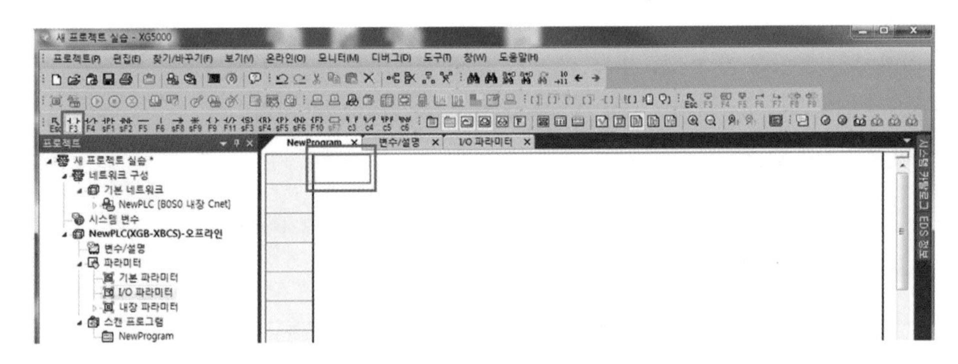

(2) 변수/디바이스 입력

① 변수(디바이스) 입력 → 'Enter' 또는 '확인'

변수/디바이스 입력 없이 프로그램도 가능합니다.

(아래 '즉시 입력 모드 사용' 해제방법 참고)

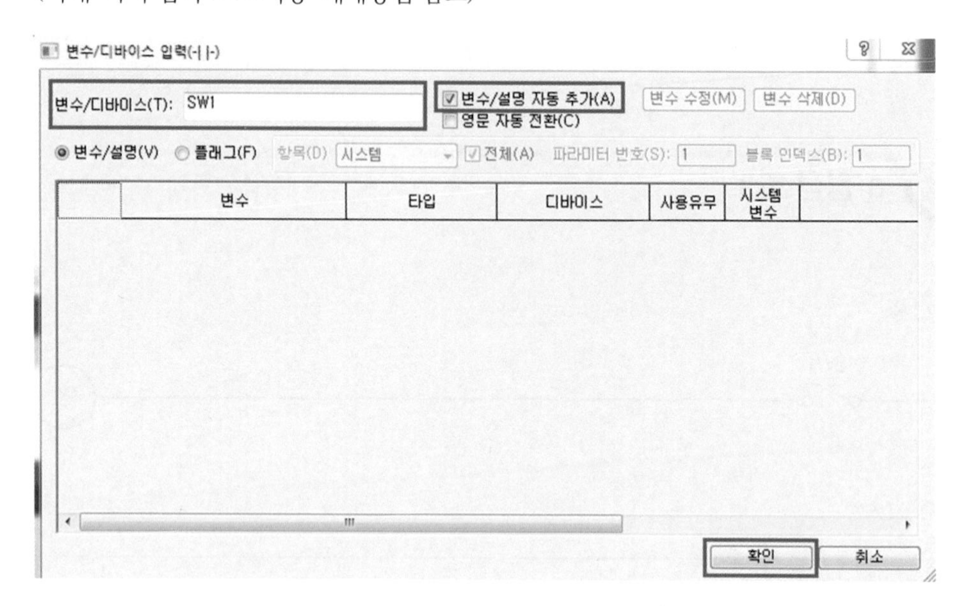

② 변수를 사용하지 않고 디바이스만 사용한다면 디바이스를 직접 입력하고 '변수/설명 자동 추가'에 ✓를 해제하면 됩니다.

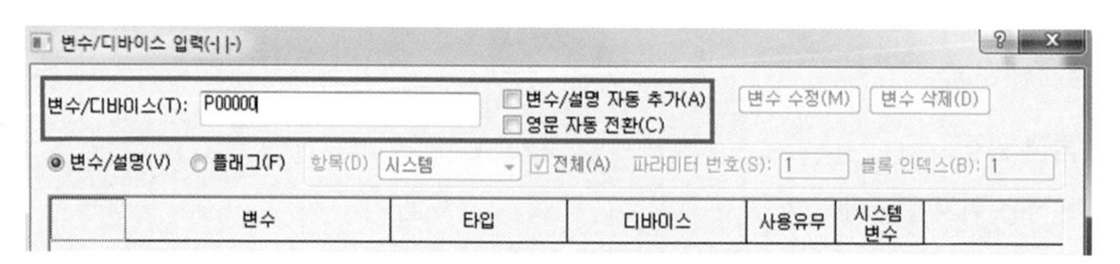

(3) 변수/설명 추가

디바이스 값 입력 → 'Enter' 또는 '확인'

'P0'만 입력해도 Slot번호는 기본값 0000이므로 'P00000'이 입력됩니다.

(필요시 설명문 입력)

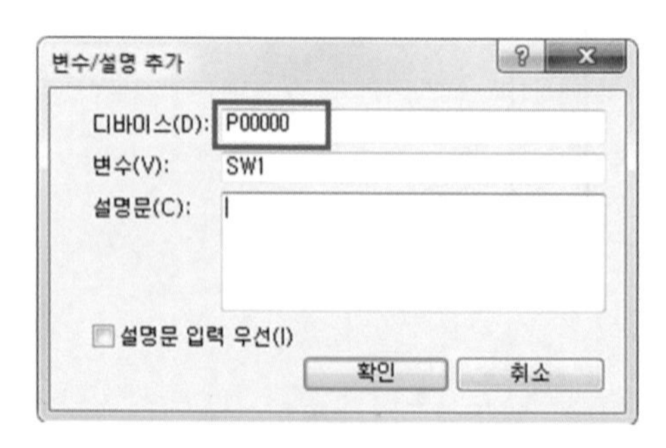

(4) 출력 코일 편집

원하는 위치에 클릭 → F9

또는 코일 클릭 → 원하는 위치에 클릭

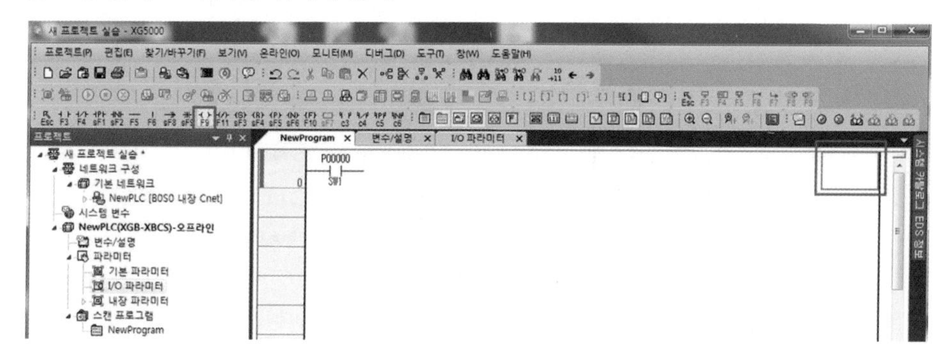

(5) 변수/디바이스 입력

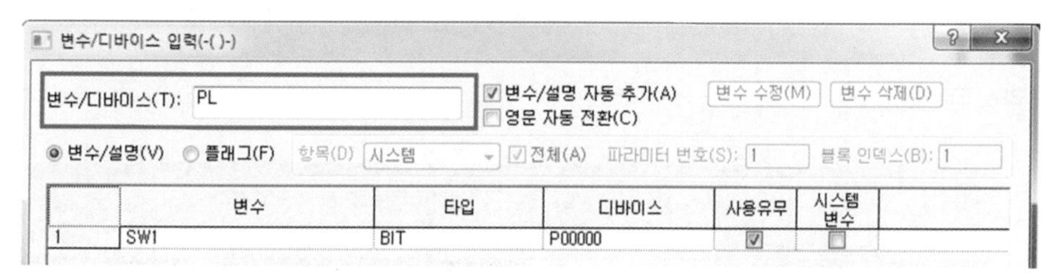

(6) 변수/설명 추가

'P40'만 입력해도 Slot번호는 '0004', 접점 번호는 '0'번으로 'P00040'이 입력됩니다.

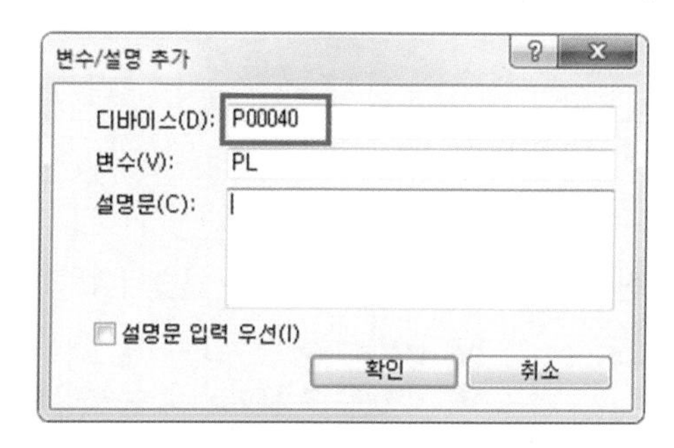

(7) END 명령어 편집

① 마지막 행에 클릭 → F10

또는 펑션/펑션블록 클릭 → 마지막 행에 클릭

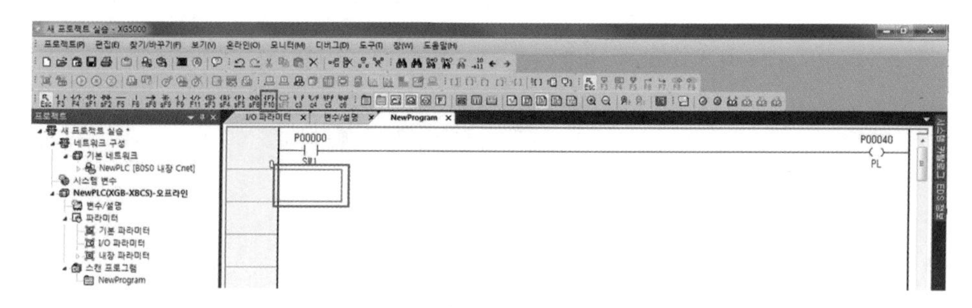

② 응용 명령 창에서 'END'를 입력한 후 'Enter' 키를 누르거나 '확인' 버튼을 클릭합니다.

(8) 완성된 프로그램

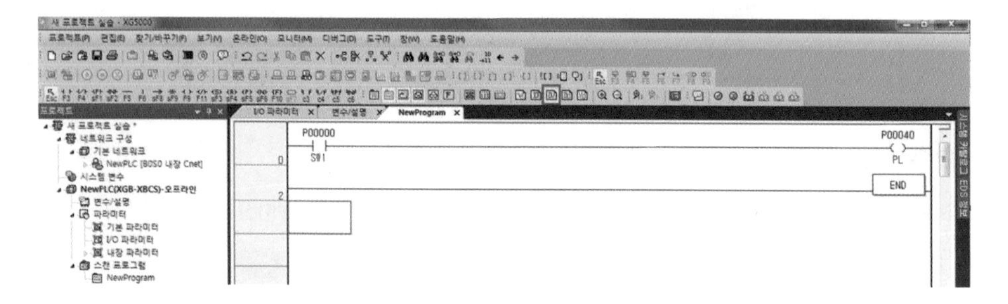

※ END 명령어는 생략 가능합니다.

(9) 보기 옵션 선택

① 보기 옵션에 따라 변수의 표시 형태를 선택할 수 있습니다.

V 변수 보기(V)
디바이스 보기(D)
디바이스/변수 보기(B)
디바이스/설명문 보기(A)
변수/설명문 보기(H)
모두 보기(L)

보기 메뉴의 보기 옵션

② 보기 메뉴 또는 단축 아이콘 창에 단축 아이콘으로 표시됩니다.

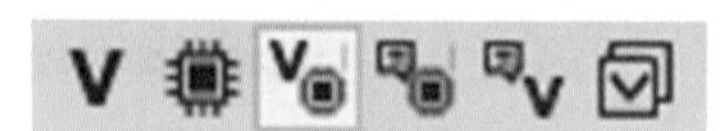

단축 아이콘

〈표 4-1〉 **보기 옵션 사용 예**

SW1 ─┤├─	P00000 ─┤├─	P00000 ─┤├─ SW1	P00000 ─┤├─ 스위치1	SW1 ─┤├─ 스위치1
변수 보기	디바이스 보기	디바이스/변수 보기	디바이스/설명문 보기	변수/설명문 보기

['즉시 입력 모드 사용' 해제 방법]

① 도구 → '옵션' 클릭

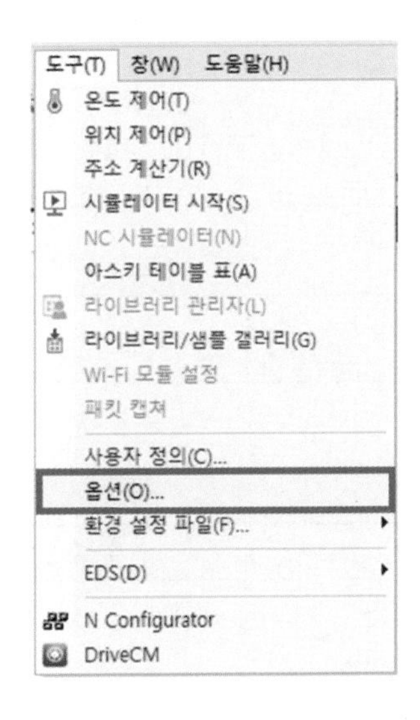

② '편집 공통' 클릭

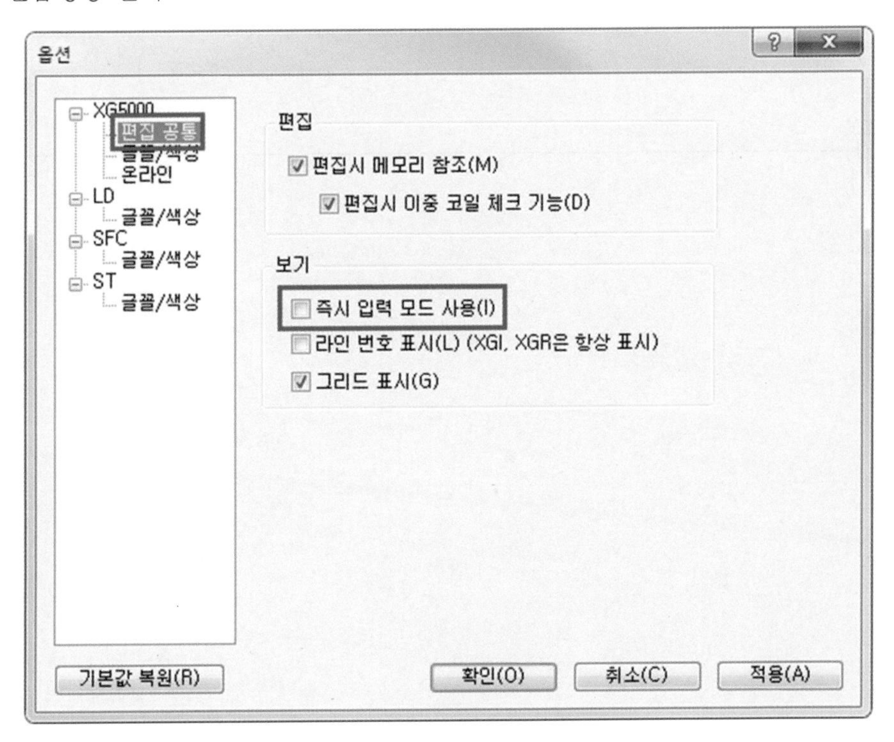

③ '즉시 입력 모드 사용' ✓를 해제 → 'Enter' 또는 '확인'

2 b 접점(NOT) 회로

1) 시퀀스

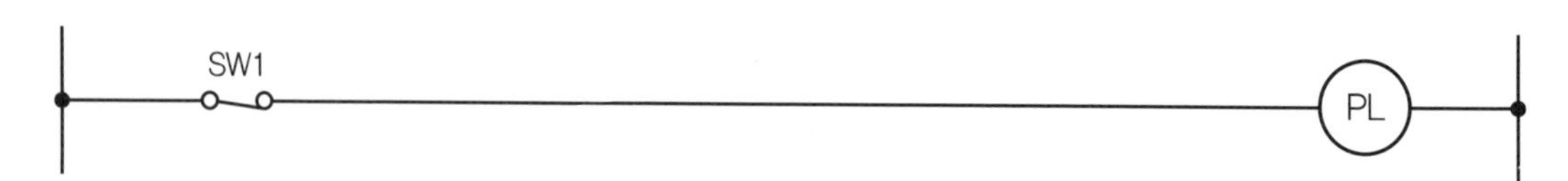

2) 타임차트

P00(SW1)

P40(PL)

3) 논리회로

게이트	기호	수식	진리표
NOT	A Y	$Y=\overline{A}$	A / Y: 0 / 1, 1 / 0

4) 래더도

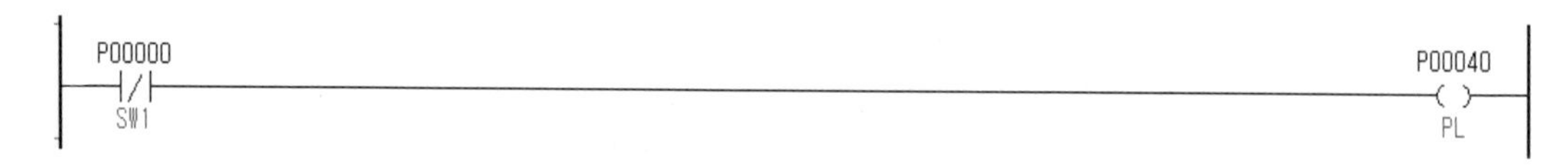

3 a 접점 직렬(AND)회로

1) 시퀀스

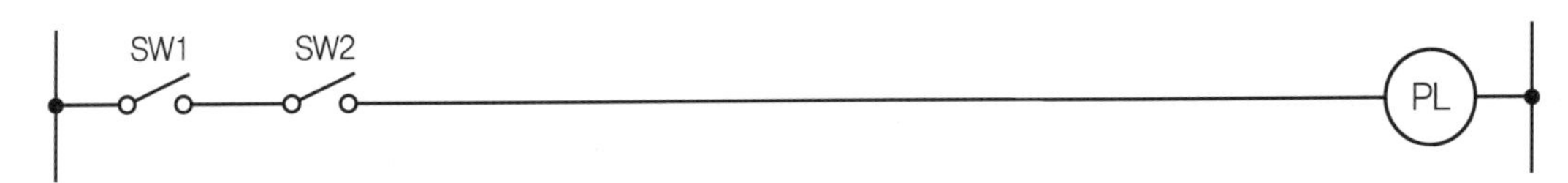

2) 타임차트

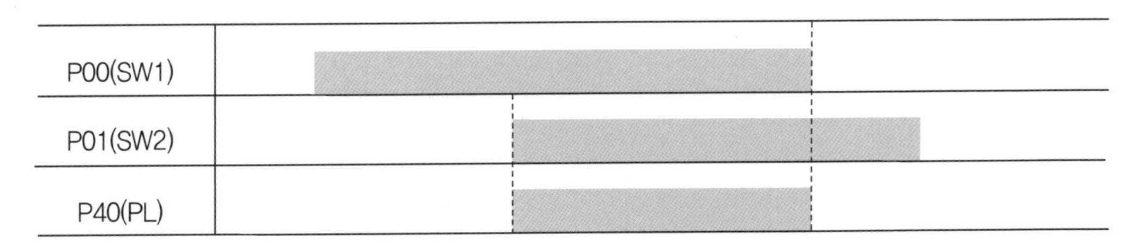

3) 논리회로

게이트	기호	수식	진리표
AND	A, B → Y	$Y = A \cdot B$ $= AB$ $= A \times B$	A B Y / 0 0 0 / 0 1 0 / 1 0 0 / 1 1 1

A	B	Y
0	0	0
0	1	0
1	0	0
1	1	1

4) 래더도

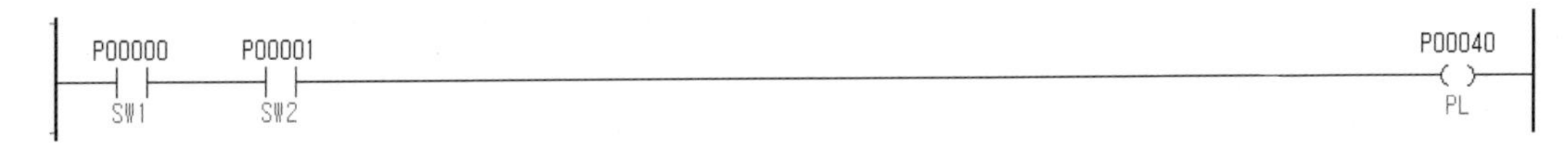

4 b 접점 직렬(NOR)회로

1) 시퀀스

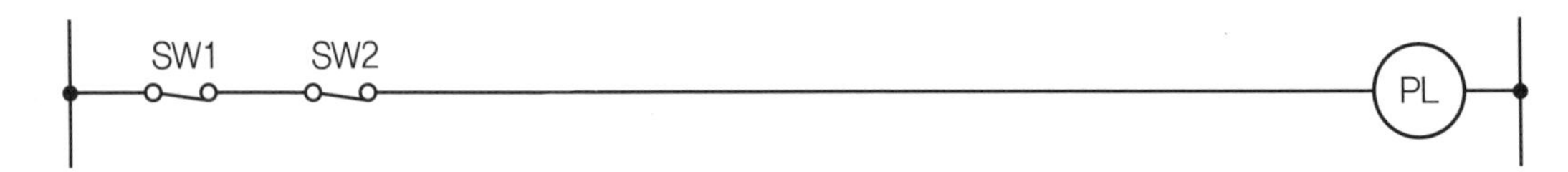

2) 타임차트

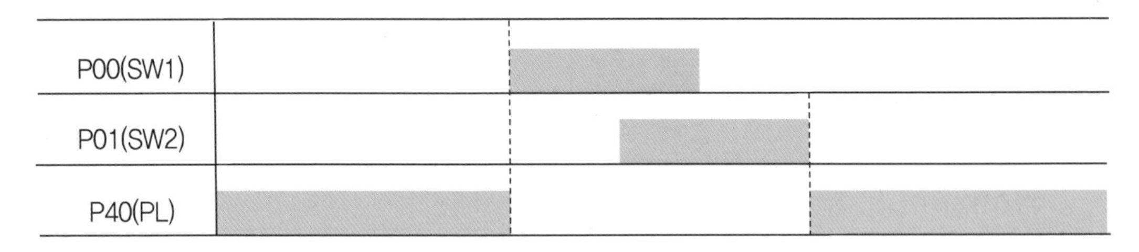

3) 논리회로

게이트	기호	수식	진리표
NOR	A, B → Y	$Y=\overline{A+B}$ $=\overline{A}\cdot\overline{B}$	(아래 표)

A	B	Y
0	0	1
0	1	0
1	0	0
1	1	0

4) 래더도

P00000 SW1 —|/|— P00001 SW2 —|/|— ( ) P00040 PL

5 병렬(OR)회로

1) 시퀀스

2) 타임차트

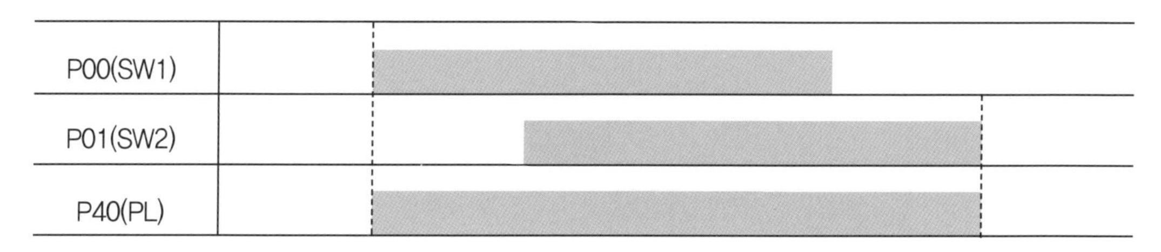

3) 논리회로

<table>
<tr><th>게이트</th><th>기호</th><th>수식</th><th>진리표</th></tr>
<tr><td>OR</td><td>A
B
Y</td><td>$Y = A+B$</td><td>
<table>
<tr><th>A</th><th>B</th><th>Y</th></tr>
<tr><td>0</td><td>0</td><td>0</td></tr>
<tr><td>0</td><td>1</td><td>1</td></tr>
<tr><td>1</td><td>0</td><td>1</td></tr>
<tr><td>1</td><td>1</td><td>1</td></tr>
</table>
</td></tr>
</table>

4) 래더도

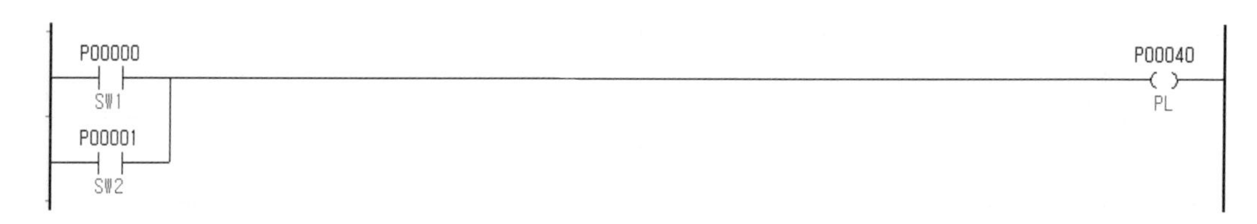

6 b 접점 병렬(NAND)회로

1) 시퀀스

2) 타임차트

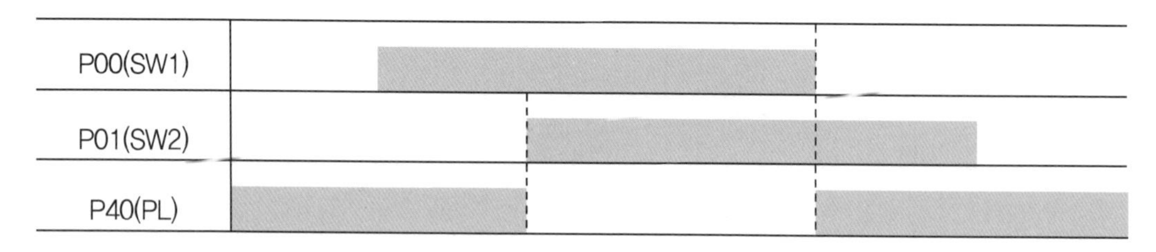

3) 논리회로

게이트	기호	수식	진리표
NAND	A, B → Y	$Y = \overline{AB}$ $= \overline{A} + \overline{B}$	(아래 표)

A	B	Y
0	0	1
0	1	1
1	0	1
1	1	0

4) 래더도

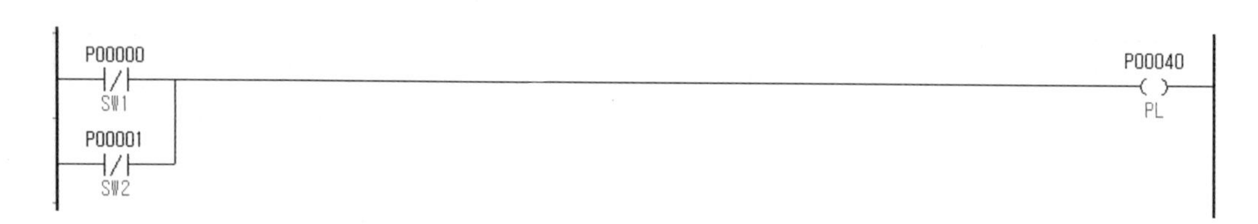

7 반일치(XOR) 회로

1) 시퀀스

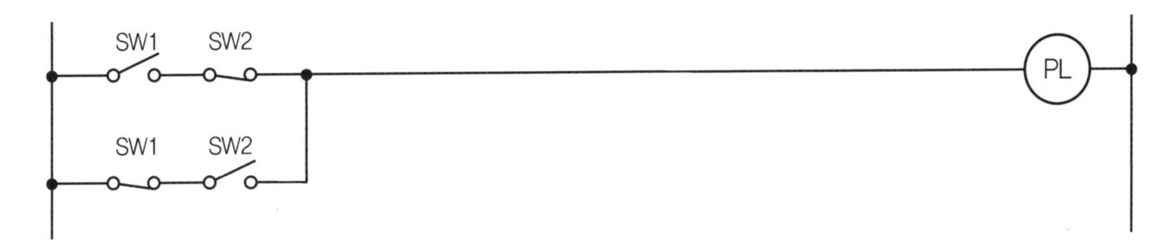

2) 타임차트

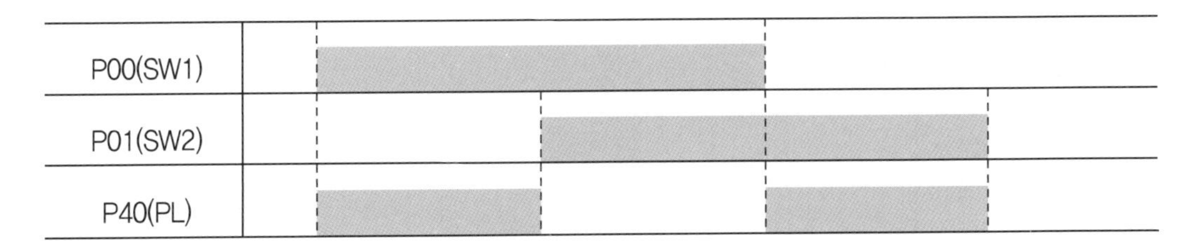

3) 논리회로

게이트	기호	수식	진리표
XOR	A, B → Y	$Y=(A \oplus B)$ $Y=\overline{A}B+A\overline{B}$	<table><tr><th>A</th><th>B</th><th>Y</th></tr><tr><td>0</td><td>0</td><td>0</td></tr><tr><td>0</td><td>1</td><td>1</td></tr><tr><td>1</td><td>0</td><td>1</td></tr><tr><td>1</td><td>1</td><td>0</td></tr></table>

4) 래더도

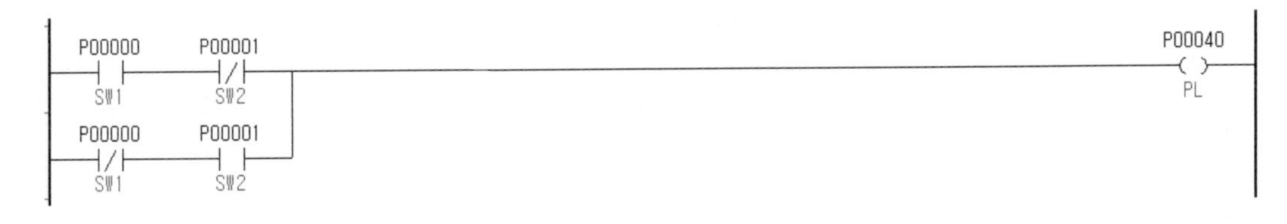

8 일치(XNOR)회로

1) 시퀀스

2) 타임차트

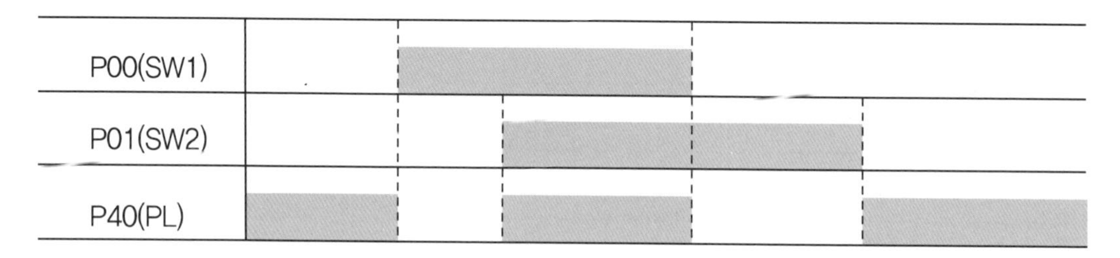

3) 논리회로

게이트	기호	수식	진리표
XNOR	A, B → Y	$Y = (A \odot B)$ $Y = \overline{A}\,\overline{B} + AB$	(아래 진리표)

A	B	Y
0	0	1
0	1	0
1	0	0
1	1	1

4) 래더도

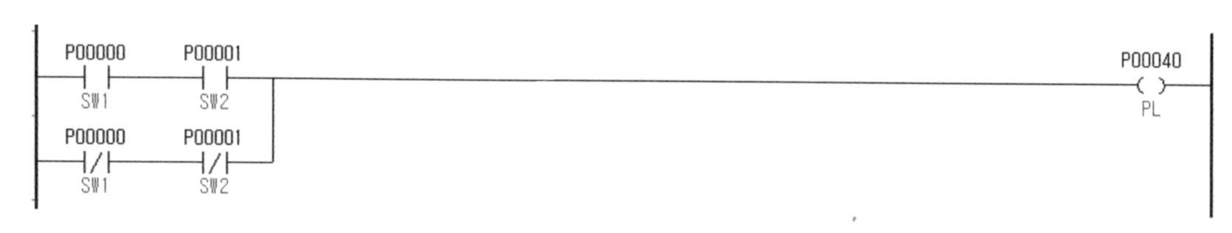

9 자기유지회로

1) 시퀀스

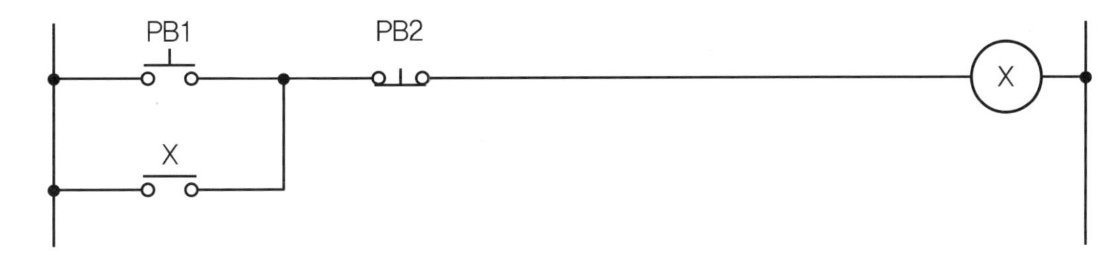

2) 타임차트

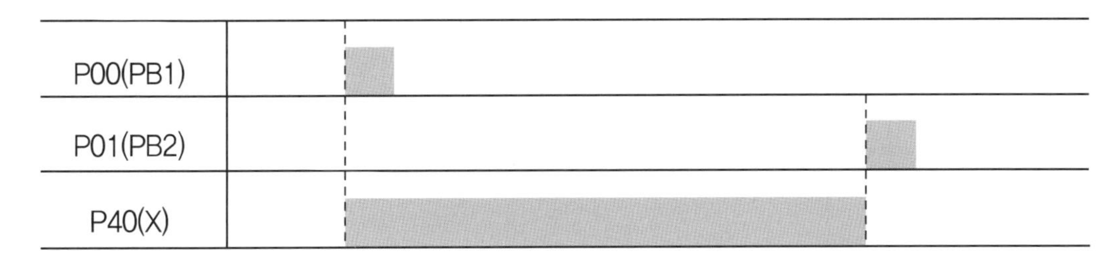

3) 논리회로

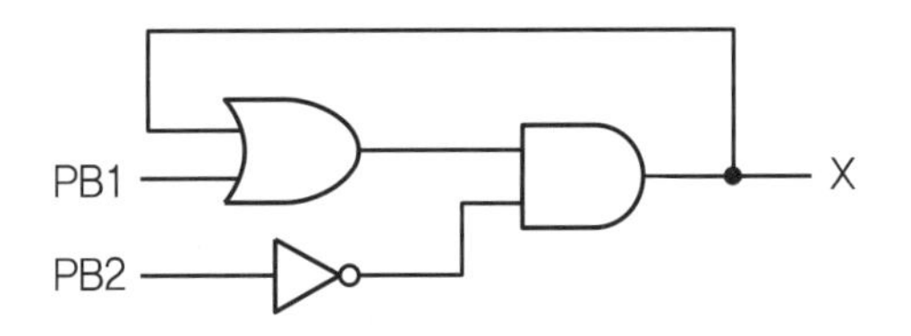

4) 래더도

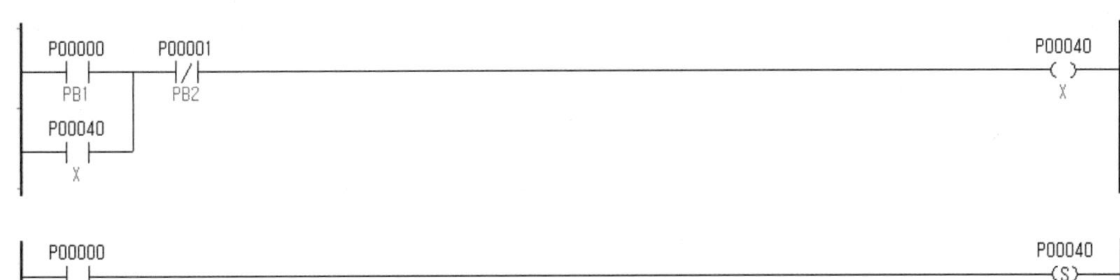

10 양 검출(+, P)

1) 타임차트

P00(PB1)	
P40(PL)	

2) 래더도

11 음 검출(−, N)

1) 타임차트

P00(PB1)	
P40(PL)	

2) 래더도

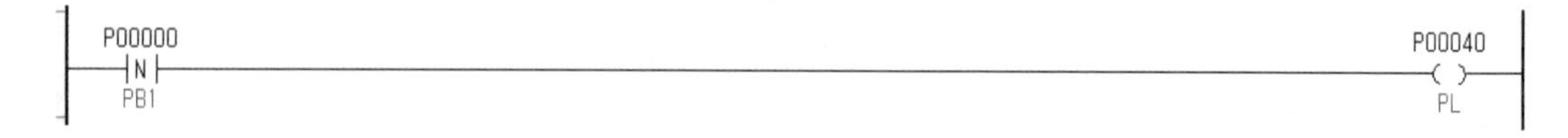

12 음 검출 자기유지회로

1) 타임차트

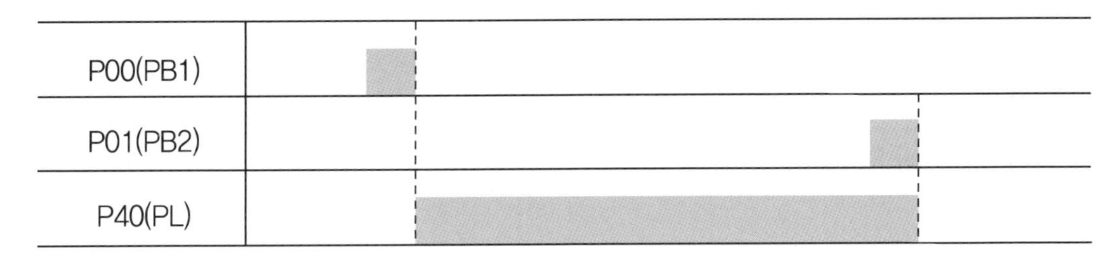

2) 래더도

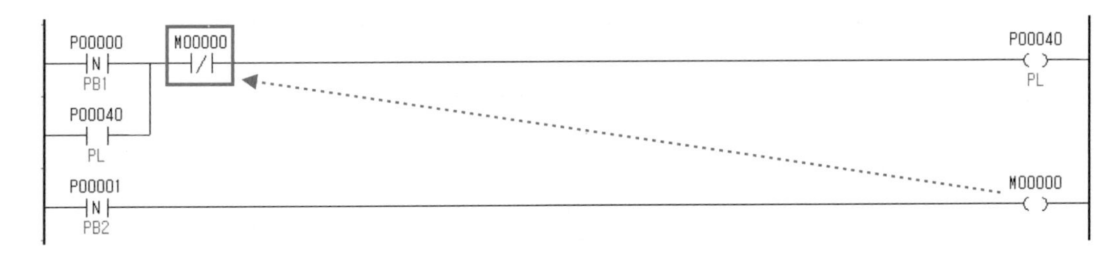

명령어 프로그래밍

1 타이머 명령

1) TON(On Delay Timer)

(1) 명령어 사용방법

① 적용 기종 : XGK, XGB

명령		사용 가능 영역														스텝	플래그		
		PMK	F	L	T	C	S	Z	D.x	R.x	상수	U	N	D	R		에러 (F110)	제로 (F111)	캐리 (F112)
TON	T	–	–	–	○	–	–	–	–	–	–	–	–	–	–	2–3	–	–	–
	t	○	–	–	–	–	–	–	–	–	○	○	–	○	○				

입력 조건 접점

TON ⎍ ├──┤ ├──── TON | T | t ┤

② 영역 설정

오퍼랜드	설명	데이터 타입
T	사용하고자 하는 타이머 접점	WORD
t	타이머의 설정치를 나타내고 정수나 워드 디바이스 지정 가능 설정시간=기본주기(0.1ms : XGB는 지원 안 함, 1ms, 10ms, 100ms) × 설정치(t)	WORD

(2) 기능

① 입력조건이 On 되는 순간부터 현재값이 증가하여 타이머 설정시간(t)에 도달하면 타이머 접점이 On 됩니다.

② 입력조건이 Off 되거나 리셋(Reset)명령을 만나면 타이머 출력이 Off 되고 현재값은 0이 됩니다.

(3) 타임차트

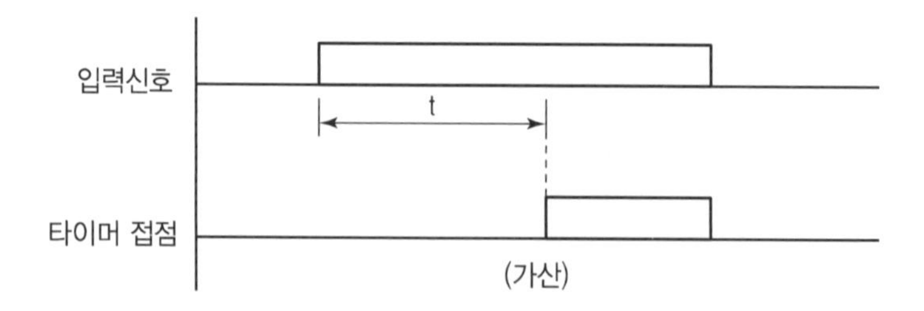

(4) 프로그램하기

① 원하는 위치에 클릭 → F10 또는 -[F]- 클릭 → 원하는 위치에 클릭

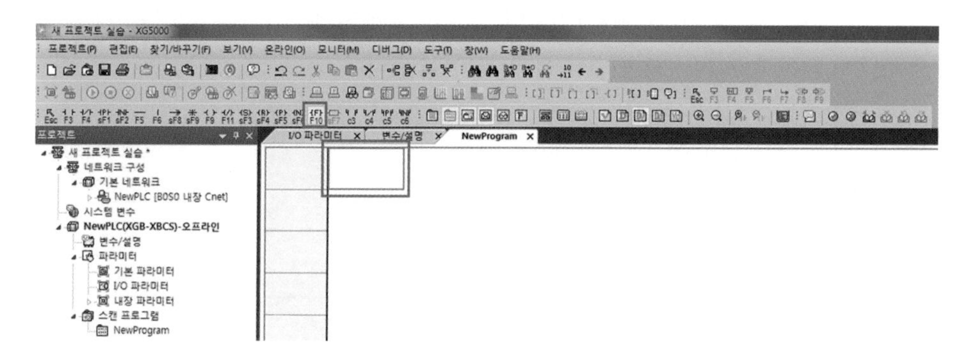

② 응용명령 대화상자가 나타납니다.

응용명령 창에서 명령어 형식에 맞게 입력합니다.
입력 완료 후 'Enter' 또는 '확인' 클릭

예 TON T1 50
(XBCS 타입의 타이머 경계치는 100ms : 0GC~99, 10ms : 500~999, 1ms : 1000~1023 이므로 T0001에서의 '50'은 5초를 의미합니다.)

③ 타이머의 입력 조건 접점과 출력 조건 코일을 편집합니다.

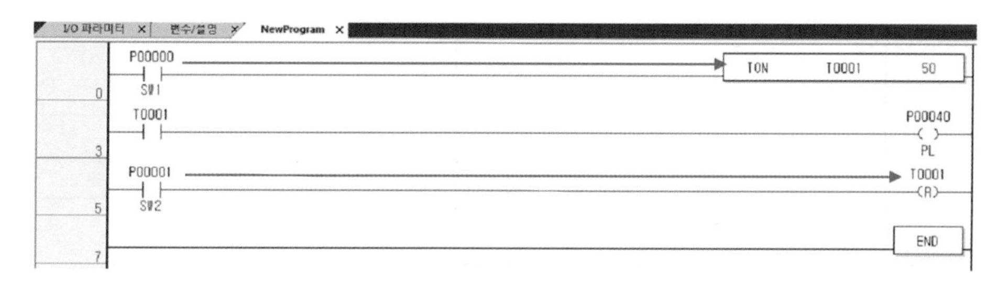

P00000(SW1)이 On 되면 5초 후인 타이머의 현재값과 설정값이 같을 때 T0001은 On 되고, P00040(PL)도 On 됩니다.

만약, 현재값이 설정값에 도달 전에 입력조건이 Off 되면 현재값은 0이 됩니다. P00001(SW2)이 On 되면 T0001이 Off 되면서 현재값은 0이 됩니다.

(5) 프로그램 연습 1(동작 지연회로)

① 타임차트

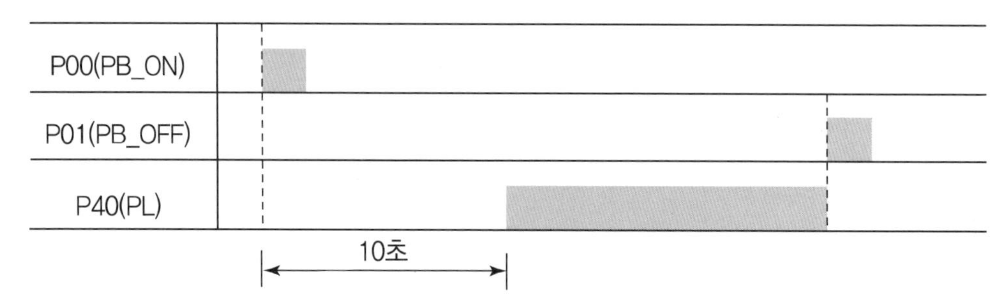

② 래더도

(6) 프로그램 연습 2(일정시간 동작회로)

① 타임차트

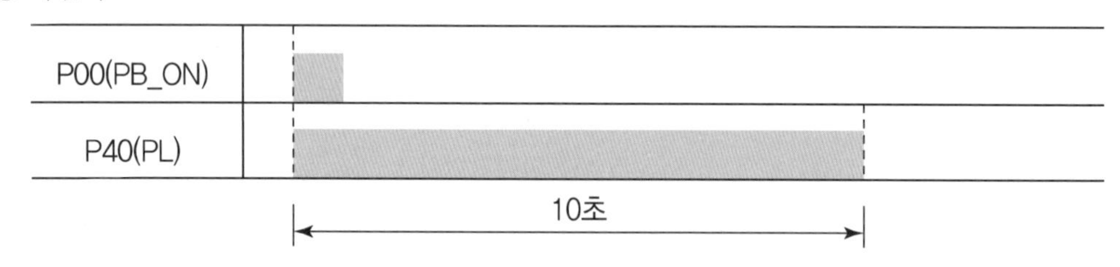

② 래더도

2) TOF(Off Delay Timer)

(1) 명령어 사용방법

① 적용 기종 : XGK, XGB

명령		사용 가능 영역														스텝	플래그		
		PMK	F	L	T	C	S	Z	D.x	R.x	상수	U	N	D	R		에러 (F110)	제로 (F111)	캐리 (F112)
TOFF	T	–	–	–	○	–	–	–	–	–	–	–	–	–	–	2~3	–	–	–
	t	○	–	–	–	–	–	–	–	–	○	○	–	○	○				

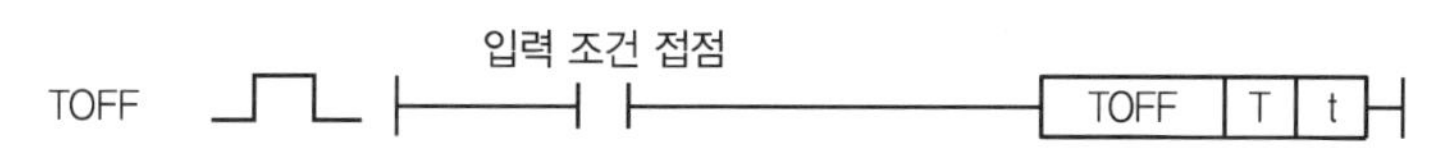

② 영역 설정

오퍼랜드	설명	데이터 타입
T	사용하고자 하는 타이머 접점	WORD
t	타이머의 설정치를 나타내고 정수나 워드 디바이스 지정 가능 설정시간=기본주기(0.1ms : XGB는 지원 안 함, 1ms, 10ms, 100ms) × 설정치(t)	WORD

(2) 기능

① 입력조건이 On 되는 순간 성립되는 동안 타이머의 현재값은 설정값이 되며 출력은 On 됩니다.

② 입력조건이 Off 되면 타이머 현재값이 설정값으로부터 감산되어 현재값이 0이 되는 순간 출력이 Off 됩니다.

③ 리셋(Reset) 명령을 만나면 타이머 출력은 Off 되고 현재값은 0이 됩니다.

(3) 타임차트

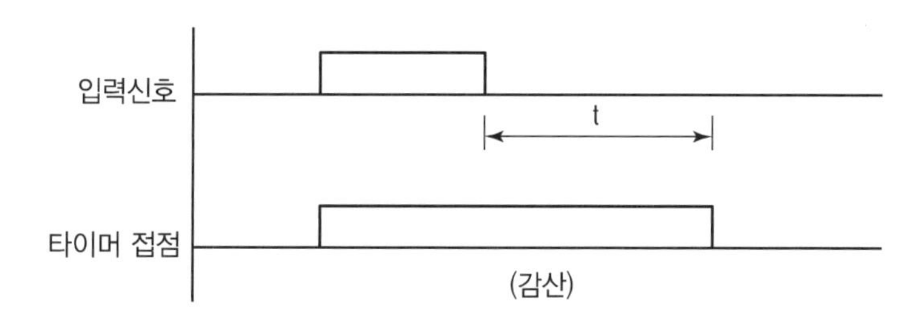

(4) 프로그램하기

① 타임차트

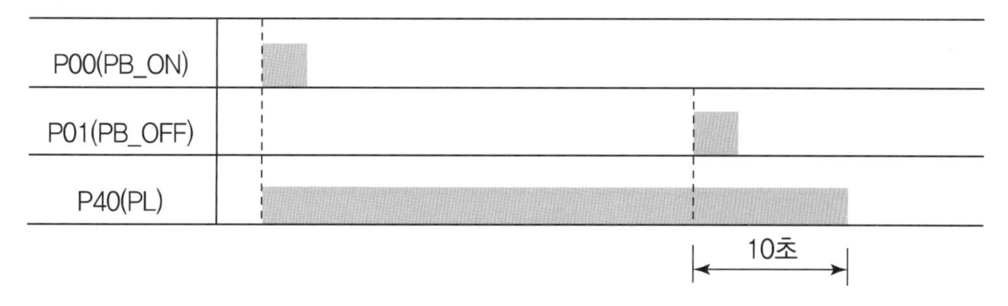

② 래더도

P00000 P00001 M00000
PB_ON PB_OFF Q1
M00000 TOFF T0001 100
Q1
T0001 P00040
PL
END

(5) 프로그램연습(On-Off Delay Timer회로)

① 타임차트

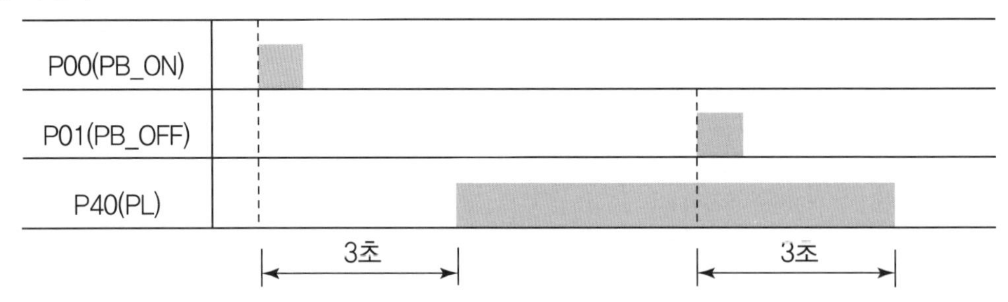

② 래더도

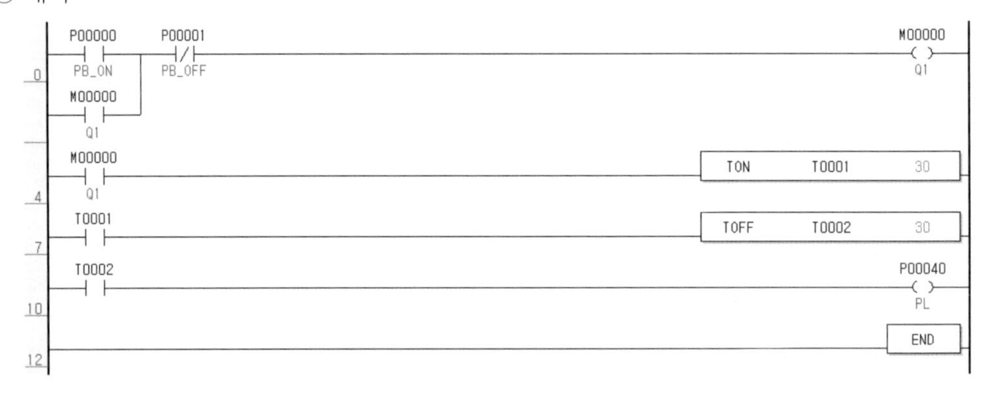

3) TMR(적산 Timer)

(1) 명령어 사용방법

① 적용 기종 : XGK, XGB

명령		사용 가능 영역														스텝	플래그		
		PMK	F	L	T	C	S	Z	D.x	R.x	상수	U	N	D	R		에러 (F110)	제로 (F111)	캐리 (F112)
TMR	T	–	–	–	○	–	–	–	–	–	–	–	–	–	–	2~3	–	–	–
	t	○	–	–	–	–	–	–	–	–	○	○	–	○	○				

입력 조건 접점

TMR ⊢ ⊣ ⊢ TMR T t ⊣

② 영역 설정

오퍼랜드	설명	데이터 타입
T	사용하고자 하는 타이머 접점	WORD
t	타이머의 설정치를 나타내고 정수나 워드 디바이스 지정 가능 설정시간=기본주기(0.1ms : XGB는 지원 안 함, 1ms, 10ms, 100ms) × 설정치(t)	WORD

(2) 기능

① 입력조건이 On 되는 동안 현재값이 증가하여 누적된 값이 타이머의 설정시간에 도달하면 타이머 접점이 On 됩니다. 적산 타이머는 정전 시도 타이머 값을 유지하므로 PLC 야간 정전에도 이상 없습니다(불휘발성 영역 사용의 경우).

② 리셋(Reset) 입력조건이 성립되면 타이머 접점은 Off 되고 현재값은 0이 됩니다.

(3) 타임차트

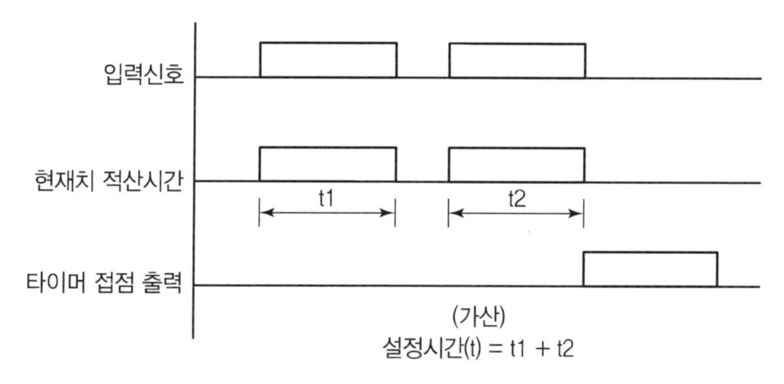

(4) 프로그램하기

① 타임차트

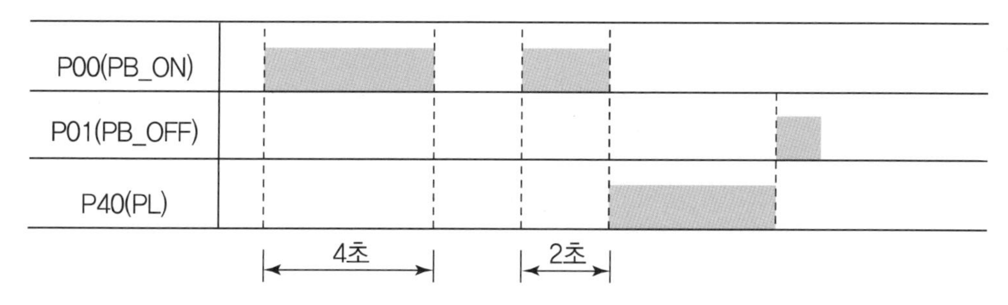

② 래더도

4) TMON(Monostable Timer)

(1) 명령어 사용방법

① 적용 기종 : XGK, XGB

명령		사용 가능 영역														스텝	플래그		
		PMK	F	L	T	C	S	Z	D.x	R.x	상수	U	N	D	R		에러 (F110)	제로 (F111)	캐리 (F112)
TMon	T	–	–	–	○	–	–	–	–	–	–	–	–	–	–	2−3	–	–	–
	t	○	–	–	–	–	–	–	–	–	○	○	–	○	○				

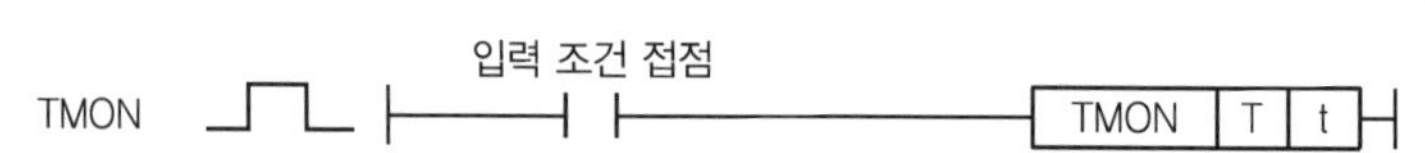

② 영역 설정

오퍼랜드	설명	데이터 타입
T	사용하고자 하는 타이머 접점	WORD
t	타이머의 설정치를 나타내고 정수나 워드 디바이스 지정 가능 설정시간=기본주기(0.1ms : XGB는 지원 안 함, 1ms, 10ms, 100ms) × 설정치(t)	WORD

(2) 기능

① 입력조건이 On 되는 순간 타이머 출력이 On 되고 타이머의 현재값이 설정값으로부터 감소하기 시작하여 0이 되면 타이머 출력은 Off 됩니다.

② 타이머 출력이 On 된 후 입력조건이 On, Off 변화를 하여도 입력조건과 관계 없이 감산은 계속 합니다.

③ 리셋(Reset) 입력조건이 성립하면 타이머 접점은 Off 되고 현재값은 0이 됩니다.

(3) 타임차트

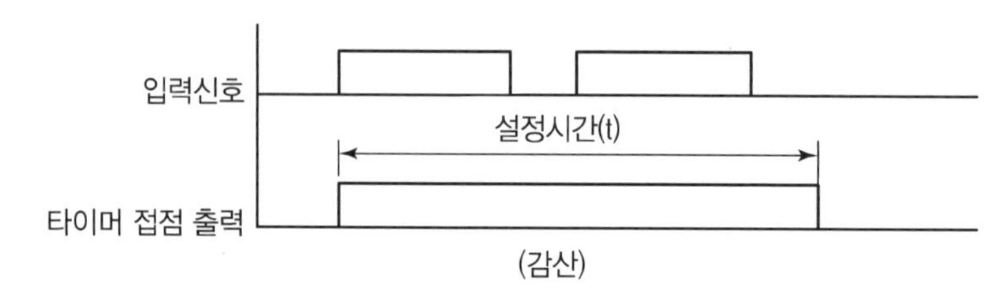

(4) 프로그램하기

① 타임차트

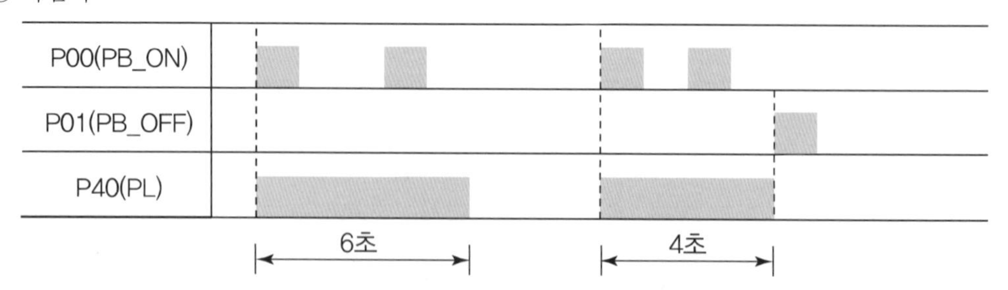

② 래더도

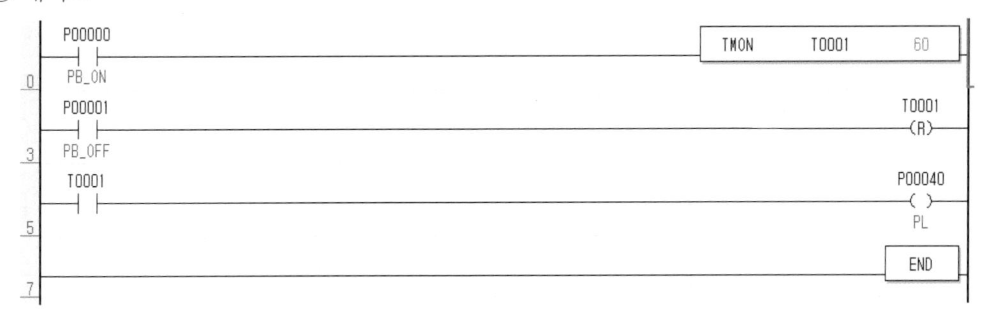

5) TRTG(Retriggerable Timer)

(1) 명령어 사용방법

① 적용 기종 : XGK, XGB

명령		사용 가능 영역														스텝	플래그		
		PMK	F	L	T	C	S	Z	D.x	R.x	상수	U	N	D	R		에러 (F110)	제로 (F111)	캐리 (F112)
TRTG	T	–	–	–	○	–	–	–	–	–	–	–	–	–	–	2~3	–	–	–
	t	○	–	–	–	–	–	–	–	–	○	○	–	○	○				

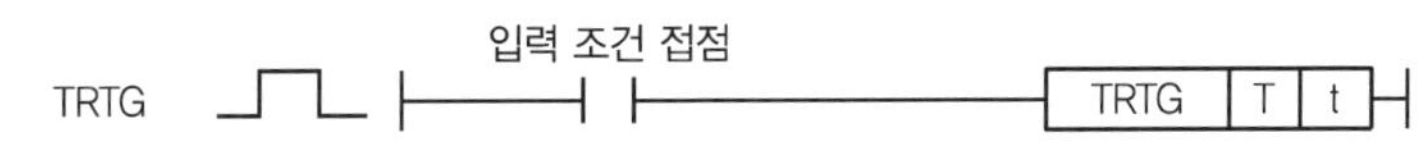

② 영역 설정

오퍼랜드	설명	데이터 타입
T	사용하고자 하는 타이머 접점	WORD
t	타이머의 설정치를 나타내고 정수나 워드 디바이스 지정 가능 설정시간=기본주기(0.1ms : XGB는 지원 안 함, 1ms, 10ms, 100ms) × 설정치(t)	WORD

(2) 기능

① 입력조건이 성립되면 타이머 출력이 On 되고 타이머의 현재값이 설정값으로부터 감소하기 시작하여 0이 되면 타이머 출력은 Off 됩니다.

② 타이머 현재값이 0이 되기 전에 또다시 입력 조건이 Off → On 하면 타이머 현재값은 설정값으로 재설정됩니다.

③ 리셋(Reset) 입력조건이 성립하면 타이머 접점은 Off 되고 현재값은 0이 됩니다.

(3) 타임차트

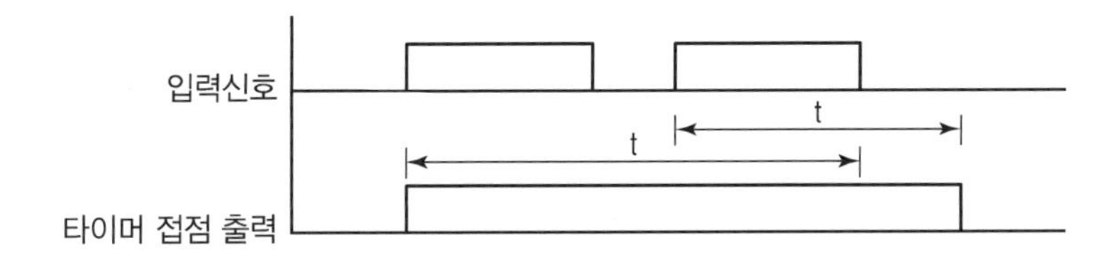

(4) 프로그램하기

① 타임차트

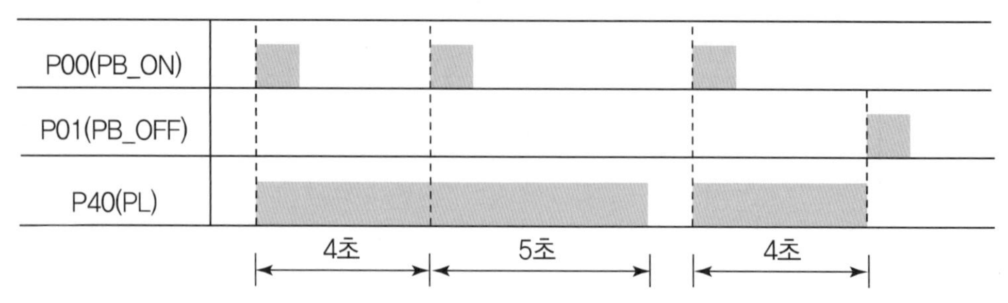

② 래더도

2 카운터 명령

1) CTU(Up Counter)

(1) 명령어 사용방법

① 적용 기종 : XGK, XGB

명령		사용 가능 영역														스텝	플래그		
		PMK	F	L	T	C	S	Z	D.x	R.x	상수	U	N	D	R		에러 (F110)	제로 (F111)	캐리 (F112)
CTU	C	–	–	–	–	○	–	–	–	–	–	–	–	–	–	2~3	–	–	–
	N	○	–	–	–	–	–	–	–	–	○	○	–	○	○				

CTU Count 입력 CTU C N

Reset 신호 (R)

② 영역 설정

오퍼랜드	설명	데이터 타입
C	사용하고자 하는 카운터 접점	WORD
N	설정치(0~65,535)	WORD

(2) 기능

① 입상 펄스가 입력될 때마다 현재값을 +1 하고 현재값이 설정값 이상이면 출력을 On 한 후 카운터 최대치(65,535)까지 Count 합니다.

② 리셋(Reset) 신호가 On 하면 출력을 Off 시키며 현재값은 0이 됩니다.

(3) 타임차트

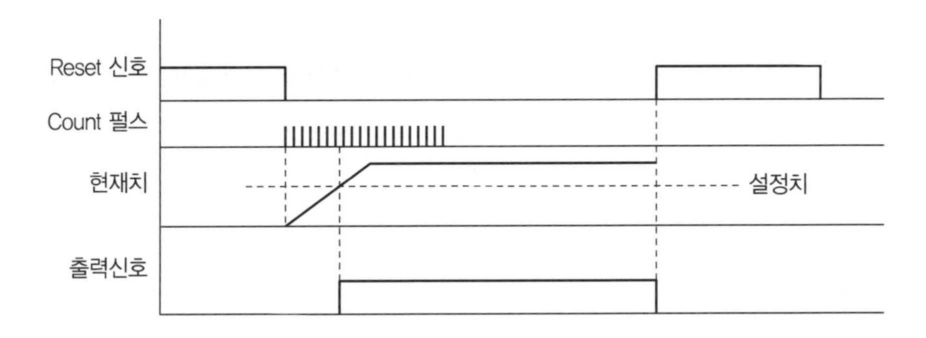

(4) 프로그램하기

① 원하는 위치에 클릭 → F10 또는 -[F]- 클릭 → 원하는 위치에 클릭

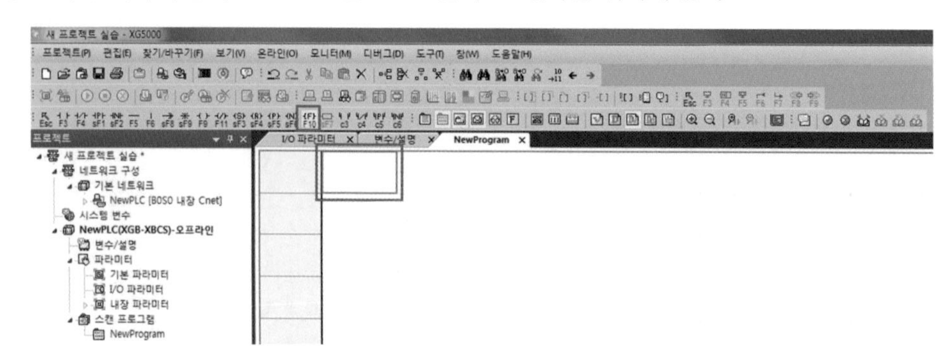

② 응용명령 대화상자가 나타납니다.

응용명령 창에서 명령어 형식에 맞게 입력합니다.

입력 완료 후 'Enter' 또는 '확인' 클릭

예 CTU C1 3

③ 카운터의 입력 조건 접점과 출력 조건 코일을 편집합니다.

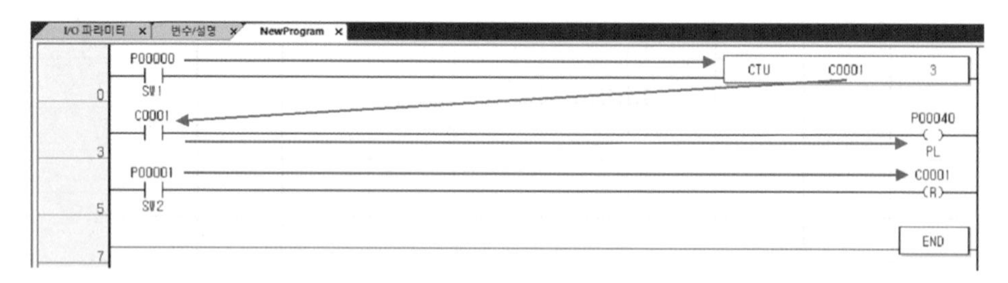

P00000(SW1) 접점으로 Count Up 하여 현재값과 설정값이 같을 때 P00040(PL) 출력이 On 됩니다.

P00001(SW2) 접점이 On 하면 출력을 Off 시키며 현재값은 0으로 초기화됩니다.

(5) 프로그램 연습

① 타임차트

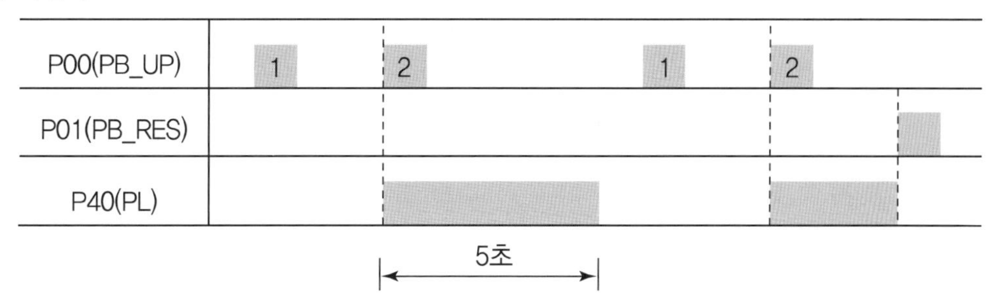

② 래더도

2) CTR(Ring Counter)

(1) 명령어 사용방법

① 적용 기종 : XGK, XGB

명령		사용 가능 영역														스텝	플래그		
		PMK	F	L	T	C	S	Z	D.x	R.x	상수	U	N	D	R		에러 (F110)	제로 (F111)	캐리 (F112)
CTR	C	–	–	–	–	○	–	–	–	–	–	–	–	–	–	2~3	–	–	–
	N	○	–	–	–	–	–	–	–	–	○	○	–	○	○				

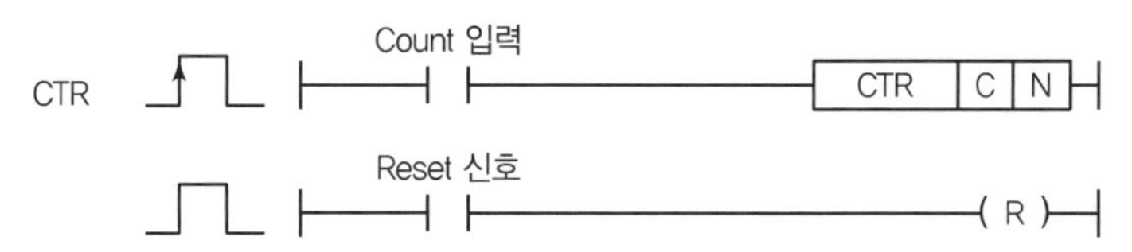

② 영역 설정

오퍼랜드	설명	데이터 타입
C	사용하고자 하는 카운트 접점	WORD
N	설정치(0~65,535)	WORD

(2) 기능

① 상승 펄스가 입력될 때마다 현재값을 +1 하고 현재값이 설정값에 도달한 후 입력신호가 Off → On 되면 현재값은 0으로 됩니다.

② 현재값이 설정값에 도달하면 출력은 On 됩니다.

③ 현재값이 설정값 미만이거나 리셋(Reset) 조건이 On이면 출력은 Off 됩니다.

(3) 타임차트

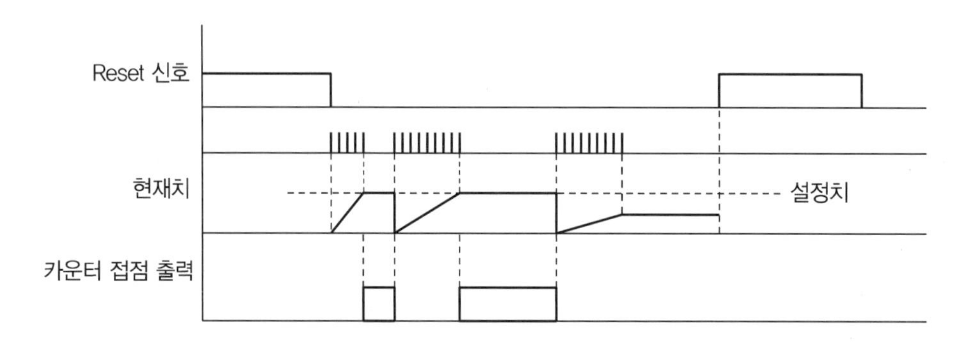

(4) 프로그램하기

① 타임차트

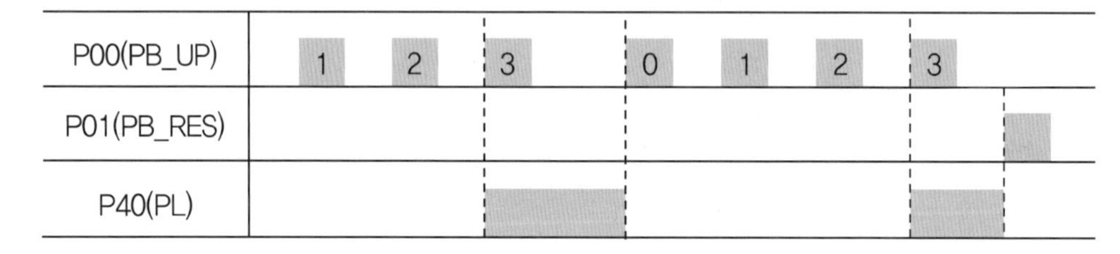

② 래더도

```
0  P00000 (PB_UP) ─┤ ├─────────────── [CTR  C0001  3]
3  C0001 ─┤ ├──────────────────────── ( ) P00040 PL
5  P00001 (PB_RES) ─┤ ├────────────── (R) C0001
7  ─────────────────────────────────── [END]
```

3) CTUD(Up Down Counter)

(1) 명령어 사용방법

① 적용 기종 : XGK, XGB

명령		사용 가능 영역														스텝	플래그		
		PMK	F	L	T	C	S	Z	D.x	R.x	상수	U	N	D	R		에러 (F110)	제로 (F111)	캐리 (F112)
CTUD	C	–	–	–	–	○	–	–	–	–	–	–	–	–	–	2~3	–	–	–
	U	○	○	○	○	○	–	–	○	–	–	○	–	–	–				
	D	○	○	○	○	○	–	–	○	–	–	○	–	–	–				
	N	○	–	–	–	–	–	–	–	–	○	○	–	○	–				

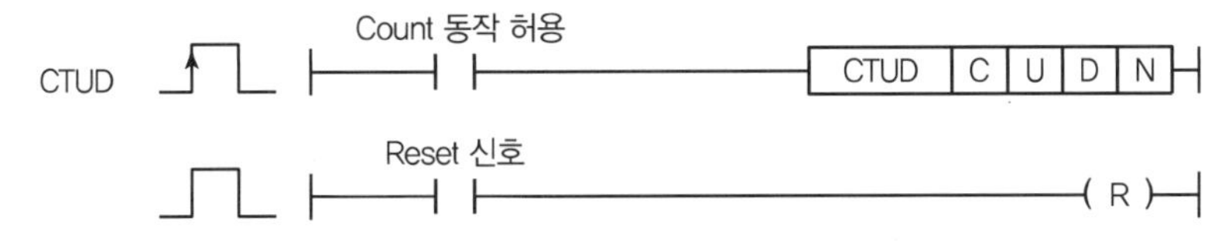

② 영역 설정

오퍼랜드	설명	데이터 타입
C	사용하고자 하는 타이머 접점	WORD
U	현재치를 +1 하는 신호	BIT
D	현재치를 −1 하는 신호	BIT
N	설정치(0~65,535)	WORD

(2) 기능

① U로 지정된 디바이스에 상승 신호가 입력될 때마다 현재값을 +1 하며, 현재값이 설정값 이상이면 출력을 On 하고 카운터 최대치(65,535)까지 Count 합니다.

② D로 지정된 디바이스에 상승 신호가 입력될 때마다 현재값을 -1 합니다.

③ 리셋(Reset) 신호가 On 하면 현재값은 0이 됩니다.

④ U, D로 지정된 디바이스에 펄스가 동시에 On 하면 현재값은 변하지 않습니다.

⑤ Count 동작허용신호는 On 된 상태를 유지하고 있어야 Up−Down 카운트가 가능합니다.

(3) 타임차트

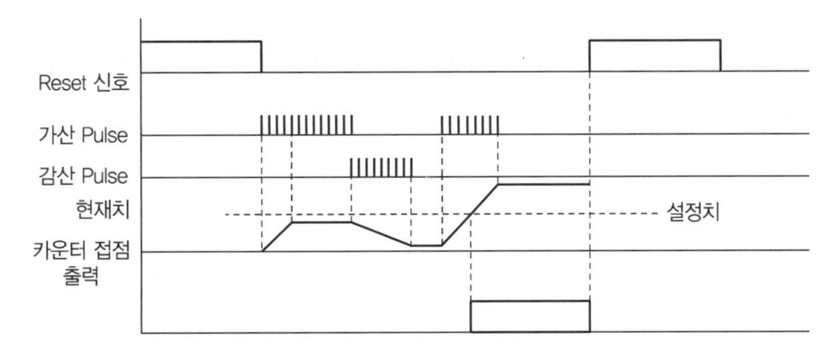

(4) 프로그램하기

① 원하는 위치에 클릭 → F10 또는 ⊣F⊢ 클릭 → 원하는 위치에 클릭

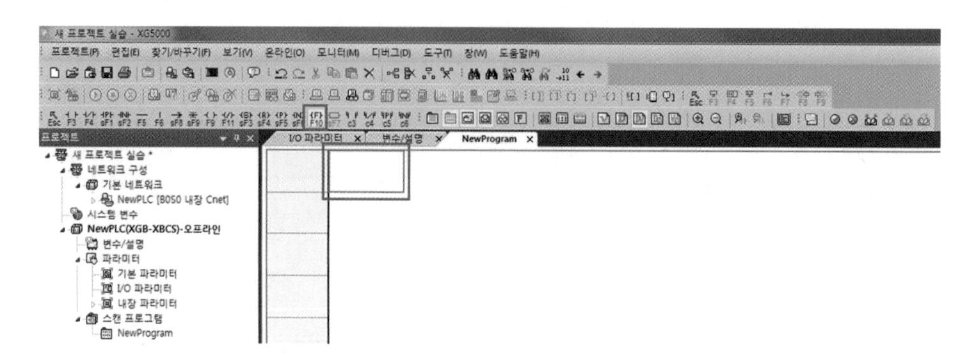

② 응용명령 대화상자가 나타납니다.

응용명령 창에서 명령어 형식에 맞게 입력합니다.

입력 완료 후 'Enter' 또는 '확인' 클릭

예 CTUD C1 P1 P2 5

③ 카운터의 입력 조건 접점과 출력 조건 코일을 편집합니다.

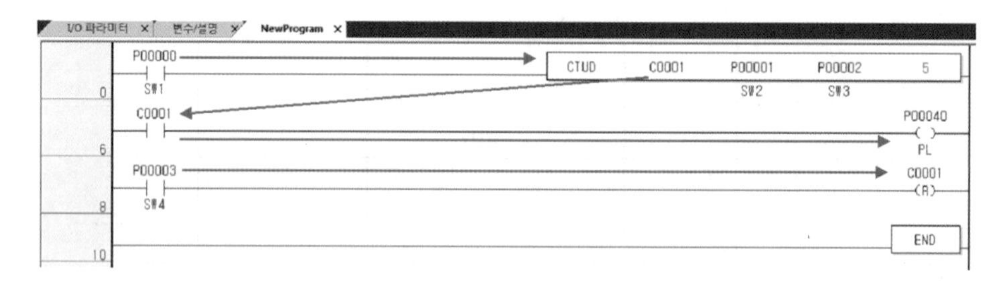

• 카운터 허용신호인 P00000(SW1)이 On 되면 가감산 카운트가 가능하게 됩니다.
• 카운터 허용신호 P00000(SW1)이 Off 되면 회로는 초기화됩니다.
• 카운터 허용신호가 없는 경우 F00099(상시 On 플래그)에 의해 항상 가감산 카운터가 가능하게 합니다.
• P00001(SW2) 접점으로 Count Up 하여 현재값과 설정값이 같을 때 P00040(PL) 출력이 On 됩니다.
• P00002(SW3) 접점의 상승 펄스에 의해 Count Down 됩니다.
• P00003(SW4)이 On 되어 리셋(Reset) 조건이 만족되면 출력은 Off 되고 카운터 현재값은 0이 됩니다.

(5) 프로그램 연습

① 타임차트

P00(PB_UP)	1	2	3		3	
P01(PB_DOWN)				2		
P02(PB_RES)						0
P40(PL)			ON		ON	

② 래더도

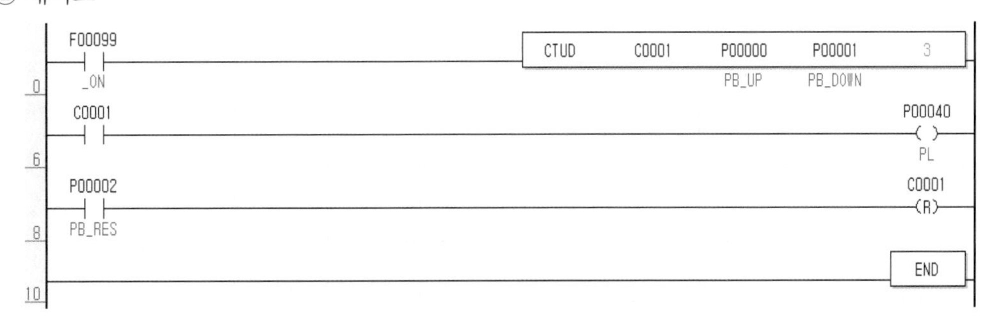

3 데이터 전송 명령

1) MOV, MOVP(MOVE : 전송, 복사)

(1) 명령어 사용방법

① 적용 기종 : XGK, XGB

명령		사용 가능 영역														스텝	플래그		
		PMK	F	L	T	C	S	Z	D.x	R.x	상수	U	N	D	R		에러 (F110)	제로 (F111)	캐리 (F112)
MOV(P)	S	○	○	○	○	○	–	○	–	–	○	○	○	○	○	2~5	–	–	–
DMOV(P)	D	○	–	○	○	○	–	○	–	–	–	○	○	○	○				

MOV COMMAND [S D]

MOVP COMMAND [P S D]

[ ]는 MOV/DMOV를 나타냄

② 영역 설정

오퍼랜드	설명	데이터 타입
S	전송하고자 하는 데이터 또는 데이터가 들어 있는 디바이스 번호	WORD/DWORD
D	전송된 데이터를 저장할 디바이스 번호	WORD/DWORD

(2) 기능

① S로 지정된 디바이스의 워드 데이터를 D로 전송합니다.

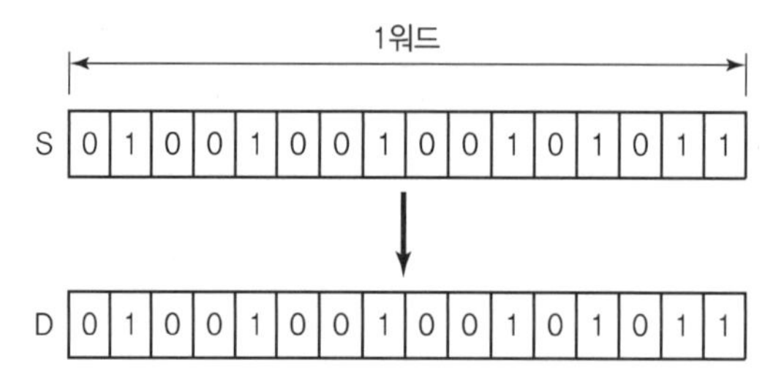

(3) 프로그램하기

① 원하는 위치에 클릭 → F10 또는 -[F]- 클릭 → 원하는 위치에 클릭

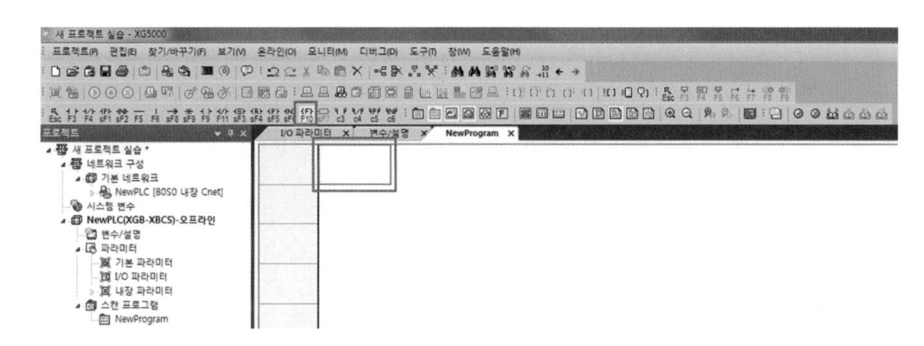

② 응용명령 대화상자가 나타납니다.

응용명령 창에서 명령어 형식에 맞게 입력합니다.

입력 완료 후 'Enter' 또는 '확인' 클릭

예 MOV 30 D0

③ MOV의 입력 조건 접점과 출력 조건 코일을 편집합니다.

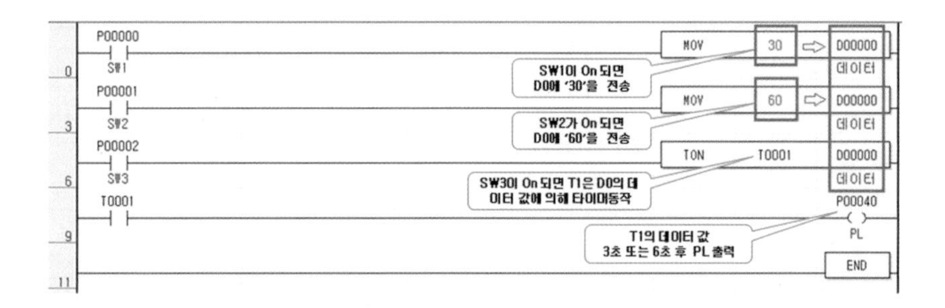

타이머, 카운터의 설정값을 고정하지 않고 내부 데이터(D)와 전송명령(MOV)을 이용하여 설정값을 조건에 따라 변경할 수 있습니다.

(4) 프로그램 연습(카운터 반복회로)

① 동작 설명

업 카운터의 현재값을 6이 되면 1로 전송하여 1~5를 무한 반복하는 회로입니다.

② 래더도

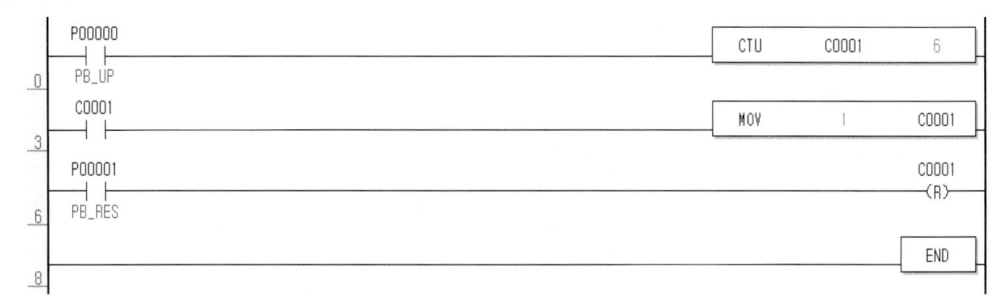

2) FMOV, FMOVP(File Move)

(1) 명령어 사용방법

① 적용 기종 : XGK, XGB

명령		사용 가능 영역														스텝	플래그		
		PMK	F	L	T	C	S	Z	D.x	R.x	상수	U	N	D	R		에러 (F110)	제로 (F111)	캐리 (F112)
FMOV(P)	S	○	○	○	○	○	−	○	−	−	○	○	○	○	○	4~6	○	−	−
	D	○	−	○	○	○	−	○	−	−	−	○	○	○	○				
	N	○	−	○	−	−	−	○	−	−	○	○	○	○	○				

FMOV — COMMAND — FMOV S D N

FMOVP — COMMAND — FMOVP S D N

② 영역 설정

오퍼랜드	설명	데이터 타입
S	전송하고자 하는 데이터 또는 데이터가 들어 있는 디바이스 번호	WORD
D	전송된 데이터를 저장할 디바이스 번호	WORD
N	그룹으로 전송하고자 하는 워드 개수(0~65, 535)	WORD

③ 플래그 셋(Set)

플래드	내용	디바이스 번호
에러	N의 범위가 지정 영역을 초과할 경우 셋(Set). 해당 명령어 결과는 처리되지 않음	F110

(2) 기능

① 워드데이터 S를 D로부터 N개 워드 수만큼 차례로 전송합니다.

② 데이터의 특정영역을 초기화할 경우 주로 사용합니다.

③ N의 범위가 지정영역을 초과하는 경우는 에러 플래그(F110)를 셋(Set)하고 처리하지 않습니다.

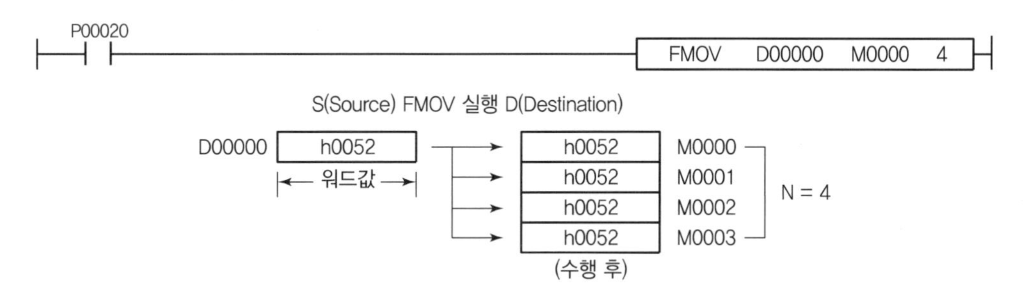

(3) 프로그램하기

① 원하는 위치에 클릭 → F10 또는 ⊣F⊢ 클릭 → 원하는 위치에 클릭

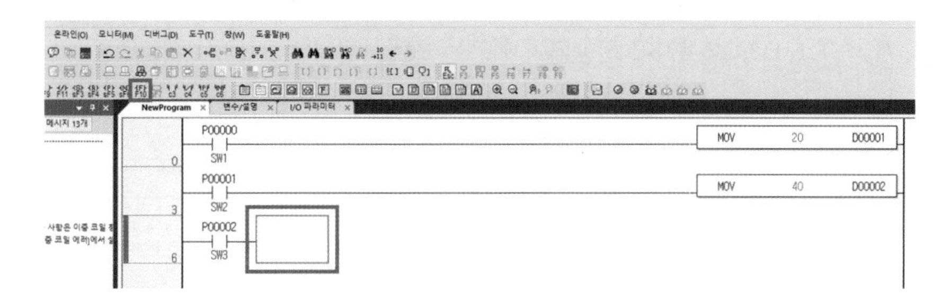

② 응용명령 대화상자가 나타납니다.

응용명령 창에서 명령어 형식에 맞게 입력합니다.

입력 완료 후 'Enter' 또는 '확인' 클릭

예 FMOV 0 D1 2

③ FMOV의 입력 조건 접점과 출력 조건 코일을 편집합니다.

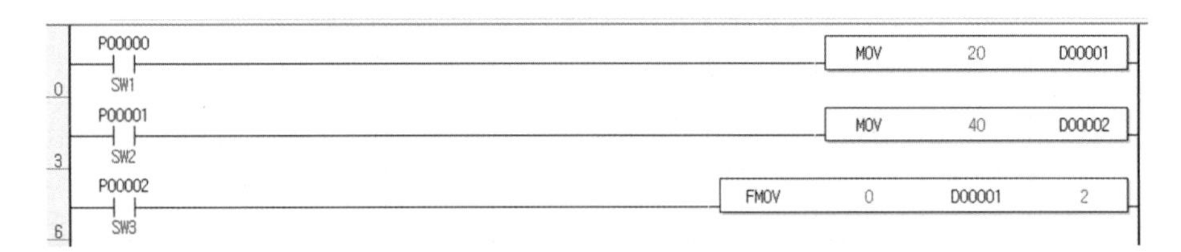

데이터 명령어 D는 입력값이 Off 되어도 저장된 데이터는 초기화되지 않으므로 MOV 명령어를 이용해서 0을 전송하면 데이터값이 초기화됩니다. 따라서 FMOV 명령어를 사용하면 여러 개의 데이터 명령어를 동시에 초기화할 수 있습니다.

(4) 프로그램 연습(덧셈 연산회로)

① 동작설명

SW1이 ON 되면 D1에 20 전송, SW2가 On 되면 D2에 40 전송, SW3이 On 되면 ADD(덧셈)에 의해 D3에 60 입력, T1은 D3 설정값에 의해 6초 후 PL 점등됩니다. SW4가 On 되면 0을 D1부터 3개, 즉 D1, D2, D3에 0이 전송되어 회로는 초기화됩니다.

② 래더도

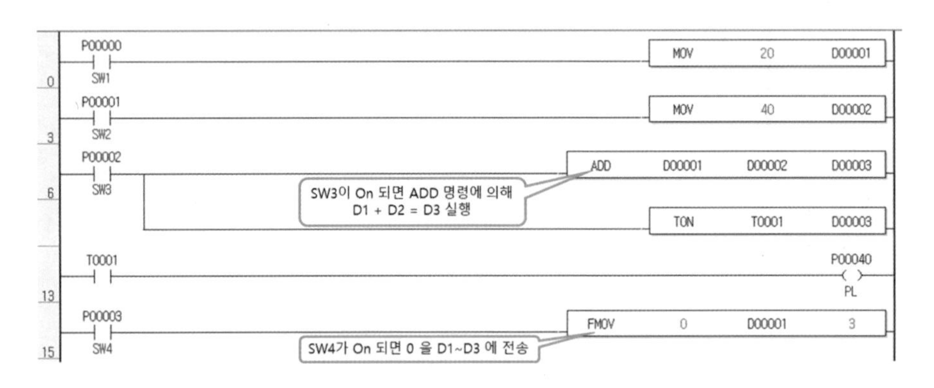

4 비교 명령

1) LOAD X(AND X , OR X)

(1) 명령어 사용방법

① 적용 기종 : XGK, XGB

명령		사용 가능 영역														스텝	플래그		
		PMK	F	L	T	C	S	Z	D.x	R.x	상수	U	N	D	R		에러 (F110)	제로 (F111)	캐리 (F112)
LOAD (X)	S1	○	○	○	○	○	−	○	−	−	○	○	○	○	○	2~3	−	−	−
	S2	○	○	○	○	○	−	○	−	−	○	○	○	○	○				

LOAD X [S1] [S2]

□는 LOAD X를 나타냄

② 영역 설정

오퍼랜드	설명	데이터 타입
S1	S2와 비교하게 되는 데이터나 데이터 주소	INT/DINT
S2	S1과 비교하게 되는 데이터나 데이터 주소	INT/DINT

(2) 기능

① S1과 S2를 비교하여 X 조건과 일치하면 현재의 연산결과를 On 합니다. 이 외의 연산결과는 Off 합니다.

X 조건	조건	연산결과
=	S1=S2	On
<=	S1≤S2	On
>=	S1≥S2	On
<>	S1≠S2	On
<	S1<S2	On
>	S1>S2	On

② S1과 S2의 비교는 Signed 연산으로 실행합니다.

③ 따라서 h8000(−32,768)~hFFFF(−1) < 0~h7FFF(32,767)와 같은 결과를 취하게 됩니다.

④ AND X : S1과 S2를 비교하여 X 조건과 일치하면 On, 불일치하면 Off 하고 이 결과와 현재의 BR 값을 AND하여 새로운 연산결과로 취합니다.

⑤ OR X : S1과 S2를 비교하여 X 조건과 일치하면 On, 불일치하면 Off 하여 이 결과와 현재의 연산결과를 OR 한 후 새로운 연산결과로 취합니다.

(3) 프로그램하기

① 원하는 위치에 클릭 → F10 또는 -[F]- 클릭 → 원하는 위치에 클릭

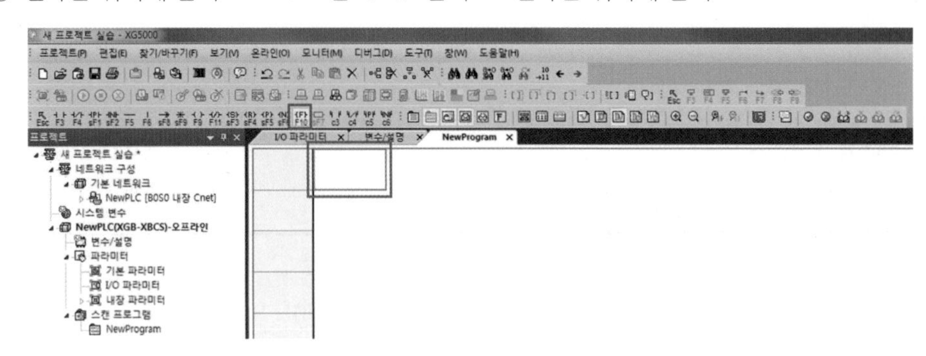

② 응용명령 대화상자가 나타납니다.

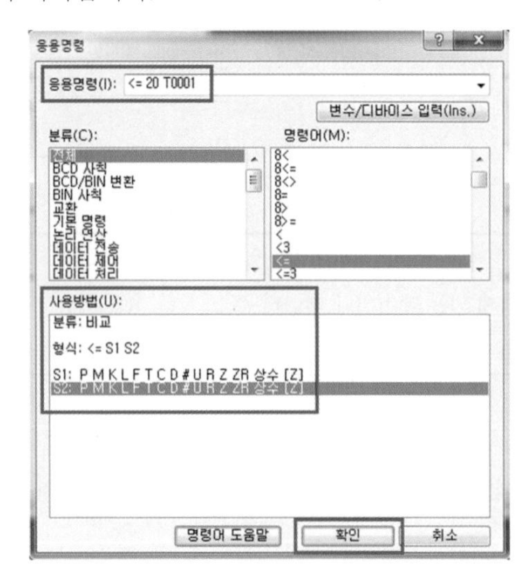

응용명령 창에서 명령어 형식에 맞게 입력합니다.

입력 완료 후 'Enter' 또는 '확인' 클릭

예 < = 20 T1

T1의 현재값이 20과 같거나, 크면 출력하는 명령으로 2초 이상을 의미합니다.

③ 비교 명령의 입력 조건과 출력 조건 코일을 편집합니다.

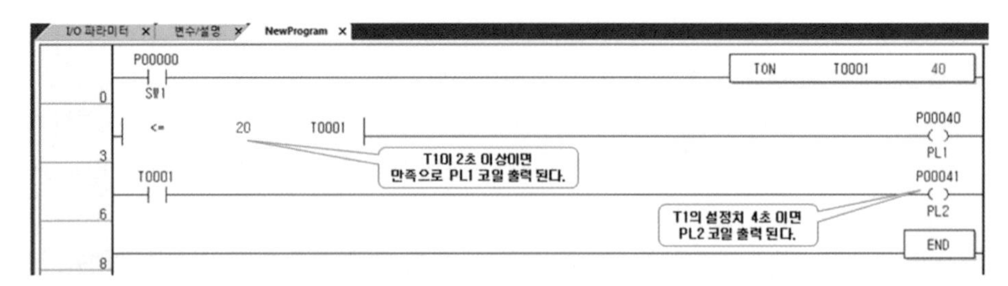

P00000(SW1)이 On 되면 2초 후 P00040(PL1)이 출력되고 4초 후 P00041(PL2)이 출력되는 순차점등 회로가 됩니다.

(4) 프로그램 연습

① 타임차트

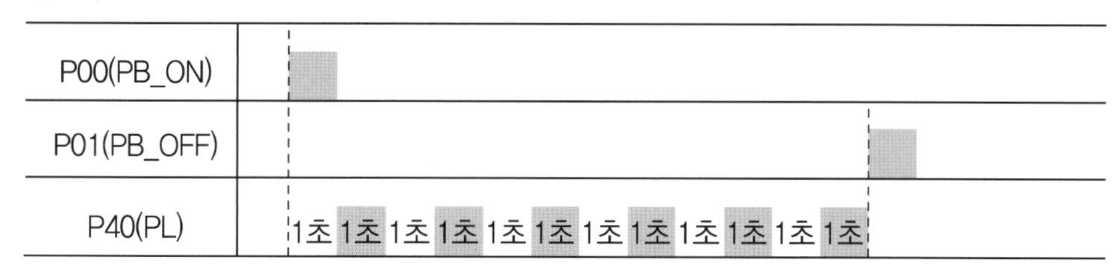

② 래더도

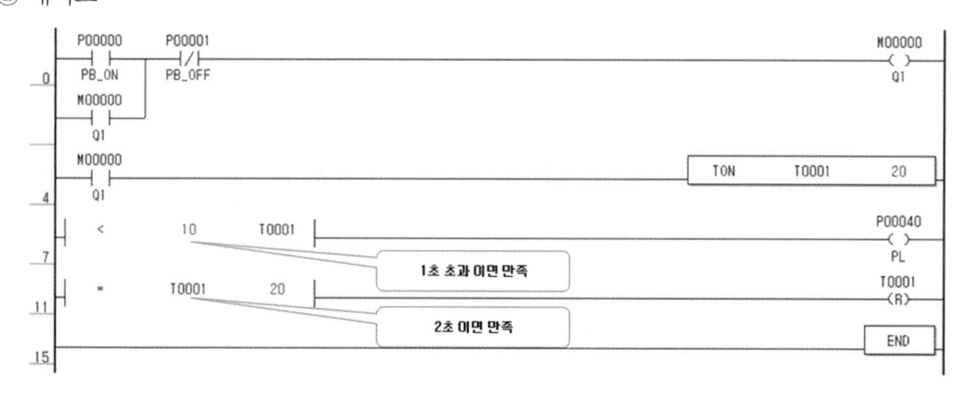

2) LOAD3 X (AND3 X , OR3 X)

(1) 명령어 사용방법

① 적용 기종 : XGK, XGB

명령		사용 가능 영역														스텝	플래그		
		PMK	F	L	T	C	S	Z	D.x	R.x	상수	U	N	D	R		에러 (F110)	제로 (F111)	캐리 (F112)
LOAD3 X	S1	○	○	○	○	○	–	○	–	–	○	○	○	○	○	4~5	–	–	–
	S2	○	○	○	○	○	–	○	–	–	○	○	○	○	○				
	S3	○	○	○	○	○	–	○	–	–	○	○	○	○	○				

LOAD3 X [ ] S1 S2 S3

[ ]는 LOAD3 X를 나타냄

② 영역 설정

오퍼랜드	설명	데이터 타입
S1	비교할 데이터 혹은 비교할 데이터를 지정하는 디바이스 번호	INT
S2	비교할 데이터 혹은 비교할 데이터를 지정하는 디바이스 번호	INT
S3	비교할 데이터 혹은 비교할 데이터를 지정하는 디바이스 번호	INT

(2) 기능

① 비교 데이터로 지정된 S1, S2, S3 3개의 워드 데이터를 X 조건으로 비교하여 조건과 일치하면 On, 불일치하면 Off 하여 새로운 연산결과로 취합니다.

X 조건	조건	연산결과
=	S1=S2=S3	On
< =	S1≤S2≤S3	On
> =	S1≥S2≥S3	On
< >	S1≠S2≠S3	On
<	S1<S2<S3	On
>	S1>S2>S3	On

② S1과 S2의 비교는 Signed 연산으로 실행합니다.

③ 따라서 h8000(−32,768)~hFFFF(−1)<0~h7FFF(32,767)와 같은 결과를 취하게 됩니다.

④ AND3 X : 비교 데이터로 지정된 S1, S2, S3 3개의 워드 데이터를 X 조건으로 비교하여 조건과 일치하면 On, 불일치하면 Off 하고 이 결과와 현재의 연산결과를 AND 하여 새로운 연산결과로 취합니다.

⑤ OR3 X : 비교 데이터로 지정된 S1, S2, S3 3개의 워드 데이터를 X 조건으로 비교하여 조건과 일치하면 On, 불일치하면 Off 하고 이 결과와 현재의 연산결과를 OR 하여 새로운 연산결과로 취하게 됩니다.

(3) 프로그램하기

① 원하는 위치에 클릭 → F10 또는 ┤F├ 클릭 → 원하는 위치에 클릭

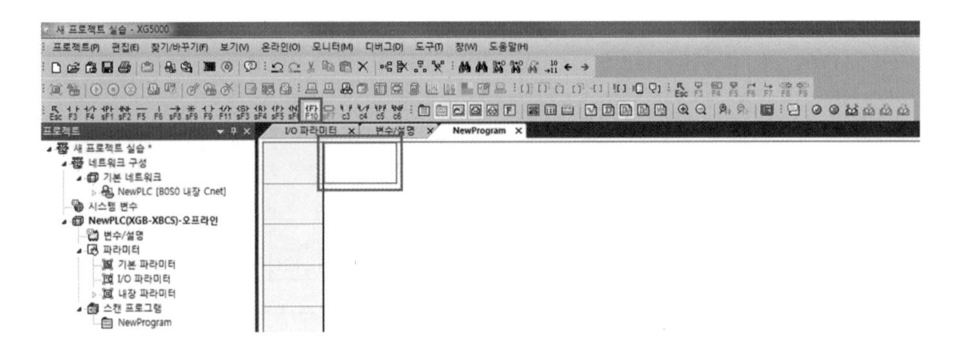

② 응용명령 대화상자가 나타납니다.

응용명령 창에서 명령어 형식에 맞게 입력합니다.

입력 완료 후 'Enter' 또는 '확인' 클릭

예 < =3 1 C1 3

C1의 현재값이 1 이상 3 이하, 즉 1부터 3까지를 의미합니다.

③ 비교 명령의 입력 조건과 출력 조건 코일을 편집합니다.

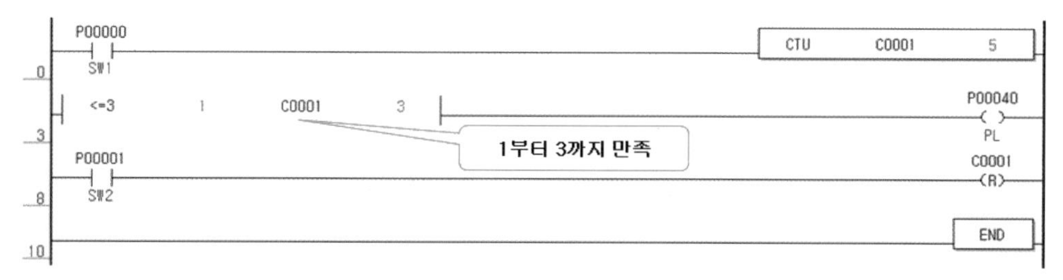

P00000(SW1) 접점으로 Count Up 하여 현재값이 1 이상 3 이하일 때 P00040(PL) 출력이 On 됩니다.

P00001(SW2) 접점이 On 하면 현재값은 0으로 초기화됩니다.

(4) 프로그램 연습

① 동작 설명

PB_UP 입력으로 Up 카운터 되며, 카운터의 현재값이 1 이상 4 미만이면 PL1 점등, 4 이상 5 미만이면 PL2 점등, 5이면 현재값은 0으로 초기화됩니다.

PB_RES 접점이 On 하면 현재값은 0으로 초기화됩니다.

② 타임차트

신호								
P00(PB_UP)	1	2	3	4	0	1	2	3
P01(PB_RES)								
P40(PL1)								
P41(PL2)								

③ 래더도

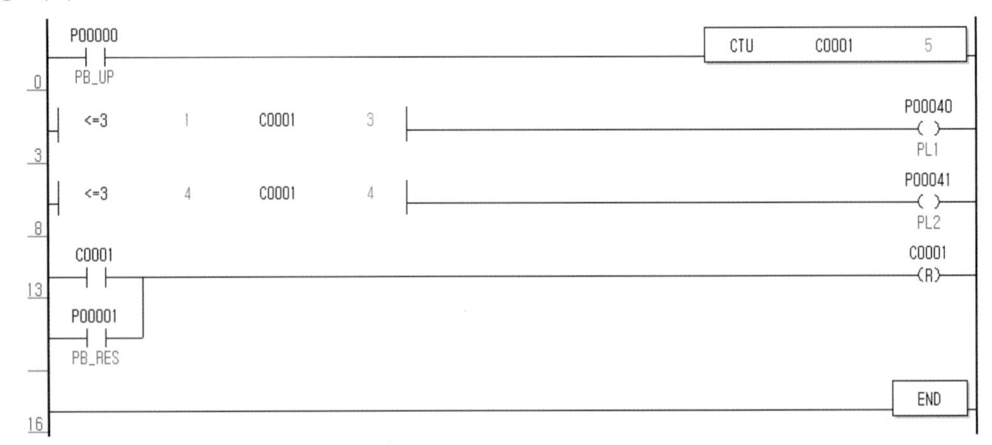

5 BIN 사칙연산 명령

1) ADD, ADDP(덧셈)

(1) 명령어 사용방법

① 적용 기종 : XGK, XGB

명령		사용 가능 영역														스텝	플래그		
		PMK	F	L	T	C	S	Z	D.x	R.x	상수	U	N	D	R		에러 (F110)	제로 (F111)	캐리 (F112)
ADD(P)	S1	○	○	○	○	○	−	○	−	−	○	○	○	○	○	4~6	−	−	−
	S2	○	○	○	○	○	−	○	−	−	○	○	○	○	○				
	D	○	−	○	○	○	−	○	−	−	−	○	○	○	○				

ADD COMMAND [ ] S1 S2 D

ADDP COMMAND [ ]P S1 S2 D

[ ]는 ADD/DADD를 나타냄

② 영역 설정

오퍼랜드	설명	데이터 타입
S1	S2와 덧셈연산을 실행할 데이터	INT/DINT
S2	S1과 덧셈연산을 실행할 데이터	INT/DINT
D	연산결과를 저장할 주소	INT/DINT

(2) 기능

① 워드데이터 S1과 S2를 더한 후 결과를 D에 저장합니다.

② 이때 Signed 연산을 실행합니다. 연산결과가 32,767(h7FFF)을 초과하거나 −32,768(h8000) 미만일 때 캐리 플래그는 Set 되지 않습니다.

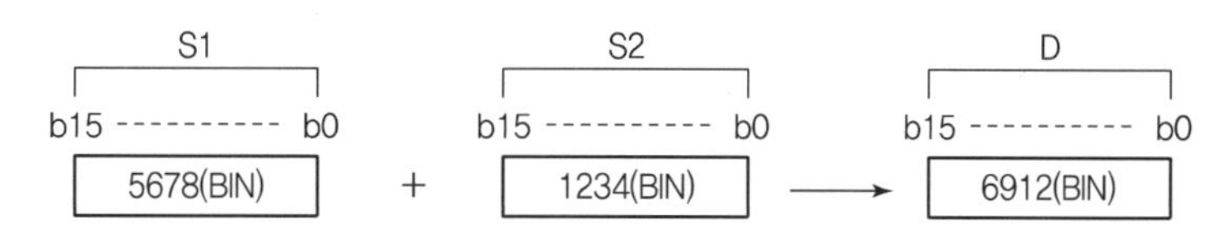

(3) 프로그램하기

① 원하는 위치에 클릭 → F10 또는 -[F]- 클릭 → 원하는 위치에 클릭

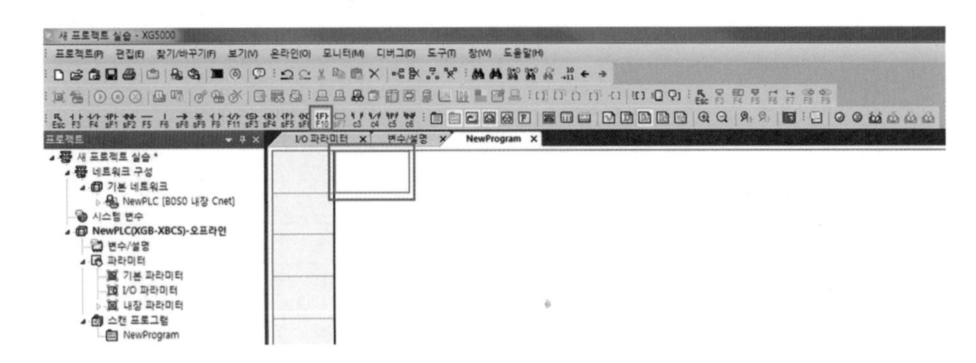

② 응용명령 대화상자가 나타납니다.

응용명령 창에서 명령어 형식에 맞게 입력합니다.

입력 완료 후 'Enter' 또는 '확인' 클릭

예 ADDP D0 1 D0

양 검출 신호에 D0의 내부 데이터에 +1을 하고 연산한 결과를 D0에 저장합니다.

③ 연산 명령의 입력 조건을 편집합니다.

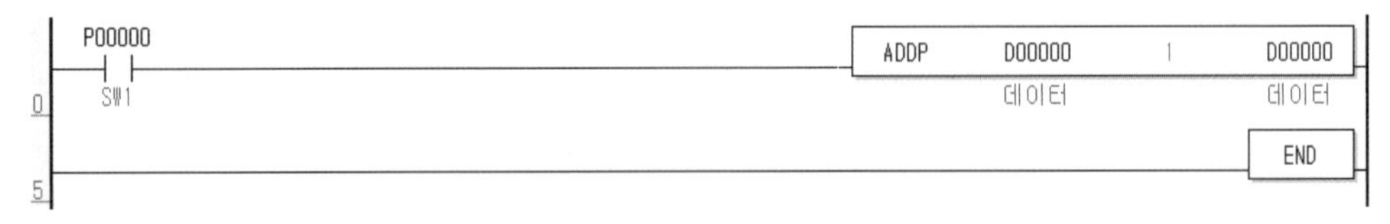

P00000(SW1) 접점으로 D0의 내부 데이터는 +1씩 증가하는 Up 카운터와 유사한 동작을 합니다.

(4) 프로그램 연습

① 동작조건

• 입력 : SW(타이머 On), PB1, PB2

• 출력 : PL1, PL2, PL3

• 동작 설명

– 타이머의 설정시간을 제어하여 램프를 점등하는 회로입니다.

– PB1을 1회 누를 때마다 PL1의 점등 시간은 1초씩 증가하고, PB2를 1회 누를 때마다 PL2의 점등 시간은 1초씩 증가합니다.

– PL3은 PL1 점등 시간과 PL2 점등 시간을 더한 시간만큼 점등됩니다(PL3 = PL1 + PL2).

– SW가 On 되면 PL1, PL2, PL3 모두 점등되고, PB1, PB2의 설정시간만큼 점등 후 소등됩니다.

– SW가 Off일 때 타이머의 설정시간을 설정합니다.

– SW가 On이면 타이머의 설정시간을 변경할 수 없습니다.

② 래더도

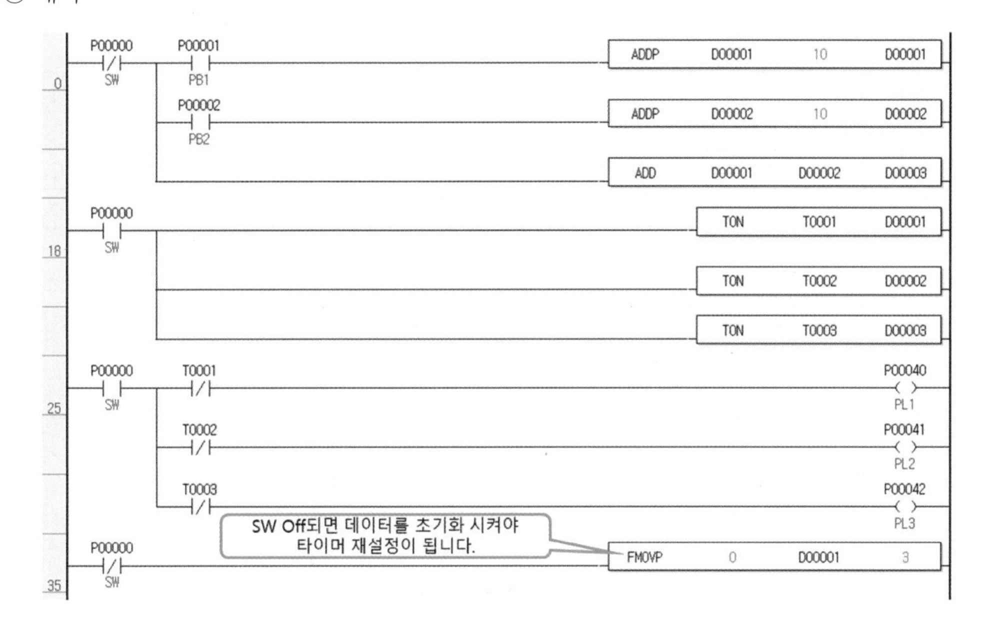

2) SUB, SUBP(뺄셈)

(1) 명령어 사용방법

① 적용 기종 : XGK, XGB

명령		사용 가능 영역														스텝	플래그		
		PMK	F	L	T	C	S	Z	D.x	R.x	상수	U	N	D	R		에러 (F110)	제로 (F111)	캐리 (F112)
SUB(P)	S1	○	○	○	○	○	−	○	−	−	○	○	○	○	○	4~6	−	−	−
	S2	○	○	○	○	○	−	○	−	−	○	○	○	○	○				
	D	○	−	○	○	○	−	○	−	−	−	○	○	○	○				

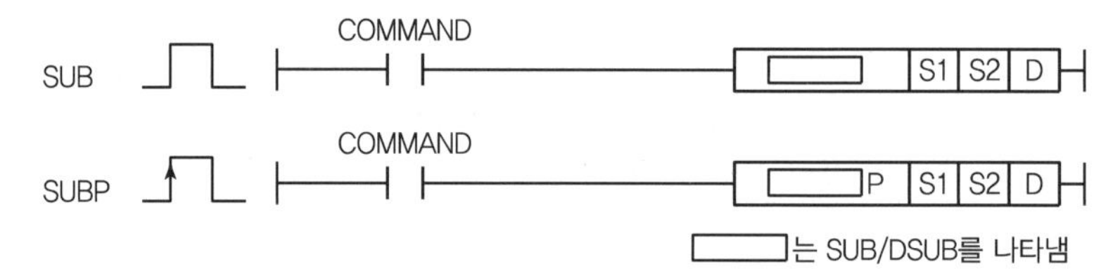

② 영역 설정

오퍼랜드	설명	데이터 타입
S1	S2와 뺄셈연산을 실행할 데이터	INT/DINT
S2	S1과 뺄셈연산을 실행할 데이터	INT/DINT
D	연산결과를 저장할 주소	INT/DINT

(2) 기능

① 워드데이터 S1에서 S2를 감산 한 후 결과를 D(16bit)에 저장합니다.

② 이때 Signed 연산을 실행합니다.

③ 연산결과가 32,767(h7FFF)을 초과하거나 −32,768(h8000) 미만일 때 캐리 플래그는 Set 되지 않습니다.

(3) 프로그램하기

① 원하는 위치에 클릭 → F10 또는 -[F]- 클릭 → 원하는 위치에 클릭

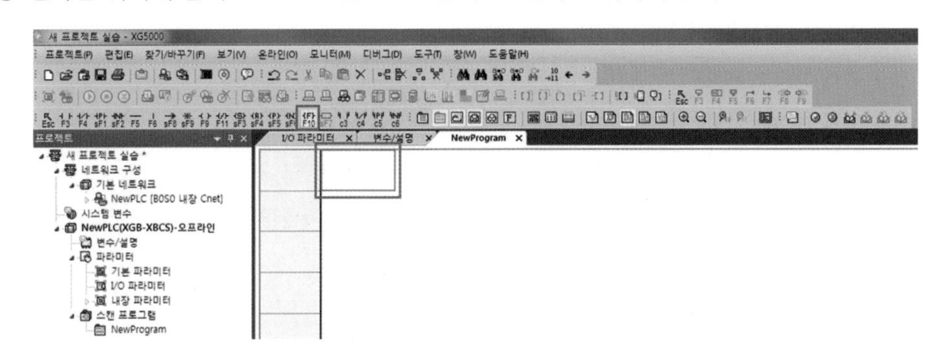

② 응용명령 대화상자가 나타납니다.

응용명령 창에서 명령어 형식에 맞게 입력합니다.

입력 완료 후 'Enter' 또는 '확인' 클릭

예 SUBP D0 1 D0

양 검출 신호에 D0의 내부 데이터에 -1을 하고 연산한 결과를 D0에 저장합니다.

③ 연산 명령의 입력 조건을 편집합니다.

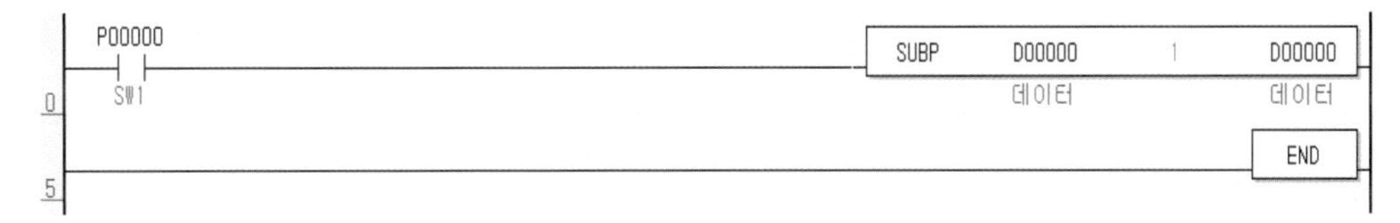

P00000(SW1) 접점으로 D0의 내부 데이터는 -1씩 감소하는 Down 카운터와 유사한 동작을 합니다.

(4) 프로그램 연습

① 동작 조건

- 입력 : SW(타이머 On), PB1(+1), PB2(−1)
- 출력 : PL1, PL2
- 동작 설명
  - 타이머의 설정값을 제어하여 램프를 점등하는 회로입니다.
  - 타이머의 설정값은 최대 10초, 최소 1초까지 PB1, PB2를 이용하여 시간을 설정할 수 있습니다(PB1은 1초 증가, PB2는 1초 감소).
  - SW가 Off일 때 타이머의 설정값을 설정합니다.
  - SW가 On이면 타이머의 설정값을 변경할 수 없으며, 현재값이 설정값과 같게 되면 타이머 접점 T1은 On 됩니다.
  - SW가 On 되면 PL1은 점등되고, 타이머 접점 T1이 On 되면 PL2가 점등됩니다.

② 래더도

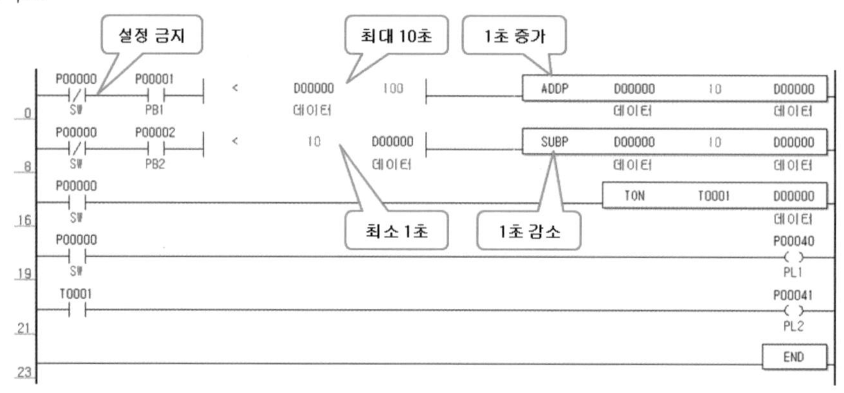

3) MUL, MULP(곱셈)

(1) 명령어 사용방법

① 적용 기종 : XGK, XGB

명령		사용 가능 영역														스텝	플래그		
		PMK	F	L	T	C	S	Z	D.x	R.x	상수	U	N	D	R		에러 (F110)	제로 (F111)	캐리 (F112)
MUL(P)	S1	○	○	○	○	○	−	○	−	−	○	○	○	○	○	4~6	−	−	−
	S2	○	○	○	○	○	−	○	−	−	○	○	○	○	○				
	D	○	−	○	○	○	−	○	−	−	−	○	○	○	○				

MUL — COMMAND — [▭ | S1 | S2 | D]

MULP — COMMAND — [▭P | S1 | S2 | D]

▭는 MUL/DMUL을 나타냄

② 영역 설정

오퍼랜드	설명	데이터 타입
S1	S2와 곱셈연산을 실행할 데이터	INT/DINT
S2	S1과 곱셈연산을 실행할 데이터	INT/DINT
D	연산결과를 저장할 주소	DINT/LINT

(2) 기능

① 워드데이터 S1과 S2를 곱한 후 결과를 (D+1, D)(32bit)에 저장합니다.

② 이때 Signed 연산을 실행합니다.

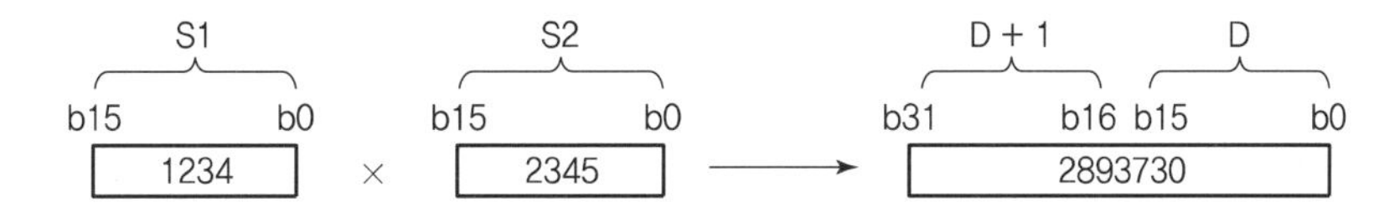

(3) 프로그램하기

① 원하는 위치에 클릭 → F10 또는 ⊣F⊢ 클릭 → 원하는 위치에 클릭

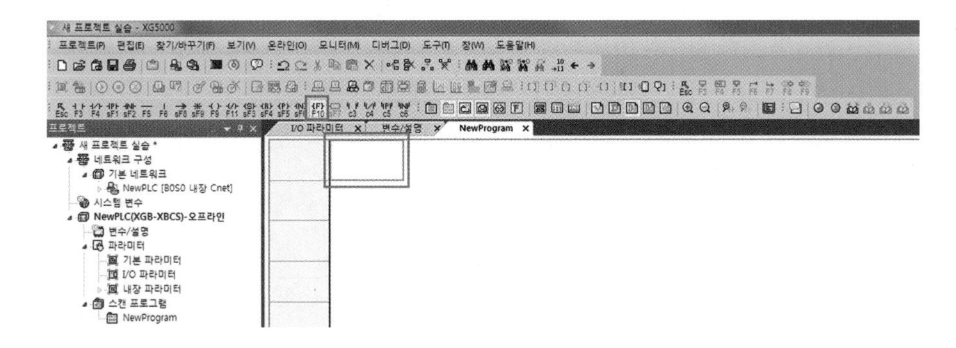

② 응용명령 대화상자가 나타납니다.

응용명령 창에서 명령어 형식에 맞게 입력합니다.

입력 완료 후 'Enter' 또는 '확인' 클릭

예 MULP D1 D2 D3

양 검출 신호에 D1의 내부데이터와 D2의 내부데이터를 곱한 결과를 D3에 저장합니다.

③ 연산 명령의 입력 조건을 편집합니다.

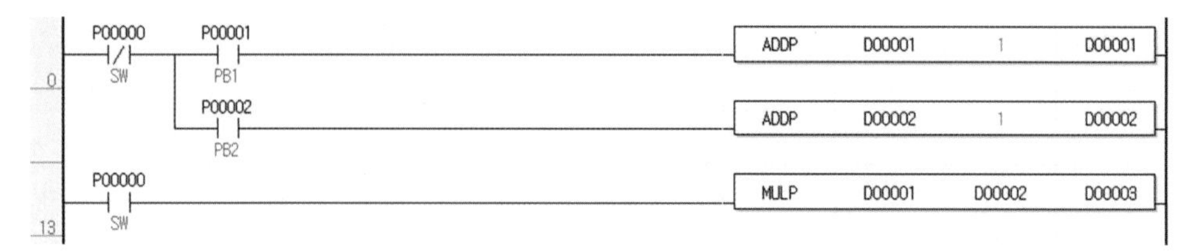

(4) **프로그램 연습**

① 동작 조건

- 입력 : SW(타이머 On), PB1, PB2
- 출력 : PL
- 동작 설명
  - PB1의 입력 횟수와 PB2의 입력 횟수를 곱한 값이 타이머의 설정시간이 됩니다.
  - SW가 Off일 때 타이머의 설정시간을 설정합니다.
  - SW가 On 되면 PL이 점등되고, 타이머의 설정시간이 되면 PL은 소등됩니다.
  - SW가 On이면 타이머의 설정값을 변경할 수 없습니다.

② 래더도

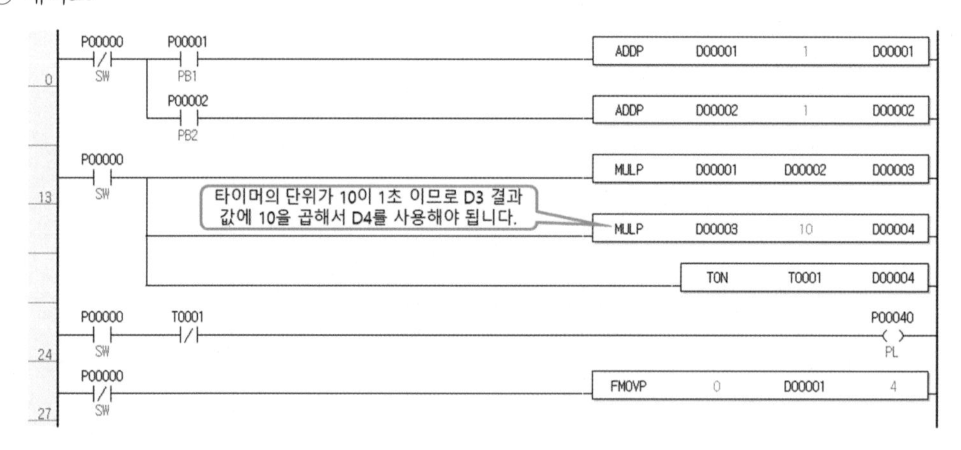

4) DIV, DIVP(나눗셈)

(1) 명령어 사용방법

① 적용 기종 : XGK, XGB

명령		사용 가능 영역														스텝	플래그		
		PMK	F	L	T	C	S	Z	D.x	R.x	상수	U	N	D	R		에러 (F110)	제로 (F111)	캐리 (F112)
DIV(P)	S1	○	○	○	○	○	−	○	−	−	○	○	○	○	○	4~6	−	−	−
	S2	○	○	○	○	○	−	○	−	−	○	○	○	○	○				
	D	○	−	○	○	○	−	○	−	−	−	○	○	○	○				

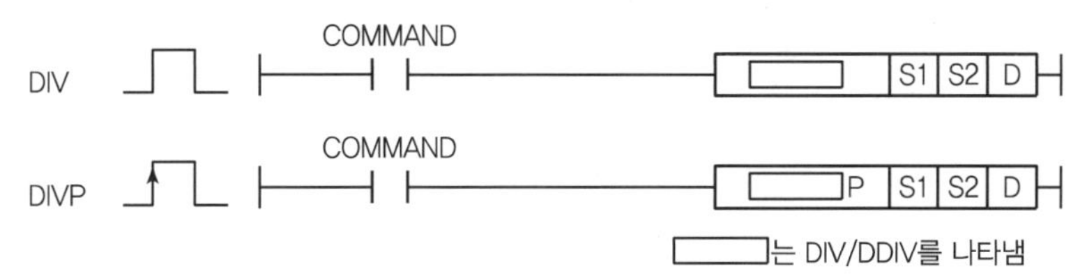

② 영역 설정

오퍼랜드	설명	데이터 타입
S1	S2와 나눗셈연산을 실행할 데이터	INT/DINT
S2	S1과 나눗셈연산을 실행할 데이터	INT/DINT
D	연산결과를 저장할 주소	INT/DINT

S2의 값이 0일 때는 에러가 발생됩니다.

(2) 기능

① 워드데이터 S1을 S2로 나눈 후 몫을 D(16bit)에, 나머지를 D+1에 저장합니다.

② 이때 Signed 연산을 실행합니다.

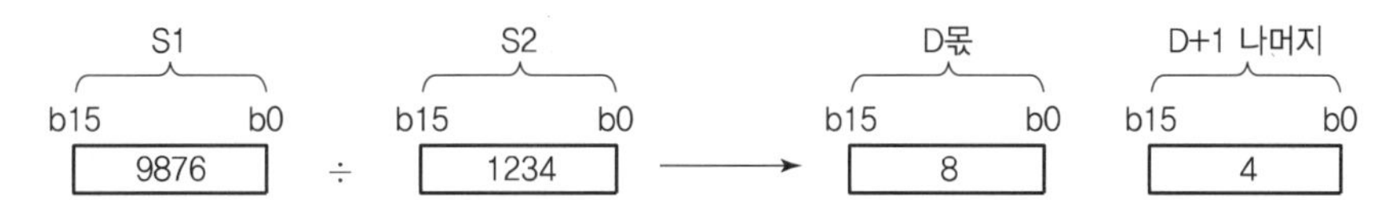

(3) 프로그램하기

① 원하는 위치에 클릭 → F10 또는 ⊣F⊢ 클릭 → 원하는 위치에 클릭

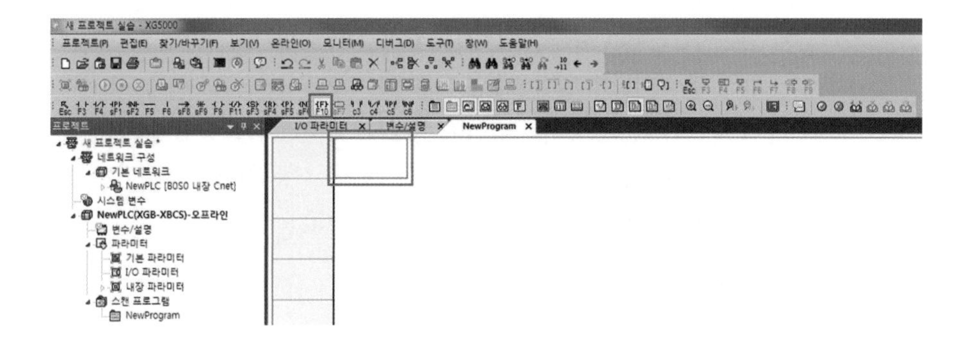

② 응용명령 대화상자가 나타납니다.

응용명령 창에서 명령어 형식에 맞게 입력합니다.

입력 완료 후 'Enter' 또는 '확인' 클릭

예 DIVP D1 2 D2

양 검출 신호에 D1의 내부데이터를 2로 나눈 결과를 D2에 저장합니다.

③ 연산 명령의 입력 조건을 편집합니다.

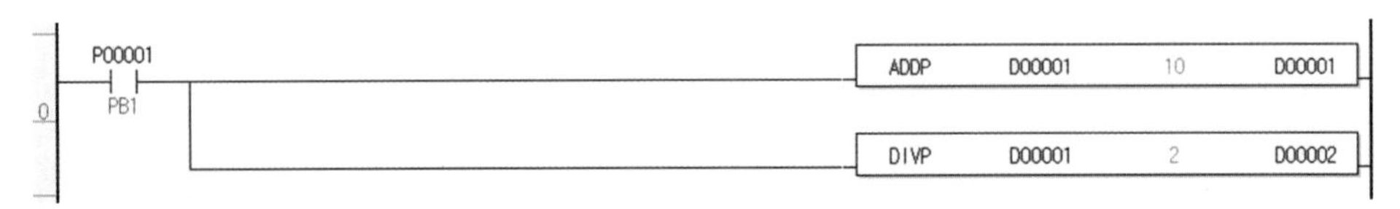

(4) 프로그램 연습

① 동작 조건

- 입력 : SW(타이머 On), PB1(설정시간)
- 출력 : PL1, PL2
- 동작 설명
  - PB1을 1회 누를 때마다 PL1의 점등 시간은 1초씩 증가합니다.
  - PL1의 점등 시간은 PB1의 입력 횟수(초)에 따라 점등 후 소등됩니다.
  - PL2의 점등 시간은 PL1 점등 시간의 1/2초 후 소등됩니다.
  - SW가 Off일 때 타이머의 설정시간을 설정합니다.
  - SW가 On 되면 PL1은 점등되고 타이머 설정시간(PB1) 후 소등됩니다.
  - PL1이 소등되면 PL2는 점등되고 동작 조건에 따라 소등됩니다.
  - SW가 On이면 타이머의 설정값을 변경할 수 없습니다.

② 래더도

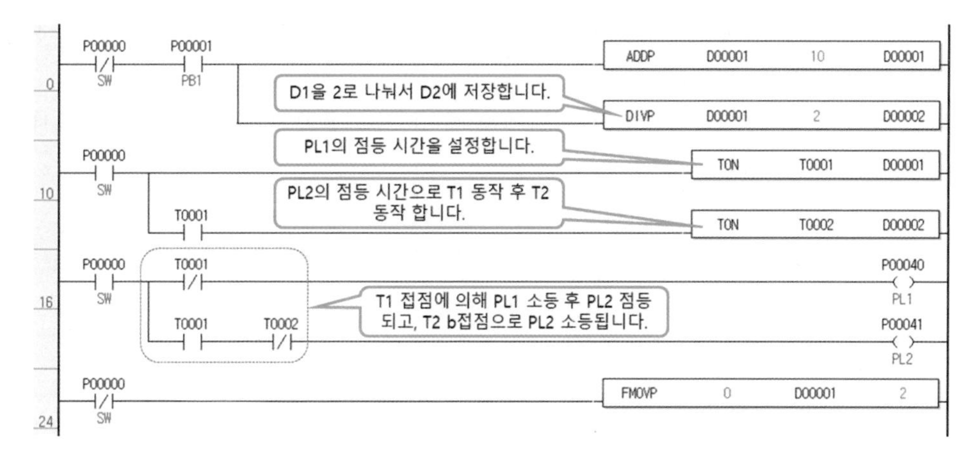

[응용 명령어 구조]

XGB PLC에서 접점과 코일을 이용할 경우 비트 데이터를 읽거나 쓸 수 있습니다. 또한 XGB에서는 비트 데이터 외에도 니블(Nibble, 4비트), 바이트(Byte, 8비트), 워드(Word, 16비트), 더블워드(Double Word, 32비트), 롱워드(Long Word, 64비트) 크기의 다양한 데이터를 취급할 수 있으며 이러한 데이터를 이용하여 연산하기 위해서는 응용 명령어를 사용해야 합니다.

XGB의 응용 명령어는 워드(16비트) 데이터를 처리하는 기본명령어에 접두어와 접미어를 추가함으로써 기본 명령어의 기능을 추가 또는 제한하는 구조로 구성됩니다. 접두어와 접미어는 각각 2개까지 조합하여 사용이 가능합니다.

접두어	+	기본 명령어	+	접미어

▸ 접두어

기본 명령어 앞에 추가하여 기본 명령어의 기능을 보조하는 문자를 접두어라고 합니다. 하나의 기본 명령어에 최대 2개의 접두어를 사용할 수 있습니다.

- D : 더블 워드(Double Word, 32 비트) 정수 데이터 연산 예 DMOV, D=, DADD 등
- R : 32비트 실수 데이터 연산 예 RMOV, R=, RDIV 등
- L : 64비트 실수 데이터 연산 예 LMOV, L=, LADD 등
- G : 그룹 데이터 연산 예 GMOV, G=, GADD 등
- B : 16비트 데이터 내에서 비트 연산 예 BMOV
- $: 문자열 데이터 연산 예 $MOV, $ADD 등
- 8 : 8비트 데이터 연산 예 8=, 8<, 8<> 등
- 4 : 4비트 데이터 연산 예 4=, 4<> 등

▸ 접미어

기본 명령어 뒤에 추가하여 기본 명령어의 기능을 보조하는 문자를 접미어라고 합니다. 하나의 기본 명령어에 최대 2개의 접미어를 사용할 수 있습니다.

- U : 기본 명령어가 부호 있는 십진 정수 데이터를 연산할 때 부호 없는 십진 정수데이터 연산 예 ADDU 등
- P : 레벨 연산 응용 명령어의 상승 에지 연산 예 MOVP, DIVP 등
- B : 기본 명령어가 십진 정수 데이터 연산 할 때 BCD 데이터 연산 예 ADDB, MULB 등
- 8 : 8비트 데이터 연산 예 MOV8, BCD8 등
- 4 : 4비트 데이터 연산 예 MOV4, BCD4 등
- 3 : 2개의 데이터 연산 기본 명령어에서 3개의 데이터 처리 예 =3, < >3 등

시뮬레이터

1 시뮬레이터

1) 시뮬레이터 기능

PLC와 직접 접속하지 않고 컴퓨터에서 프로그램을 운전하여 XG5000으로 작성한 프로그램을 검증할 수 있습니다.

2) 시뮬레이터 시작하기

(1) 프로그래밍 완성화면

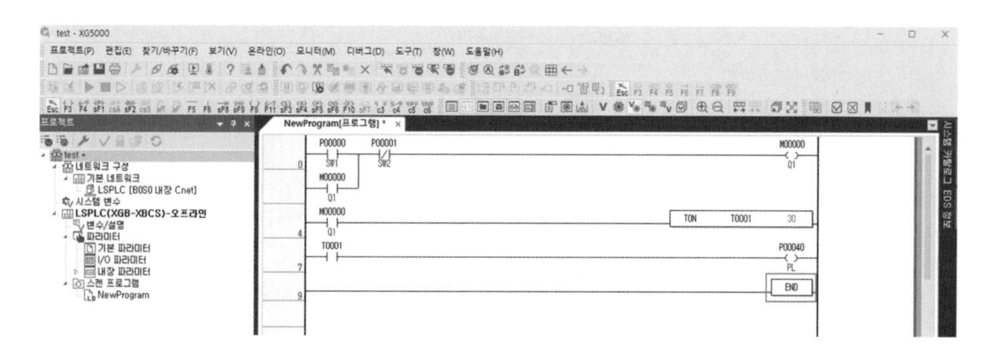

(2) 아이콘 클릭 또는 '도구' → '시뮬레이터 시작' 클릭

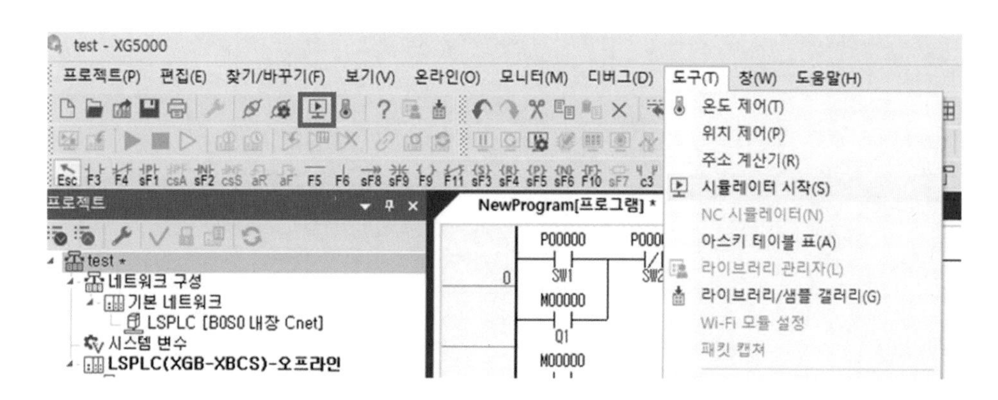

(3) 쓰기 → 'Enter' 또는 '확인'

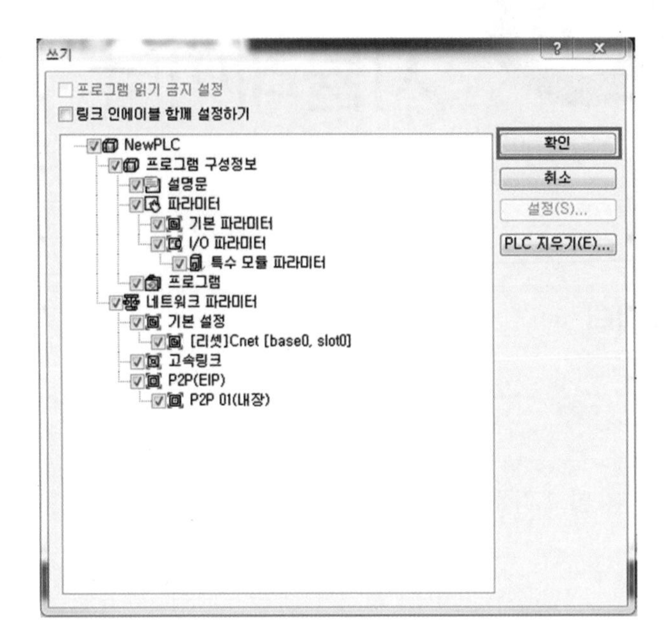

(4) 완료 → 'Enter' 또는 '확인'

시뮬레이터가 시작되면 프로그램 편집창의 바탕색이 회색으로 변경됩니다.

(5) 시스템 모니터

① 아이콘 클릭 또는 '모니터' → '시스템 모니터' 클릭

② 시스템 모니터 구조

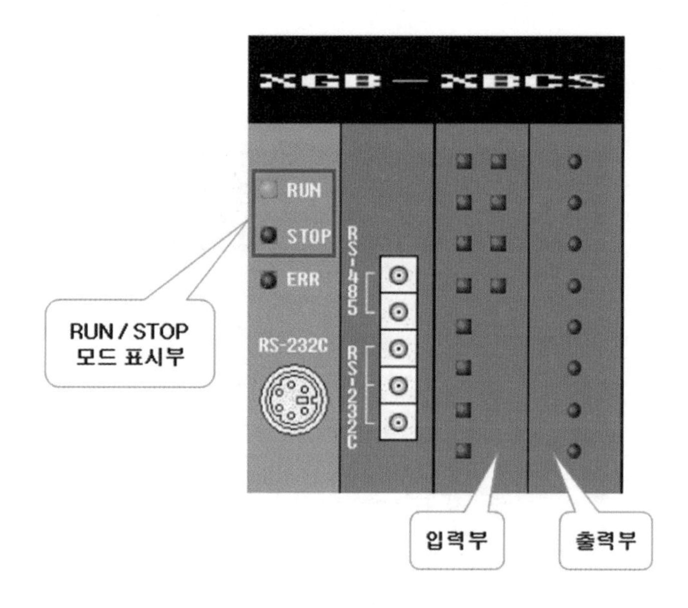

③ 모드의 종류

- RUN : 프로그램 연산을 정상적으로 수행하는 모드입니다.
- STOP : 프로그램 연산을 하지 않고 정지 상태인 모드입니다. 리모트 STOP모드에서만 XG5000을 통한 프로그램의 전송이 가능합니다.
- 디버그(DEBUG) : 프로그램의 오류를 찾거나, 연산 과정을 추적하기 위한 모드로 이 모드로의 전환은 STOP 모드에서만 가능합니다. 프로그램의 수행 상태와 각 데이터의 내용을 확인해 보며 프로그램을 검증할 수 있는 모드입니다.

④ 모드 변경

아이콘 클릭 또는 '온라인' → '모드 전환' → '런/스톱' 클릭

⑤ 입 · 출력 On/Off 모니터하기

입력 에 마우스를 가까이 하면 해당 디바이스 **P00000** 가 표시되고, 최초 클릭 시 I/O 변경 허용 대화상자가 나타나면 '□ 화면에 다시 표시 안 함'에 ✓ 하고 'Enter' 또는 '확인'을 클릭 합니다.

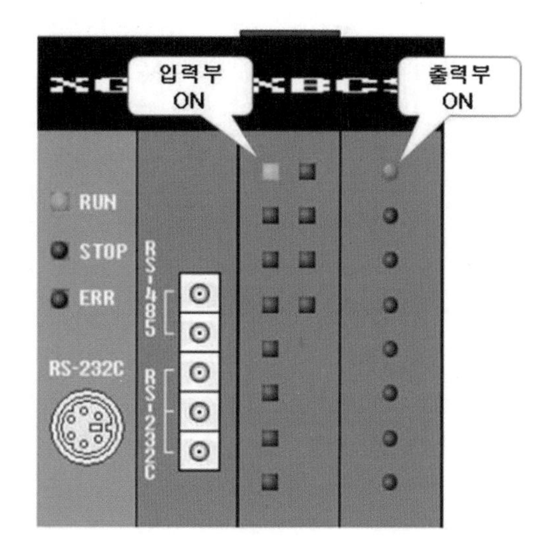

입력부는 On이 되면 하늘색으로 변경되며, 출력부는 On이 되면 적색으로 변경됩니다.

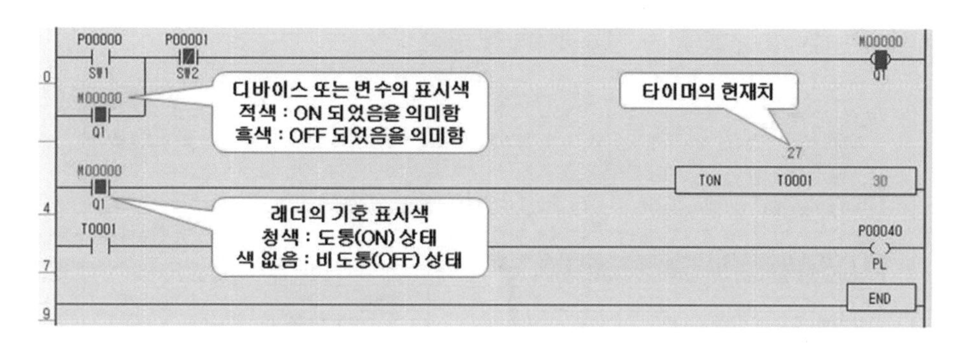

예 1) P00000 접점이 Off 되었을 때

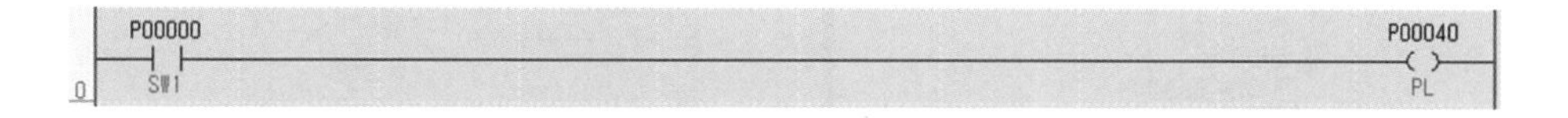

2) P00000 접점이 On 되었을 때

P00000 SW1	a 접점 (Off 상태)	P00040 PL	코일 (조건이 Off 상태)
P00000 SW1	a 접점 (On 상태)	P00040 PL	코일 (조건이 On 상태)
P00000 SW1	b 접점 (On 상태)		
P00000 SW1	b 접점 (Off 상태)		

3) 시뮬레이터 종료

아이콘 클릭 또는 '도구' → '시뮬레이터 끝' 클릭

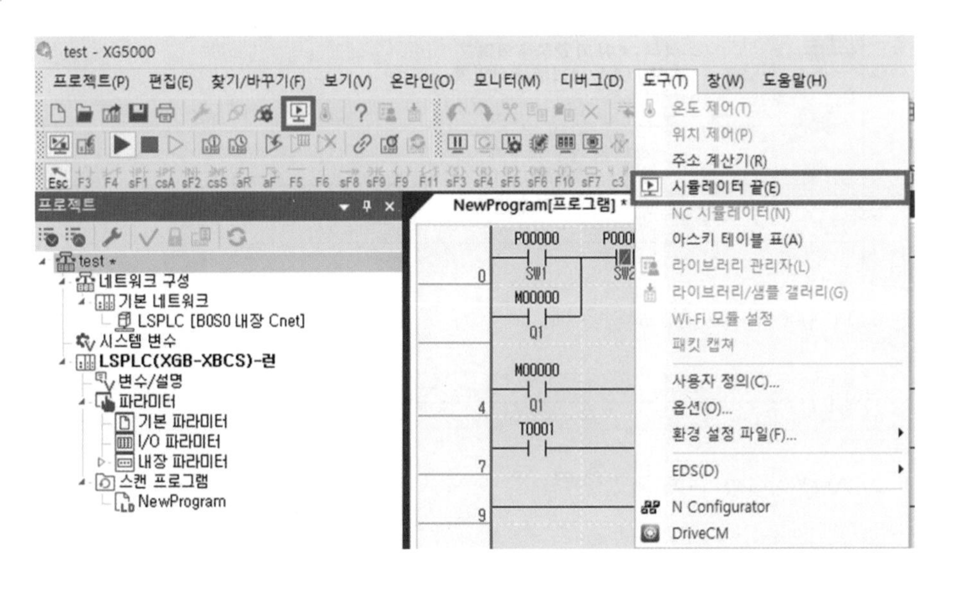

2 런 중 수정

1) 런 중 수정 시작

① 아이콘 클릭 또는 '온라인' → '런 중 수정 시작' 클릭

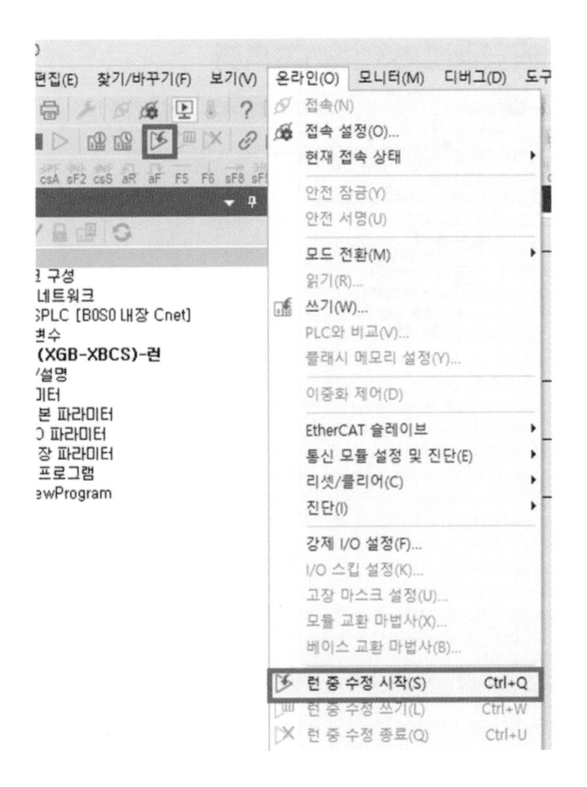

② '런 중 수정'이 시작되면 프로그램 창의 바탕색이 변경됩니다.

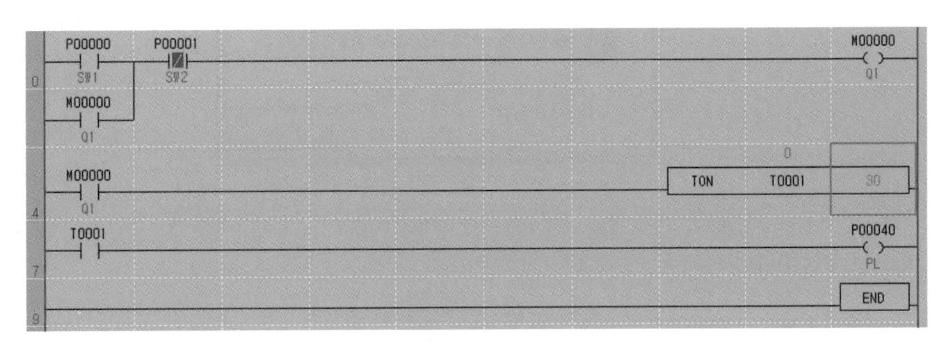

③ 수정 또는 추가하고자 하는 프로그램을 편집합니다.

2) 런 중 수정 쓰기

① 아이콘 클릭 또는 '온라인' → '런 중 수정 쓰기' 클릭

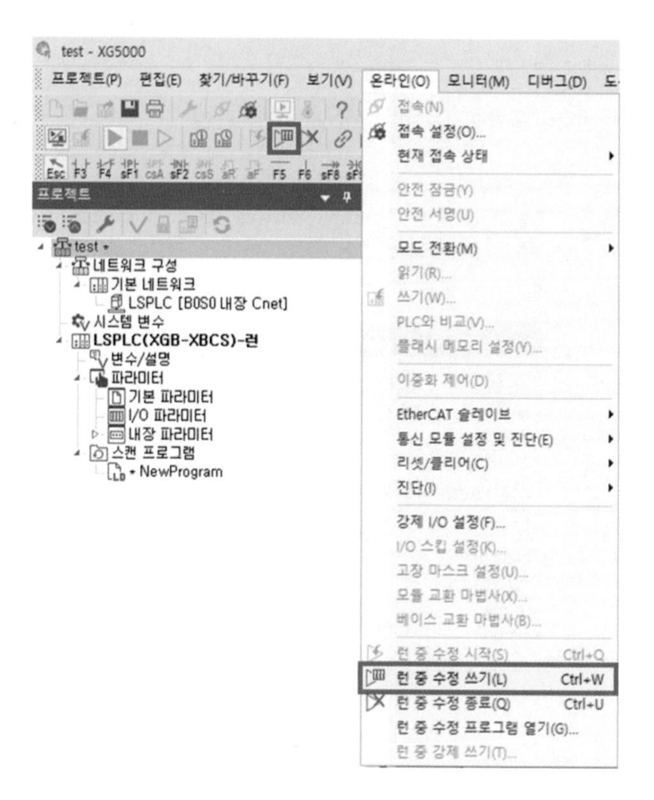

② 프로그램의 수정이 완료되면 수정된 프로그램을 전송합니다.

③ 완료 → 'Enter' 또는 '확인'

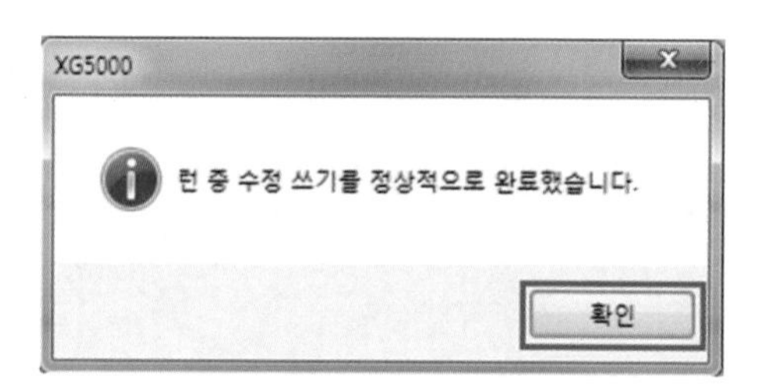

④ '시뮬레이터'와 '런 중 수정' 과정을 거쳐 프로그램을 검증하고 이상이 없을 때까지 위 과정을 반복하며 프로그램을 수정합니다.

3) 런 중 수정 종료

① '온라인' → '런 중 수정 종료' 클릭 또는 [icon] 아이콘 클릭

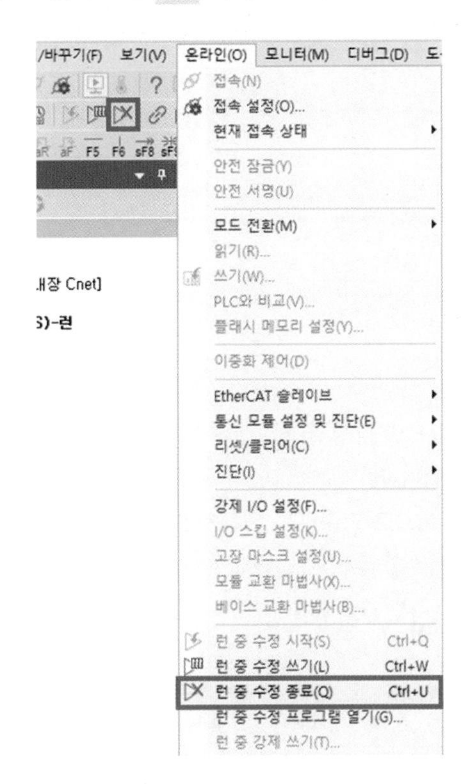

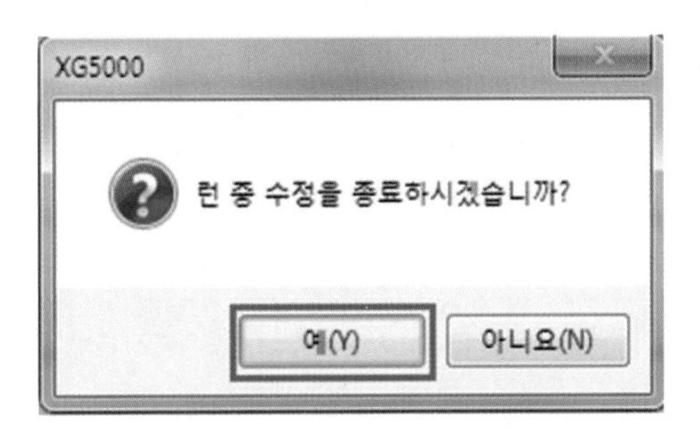

② 완료 → 'Enter' 또는 '예' 클릭

프로그램 쓰기

1 프로그램 쓰기

1) 접속

프로그램의 작성이 완료되었으면 작성된 프로그램 및 파라미터를 PLC로 전송하고 PLC를 RUN 상태로 전환해 주어야 PLC는 동작합니다.

PC에서 작성한 프로젝트를 PLC로 전송하기 위해서 PC와 PLC 간 접속이 이루어져야 하며, XGB는 다음과 같은 방법으로 PC와 접속할 수 있습니다.

아이콘 클릭 또는 '온라인' → '접속' 클릭

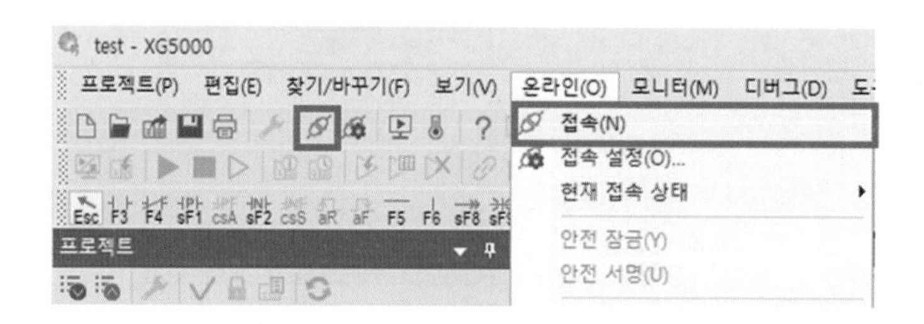

(1) 접속 설정

XG5000의 '온라인' 메뉴에서 '접속 설정'을 선택하면 접속 방법 및 단계를 선택하고, 선택된 통신 방법 및 단계에 따른 통신 세부 사항을 설정하는 단계로 구성됩니다.

① 아이콘 클릭 또는 '온라인' → '접속 설정' 클릭

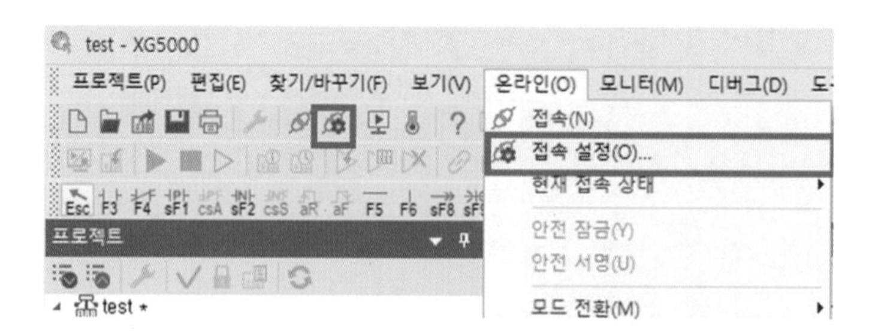

② XG5000에서 접속 단계에 따라 5가지 접속방법을 제공합니다.
'접속 옵션 설정'에서 접속 방법을 설정하고 '접속'을 클릭합니다.

RS－232C를 선택했을 경우 통신 세부 사항을 설정해야 하며, USB를 선택했을 경우 통신 세부 사항을 설정하지 않습니다.

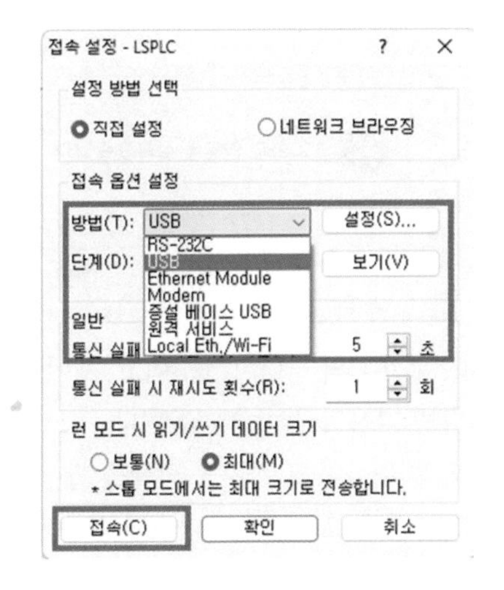

[세부사항 설정 방법]

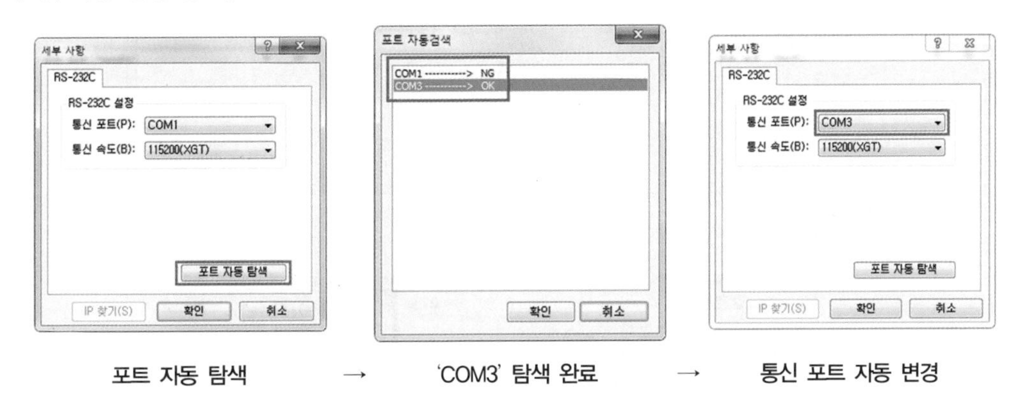

포트 자동 탐색 → 'COM3' 탐색 완료 → 통신 포트 자동 변경

※ USB컨버터 통신 드라이버는 XG5000 Setup 시 자동으로 인스톨 되며, 사용자 선택에 의해 인스톨 하지 않을 경우 드라이버 파일은 → 컴퓨터 → 로컬 디스크(C:) → XG5000 → Drivers 폴더에 복사됩니다.

(2) 접속 완료

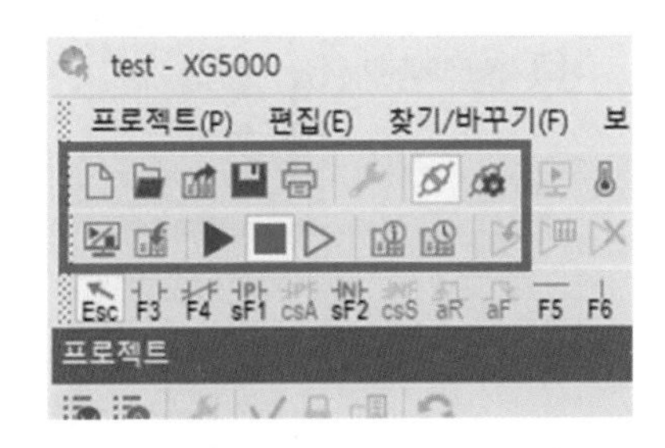

정상적으로 접속되면 온라인 상태가 되므로 온라인의 아이콘들이 활성화됩니다.

(3) 접속실패

PLC와 연결을 실패하게 되면 다음과 같은 메시지가 나타납니다.

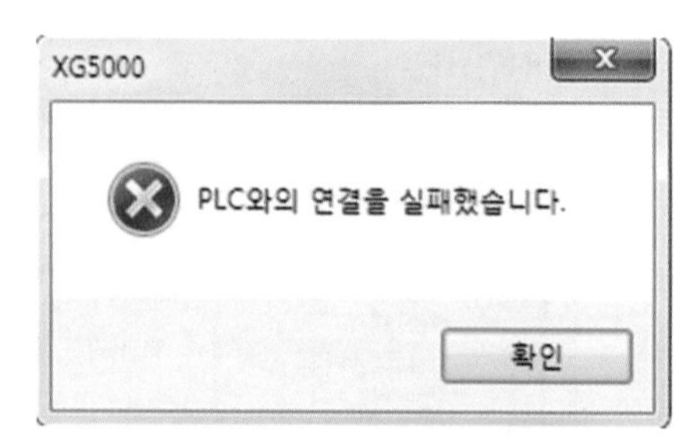

이 경우 통신이 안 되는 것으로 PLC의 전원이 정상이고, 케이블 또는 USB가 정상적으로 연결되었는지 확인한 후 이상이 없다면 다음과 같이 처리합니다.

① 통신 포트가 맞는지 확인을 위하여 포트 자동 탐색을 합니다.

② 프로젝트의 PLC 타입과 연결된 PLC 타입이 다르면 다음과 같은 메시지가 나타납니다.

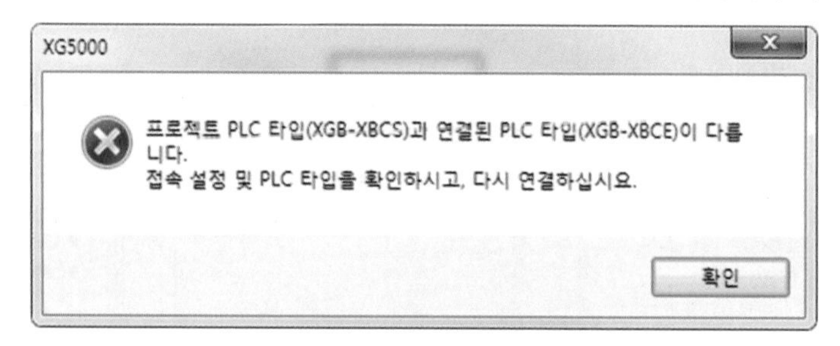

이 경우 프로젝트 창의 PLC 시리즈 우측 마우스 클릭 → '등록 정보'를 클릭합니다.

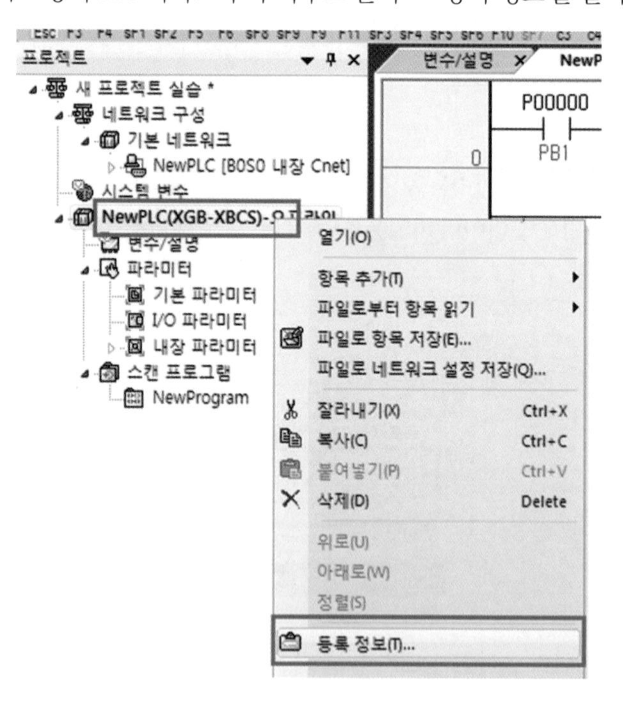

PLC 종류를 변경하고 'Enter' 또는 '확인'을 클릭합니다.

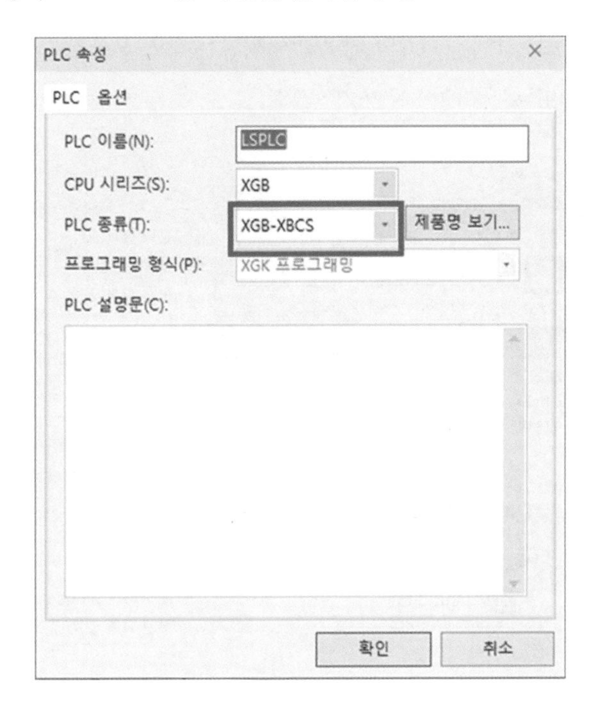

③ PLC 케이블 불량

PLC와 컴퓨터 간에 다음과 같이 결선되어 있어야 합니다.

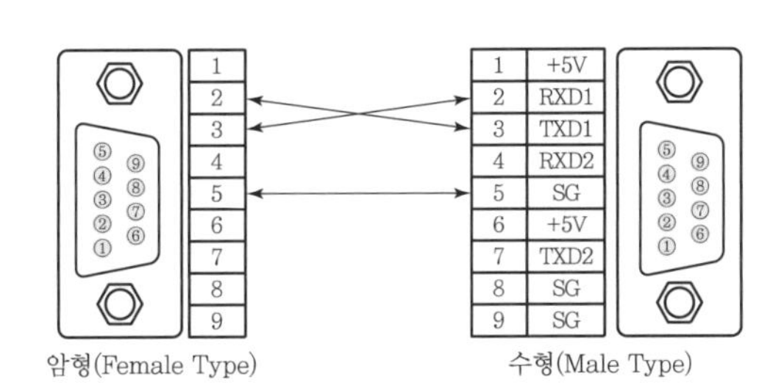

[그림 7-1] RS-232C 케이블 결선

[그림 7-2] USB Mini 5P 케이블

2) 쓰기

XG5000에서 작성한 프로그램을 PLC의 메모리에 써넣는 작업을 쓰기(Up Load)라고 합니다.

① 아이콘 클릭 또는 '온라인' → '쓰기' 클릭

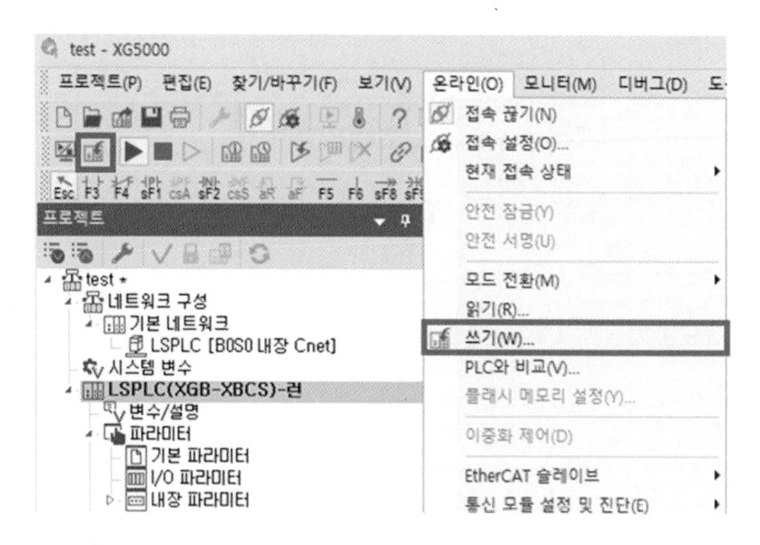

② 완료 → 'Enter' 또는 '확인' 클릭

③ PLC의 모드가 'RUN'에서는 쓰기가 불가능하므로 'STOP'으로 변경합니다.

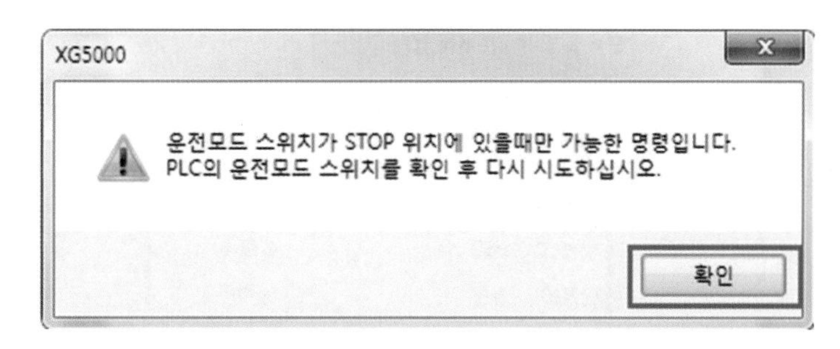

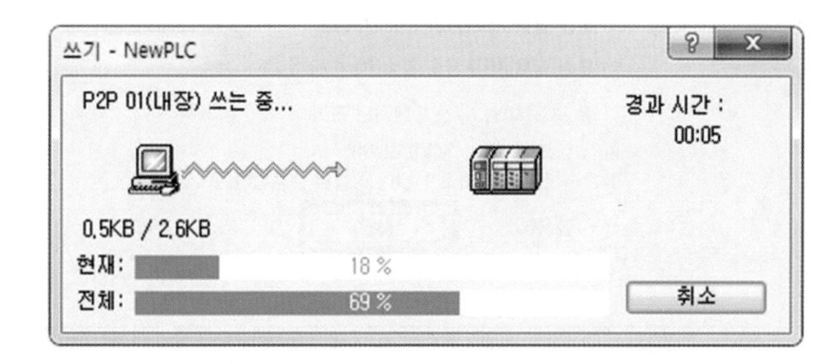

④ 'Enter' 또는 '확인'

3) PLC로부터 열기

PLC에 업로드되어 있는 프로그램을 XG5000에서 불러올 수 있습니다.

① 아이콘 클릭 또는 '프로젝트' → 'PLC로부터 열기'

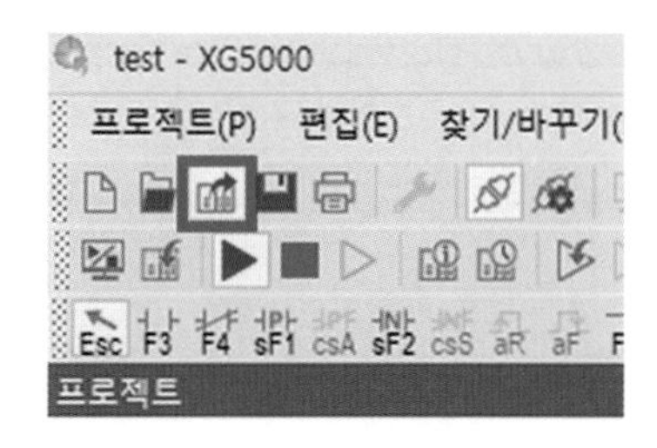

② 'Enter' 또는 '확인'

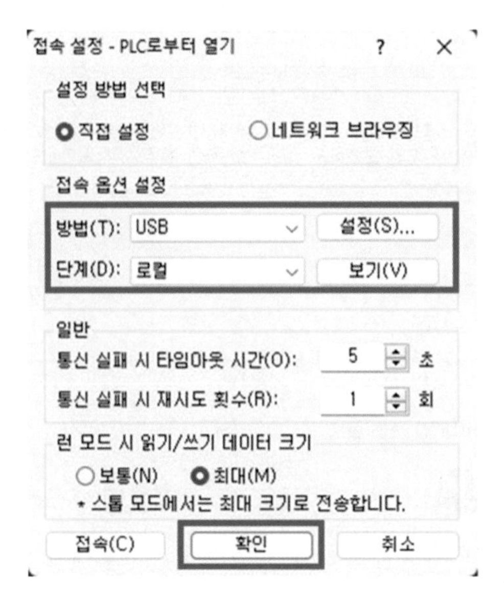

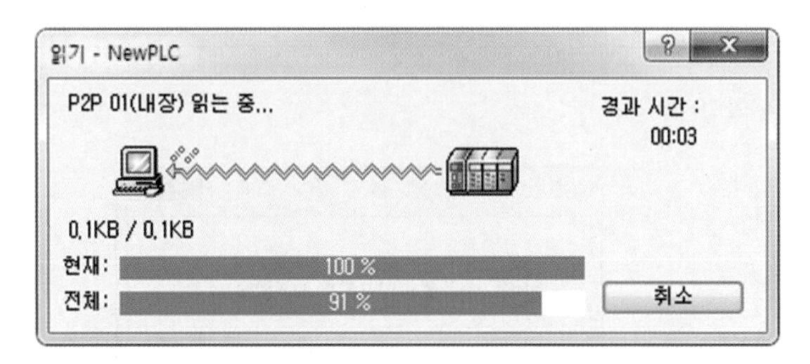

③ 'Enter' 또는 '확인'

입 · 출력 결선

1 XBC – DR30SU 기본 유닛 구성

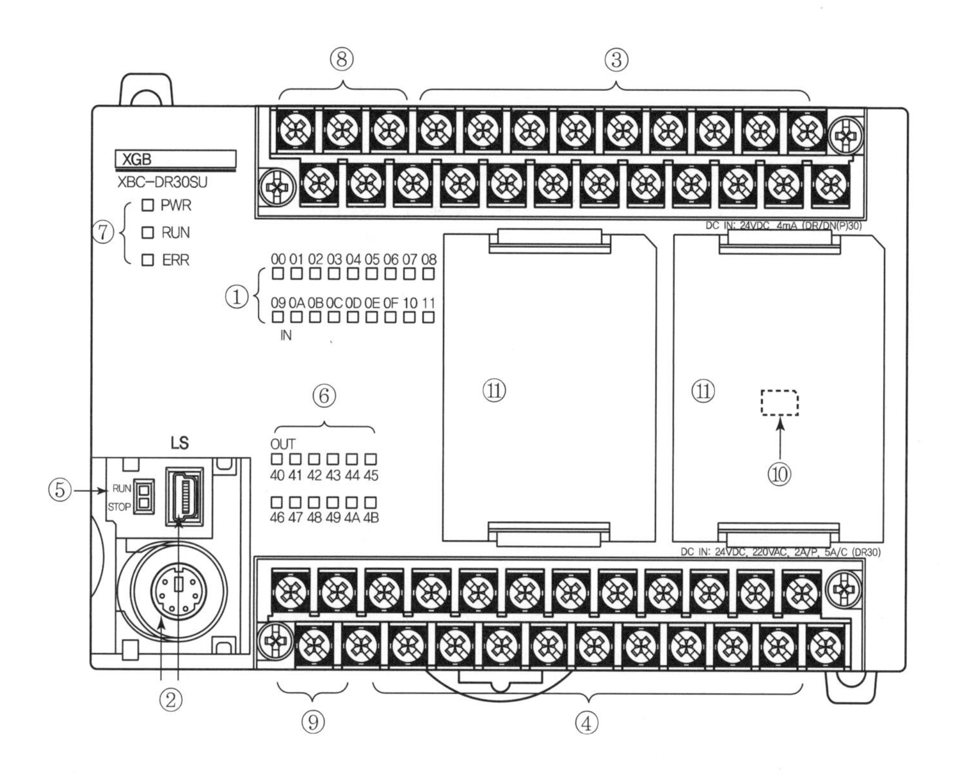

No	명칭	용도
①	입력 표시용 LED	입력 접점의 On/Off 상태를 표시합니다.
②	PADT 접속용 커넥터	XG5000과 접속하기 위한 커넥터 • RS－232C 1채널, USB 1채널
③	입력 단자대	실제 입력신호를 입력받는 단자대
④	출력 단자대	실제 출력신호를 출력하는 단자대
⑤	RUN/STOP 모드 스위치	기본 유닛의 운전모드를 설정합니다. • STOP → RUN : 프로그램의 연산 실행 • RUN → STOP : 프로그램의 연산 정지 (STOP인 경우 리모트 모드 변경 가능)
⑥	출력 표시용 LED	출력 접점의 On/Off 상태를 표시합니다.
⑦	상태 표시 LED	기본 유닛의 동작 상태를 나타냅니다 . • PWR(적색 점등) : 전원이 공급되고 있음을 표시 • RUN(녹색 점등) : RUN 모드로 운전 중을 표시 • ERR(적색 점멸) : PLC 운전 중 에러 발생을 표시
⑧	내장 통신 접속 단자대	내장 RS－232C/485 통신 접속용 단자대
⑨	전원 단자대	전원 공급용 단자대(AC 100～240V)
⑩	O/S 모드 딥스위치	동작 또는 O/S 다운로드 모드 설정용 딥 스위치 • On : 부트(BOOT) 모드로 O/S 다운로드 가능 • Off : 사용자 모드로 PADT를 이용하여 프로그램 다운로드 가능
⑪	옵션 보드 홀더	옵션 보드 장착용

2 입력부

회로 구성	No	접점	No	접점	형태
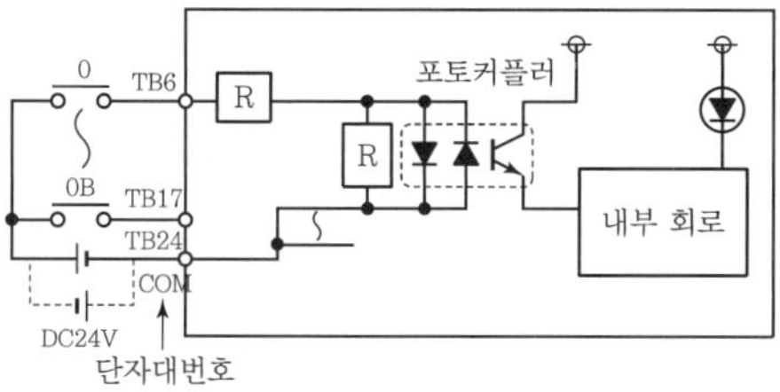			TB1	RX	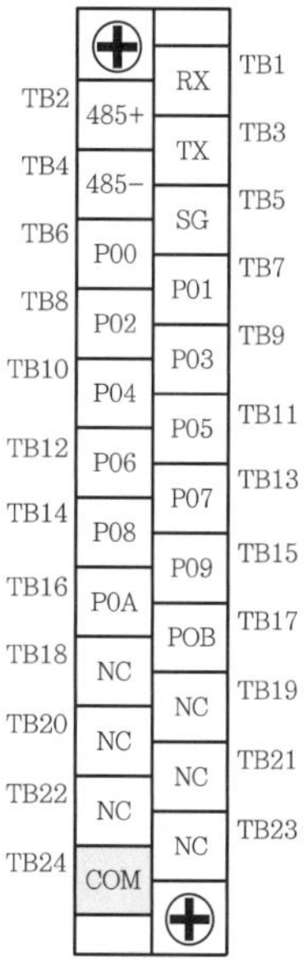
	TB2	485+	TB3	TX	
	TB4	485−	TB5	SG	
	TB6	00	TB7	01	
	TB8	02	TB9	03	
	TB10	04	TB11	05	
	TB12	06	TB13	07	
	TB14	08	TB15	09	
	TB16	0A	TB17	0B	
	TB18	NC	TB19	NC	
	TB20	NC	TB21	NC	
	TB22	NC	TB23	NC	
	TB24	COM			

3 출력부

회로 구성	No	접점	No	접점	형태
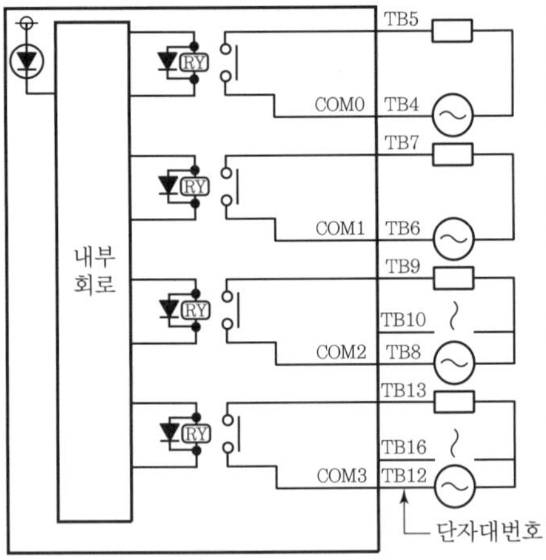			TB1	AC100 ~240V	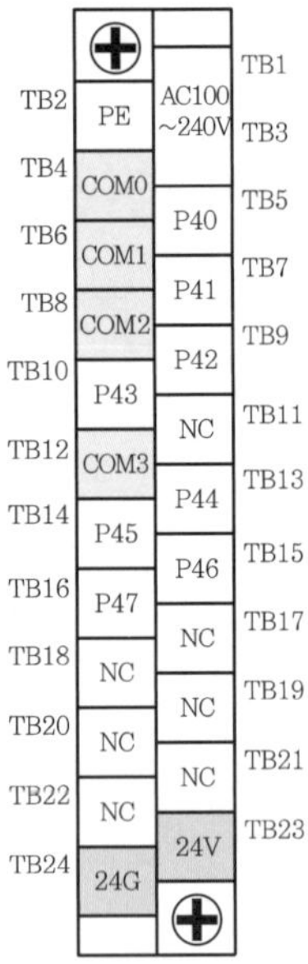
	TB2	PE	TB3		
	TB4	COM0	TB5	40	
	TB6	COM1	TB7	41	
	TB8	COM2	TB9	42	
	TB10	43	TB11	NC	
	TB12	COM3	TB13	44	
	TB14	45	TB15	46	
	TB16	47	TB17	NC	
	TB18	NC	TB19	NC	
	TB20	NC	TB21	NC	
	TB22	NC	TB23	24V	
	TB24	24G			

4 입 · 출력 실제 결선도

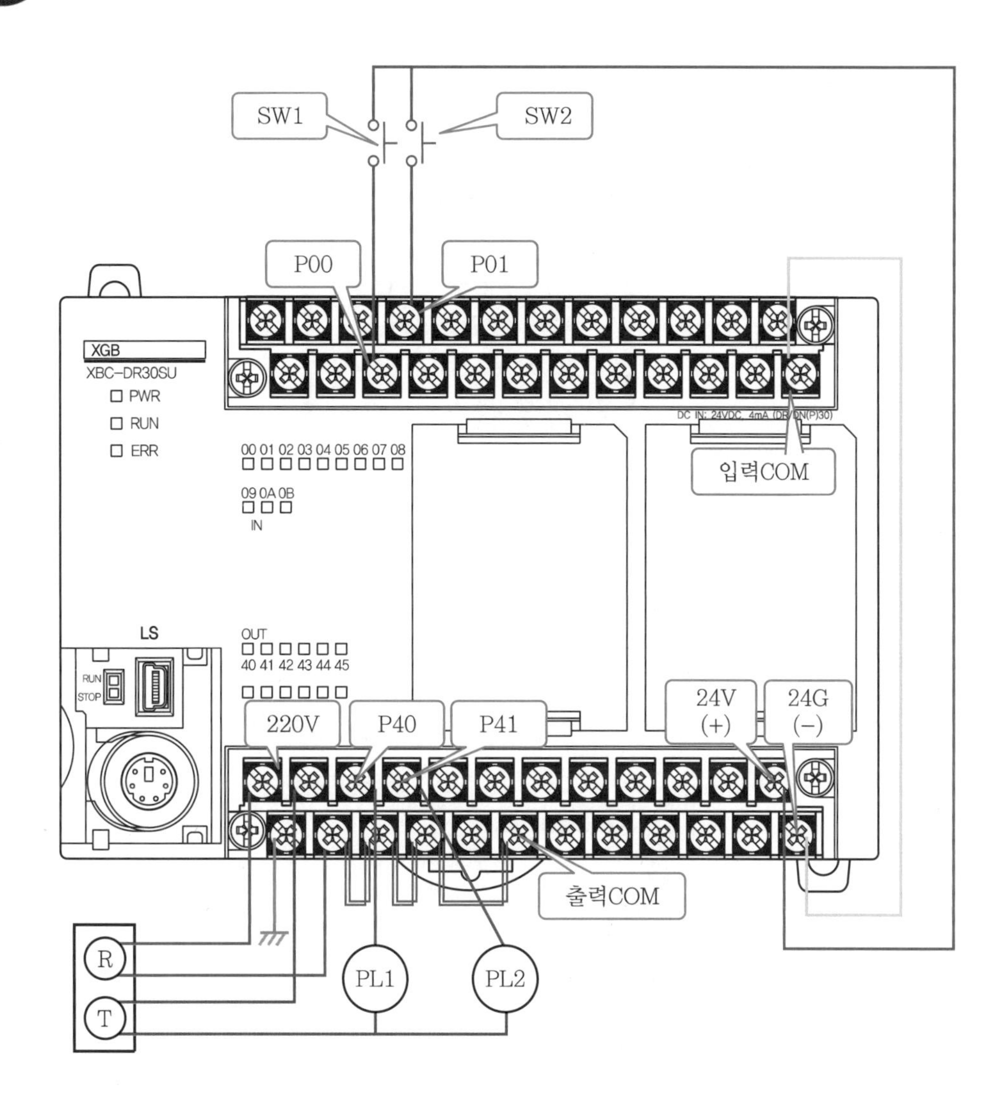

SW1
SW2
P00
P01
XGB
XBC-DR30SU
PWR
RUN
ERR
00 01 02 03 04 05 06 07 08
09 0A 0B
IN
DC IN: 24VDC 4mA (DR/DN(P)30)
입력COM
LS
OUT
40 41 42 43 44 45
RUN
STOP
220V
P40
P41
24V (+)
24G (−)
출력COM
R
T
PL1
PL2

5 도움말 사용법

1) 메뉴의 도움말 사용법

도구 메뉴 → '도움말' 클릭

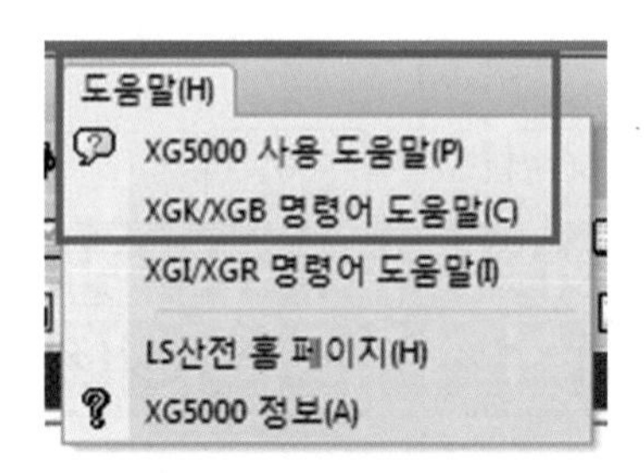

XG5000 사용 도움말 : XG5000 소프트웨어 사용설명서
XGK/XGB 명령어 도움말 : XGK/XGB 명령어집 사용설명서

2) 응용명령 대화상자 도움말 사용법

① 응용명령 대화상자에서 검색하고자 하는 명령어 입력 → '명령어 도움말' 클릭

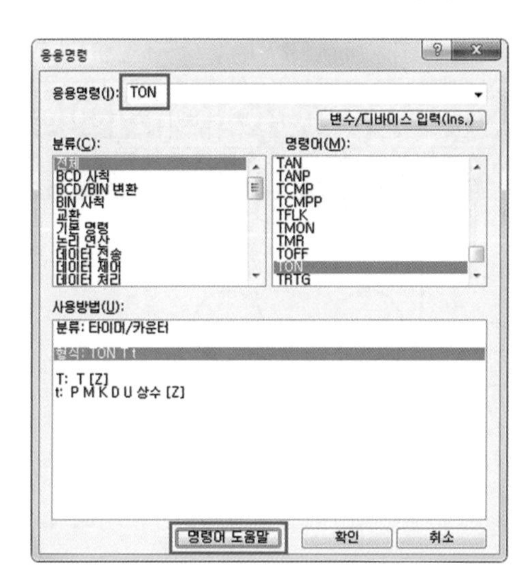

② 응용명령 대화상자에 입력한 해당 명령어의 상세 설명 페이지가 열립니다.

3) 명령어 사용방법

① 적용 기종 : XGK, XGB

명령		사용 가능 영역														스텝	플래그		
		PMK	F	L	T	C	S	Z	D.x	R.x	상수	U	N	D	R		에러 (F110)	제로 (F111)	캐리 (F112)
TON	T	–	–	–	○	–	–	–	–	–	–	–	–	–	–	2~3	–	–	–
	t	○	–	–	–	–	–	–	–	–	○	○	–	○	○				

② 영역 설정

오퍼랜드	설명	데이터 타입
T	사용하고자 하는 타이머 접점	WORD
t	타이머의 설정치를 나타내고 정수나 워드 디바이스 지정 가능 설정시간=기본주기(0.1ms : XGB는 지원 안 함, 1ms, 10ms, 100ms) × 설정치(t)	WORD

PART 02

PLC 실습문제

기본 실습문제

1 시퀀스회로 실습문제

1) PLC 실습문제 : 정지우선 자기유지회로

(1) PLC 입 · 출력표

입력			출력		
디바이스	변수	설명	디바이스	변수	설명
P00000	PB1	작동	P00040	X	릴레이
P00001	PB2	정지			

(2) 동작 설명

① PB1을 누르면 X여자(자기유지), PB2를 누르면 소자됩니다.

② PB1과 PB2를 동시에 누르면 X는 동작하지 않습니다.

(3) 시퀀스 회로도

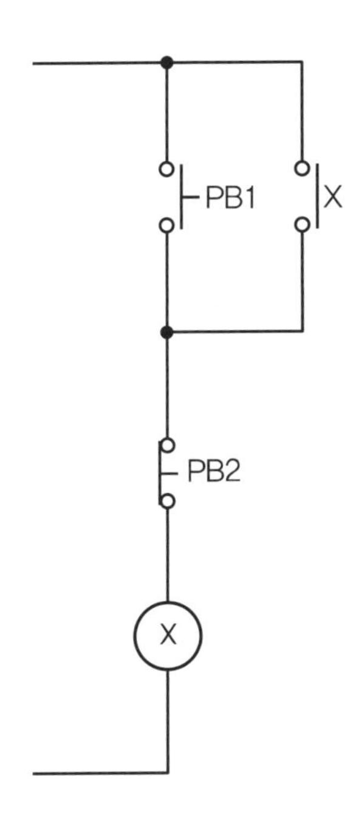

(4) 래더도 1

P00000 P00001 P00040
PB1 PB2 X
P00040
X
END

(5) 래더도 2

SET, RESET 코일을 이용한 프로그램

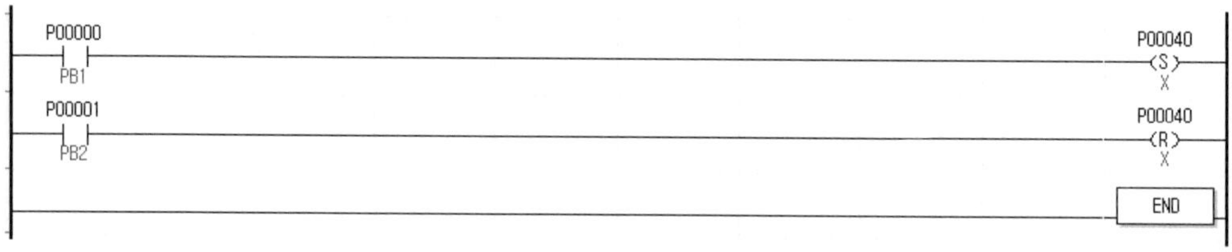

P00000 P00040 (S)
PB1 X
P00001 P00040 (R)
PB2 X
END

2) PLC 실습문제 : 기동우선 자기유지회로

(1) PLC 입 · 출력표

입력			출력		
디바이스	변수	설명	디바이스	변수	설명
P00000	PB1	작동	P00040	X	릴레이
P00001	PB2	정지			

(2) 동작 설명

① PB1을 누르면 X여자(자기유지), PB2를 누르면 소자됩니다.

② PB1과 PB2를 동시에 누르면 X는 동작됩니다.

(3) 시퀀스 회로도

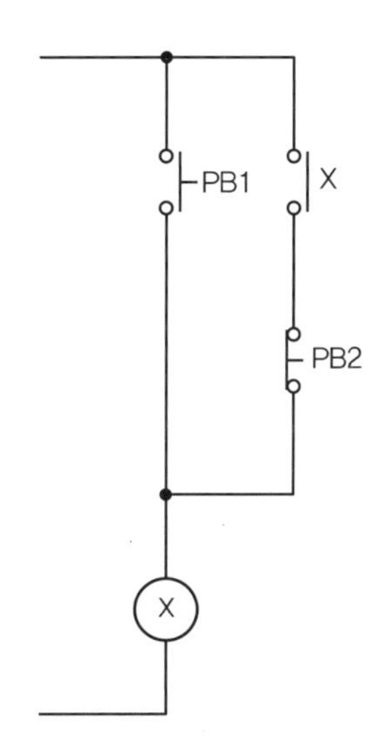

(4) 래더도

P00000 PB1
P00040 X
P00001 PB2
P00040 X
END

3) PLC 실습문제 : 촌동(인칭) 회로

(1) PLC 입 · 출력표

입력			출력		
디바이스	변수	설명	디바이스	변수	설명
P00000	PB0	정지	P00040	×	릴레이
P00001	PB1	자기유지			
P00002	PB2	인칭			

(2) 동작 설명

① PB1을 누르면 X여자(자기유지)

② PB2를 누르면 X여자, 눌렀다 놓으면 X소자

③ PB0를 누르면 X소자, 회로 초기화

※ 촌동회로의 시퀀스 유접점과 PLC 프로그램은 PLC 특성으로 인하여 자기유지를 내부 메모리를 이용하여 별도로 프로그램합니다.

(3) 시퀀스 회로도

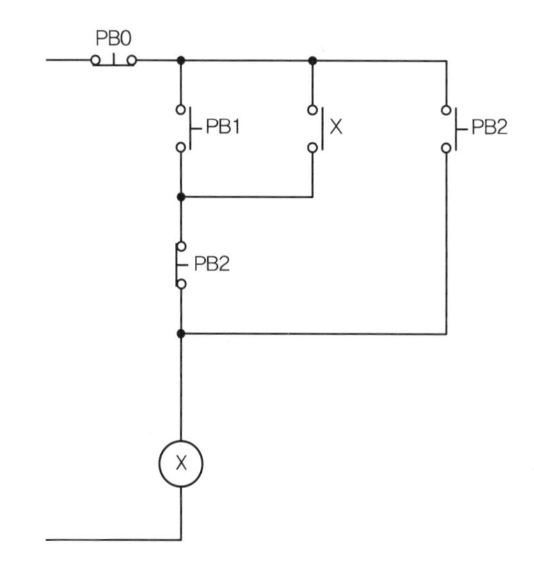

(4) 래더도

P00000 PB0 — P00001 PB1 — P00002 PB2 — M00000 ( )
M00000
M00000 — P00040 ( ) X
P00002 PB2

4) PLC 실습문제 : 2개소 기동 및 정지 회로

(1) PLC 입 · 출력표

입력			출력		
디바이스	변수	설명	디바이스	변수	설명
P00000	PB1	기동 1	P00040	MC	전자접촉기
P00001	PB2	기동 2			
P00002	PB3	정지 1			
P00003	PB4	정지 2			

(2) 동작 설명

PB1 또는 PB2를 누르면 MC여자(자기유지), PB3 또는 PB4를 누르면 MC소자

(3) 시퀀스 회로도

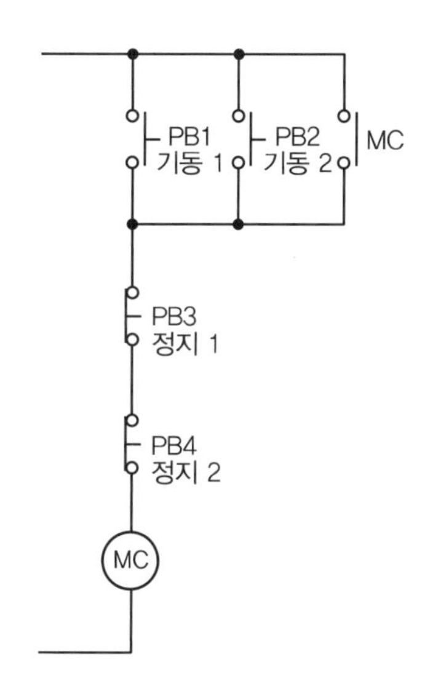

(4) 래더도

P00000 PB1
P00002 PB3
P00003 PB4
P00040 M_C
P00001 PB2
P00040 M_C
END

5) PLC 실습문제 : 우선동작회로

(1) PLC 입 · 출력표

입력			출력		
디바이스	변수	설명	디바이스	변수	설명
P00000	PB0	정지	P00040	X1	릴레이 1
P00001	PB1	동작 1	P00041	X2	릴레이 2
P00002	PB2	동작 2			

(2) 동작 설명

① PB1을 누르면 X1여자(자기유지), PB2를 누르면 동작 불가, PB0을 누르면 정지

② PB2를 누르면 X2여자(자기유지), PB1을 누르면 X2소자, X1여자(자기유지), PB0을 누르면 정지

(3) 시퀀스 회로도

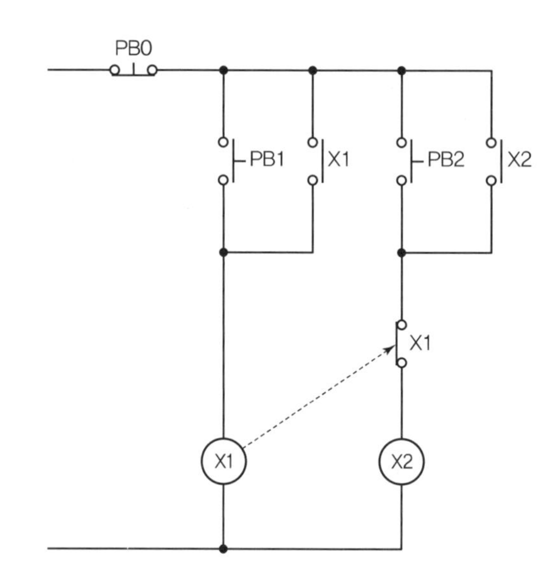

(4) 래더도

P00000 PB0 — P00001 PB1 — P00040 X1
P00040 X1
P00002 PB2 — P00040 X1 — P00041 X2
P00041 X2
END

6) PLC 실습문제 : 인터록회로(선입력 우선회로)

(1) PLC 입 · 출력표

입력			출력		
디바이스	변수	설명	디바이스	변수	설명
P00000	PB0	정지	P00040	X1	릴레이 1
P00001	PB1	동작 1	P00041	X2	릴레이 2
P00002	PB2	동작 2			

(2) 동작 설명

① PB1을 누르면 X1여자(자기유지), PB2를 누르면 동작 불가, PB0을 누르면 정지

② PB2를 누르면 X2여자(자기유지), PB1을 누르면 동작 불가, PB0을 누르면 정지

(3) 시퀀스 회로도

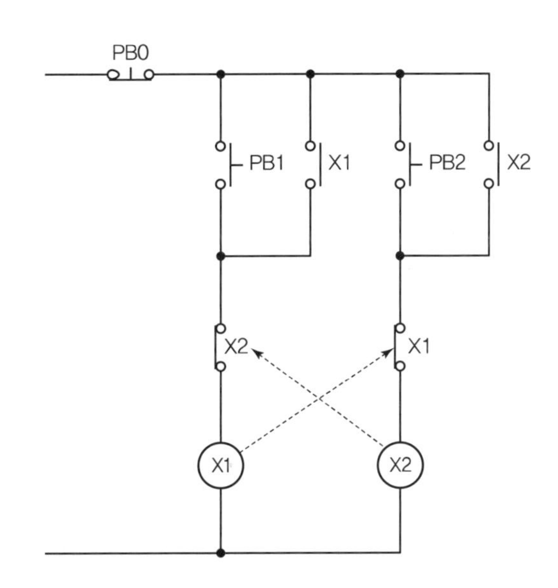

(4) 래더도

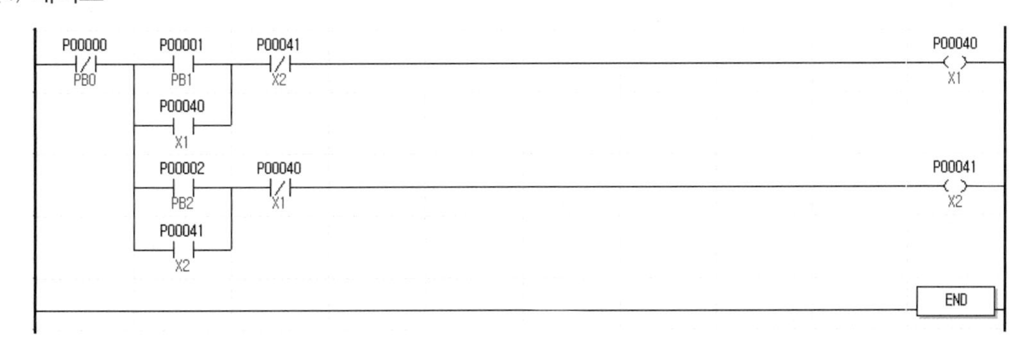

7) PLC 실습문제 : 3입력 인터록 회로

(1) PLC 입 · 출력표

입력			출력		
디바이스	변수	설명	디바이스	변수	설명
P00000	PB0	정지	P00040	X1	릴레이 1
P00001	PB1	동작 1	P00041	X2	릴레이 2
P00002	PB2	동작 2	P00042	X3	릴레이 3

(2) 동작 설명

① PB1을 누르면 X1여자(자기유지), X2, X3 동작 불가, PB0을 누르면 정지

② PB2를 누르면 X2여자(자기유지), X1, X3 동작 불가, PB0을 누르면 정지

③ PB3을 누르면 X3여자(자기유지), X1, X2 동작 불가, PB0을 누르면 정지

(3) 시퀀스 회로도

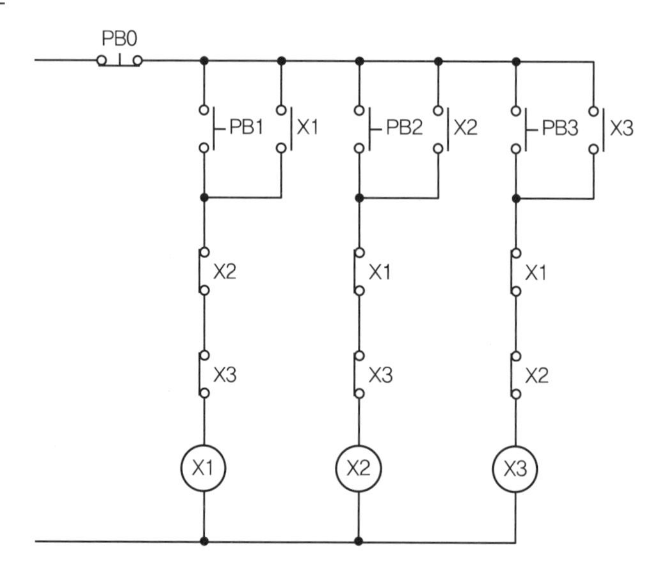

(4) 래더도

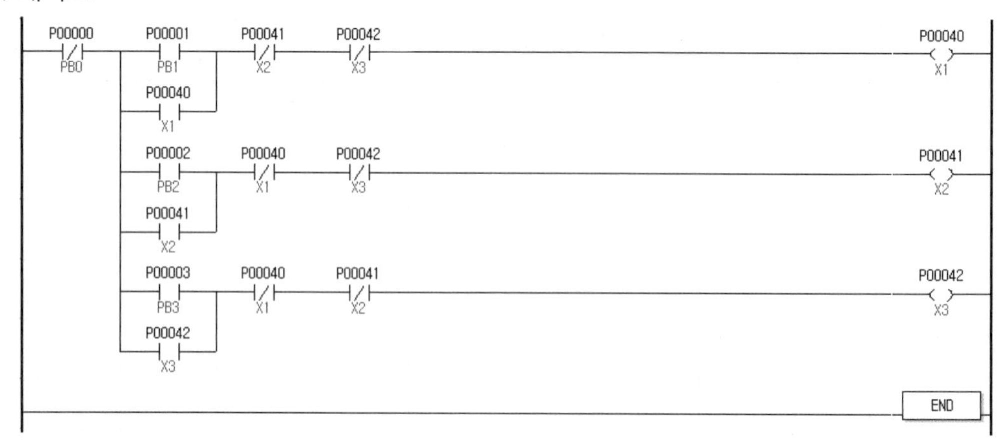

8) PLC 실습문제 : 신입력 우선회로

(1) PLC 입 · 출력표

입력			출력		
디바이스	변수	설명	디바이스	변수	설명
P00000	PB0	정지	P00040	X1	릴레이 1
P00001	PB1	동작 1	P00041	X2	릴레이 2
P00002	PB2	동작 2			

(2) 동작 설명

① PB1을 누르면 X1여자(자기유지)

② PB2를 누르면 X1소자, X2여자(자기유지)

③ 다시 PB1을 누르면 X2소자, X1여자(자기유지)

④ PB0을 누르면 정지

(3) 시퀀스 회로도

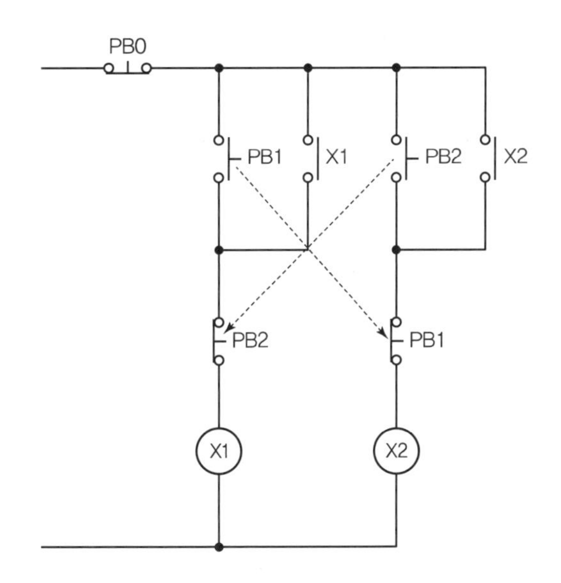

(4) 래더도 1

(5) 래더도 2

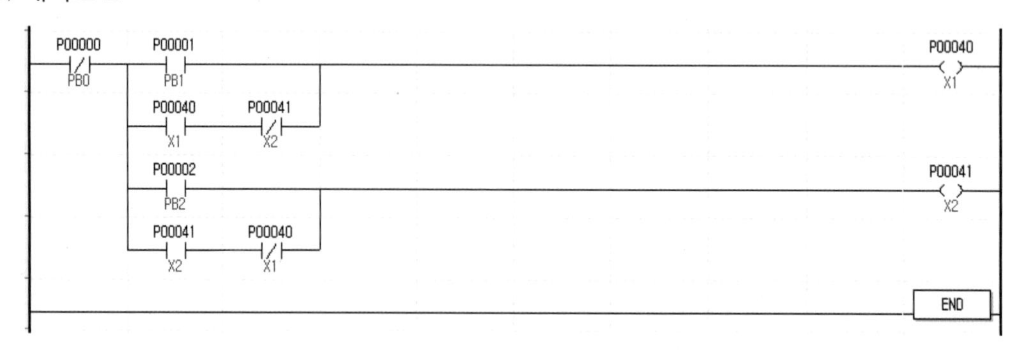
P00000
PB0
P00001
PB1
P00040
X1
P00041
X2
P00040
X1
P00002
PB2
P00041
X2
P00041
X2
P00040
X1
P00041
X2
END

9) PLC 실습문제 : 신입력 우선회로(3 입력)

(1) PLC 입 · 출력표

입력			출력		
디바이스	변수	설명	디바이스	변수	설명
P00000	PB0	정지	P00040	X1	릴레이 1
P00001	PB1	동작 1	P00041	X2	릴레이 2
P00002	PB2	동작 2	P00042	X3	릴레이 3
P00003	PB3	동작 3			

(2) 동작 설명

① PB1을 누르면 X1여자(자기유지)

② PB2를 누르면 X2여자(자기유지), X1(소자)

③ PB3을 누르면 X3여자(자기유지), X2(소자)

④ PB0을 누르면 정지

(3) 시퀀스 회로도

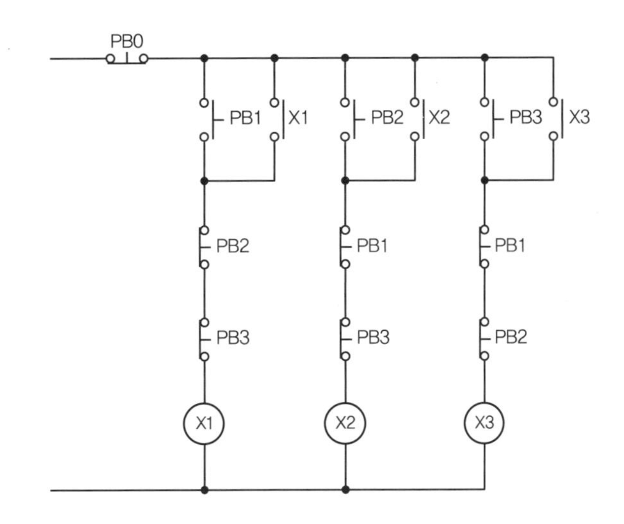

(4) 래더도 1

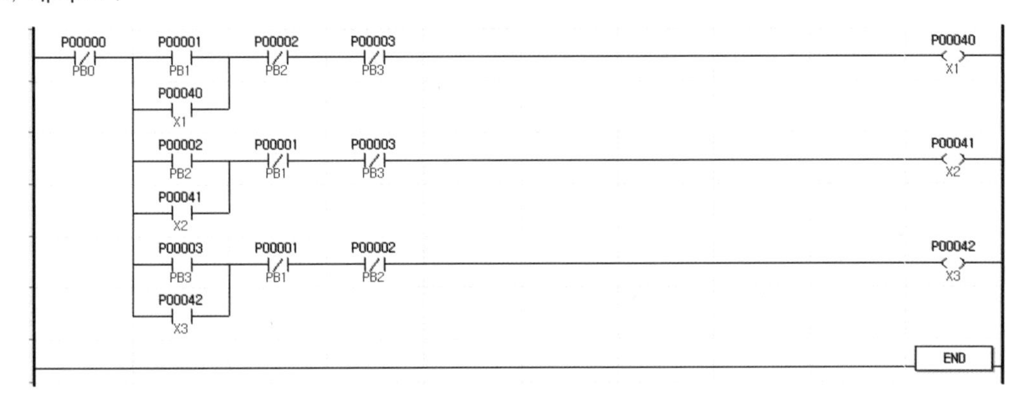

(5) 래더도 2

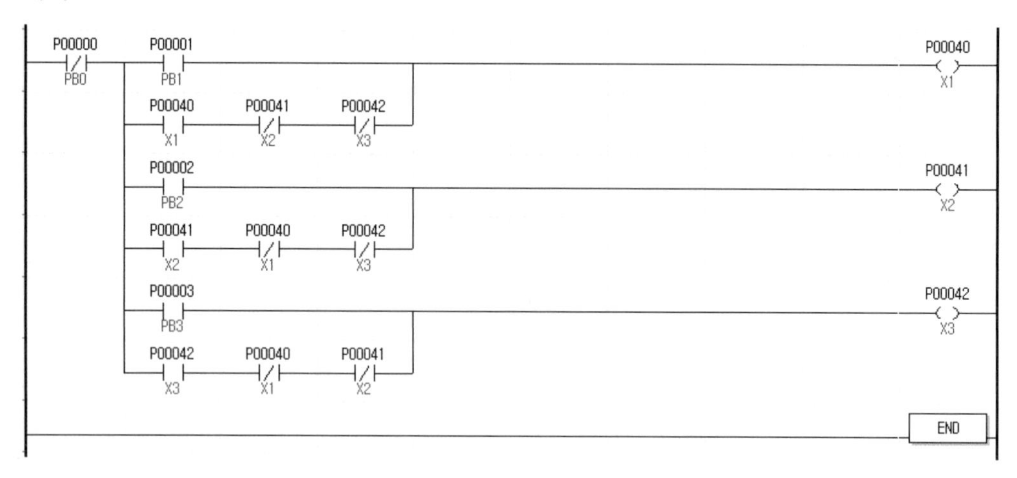

P00000
PB0
P00001
PB1
P00040
X1
P00041
X2
P00042
X3
P00040
X1
P00002
PB2
P00041
X2
P00041
X2
P00040
X1
P00042
X3
P00003
PB3
P00042
X3
P00042
X3
P00040
X1
P00041
X2
END

10) PLC 실습문제 : 전동기 정역운전(신입력 우선회로)

(1) PLC 입 · 출력표

입력			출력		
디바이스	변수	설명	디바이스	변수	설명
P00000	PB1	기동(정회전)	P00040	MCF, RL1	정회전 MC
P00001	PB2	기동(역회전)	P00041	MCR, RL2	역회전 MC

(2) 동작 설명

① PB1을 누르면 MCF여자(자기유지), RL1 점등, 전동기 정회전

② PB2를 누르면 MCF소자(자기유지 해제), RL1 소등, 전동기 정회전 정지
MCR여자(자기유지), RL2 점등, 전동기 역회전

※ 출력 디바이스는 1개이고, 출력 코일이 병렬이면 코일은 1개만 프로그램하며 실제 배선작업 시 병렬로 배선합니다.

(3) 시퀀스 회로도

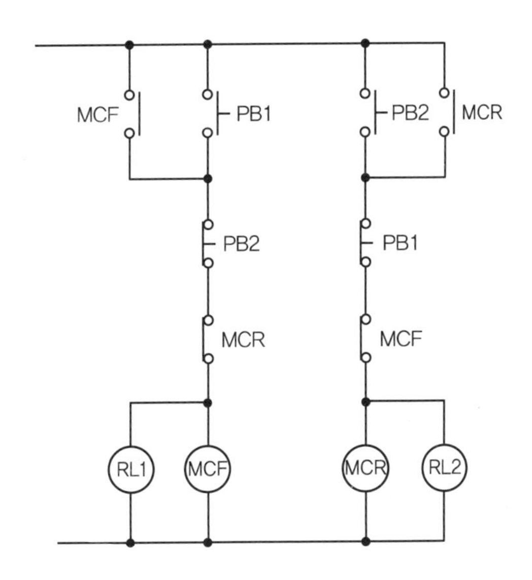

(4) 래더도

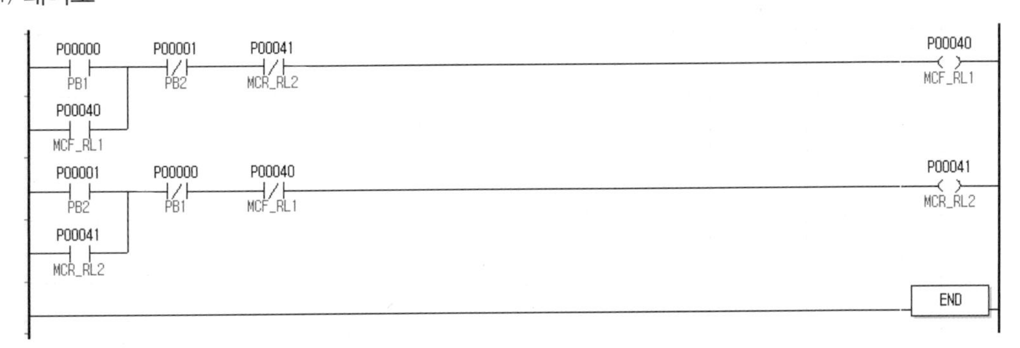

11) PLC 실습문제 : 순차회로

(1) PLC 입 · 출력표

입력			출력		
디바이스	변수	설명	디바이스	변수	설명
P00000	PB0	정지	P00040	X1	릴레이 1
P00001	PB1	동작 1	P00041	X2	릴레이 2
P00002	PB2	동작 2	P00042	X3	릴레이 3
P00003	PB3	동작 3			

(2) 동작 설명

① PB1을 누르면 X1여자(자기유지), X1여자 후 PB2를 누르면 X2여자(자기유지), X2여자 후 PB3을 누르면 X3여자(자기유지), 순차로 동작됩니다.

② PB0을 누르면 정지

(3) 시퀀스 회로도

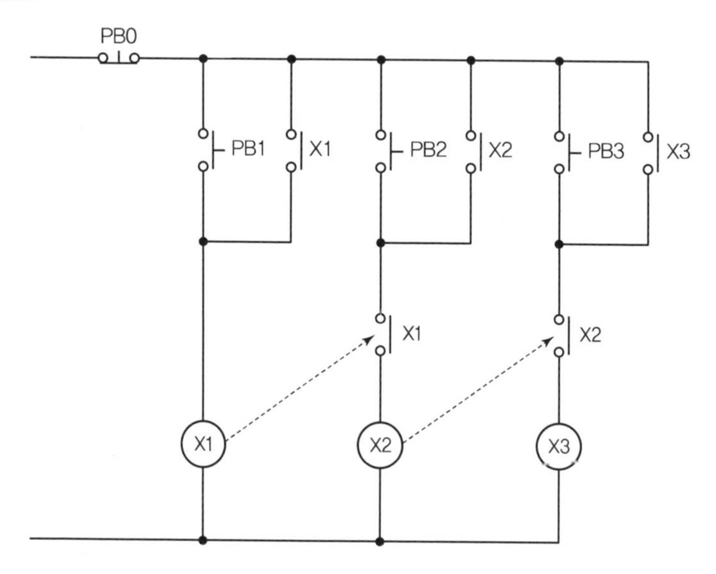

(4) 래더도 1

PB0을 시퀀스 회로도와 동일하게 프로그램

P00000 PB0
P00001 PB1
P00040 X1
P00040 X1
P00002 PB2
P00040 X1
P00041 X2
P00041 X2
P00003 PB3
P00041 X2
P00042 X3
P00042 X3
END

(5) 래더도 2

PB0은 X1 자기유지만 해제해도 X2와 X3도 동시에 자기유지가 해제됩니다.

P00001 PB1
P00000 PB0
P00040 X1
P00040 X1

P00002 PB2
P00040 X1
P00041 X2
P00041 X2

P00003 PB3
P00041 X2
P00042 X3
P00042 X3

END

12) PLC 실습문제 : 타이머를 이용한 순차회로

(1) PLC 입 · 출력표

입력			출력		
디바이스	변수	설명	디바이스	변수	설명
P00000	PB1	동작	P00040	PL1	램프 1
P00001	PB2	정지	P00041	PL2	램프 2
			P00042	PL3	램프 3
			P00043	PL4	램프 4

(2) 동작 설명

① PB1을 누르면 X1여자(자기유지), T1여자, PL1점등. T1설정시간 3초 후 T2여자, PL2점등. T2설정시간 3초 후 T3여자, PL3점등. T3설정시간 3초 후 PL4점등

② PB2을 누르면 X소자, T1～T3소자, PL1～PL4소등

(3) 시퀀스 회로도

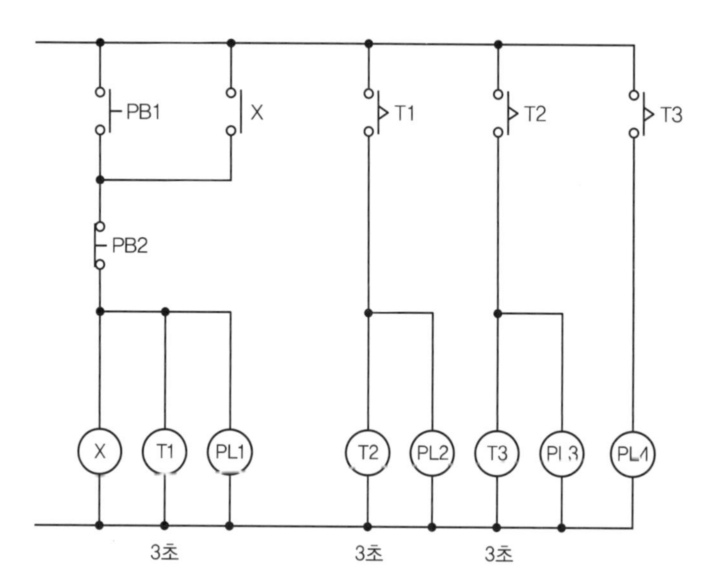

(4) 래더도 1

P00000 PB1 P00001 PB2 M00000 X
M00000 X TON T0001 30
P00040 PL1
T0001 TON T0002 30
P00041 PL2
T0002 TON T0003 30
P00042 PL3
T0003 P00043 PL4
END

(5) 래더도 2

P00000 PB1 P00001 PB2 M00000 X
M00000 X TON T0001 90
M00000 X P00040 PL1
<=3 30 T0001 90 P00041 PL2
<=3 60 T0001 90 P00042 PL3
T0001 P00043 PL4

13) PLC 실습문제 : 지연동작회로

(1) PLC 입 · 출력표

입력			출력		
디바이스	변수	설명	디바이스	변수	설명
P00000	PB1	동작	P00040	PL1	램프 1
P00001	PB2	정지	P00041	PL2	램프 2

(2) 동작 설명

① 전원을 투입하면 PL1점등

② PB1을 누르면 T여자(자기유지), T설정시간(3초) 후 PL1소등, PL2점등

③ PB2를 누르면 T소자, PL1점등, PL2소등, 회로 초기화

※ 타이머 순시접점 : 타이머 코일에 전원이 인가되면 즉시 동작하는 접점(릴레이와 동일한 접점)

→ PLC에는 타이머 순시접점 없음(내부 메모리 또는 비교명령 사용)

(3) 시퀀스 회로도

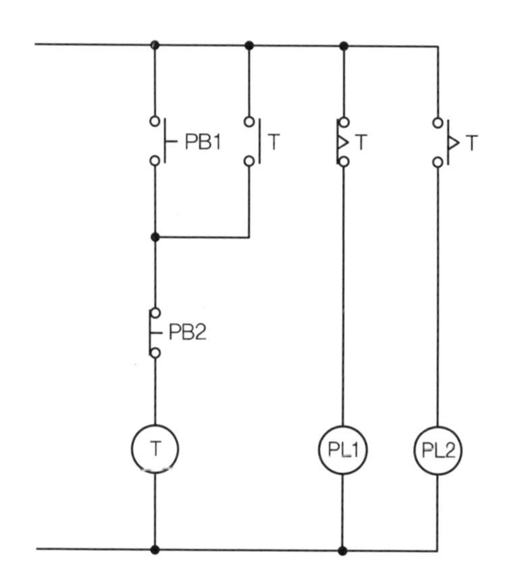

(4) 래더도 1

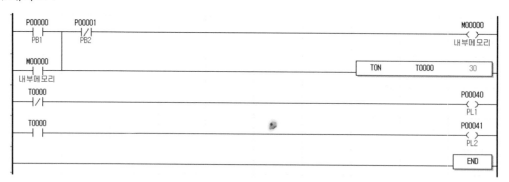

(5) 래더도 2

순시접점은 즉시 동작하는 접점이므로 "< = 1 T0"으로 프로그램하면 PB1 입력 즉시(0.1초 이상) 동작하므로 자기유지 접점처럼 동작합니다.

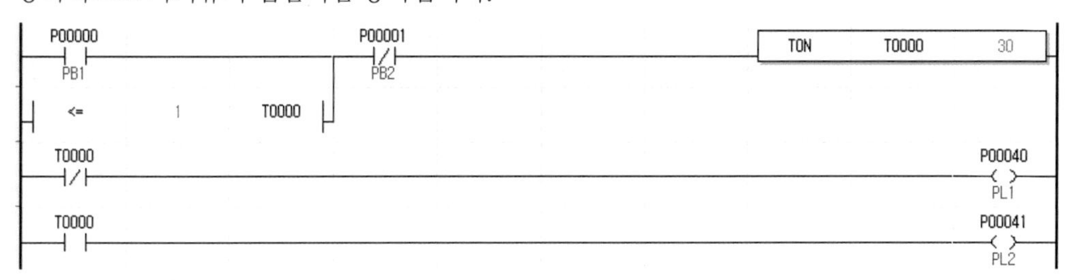

14) PLC 실습문제 : 일정시간(한시) 동작회로

(1) PLC 입 · 출력표

입력			출력		
디바이스	변수	설명	디바이스	변수	설명
P00000	PB1	동작	P00040	PL	램프
P00001	PB2	정지			

(2) 동작 설명

① PB1을 누르면 X여자(자기유지), T여자(설정시간 5초), PL점등

② T 설정시간이 되면, X1소자, PL소등

③ PB2를 누르면 PL소등, 회로 초기화

(3) 시퀀스 회로도

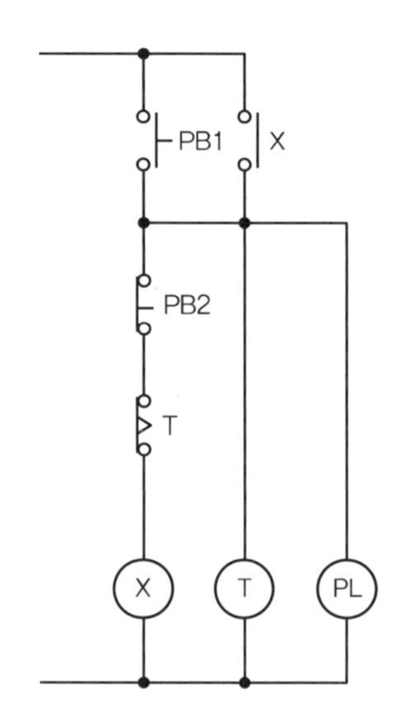

(4) 래더도

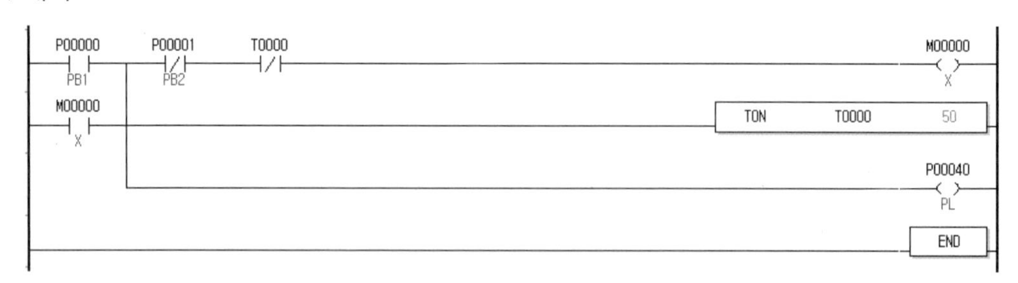

15) PLC 실습문제 : 한시 기동 정지회로

(1) PLC 입 · 출력표

입력			출력		
디바이스	변수	설명	디바이스	변수	설명
P00000	PB1	정지	P00040	M_C	전자접촉기
P00001	PB2	기동	P00041	PL	전원 램프
			P00042	RL	운전 램프
			P00043	GL	정지 램프

(2) 동작 설명

① 전원을 투입하면 PL점등, GL점등

② PB2를 누르면 MC여자(자기유지), T1여자(설정시간 10초), RL점등, GL소등

③ T1 설정시간 10초 후 MC소자, RL소등, GL점등, 회로 초기화

④ "②"항 동작 중 PB1을 누르면 MC소자, RL소등, GL점등, 회로 초기화

(3) 시퀀스 회로도

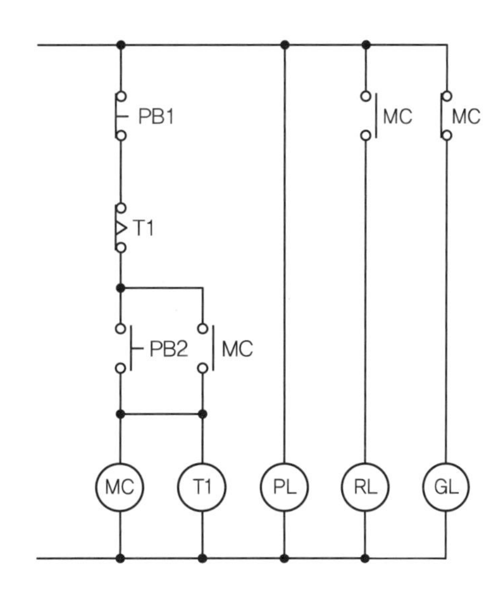

(4) 래더도

PL은 상시 점등이므로 플래그 상시 On(_ON)을 사용합니다.

16) PLC 실습문제 : 지연복귀 동작회로

(1) PLC 입 · 출력표

입력			출력		
디바이스	변수	설명	디바이스	변수	설명
P00000	SS	선택스위치	P00040	PL	램프

(2) 동작 설명

① SS(셀렉터 스위치)를 On 위치로 하면 램프 PL이 점등됩니다.

② SS(셀렉터 스위치)를 Off 위치로 하면 타이머 T에 의해 설정시간(5초)후에 PL이 소등됩니다.

(3) 시퀀스 회로도

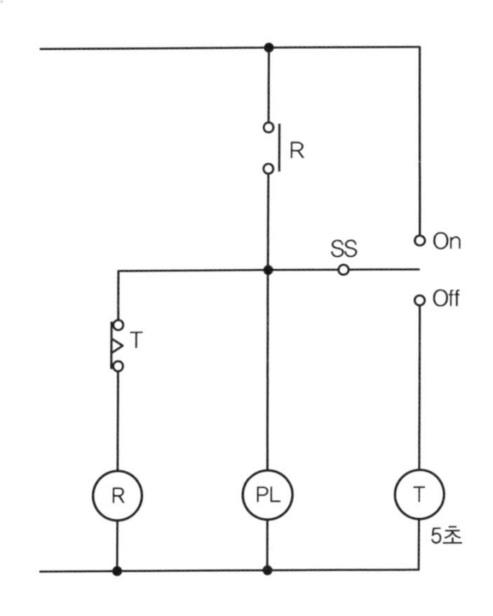

(4) 래더도

M00000 R — T0000 (b접점) — M00000 R ( )

P00000 SS — P00040 PL ( )

M00000 R — P00000 SS (b접점) — TON T0000 50

END

17) PLC 실습문제 : 타이머 응용문제

(1) PLC 입 · 출력표

입력			출력		
디바이스	변수	설명	디바이스	변수	설명
P00000	PB0	정지	P00040	HL1	램프 1
P00001	PB1	기동	P00041	HL2	램프 2
P00002	PB2	기동	P00042	HL3	램프 3
			P00043	HL4	램프 4

(2) 동작 설명

① PB1을 누르면 T1여자(자기유지), HL1점등, T1설정시간 3초 후, T2여자, HL2점등, T2설정시간 3초 후, PB2 동작 허용

② PB2 동작 허용 시 PB2를 누르면 T3여자(자기유지), HL3점등, T3설정시간 4초 후, T4여자, HL4점등, T4설정시간 4초 후, T1소자 회로 초기화

③ "①"항 또는 "②"항 동작 중 PB0을 누르면 회로 초기화

(3) 시퀀스 회로도

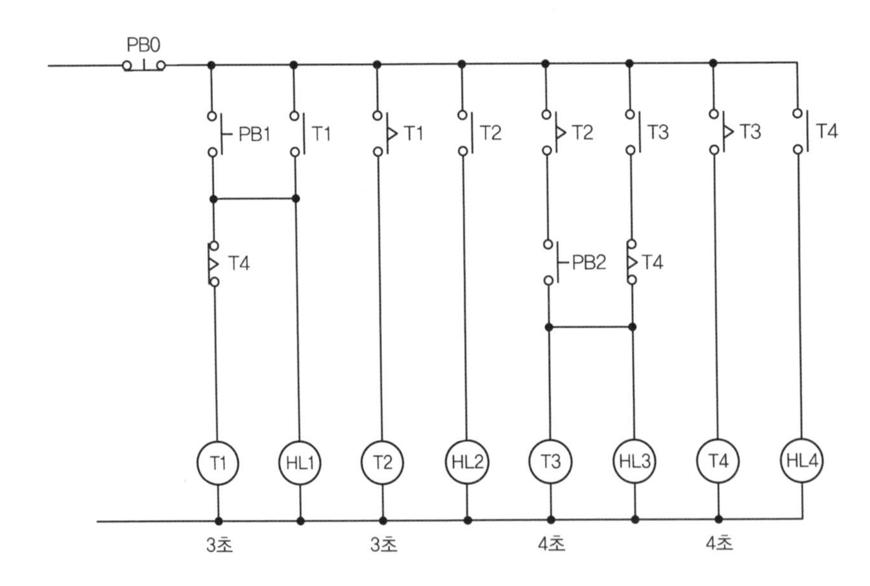

(4) 래더도

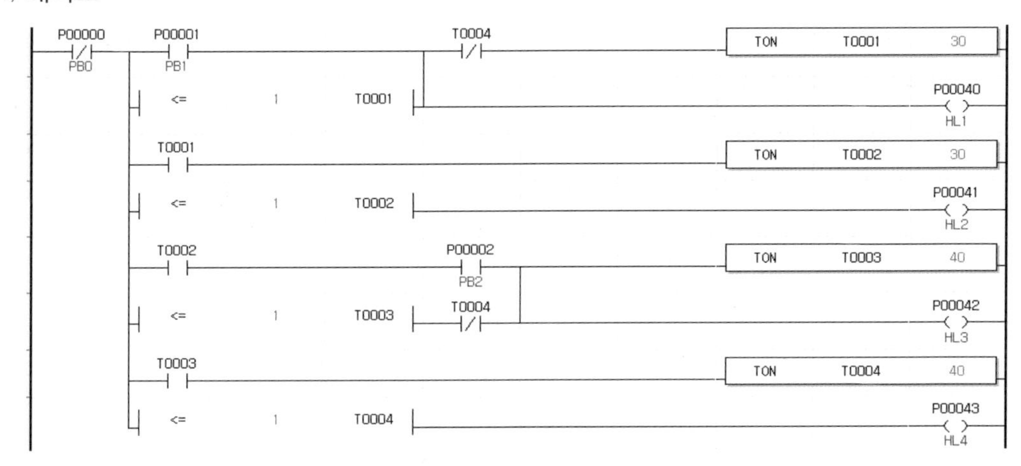
P00000
PB0
P00001
PB1
T0004
TON T0001 30
<= 1 T0001
P00040
HL1
T0001
TON T0002 30
<= 1 T0002
P00041
HL2
T0002
P00002
PB2
TON T0003 40
<= 1 T0003
T0004
P00042
HL3
T0003
TON T0004 40
<= 1 T0004
P00043
HL4

18) PLC 실습문제 : 반복동작회로

(1) PLC 입 · 출력표

입력			출력		
디바이스	변수	설명	디바이스	변수	설명
P00000	S	스위치	P00040	PL	램프

(2) 동작 설명

① 스위치를 닫으면(폐로) L점등, T1여자(설정시간 3초)

② 3초 후 X여자(자기유지), T2여자(설정시간 1초), L소등, T1소자

③ 위 동작이 반복됩니다.

④ 스위치를 열면(개로) 정지

(3) 시퀀스 회로도

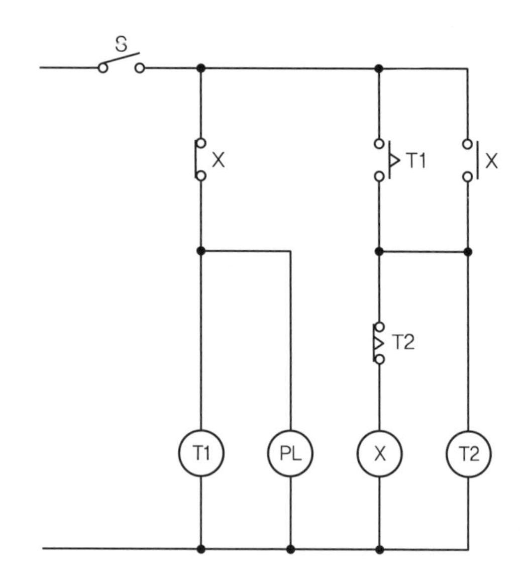

(4) 래더도

19) PLC 실습문제 : 플리커회로

(1) PLC 입 · 출력표

입력			출력		
디바이스	변수	설명	디바이스	변수	설명
P00000	PB1	동작	P00040	PL	램프
P00001	PB2	정지			

(2) 동작 설명

① PB1을 누르면 X여자(자기유지), FR여자, PL은 FR설정시간 1초 간격 점멸(Off 1초, On 1초)

② PB2를 누르면 X소자, FR소자, PL소등, 회로 초기화

(3) 시퀀스 회로도

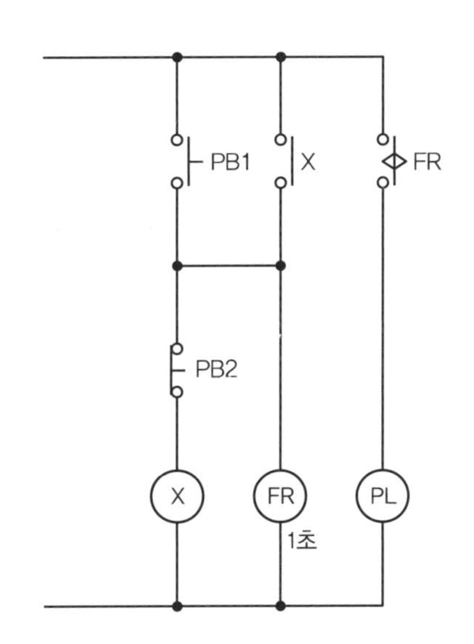

(4) 래더도 1 : 타이머 직렬회로 플리커

(5) 래더도 2 : 타이머 병렬회로 플리커

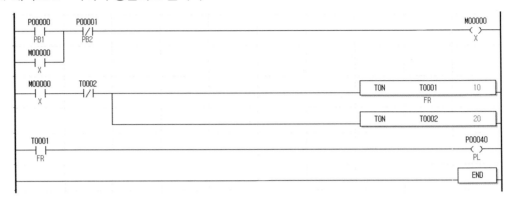

(6) 래더도 3 : 타이머 비교명령회로 플리커

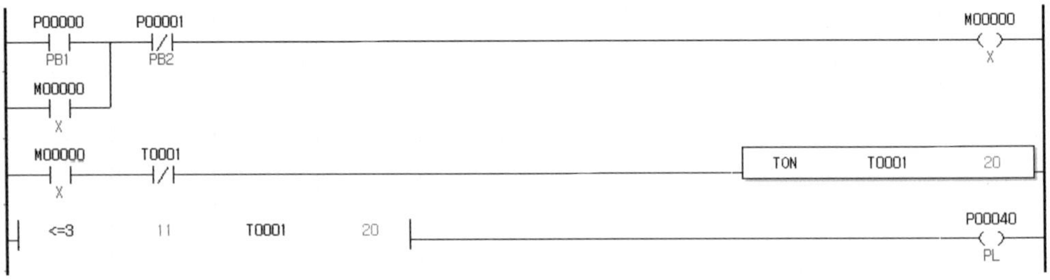

P00000
PB1
P00001
PB2
M00000
X
M00000
X
M00000
X
T0001
TON
T0001
20
<=3
11
T0001
20
P00040
PL

20) PLC 실습문제 : EOCR 과부하회로

(1) PLC 입 · 출력표

입력			출력		
디바이스	변수	설명	디바이스	변수	설명
P00000	PB1	기동	P00040	M_C	전자접촉기
P00001	PB2	정지	P00041	YL	경보 램프
P00002	EOCR	과부하	P00042	BZ	부저

(2) 동작 설명

① PB1을 누르면 MC여자(자기유지)

② PB2를 누르면 MC소자

③ EOCR(과부하) 동작하면 MC소자, YL과 BZ는 1초 간격 교대점멸

④ EOCR 복귀(RESET)되면 YL소등, BZ정지

(3) 시퀀스 회로도

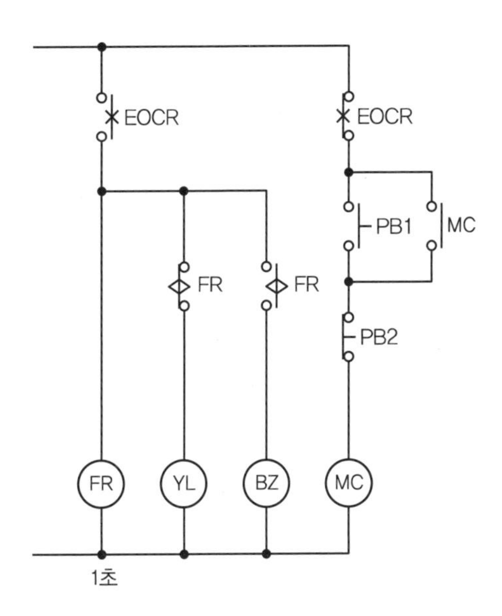

(4) 래더도 1

(5) 래더도 2

P00002
EOCR
T0001
TON
T0001
20
<=3
1
T0001
10
P00041
YL
<=3
11
T0001
20
P00042
BZ
P00002
EOCR
P00000
PB1
P00001
PB2
P00040
MCC
P00040
MCC

21) PLC 실습문제 : 플리커 가로접점회로

(1) PLC 입 · 출력표

입력			출력		
디바이스	변수	설명	디바이스	변수	설명
P00000	PB1	동작 1	P00040	HL1	램프 1
P00001	PB2	동작 2	P00041	HL2	램프 2

(2) 동작 설명

① PB1을 누르면 Q1여자(자기유지), HL1점등

② PB2를 누르면 Q2여자(자기유지), T여자, FR여자, HL2점등
Q1소자, HL1 1초 주기(0.5초 Off, 0.5초 On) 점멸

③ T 설정시간 5초 후 회로 초기화

(3) 시퀀스 회로도

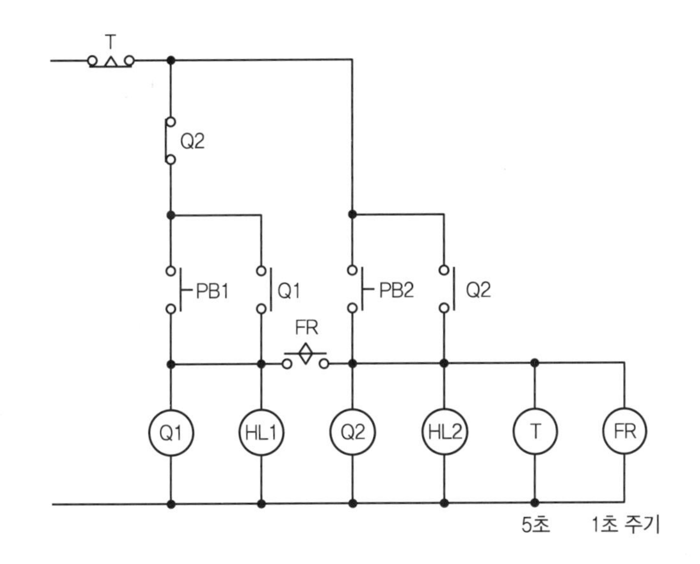

(4) 래더도

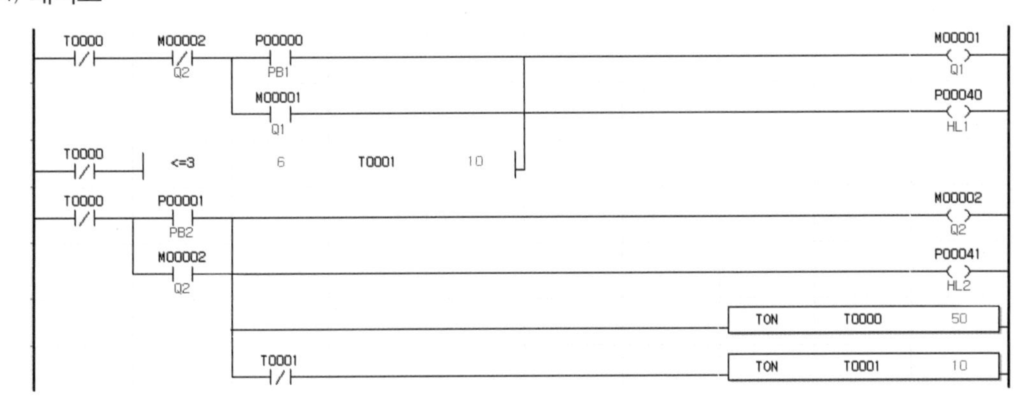

22) PLC 실습문제 : 배선이 교차되는 회로

(1) PLC 입 · 출력표

입력			출력		
디바이스	변수	설명	디바이스	변수	설명
P00000	RY1	수동/자동	P00040	MC1	전자접촉기 1
P00001	PB1	기동 1	P00041	MC2	전자접촉기 2
P00002	PB2	정지 1	P00042	RL1	램프 1
P00003	PB3	기동 2	P00043	RL2	램프 2
P00004	PB4	정지 2			
P00005	LS1	기동(자동) 1			
P00006	LS2	기동(자동) 2			

(2) 동작 설명

① RY1－b 접점 동작

- PB1을 누르면 X1여자(자기유지), MC1여자, RL1점등. PB2를 누르면 X1소자, MC1소자, RL1 소등
- PB3을 누르면 X2여자(자기유지), MC2여자, RL2점등. PB4를 누르면 X2소자, MC2소자, RL2 소등

② RY1－a 접점 동작(X3여자)

- LS1 On 되면 MC1여자, RL1점등. LS1 Off 되면 MC1소자, RL1소등
- LS2 On 되면 MC2여자, RL2점등. LS2 Off 되면 MC2소자, RL2소등

(3) 시퀀스 회로도

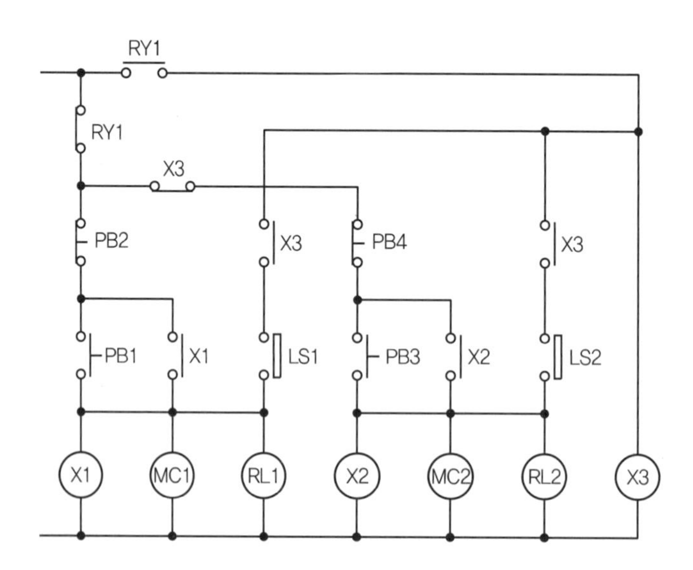

(4) 래더도

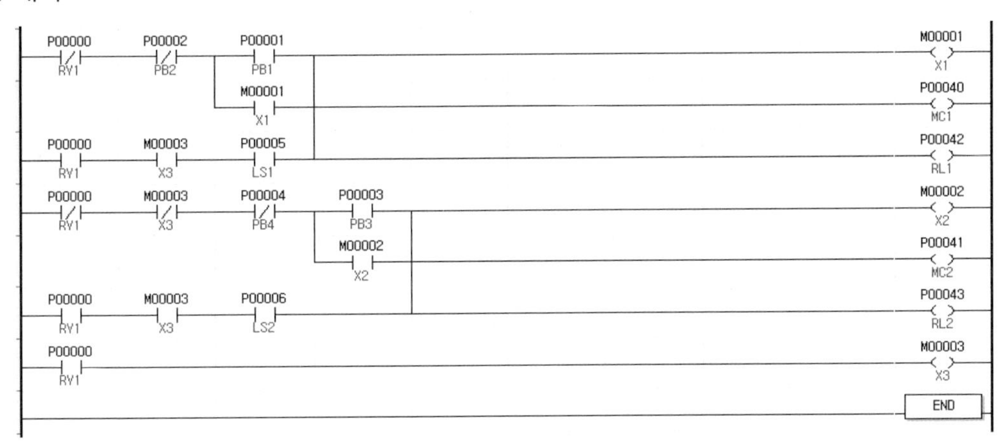
P00000
RY1
P00002
PB2
P00001
PB1
M00001
X1
M00001
X1
P00040
MC1
P00000
RY1
M00003
X3
P00005
LS1
P00042
RL1
P00000
RY1
M00003
X3
P00004
PB4
P00003
PB3
M00002
X2
M00002
X2
P00041
MC2
P00000
RY1
M00003
X3
P00006
LS2
P00043
RL2
P00000
RY1
M00003
X3
END

23) PLC 실습문제 : 버튼 1개 기동 및 정지하는 회로

(1) PLC 입 · 출력표

입력			출력		
디바이스	변수	설명	디바이스	변수	설명
P00000	P_B	누름 버튼	P00040	M_C	전자접촉기

(2) 동작 설명

① PB를 누르면(홀수) MC여자(자기유지), PB를 다시 누르면(짝수) MC소자

② 위 동작은 반복됩니다.

(3) 시퀀스 회로도

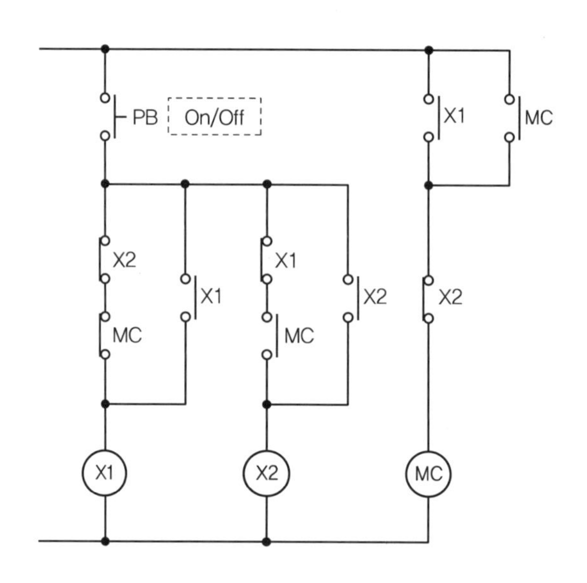

(4) 래더도 1

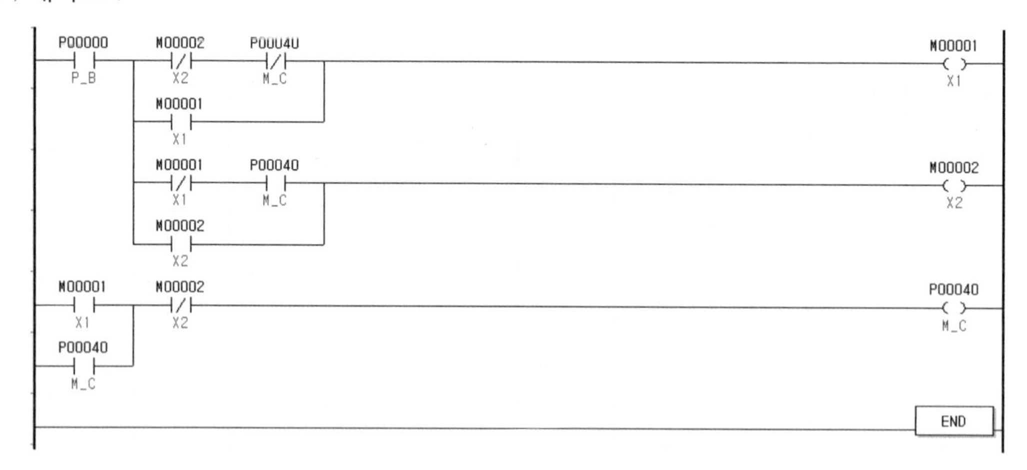

(5) 래더도 2 : CTU를 이용한 프로그램

접점 / 조건	출력
P00000 (P_B)	CTU C0001 2
= C0001 1	P00040 ( ) M_C
C0001	C0001 (R)
	END

(6) 래더도 3 : CTR을 이용한 프로그램

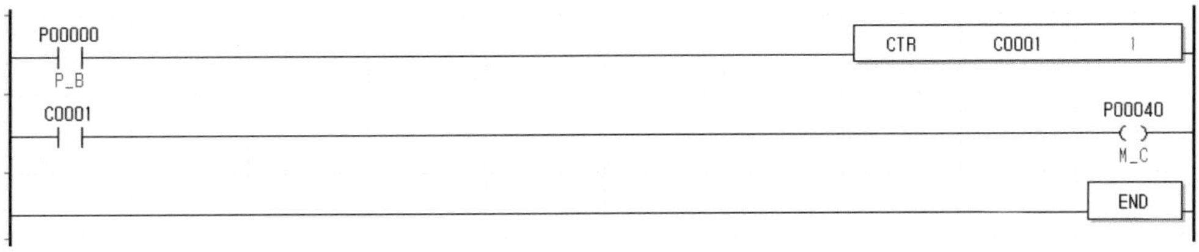

접점 / 조건	출력
P00000 (P_B)	CTR C0001 1
C0001	P00040 ( ) M_C
	END

24) PLC 실습문제 : 양 검출, 음 검출 원버튼회로

(1) PLC 입 · 출력표

입력			출력		
디바이스	변수	설명	디바이스	변수	설명
P00000	RY1	동작 허용	P00040	MC1	전자접촉기 1
P00001	PB1	동작 1	P00041	MC2	전자접촉기 2
P00002	PB2	동작 2			

(2) 동작 설명

① PB를 누를 때(양 검출)와 눌렀다 놓을 때(음 검출)를 구분하여 시퀀스 회로도에 맞게 프로그램 합니다.

② RY1이 Off되면 MC1소자, MC2소자, 회로는 초기화됩니다.

(3) 시퀀스 회로도

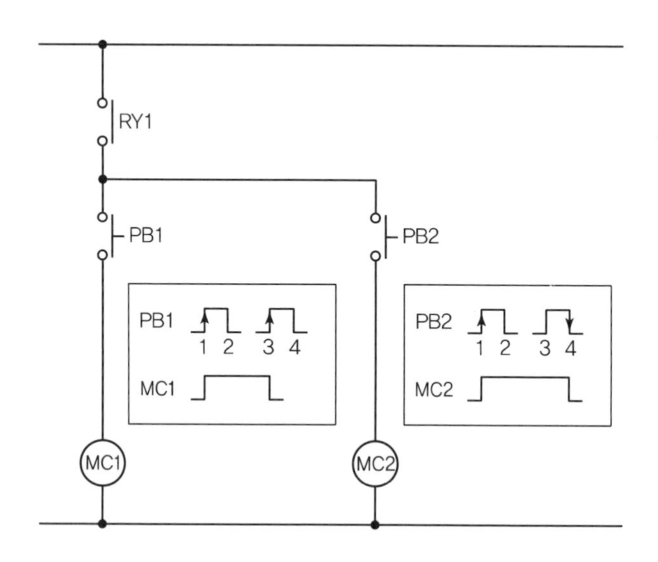

(4) 래더도 1

① 양 검출(P) 동작, 양 검출(P) 정지

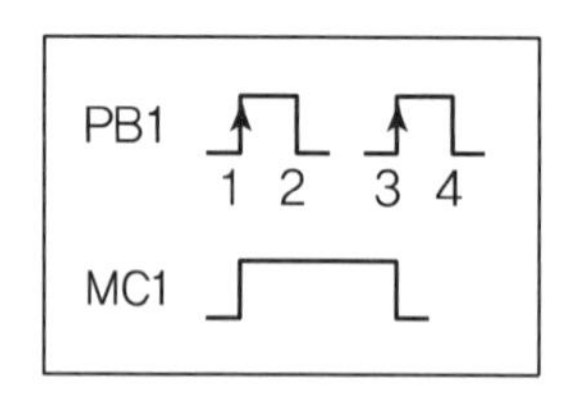

→ 1번 동작에 3번 정지(1번부터 2번까지 동작)

→ < =3 (작거나 같다 3 입력) : S1은 1부터 동작이므로 1, S2는 카운터(C1), S3은 3보다 작은 값 2 입력

② 양 검출(P) 동작, 음 검출(N) 정지

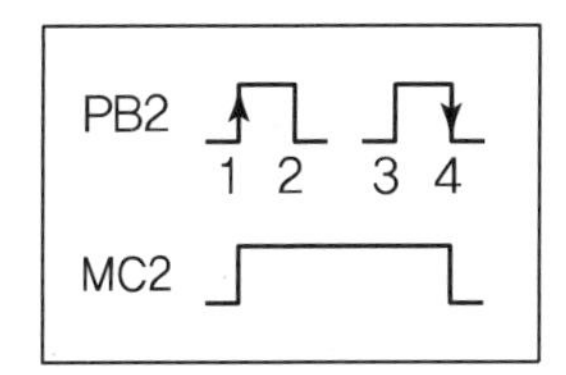

→ 1번 동작에 4번 정지(1번부터 3번까지 동작)

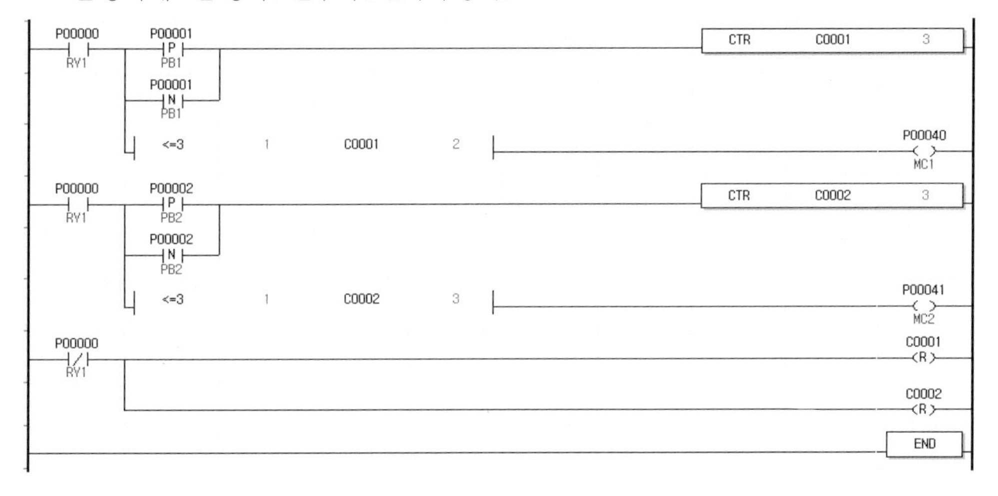

(5) 래더도 2

① 음 검출(N) 동작, 양 검출(P) 정지

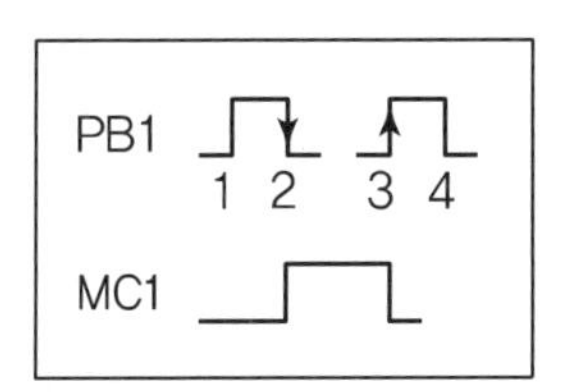

→ 2번 동작에 3번 정지(2번부터 2번까지 동작)

② 음 검출(N) 동작, 음 검출(N) 정지

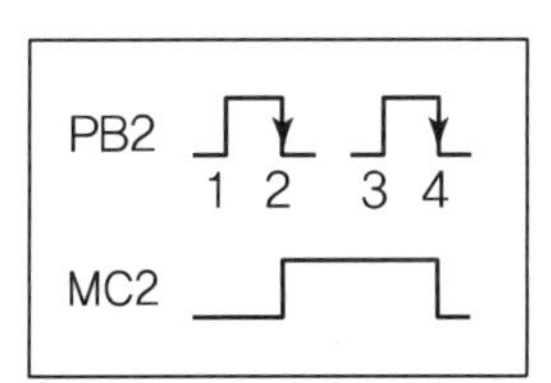

→ 2번 동작에 4번 정지(2번부터 3번까지 동작)

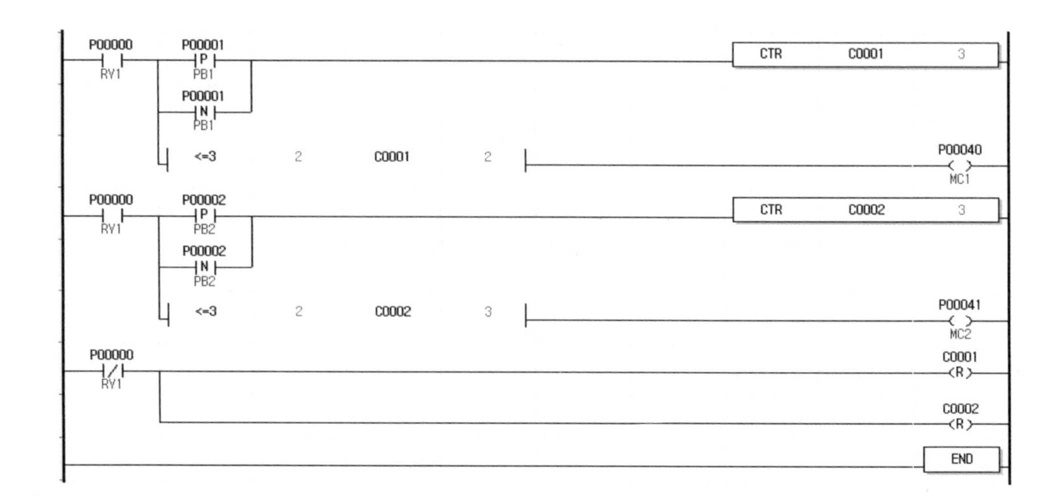
P00000
RY1
P00001
P
PB1
P00001
N
PB1
CTR
C0001
3
<=3
2
C0001
2
P00040
MC1
P00000
RY1
P00002
P
PB2
P00002
N
PB2
CTR
C0002
3
<=3
2
C0002
3
P00041
MC2
P00000
RY1
C0001
R
C0002
R
END

25) PLC 실습문제 : TOFF 타이머회로

(1) PLC 입 · 출력표

입력			출력		
디바이스	변수	설명	디바이스	변수	설명
P00000	PB1	기동스위치	P00040	MC1	전자접촉기 1
P00001	PB2	정지스위치	P00041	MC2	전자접촉기 2
			P00042	GL1	램프 1
			P00043	GL2	램프 2

(2) 동작 설명

① 전원을 투입하면 GL1 및 GL2점등

② PB1을 누르면 X여자(자기유지), T1여자, MC1여자, GL1소등

③ T1의 설정시간 5초 후 MC2여자, T2 여자, GL2소등

④ PB2를 누르면 T1과 T2 및 X 소자, MC2 소자, GL2점등, T2의 설정시간 4초 후 MC1소자, GL1점등

(3) 시퀀스 회로도

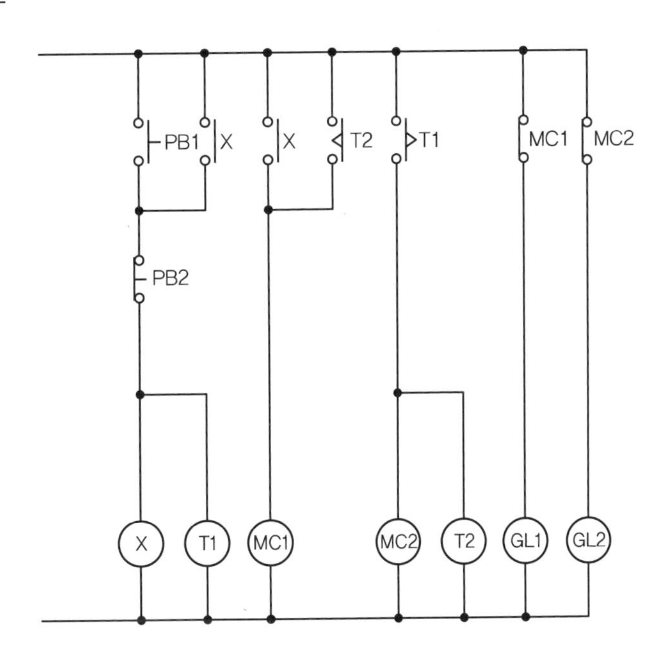

(4) 래더도

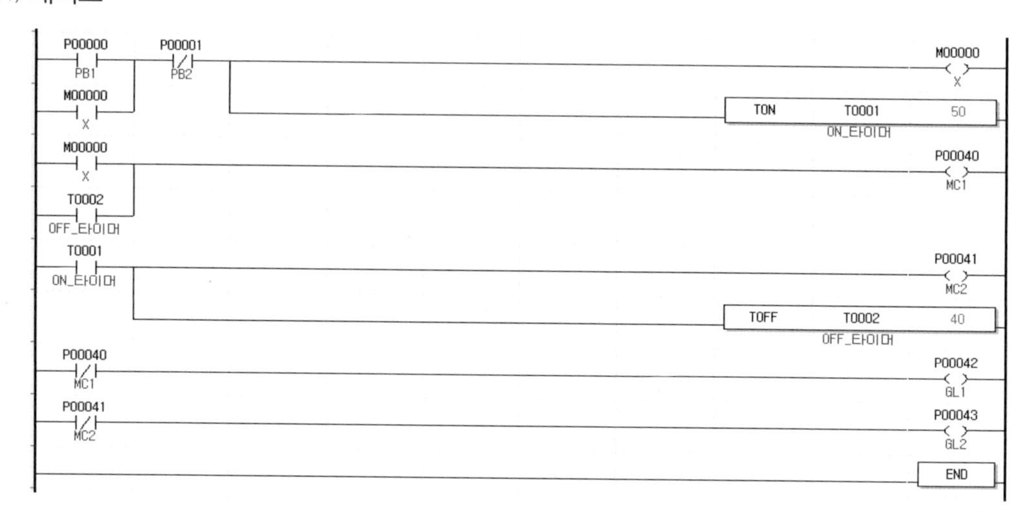
P00000
PB1
P00001
PB2
M00000
X
M00000
X
TON
T0001
50
ON_타이머
M00000
X
P00040
MC1
T0002
OFF_타이머
T0001
ON_타이머
P00041
MC2
TOFF
T0002
40
OFF_타이머
P00040
MC1
P00042
GL1
P00041
MC2
P00043
GL2
END

26) PLC 실습문제 : 촌동 및 순시접점회로

(1) PLC 입 · 출력표

입력			출력		
디바이스	변수	설명	디바이스	변수	설명
P00000	PB7		P00040	H1	
P00001	PB8		P00041	H2	
P00002	PB9		P00042	H3	
			P00043	H4	

(2) 시퀀스 회로도

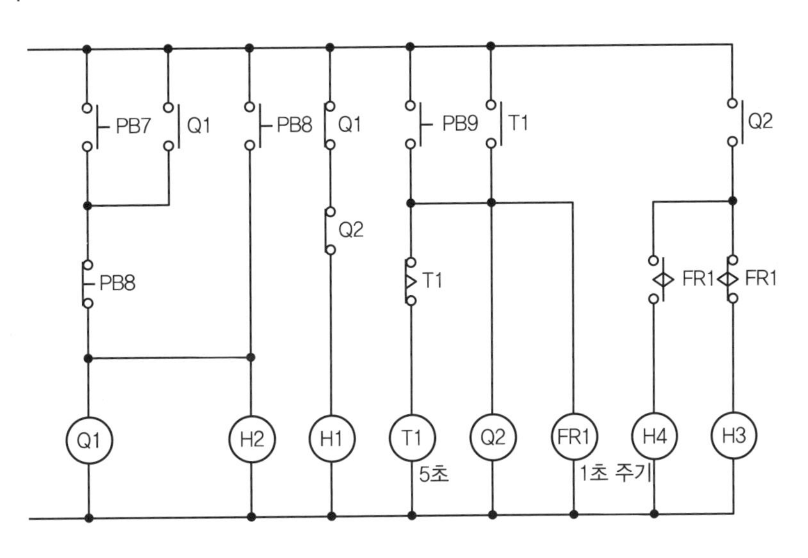

(3) 래더도

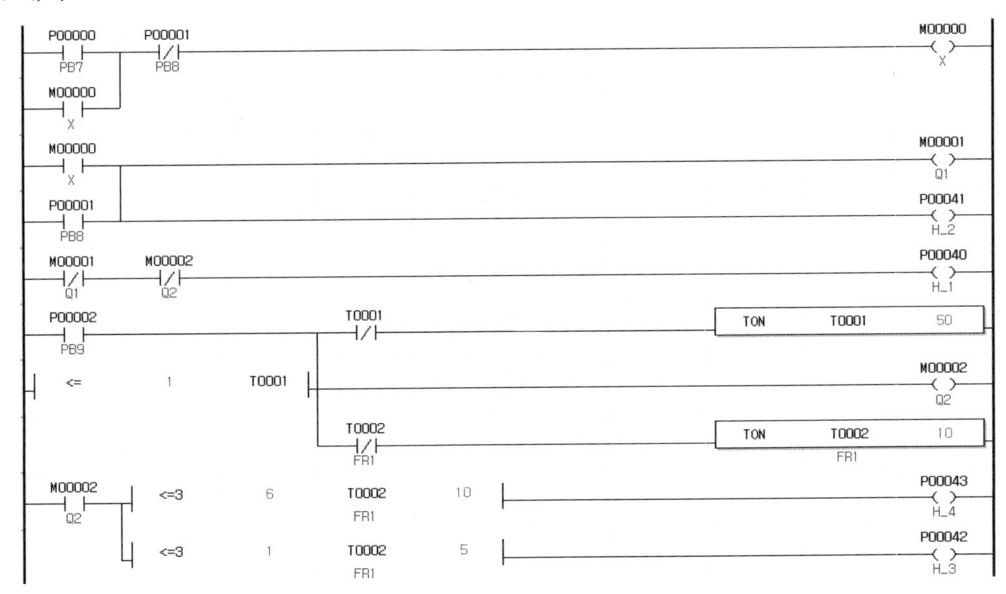

27) PLC 실습문제 : 모터 정 · 역 운전회로

(1) PLC 입 · 출력표

입력			출력		
디바이스	변수	설명	디바이스	변수	설명
P00000	PB1		P00040	MC1	
P00001	PB2		P00041	MC2	
P00002	PB3		P00042	RL1	
P00003	PB4		P00043	RL2	
P00004	LS1		P00044	GL	
P00005	LS2				

(2) 시퀀스 회로도

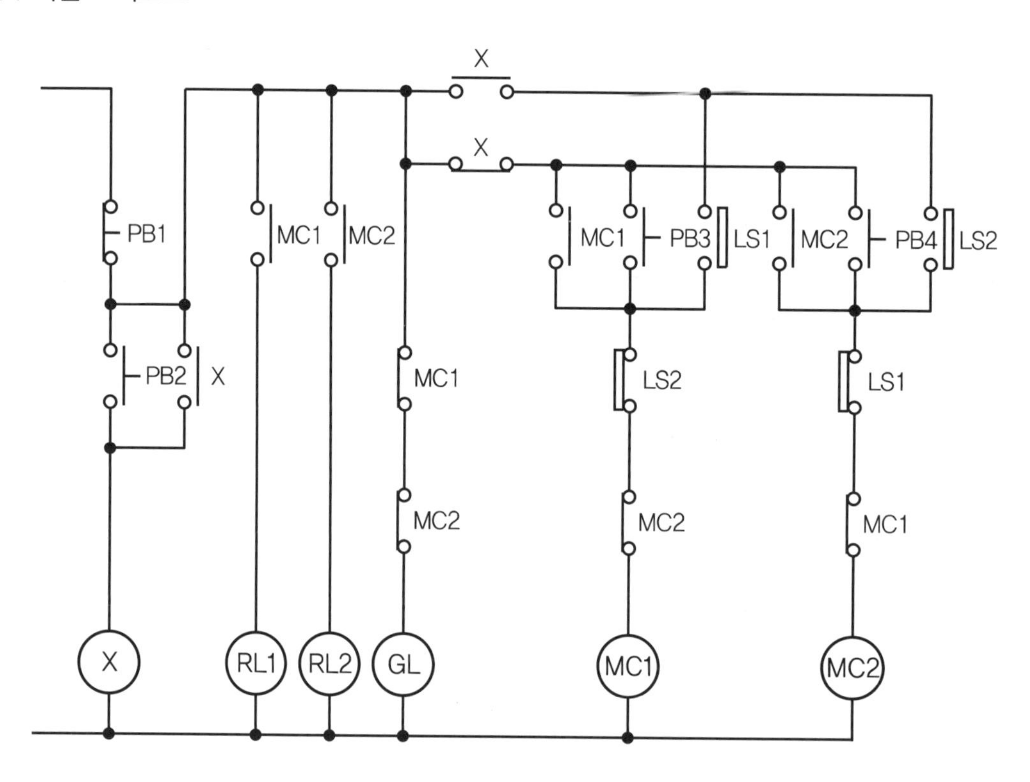

(3) 래더도

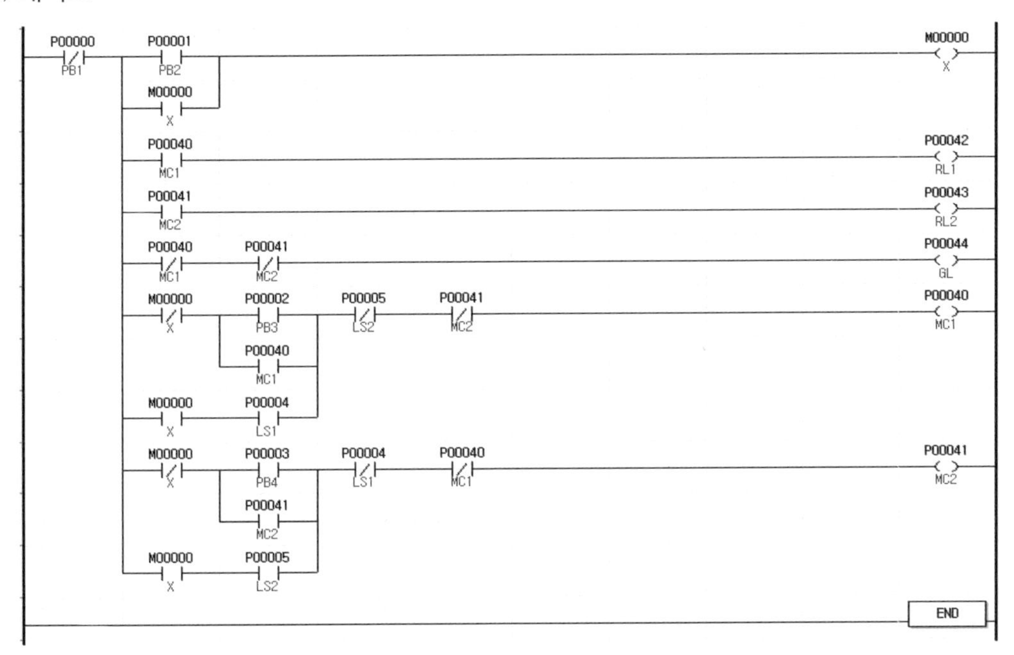
P00000
PB1
P00001
PB2
M00000
X
M00000
X
P00040
MC1
P00042
RL1
P00041
MC2
P00043
RL2
P00040
MC1
P00041
MC2
P00044
GL
M00000
X
P00002
PB3
P00005
LS2
P00041
MC2
P00040
MC1
P00040
MC1
M00000
X
P00004
LS1
M00000
X
P00003
PB4
P00004
LS1
P00040
MC1
P00041
MC2
P00041
MC2
M00000
X
P00005
LS2
END

28) PLC 실습문제 : 전동기 수동 자동 운전회로

(1) PLC 입 · 출력표

입력			출력		
디바이스	변수	설명	디바이스	변수	설명
P00000	SS_MAN		P00040	MC1	
P00001	SS_AUTO		P00041	MC2	
P00002	PB1		P00042	H1	
P00003	PB2		P00043	H2	
P00004	PB3		P00044	H3	
P00005	EOCR				
P00006	LS1				
P00007	LS2				

(2) 시퀀스 회로도

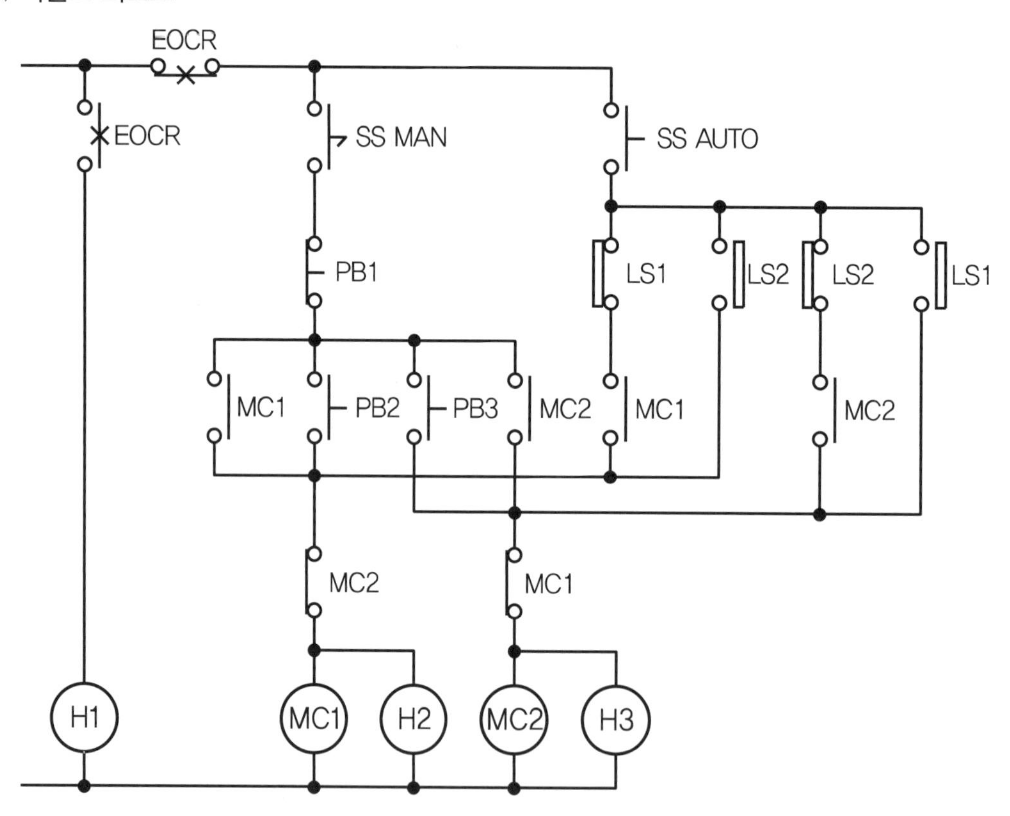

(3) 래더도

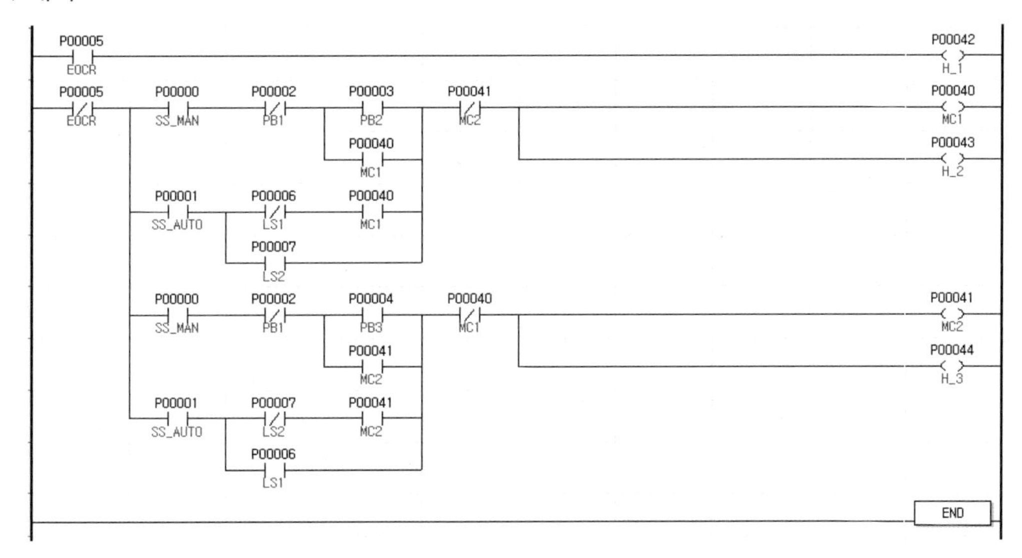
P00005
EOCR
P00042
H_1
P00005
EOCR
P00000
SS_MAN
P00002
PB1
P00003
PB2
P00041
MC2
P00040
MC1
P00040
MC1
P00043
H_2
P00001
SS_AUTO
P00006
LS1
P00040
MC1
P00007
LS2
P00000
SS_MAN
P00002
PB1
P00004
PB3
P00040
MC1
P00041
MC2
P00041
MC2
P00044
H_3
P00001
SS_AUTO
P00007
LS2
P00041
MC2
P00006
LS1
END

29) PLC 실습문제 : 전등 교대점멸

(1) PLC 입 · 출력표

입력			출력		
디바이스	변수	설명	디바이스	변수	설명
P00000	S1		P00040	L1	
P00001	S2		P00041	L2	
P00002	S3				

(2) 시퀀스 회로도

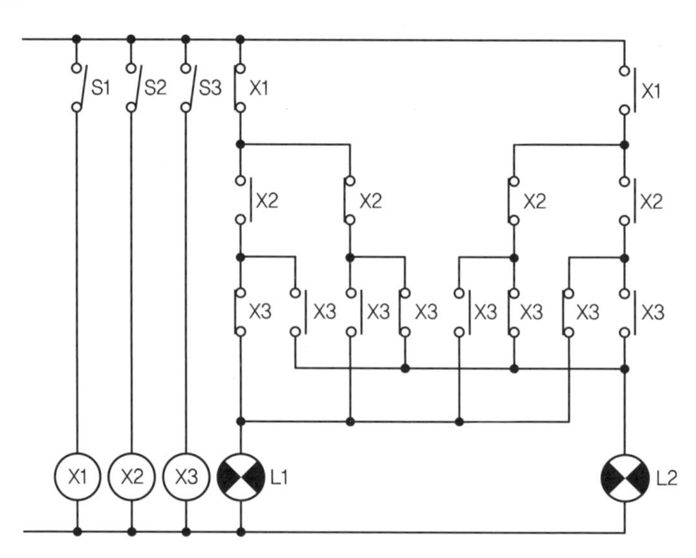

(3) 래더도

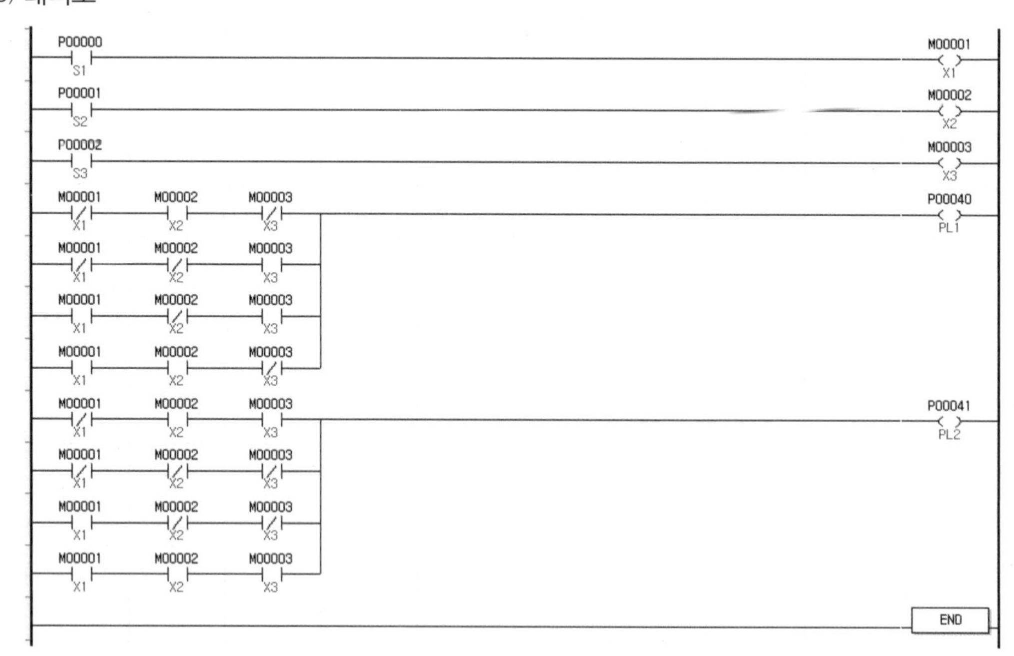

30) PLC 실습문제 : 플리커 가로접점 응용

(1) PLC 입 · 출력표

입력			출력		
디바이스	변수	설명	디바이스	변수	설명
P00000	S1		P00040	HL1	
P00001	S2		P00041	HL2	
P00002	S3		P00042	HL3	

(2) 회로도

On 순서 : S1 → S2 → S3, Off 순서 : S3 → S2 → S1으로 동작 테스트를 합니다.

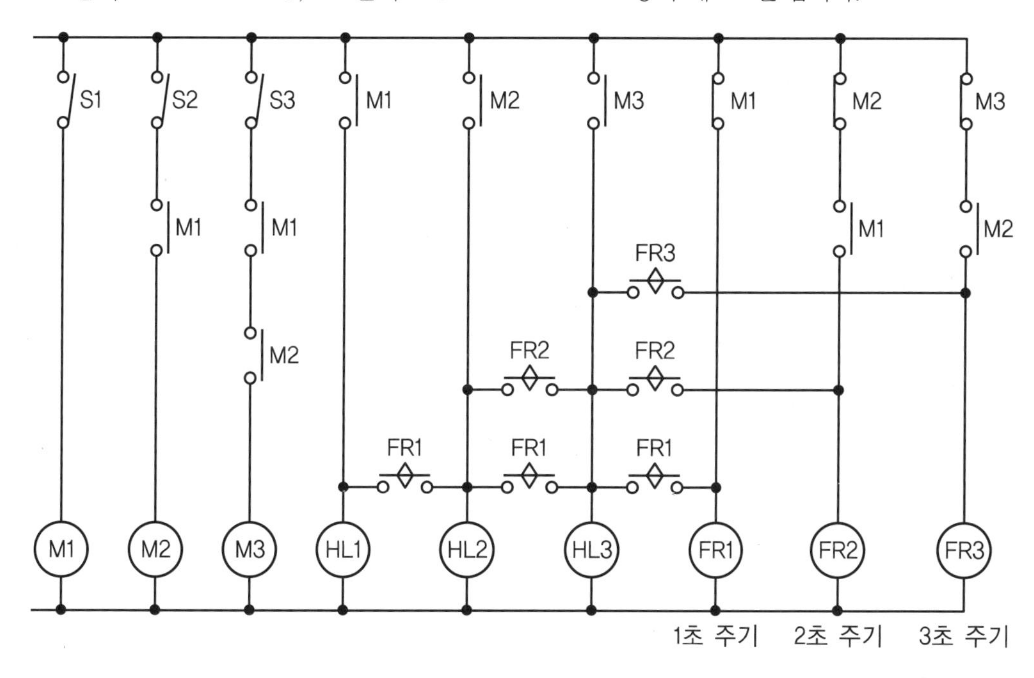

(3) 래더도

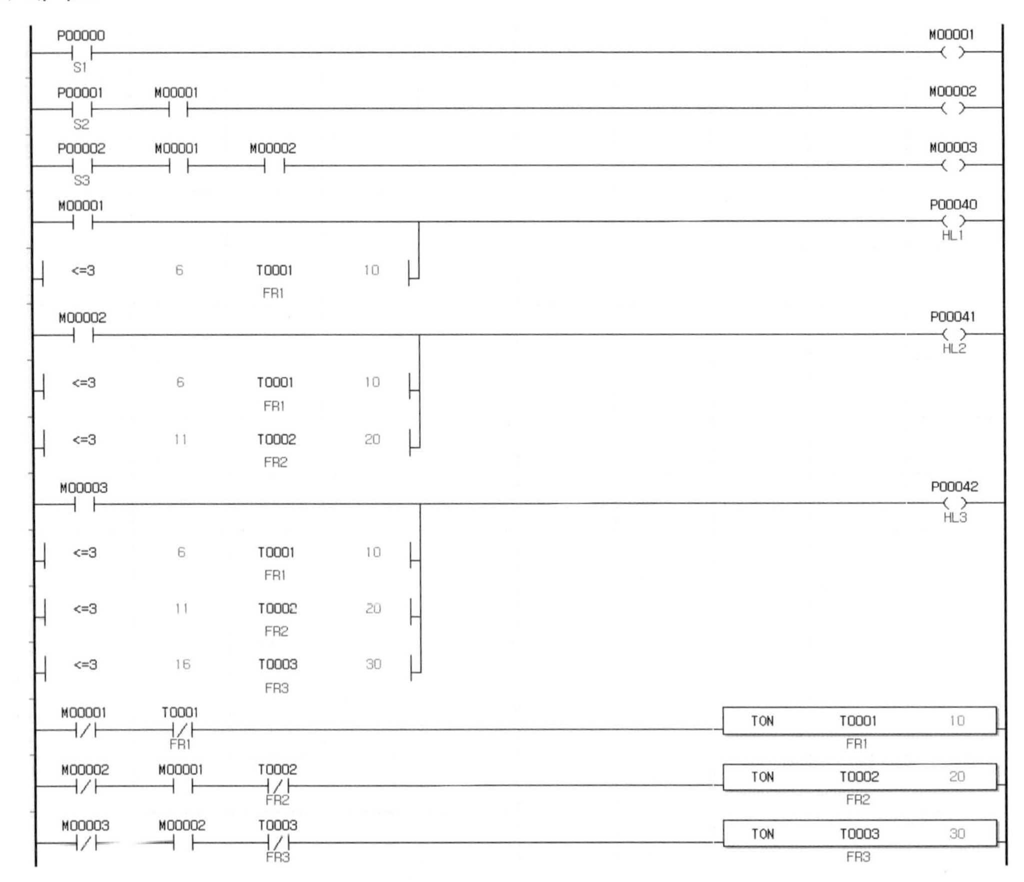

P00000
S1
M00001
P00001
S2
M00001
M00002
P00002
S3
M00001
M00002
M00003
M00001
P00040
HL1
<=3
6
T0001
FR1
10
M00002
P00041
HL2
<=3
6
T0001
FR1
10
<=3
11
T0002
FR2
20
M00003
P00042
HL3
<=3
6
T0001
FR1
10
<=3
11
T0002
FR2
20
<=3
16
T0003
FR3
30
M00001
T0001
FR1
TON
T0001
10
FR1
M00002
M00001
T0002
FR2
TON
T0002
20
FR2
M00003
M00002
T0003
FR3
TON
T0003
30
FR3

2 논리회로 실습문제

게이트	기호	수식	유접점	진리표
AND		$Y = A \cdot B$ $= AB$ $= A \times B$	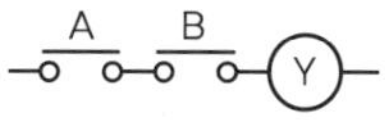	A B Y 0 0 0 0 1 0 1 0 0 1 1 1
OR	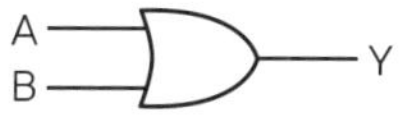	$Y = A + B$	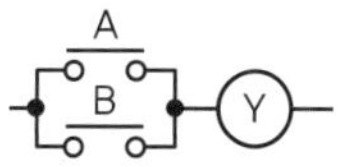	A B Y 0 0 0 0 1 1 1 0 1 1 1 1
NOT	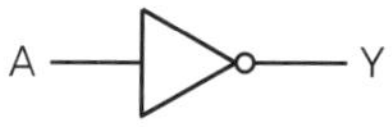	$Y = \overline{A}$	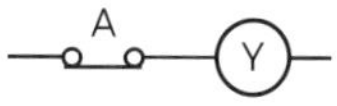	A Y 0 1 1 0
NAND		$Y = \overline{AB}$ $= \overline{A} + \overline{B}$	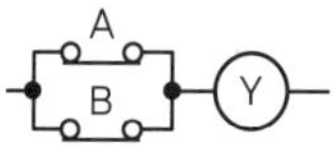	A B Y 0 0 1 0 1 1 1 0 1 1 1 0
NOR	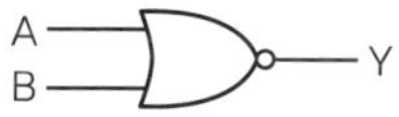	$Y = \overline{A+B}$ $= \overline{A} \cdot \overline{B}$	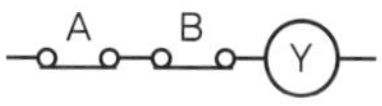	A B Y 0 0 1 0 1 0 1 0 0 1 1 0
XOR	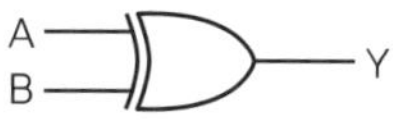	$Y = (A \oplus B)$ $Y = \overline{A}B + A\overline{B}$	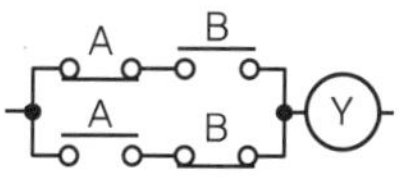	A B Y 0 0 0 0 1 1 1 0 1 1 1 0
XNOR	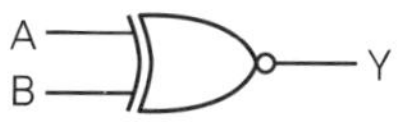	$Y = (A \odot B)$ $Y = \overline{A}\overline{B} + AB$	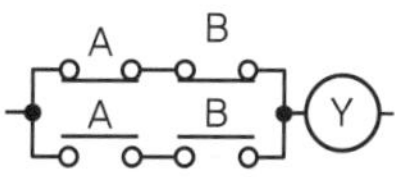	A B Y 0 0 1 0 1 0 1 0 0 1 1 1

게이트	기호	유접점
TON－a 접점 (동작 지연 타이머)	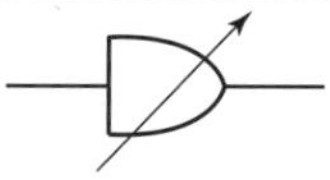	
TON－b 접점 (동작 지연 타이머)	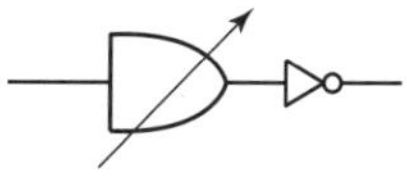	
TOF－a 접점 (복귀 지연 타이머)	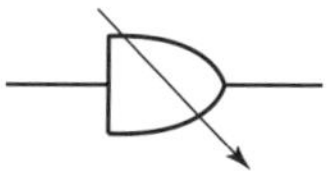	
TOF－b 접점 (복귀 지연 타이머)	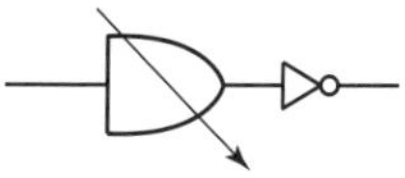	

1) PLC 실습문제 1

(1) PLC 입 · 출력표

입력				출력			
디바이스	변수	디바이스	변수	디바이스	변수	디바이스	변수
P00000	PB1			P00040	LL1		
P00001	PB2			P00041	LL2		
P00002	PB3						

(2) 동작 설명

한쪽이 동작하면 다른 한쪽이 복귀되는 회로입니다.

(3) 논리 회로도

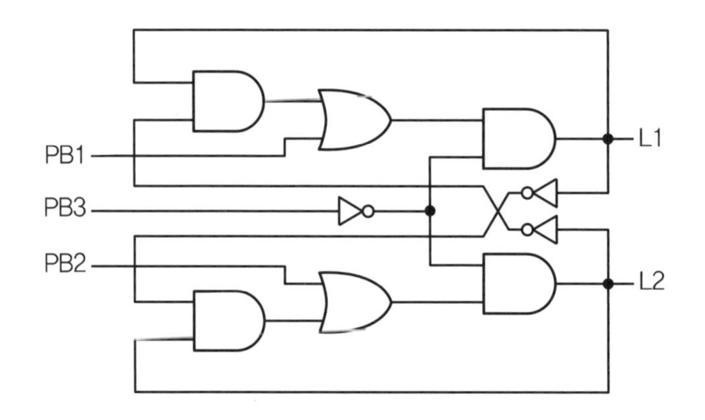

(4) 래더도

2) PLC 실습문제 2

(1) PLC 입 · 출력표

입력				출력			
디바이스	변수	디바이스	변수	디바이스	변수	디바이스	변수
P00000	PB1	P00004		P00040	LL1		
P00001	PB2			P00041	LL2		
P00002	PB3						

(2) 동작 설명

정해진 순서대로 동작되는 회로입니다.

(3) 논리 회로도

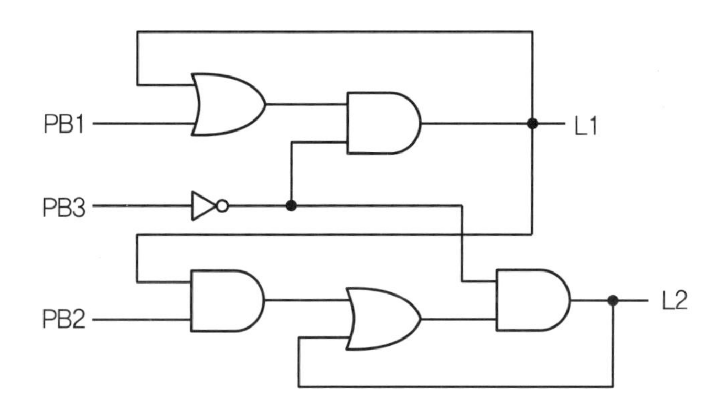

(4) 래더도

```
P00000   P00002                                   P00040
--| |------|/|------------------------------------( )--
  PB1      PB3                                     LL1
P00040  |
--| |---+
  LL1

P00040   P00001   P00002                          P00041
--| |------| |------|/|---------------------------( )--
  LL1      PB2      PB3                            LL2
P00041           |
--| |------------+
  LL2
```

3) PLC 실습문제 3

(1) PLC 입 · 출력표

입력				출력			
디바이스	변수	디바이스	변수	디바이스	변수	디바이스	변수
P00000	PB1			P00040	MC1	P00044	GL
P00001	PB2			P00041	MC2	P00045	YL
P00002	PB3			P00042	RL1		
P00003	EOCR			P00043	RL2		

(2) 동작 설명

전동기 정회전과 역회전 운전회로입니다.

(3) 논리 회로도

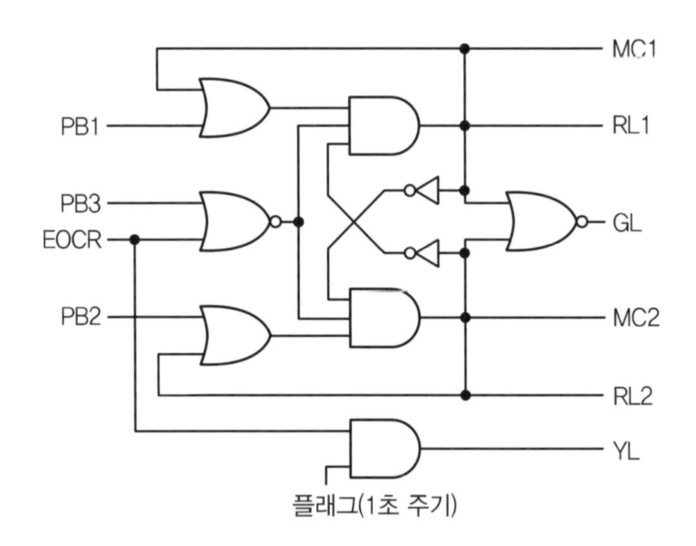

(4) 래더도

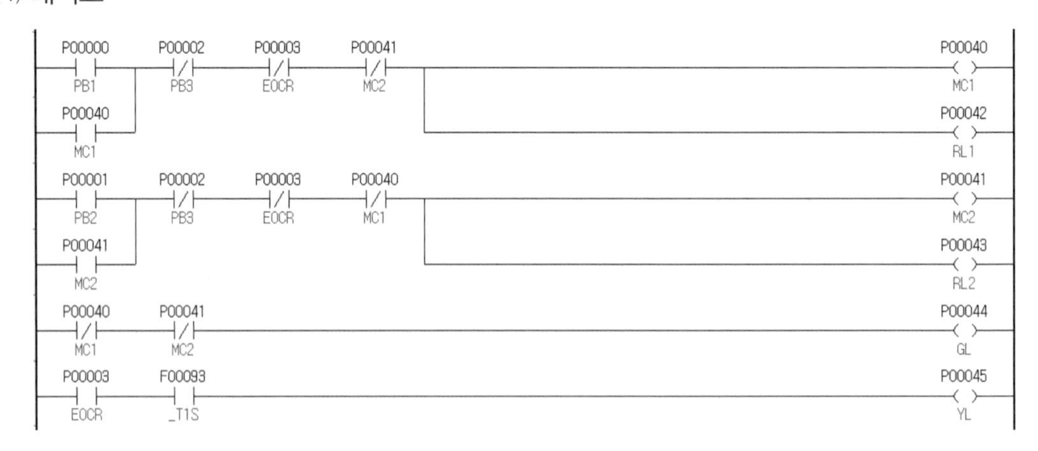

4) PLC 실습문제 4

(1) PLC 입 · 출력표

입력				출력			
디바이스	변수	디바이스	변수	디바이스	변수	디바이스	변수
P00000	PB1			P00040	PL		
P00001	PB2						

(2) 동작 설명

타이머(TOFF)에 의해 복귀가 지연되는 회로입니다.

(3) 논리 회로도

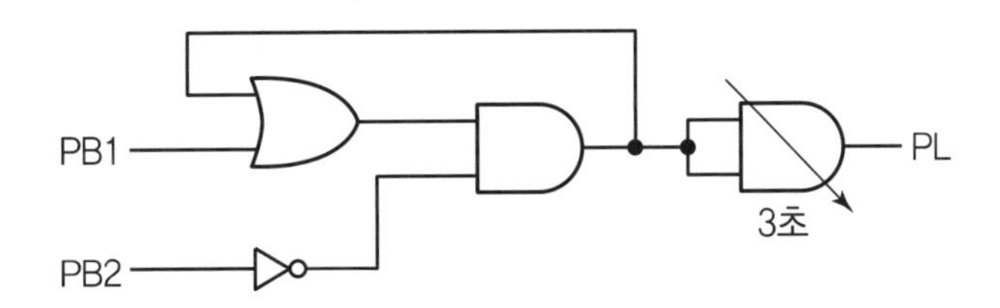

(4) 래더도

P00000 PB1 — P00001 PB2 — M00000

M00000 — TOFF T0001 30

T0001 — P00040 PL

5) PLC 실습문제 5

(1) PLC 입 · 출력표

입력				출력			
디바이스	변수	디바이스	변수	디바이스	변수	디바이스	변수
P00000	A			P00040	H1		
P00001	B			P00041	H2		
P00002	C			P00042	H3		
				P00043	H4		

(2) 동작 설명

다음 논리식을 간소화하여 프로그램하시오.

(3) 논리식

$H1 = A \cdot (A + B)$

$H2 = (A + \overline{B}) \cdot B$

$H3 = AB + BC + C\overline{A}$

$H4 = (A + B) \cdot (B + C) \cdot (\overline{C} + A)$

(4) 래더도

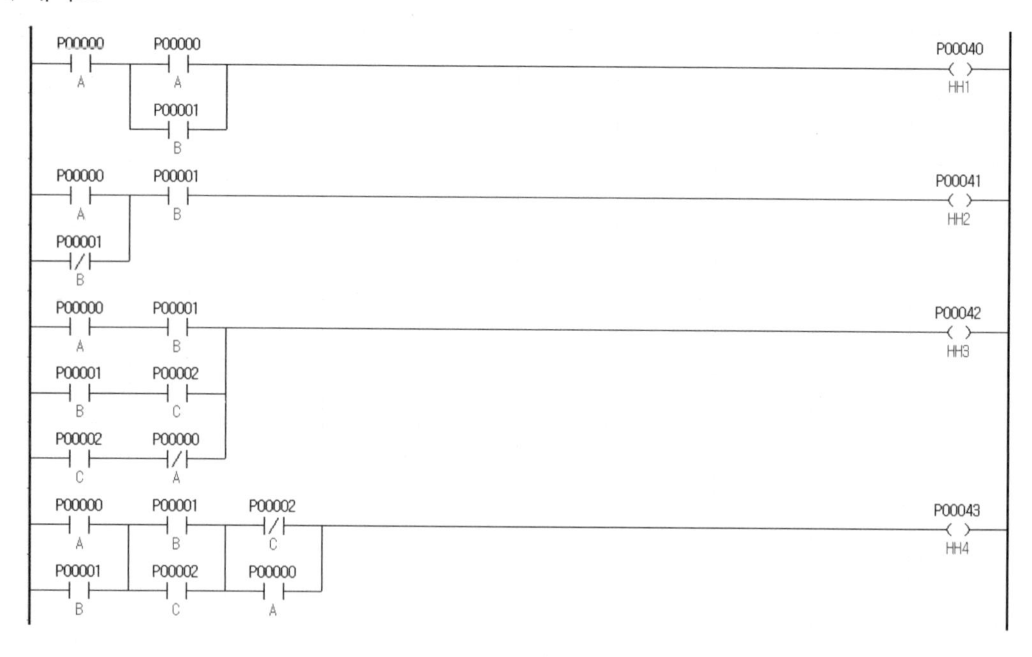

6) PLC 실습문제 6

(1) PLC 입 · 출력표

입력				출력			
디바이스	변수	디바이스	변수	디바이스	변수	디바이스	변수
P00000	SP1			P00040	HL1		
P00001	SP2			P00041	HL2		
P00002	SP3			P00042	HL3		
P00003	SP4			P00043	HL4		

(2) 논리 회로도

다음 논리회로와 같은 동작이 되도록 프로그램하시오.

① 입력 : SP1, SP2, SP3, SP4 (SP는 푸시버튼 스위치입니다.)

② 출력 : HL1, HL2, HL3, HL4

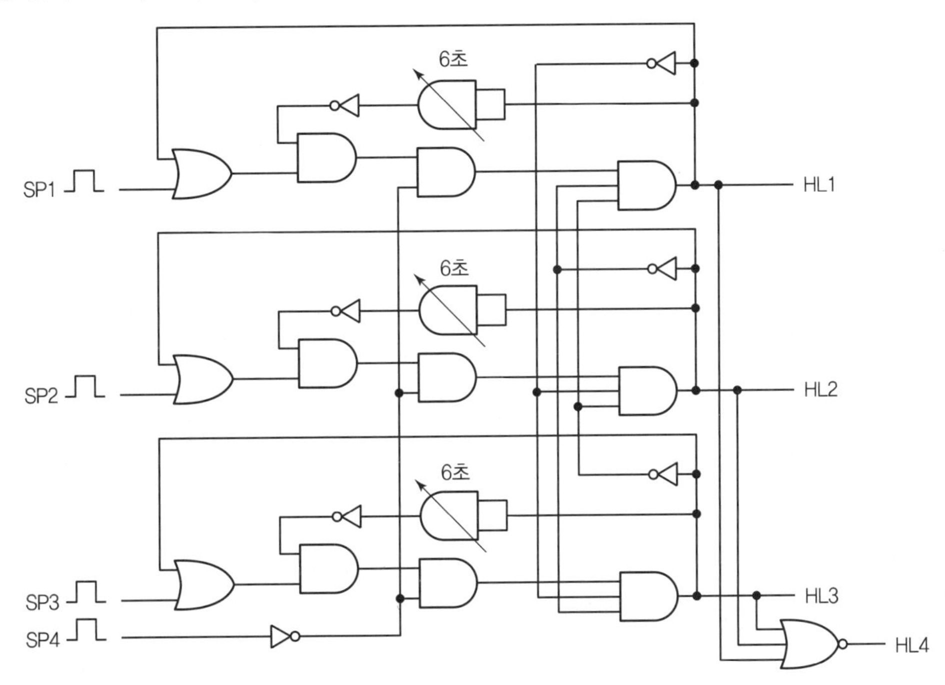

(3) 래더도

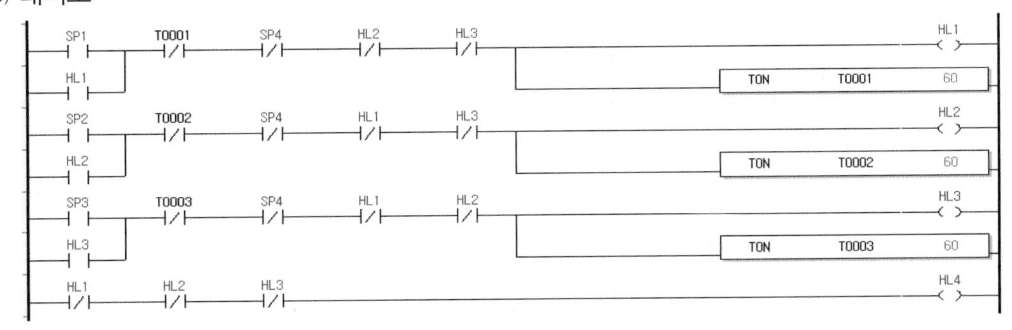

7) PLC 실습문제 7

(1) PLC 입 · 출력표

입력				출력			
디바이스	변수	디바이스	변수	디바이스	변수	디바이스	변수
P00000	SP1			P00040	HL1		
P00001	SP2			P00041	HL2		
P00002	SP3			P00042	HL3		
P00003	SP4			P00043	HL4		

(2) 논리 회로도

다음 논리회로와 같은 동작이 되도록 프로그램하시오.

① 입력 : SP1, SP2, SP3, SP4(+ : 양 검출 접점, − : 음 검출 접점)

② 출력 : HL1, HL2, HL3, HL4

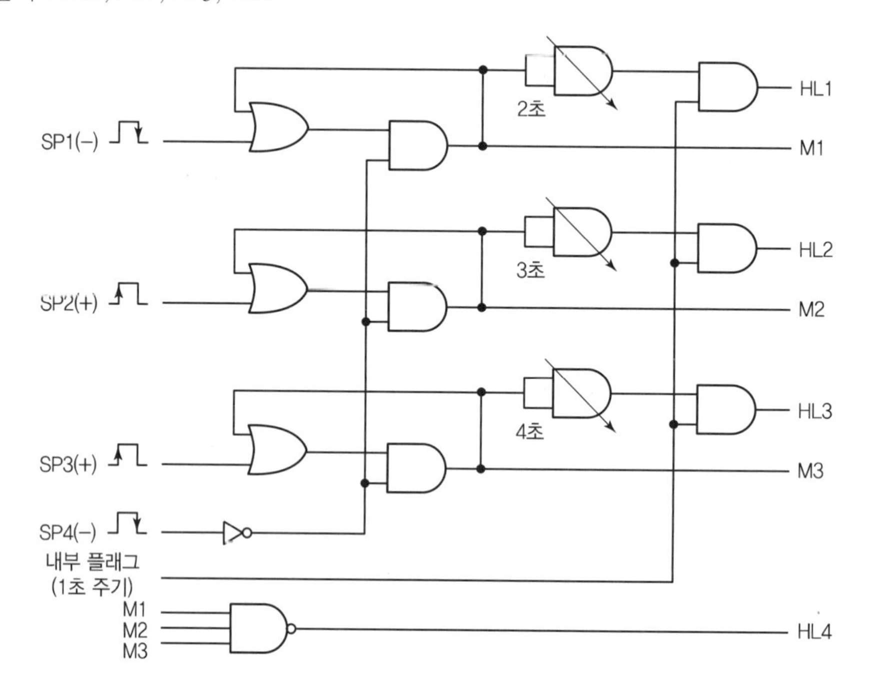

(3) 래더도

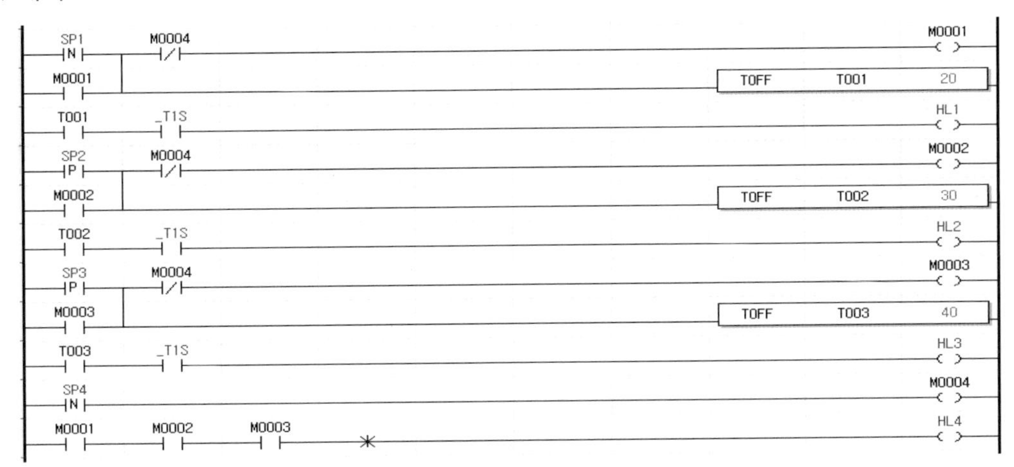
SP1
M0004
M0001
M0001
TOFF
T001
20
T001
_T1S
HL1
SP2
M0004
M0002
M0002
TOFF
T002
30
T002
_T1S
HL2
SP3
M0004
M0003
M0003
TOFF
T003
40
T003
_T1S
HL3
SP4
M0004
M0001
M0002
M0003
HL4

8) PLC 실습문제 8

(1) PLC 입 · 출력표

입력				출력			
디바이스	변수	디바이스	변수	디바이스	변수	디바이스	변수
P00000	S1			P00040	HL1		
P00001	S2			P00041	HL2		
P00002	S3			P00042	HL3		
P00003	S4			P00043	HL4		

(2) 논리 회로도

다음 논리회로와 같은 동작이 되도록 프로그램하시오.

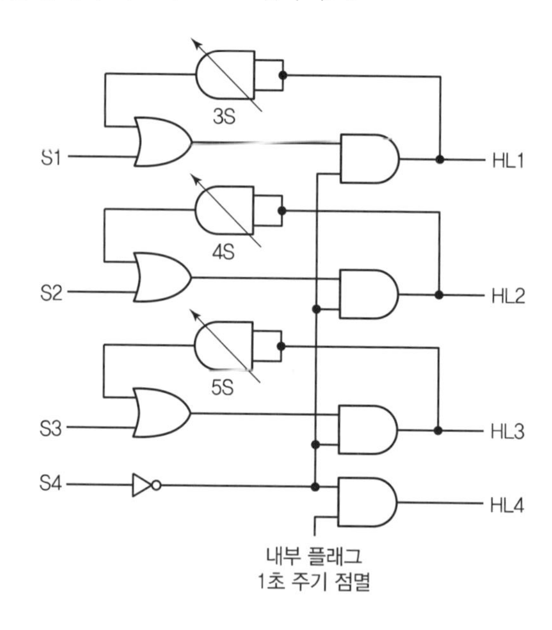

(3) 래더도

9) PLC 실습문제 9

(1) PLC 입 · 출력표

입력				출력			
디바이스	변수	디바이스	변수	디바이스	변수	디바이스	변수
P00000	X5			P00040	HL1	P00044	X3
P00001	SEN1			P00041	HL2	P00045	X4
P00002	SEN2			P00042	HL3		
				P00043	HL4		

(2) 동작 설명

① 아래의 시퀀스회로와 논리회로에 알맞은 PLC 프로그램을 하시오.

② PLC 입출력 단자 배치도를 참조하여 입력과 출력을 구분하여 프로그램합니다.

③ SEN1(1구역 감지센서), SEN2(2구역 감지센서)는 PB로 대체합니다.

④ 논리회로 동작

- 입력 : M1, SEN1, SEN2
- 출력 : X3, X4

(3) 논리 회로도

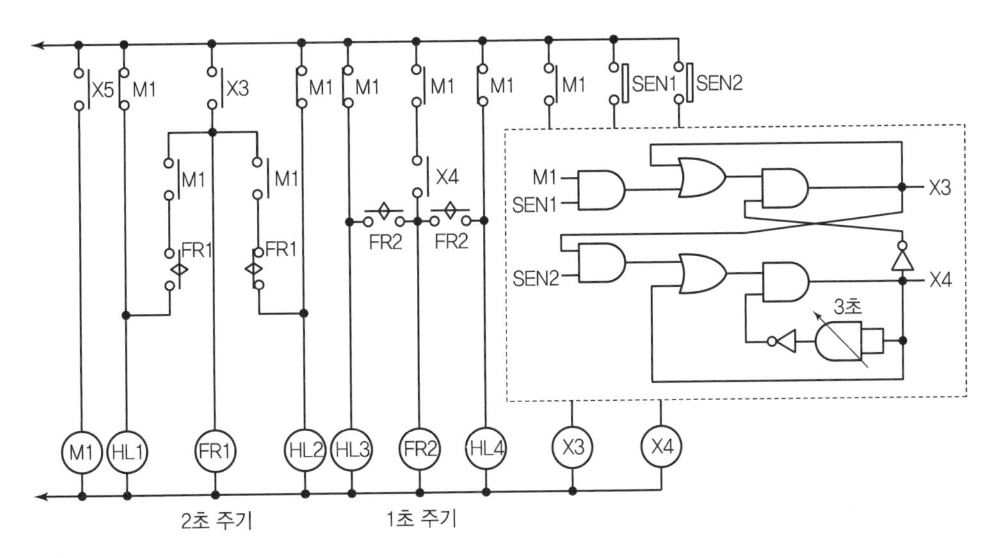

(4) 래더도

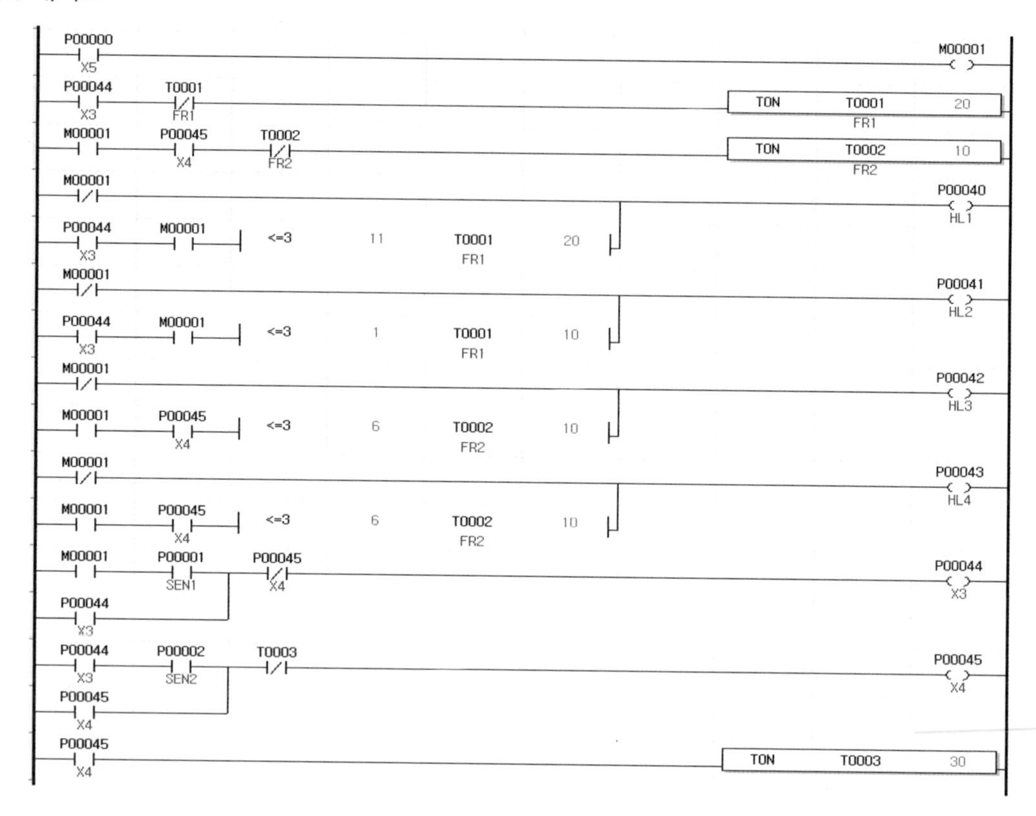

P00000
X5
M00001
P00044
T0001
X3
FR1
TON
T0001
20
FR1
M00001
P00045
T0002
X4
FR2
TON
T0002
10
FR2
M00001
P00040
HL1
P00044
M00001
X3
<=3
11
T0001
FR1
20
M00001
P00041
HL2
P00044
M00001
X3
<=3
1
T0001
FR1
10
M00001
P00042
HL3
M00001
P00045
X4
<=3
6
T0002
FR2
10
M00001
P00043
HL4
M00001
P00045
X4
<=3
6
T0002
FR2
10
M00001
P00001
SEN1
P00045
X4
P00044
X3
P00044
X3
P00044
X3
P00002
SEN2
T0003
P00045
X4
P00045
X4
P00045
X4
TON
T0003
30

3 타임차트 실습문제

1) PLC 실습문제 : 자기유지

(1) PLC 입 · 출력표

입력			출력		
디바이스	변수	설명	디바이스	변수	설명
P00000	PB1	점등스위치	P00040	PL	램프
P00001	PB2	소등스위치			

(2) 동작 설명

PB1을 누르면 램프 점등, PB2를 누르면 램프가 소등됩니다.

(3) PLC 타임차트

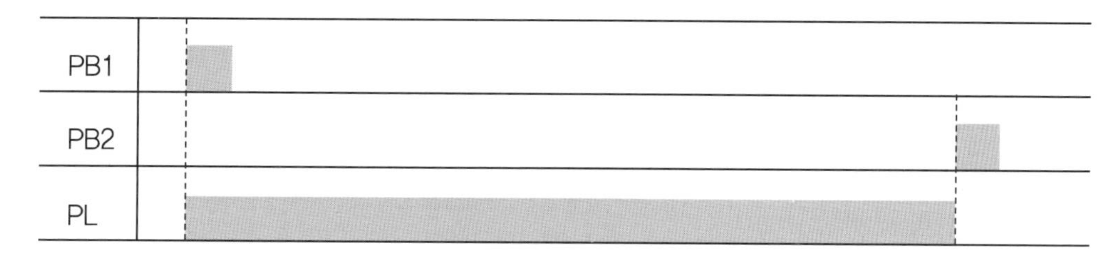

(4) 래더도 1

P00000 PB1
P00001 PB2
P00040 PL
P00040 PL
END

(5) 래더도 2

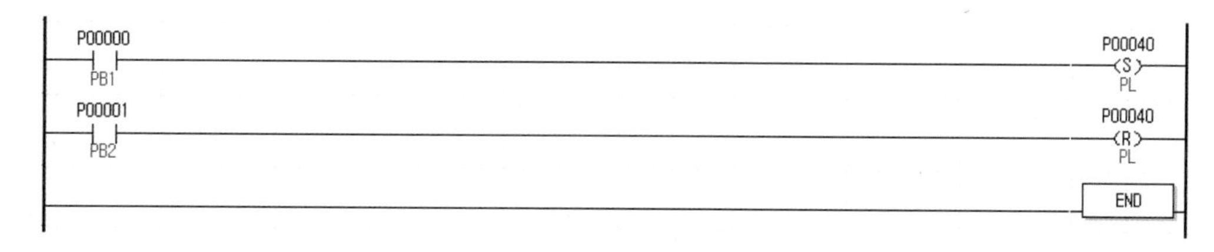

2) PLC 실습문제 : 촌동, 자기유지

(1) PLC 입 · 출력표

입력			출력		
디바이스	변수	설명	디바이스	변수	설명
P00000	PB1	점등스위치	P00040	PL1	램프 1번
P00001	PB2	소등스위치	P00041	PL2	램프 2번

(2) 동작 설명

① PB1을 누르면 램프 1 점등, 램프 2 점등. PB1을 눌렀다 놓으면 램프 1이 소등됩니다.

② PB2를 누르면 램프 2가 소등됩니다.

(3) PLC 타임차트

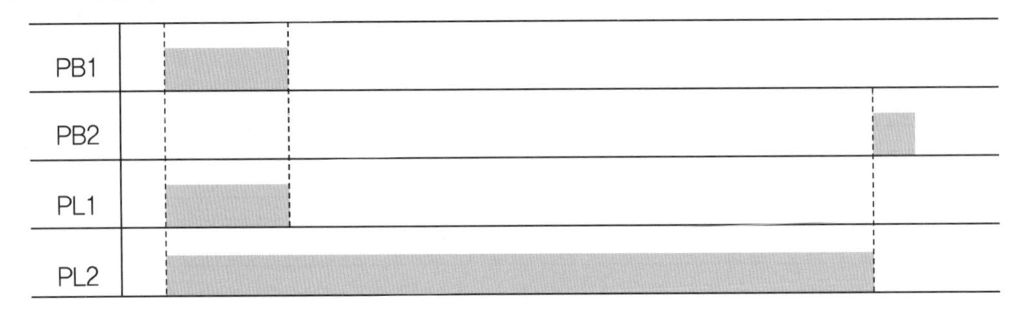

(4) 래더도 1

P00000
PB1
P00040
PL1
P00000
PB1
P00001
PB2
P00041
PL2
P00041
PL2
END

(5) 래더도 2

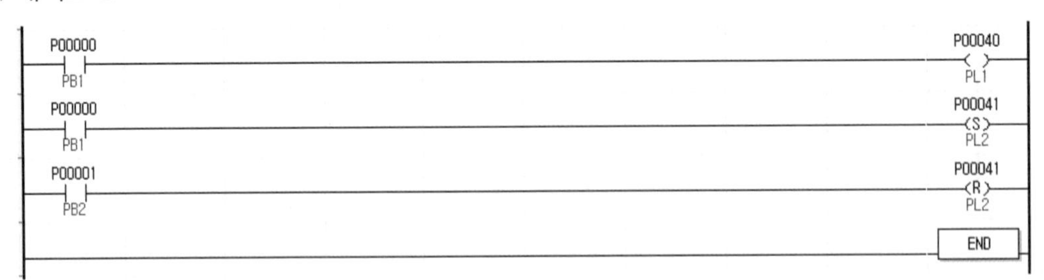

3) PLC 실습문제 : 음 검출 점등, 음 검출 소등

(1) PLC 입 · 출력표

입력			출력		
디바이스	변수	설명	디바이스	변수	설명
P00000	PB1	점등스위치	P00040	PL	램프
P00001	PB2	소등스위치			

(2) 동작 설명

PB1을 눌렀다 놓으면 램프 점등, PB2를 눌렀다 놓으면 램프는 소등됩니다.

(3) PLC 타임차트

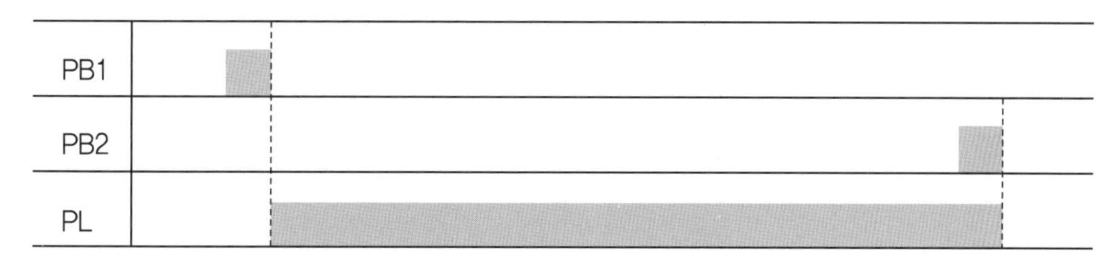

(4) 래더도 1

음 검출 b 접점은 없으므로 내부 메모리(M00)를 사용합니다.

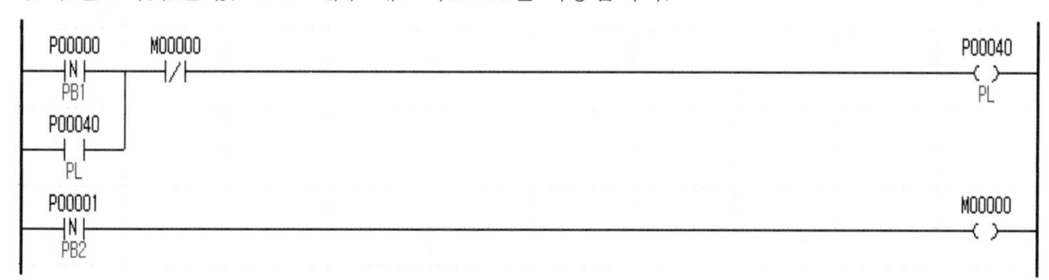

(5) 래더도 2

SET, RESET 코일을 사용합니다.

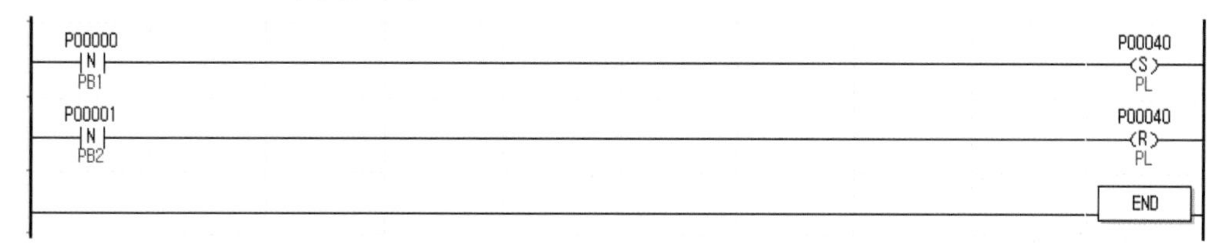

4) PLC 실습문제 : 자기유지(카운터)

(1) PLC 입 · 출력표

입력			출력		
디바이스	변수	설명	디바이스	변수	설명
P00000	PB1	점등스위치	P00040	PL	램프
P00001	PB2	소등스위치			

(2) 동작 설명

PB1을 2회 누르면 램프 점등, PB2를 누르면 램프는 소등되고 카운터는 초기화됩니다.

(3) PLC 타임차트

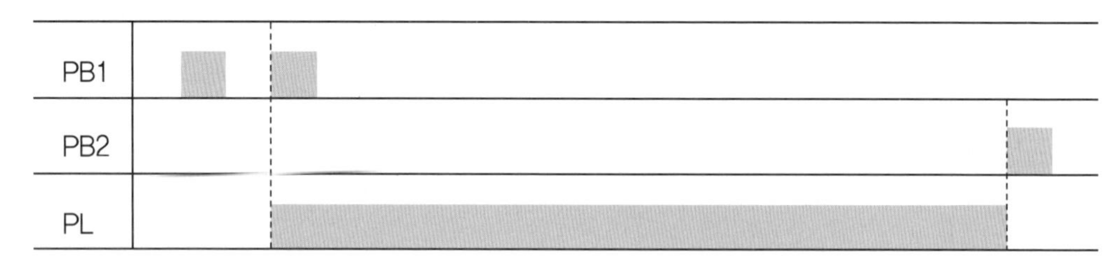

(4) 래더도

5) PLC 실습문제 : 자기유지(카운터)

(1) PLC 입 · 출력표

입력			출력		
디바이스	변수	설명	디바이스	변수	설명
P00000	PB1	점등스위치	P00040	PL	램프
P00001	PB2	소등스위치			

(2) 동작 설명

PB1을 2회 눌렀다 놓으면 램프 점등, PB2를 눌렀다 놓으면 램프는 소등되고 카운터는 초기화됩니다.

(3) PLC 타임차트

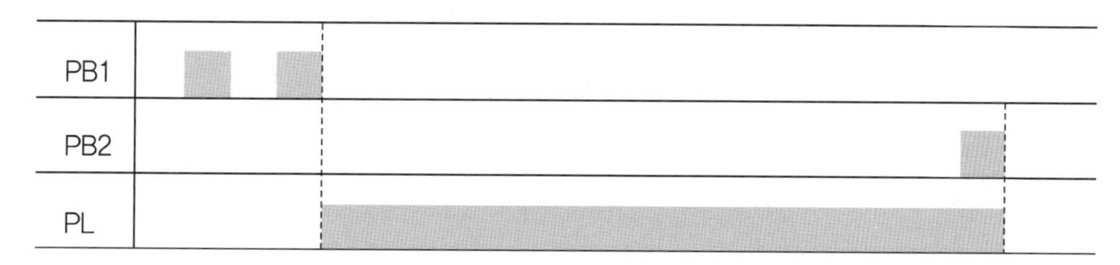

(4) 래더도

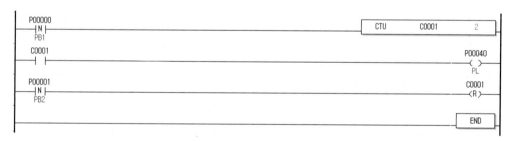

6) PLC 실습문제 : 자기유지(카운터)

(1) PLC 입 · 출력표

입력			출력		
디바이스	변수	설명	디바이스	변수	설명
P00000	PB1	점등스위치	P00040	PL	램프
P00001	PB2	소등스위치			

(2) 동작 설명

PB1을 2회 누르면 램프 점등, PB2를 2회 누르면 램프는 소등되고 카운터는 초기화됩니다(단, 램프 소등 시는 PB2가 입력되지 않습니다).

(3) PLC 타임차트

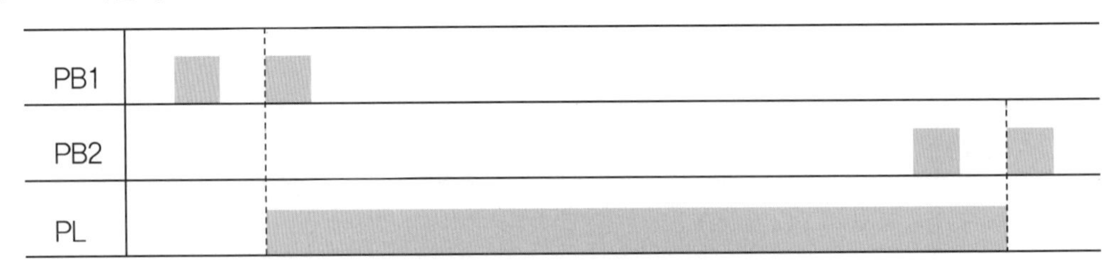

(4) 래더도

7) PLC 실습문제 : 자기유지(카운터)

(1) PLC 입 · 출력표

입력			출력		
디바이스	변수	설명	디바이스	변수	설명
P00000	PB1	점등스위치	P00040	PL	램프
P00001	PB2	소등스위치			

(2) 동작 설명

PB1을 2회 눌렀다 놓으면 램프 점등, PB2를 2회 눌렀다 놓으면 램프는 소등되고 카운터는 초기화됩니다(단, 램프 소등 시는 PB2가 입력되지 않습니다).

(3) PLC 타임차트

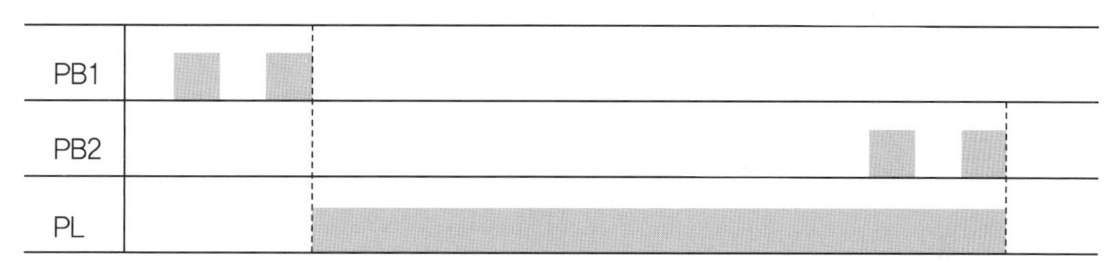

(4) 래더도

8) PLC 실습문제 : AND회로

(1) PLC 입 · 출력표

입력			출력		
디바이스	변수	설명	디바이스	변수	설명
P00000	PB1	점등스위치	P00040	PL	램프
P00001	PB2	점등스위치			
P00002	PB3	소등 스위치			

(2) 동작 설명

PB1과 PB2를 누르면 램프 점등, PB3을 누르면 램프가 소등됩니다.

(3) PLC 타임차트

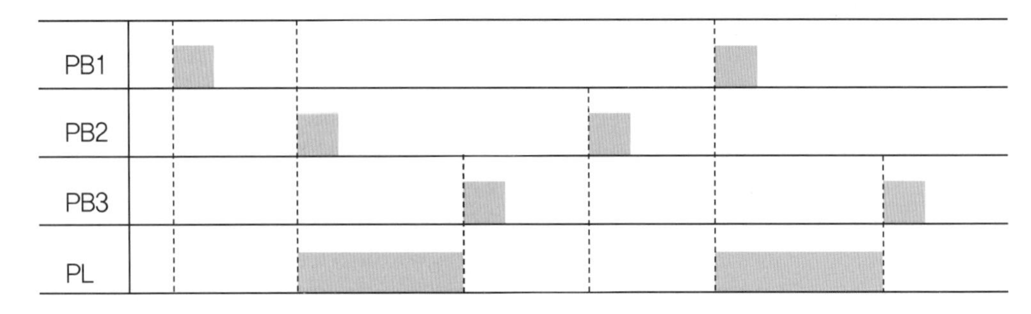

(4) 래더도

P00000 PB1
P00002 PB3
M00001
M00001
P00001 PB2
P00002 PB3
M00002
M00002
M00001
M00002
P00040 PL
END

9) PLC 실습문제 : OR회로

(1) PLC 입 · 출력표

입력			출력		
디바이스	변수	설명	디바이스	변수	설명
P00000	PB1	점등스위치	P00040	PL	램프
P00001	PB2	점등스위치			
P00002	PB3	소등스위치			

(2) 동작 설명

PB1 또는 PB2를 누르면 램프 점등, PB3을 누르면 램프가 소등됩니다.

(3) PLC 타임차트

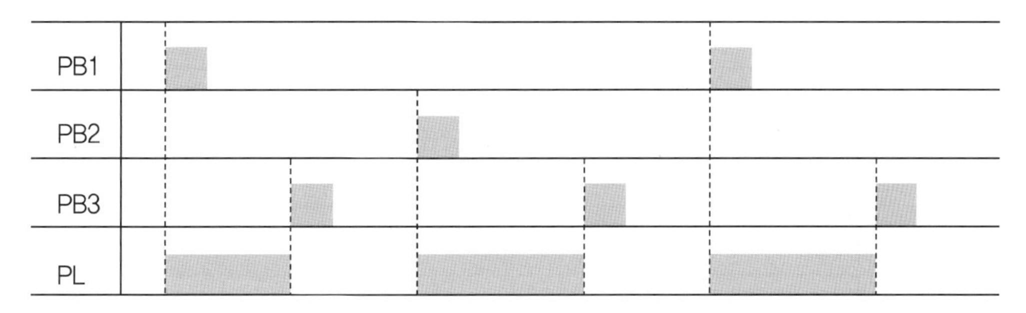

(4) 래더도

P00000 PB1
P00002 PB3
P00040 PL
P00001 PB2
P00040 PL
END

10) PLC 실습문제 : 인터록 회로

(1) PLC 입 · 출력표

입력			출력		
디바이스	변수	설명	디바이스	변수	설명
P00000	PB1	점등스위치	P00040	PL1	램프 1
P00001	PB2	점등스위치	P00041	PL2	램프 2
P00002	PB3	소등스위치			

(2) 동작 설명

① PB1을 누르면 램프 1이 점등하고, PB3을 누르면 램프 1은 소등됩니다.

② PB2를 누르면 램프 2가 점등하고, PB3을 누르면 램프 2는 소등됩니다.

(3) PLC 타임차트

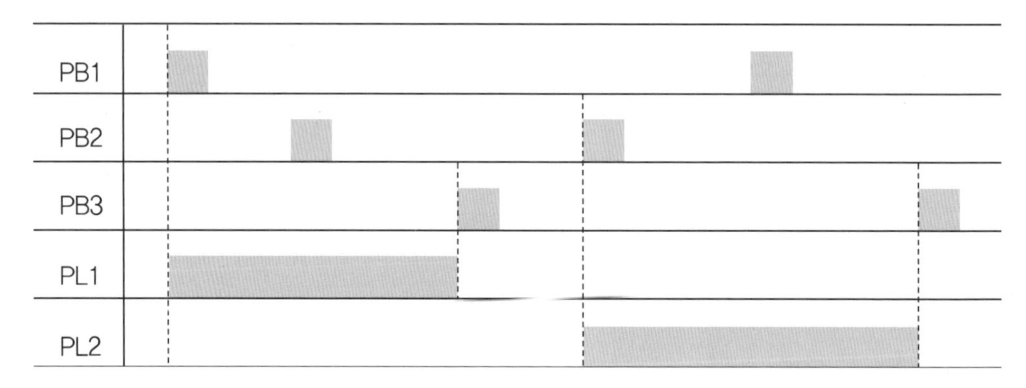

(4) 래더도

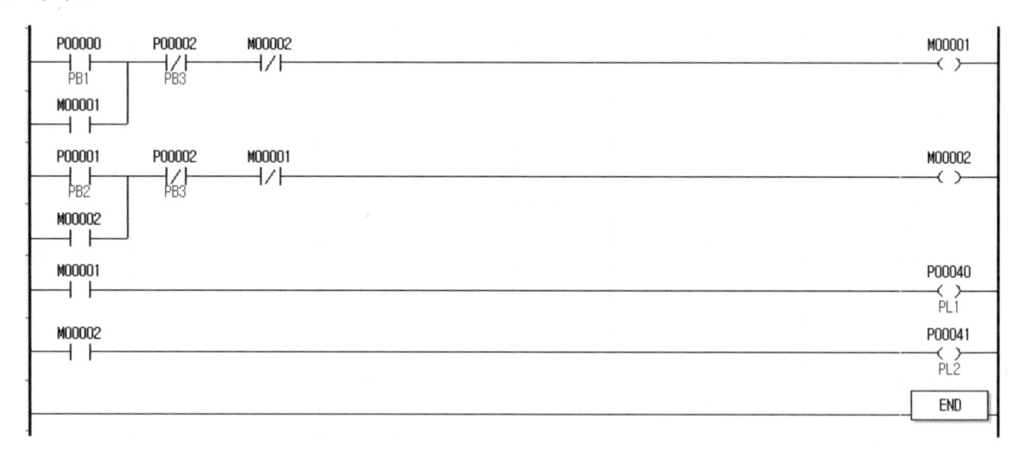

11) PLC 실습문제 : 신입력 우선 회로

(1) PLC 입 · 출력표

입력			출력		
디바이스	변수	설명	디바이스	변수	설명
P00000	PB1	점등스위치	P00040	PL1	램프 1
P00001	PB2	점등스위치	P00041	PL2	램프 2
P00002	PB3	소등스위치			

(2) 동작 설명

① PB1을 누르면 램프 1이 점등하고, PB2를 누르면 램프 1은 소등되며, 램프 2는 점등됩니다.

② PB1을 누르면 램프 2가 소등되고, 램프 1은 점등됩니다.

③ 위 동작이 반복되며, PB3을 누르면 모든 램프는 소등됩니다.

(3) PLC 타임차트

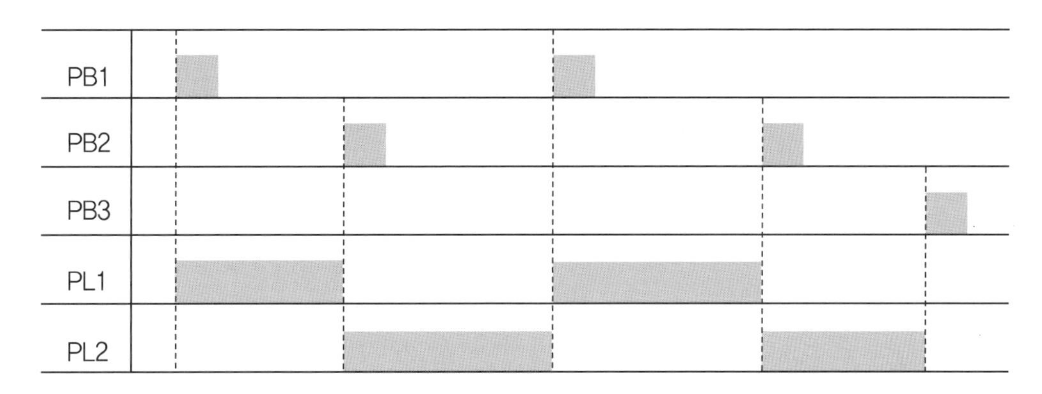

(4) 래더도 1

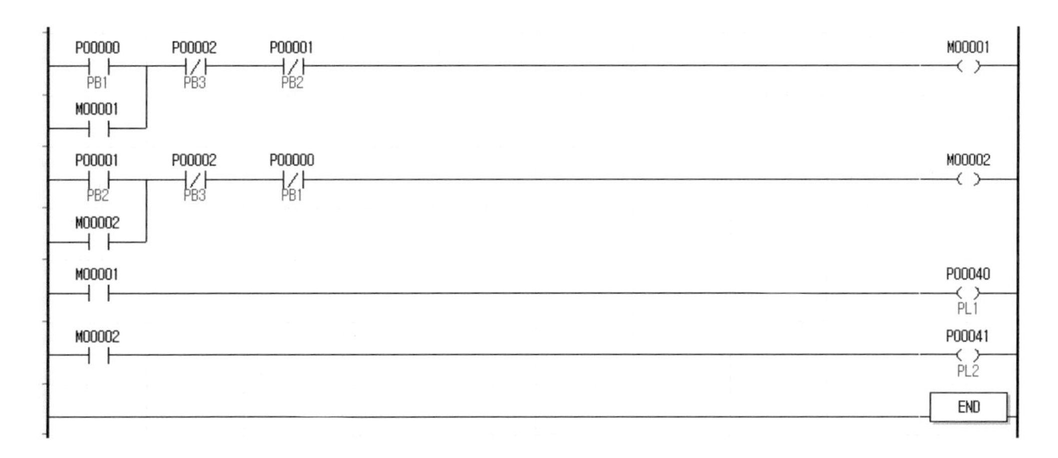

(5) 래더도 2

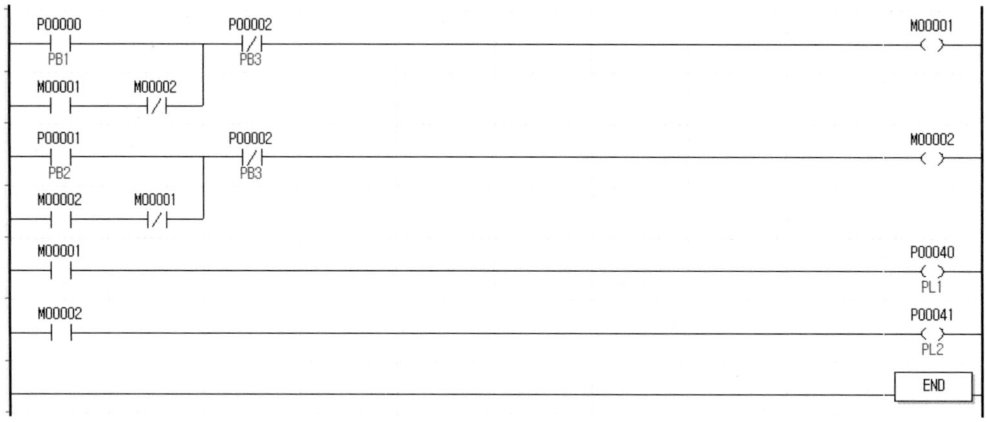

P00000 PB1 P00002 PB3 M00001
M00001 M00002
P00001 PB2 P00002 PB3 M00002
M00002 M00001
M00001 P00040 PL1
M00002 P00041 PL2
END

12) PLC 실습문제 : 순차 회로

(1) PLC 입 · 출력표

입력			출력		
디바이스	변수	설명	디바이스	변수	설명
P00000	PB1	점등스위치	P00040	PL1	램프 1
P00001	PB2	점등스위치	P00041	PL2	램프 2
P00002	PB3	점등스위치	P00042	PL3	램프 3
P00003	PB4	소등스위치			

(2) 동작 설명

① PB1에 의해 램프 1이 점등되고, PB2에 의해 램프 2가 점등된 후, PB3에 의해 램프 3이 점등됩니다.

② PB4를 누르면 모든 램프는 소등됩니다.

(3) PLC 타임차트

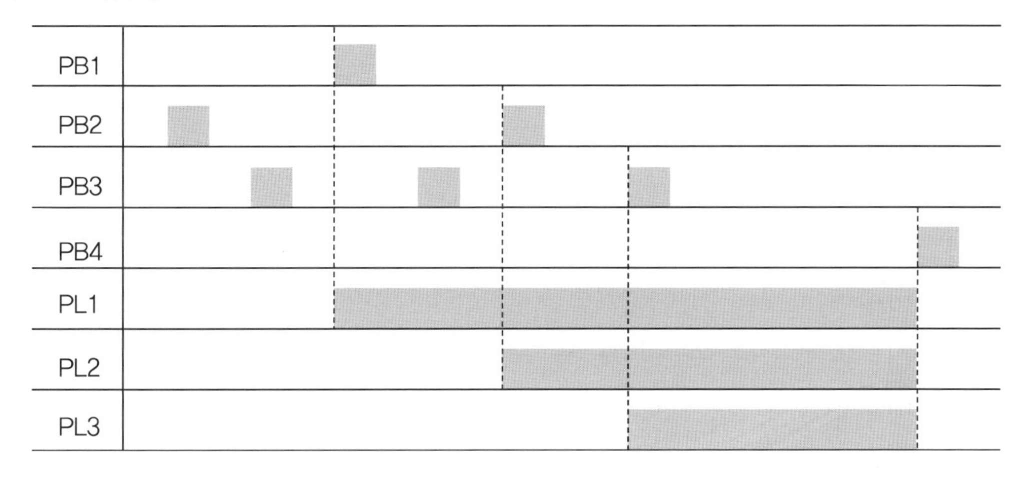

(4) 래더도

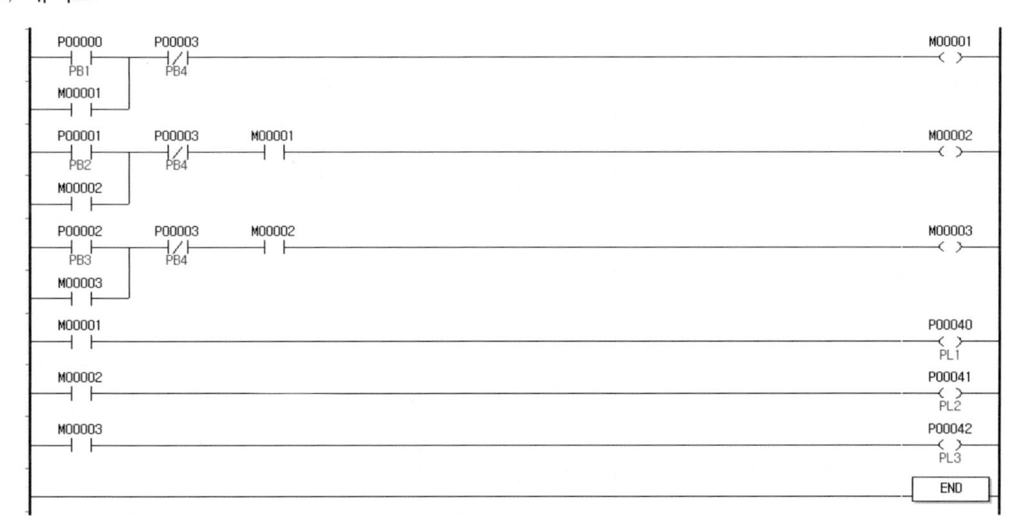

13) PLC 실습문제 : TON 타이머를 이용한 점등

(1) PLC 입 · 출력표

입력			출력		
디바이스	변수	설명	디바이스	변수	설명
P00000	PB1	점등스위치	P00040	PL	램프
P00001	PB2	소등스위치			

(2) 동작 설명

PB1을 누르면 3초 후 램프 점등, PB2를 누르면 램프가 소등됩니다.

(3) PLC 타임차트

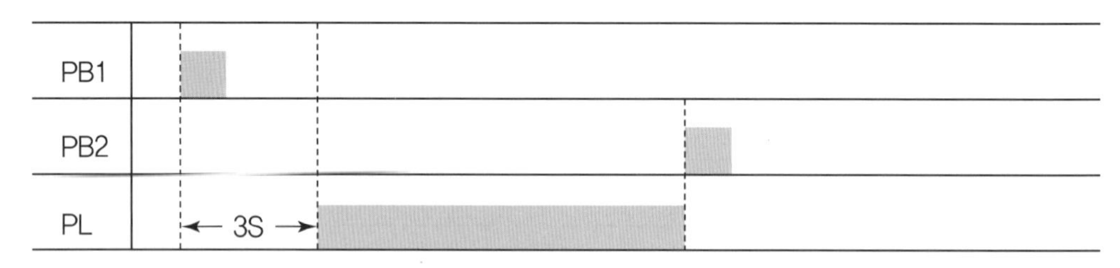

(4) 래더도

P00000 (PB1) — P00001 (PB2) — M00001
M00001
M00001 — TON T0001 30
T0001 — P00040 (PL)
END

14) PLC 실습문제 : TOF 타이머를 이용한 소등

(1) PLC 입 · 출력표

입력			출력		
디바이스	변수	설명	디바이스	변수	설명
P00000	PB1	점등스위치	P00040	PL	램프
P00001	PB2	소등스위치			

(2) 동작 설명

PB1을 누르면 램프 점등, PB2를 누르면 3초 후 램프가 소등됩니다.

(3) PLC 타임차트

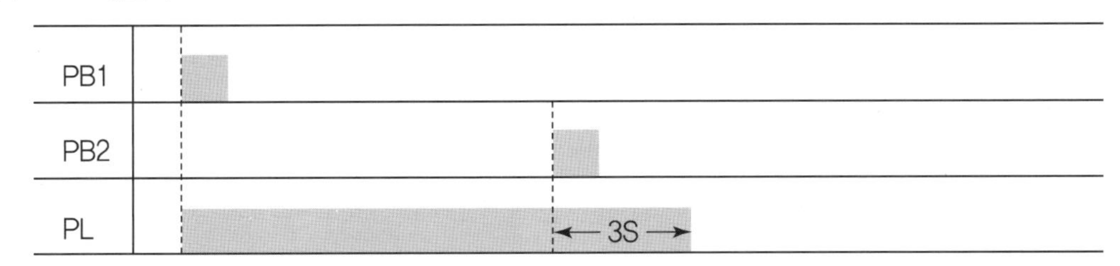

(4) 래더도

P00000 PB1
P00001 PB2
M00001
M00001
M00001
TOFF T0001 30
T0001
P00040 PL
END

15) PLC 실습문제 : 순차점등

(1) PLC 입 · 출력표

입력			출력		
디바이스	변수	설명	디바이스	변수	설명
P00000	PB1	점등스위치	P00040	PL1	램프 1
P00001	PB2	소등스위치	P00041	PL2	램프 2
			P00042	PL3	램프 3

(2) 동작 설명

① PB1을 누르면 램프 1 점등, 3초 후 램프 2 점등, 그로부터 3초 후 램프 3이 점등됩니다.

② PB2를 누르면 모두 소등됩니다.

(3) PLC 타임차트

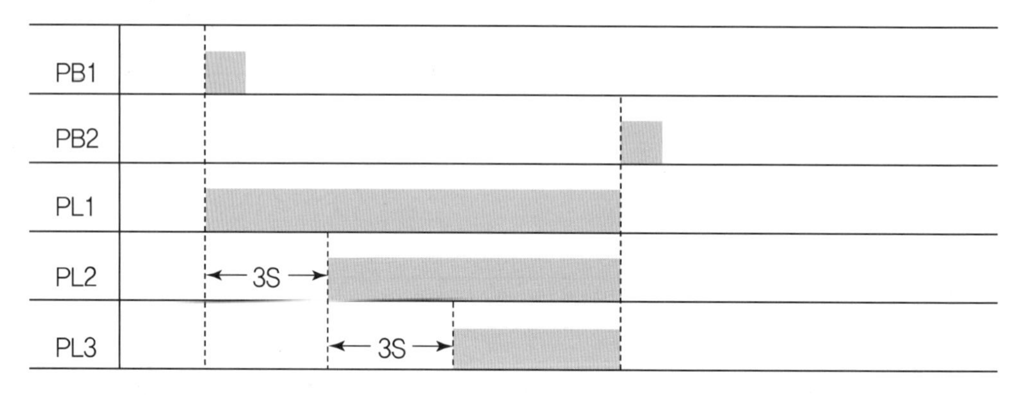

(4) 래더도 1

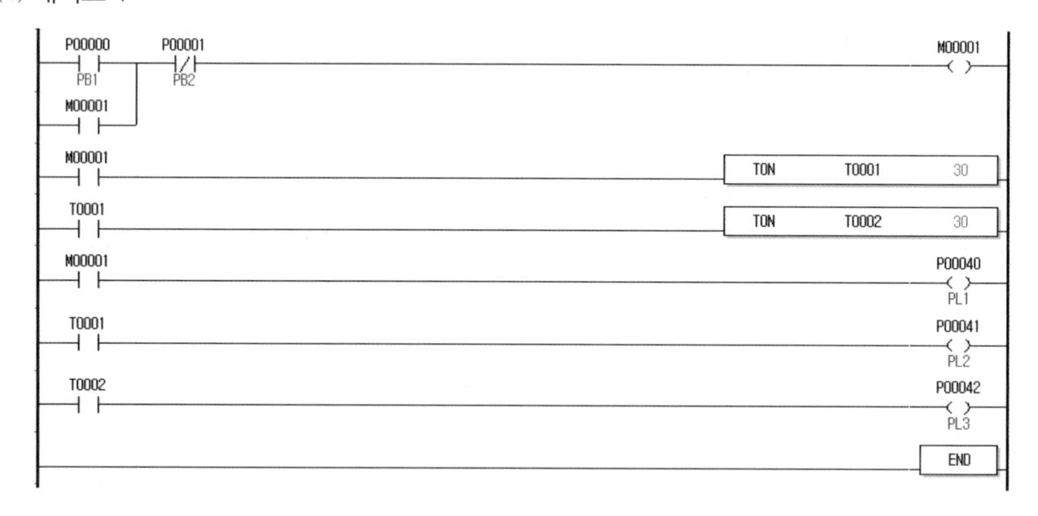

(5) 래더도 2

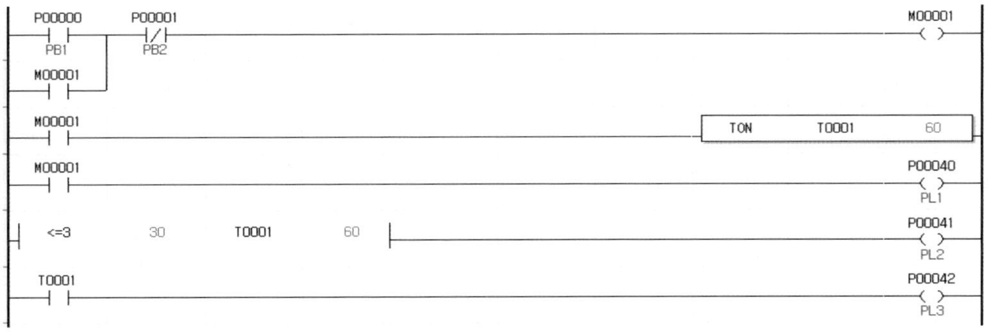

P00000 P00001 M00001
PB1 PB2
M00001

M00001 TON T0001 60

M00001 P00040
PL1

<=3 30 T0001 60 P00041
PL2

T0001 P00042
PL3

16) PLC 실습문제 : 순차소등

(1) PLC 입 · 출력표

입력			출력		
디바이스	변수	설명	디바이스	변수	설명
P00000	PB1	점등스위치	P00040	PL1	램프 1
P00001	PB2	소등스위치	P00041	PL2	램프 2
			P00042	PL3	램프 3

(2) 동작 설명

① PB1을 누르면 모두 점등됩니다.

② PB2를 누르면 램프 1 소등, 3초 후 램프 2 소등, 그로부터 3초 후 램프 3이 소등됩니다.

(3) PLC 타임차트

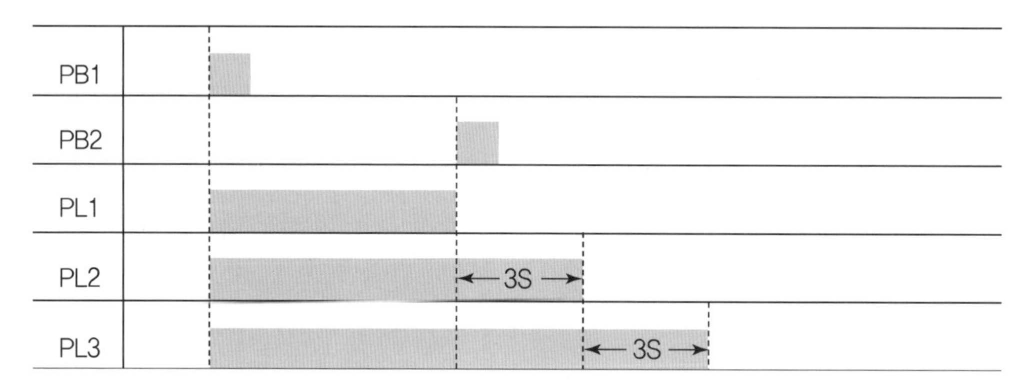

(4) 래더도 1 : TON을 이용한 프로그램

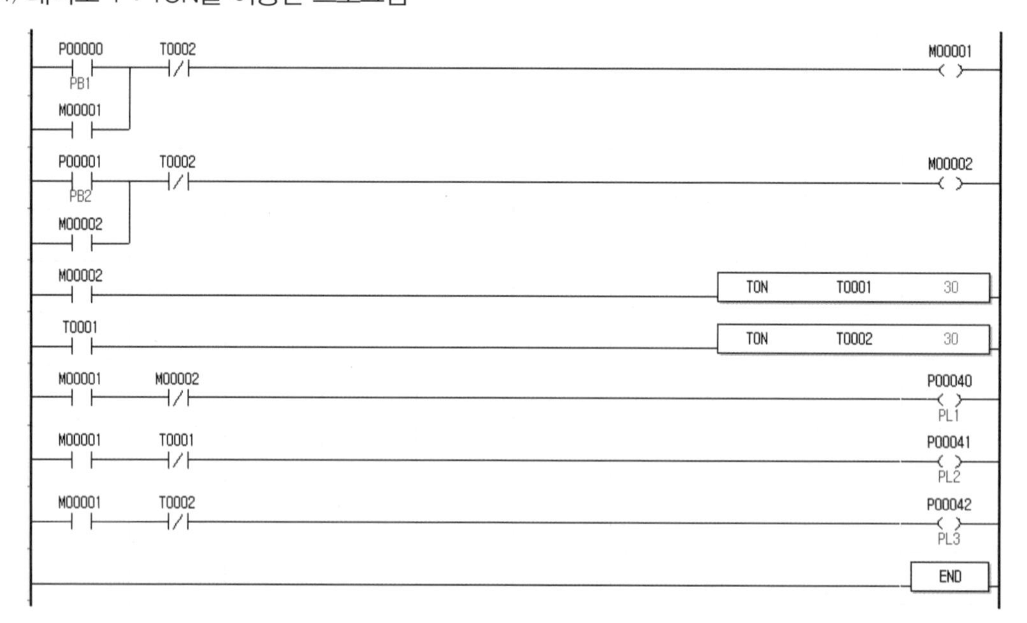

(5) 래더도 2 : TOFF를 이용한 프로그램

```
P00000   P00001                                      M00001
--| |------|/|-------------------------------------( )--
  PB1      PB2
M00001
--| |--

M00001
--| |---------------------------[ TOFF   T0001   30 ]

T0001
--| |---------------------------[ TOFF   T0002   30 ]

M00001                                               P00040
--| |----------------------------------------------( )--
                                                      PL1
T0001                                                P00041
--| |----------------------------------------------( )--
                                                      PL2
T0002                                                P00042
--| |----------------------------------------------( )--
                                                      PL3

-------------------------------------------------[ END ]
```

17) PLC 실습문제 : 전동기 순차제어

(1) PLC 입 · 출력표

입력			출력		
디바이스	변수	설명	디바이스	변수	설명
P00000	PB1	기동스위치	P00040	PL1	램프 1
P00001	PB2	정지스위치	P00041	PL2	램프 2
			P00042	PL3	램프 3

(2) 동작 설명

① PB1을 누르면 모터 1 기동, 2초 후 모터 2 기동, 4초 후 모터 3이 기동합니다.

② PB2를 누르면 모터 1정지, 2초 후 모터 2정지, 4초 후 모터 3이 정지합니다.

③ 모터는 PL로 대체한다.

(3) PLC 타임차트

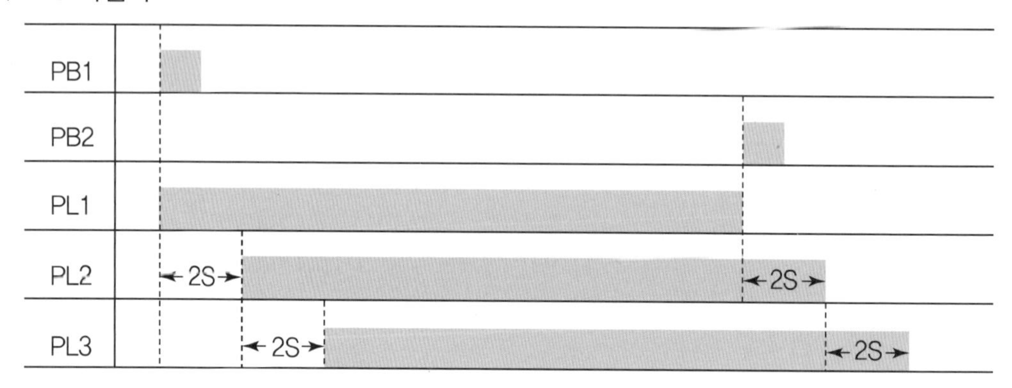

(4) 래더도 1

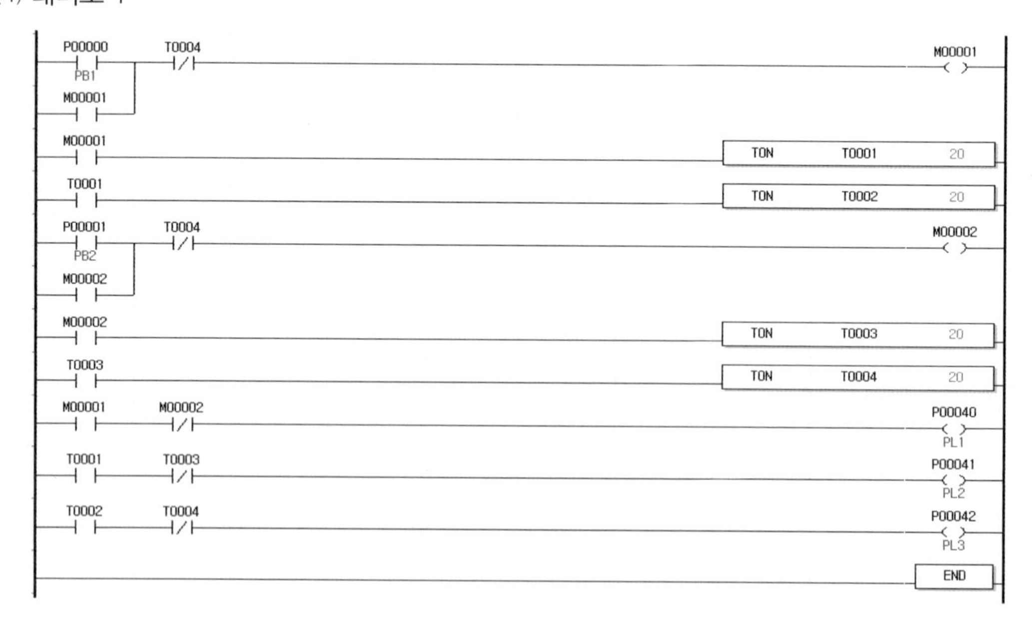

(5) 래더도 2 : 비교 명령을 이용한 프로그램

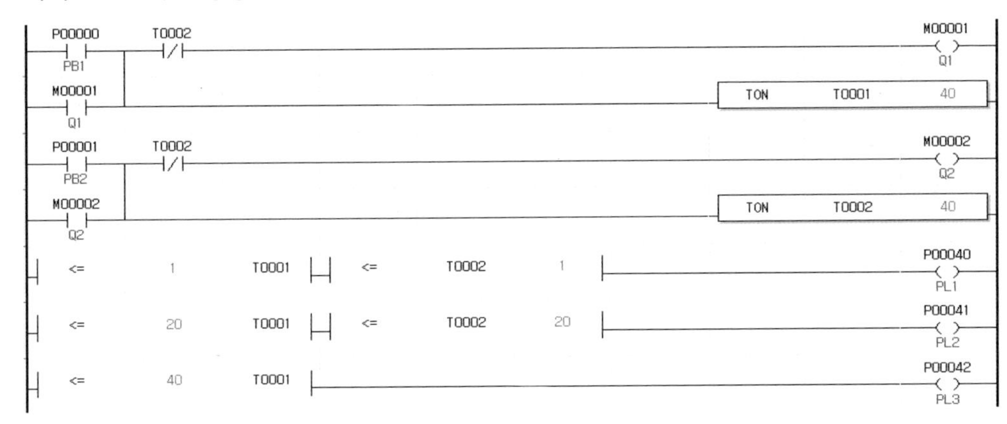

18) PLC 실습문제 : 한시동작회로

(1) PLC 입 · 출력표

입력			출력		
디바이스	변수	설명	디바이스	변수	설명
P00000	PB1	점등스위치	P00040	PL	램프
P00001	PB2	소등스위치			

(2) 동작 설명

① PB1을 누르면 램프가 점등되고, 타이머 설정 시간(10초) 후 자동으로 정지됩니다.

② 램프 1 점등 중에 PB2를 누르면 언제든 소등되고 초기화됩니다.

(3) PLC 타임차트

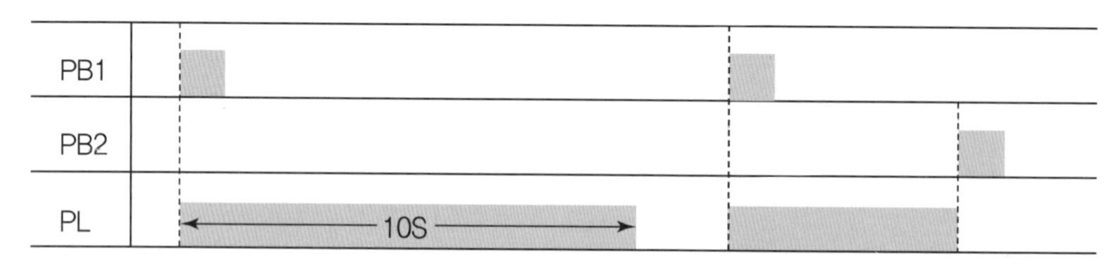

(4) 래더도

19) PLC 실습문제 : 순차점등 한시동작회로

(1) PLC 입 · 출력표

입력			출력		
디바이스	변수	설명	디바이스	변수	설명
P00000	PB1	점등스위치	P00040	PL1	램프 1
P00001	PB2	소등스위치	P00041	PL2	램프 2
			P00042	PL3	램프 3

(2) 동작 설명

① PB1에 의해 램프는 순차로 점등되고, 설정 시간 후 순차로 소등됩니다.

② 램프점등 중 PB2를 누르면 모든 램프는 소등되고 초기화됩니다.

(3) PLC 타임차트

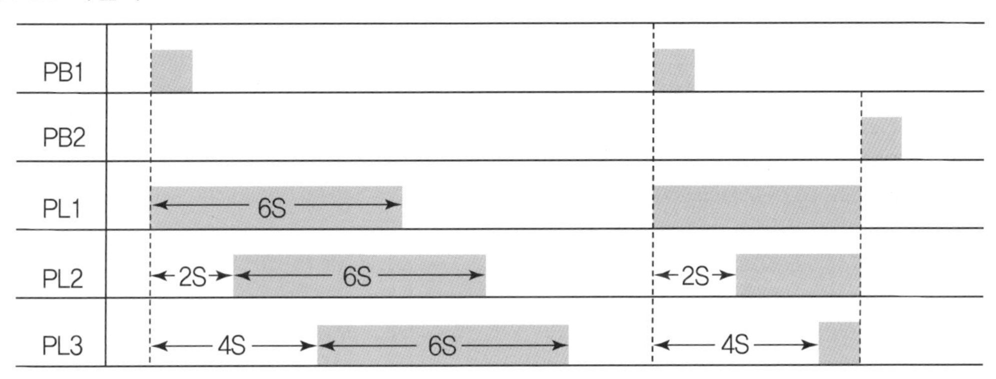

(4) 래더도 1

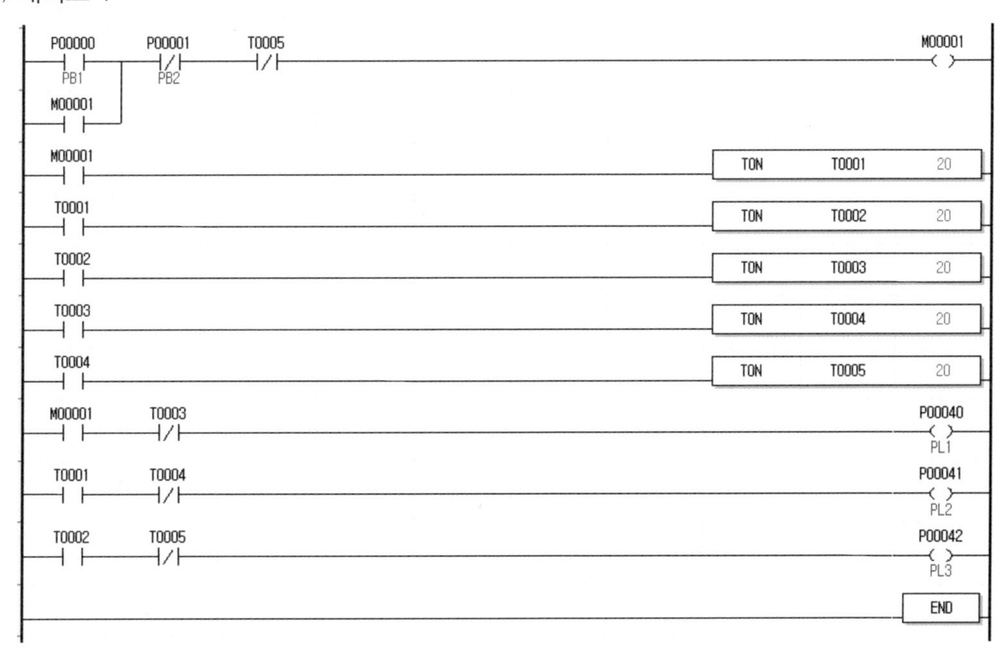

(5) 래더도 2 : 비교 명령을 이용한 프로그램

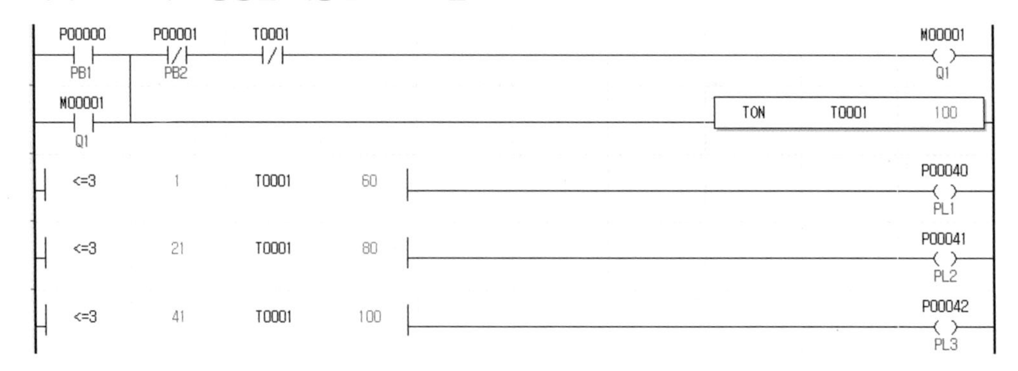

20) PLC 실습문제 : 순차점등 한시동작회로

(1) PLC 입 · 출력표

입력			출력		
디바이스	변수	설명	디바이스	변수	설명
P00000	PB1	점등스위치	P00040	PL1	램프 1
P00001	PB2	소등스위치	P00041	PL2	램프 2
			P00042	PL3	램프 3

(2) 동작 설명

① PB1에 의해 램프는 순차로 점등되고, 설정 시간 후 순차로 소등됩니다.

② 램프점등 중 PB2를 누르면 모든 램프는 소등되고 초기화됩니다.

(3) PLC 타임차트

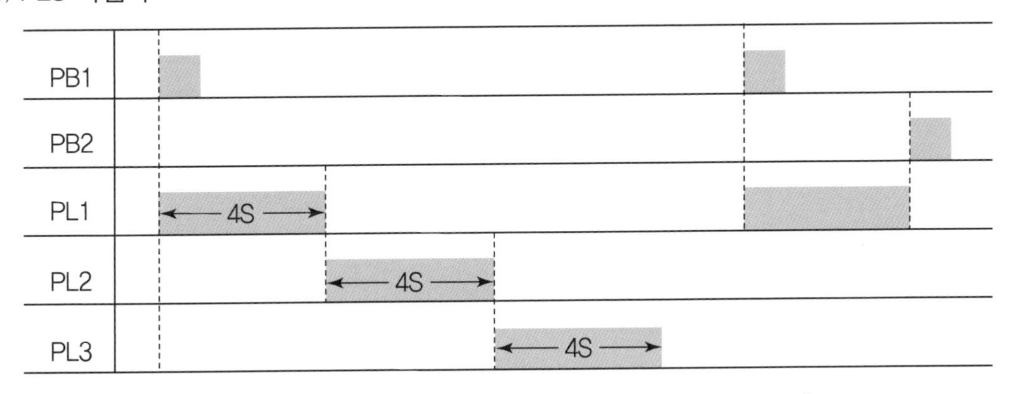

(4) 래더도 1

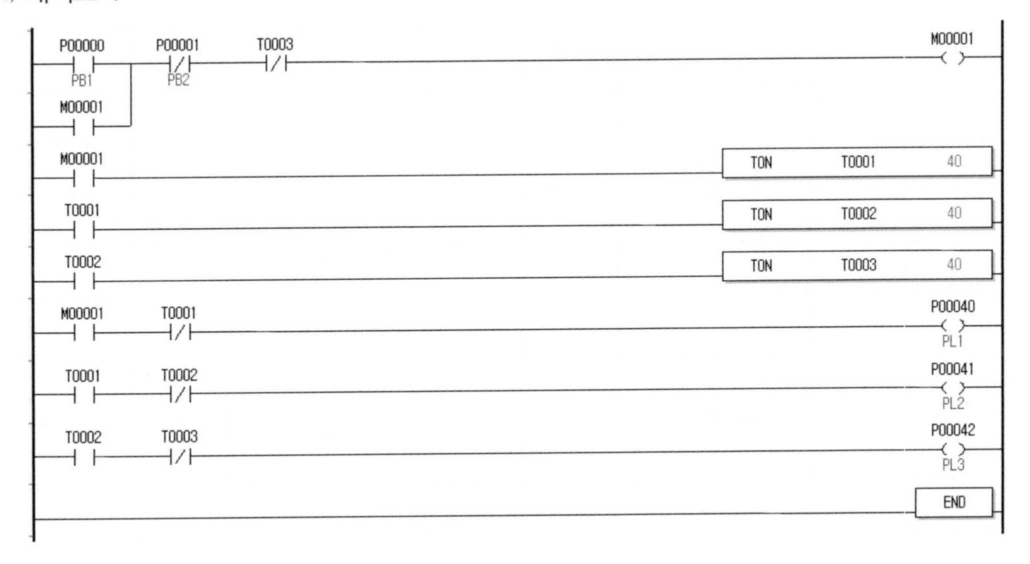

(5) 래더도 2 : 비교 명령어를 이용한 프로그램

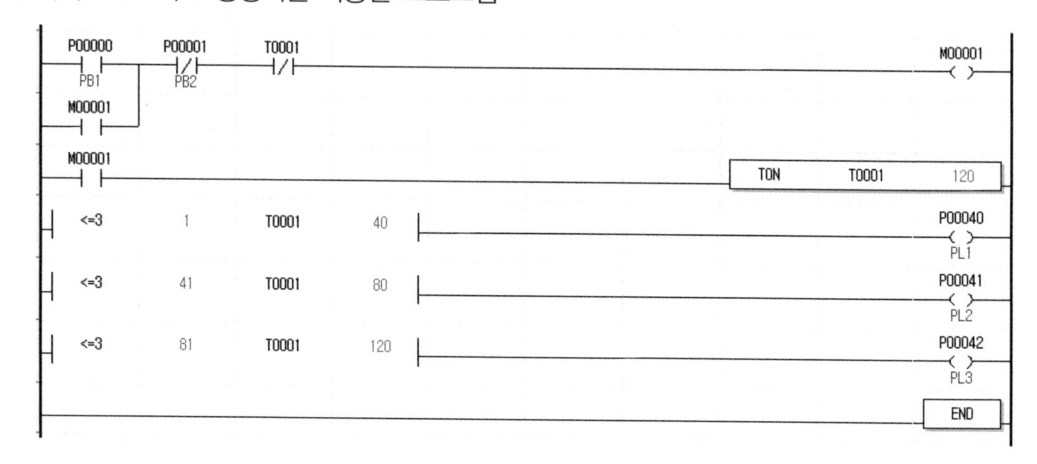

21) PLC 실습문제 : 교대 점멸회로

(1) PLC 입 · 출력표

입력			출력		
디바이스	변수	설명	디바이스	변수	설명
P00000	PB1	점멸스위치	P00040	PL1	램프 1
P00001	PB2	정지스위치	P00041	PL2	램프 2

(2) 동작 설명

① PB1을 누르면 PL1과 PL2는 1초 간격으로 교대 점멸됩니다.

② PB2를 누르면 PL1, PL2는 소등됩니다.

(3) PLC 타임차트

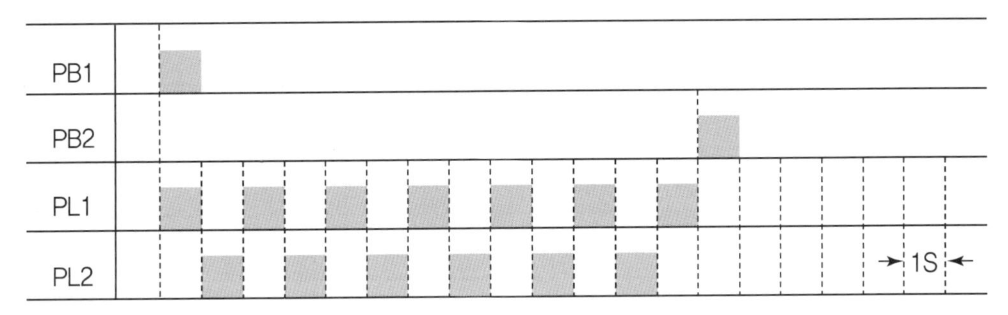

(4) 래더도 1

P00000 PB1 | P00001 PB2 | M00001
M00001
M00001 | T0002 | TON T0001 10
T0001 FR | TON T0002 10
M00001 | T0001 FR | P00040 PL1
T0001 FR | P00041 PL2

(5) 래더도 2 : 비교 명령어를 이용한 프로그램

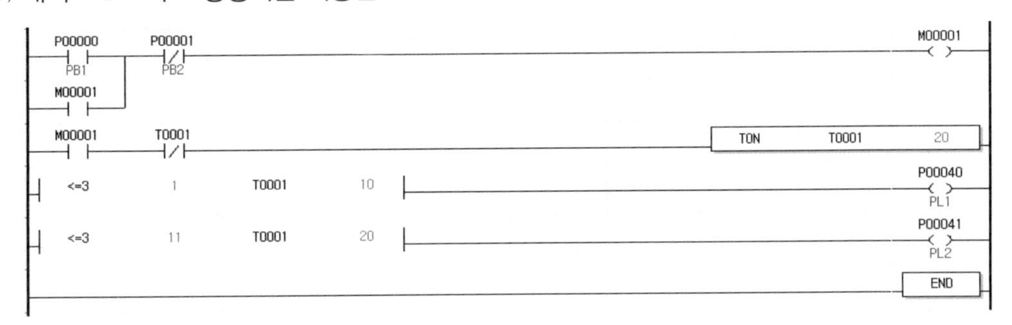

22) PLC 실습문제 : 동시 점멸회로

(1) PLC 입 · 출력표

입력			출력		
디바이스	변수	설명	디바이스	변수	설명
P00000	PB1	점등스위치	P00040	PL1	램프 1
P00001	PB2	소등스위치	P00041	PL2	램프 2

(2) 동작 설명

① PB1을 누르면 PL1과 PL2는 4초 주기(2초 On, 2초 Off)로 동시 점멸됩니다.

② PB2를 누르면 램프가 소등됩니다.

(3) PLC 타임차트

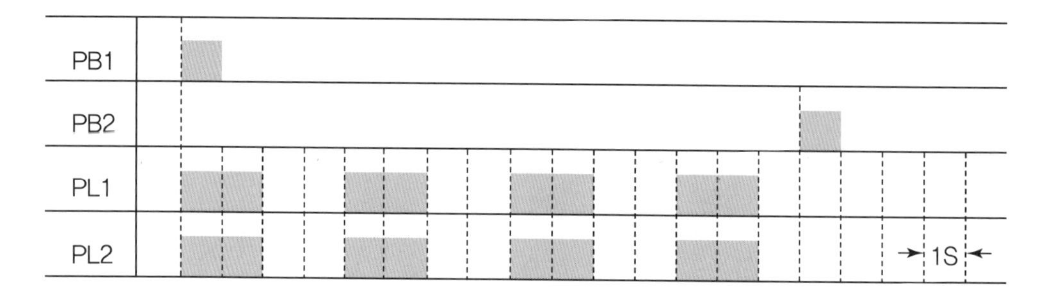

(4) 래더도 1

(5) 래더도 2 : 비교 명령어를 이용한 프로그램

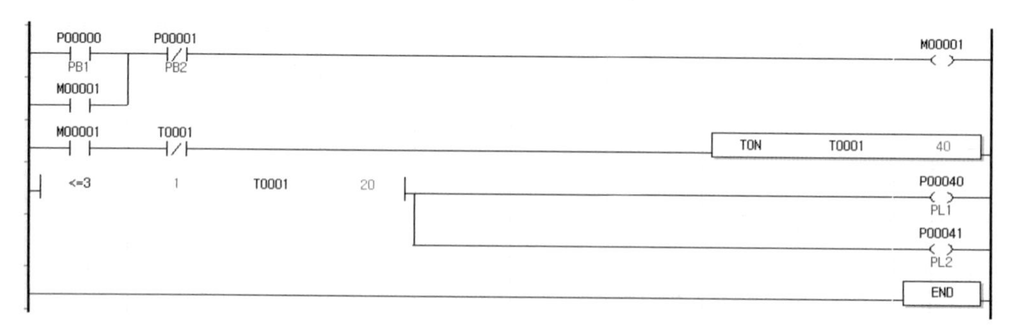

23) PLC 실습문제 : 점멸회로 응용

(1) PLC 입 · 출력표

입력			출력		
디바이스	변수	설명	디바이스	변수	설명
P00000	PB1	점등스위치	P00040	PL1	램프 1
P00001	PB2	소등스위치	P00041	PL2	램프 2

(2) 동작 설명

① PB1을 누르면 램프 1은 2초(점등), 1초(소등) 간격으로 점멸합니다. 램프 2는 3초 후 1초 간격으로 점멸됩니다.

② PB2를 누르면 램프가 소등됩니다.

(3) PLC 타임차트

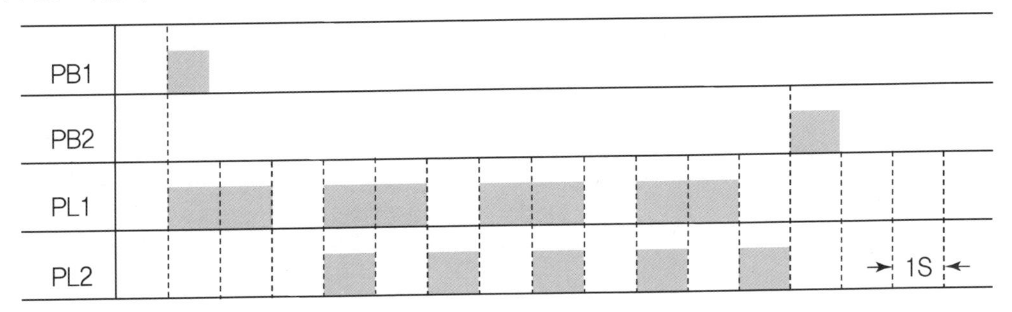

(4) 래더도

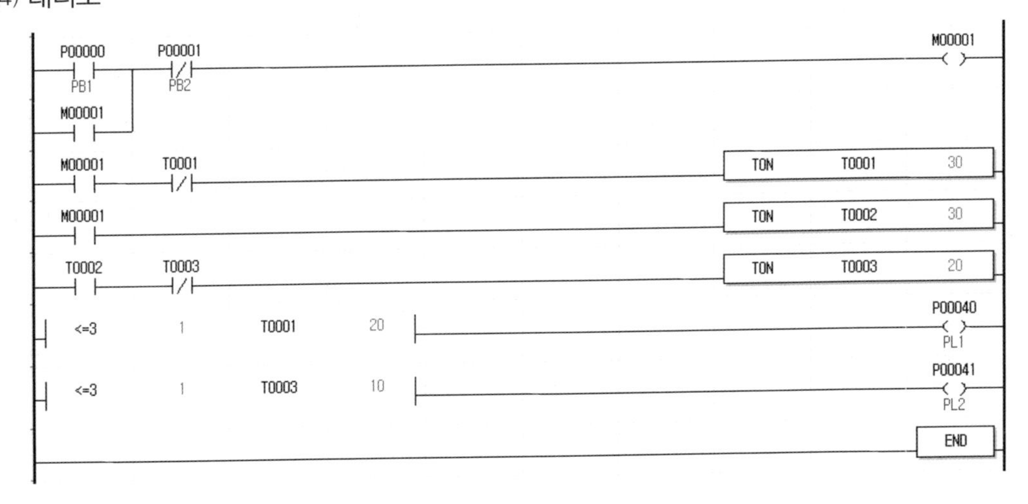

24) PLC 실습문제 : 점멸회로, 타이머회로

(1) PLC 입 · 출력표

입력			출력		
디바이스	변수	설명	디바이스	변수	설명
P00000	PB1	점등스위치	P00040	PL1	램프 1
P00001	PB2	소등스위치	P00041	PL2	램프 2

(2) 동작 설명

① PB1을 누르면 램프 1은 1초 간격으로 5회 점멸 후 소등되고 램프 2는 램프 1 소등 후 점등됩니다.

② PB2를 누르면 램프 2가 소등됩니다.

(3) PLC 타임차트

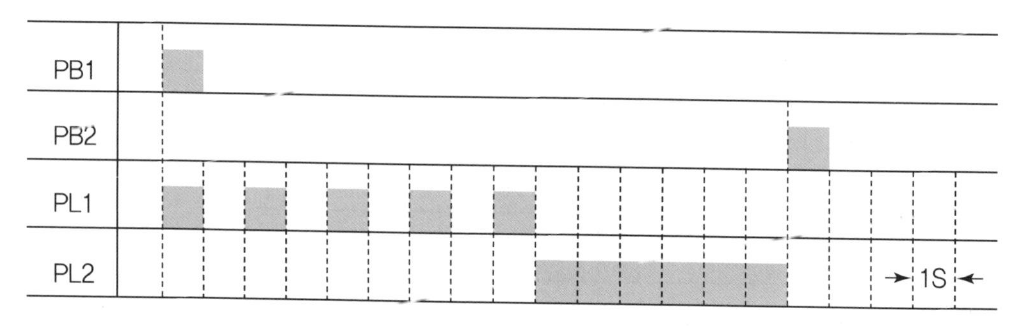

(4) 래더도

```
P00000 PB1 | P00001 PB2 (/) | M00001 ( )
M00001
M00001 | T0001 (/) | TON T0001 20
M00001 | TON T0002 90
T0002 (/) | <=3 1 T0001 10 | P00040 ( ) PL1
T0002 | P00041 ( ) PL2
END
```

25) PLC 실습문제 : 신 입력 우선회로 응용

(1) PLC 입 · 출력표

입력			출력		
디바이스	변수	설명	디바이스	변수	설명
P00000	PB1	기동스위치	P00040	X1	릴레이 1
P00001	PB2	기동스위치	P00041	X2	릴레이 2
P00002	PB3	정지스위치	P00042	RL	램프 1
			P00043	GL	램프 2

(2) 동작 설명

① PB1을 누르면 X1여자되고, RL은 점등(1초) – 소등(1초)을 반복합니다.

② PB2를 누르면 ①의 동작은 정지하고 X2여자 GL은 점등(2초) – 소등(1초)을 반복합니다.

③ 위 동작이 반복됩니다.

④ PB3을 누르면 위 동작은 정지하며 RESET 됩니다.

(3) PLC 타임차트

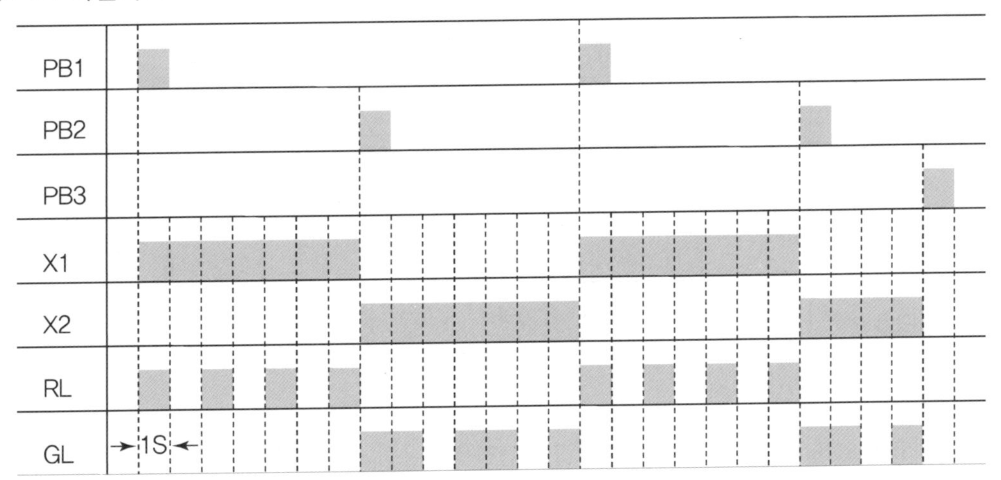

(4) 래더도

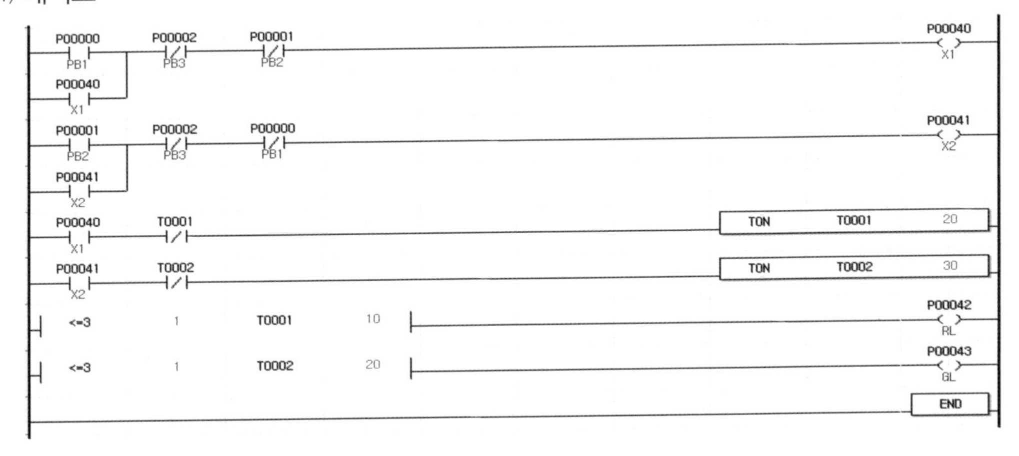

26) PLC 실습문제 : 순차점등 반복회로(음 검출 소등)

(1) PLC 입 · 출력표

입력			출력		
디바이스	변수	설명	디바이스	변수	설명
P00000	PB1	점등스위치	P00040	PL1	램프 1
P00001	PB2	소등스위치	P00041	PL2	램프 2
			P00042	PL3	램프 3

(2) 동작 설명

① PB1을 누르면 PL1은 3초 점등, 3초 소등을 반복합니다.

② PL2는 PL1 점등 3초 후 3초 점등, 3초 소등을 반복합니다.

③ PL3는 PL1 점등 6초 후 3초 점등, 3초 소등을 반복합니다.

④ PB2를 눌렀다 놓으면 PL1, PL2, PL3은 소등됩니다.

(3) PLC 타임차트

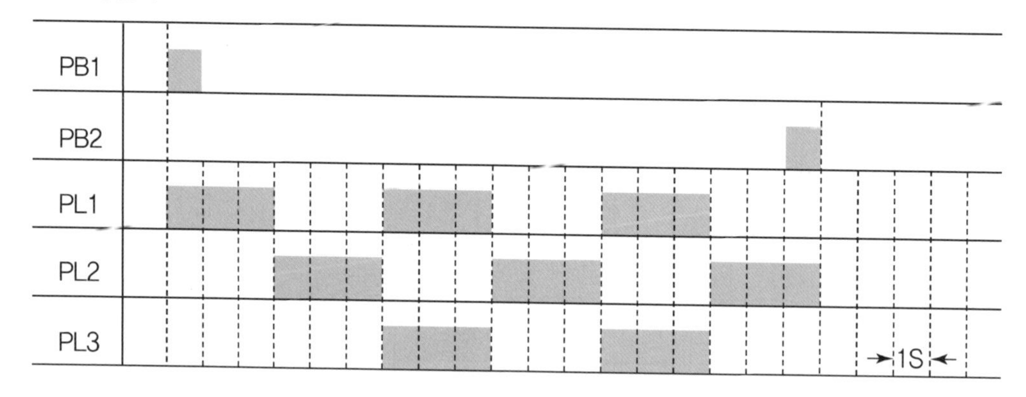

(4) 래더도

① SET, RESET 코일을 이용하면 음 검출 접점을 사용하기 편리합니다.

② PL1 코일은 두 가지 동작이 있으므로 병렬 2회로가 필요합니다.

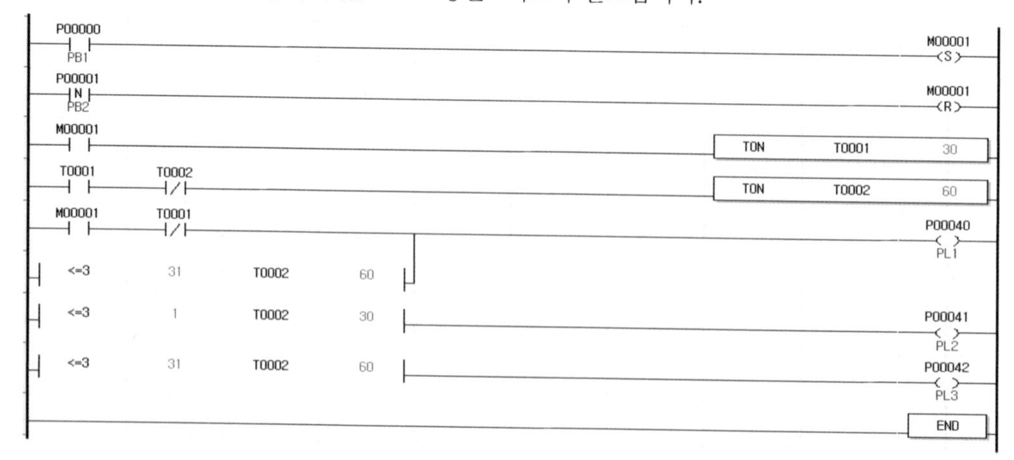

27) PLC 실습문제 : 병렬연결 반복회로

(1) PLC 입 · 출력표

입력			출력		
디바이스	변수	설명	디바이스	변수	설명
P00000	PB1	점등스위치	P00040	PL1	램프 1
P00001	PB2	소등스위치	P00041	PL2	램프 2
			P00042	PL3	램프 3

(2) 동작 설명

① PB1을 누르면 PL1은 점등－소등(3－7), PL2는 2초 후 점등－소등(2－1－1－1－1－2), PL3은 8초 후 점등－소등(1－1)을 반복합니다.

② PB2를 누르면 PL은 소등됩니다.

(3) PLC 타임차트

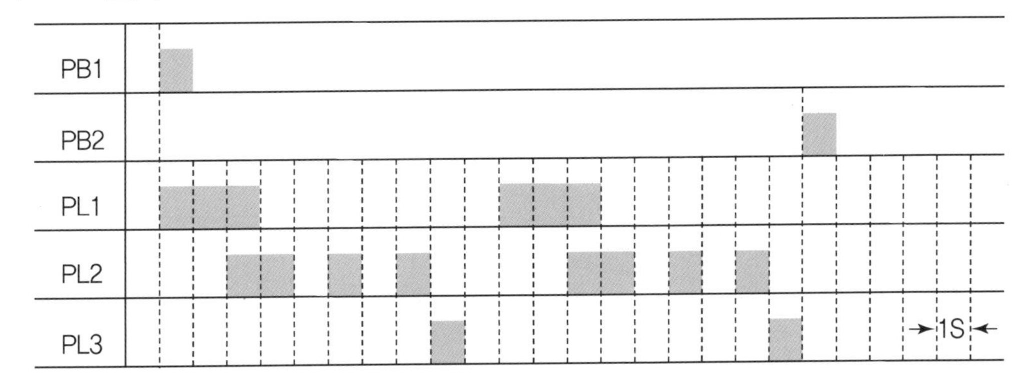

(4) 래더도

PL2 코일은 세 가지 동작이 있으므로 병렬 3회로가 필요합니다.

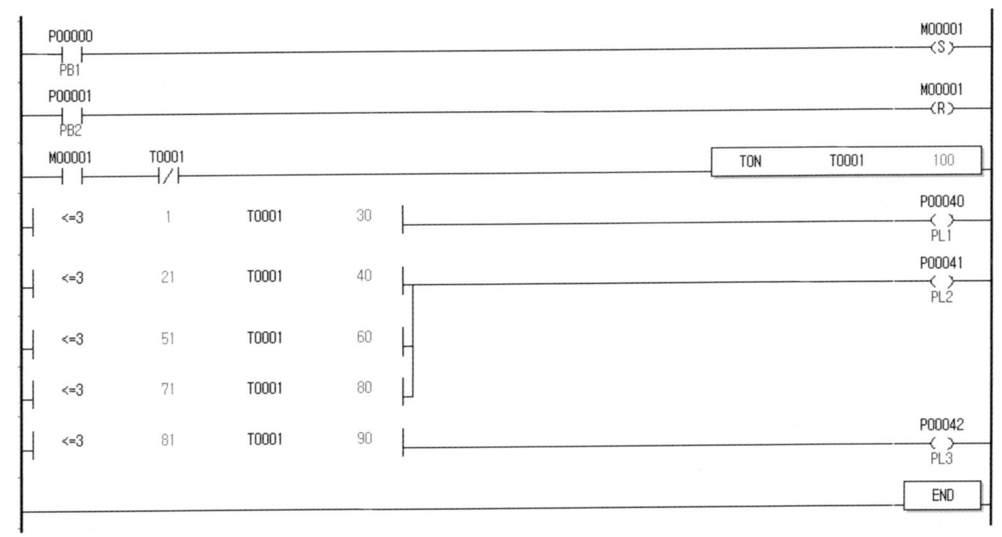

28) PLC 실습문제 : 업 카운터

(1) PLC 입 · 출력표

입력			출력		
디바이스	변수	설명	디바이스	변수	설명
P00000	PB1	동작스위치	P00040	PL	램프
P00001	PB2	정지스위치			

(2) 동작 설명

동작스위치를 3회 눌렀다 놓으면 램프가 점등됩니다. 정지스위치를 누르면 램프가 소등됩니다.

(3) PLC 타임차트

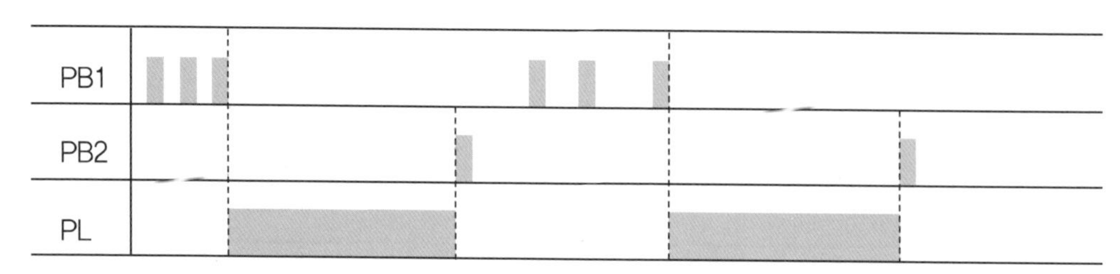

(4) 래더도

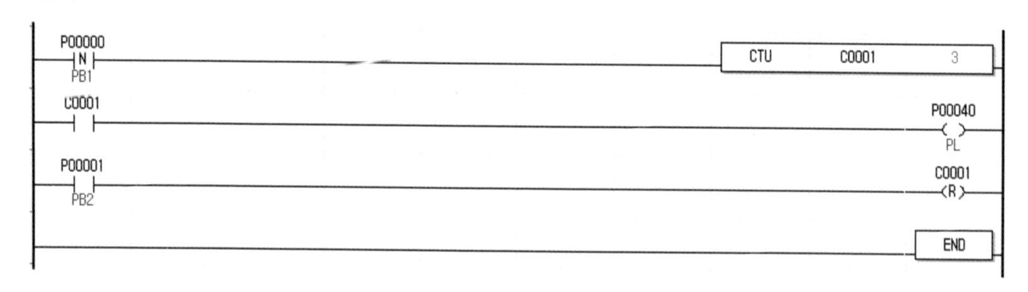

29) PLC 실습문제 : 업 카운터 순차 점등회로

(1) PLC 입 · 출력표

입력			출력		
디바이스	변수	설명	디바이스	변수	설명
P00000	PB1	동작스위치	P00040	PL1	램프 1
P00001	PB2	정지스위치	P00041	PL2	램프 2
			P00042	PL3	램프 3

(2) 동작 설명

① 동작스위치를 1회 눌렀다 놓으면 램프 1 점등, 2회 눌렀다 놓으면 램프 2 점등, 3회 눌렀다 놓으면 램프 3이 점등됩니다.

② 정지스위치를 누르면 램프 1~3이 소등됩니다.

(3) PLC 타임차트

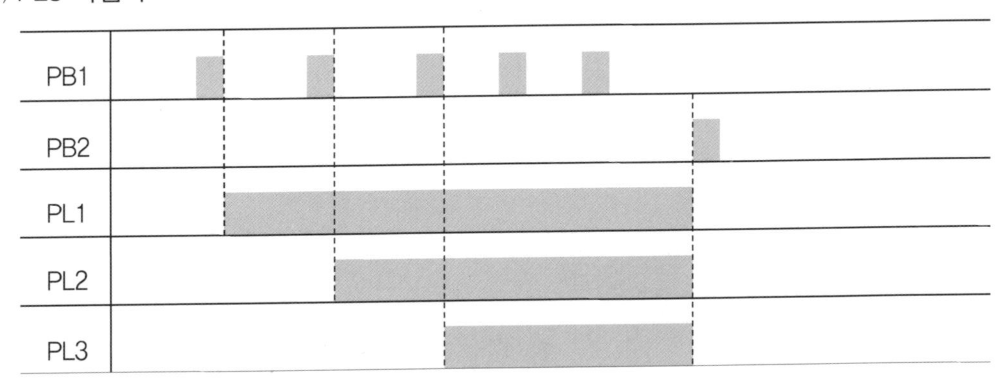

(4) 래더도

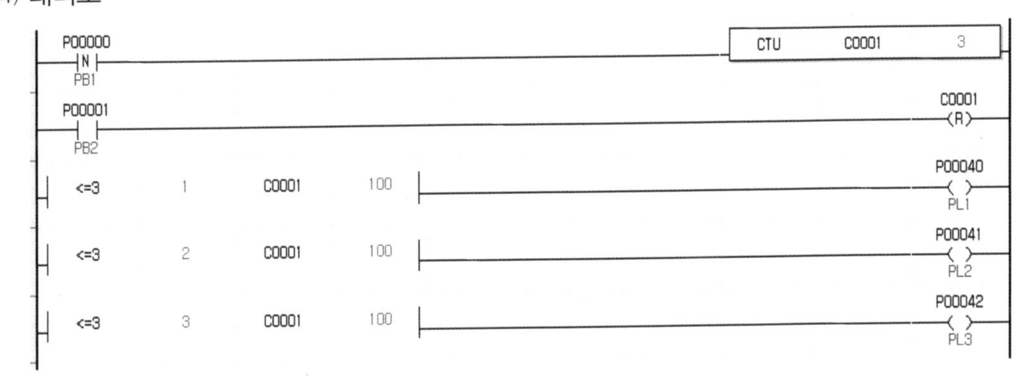

30) PLC 실습문제 : 카운터, 타이머 리셋 회로

(1) PLC 입 · 출력표

입력			출력		
디바이스	변수	설명	디바이스	변수	설명
P00000	PB1	동작스위치	P00040	PL1	램프 1
P00001	PB2	정지스위치	P00041	PL2	램프 2
			P00042	PL3	램프 3

(2) 동작 설명

① 동작스위치를 2회 눌렀다 놓으면 램프는 4초씩 순차로 점등 후 소등됩니다.

② 동작스위치를 2회 다시 눌렀다 놓으면 ①과 같이 동작합니다.

③ 동작 중 정지를 누르면 램프는 소등하고, 회로는 초기화됩니다.

(3) PLC 타임차트

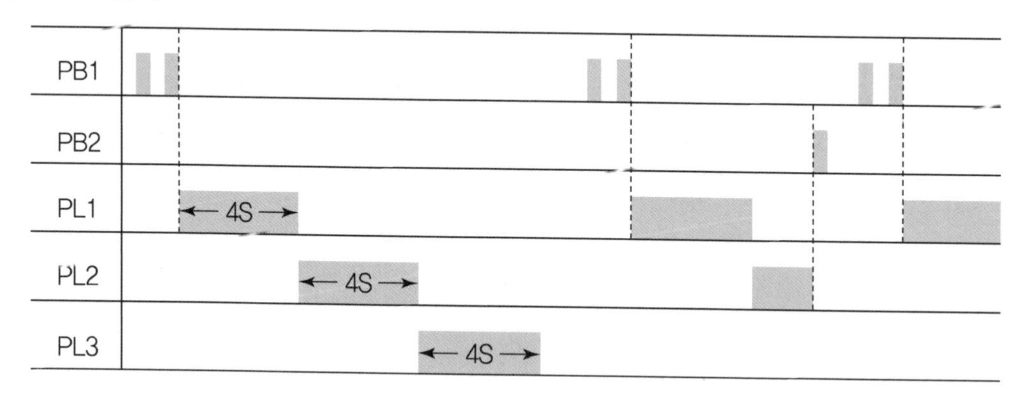

(4) 래더도

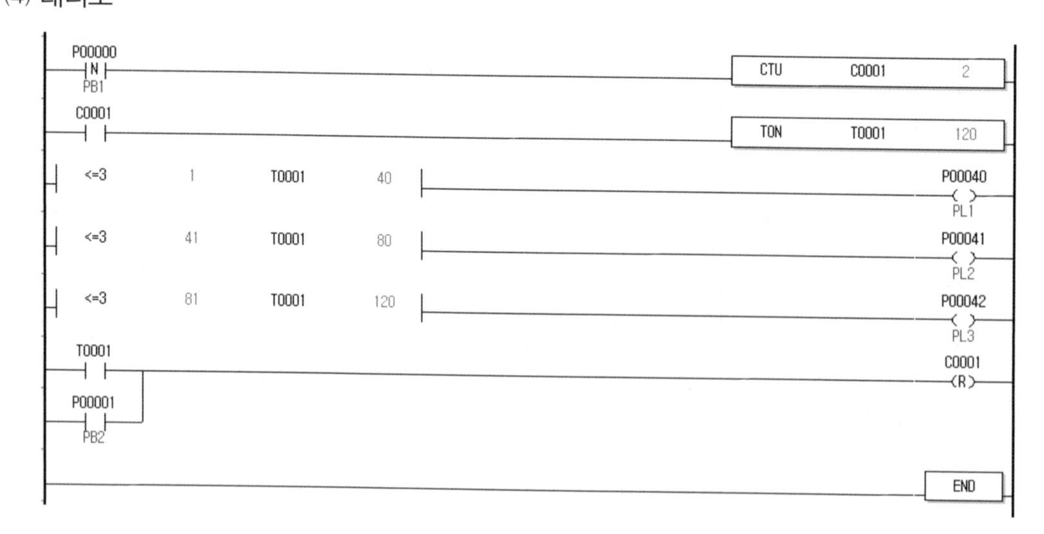

31) PLC 실습문제 : 원 버튼 회로

(1) PLC 입 · 출력표

입력			출력		
디바이스	변수	설명	디바이스	변수	설명
P00000	PB1	푸시버튼	P00040	PL1	램프 1
			P00041	PL2	램프 2
			P00042	PL3	램프 3

(2) 동작 설명

① PB1을 1회 누르면 램프 1~3이 순차로 점등됩니다.

② PB1을 다시 누르면 램프는 순차로 소등됩니다.

③ 위 동작을 반복합니다.

(3) PLC 타임차트

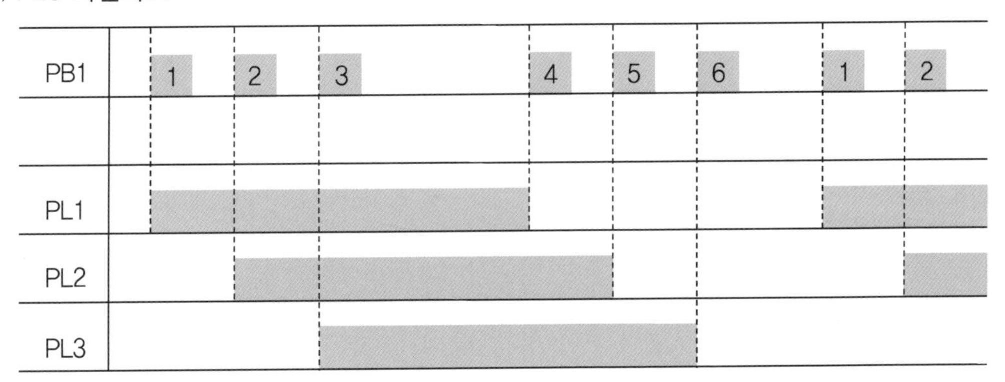

(4) 래더도 1

C1 출력으로 C1을 리셋하면 0~5까지를 반복하는 카운터가 됩니다. 여기서 유의할 점은 설정값을 6으로 하더라도 6이 되면 리셋이 되는데, 6이라는 출력은 없기 때문에 바로 0이 됩니다.

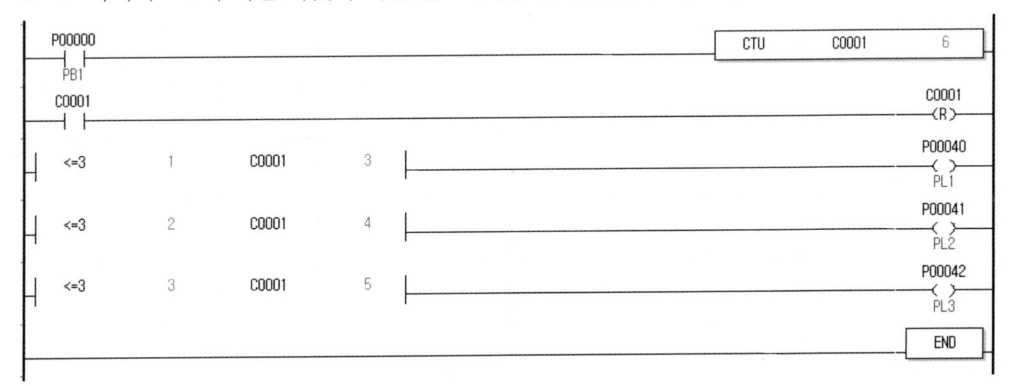

(5) 래더도 2

CTR은 설정값을 6으로 하면 6 다음 0이 되므로 설정값을 5로 합니다.

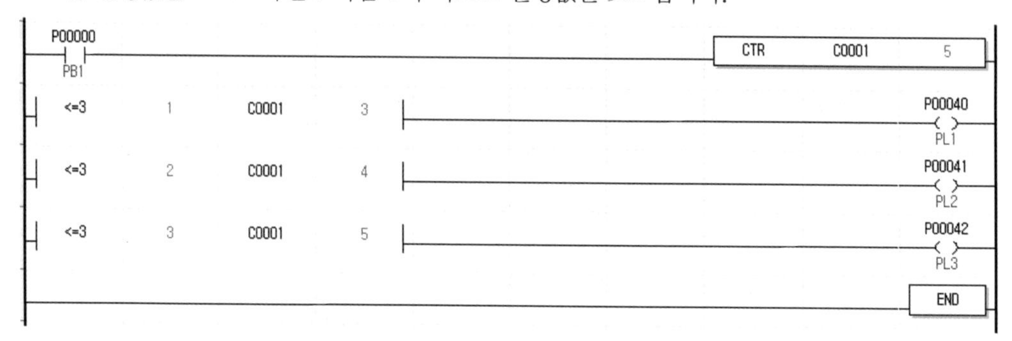

32) PLC 실습문제 : 원버튼 회로

(1) PLC 입 · 출력표

입력			출력		
디바이스	변수	설명	디바이스	변수	설명
P00000	PB1	스위치	P00040	PL1	램프 1
			P00041	PL2	램프 2

(2) 동작 설명

타임차트와 같은 동작이 되도록 프로그램하시오.

(3) PLC 타임차트

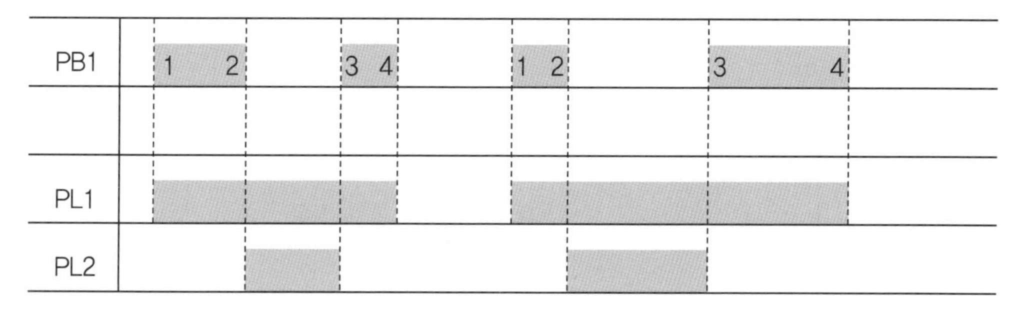

(4) 래더도 1

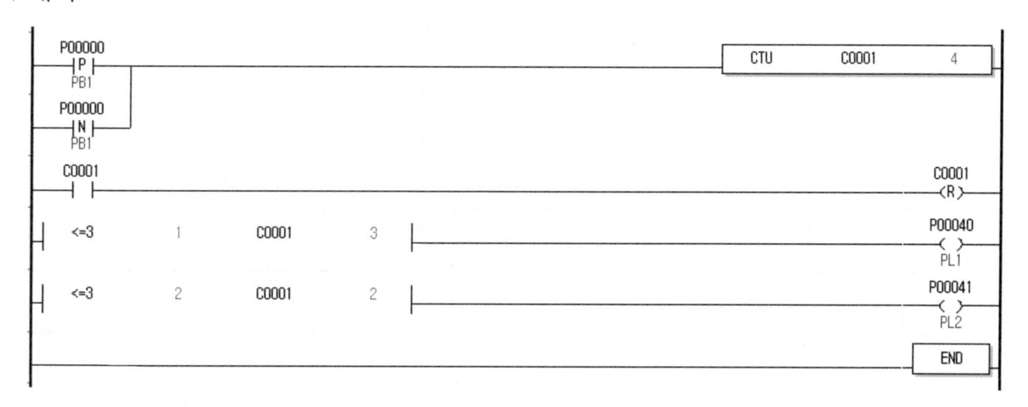

(5) 래더도 2

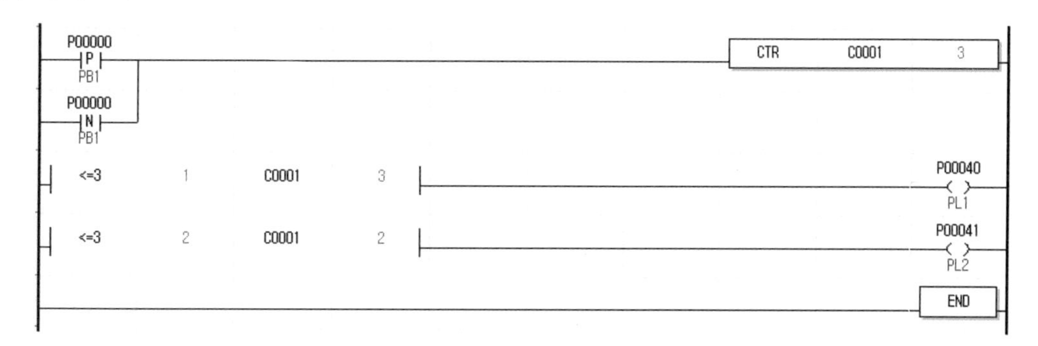

33) PLC 실습문제 : 업다운 카운터

(1) PLC 입 · 출력표

입력			출력		
디바이스	변수	설명	디바이스	변수	설명
P00000	PB UP	업스위치	P00040	PL	램프
P00001	PB DOWN	다운스위치			
P00002	PB RESET	리셋스위치			

(2) 동작 설명

① 업다운 카운터 설정값이 3 이상이 되면 램프가 점등되고, 2 이하가 되면 램프가 소등됩니다.

② PB RESET을 누르면 회로는 초기화됩니다.

(3) PLC 타임차트

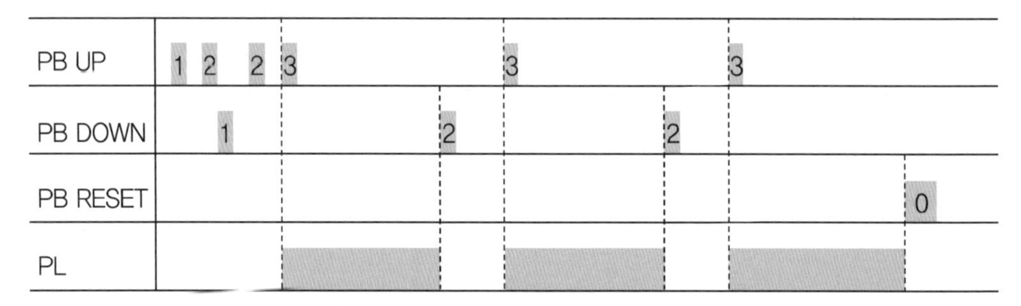

(4) 래더도

업다운 카운터 허용 접점으로 상시 On 접점(_ON)을 사용합니다.

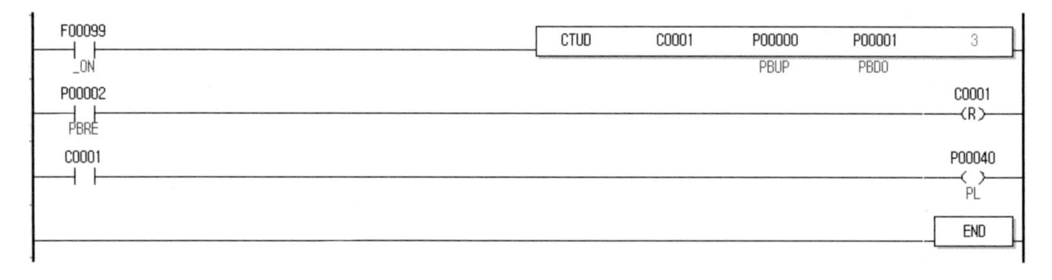

34) PLC 실습문제 : 업다운 카운터 응용회로 1

(1) PLC 입 · 출력표

입력			출력		
디바이스	변수	설명	디바이스	변수	설명
P00000	PB1	업 스위치	P00040	PL1	램프 1
P00001	PB2	다운 스위치	P00041	PL2	램프 2
			P00042	PL3	램프 3

(2) 동작 설명

① PB1은 카운터 업, PB2는 카운터다운

② 업다운 카운터의 현재값이 1 이상이면 PL1 점등, 2 이상이면 PL2 점등, 3 이상이면 PL3이 점등됩니다.

(3) PLC 타임차트

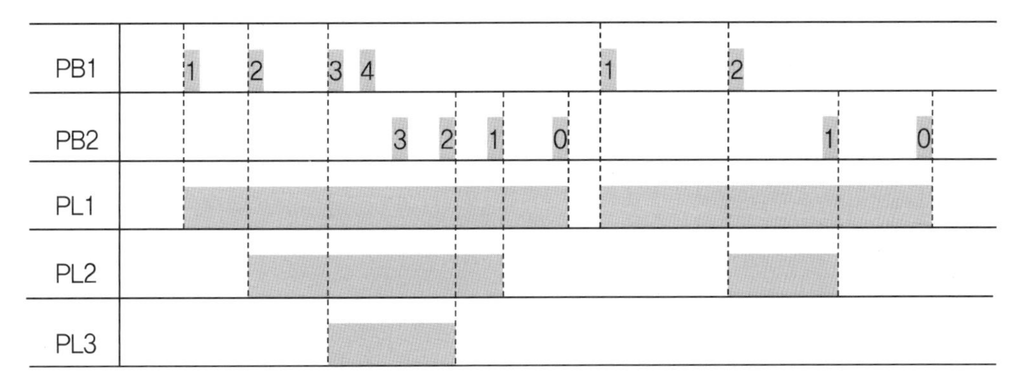

(4) 래더도

업다운 카운터의 업 또는 다운 값에 음 검출을 사용할 때는 내부 메모리를 이용합니다.

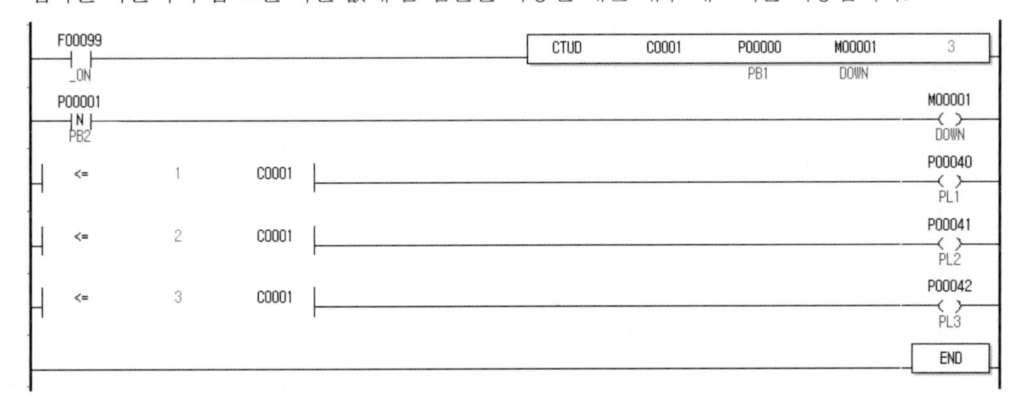

35) PLC 실습문제 : 업다운 카운터 응용회로 2

(1) PLC 입 · 출력표

입력			출력		
디바이스	변수	설명	디바이스	변수	설명
P00000	PB1	업 스위치	P00040	PL1	램프 1
P00001	PB2	다운 스위치	P00041	PL2	램프 2
			P00042	PL3	램프 3

(2) 동작 설명

① PB1은 카운터 업, PB2는 카운터 다운

② 업다운 카운터의 현재값은 최소 0, 최대 3까지입니다.

③ 업다운 카운터의 현재값이 1이면 PL1 점등, 2이면 PL2 점등, 3이면 PL3이 점등됩니다.

(3) PLC 타임차트

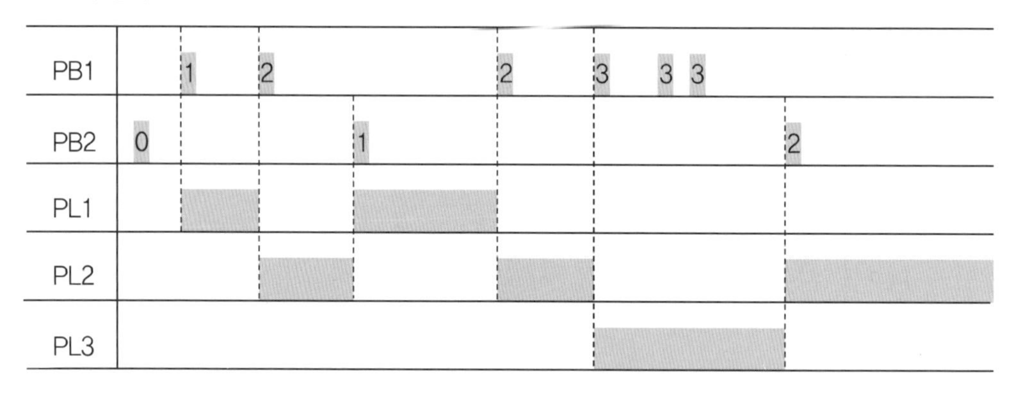

(4) 래더도 1

최솟값 또는 최댓값을 설정할 때는 내부 메모리나 비교 명령을 사용합니다.

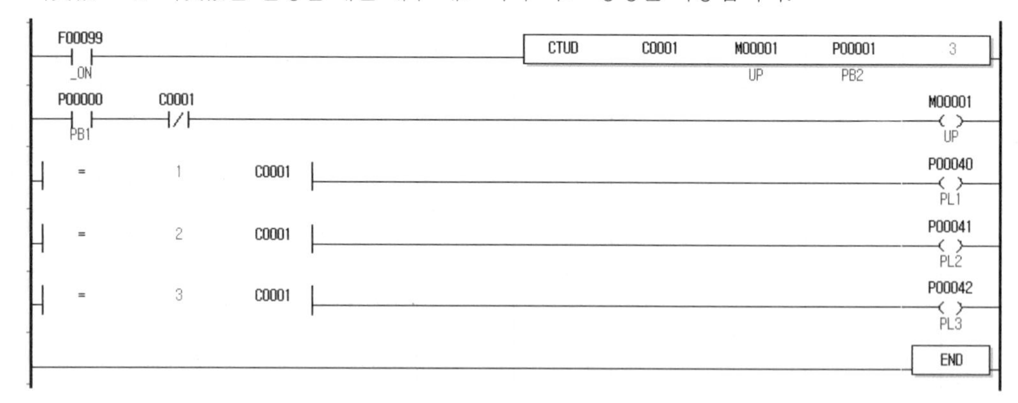

(5) 래더도 2

PB1의 최대 입력값은 3으로 C1 현재값이 3보다 작을 때만 입력 조건을 허용합니다. 따라서 다음과 같이 "< =3 0 C1 2으로 프로그램합니다.

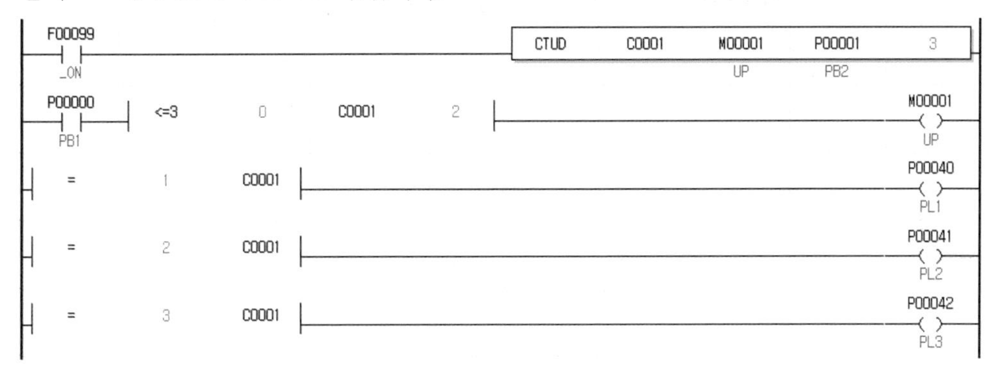

응용 실습문제

1 시퀀스회로 실습문제

1) PLC 실습문제 1

(1) PLC 입 · 출력표

입력				출력			
디바이스	변수	디바이스	변수	디바이스	변수	디바이스	변수
P00000	SP1			P00040	HL1		
P00001	SP2			P00041	HL2		
P00002	SP3			P00042	HL3		
P00003	SP4			P00043	HL4		

(2) 동작 설명

① 다음 시퀀스회로와 진리표의 조건과 같은 동작이 되도록 프로그램하시오.

② On 순서는 SP1~SP3(동작조건 선택) On 후 SP4 On, Off 순서는 SP4 Off 후 SP1~SP3 Off

③ SP1~SP4는 셀렉터 스위치로 수동조작 스위치 기능으로 프로그램하시오.

④ "0"은 Off 상태, "1"은 On 상태입니다.

(3) 시퀀스 회로도

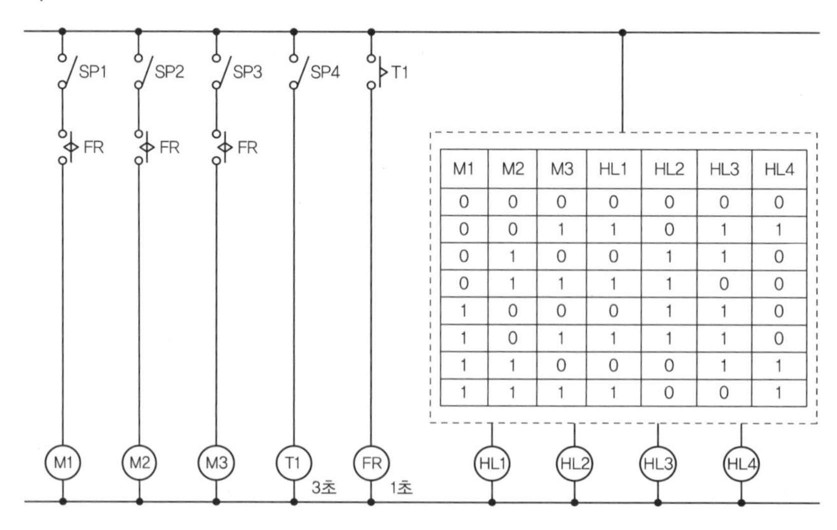

M1	M2	M3	HL1	HL2	HL3	HL4
0	0	0	0	0	0	0
0	0	1	1	0	1	1
0	1	0	0	1	1	0
0	1	1	1	1	0	0
1	0	0	0	1	1	0
1	0	1	1	1	1	0
1	1	0	0	0	1	1
1	1	1	1	0	0	1

(4) 래더도

```
P00000     <=3    11    T0002    20                                 M00001
SP1                     FR                                           ( )
P00001     <=3    11    T0002    20                                 M00002
SP2                     FR                                           ( )
P00002     <=3    11    T0002    20                                 M00003
SP3                     FR                                           ( )
P00003                                       TON    T0001    30
SP4
T0001      T0002                             TON    T0002    20
           FR                                       FR
M00001     M00002     M00003                                        P00040
-|/|-      -|/|-      -| |-                                          ( )
                                                                     HL1
M00001     M00002     M00003
-|/|-      -| |-      -| |-
M00001     M00002     M00003
-| |-      -|/|-      -| |-
M00001     M00002     M00003
-| |-      -| |-      -| |-
M00001     M00002     M00003                                        P00041
-|/|-      -| |-      -|/|-                                          ( )
                                                                     HL2
M00001     M00002     M00003
-|/|-      -| |-      -| |-
M00001     M00002     M00003
-| |-      -|/|-      -|/|-
M00001     M00002     M00003
-| |-      -|/|-      -| |-
M00001     M00002     M00003                                        P00042
-|/|-      -|/|-      -| |-                                          ( )
                                                                     HL3
M00001     M00002     M00003
-|/|-      -| |-      -|/|-
M00001     M00002     M00003
-| |-      -|/|-      -|/|-
M00001     M00002     M00003
-| |-      -|/|-      -| |-
M00001     M00002     M00003
-| |-      -| |-      -|/|-
M00001     M00002     M00003                                        P00043
-|/|-      -|/|-      -| |-                                          ( )
                                                                     HL4
M00001     M00002     M00003
-| |-      -| |-      -|/|-
M00001     M00002     M00003
-| |-      -| |-      -| |-
```

2) PLC 실습문제 2

(1) PLC 입 · 출력표

입력				출력			
디바이스	변수	디바이스	변수	디바이스	변수	디바이스	변수
P00000	S1	P00004	PB2	P00040	L1		
P00001	S2			P00041	L2		
P00002	S3			P00042	L3		
P00003	PB1			P00043	BZ		

(2) 동작 설명

① S1이 On되면 전원이 공급되고, S1이 Off되면 전원이 차단되며, 회로는 초기화됩니다(S1은 수동조작 스위치 기능을 이용하여 프로그램합니다).

② S2, S3에 의해 L1은 2개소 점등, 소등합니다(S2, S3는 푸시버튼 기능을 이용하여 프로그램합니다).

③ 기타 모든 동작은 시퀀스회로를 기준으로 합니다.

(3) 시퀀스 회로도

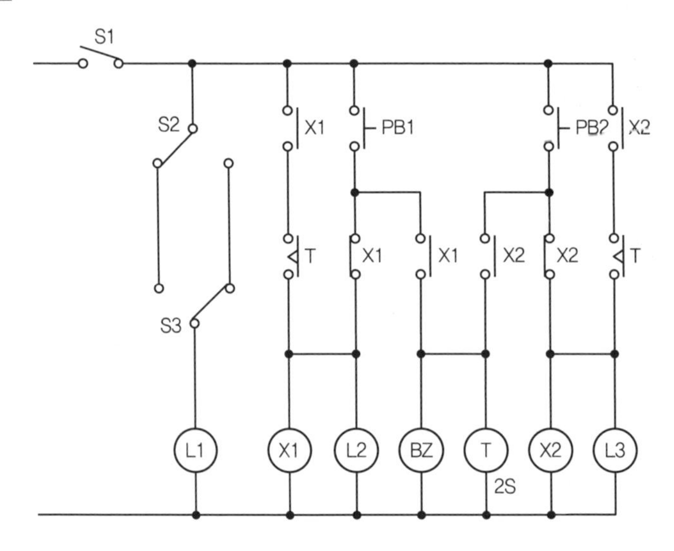

(4) 래더도

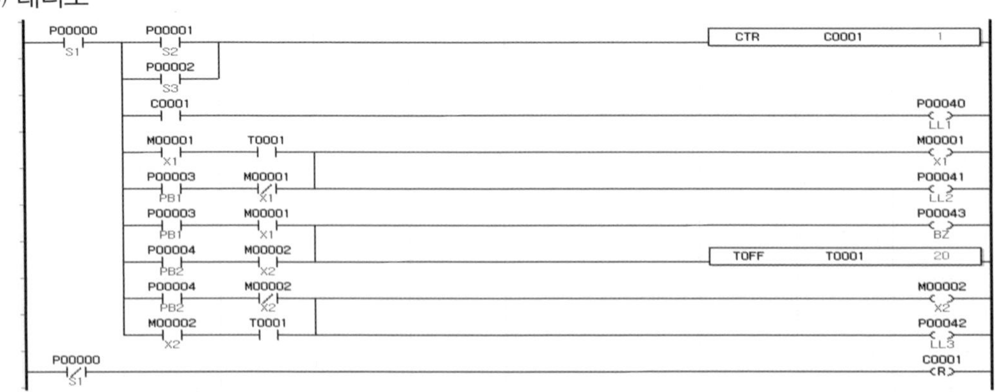

3) PLC 실습문제 3

(1) PLC 입 · 출력표

입력				출력			
디바이스	변수	디바이스	변수	디바이스	변수	디바이스	변수
P00000	PB_A	P00004	SS_B	P00040	HL1	P00044	HL5
P00001	PB_B	P00005	SS_C	P00041	HL2		
P00002	PB_C			P00042	HL3		
P00003	SS_A			P00043	HL4		

(2) 동작 설명

① 아래의 시퀀스 회로에 알맞은 PLC 프로그램하시오.

② 1초 주기는 0.5초 Off/0.5초 On, 2초 주기는 1초 Off/1초 On입니다.

(3) 시퀀스 회로도

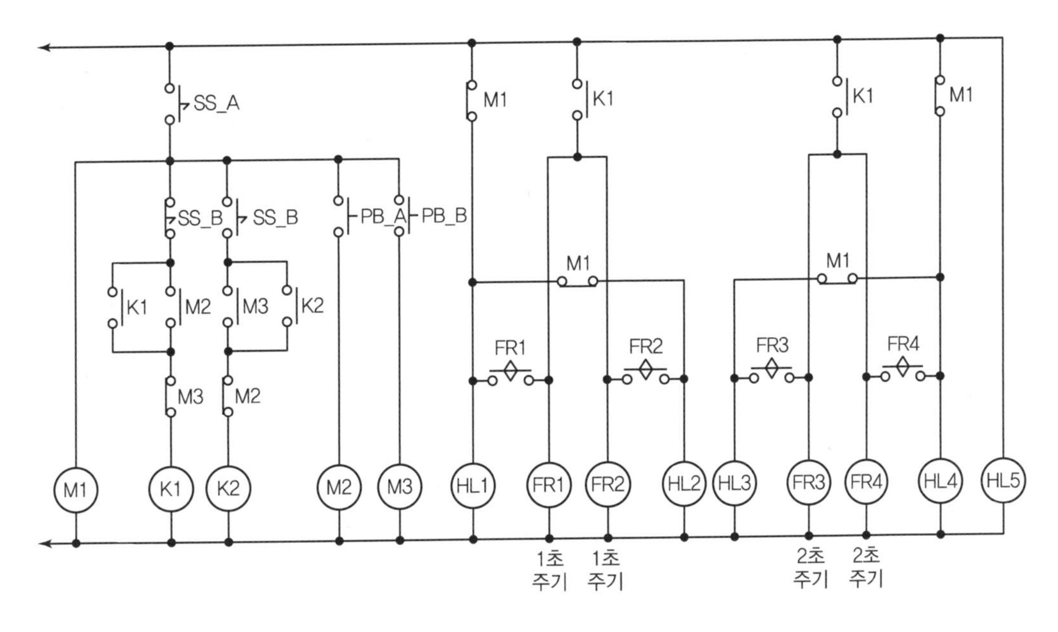

(4) 래더도

P00003 SS_A — M00001
P00004 SS_B (NC), M00002 / K00001, M00003 (NC) — K00001
P00004 SS_B, M00003 / K00002, M00002 (NC) — K00002
P00000 PB_A — M00002
P00001 PB_B — M00003
K00001, T0001 FR1 (NC) — TON T0001 10 FR1
T0002 FR2 (NC) — TON T0002 10 FR2
K00002, T0003 FR3 (NC) — TON T0003 20 FR3
T0004 FR4 (NC) — TON T0004 20 FR4
M00001 (NC) / K00001 <=3 6 T0001 FR1 10 — P00040 HL1
M00001 (NC) / K00001 <=3 6 T0002 FR2 10 — P00041 HL2
M00001 (NC) / K00002 <=3 11 T0003 FR3 20 — P00042 HL3
M00001 (NC) / K00002 <=3 11 T0004 FR4 20 — P00043 HL4
F00099 _ON — P00044 HL5

4) PLC 실습문제 4

(1) PLC 입 · 출력표

입력				출력			
디바이스	변수	디바이스	변수	디바이스	변수	디바이스	변수
P00000	PB4			P00040	HL1		
P00001	PB5			P00041	HL2		
P00002	PB6			P00042	HL3		

(2) 동작 설명

회로도와 같은 동작이 되도록 PLC 프로그램하시오.

(FR의 1초는 설정값이므로 2초 주기입니다.)

(3) 시퀀스 회로도

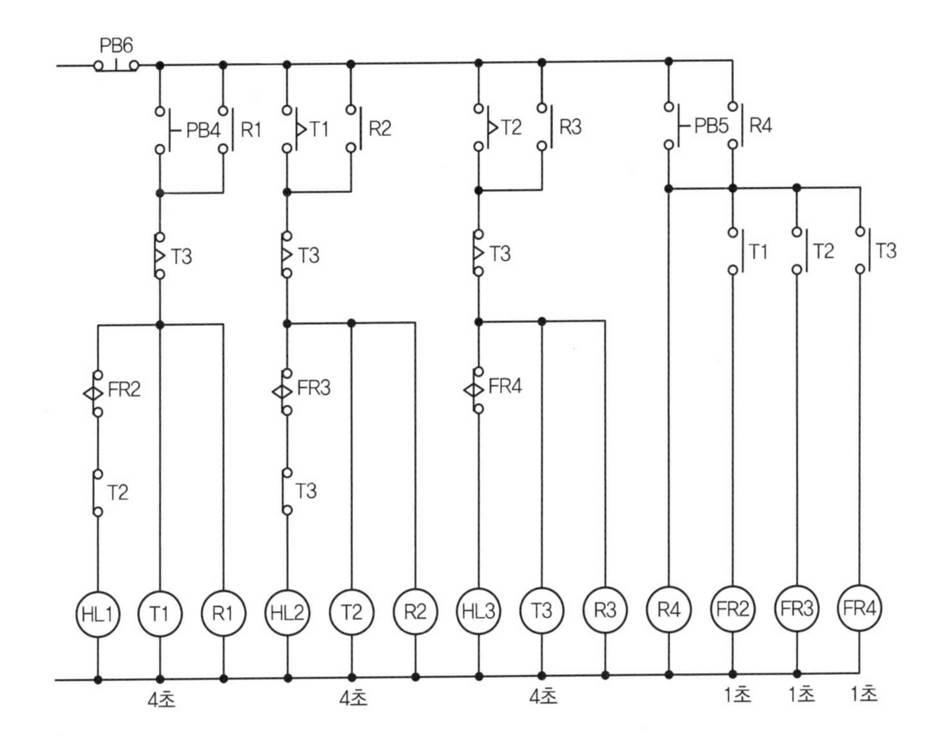

(4) 래더도

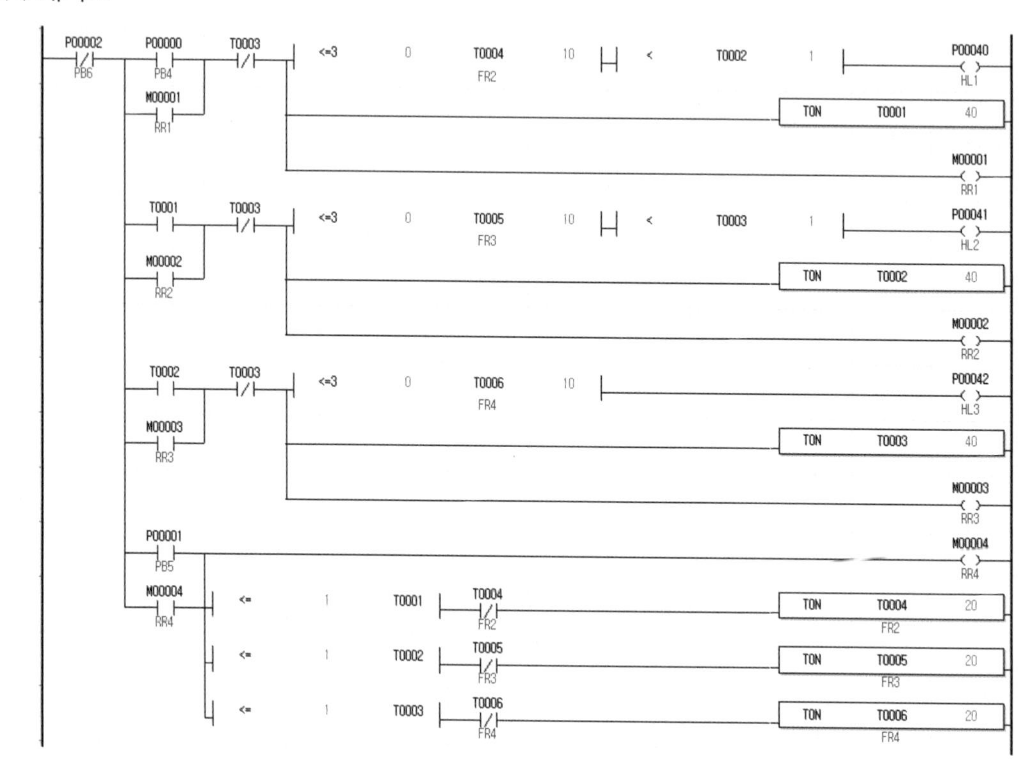

P00002
PB6
P00000
PB4
T0003
<=3
0
T0004
FR2
10
<
T0002
1
P00040
HL1
M00001
RR1
TON
T0001
40
M00001
RR1
T0001
T0003
<=3
0
T0005
FR3
10
<
T0003
1
P00041
HL2
M00002
RR2
TON
T0002
40
M00002
RR2
T0002
T0003
<=3
0
T0006
FR4
10
P00042
HL3
M00003
RR3
TON
T0003
40
M00003
RR3
P00001
PB5
M00004
RR4
M00004
RR4
<=
1
T0001
T0004
FR2
TON
T0004
20
FR2
<=
1
T0002
T0005
FR3
TON
T0005
20
FR3
<=
1
T0003
T0006
FR4
TON
T0006
20
FR4

5) PLC 실습문제 5

(1) PLC 입 · 출력표

입력				출력			
디바이스	변수	디바이스	변수	디바이스	변수	디바이스	변수
P00000	X1	P00004	PB5	P00040	X5	P00044	HL3
P00001	X2			P00041	X6	P00045	HL4
P00002	PB3			P00042	HL1	P00046	YL
P00003	PB4			P00043	HL2	P00047	BZ

(2) 동작 설명

회로도와 같은 동작이 되도록 PLC 프로그램하시오.

(3) 시퀀스 회로도

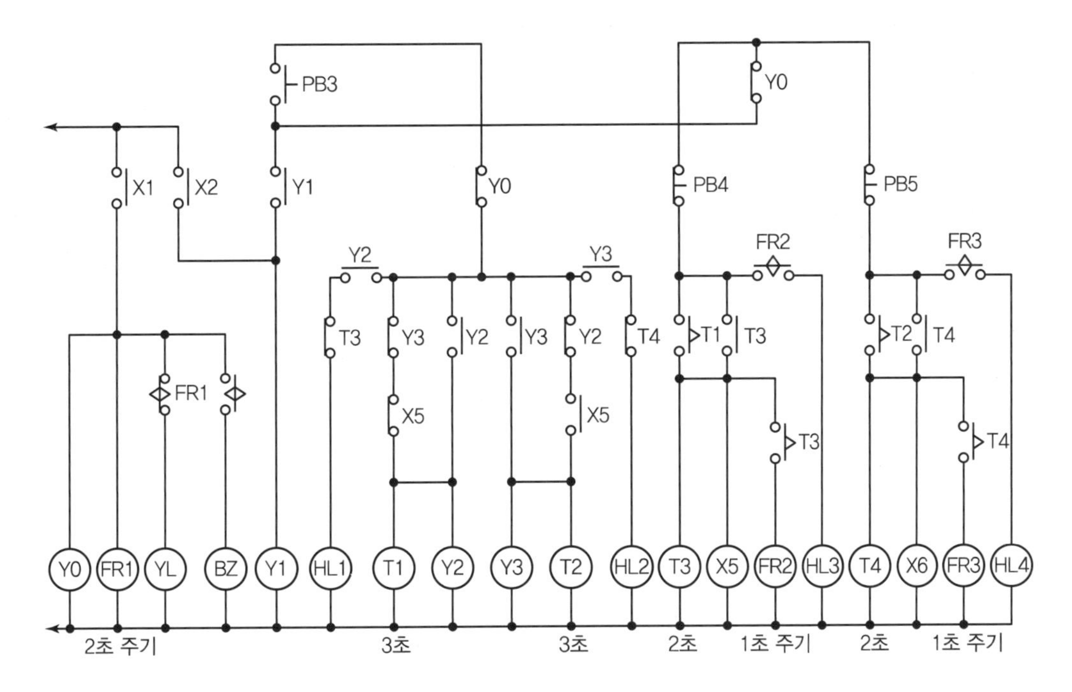

(4) 래더도

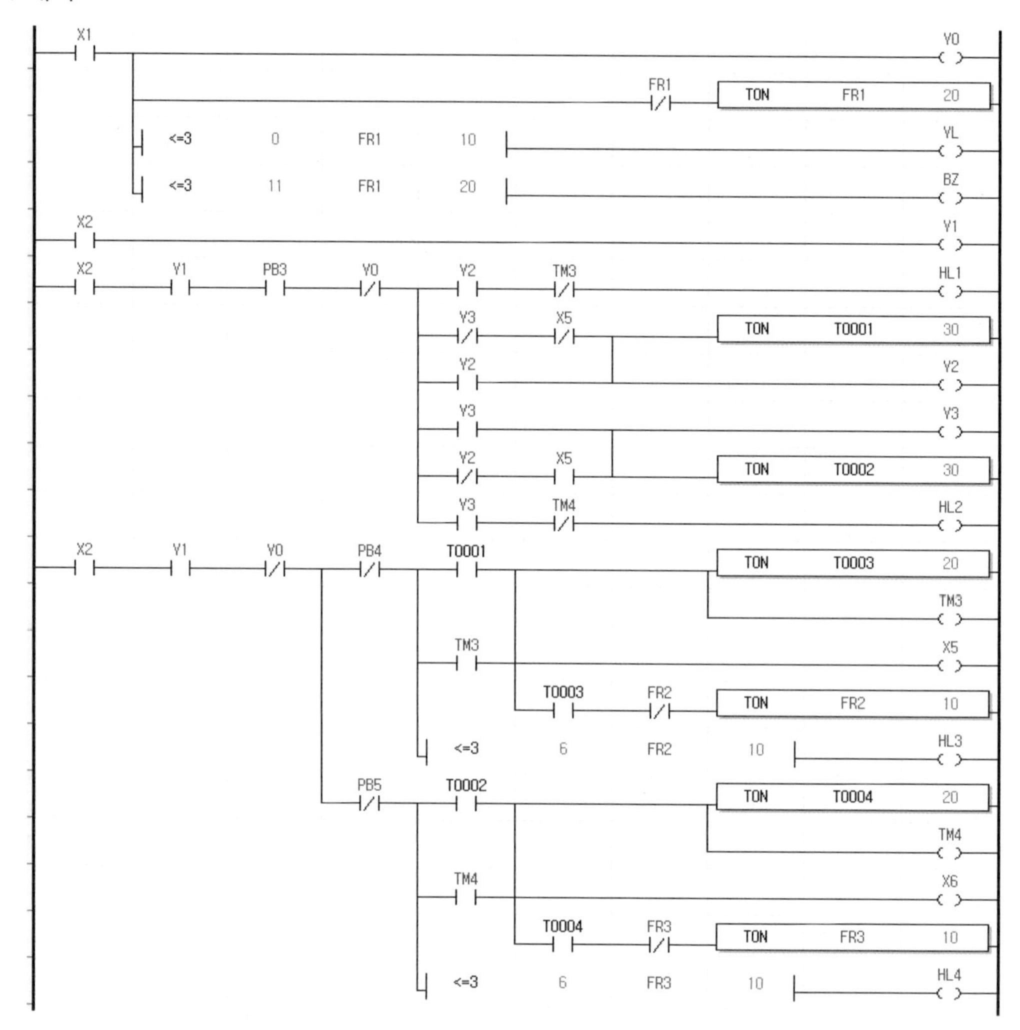
X1
Y0
FR1
TON FR1 20
<=3 0 FR1 10
VL
<=3 11 FR1 20
BZ
X2
Y1
X2 Y1 PB3 Y0 Y2 TM3
HL1
Y3 X5
TON T0001 30
Y2
Y2
Y3
Y3
Y2 X5
TON T0002 30
Y3 TM4
HL2
X2 Y1 Y0 PB4 T0001
TON T0003 20
TM3
TM3
X5
T0003 FR2
TON FR2 10
<=3 6 FR2 10
HL3
PB5 T0002
TON T0004 20
TM4
TM4
X6
T0004 FR3
TON FR3 10
<=3 6 FR3 10
HL4

6) PLC 실습문제 6

(1) PLC 입 · 출력표

입력				출력			
디바이스	변수	디바이스	변수	디바이스	변수	디바이스	변수
P00000	PB1			P00040	HL1		
P00001	PB2			P00041	HL2		
P00002	PB3			P00042	HL3		
P00003	PB4			P00043	HL4		

(2) 동작 설명

다음 시퀀스회로와 같은 동작이 되도록 프로그램하시오.

(3) 시퀀스 회로도

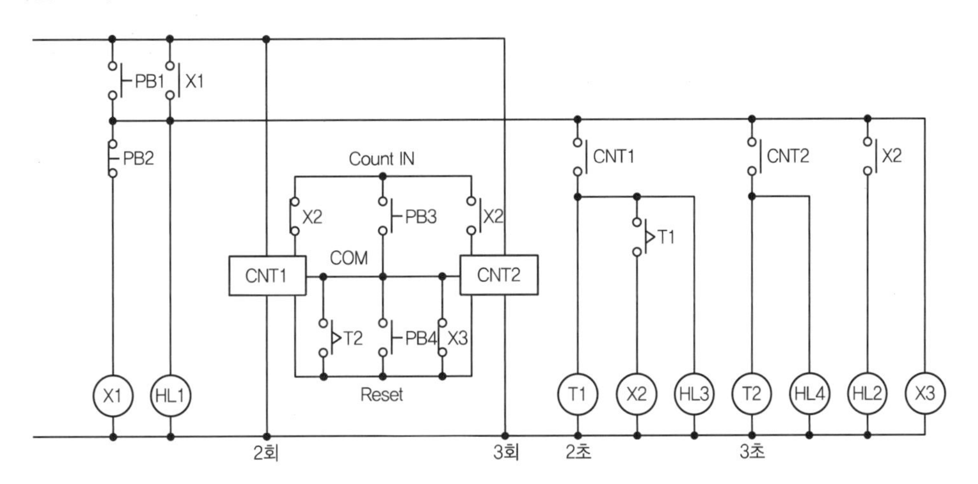

(4) 래더도

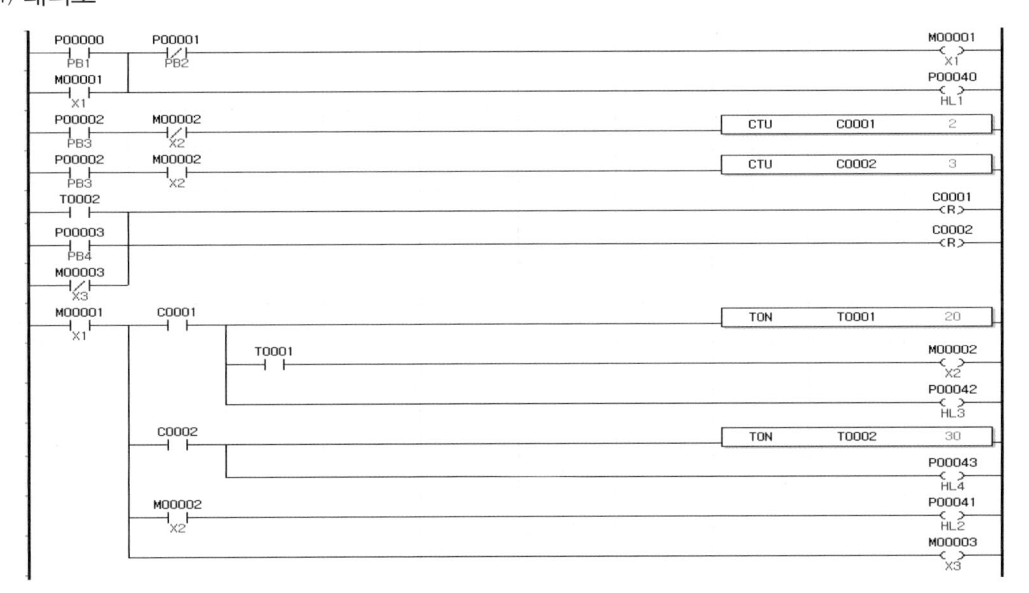

7) PLC 실습문제 7

(1) PLC 입 · 출력표

입력				출력			
디바이스	변수	디바이스	변수	디바이스	변수	디바이스	변수
P00000	Q			P00040	GL		
P00001	SS			P00041	RL1		
P00002	PB1			P00042	RL2		
P00003	PB2						

(2) 동작 설명

① 전원 Q를 투입한 후 PB1, PB2를 이용하여 RL1, RL2 전등의 동작 시간을 제어합니다.

② FR의 초기 설정값은 2초이며, 최대 5초, 최소 1초까지 시간을 PB1, PB2를 이용하여 변경할 수 있습니다.

③ PB1 또는 PB2를 누를 때마다 FR의 설정시간을 1초 증가 또는 감소시킵니다.

④ SS를 On 하면 FR의 설정된 값에 의하여 RL1, RL2 전등이 교대 점멸합니다.

⑤ 메인 전원스위치 Q를 On/Off 하면 모든 설정값이 초기화됩니다.

(3) 시퀀스 회로도

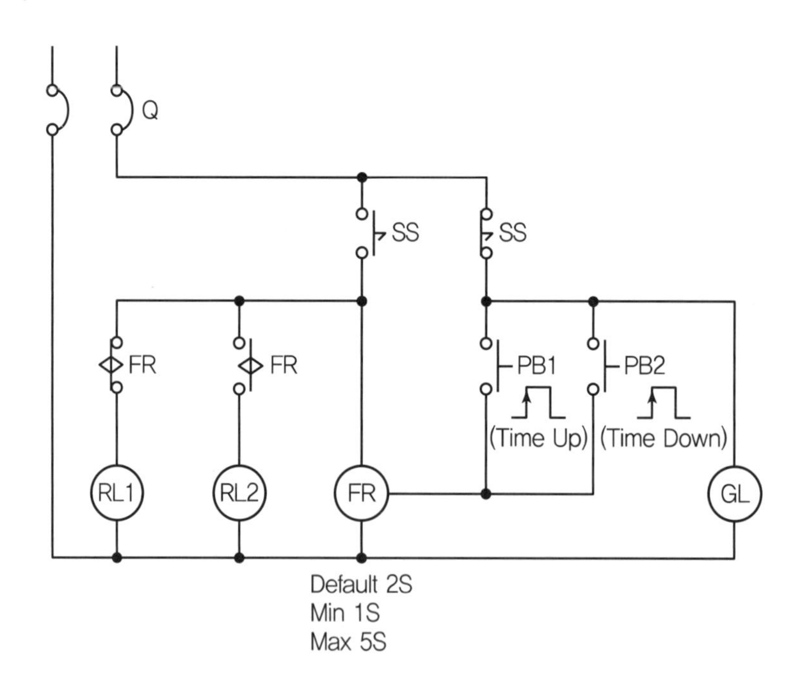

(4) 래더도

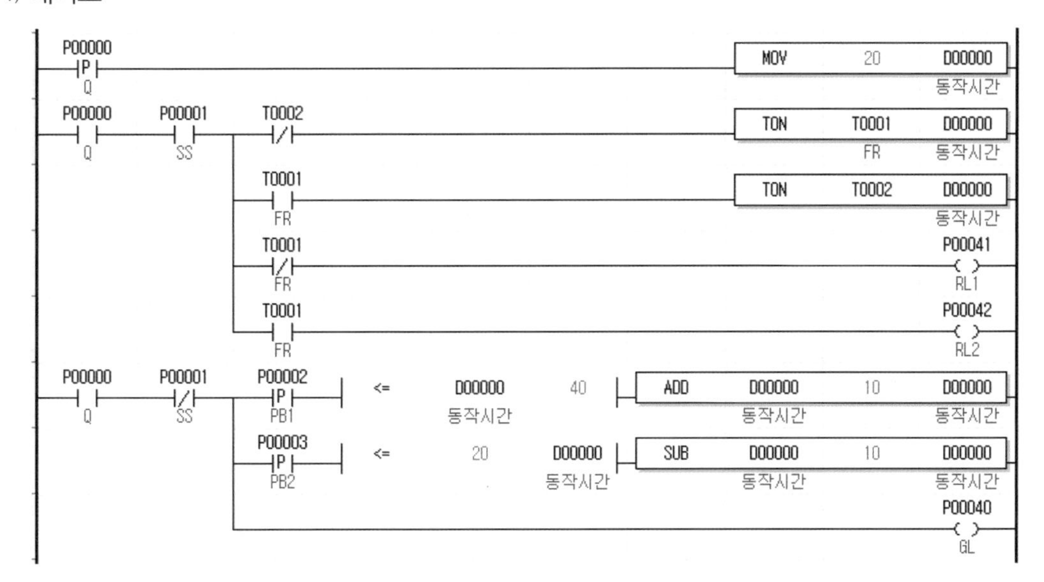
P00000
P
Q
MOV
20
D00000
동작시간
P00000
Q
P00001
SS
T0002
TON
T0001
FR
D00000
동작시간
T0001
FR
TON
T0002
D00000
동작시간
T0001
FR
P00041
RL1
T0001
FR
P00042
RL2
P00000
Q
P00001
SS
P00002
P
PB1
<=
D00000
동작시간
40
ADD
D00000
동작시간
10
D00000
동작시간
P00003
P
PB2
<=
20
D00000
동작시간
SUB
D00000
동작시간
10
D00000
동작시간
P00040
GL

8) PLC 실습문제 8

(1) PLC 입 · 출력표

입력				출력			
디바이스	변수	디바이스	변수	디바이스	변수	디바이스	변수
P00000	S1			P00040	HL1		
P00001	S2			P00041	HL2		
P00002	S3			P00042	HL3		
P00003	S4			P00043	HL4		

(2) 동작 설명

① S2, S3, S4는 단시간 입력입니다.

② CNT Default(초기 설정값)는 "5"이며, CNT 현재값이 "0"이면 "10"으로, "11"이면 "1"로 합니다.

③ CNT가 Reset 되면 CNT의 현재 값은 Default(초기 설정값)됩니다.

(3) 시퀀스 회로도

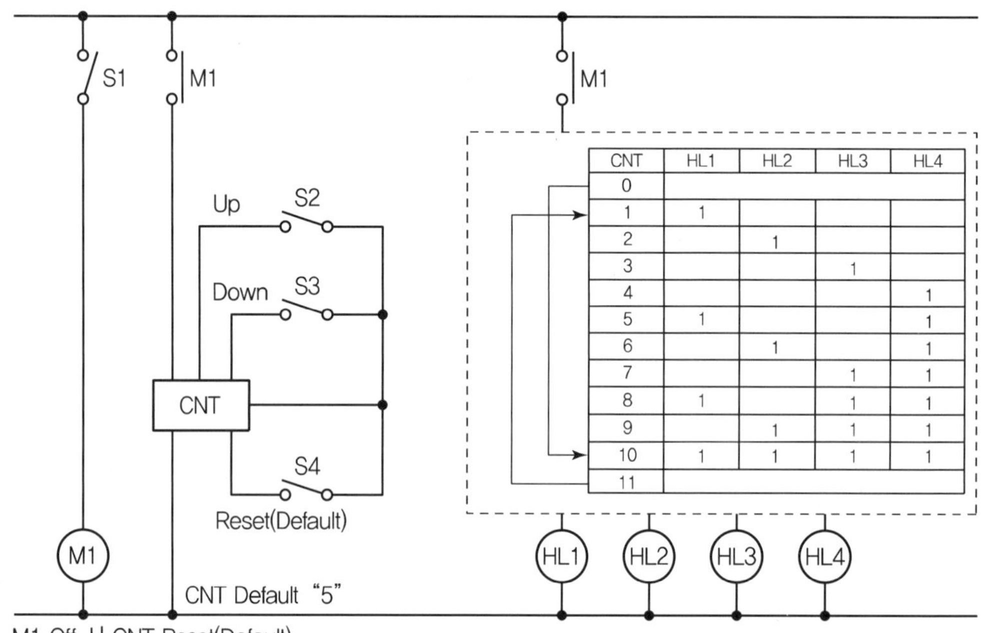

CNT	HL1	HL2	HL3	HL4
0				
1	1			
2		1		
3			1	
4				1
5	1			1
6		1		1
7			1	1
8	1		1	1
9		1	1	1
10	1	1	1	1
11				

(4) 래더도

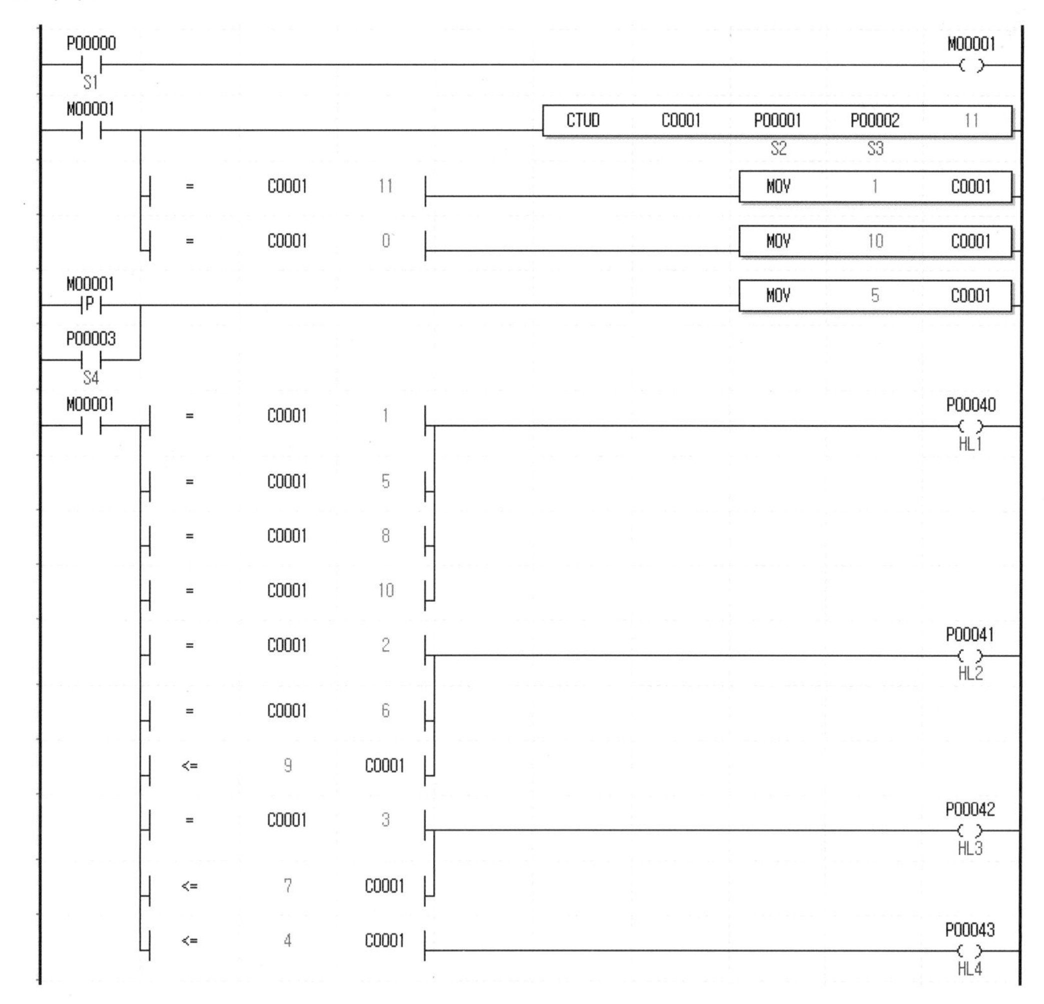
P00000
S1
M00001
M00001
CTUD C0001 P00001 P00002 11
S2 S3
= C0001 11
MOV 1 C0001
= C0001 0
MOV 10 C0001
M00001
P
MOV 5 C0001
P00003
S4
M00001
= C0001 1
P00040
HL1
= C0001 5
= C0001 8
= C0001 10
= C0001 2
P00041
HL2
= C0001 6
<= 9 C0001
= C0001 3
P00042
HL3
<= 7 C0001
<= 4 C0001
P00043
HL4

2 타임차트 실습문제

1) PLC 실습문제 1

(1) PLC 입 · 출력표

입력				출력			
디바이스	변수	디바이스	변수	디바이스	변수	디바이스	변수
P00000	S1			P00040	HL1		
P00001	S2			P00041	HL2		
				P00042	HL3		
				P00043	HL4		

(2) 동작 설명

타임차트와 같은 동작이 되도록 PLC 프로그램하시오.

(3) 타임차트

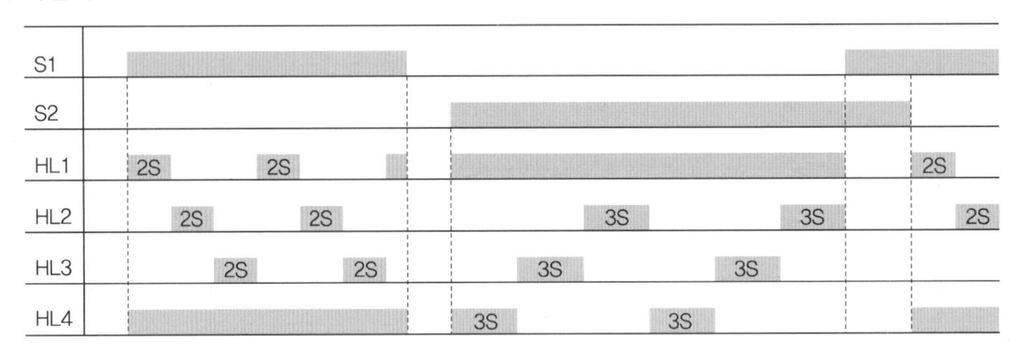

(4) 래더도

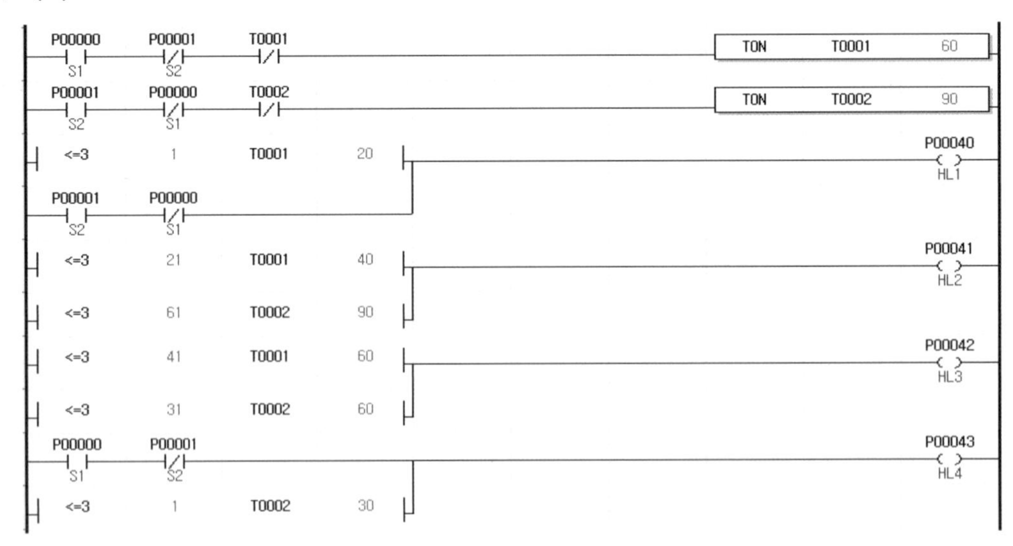

2) PLC 실습문제 2

(1) PLC 입 · 출력표

입력				출력			
디바이스	변수	디바이스	변수	디바이스	변수	디바이스	변수
P00000	PB1			P00040	HL1		
P00001	PB2			P00041	HL2		
P00002	PB3			P00042	HL3		
P00003	PB4			P00043	HL4		

(2) 동작 설명

① PB1("A" 동작 시작), PB2("A" 동작 종료), PB3("B" 동작 시작), PB4("B" 동작 종료)

② 각 동작은 선 입력 우선회로가 구성되어 동작별 주기가 반복됩니다.

(3) 타임차트

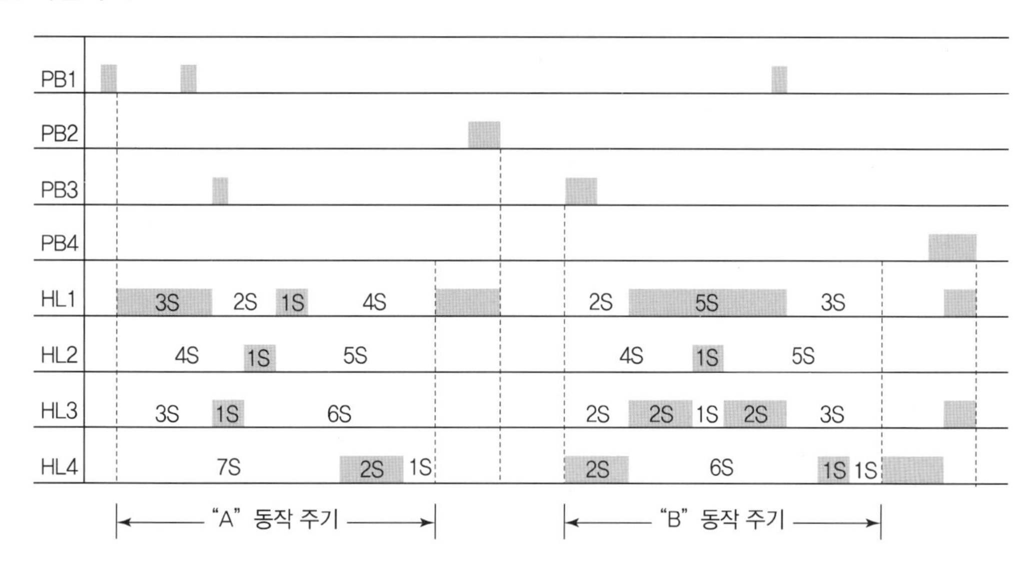

(4) 래더도

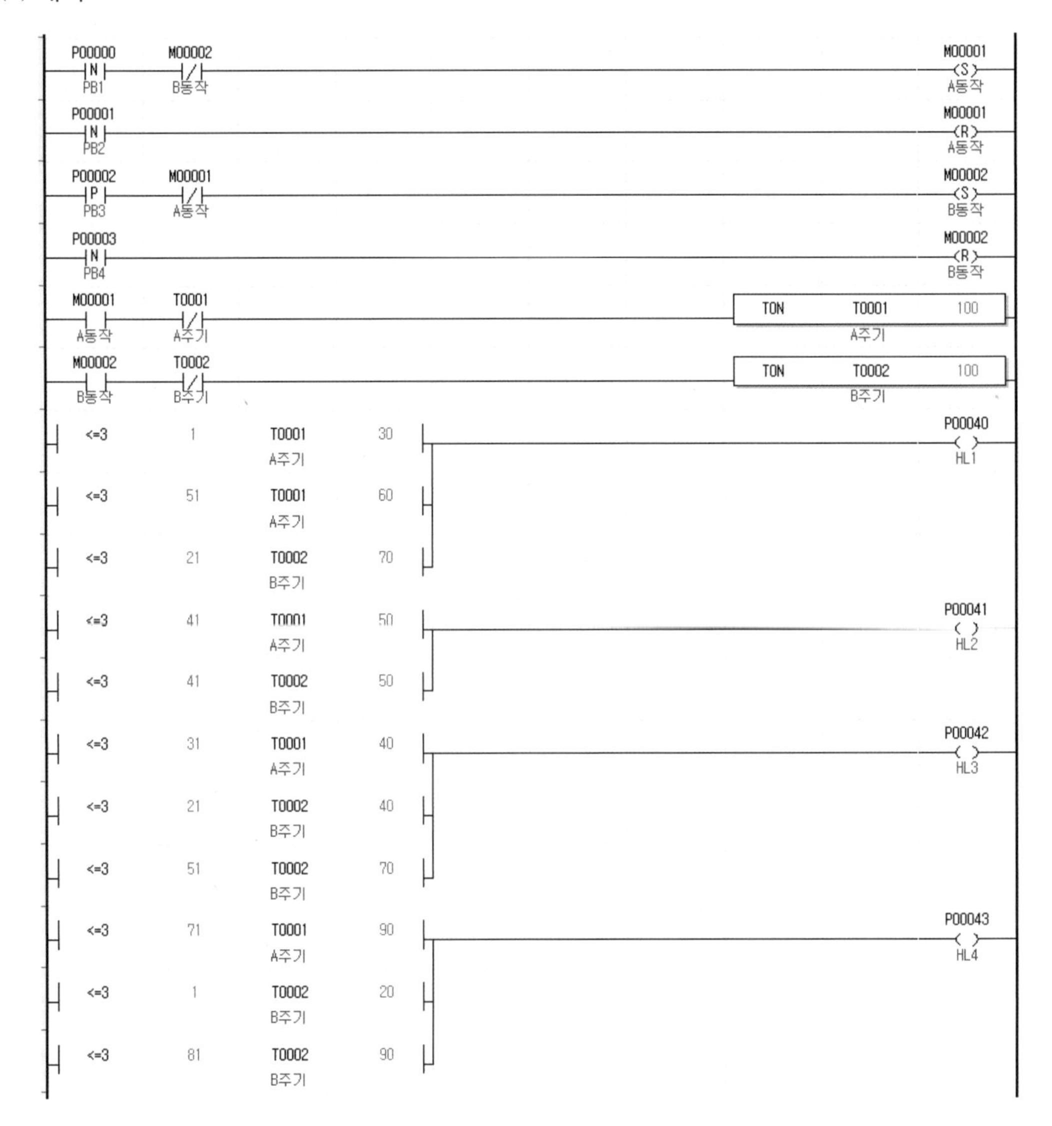

P00000
N
PB1
M00002
B동작
M00001
S
A동작
P00001
N
PB2
M00001
R
A동작
P00002
P
PB3
M00001
A동작
M00002
S
B동작
P00003
N
PB4
M00002
R
B동작
M00001
A동작
T0001
A주기
TON
T0001
100
A주기
M00002
B동작
T0002
B주기
TON
T0002
100
B주기
<=3
1
T0001
A주기
30
P00040
HL1
<=3
51
T0001
A주기
60
<=3
21
T0002
B주기
70
<=3
41
T0001
A주기
50
P00041
HL2
<=3
41
T0002
B주기
50
<=3
31
T0001
A주기
40
P00042
HL3
<=3
21
T0002
B주기
40
<=3
51
T0002
B주기
70
<=3
71
T0001
A주기
90
P00043
HL4
<=3
1
T0002
B주기
20
<=3
81
T0002
B주기
90

3) PLC 실습문제 3

(1) PLC 입 · 출력표

입력				출력			
디바이스	변수	디바이스	변수	디바이스	변수	디바이스	변수
P00000	PB1			P00040	HL1		
P00001	PB2			P00041	HL2		
P00002	PB3			P00042	HL3		
P00003	PB4			P00043	HL4		

(2) 동작 설명

① PB1("A"모드(−)), PB2("B"모드(+)), PB3("C"모드(+)), PB4(회로 초기화(−))

② 각 모드 전환은 신 입력 우선회로가 구성되어 모드별 주기를 반복 동작합니다.

(3) 타임차트

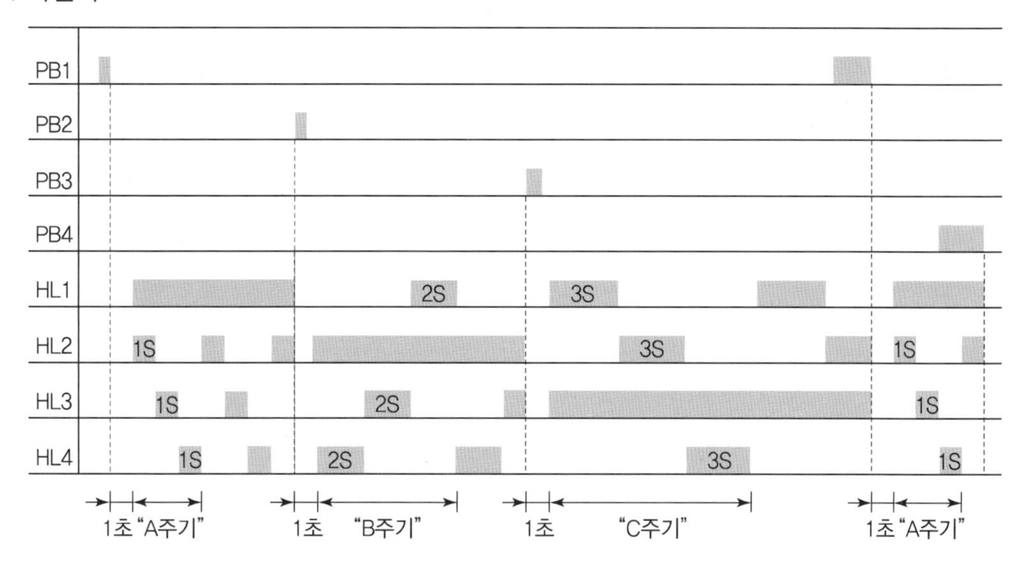

(4) 래더도

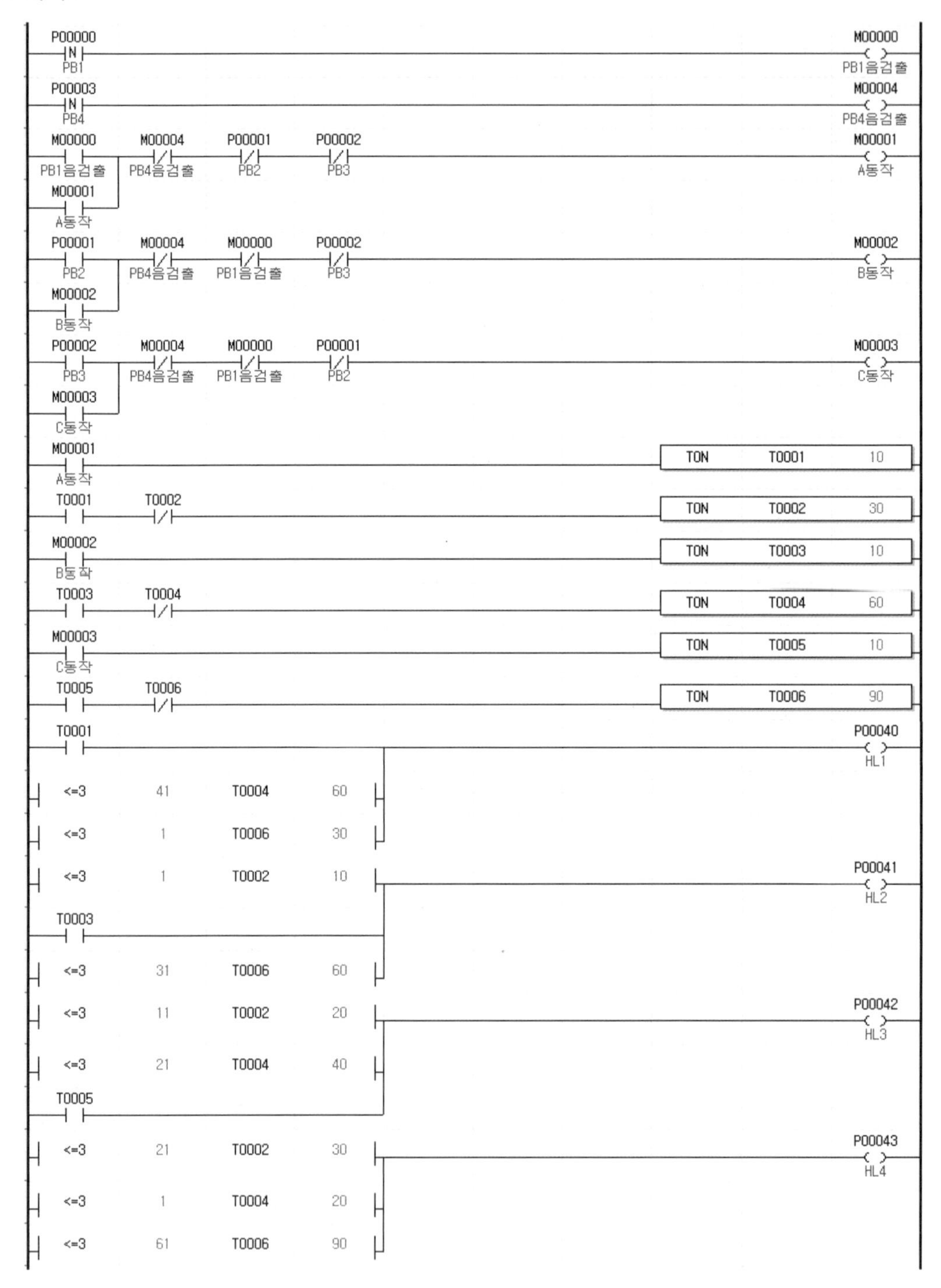
P00000
PB1
M00000
PB1음검출
P00003
PB4
M00004
PB4음검출
M00000
M00004
P00001
P00002
M00001
PB1음검출
PB4음검출
PB2
PB3
A동작
M00001
A동작
P00001
M00004
M00000
P00002
M00002
PB2
PB4음검출
PB1음검출
PB3
B동작
M00002
B동작
P00002
M00004
M00000
P00001
M00003
PB3
PB4음검출
PB1음검출
PB2
C동작
M00003
C동작
M00001
A동작
TON T0001 10
T0001
T0002
TON T0002 30
M00002
B동작
TON T0003 10
T0003
T0004
TON T0004 60
M00003
C동작
TON T0005 10
T0005
T0006
TON T0006 90
T0001
P00040
HL1
<=3 41 T0004 60
<=3 1 T0006 30
<=3 1 T0002 10
P00041
HL2
T0003
<=3 31 T0006 60
<=3 11 T0002 20
P00042
HL3
<=3 21 T0004 40
T0005
<=3 21 T0002 30
P00043
HL4
<=3 1 T0004 20
<=3 61 T0006 90

4) PLC 실습문제 4

(1) PLC 입 · 출력표

입력				출력			
디바이스	변수	디바이스	변수	디바이스	변수	디바이스	변수
P00000	S1			P00040	HL1		
P00001	S2			P00041	HL2		
				P00042	HL3		
				P00043	HL4		

(2) 동작 설명

① 입력 : S1, S2(단시간 입력)

② 기능 : S1 시작(+), 종료(−) 및 전환(시작, 종료를 1주기로 "A" 패턴 : HL1 점등, "B" 패턴 : HL2 점등을 반복)

③ S2 시작(+), 시작(−), 종료(+), 종료(−)

※ (+) : 양 변환 접점, (−) : 음 변환 접점

④ 출력 : HL1, HL2, HL3, HL4

(3) 타임차트

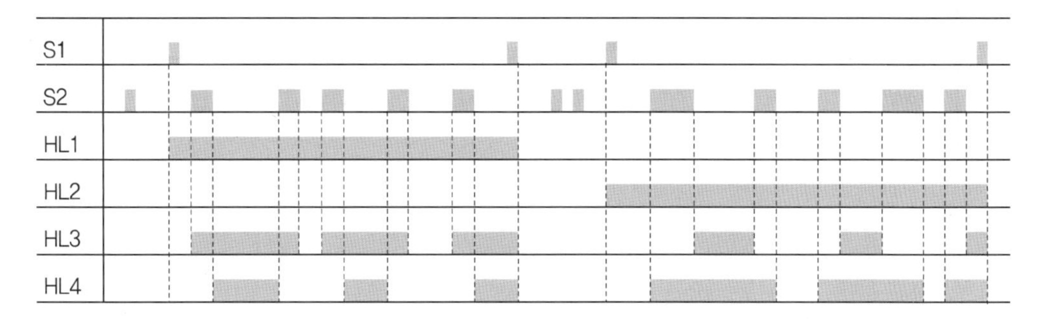

(4) 래더도

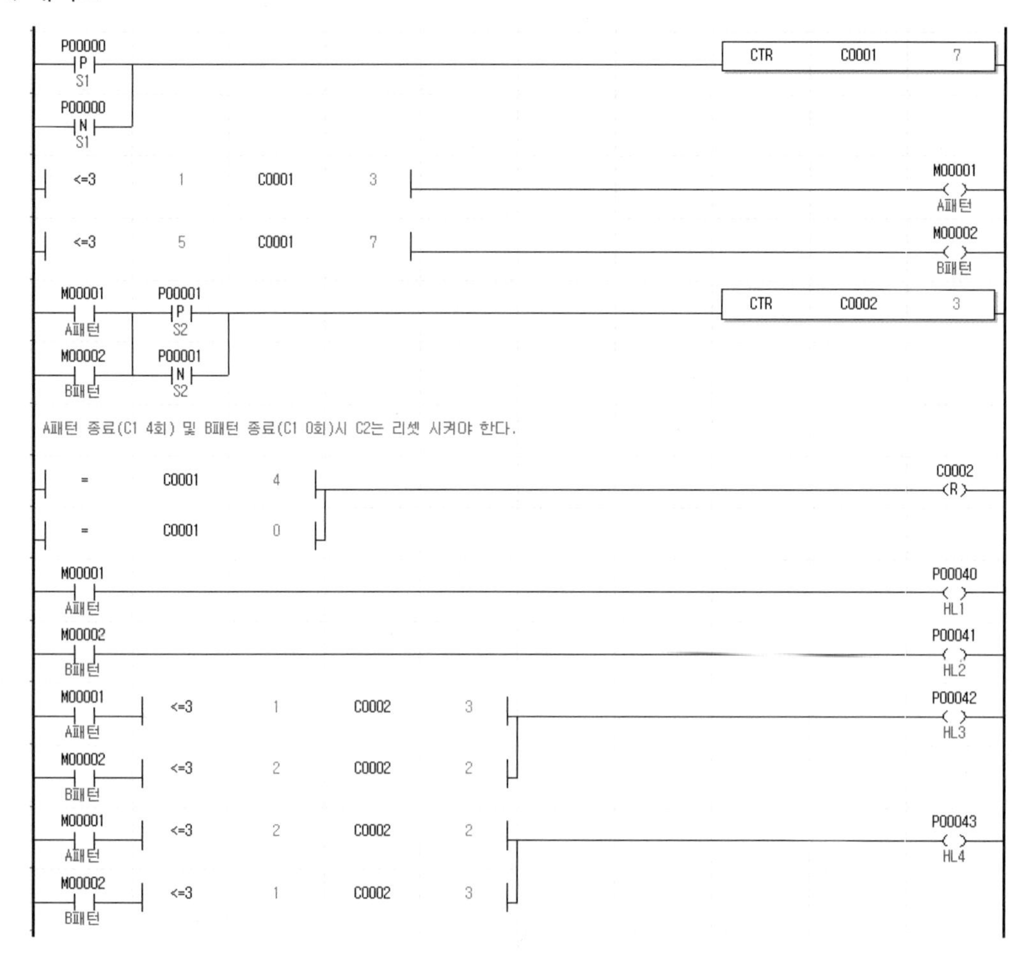
P00000
P
S1
P00000
N
S1
CTR C0001 7
<=3 1 C0001 3
M00001
A패턴
<=3 5 C0001 7
M00002
B패턴
M00001
A패턴
P00001
P
S2
M00002
B패턴
P00001
N
S2
CTR C0002 3
A패턴 종료(C1 4회) 및 B패턴 종료(C1 0회)시 C2는 리셋 시켜야 한다.
= C0001 4
C0002
R
= C0001 0
M00001
A패턴
P00040
HL1
M00002
B패턴
P00041
HL2
M00001
A패턴
<=3 1 C0002 3
P00042
HL3
M00002
B패턴
<=3 2 C0002 2
M00001
A패턴
<=3 2 C0002 2
P00043
HL4
M00002
B패턴
<=3 1 C0002 3

5) PLC 실습문제 5

(1) PLC 입 · 출력표

입력				출력			
디바이스	변수	디바이스	변수	디바이스	변수	디바이스	변수
P00000	PB1			P00040	HL1		
P00001	PB2			P00041	HL2		
				P00042	HL3		
				P00043	HL4		

(2) 동작 설명

① PB1 동작(+, −)

PB1은 양 검출(+) 접점 및 음 검출(−) 접점을 이용하여 타임차트와 같은 조건으로 HL1~HL4는 반복 동작을 합니다.

② PB2 동작(−)

PB2는 음 검출(−)에 의하여 회로는 초기화됩니다.

(3) 타임차트

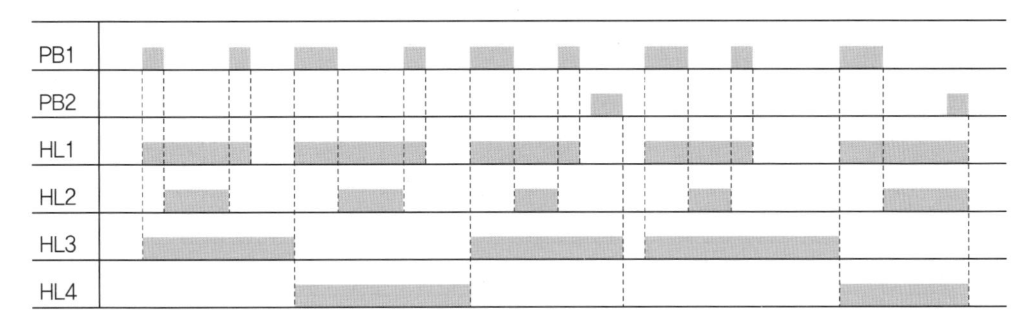

(4) 래더도

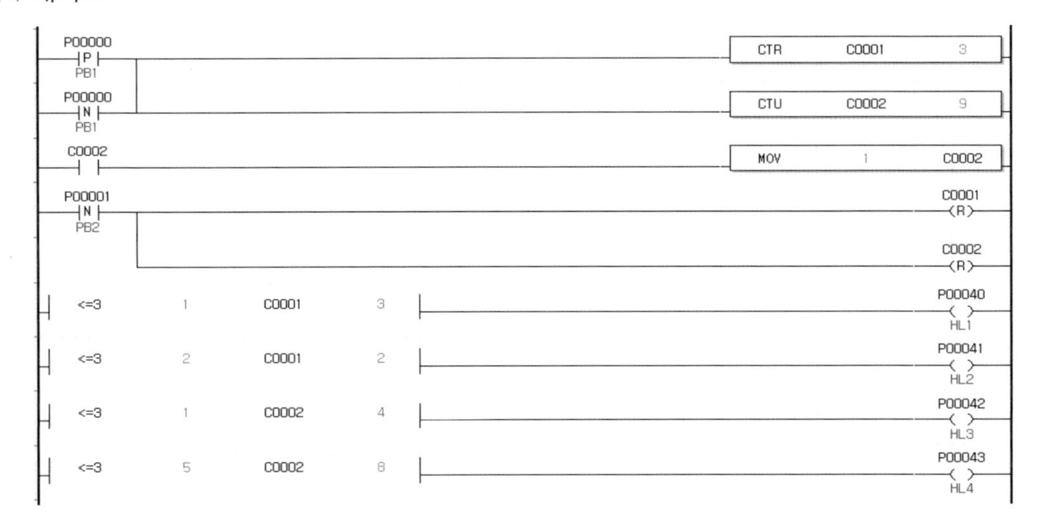

6) PLC 실습문제 6

(1) PLC 입 · 출력표

입력				출력			
디바이스	변수	디바이스	변수	디바이스	변수	디바이스	변수
P00000	PB1			P00040	HL1		
P00001	PB2			P00041	HL2		
				P00042	HL3		
				P00043	HL4		

(2) 동작 설명

① PB1 동작(+, −)

- PB1을 1회 누를 때마다 HL(램프)은 순차로 점등됩니다.
- HL(램프)이 모두 점등된 이후 PB1을 1회 눌렀다 놓을 때마다 HL(램프)은 역차로 소등됩니다.
- 위 동작이 반복됩니다.
- PB2 입력이 있으면 PB1은 입력되지 않습니다.

② PB2 동작(−)

PB2를 3초 이상 눌렀다 놓으면 H(램프)는 모두 소등되고, 회로는 초기화됩니다.

(3) 타임차트

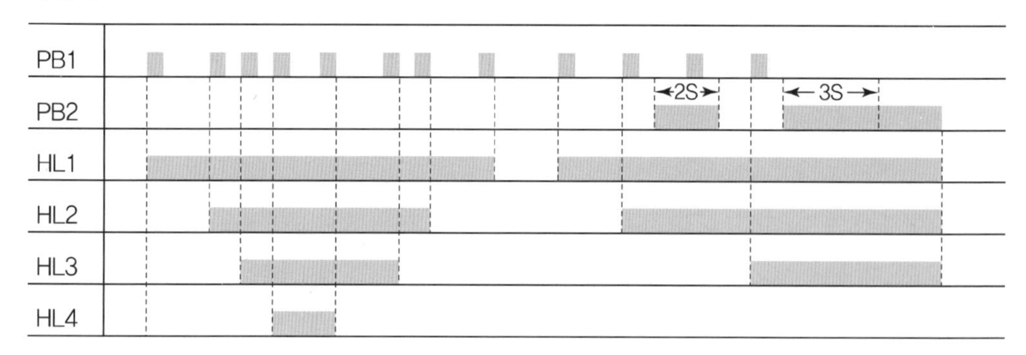

(4) 래더도

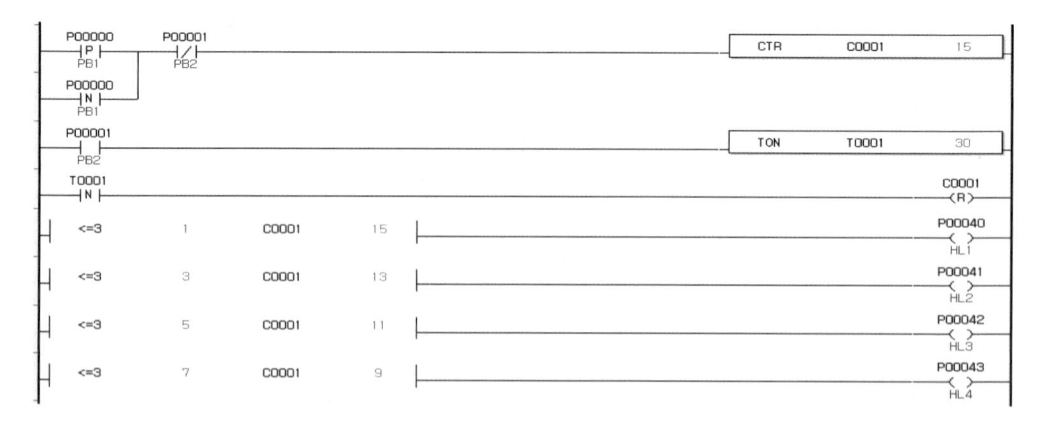

7) PLC 실습문제 7

(1) PLC 입 · 출력표

입력				출력			
디바이스	변수	디바이스	변수	디바이스	변수	디바이스	변수
P00000	PB1			P00040	HL1		
P00001	PB2			P00041	HL2		
P00002	PB3			P00042	HL3		
P00003	PB4			P00043	HL4		

(2) 동작 설명

① PB1 : 시작(+), 종료(−), PB2 : UP(+), PB3 : DOWN(−), PB4 : 전환(−)

② PB1 시작 전 동작신호는 입력되지 않으며, 동작 시작은 'A' 동작부터 시작하고, 종료 시 모든 입력신호는 초기화됩니다.

③ PB2~PB3의 카운터(1~4) 입력에 의하여 타임차트와 같은 HL1~HL4 램프가 동작합니다.

④ PB4에 의하여 'A' 동작과 'B' 동작으로 구분되며, 'A', 'B' 동작은 반복됩니다. 전환 시 'A' 와 'B'의 동작 입력신호는 초기화됩니다.

(3) 타임차트

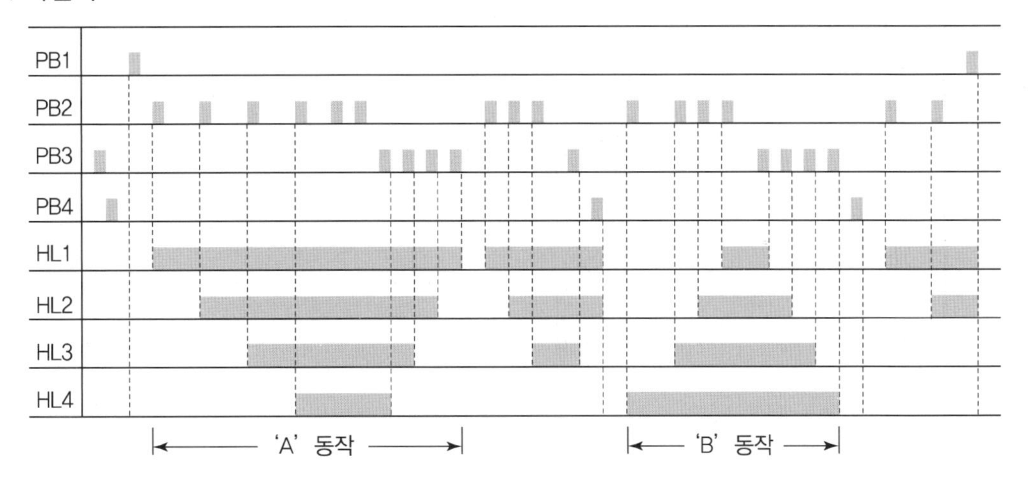

(4) 래더도

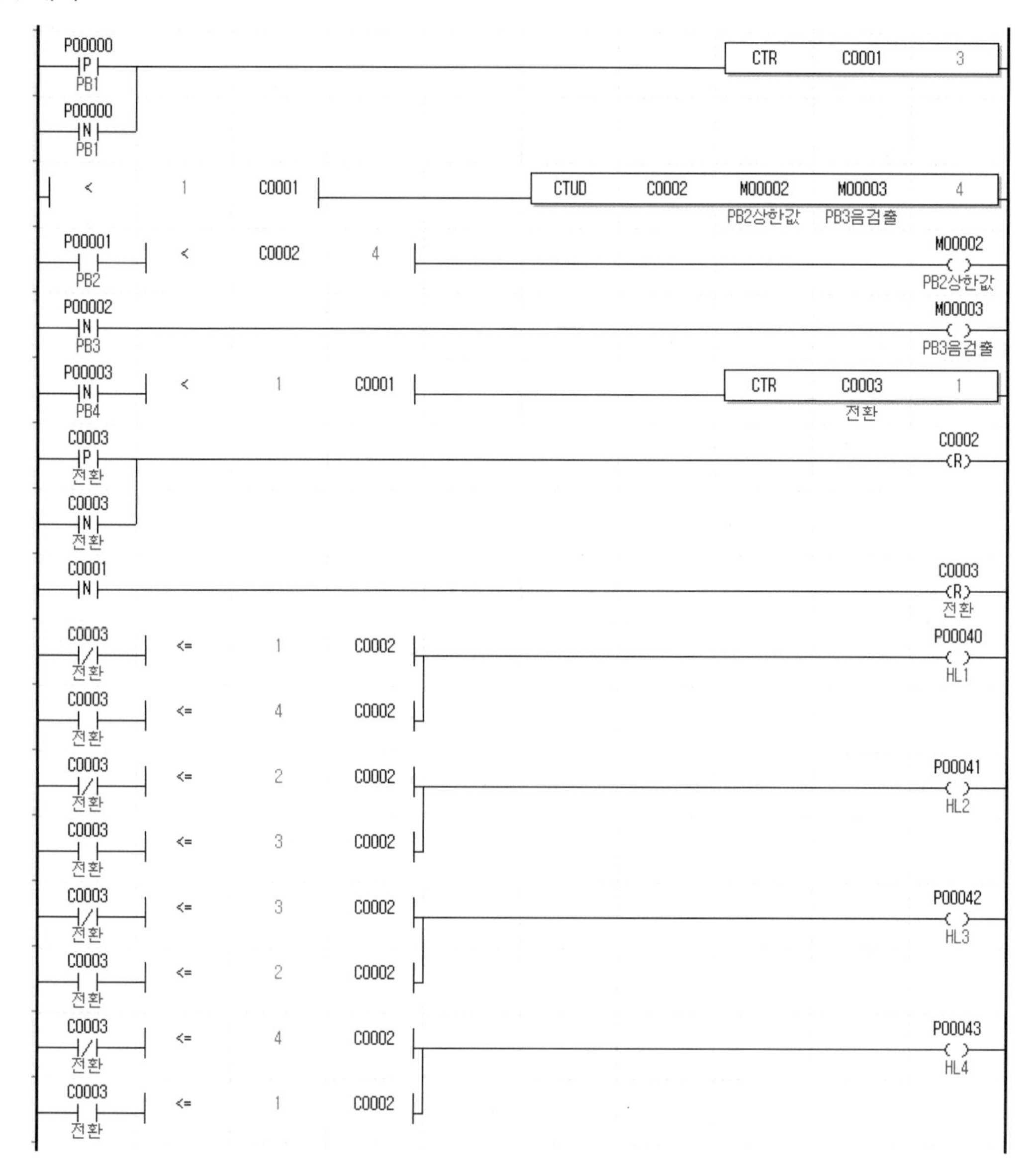
P00000
PB1
P00000
PB1
CTR
C0001
3
<
1
C0001
CTUD
C0002
M00002
M00003
4
PB2상한값
PB3음검출
P00001
PB2
<
C0002
4
M00002
PB2상한값
P00002
PB3
M00003
PB3음검출
P00003
PB4
<
1
C0001
CTR
C0003
1
전환
C0003
전환
C0003
전환
C0002
R
C0001
C0003
R
전환
C0003
전환
<=
1
C0002
P00040
HL1
C0003
전환
<=
4
C0002
C0003
전환
<=
2
C0002
P00041
HL2
C0003
전환
<=
3
C0002
C0003
전환
<=
3
C0002
P00042
HL3
C0003
전환
<=
2
C0002
C0003
전환
<=
4
C0002
P00043
HL4
C0003
전환
<=
1
C0002

8) PLC 실습문제 8

(1) PLC 입 · 출력표

입력				출력			
디바이스	변수	디바이스	변수	디바이스	변수	디바이스	변수
P00000	PB1			P00040	HL1		
P00001	PB2			P00041	HL2		
P00002	PB3			P00042	HL3		
				P00043	HL4		

(2) 동작 설명

① 아래의 타임차트에 알맞은 PLC 프로그램을 하시오.

② PB1 동작(+) : HL(램프)이 모두 소등인 경우 PB1을 1회 누를 때마다 HL(램프)은 순차로 점등됩니다.

③ PB2 동작(−) : HL(램프)이 모두 점등인 경우 PB2를 1회 눌렀다 놓을 때마다 HL(램프)은 역차로 소등됩니다. 위 동작이 반복됩니다.

④ PB3 입력이 있으면 PB1, PB2는 입력되지 않습니다.

⑤ PB3 동작(−) : PB3을 눌렀다 놓으면 HL(램프)은 모두 소등되고, 회로는 초기화됩니다.

(3) 타임차트

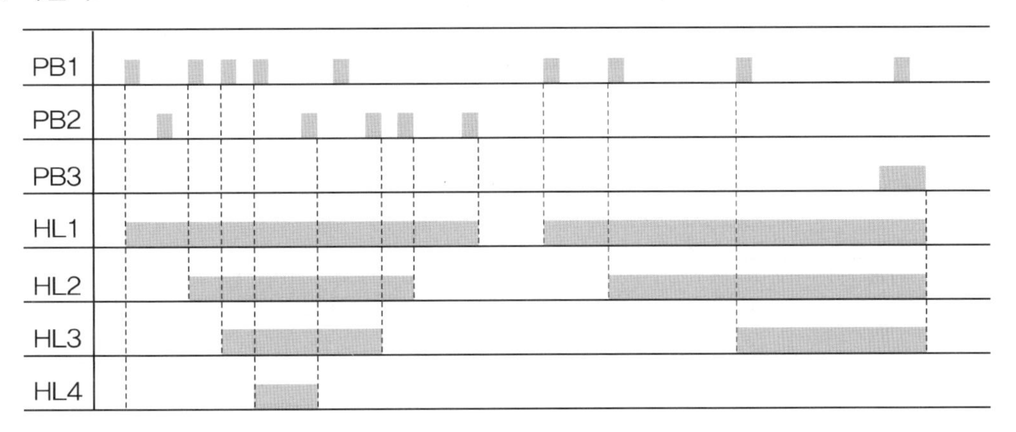

(4) 래더도

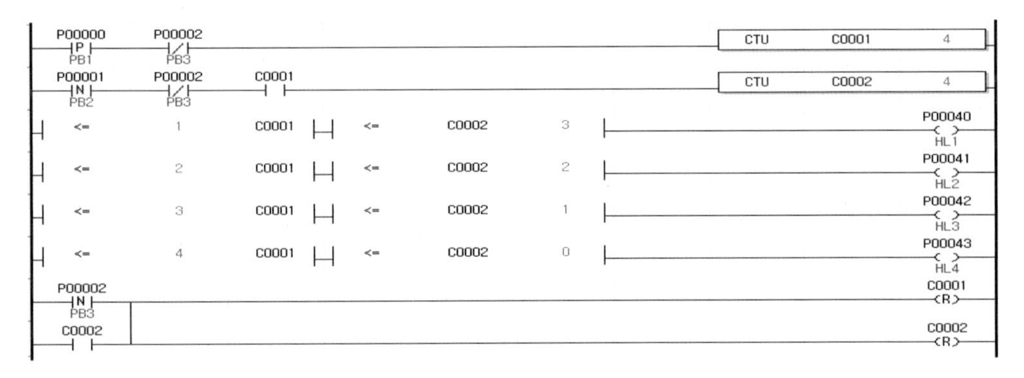

9) PLC 실습문제 9

(1) PLC 입 · 출력표

입력				출력			
디바이스	변수	디바이스	변수	디바이스	변수	디바이스	변수
P00000	PB0			P00040	H1		
				P00041	H2		
				P00042	H3		
				P00043	H4		

(2) 동작 설명

PB0의 입력 횟수(이하 입력)에 따른 H1~H4 전등제어

① PB0 동작

㉠ 마지막으로 눌렀다 뗀 후 3초간 추가로 입력이 없으면 이때까지의 누른 횟수를 설정으로 합니다(예 참조).

㉡ 입력 횟수가 10회째인 경우 1회로 합니다.

② PB0는 H1~H4 출력 중인 경우 눌러도 입력되지 않습니다.

③ 입력 설정이 끝난 후 해당된 램프가 5초간 점등된 후 소등됩니다.

④ 출력(H1, H2, H3, H4)이 On 된 이후 Off 되기 전에는 PB0은 작동하지 않습니다.

⑤ 출력이 Off 되면, 입력 횟수는 0으로 합니다.

(3) 타임차트

①㉡

PB0 입력 횟수	출력			
	HL1	HL2	HL3	HL4
1	0	1	0	1
2	1	0	1	0
3	0	1	1	0
4	1	0	0	1
5	1	0	1	0
6	0	1	0	1
7	1	1	1	0
8	0	1	1	1
9	1	1	1	1
10				

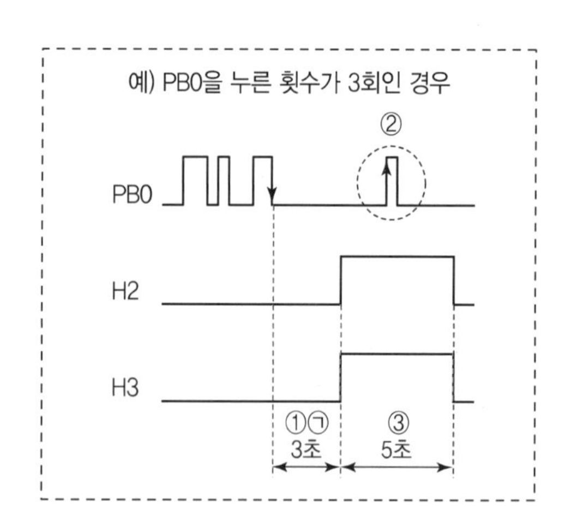

(4) 래더도

```
P00000(PB0)  T0001(/)                                  M00001 ( )
P00000 N(PB0)  T0001(/)                                [CTU  C0001  10]
C0001                                                  [MOV  1  C0001]
<=  1  C0001   M00001(/)                               [TON  T0001  30]
T0001                                                  [TON  T0002  50]
T0002                                                  C0001 (R)
=   2  C0001        T0001                              P00040 ( ) H_1
<=3 4  C0001  5
=   7  C0001
=   9  C0001
=   1  C0001        T0001                              P00041 ( ) H_2
=   3  C0001
<=3 6  C0001  9
<=3 2  C0001  3     T0001                              P00042 ( ) H_3
=   5  C0001
<=3 7  C0001  9
=   1  C0001        T0001                              P00043 ( ) H_4
=   4  C0001
=   6  C0001
<=3 8  C0001  9
```

10) PLC 실습문제 10

(1) PLC 입 · 출력표

입력				출력			
디바이스	변수	디바이스	변수	디바이스	변수	디바이스	변수
P00000	PB3			P00040	H1		
P00001	PB4			P00041	H2		
				P00042	H3		
				P00043	H4		

(2) 동작 설명

① PB3 동작

㉠ 마지막으로 눌렀다 뗀 후 추가로 입력이 없으면 이때까지의 누른 횟수를 설정으로 합니다(타임차트 참조).

㉡ 입력 횟수는 1~5회를 반복합니다(예 8회째인 경우 3회로 한다).

㉢ PB3은 H1~H4 출력 중인 경우 눌러도 입력되지 않습니다.

② PB4 동작

㉠ PB3의 입력이 없으면 PB4는 동작하지 않습니다.

㉡ PB3의 입력값(표)을 기준으로 PB4를 누르면 H1~4는 표와 같이 출력하고, PB4를 다시 눌렀다 떼면 H1~4는 소등되며, 회로는 초기화됩니다.

(3) 타임차트

PB3	출력			
	H1	H2	H3	H4
1	0	1	1	0
2	1	0	0	1
3	0	0	1	1
4	0	0	1	0
5	0	1	0	0

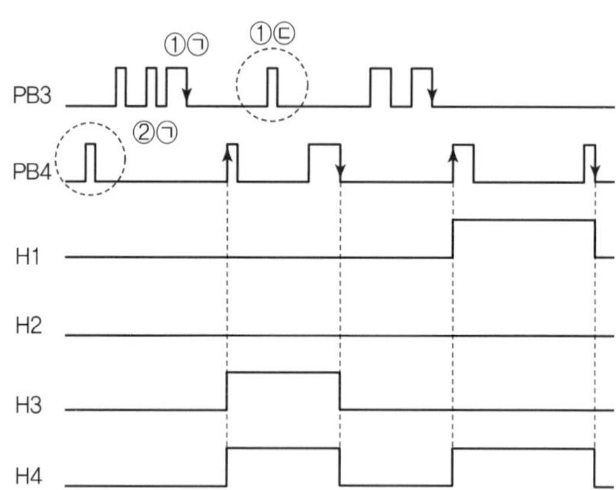

(4) 래더도

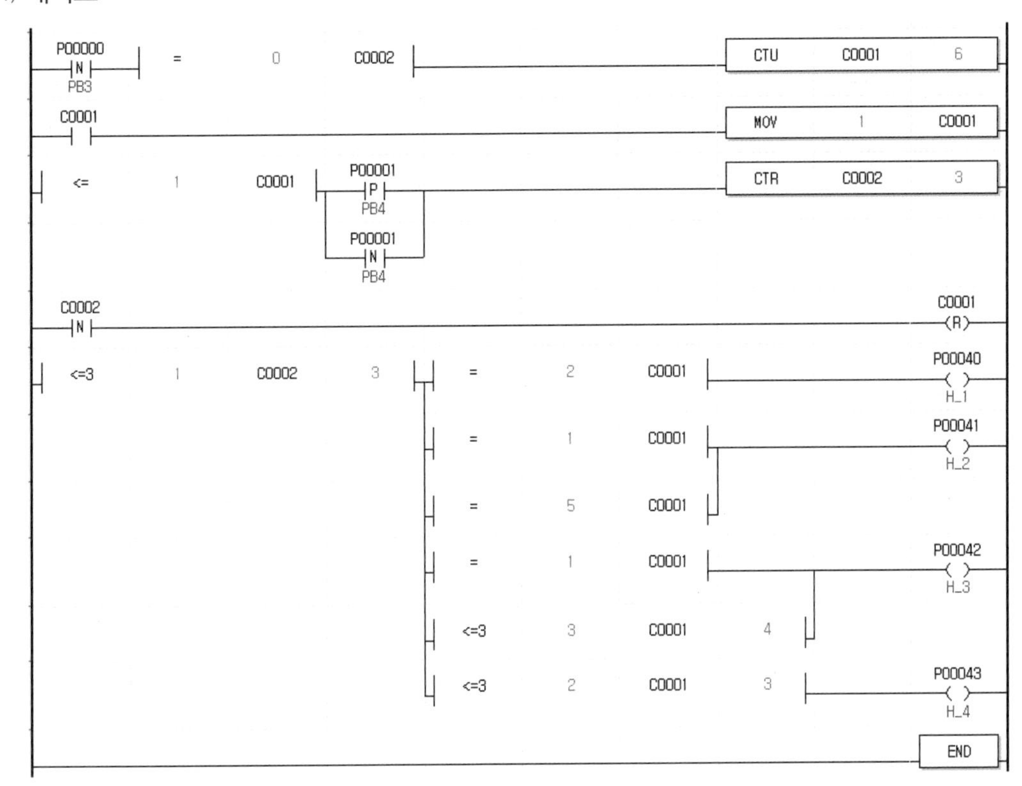

P00000
N
PB3
=
0
C0002
CTU
C0001
6
C0001
MOV
1
C0001
<=
1
C0001
P00001
P
PB4
P00001
N
PB4
CTR
C0002
3
C0002
N
C0001
R
<=3
1
C0002
3
=
2
C0001
P00040
H_1
=
1
C0001
P00041
H_2
=
5
C0001
=
1
C0001
P00042
H_3
<=3
3
C0001
4
<=3
2
C0001
3
P00043
H_4
END

11) PLC 실습문제 11

(1) PLC 입 · 출력표

입력				출력			
디바이스	변수	디바이스	변수	디바이스	변수	디바이스	변수
P00000	PB_A			P00040	PL_A		
P00001	PB_B			P00041	PL_B		
P00002	PB_C			P00042	PL_C		
				P00043	PL_D		

(2) 동작 설명

① PB_A를 1회 입력 때마다 동작 시간은 1초씩 증가합니다.

② PB_A 입력 조건에 따라 PL_B, PL_C, PL_D는 타임차트와 같이 동작합니다.

③ PB_B가 입력되면 PL_A, PL_B, PL_C, PL_D는 동작 조건에 따라 점등과 소등됩니다.

④ PB_C가 입력되면 PL_A, PL_B, PL_C, PL_D는 즉시 소등되고, 회로는 초기화됩니다.

⑤ PL_A 점등 중에는 PB_A는 입력되지 않습니다.

(3) 타임차트

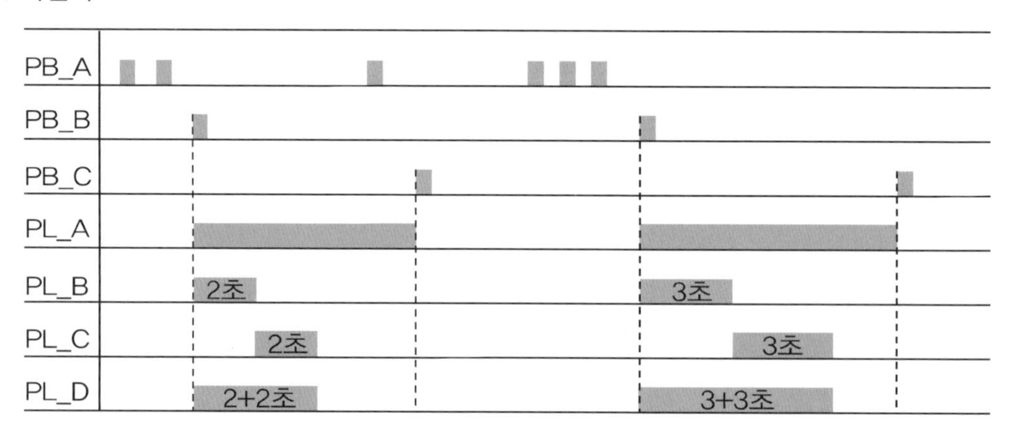

(4) 래더도

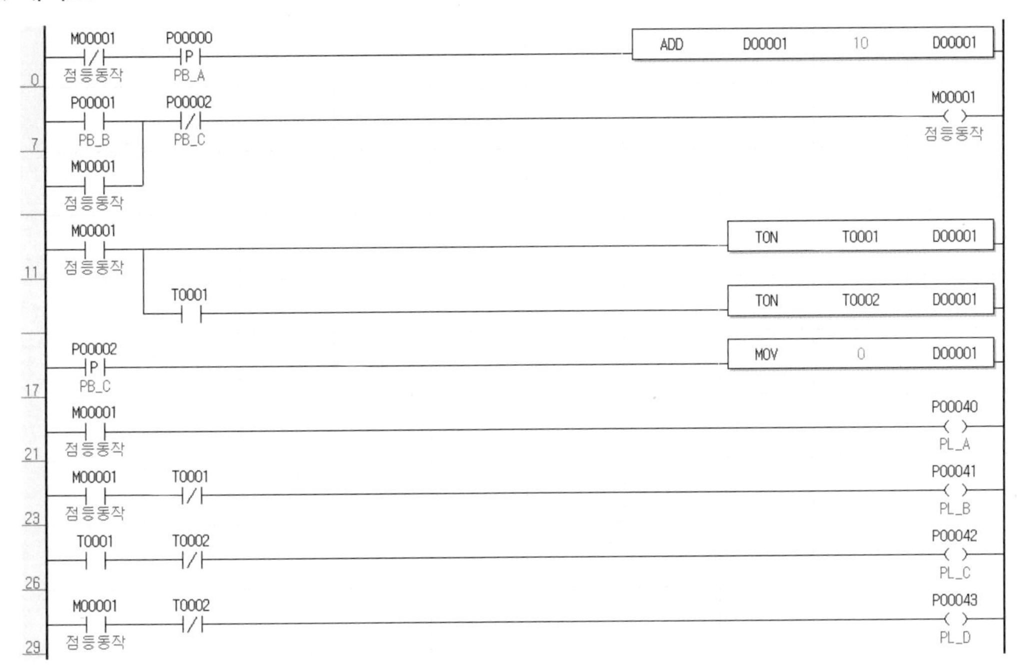
M00001
P00000
ADD
D00001
10
D00001
점등동작
PB_A
P00001
P00002
M00001
PB_B
PB_C
점등동작
M00001
점등동작
M00001
TON
T0001
D00001
점등동작
T0001
TON
T0002
D00001
P00002
MOV
0
D00001
PB_C
M00001
P00040
점등동작
PL_A
M00001
T0001
P00041
점등동작
PL_B
T0001
T0002
P00042
PL_C
M00001
T0002
P00043
점등동작
PL_D
0
7
11
17
21
23
26
29

12) PLC 실습문제 12

(1) PLC 입 · 출력표

입력				출력			
디바이스	변수	디바이스	변수	디바이스	변수	디바이스	변수
P00000	SS			P00040	PL_A		
P00001	PB_A			P00041	PL_B		
P00002	PB_B			P00042	PL_C		
P00003	PB_C			P00043	PL_D		

(2) 동작 설명

① SS가 On 되면 회로는 동작되고 Off 되면 전체 리셋됩니다.

② PB_A가 입력 횟수는 플리커 설정시간(초)입니다.

③ PB_B가 입력되면 타임차트와 같이 램프는 동작됩니다.

④ PB_C가 입력되면 램프 동작은 정지되고, 회로는 초기화됩니다.

⑤ 플리커 동작 중에는 PB_A는 입력되지 않습니다.

(3) 타임차트

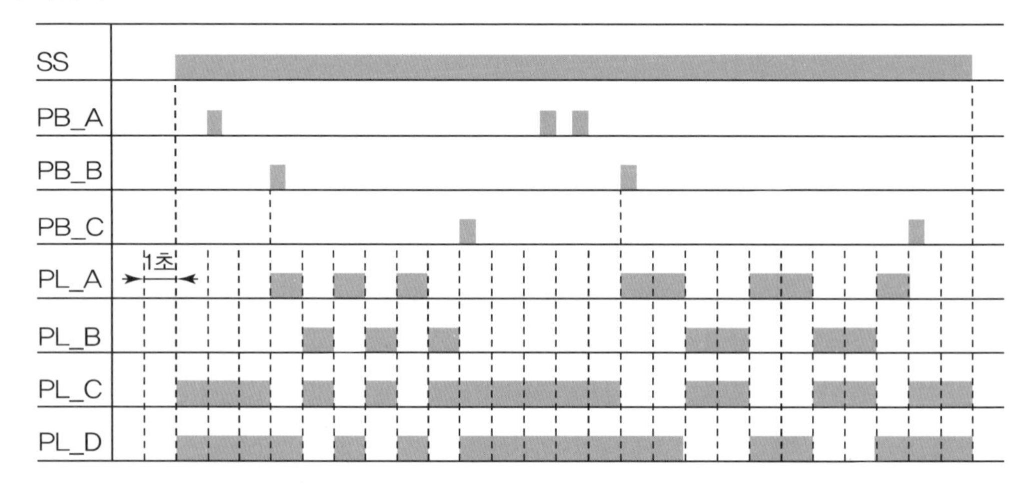

(4) 래더도

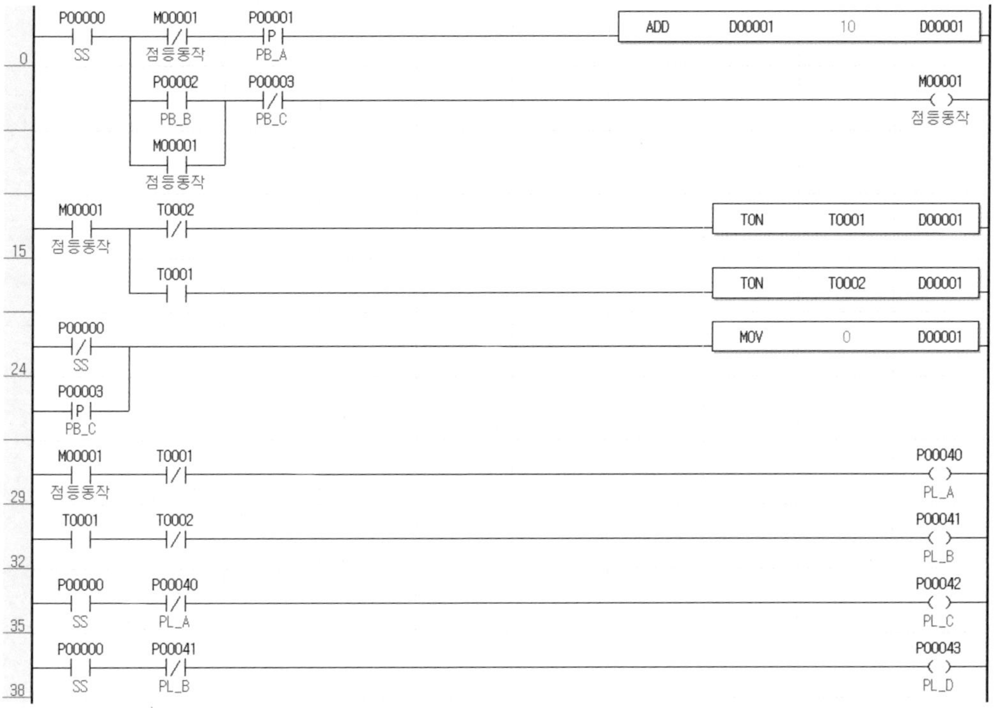

0
P00000 SS — M00001 점등동작 (/) — P00001 PB_A (P) — ADD D00001 10 D00001
P00002 PB_B — P00003 PB_C (/) — M00001 점등동작 ( )
M00001 점등동작

15
M00001 점등동작 — T0002 (/) — TON T0001 D00001
T0001 — TON T0002 D00001

24
P00000 SS (/) — MOV 0 D00001
P00003 PB_C (P)

29
M00001 점등동작 — T0001 (/) — P00040 PL_A ( )

32
T0001 — T0002 (/) — P00041 PL_B ( )

35
P00000 SS — P00040 PL_A (/) — P00042 PL_C ( )

38
P00000 SS — P00041 PL_B (/) — P00043 PL_D ( )

13) PLC 실습문제 13

(1) PLC 입 · 출력표

입력				출력			
디바이스	변수	디바이스	변수	디바이스	변수	디바이스	변수
P00000	SS			P00040	PL_A		
P00001	PB_A			P00041	PL_B		
P00002	PB_B			P00042	PL_C		
P00003	PB_C			P00043	PL_D		

(2) 동작 설명

① SS가 On 되면 회로는 동작되고 Off 되면 전체 리셋됩니다.

② PB_A가 (m회) 입력 횟수는 플리커 반복 횟수입니다.

③ PB_B가 (n초) 입력 횟수는 플리커 동작 주기입니다.

④ PB_C가 입력되면 램프는 타임차트와 같이 동작되고, 동작이 종료되면 횟수는 초기화됩니다.

⑤ 플리커 동작 중에는 PB_A, PB_B는 입력되지 않습니다.

(3) 타임차트

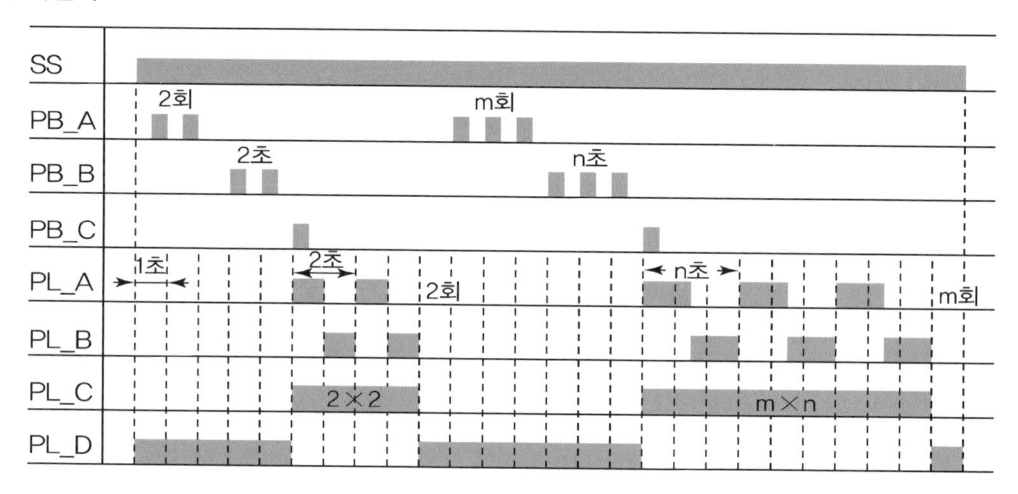

(4) 래더도

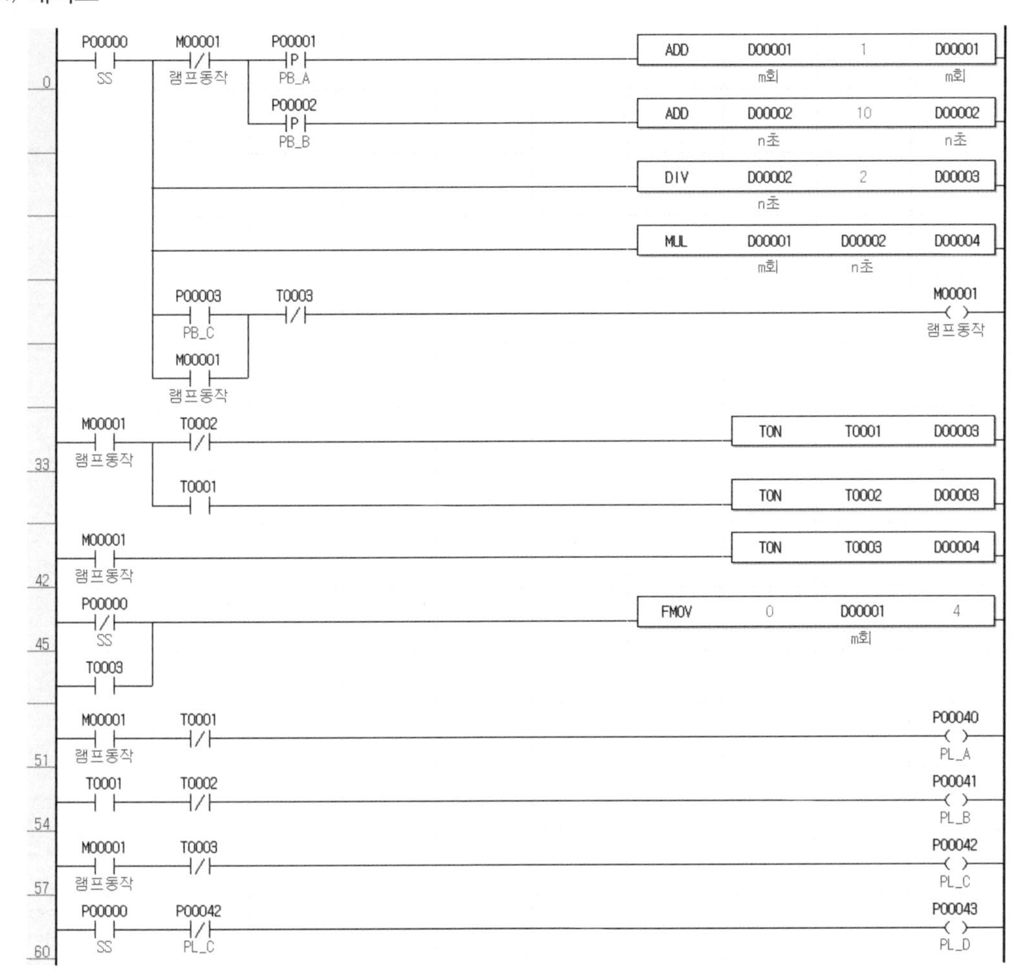

0
P00000
SS
M00001
램프동작
P00001
P
PB_A
ADD D00001 1 D00001
m회 m회
P00002
P
PB_B
ADD D00002 10 D00002
n초 n초
DIV D00002 2 D00003
n초
MUL D00001 D00002 D00004
m회 n초
P00003
PB_C
T0003
M00001
램프동작
M00001
램프동작
33
M00001
램프동작
T0002
TON T0001 D00003
T0001
TON T0002 D00003
42
M00001
램프동작
TON T0003 D00004
45
P00000
SS
T0003
FMOV 0 D00001 4
m회
51
M00001
램프동작
T0001
P00040
PL_A
54
T0001
T0002
P00041
PL_B
57
M00001
램프동작
T0003
P00042
PL_C
60
P00000
SS
P00042
PL_C
P00043
PL_D

14) PLC 실습문제 14

(1) PLC 입 · 출력표

입력				출력			
디바이스	변수	디바이스	변수	디바이스	변수	디바이스	변수
P00000	PB_A			P00040	PL_A		
P00001	PB_B			P00041	PL_B		
P00002	PB_C			P00042	PL_C		
P00003	PB_D			P00043	PL_D		

(2) 동작 설명

① PB_A 입력 횟수에 따라 PL_A~PL_D가 동작합니다(선택 1회 : PL_A, 2회 : PL_B, 3회 : PL_C, 4회 : PL_D). 단, 최댓값은 4입니다.

② PB_B 입력 횟수는 PL 점등 시간(n초)입니다.

③ PB_C가 입력되면 램프는 타임차트와 같이 동작됩니다.

④ PB_D가 입력되면 램프는 소등되고 회로는 초기화됩니다.

⑤ 램프 동작 중에는 PB_A, PB_B는 입력되지 않습니다.

(3) 타임차트

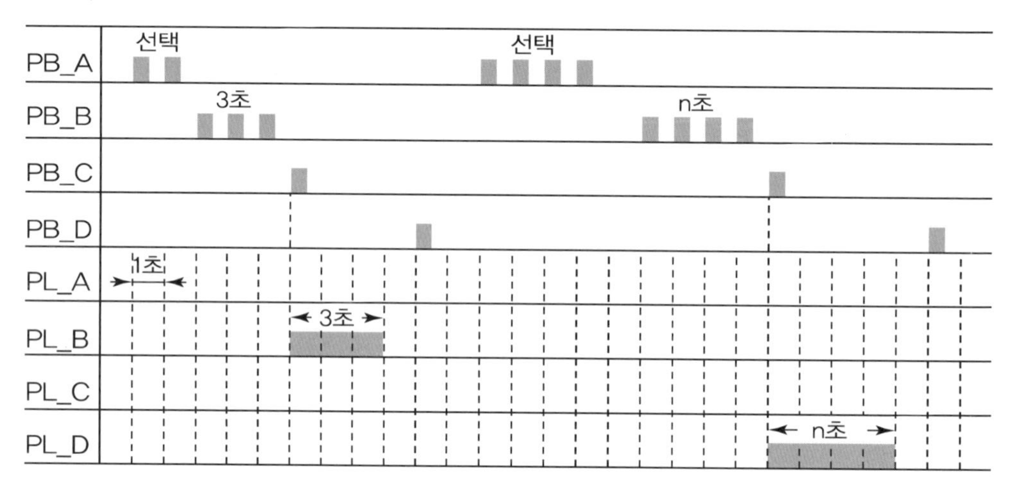

(4) 래더도

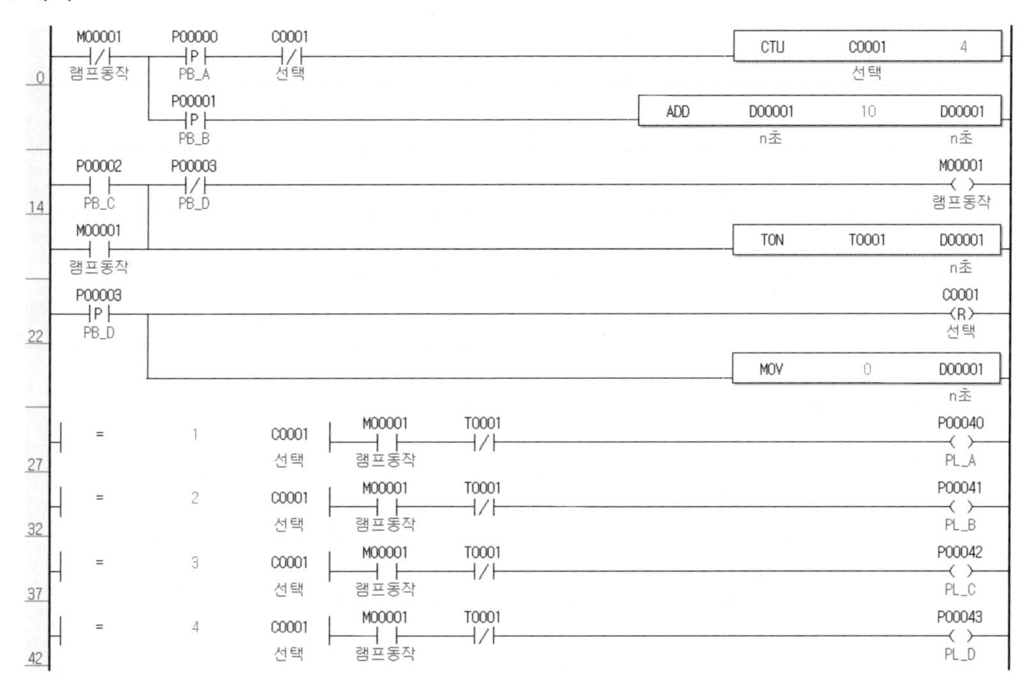

M00001
램프동작
P00000
PB_A
C0001
선택
CTU
C0001
4
선택
P00001
PB_B
ADD
D00001
10
D00001
n초
n초
P00002
PB_C
P00003
PB_D
M00001
램프동작
M00001
램프동작
TON
T0001
D00001
n초
P00003
PB_D
C0001
R
선택
MOV
0
D00001
n초
=
1
C0001
선택
M00001
램프동작
T0001
P00040
PL_A
=
2
C0001
선택
M00001
램프동작
T0001
P00041
PL_B
=
3
C0001
선택
M00001
램프동작
T0001
P00042
PL_C
=
4
C0001
선택
M00001
램프동작
T0001
P00043
PL_D
0
14
22
27
32
37
42

15) PLC 실습문제 15

(1) PLC 입 · 출력표

입력				출력			
디바이스	변수	디바이스	변수	디바이스	변수	디바이스	변수
P00000	PB_A			P00040	PL_A		
P00001	PB_B			P00041	PL_B		
P00002	PB_C			P00042	PL_C		
P00003	PB_D			P00043	PL_D		

(2) 동작 설명

① PB_A(m회) 입력 횟수는 플리커(1초 간격) 반복 횟수입니다.

② PB_B(n초) 입력 횟수는 타이머 시간입니다.

③ PB_C가 입력되면 램프는 타임차트와 같이 동작됩니다.

④ PB_D가 입력되면 램프는 소등되고 회로는 초기화됩니다.

⑤ 램프 동작 중에는 PB_A, PB_B는 입력되지 않습니다.

(3) 타임차트

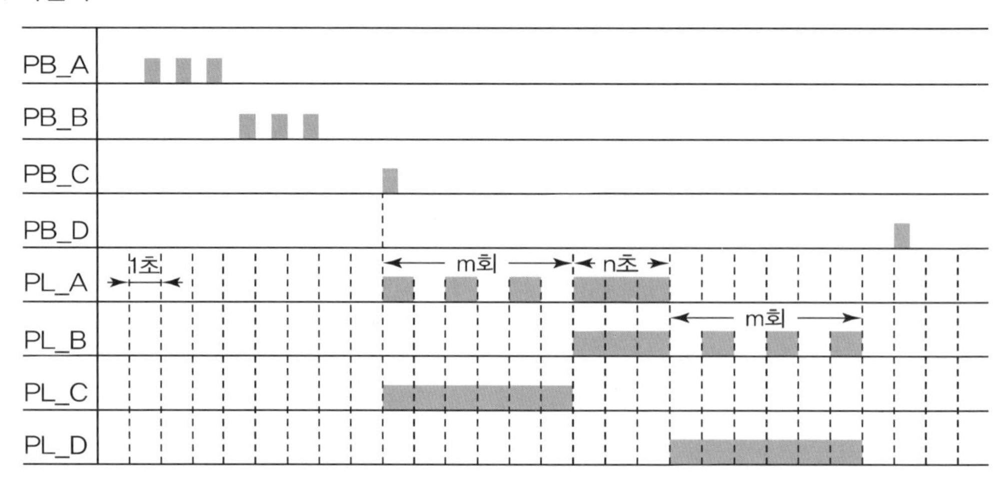

(4) 래더도

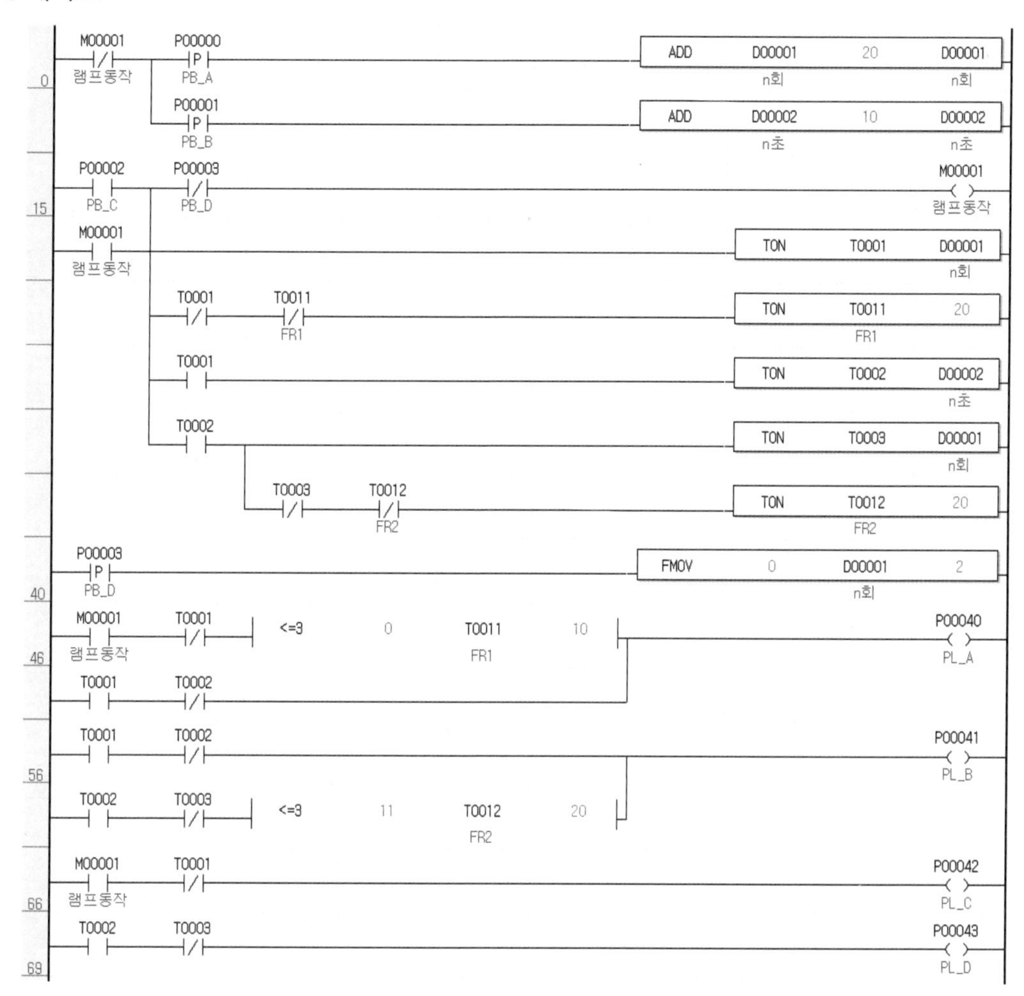

M00001
램프동작
P00000
PB_A
ADD
D00001
20
D00001
n회
n회
P00001
PB_B
ADD
D00002
10
D00002
n초
n초
P00002
PB_C
P00003
PB_D
M00001
램프동작
M00001
램프동작
TON
T0001
D00001
n회
T0001
T0011
FR1
TON
T0011
20
FR1
T0001
TON
T0002
D00002
n초
T0002
TON
T0003
D00001
n회
T0003
T0012
FR2
TON
T0012
20
FR2
P00003
PB_D
FMOV
0
D00001
2
n회
M00001
램프동작
T0001
<=3
0
T0011
10
FR1
P00040
PL_A
T0001
T0002
T0001
T0002
P00041
PL_B
T0002
T0003
<=3
11
T0012
20
FR2
M00001
램프동작
T0001
P00042
PL_C
T0002
T0003
P00043
PL_D
0
15
40
46
56
66
69

3 동작 설명 실습문제

1) PLC 실습문제 1

(1) PLC 입 · 출력표

입력				출력			
디바이스	변수	디바이스	변수	디바이스	변수	디바이스	변수
P00000	RY1			P00040	MC1	P00044	PL1
P00001	PB1			P00041	MC2	P00045	PL2
P00002	PB2			P00042	RL1	P00046	PL3
				P00043	RL2		

(2) 동작 설명

다음 동작회로도와 같은 동작이 되도록 프로그램하시오.

(3) 동작회로도

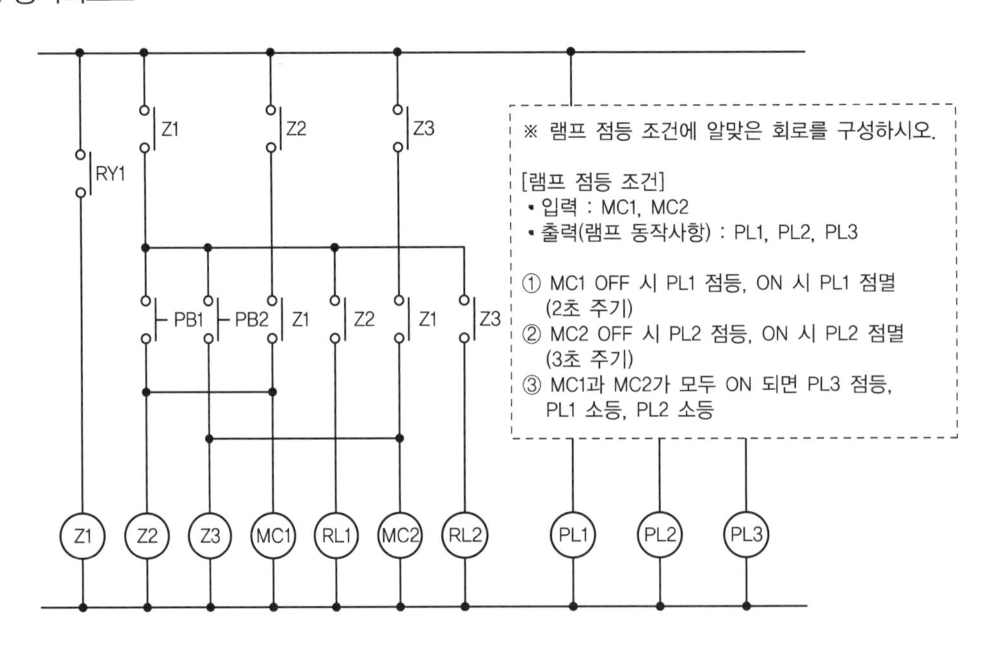

Z1
Z2
Z3
RY1
PB1
PB2
Z1
Z2
Z1
Z3
※ 램프 점등 조건에 알맞은 회로를 구성하시오.
[램프 점등 조건]
• 입력 : MC1, MC2
• 출력(램프 동작사항) : PL1, PL2, PL3
① MC1 OFF 시 PL1 점등, ON 시 PL1 점멸 (2초 주기)
② MC2 OFF 시 PL2 점등, ON 시 PL2 점멸 (3초 주기)
③ MC1과 MC2가 모두 ON 되면 PL3 점등, PL1 소등, PL2 소등
Z1
Z2
Z3
MC1
RL1
MC2
RL2
PL1
PL2
PL3

(4) 래더도

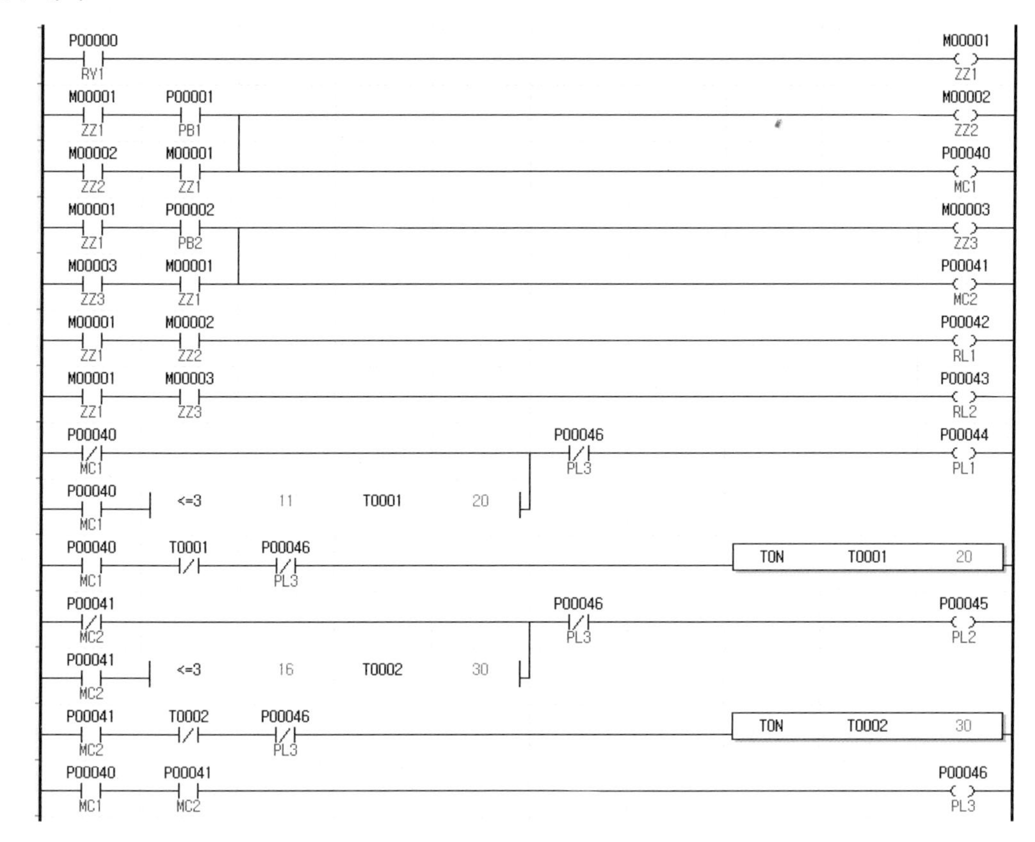

P00000
RY1
M00001
ZZ1
M00001
ZZ1
P00001
PB1
M00002
ZZ2
M00002
ZZ2
M00001
ZZ1
P00040
MC1
M00001
ZZ1
P00002
PB2
M00003
ZZ3
M00003
ZZ3
M00001
ZZ1
P00041
MC2
M00001
ZZ1
M00002
ZZ2
P00042
RL1
M00001
ZZ1
M00003
ZZ3
P00043
RL2
P00040
MC1
P00046
PL3
P00044
PL1
P00040
MC1
<=3
11
T0001
20
P00040
MC1
T0001
P00046
PL3
TON
T0001
20
P00041
MC2
P00046
PL3
P00045
PL2
P00041
MC2
<=3
16
T0002
30
P00041
MC2
T0002
P00046
PL3
TON
T0002
30
P00040
MC1
P00041
MC2
P00046
PL3

2) PLC 실습문제 2

(1) PLC 입 · 출력표

입력				출력			
디바이스	변수	디바이스	변수	디바이스	변수	디바이스	변수
P00000	PB_A			P00040	PL1	P00044	PL5
P00001	PB_B			P00041	PL2		
P00002	PB_C			P00042	PL3		
				P00043	PL4		

(2) 동작 설명

① 아래의 시퀀스회로와 동작조건에 알맞은 PLC 프로그램을 하시오.

② PLC 입 · 출력표를 참조하여 입력과 출력을 구분하여 프로그램하시오.

(3) 동작회로도

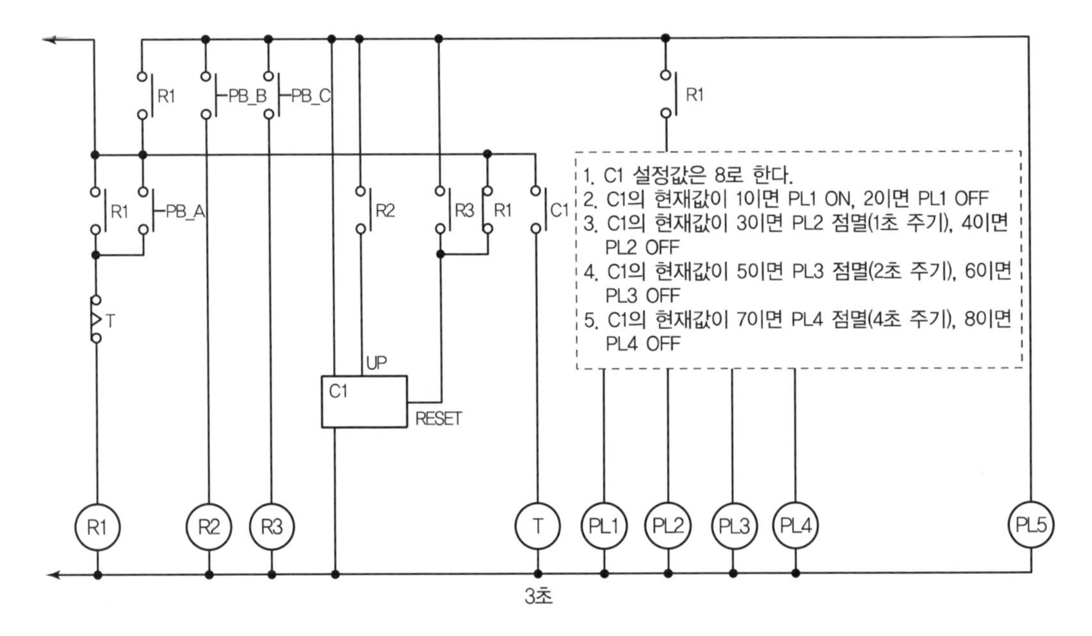

(4) 래더도

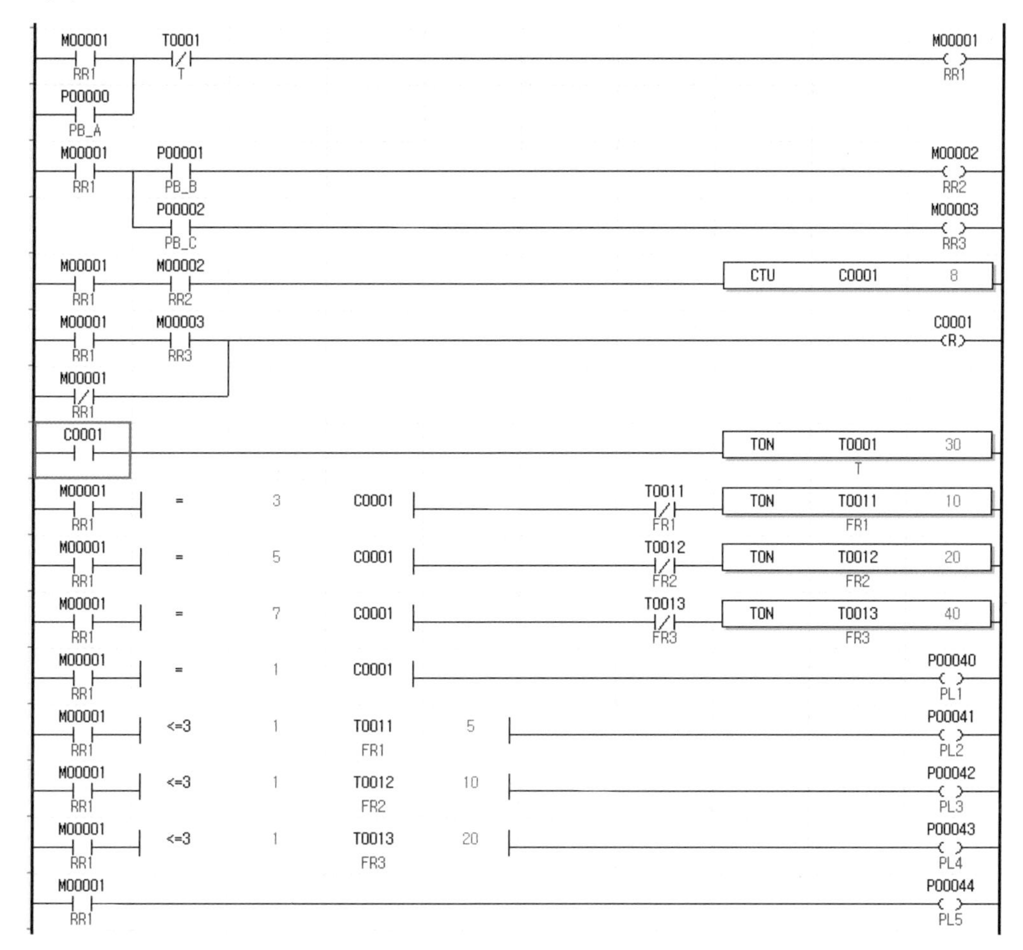
M00001
T0001
M00001
RR1
T
RR1
P00000
PB_A
M00001
P00001
M00002
RR1
PB_B
RR2
P00002
M00003
PB_C
RR3
M00001
M00002
CTU
C0001
8
RR1
RR2
M00001
M00003
C0001
R
RR1
RR3
M00001
RR1
C0001
TON
T0001
30
T
M00001
=
3
C0001
T0011
TON
T0011
10
RR1
FR1
FR1
M00001
=
5
C0001
T0012
TON
T0012
20
RR1
FR2
FR2
M00001
=
7
C0001
T0013
TON
T0013
40
RR1
FR3
FR3
M00001
=
1
C0001
P00040
RR1
PL1
M00001
<=3
1
T0011
5
P00041
RR1
FR1
PL2
M00001
<=3
1
T0012
10
P00042
RR1
FR2
PL3
M00001
<=3
1
T0013
20
P00043
RR1
FR3
PL4
M00001
P00044
RR1
PL5

3) PLC 실습문제 3

(1) PLC 입 · 출력표

입력				출력			
디바이스	변수	디바이스	변수	디바이스	변수	디바이스	변수
P00000	SS1	P00004	FLS2	P00040	MC1	P00044	PL3
P00001	PB1			P00041	MC2		
P00002	PB2			P00042	PL1		
P00003	FLS1			P00043	PL2		

(2) 동작 설명

① 다음 동작회로도와 같은 동작이 되도록 프로그램하시오.

② FLS1(저수위), FLS2(고수위)는 수위센서이며, 셀렉터 스위치로 대체합니다.

(3) 동작회로도

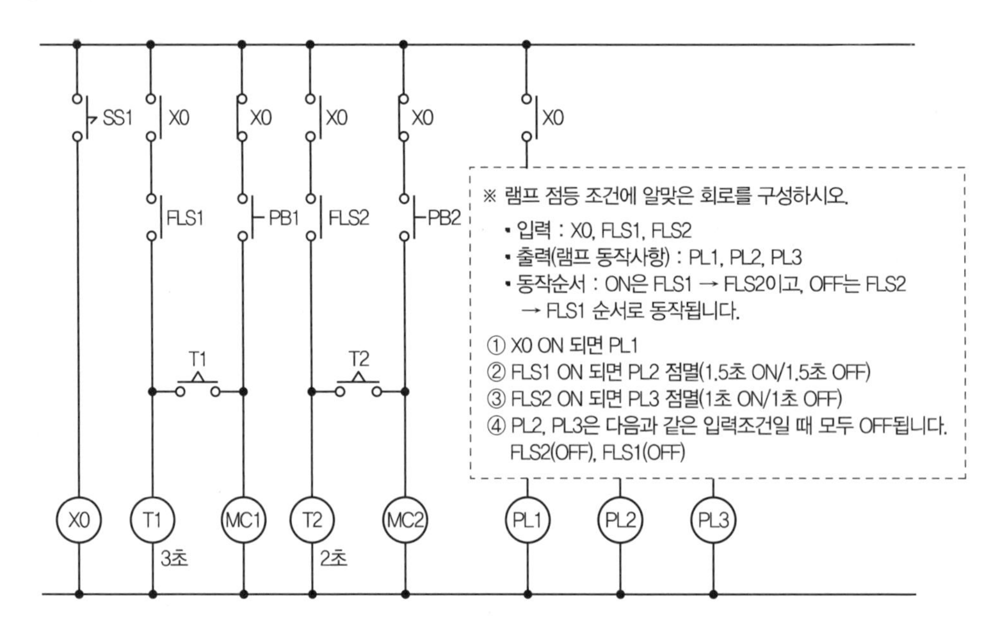

SS1
X0
X0
X0
X0
X0
FLS1
PB1
FLS2
PB2
T1
T2
X0
T1
3초
MC1
T2
2초
MC2
PL1
PL2
PL3
※ 램프 점등 조건에 알맞은 회로를 구성하시오.
• 입력 : X0, FLS1, FLS2
• 출력(램프 동작사항) : PL1, PL2, PL3
• 동작순서 : ON은 FLS1 → FLS2이고, OFF는 FLS2 → FLS1 순서로 동작됩니다.
① X0 ON 되면 PL1
② FLS1 ON 되면 PL2 점멸(1.5초 ON/1.5초 OFF)
③ FLS2 ON 되면 PL3 점멸(1초 ON/1초 OFF)
④ PL2, PL3은 다음과 같은 입력조건일 때 모두 OFF됩니다.
FLS2(OFF), FLS1(OFF)

(4) 래더도

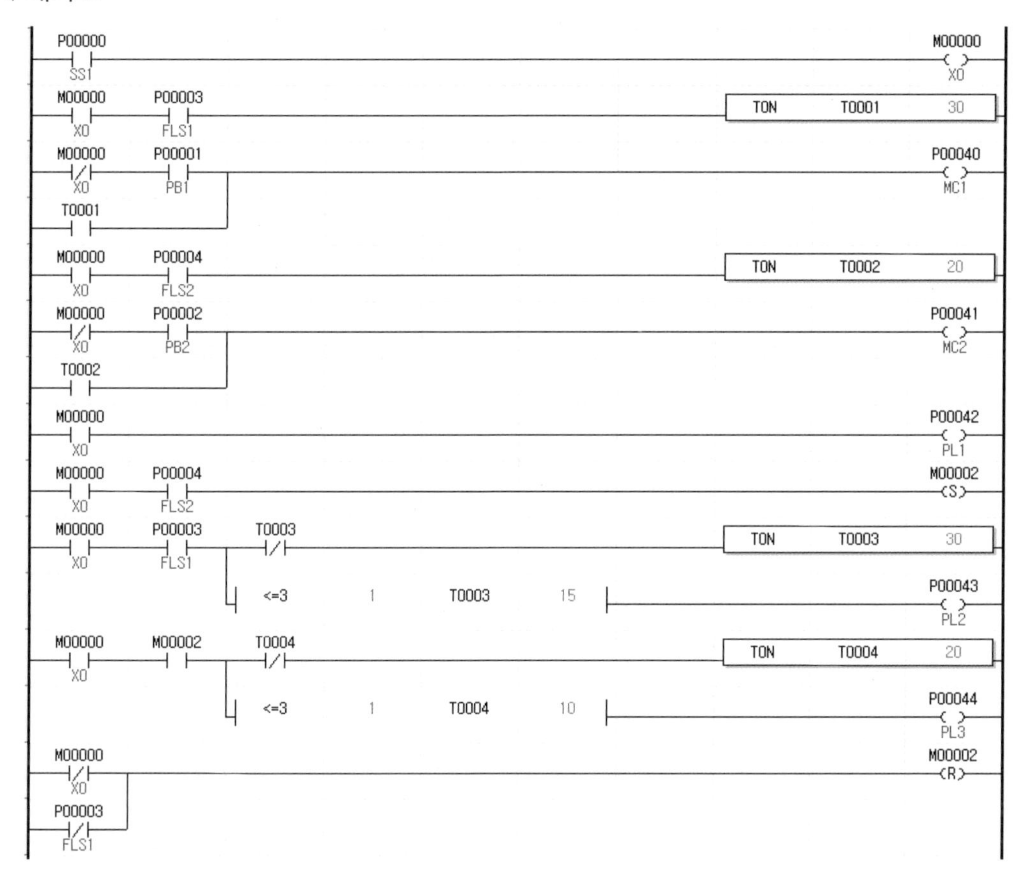
P00000
SS1
M00000
X0
M00000
X0
P00003
FLS1
TON
T0001
30
M00000
X0
P00001
PB1
P00040
MC1
T0001
M00000
X0
P00004
FLS2
TON
T0002
20
M00000
X0
P00002
PB2
P00041
MC2
T0002
M00000
X0
P00042
PL1
M00000
X0
P00004
FLS2
M00002
S
M00000
X0
P00003
FLS1
T0003
TON
T0003
30
<=3
1
T0003
15
P00043
PL2
M00000
X0
M00002
T0004
TON
T0004
20
<=3
1
T0004
10
P00044
PL3
M00000
X0
P00003
FLS1
M00002
R

4) PLC 실습문제 4

(1) PLC 입 · 출력표

입력				출력			
디바이스	변수	디바이스	변수	디바이스	변수	디바이스	변수
P00000	X1			P00040	HL1	P00044	YL
P00001	PB5			P00041	HL2		
P00002	PB6			P00042	HL3		
				P00043	HL4		

(2) 동작 설명

다음 동작회로도 및 동작조건과 같은 동작이 되도록 프로그램하시오.

(3) 동작회로도

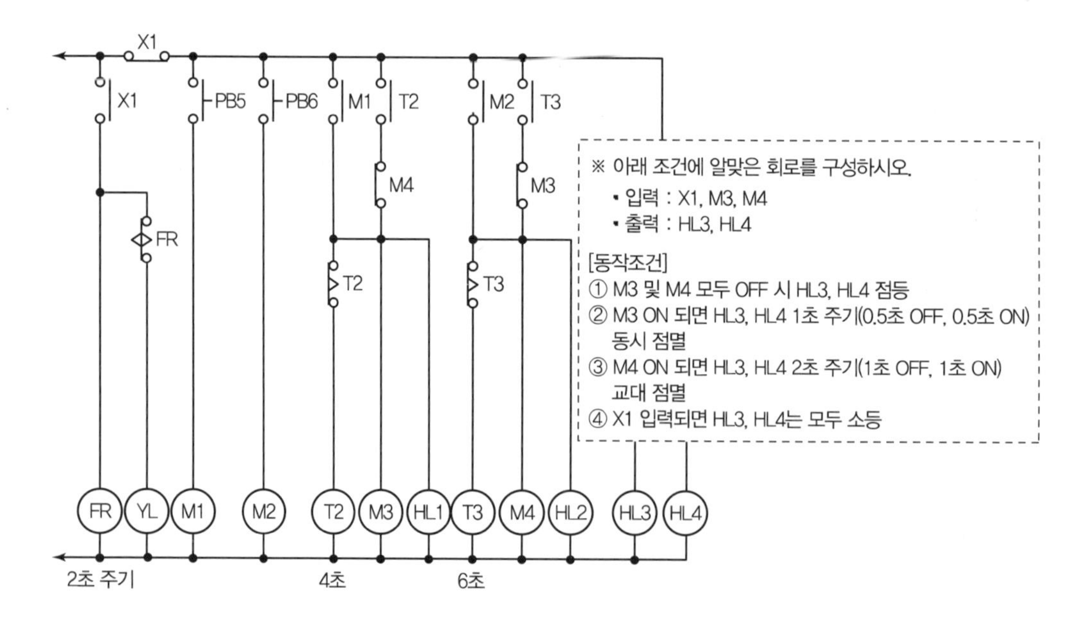
X1
X1
PB5
PB6
M1
T2
M2
T3
M4
M3
FR
T2
T3
※ 아래 조건에 알맞은 회로를 구성하시오.
• 입력 : X1, M3, M4
• 출력 : HL3, HL4
[동작조건]
① M3 및 M4 모두 OFF 시 HL3, HL4 점등
② M3 ON 되면 HL3, HL4 1초 주기(0.5초 OFF, 0.5초 ON) 동시 점멸
③ M4 ON 되면 HL3, HL4 2초 주기(1초 OFF, 1초 ON) 교대 점멸
④ X1 입력되면 HL3, HL4는 모두 소등
FR
YL
M1
M2
T2
M3
HL1
T3
M4
HL2
HL3
HL4
2초 주기
4초
6초

(4) 래더도

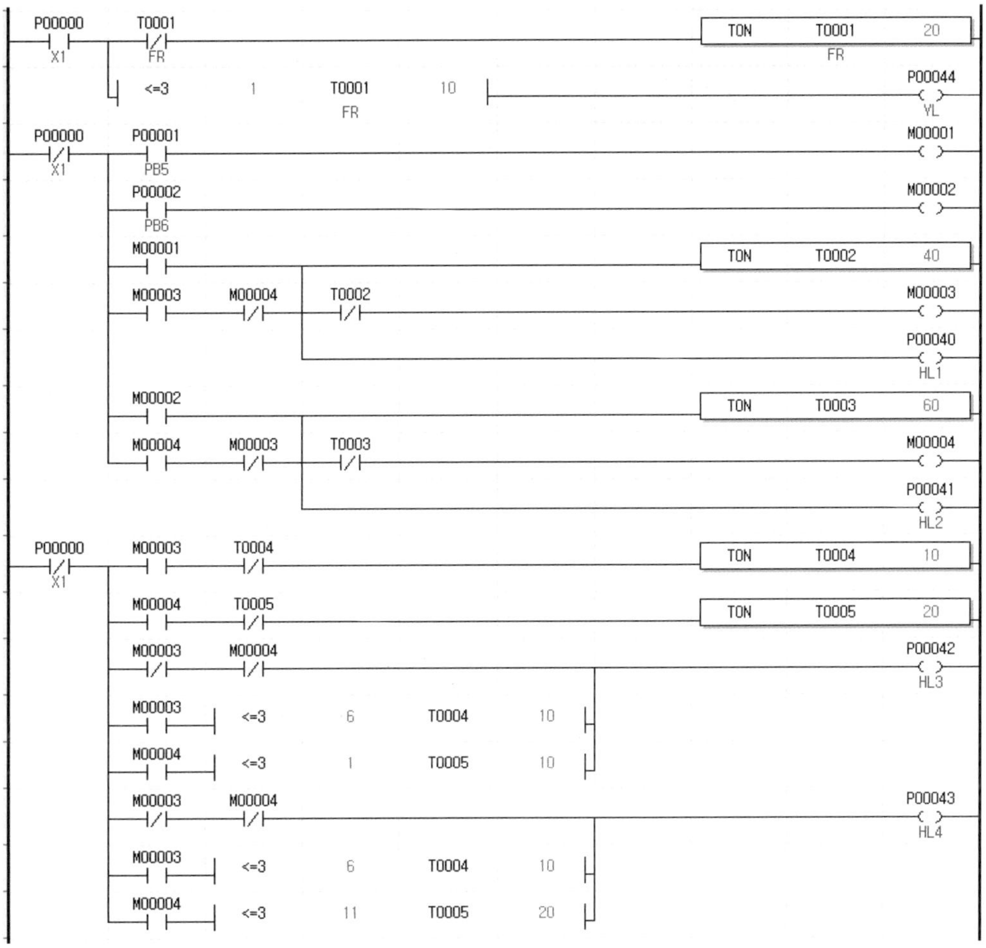

P00000 X1 — T0001 FR — TON T0001 20 FR
<=3 1 T0001 FR 10 — P00044 VL
P00000 X1 — P00001 PB5 — M00001
P00002 PB6 — M00002
M00001 — TON T0002 40
M00003 M00004 T0002 — M00003
P00040 HL1
M00002 — TON T0003 60
M00004 M00003 T0003 — M00004
P00041 HL2
P00000 X1 — M00003 T0004 — TON T0004 10
M00004 T0005 — TON T0005 20
M00003 M00004 — P00042 HL3
M00003 <=3 6 T0004 10
M00004 <=3 1 T0005 10
M00003 M00004 — P00043 HL4
M00003 <=3 6 T0004 10
M00004 <=3 11 T0005 20

5) PLC 실습문제 5

(1) PLC 입 · 출력표

입력				출력			
디바이스	변수	디바이스	변수	디바이스	변수	디바이스	변수
P00000	PB5			P00040	Y1	P00044	HL3
P00001	PB6			P00041	Y2	P00045	HL4
P00002	SS1			P00042	HL1		
P00003	X3			P00043	HL2		

(2) 동작 설명

① 아래의 시퀀스회로와 동작조건에 알맞은 PLC 프로그램을 하시오.

② PLC 입 · 출력 단자 배치도를 참조하여 입력과 출력을 구분하여 프로그램합니다.

③ SS1은 셀렉터 스위치로 Off 시 교대동작 모드, On 시 동시동작 모드입니다.

(3) 동작회로도

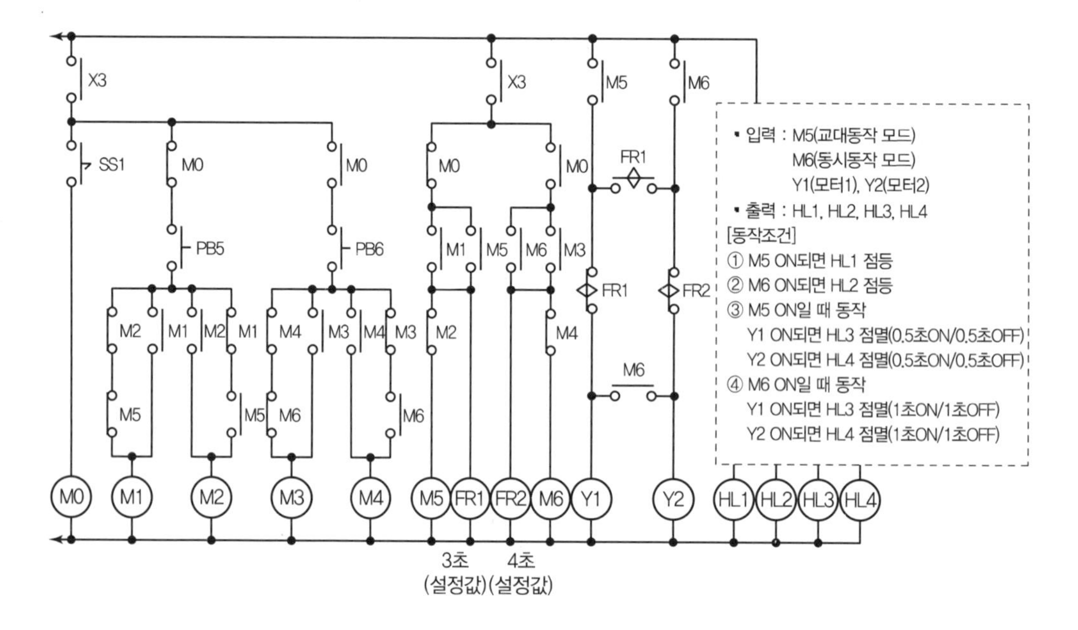

(4) 래더도

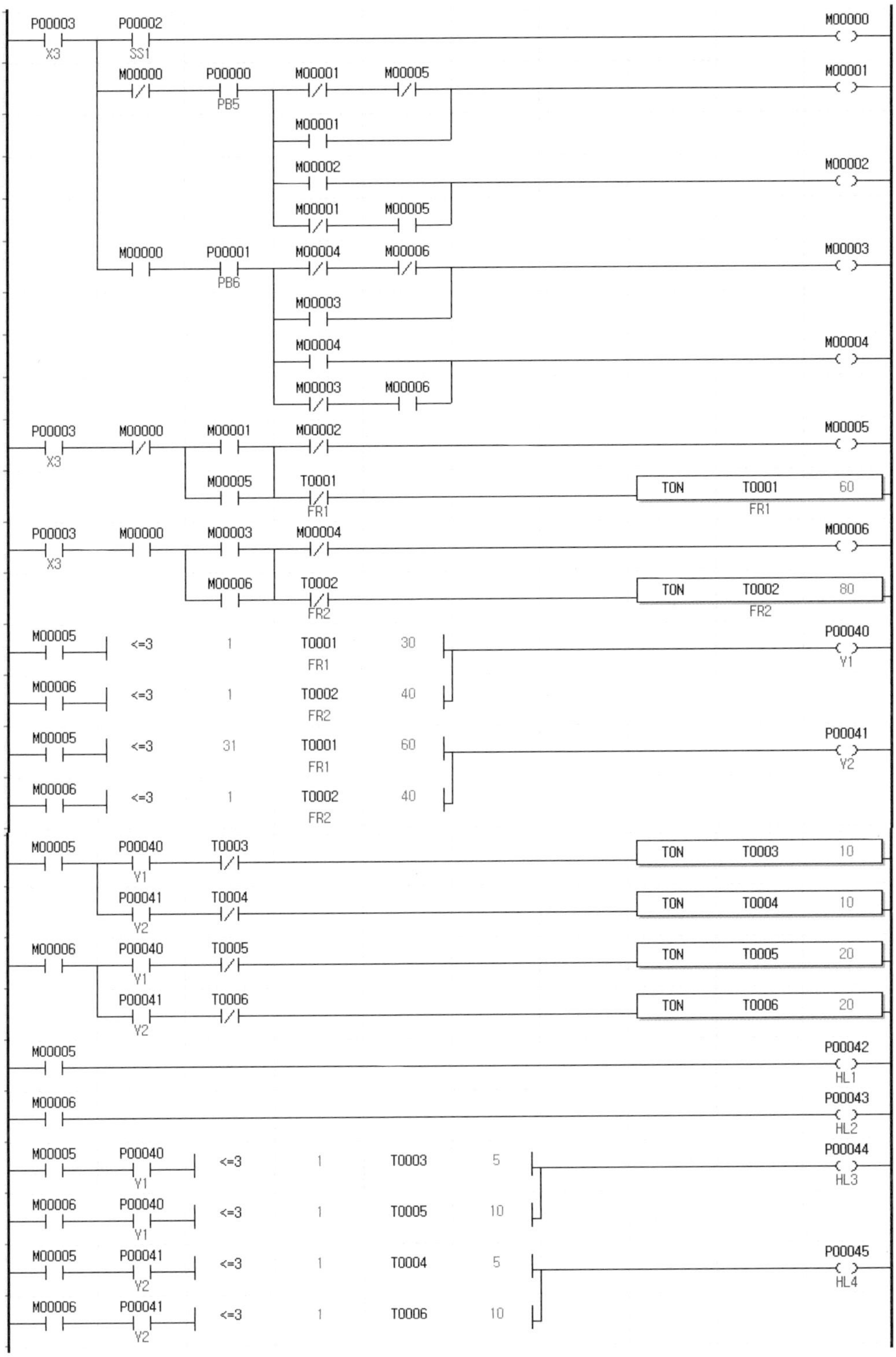

P00003 X3 — P00002 SS1 — M00000 ( )
M00000 / — P00000 PB5 — M00001 / — M00005 / — M00001 ( )
M00001
M00002 — M00002 ( )
M00001 / — M00005
M00000 — P00001 PB6 — M00004 / — M00006 / — M00003 ( )
M00003
M00004 — M00004 ( )
M00003 / — M00006

P00003 X3 — M00000 / — M00001 — M00002 / — M00005 ( )
M00005 — T0001 / FR1 — TON T0001 60 FR1

P00003 X3 — M00000 — M00003 — M00004 / — M00006 ( )
M00006 — T0002 / FR2 — TON T0002 80 FR2

M00005 — <=3 1 T0001 FR1 30 — P00040 ( ) Y1
M00006 — <=3 1 T0002 FR2 40

M00005 — <=3 31 T0001 FR1 60 — P00041 ( ) Y2
M00006 — <=3 1 T0002 FR2 40

M00005 — P00040 Y1 — T0003 / — TON T0003 10
P00041 Y2 — T0004 / — TON T0004 10

M00006 — P00040 Y1 — T0005 / — TON T0005 20
P00041 Y2 — T0006 / — TON T0006 20

M00005 — P00042 ( ) HL1

M00006 — P00043 ( ) HL2

M00005 — P00040 Y1 — <=3 1 T0003 5 — P00044 ( ) HL3
M00006 — P00040 Y1 — <=3 1 T0005 10

M00005 — P00041 Y2 — <=3 1 T0004 5 — P00045 ( ) HL4
M00006 — P00041 Y2 — <=3 1 T0006 10

6) PLC 실습문제 6

(1) PLC 입 · 출력표

입력				출력			
디바이스	변수	디바이스	변수	디바이스	변수	디바이스	변수
P00000	PB5			P00040	HL1		
P00001	PB6			P00041	HL2		
P00002	S			P00042	HL3		
				P00043	HL4		

(2) 동작 설명

① S Off 동작

- HL2 점등
- PB5 입력 시 HL1 점등
- PB6 입력 시 HL1 소등

② S On 동작

- HL2 소등
- PB6 입력 시 HL3 점등, HL4 점멸(1초 주기)
- 5초 후 HL3, HL4 소등

③ 기타 모든 동작사항은 동작회로도를 기준으로 합니다.

(3) 동작회로도

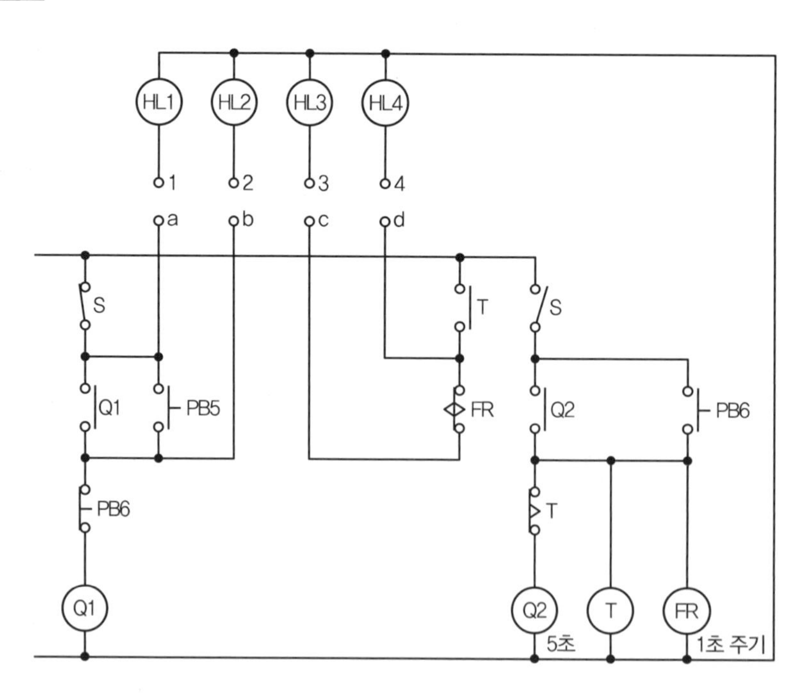

(4) 래더도

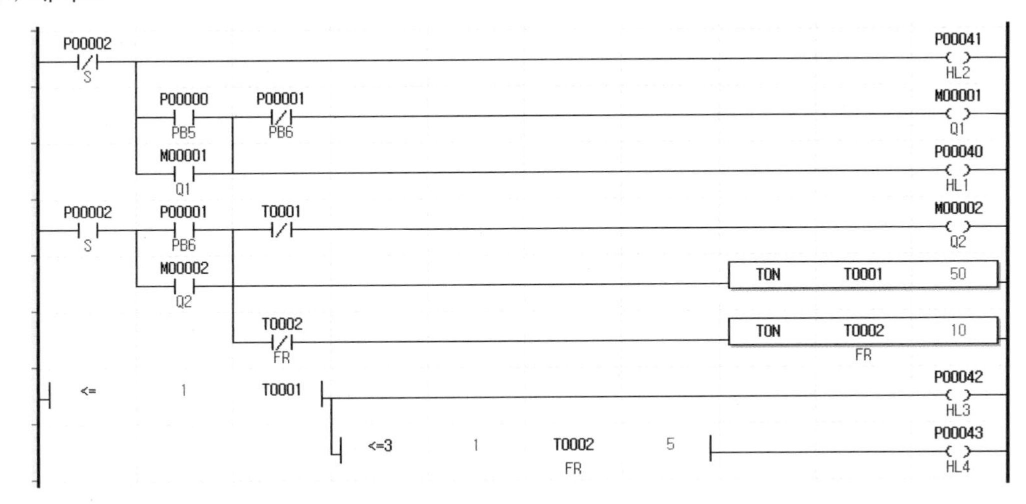
P00002
S
P00041
HL2
P00000
PB5
P00001
PB6
M00001
Q1
M00001
Q1
P00040
HL1
P00002
S
P00001
PB6
T0001
M00002
Q2
M00002
Q2
TON T0001 50
T0002
FR
TON T0002 10
FR
<= 1 T0001
P00042
HL3
<=3 1 T0002 5
FR
P00043
HL4

4 플로차트 실습문제

복잡한 회로도의 이해를 돕기 위해 기호 및 진행과정을 화살표로 표시하여 동작 순서의 흐름을 나타내는 것이 플로차트입니다.

〈표 2-1〉 **플로차트 기호**

기호	변수	설명
	단자	플로차트의 단자를 표시하며 개시, 종료, 정지, 중단 등을 나타냅니다.
	준비	프로그램 자체를 바꾸는 등의 명령 또는 변경을 나타냅니다.
	처리	데이터의 연산 및 처리를 나타냅니다(처리가 모두 이루워지지 않으면 다음 실행 불가).
	판단(조건)	몇 개의 경로에서 어느 것을 선택하는가의 판단 또는 YES/NO 중의 선택 등을 나타냅니다.
	수동입력	키보드 등을 이용한 입력을 나타냅니다.
	입 · 출력	입 · 출력 기능을 0과 1로 나타냅니다. 즉, 정보의 처리를 가능하게 합니다.
	연결	순서도가 긴 경우 떨어진 작업을 연결합니다.
	흐름선	처리의 흐름과 기호 간의 연결을 나타내며, 교차와 결합의 2가지 상태가 있습니다.
반복 K=10 처리 K=K+1	반복	처리를 K=10회가 될 때까지 하라는 의미입니다.
a=a+1		a+1을 a로 치환합니다.
"3.2"		"동작 설명 3.2항 참조"라는 의미입니다.
1		On, TRUE, YES
0		Off, FALSE, NO

1) PLC 실습문제 1

(1) PLC 입 · 출력표

입력				출력			
디바이스	변수	디바이스	변수	디바이스	변수	디바이스	변수
P00000	S1	P00004		P00040	HL1		
P00001	S2			P00041	HL2		
P00002	S3			P00042	HL3		
				P00043	HL4		

(2) 동작 설명

① S1～3은 수동조작 수동복귀이며, 1은 On, 0은 Off로 합니다.

② S1～3의 플로 차트의 0, 1에 따라 출력이 결정됩니다.

(3) 플로차트

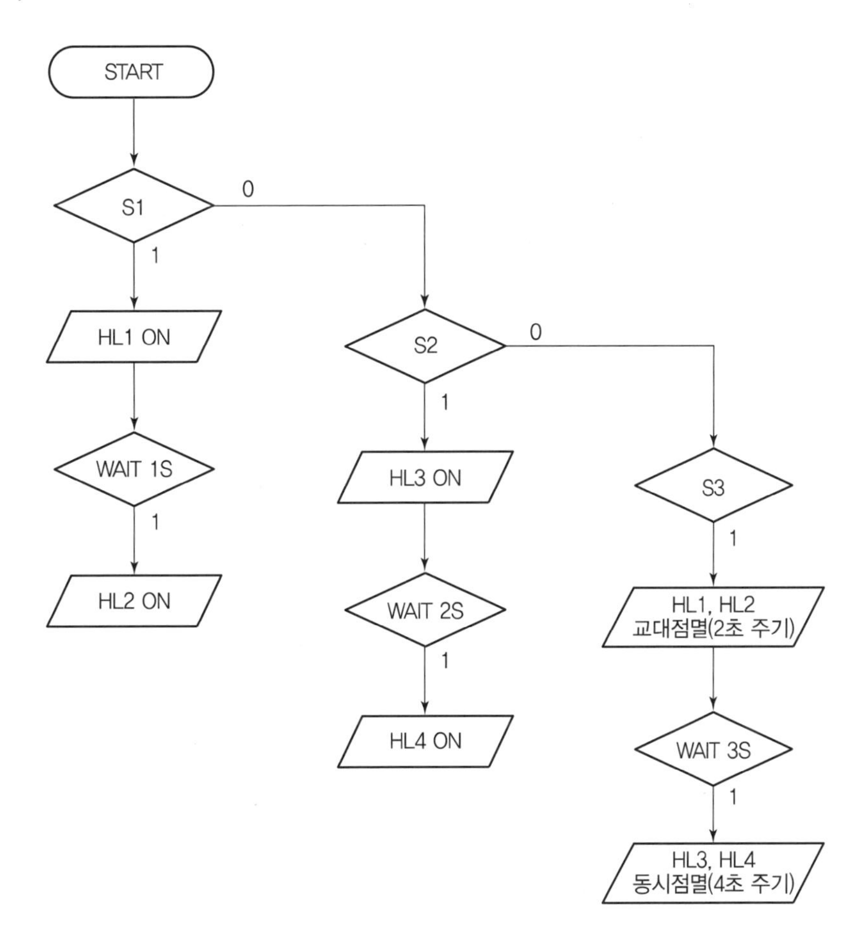

(4) 래더도

P00000 S1 — M00001

P00000 S1, P00001 S2 — M00002

P00000 S1, P00001 S2, P00002 S3 — M00003

M00001 — TON T0001 10

M00002 — TON T0002 20

M00003, T0003 — TON T0003 20

TON T0004 30

T0004, T0005 — TON T0005 40

M00001 — P00040 HL1

<=3 1 T0003 10

T0001 — P00041 HL2

<=3 11 T0003 20

M00002 — P00042 HL3

<=3 1 T0005 20

T0002 — P00043 HL4

<=3 1 T0005 20

2) PLC 실습문제 2

(1) PLC 입 · 출력표

입력				출력			
디바이스	변수	디바이스	변수	디바이스	변수	디바이스	변수
P00000	S1			P00040	HL1		
P00001	S2			P00041	HL2		
P00002	S3			P00042	HL3		
				P00043	HL4		

(2) 동작 설명

① S1 : 절환, S2 : "A" 동작, S3 : "B" 동작

② S1~3은 수동조작 수동복귀이며, 1은 On, 0은 Off로 합니다.

③ "A" 동작, "B" 동작은 SP1에 의해 결정되며 동시에 동작하지 않습니다.

(3) 플로차트

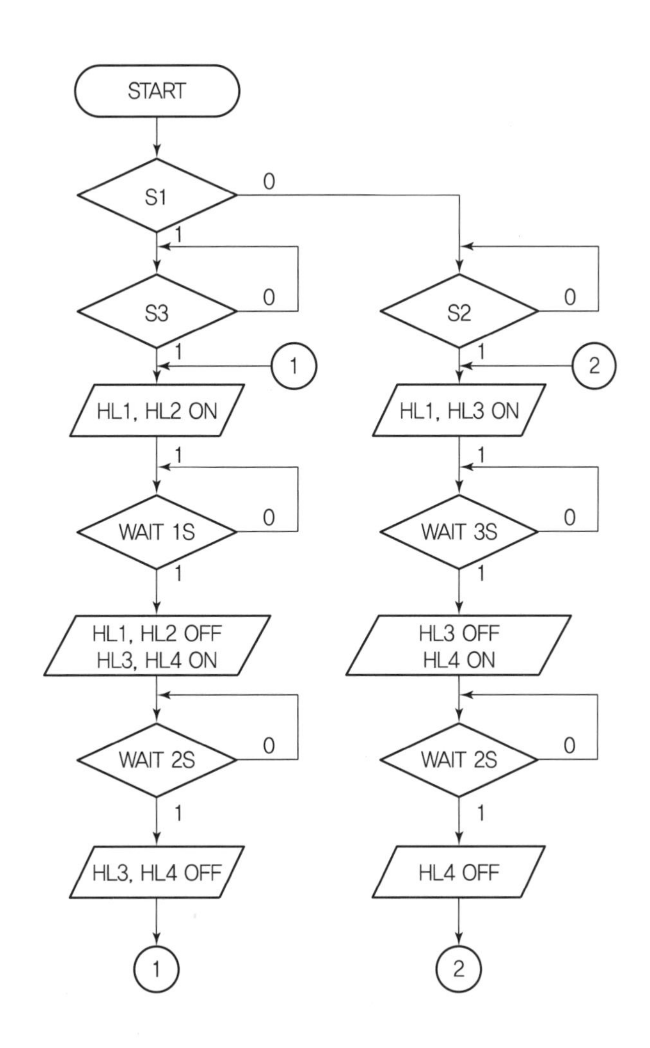

(4) 래더도

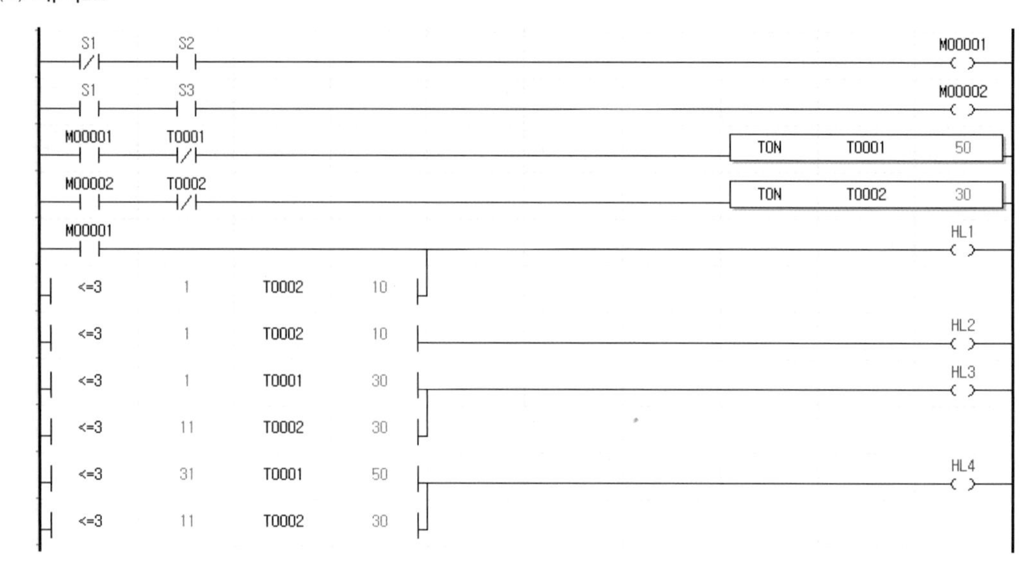

S1
S2
M00001
S1
S3
M00002
M00001
T0001
TON
T0001
50
M00002
T0002
TON
T0002
30
M00001
HL1
<=3
1
T0002
10
<=3
1
T0002
10
HL2
<=3
1
T0001
30
HL3
<=3
11
T0002
30
<=3
31
T0001
50
HL4
<=3
11
T0002
30

3) PLC 실습문제 3

(1) PLC 입 · 출력표

입력				출력			
디바이스	변수	디바이스	변수	디바이스	변수	디바이스	변수
P00000	PB1			P00040	HL1		
P00001	PB2			P00041	HL2		
				P00042	HL3		
				P00043	HL4		

(2) 플로차트

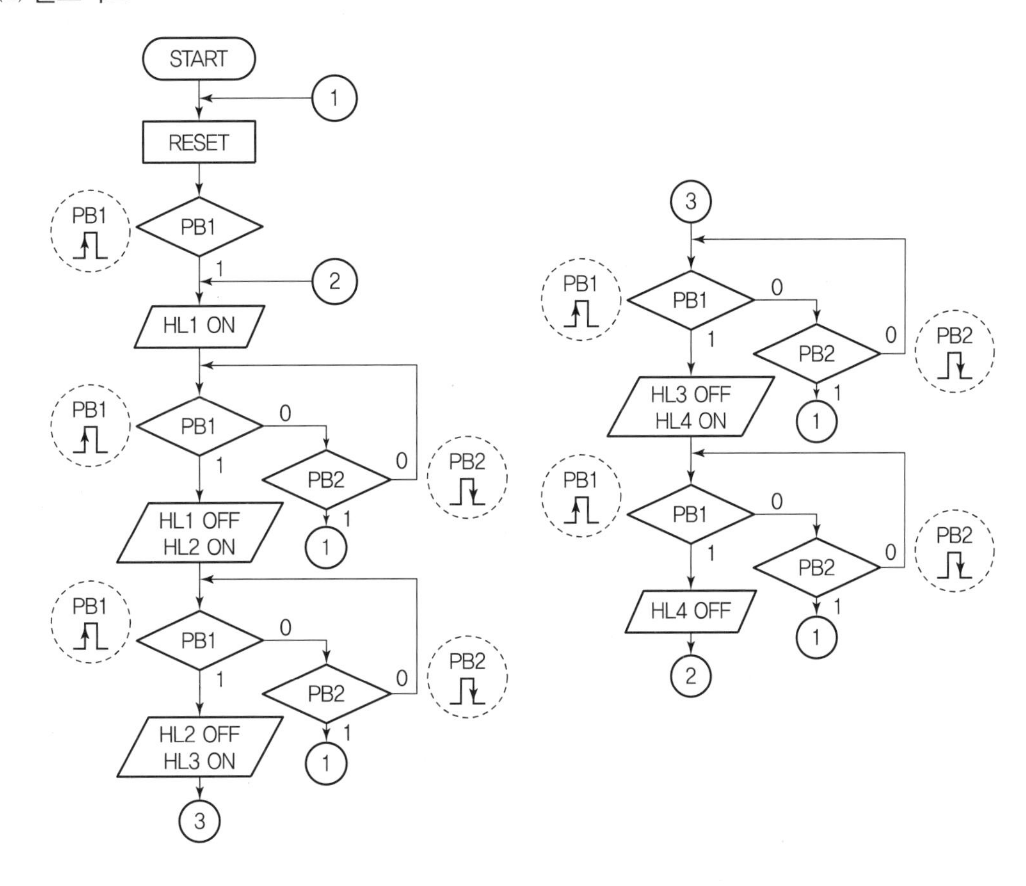

(3) 래더도

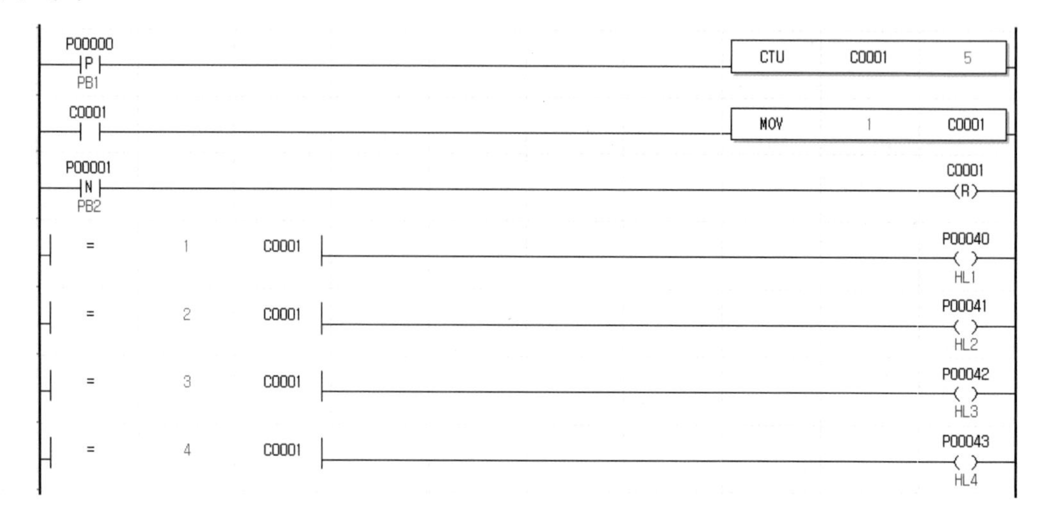
P00000
P
PB1
CTU
C0001
5
C0001
MOV
1
C0001
P00001
N
PB2
C0001
R
=
1
C0001
P00040
HL1
=
2
C0001
P00041
HL2
=
3
C0001
P00042
HL3
=
4
C0001
P00043
HL4

4) PLC 실습문제 4

(1) PLC 입 · 출력표

입력				출력			
디바이스	변수	디바이스	변수	디바이스	변수	디바이스	변수
P00000	S1			P00040	HL1		
P00001	S2			P00041	HL2		
P00002	S3			P00042	HL3		
				P00043	HL4		

(2) 동작 설명

S1~3은 수동조작 수동복귀이며, 1은 On, 0은 Off로 합니다.

(3) 플로차트

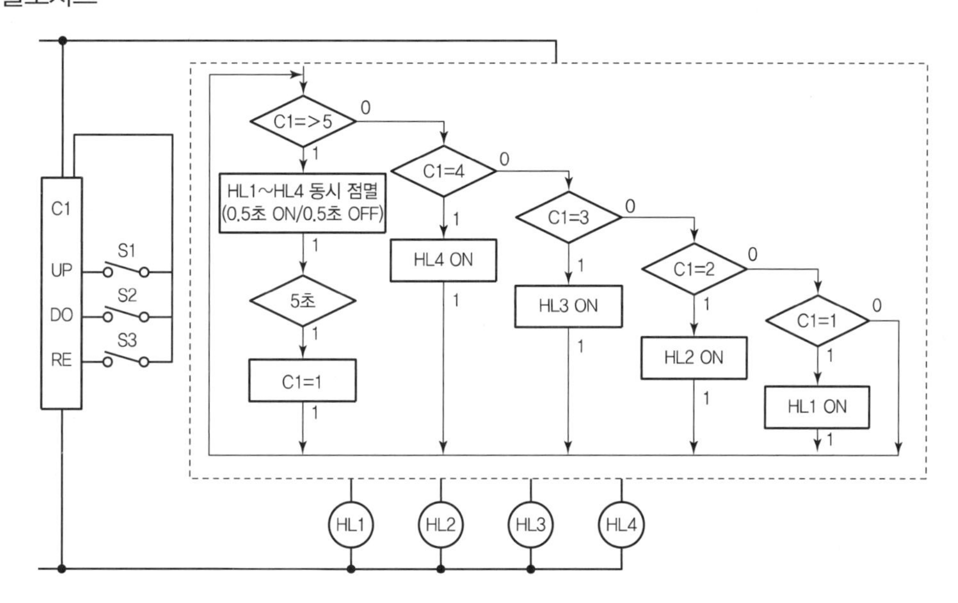

(4) 래더도

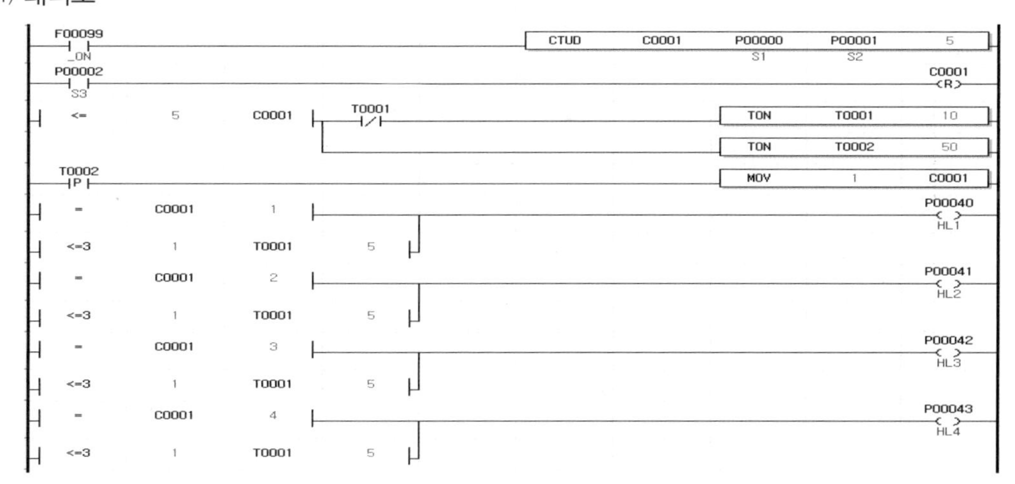

5) PLC 실습문제 5

(1) PLC 입 · 출력표

입력				출력			
디바이스	변수	디바이스	변수	디바이스	변수	디바이스	변수
P00000	S1			P00040	HL1		
P00001	S2			P00041	HL2		
P00002	S3			P00042	HL3		
				P00043	HL4		

(2) 동작 설명

S1～3은 수동조작 수동복귀이며, 1은 On, 0은 Off로 합니다.

(3) 플로차트

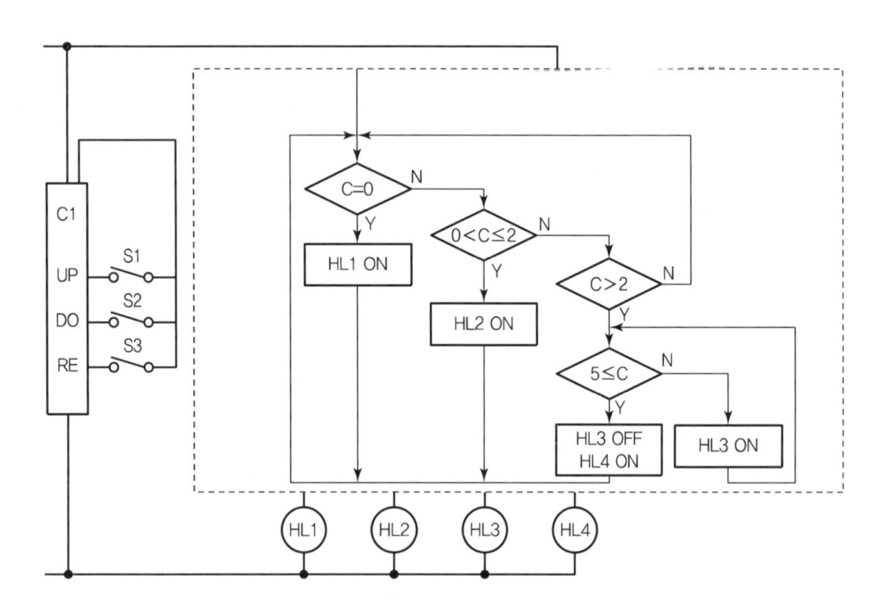

(4) 래더도

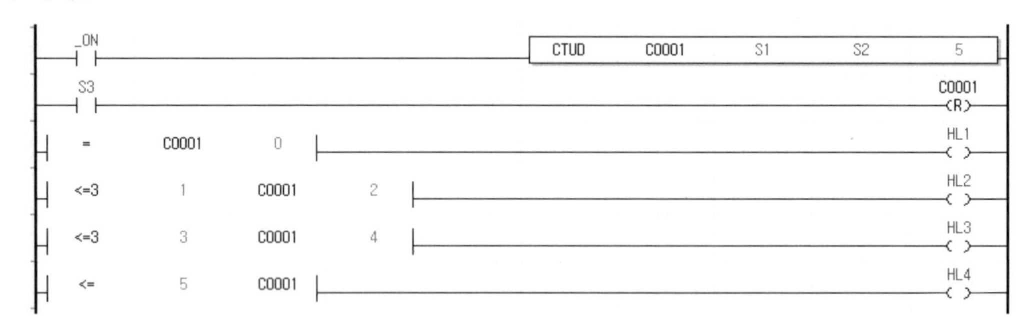

6) PLC 실습문제 6

(1) PLC 입 · 출력표

입력				출력			
디바이스	변수	디바이스	변수	디바이스	변수	디바이스	변수
P00000	PB_A	P00004	SS_B	P00040	PL_A	P00044	PL_E
P00001	PB_B	P00005	SS_C	P00041	PL_B		
P00002	PB_C			P00042	PL_C		
P00003	SS_A			P00043	PL_D		

(2) 동작 설명

(↑) : 양변환 접점, (↓) : 음변환 접점

(3) 플로차트

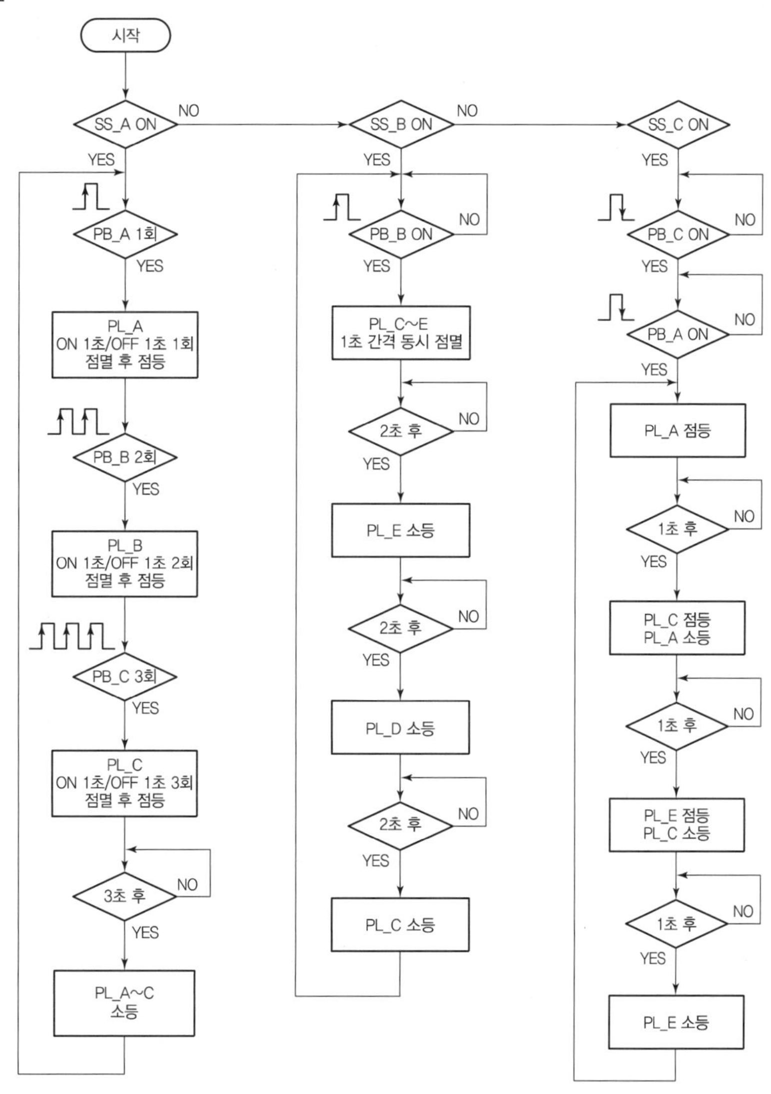

(4) 래더도

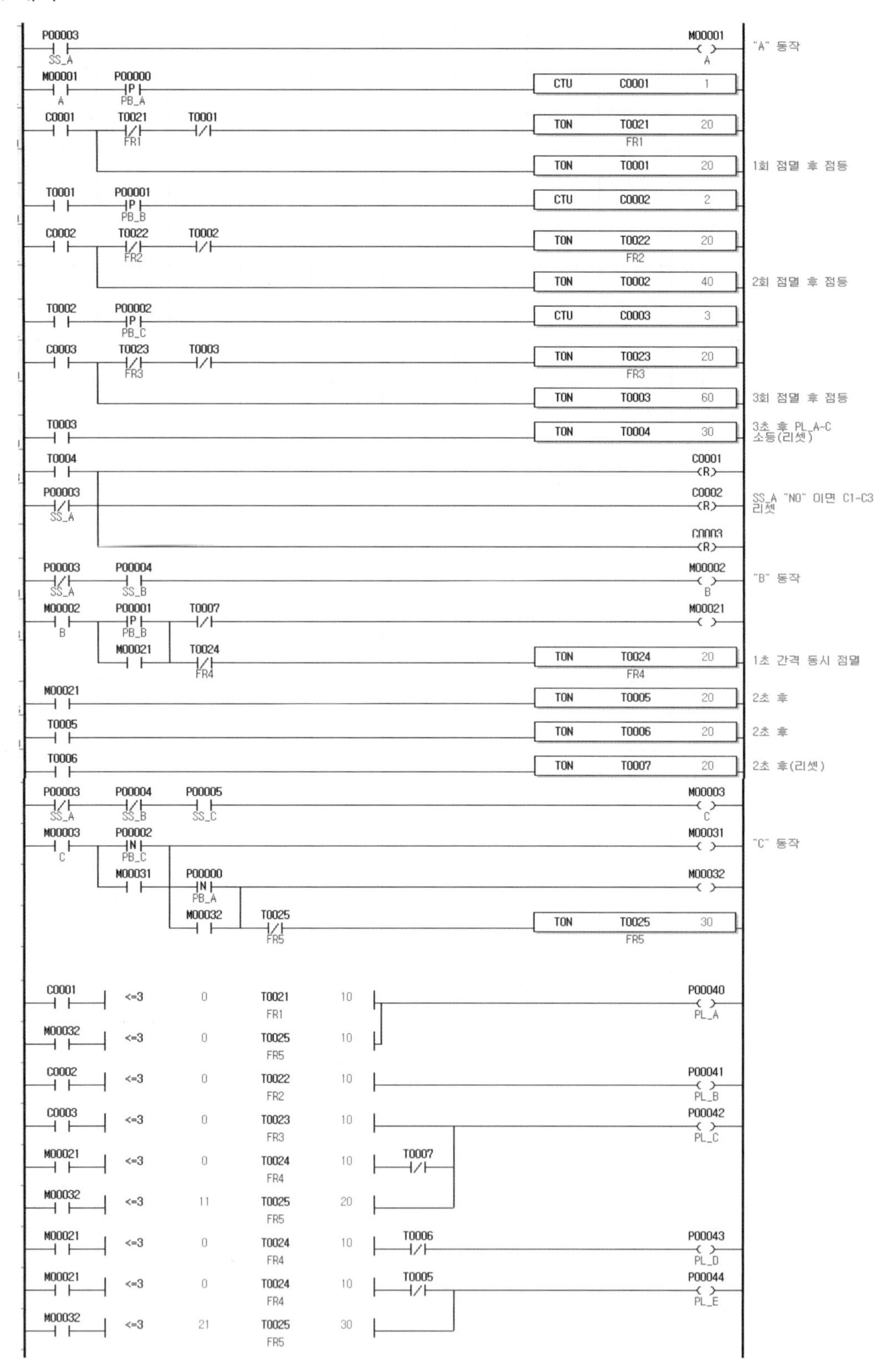

P00003
SS_A
M00001
A
"A" 동작
M00001
A
P00000
P
PB_A
CTU C0001 1
C0001
T0021
FR1
T0001
TON T0021 20
FR1
TON T0001 20
1회 점멸 후 점등
T0001
P00001
P
PB_B
CTU C0002 2
C0002
T0022
FR2
T0002
TON T0022 20
FR2
TON T0002 40
2회 점멸 후 점등
T0002
P00002
P
PB_C
CTU C0003 3
C0003
T0023
FR3
T0003
TON T0023 20
FR3
TON T0003 60
3회 점멸 후 점등
T0003
TON T0004 30
3초 후 PL_A~C
소등(리셋)
T0004
C0001
R
P00003
SS_A
C0002
R
SS_A "NO" 이면 C1~C3
리셋
C0003
R
P00003
SS_A
P00004
SS_B
M00002
B
"B" 동작
M00002
B
P00001
P
PB_B
T0007
M00021
M00021
T0024
FR4
TON T0024 20
FR4
1초 간격 동시 점멸
M00021
TON T0005 20
2초 후
T0005
TON T0006 20
2초 후
T0006
TON T0007 20
2초 후(리셋)
P00003
SS_A
P00004
SS_B
P00005
SS_C
M00003
C
M00003
C
P00002
N
PB_C
M00031
"C" 동작
M00031
P00000
N
PB_A
M00032
M00032
T0025
FR5
TON T0025 30
FR5
C0001
<=3 0 T0021 10
FR1
P00040
PL_A
M00032
<=3 0 T0025 10
FR5
C0002
<=3 0 T0022 10
FR2
P00041
PL_B
C0003
<=3 0 T0023 10
FR3
P00042
PL_C
M00021
<=3 0 T0024 10
FR4
T0007
M00032
<=3 11 T0025 20
FR5
M00021
<=3 0 T0024 10
FR4
T0006
P00043
PL_D
M00021
<=3 0 T0024 10
FR4
T0005
P00044
PL_E
M00032
<=3 21 T0025 30
FR5

7) PLC 실습문제 7

(1) PLC 입 · 출력표

입력				출력			
디바이스	변수	디바이스	변수	디바이스	변수	디바이스	변수
P00000	PB_A	P00004	SS_B	P00040	PL_A	P00044	PL_E
P00001	PB_B	P00005	SS_C	P00041	PL_B		
P00002	PB_C			P00042	PL_C		
P00003	SS_A			P00043	PL_D		

(2) 동작 설명

① PB_A를 1회 입력 때마다 설정시간은 1초씩 증가합니다(단, 설정시간은 최대 5초입니다).

② PB_B를 1회 입력 때마다 설정시간은 1초씩 감소합니다(단, 설정시간은 최소 1초입니다).

③ 기본 설정시간은 5초입니다.

④ PB_B를 1회 입력 때마다 설정시간은 1초씩 감소합니다(단, 설정시간이 0초이면 기본 설정시간은 5초가 됩니다).

(3) 플로차트

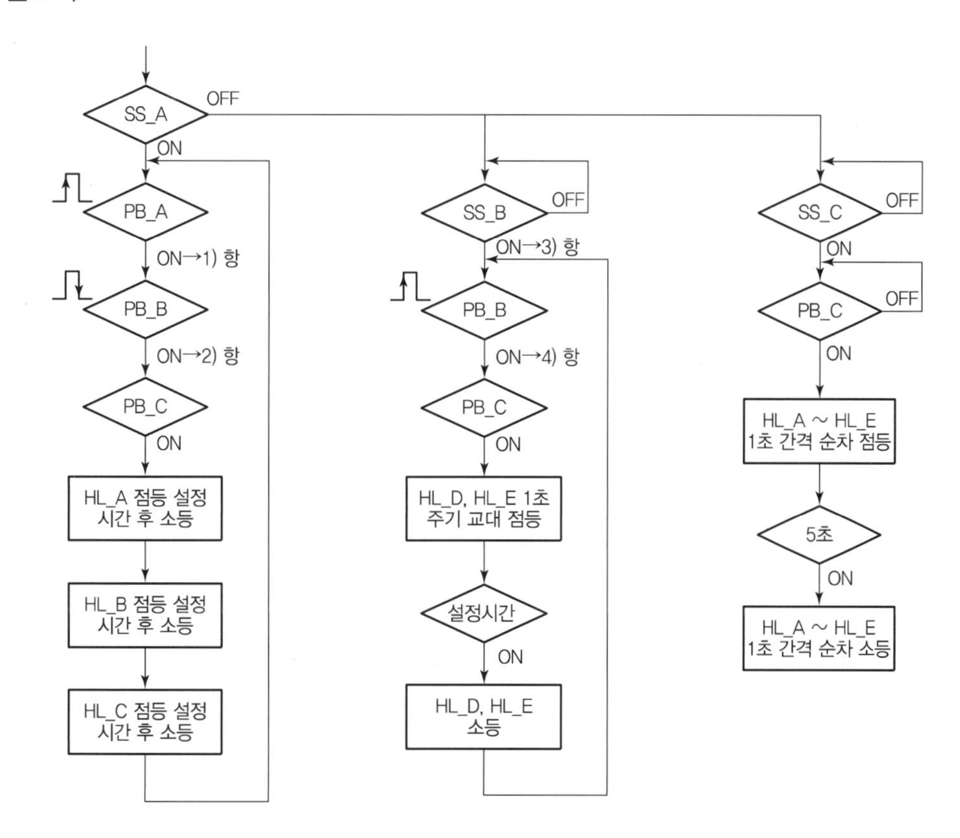

(4) 래더도

```
0
SS_A  PB_A(P)  < D00001 50          ADD D00001 10 D00001
      PB_B(N)  < 10 D00001          SUB D00001 10 D00001
      PB_C  T0003(/)                M00001 ( )
      M00001
      M00001                        TON T0001 D00001
      T0001                         TON T0002 D00001
      T0002                         TON T0003 D00001
37
SS_A(/)                             MOV 0 D00001
T0003
41
SS_A(/)  SS_B                       MOVP 50 D00002
         PB_B(P)                    SUB D00002 10 D00002
         = D00002 0                 MOVP 50 D00002
         T0004
         PB_C  T0004(/)             M00002 ( )
         M00002       FR1(/)        TON FR1 10
                                    TON T0004 D00002
74
SS_A                                MOV 0 D00002
SS_A(/)  SS_B(/)
80
SS_A(/)  SS_C  PB_C                 TON T0005 130
85
M00001  T0001(/)                    HL_A ( )
<=3 1 T0005 90
92
T0001  T0002(/)                     HL_B ( )
<=3 11 T0005 100
99
T0002                               HL_C ( )
<=3 21 T0005 110
05
M00002  <=3 0 FR1 5                 HL_D ( )
<=3 31 T0005 120
15
M00002  <=3 6 FR1 10                HL_E ( )
<=3 41 T0005 130
```

8) PLC 실습문제 8

(1) PLC 입 · 출력표

입력				출력			
디바이스	변수	디바이스	변수	디바이스	변수	디바이스	변수
P00000	PB_A	P00004	SS_B	P00040	PL_A	P00044	PL_E
P00001	PB_B	P00005	SS_C	P00041	PL_B		
P00002	PB_C			P00042	PL_C		
P00003	SS_A			P00043	PL_D		

(2) 동작 설명

① 아래의 플로차트에 알맞은 PLC 프로그램을 하시오.

② (↑) : 양변환 접점, (↓) : 음변환 접점

(3) 플로차트

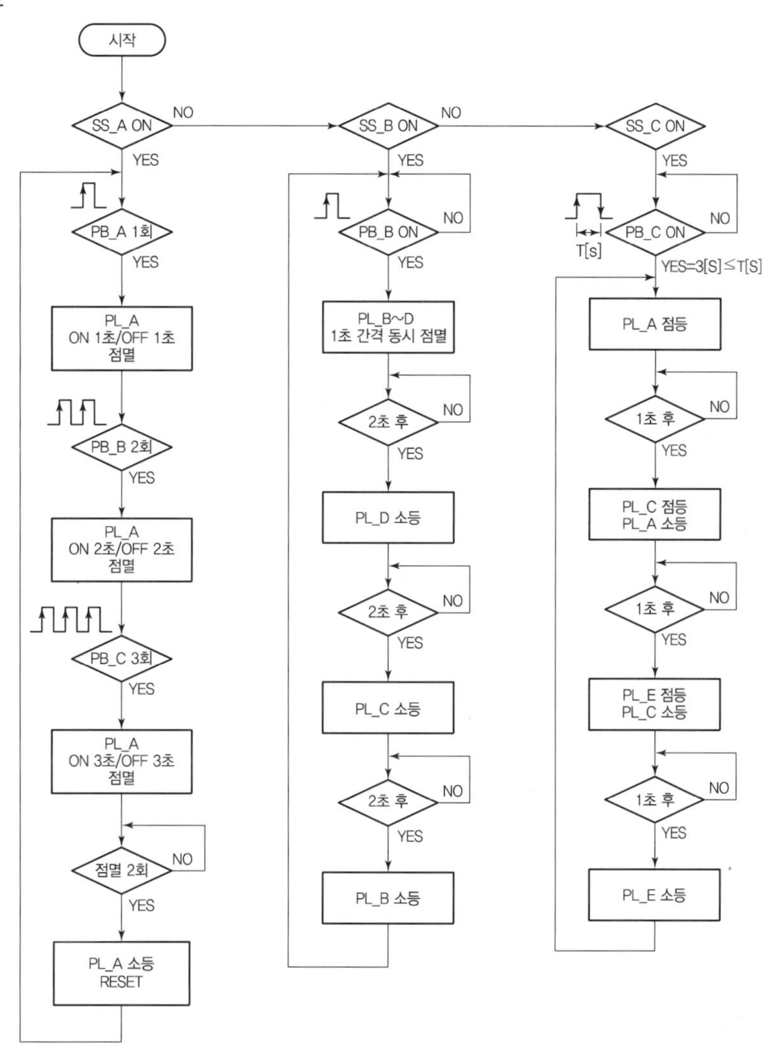

(4) 래더도

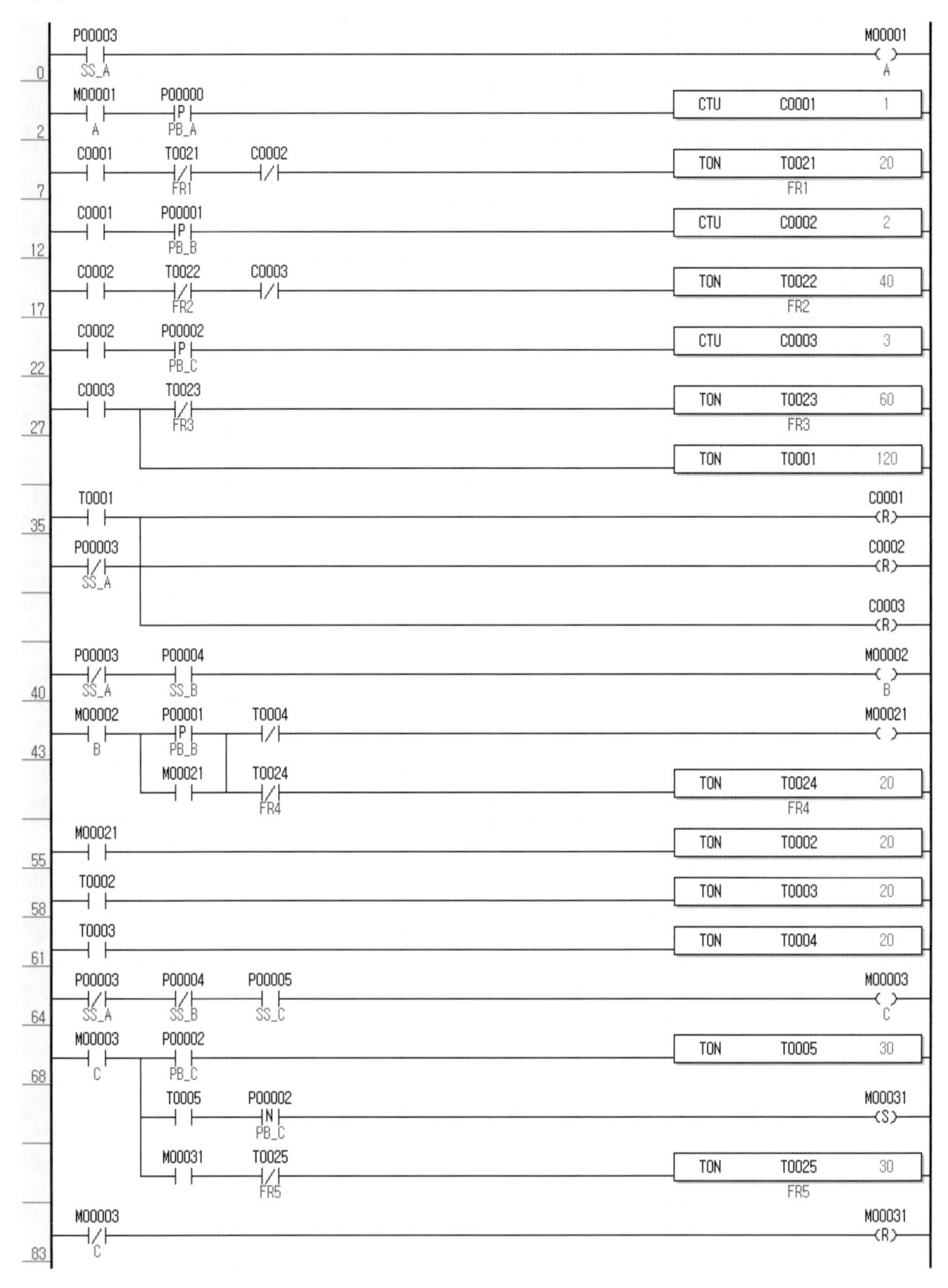

P00003
SS_A
M00001
A
M00001
P00000
PB_A
CTU C0001 1
C0001
T0021
FR1
C0002
TON T0021 20
C0001
P00001
PB_B
CTU C0002 2
C0002
T0022
FR2
C0003
TON T0022 40
C0002
P00002
PB_C
CTU C0003 3
C0003
T0023
FR3
TON T0023 60
TON T0001 120
T0001
C0001
P00003
C0002
C0003
P00004
SS_B
M00002
B
P00001
T0004
M00021
T0024
FR4
TON T0024 20
TON T0002 20
T0002
TON T0003 20
T0003
TON T0004 20
P00005
SS_C
M00003
C
TON T0005 30
T0005
M00031
T0025
FR5
TON T0025 30

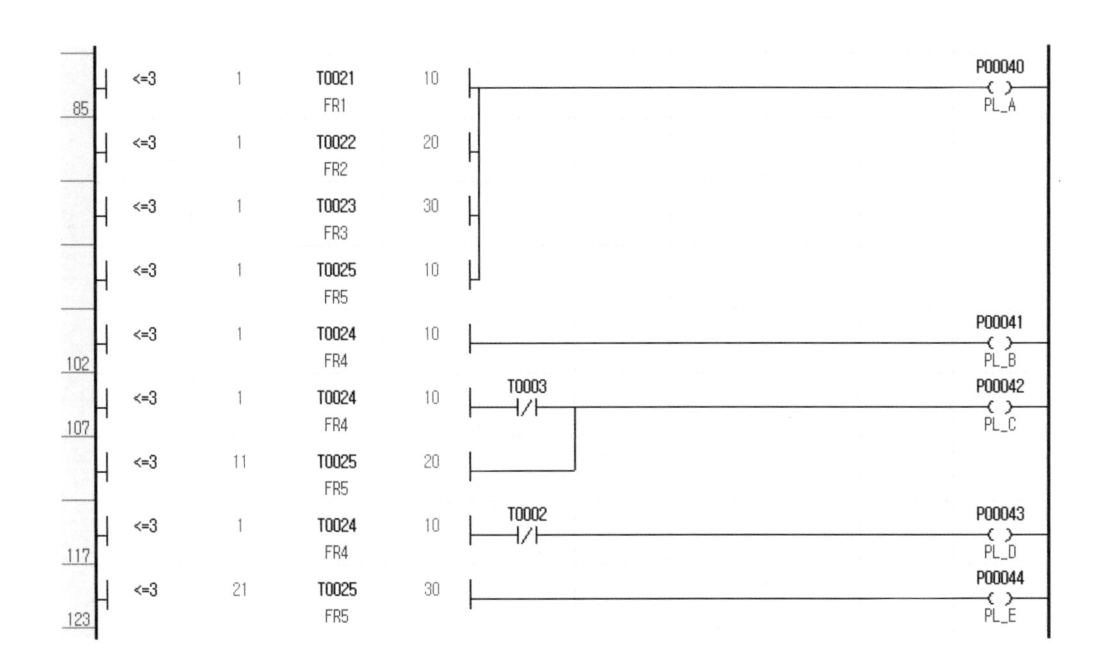

85
<=3
1
T0021
FR1
10
P00040
PL_A
<=3
1
T0022
FR2
20
<=3
1
T0023
FR3
30
<=3
1
T0025
FR5
10
102
<=3
1
T0024
FR4
10
P00041
PL_B
107
<=3
1
T0024
FR4
10
T0003
P00042
PL_C
<=3
11
T0025
FR5
20
117
<=3
1
T0024
FR4
10
T0002
P00043
PL_D
123
<=3
21
T0025
FR5
30
P00044
PL_E

9) PLC 실습문제 9

(1) PLC 입 · 출력표

입력				출력			
디바이스	변수	디바이스	변수	디바이스	변수	디바이스	변수
P00000	PB_A	P00004	SS_B	P00040	PL_A	P00044	PL_E
P00001	PB_B	P00005	SS_C	P00041	PL_B		
P00002	PB_C			P00042	PL_C		
P00003	SS_A			P00043	PL_D		

(2) 동작 설명

① 아래의 플로차트에 알맞은 PLC 프로그램을 하시오.

② (↑) : 양변환 접점, (↓) : 음변환 접점

(3) 플로차트

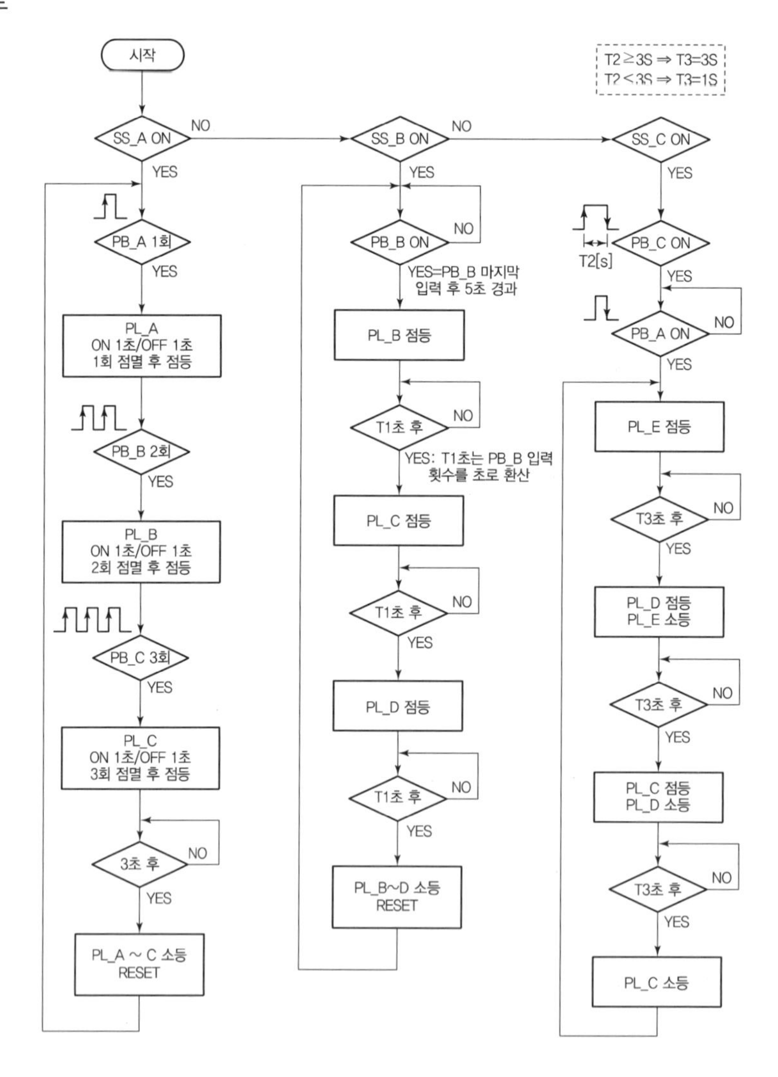

(4) 레더도

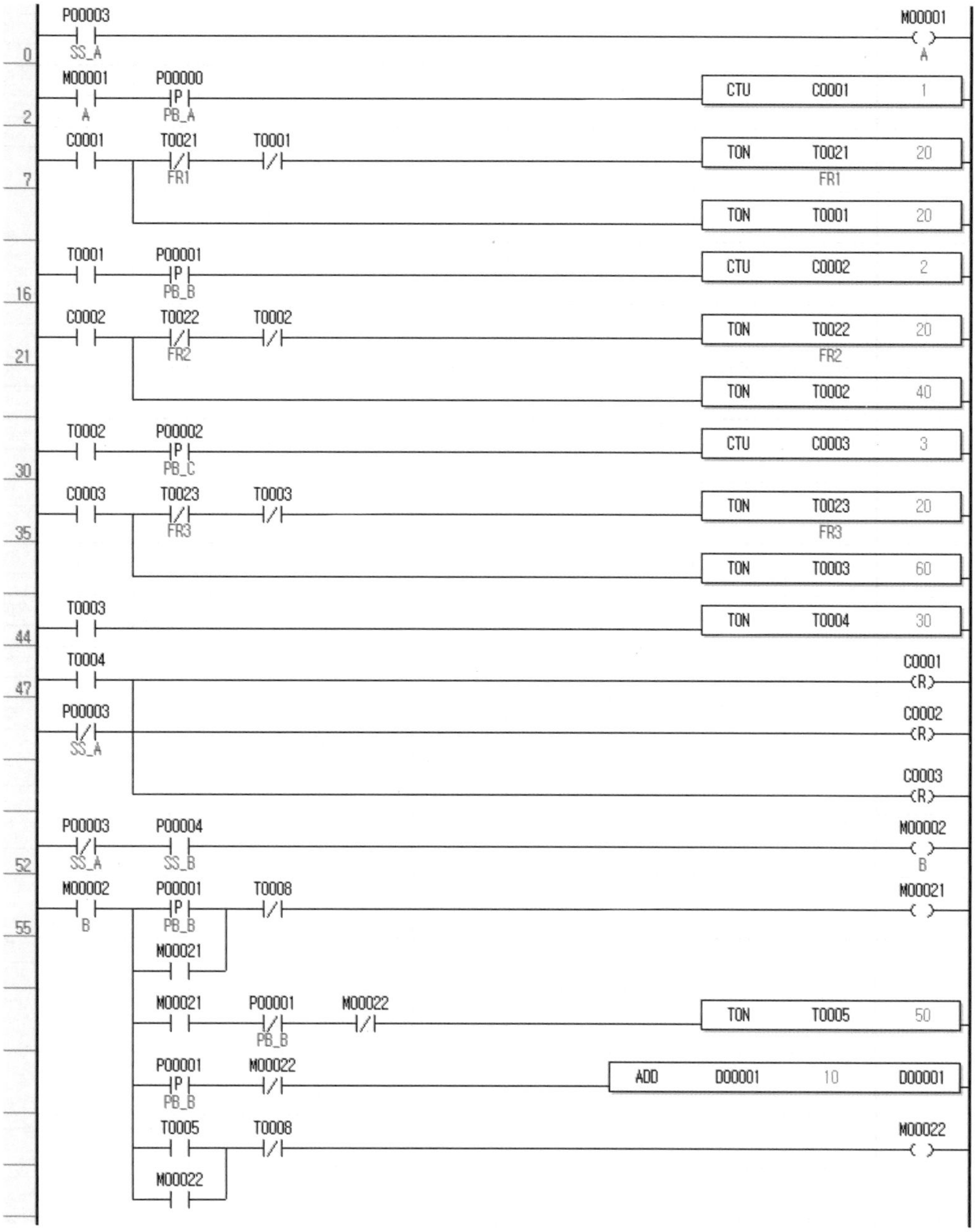

Step	Contacts	Output
0	P00003 (SS_A)	M00001 ( ) A
2	M00001 (A), P00000 |P| (PB_A)	CTU C0001 1
7	C0001, T0021 /(FR1), T0001 /	TON T0021 20 (FR1)
	C0001	TON T0001 20
16	T0001, P00001 |P| (PB_B)	CTU C0002 2
21	C0002, T0022 /(FR2), T0002 /	TON T0022 20 (FR2)
	C0002	TON T0002 40
30	T0002, P00002 |P| (PB_C)	CTU C0003 3
35	C0003, T0023 /(FR3), T0003 /	TON T0023 20 (FR3)
	C0003	TON T0003 60
44	T0003	TON T0004 30
47	T0004 OR P00003 / (SS_A)	C0001 (R)
		C0002 (R)
		C0003 (R)
52	P00003 / (SS_A), P00004 (SS_B)	M00002 ( ) B
55	M00002 (B), [P00001 |P| (PB_B) OR M00021], T0008 /	M00021 ( )
	M00002 (B), M00021, P00001 / (PB_B), M00022 /	TON T0005 50
	M00002 (B), P00001 |P| (PB_B), M00022 /	ADD D00001 10 D00001
	M00002 (B), [T0005 OR M00022], T0008 /	M00022 ( )

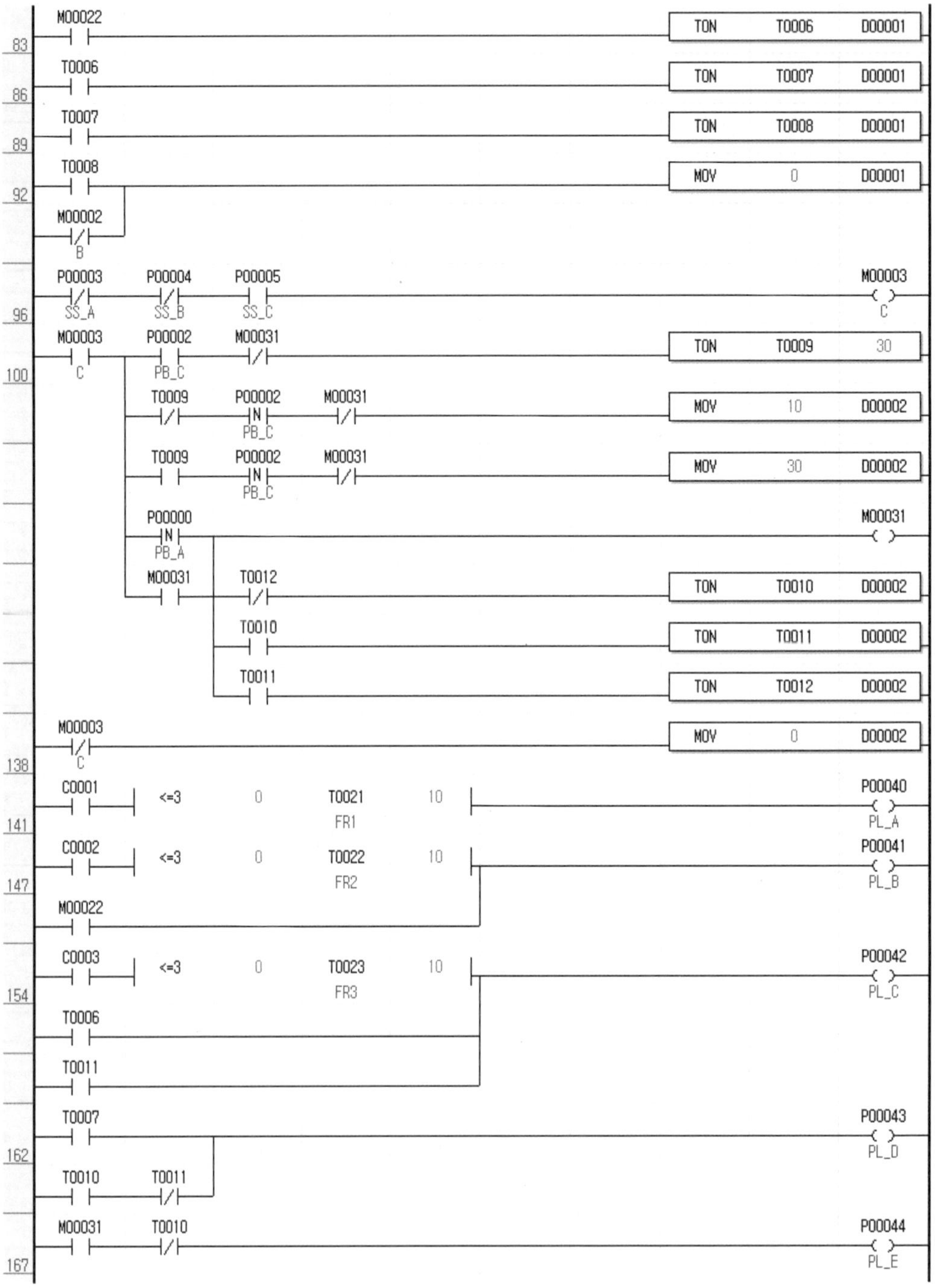

```
83   M00022 ─| |─ [TON T0006 D00001]
86   T0006 ─| |─ [TON T0007 D00001]
89   T0007 ─| |─ [TON T0008 D00001]
92   T0008 ─| |─ (OR M00002 ─|/|─ B) [MOV 0 D00001]
96   P00003 ─|/|─ SS_A, P00004 ─|/|─ SS_B, P00005 ─| |─ SS_C ─( )─ M00003 C
100  M00003 C ─| |─
        P00002 PB_C ─| |─ M00031 ─|/|─ [TON T0009 30]
        T0009 ─|/|─ P00002 ─|N|─ PB_C M00031 ─|/|─ [MOV 10 D00002]
        T0009 ─| |─ P00002 ─|N|─ PB_C M00031 ─|/|─ [MOV 30 D00002]
        P00000 ─|N|─ PB_A (OR M00031 ─| |─) ─( )─ M00031
            T0012 ─|/|─ [TON T0010 D00002]
            T0010 ─| |─ [TON T0011 D00002]
            T0011 ─| |─ [TON T0012 D00002]
138  M00003 ─|/|─ C [MOV 0 D00002]
141  C0001 ─| |─ [<=3 0 T0021 FR1 10] ─( )─ P00040 PL_A
147  C0002 ─| |─ [<=3 0 T0022 FR2 10] (OR M00022 ─| |─) ─( )─ P00041 PL_B
154  C0003 ─| |─ [<=3 0 T0023 FR3 10] (OR T0006 ─| |─, OR T0011 ─| |─) ─( )─ P00042 PL_C
162  T0007 ─| |─ (OR T0010 ─| |─ T0011 ─|/|─) ─( )─ P00043 PL_D
167  M00031 ─| |─ T0010 ─|/|─ ─( )─ P00044 PL_E
```

10) PLC 실습문제 10

(1) PLC 입 · 출력표

입력				출력			
디바이스	변수	디바이스	변수	디바이스	변수	디바이스	변수
P00000	PB1			P00040	HL1		
P00001	PB2			P00041	HL2		
P00002	PB3			P00042	HL3		
				P00043	HL4		

(2) 동작 설명

① PB1을 눌렀다 놓을 때까지 시간을 t[s]로 합니다.

② PB2는 HL2가 Off 되고 3[s] 이내 입력이 있으면 "1", 없으면 "0"입니다.

③ PB3은 HL4가 Off 되고 3[s] 이내 입력이 있으면 "1", 없으면 "0"입니다.

(3) 플로차트

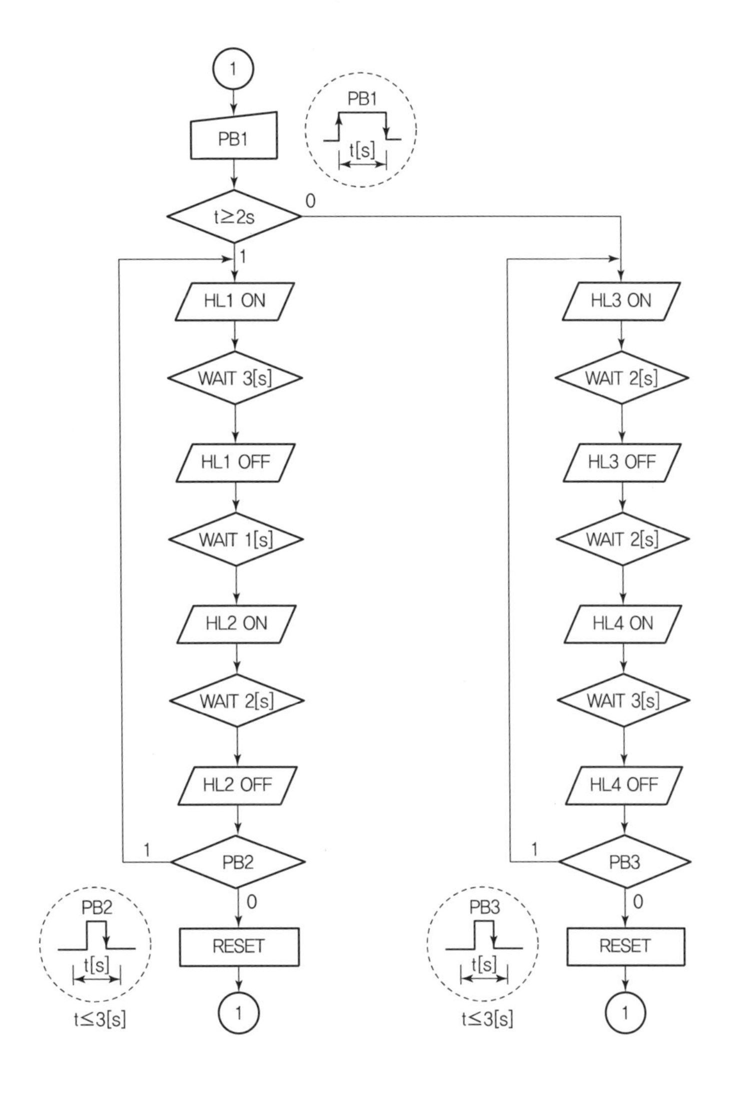

(4) 래더도

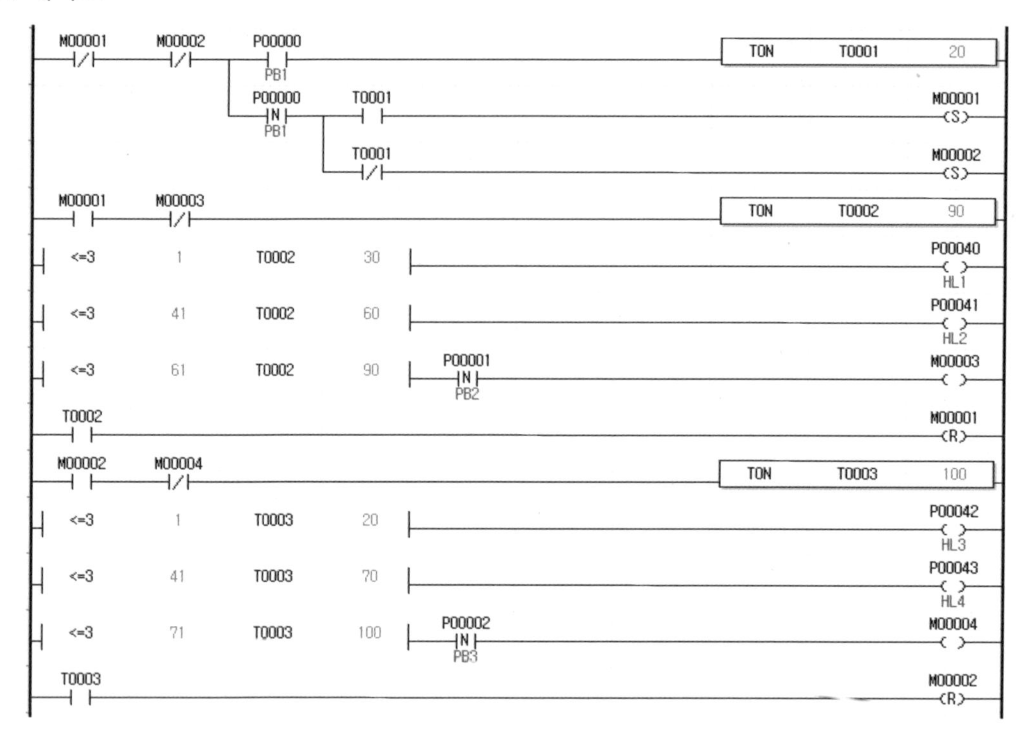
M00001
M00002
P00000
PB1
TON
T0001
20
P00000
PB1
T0001
M00001
S
T0001
M00002
S
M00001
M00003
TON
T0002
90
<=3
1
T0002
30
P00040
HL1
<=3
41
T0002
60
P00041
HL2
<=3
61
T0002
90
P00001
PB2
M00003
T0002
M00001
R
M00002
M00004
TON
T0003
100
<=3
1
T0003
20
P00042
HL3
<=3
41
T0003
70
P00043
HL4
<=3
71
T0003
100
P00002
PB3
M00004
T0003
M00002
R

11) PLC 실습문제 11

(1) PLC 입 · 출력표

입력				출력			
디바이스	변수	디바이스	변수	디바이스	변수	디바이스	변수
P00000	PB1			P00040	HL1		
P00001	PB2			P00041	HL2		
P00002	PB3			P00042	HL3		
				P00043	HL4		

(2) 플로차트

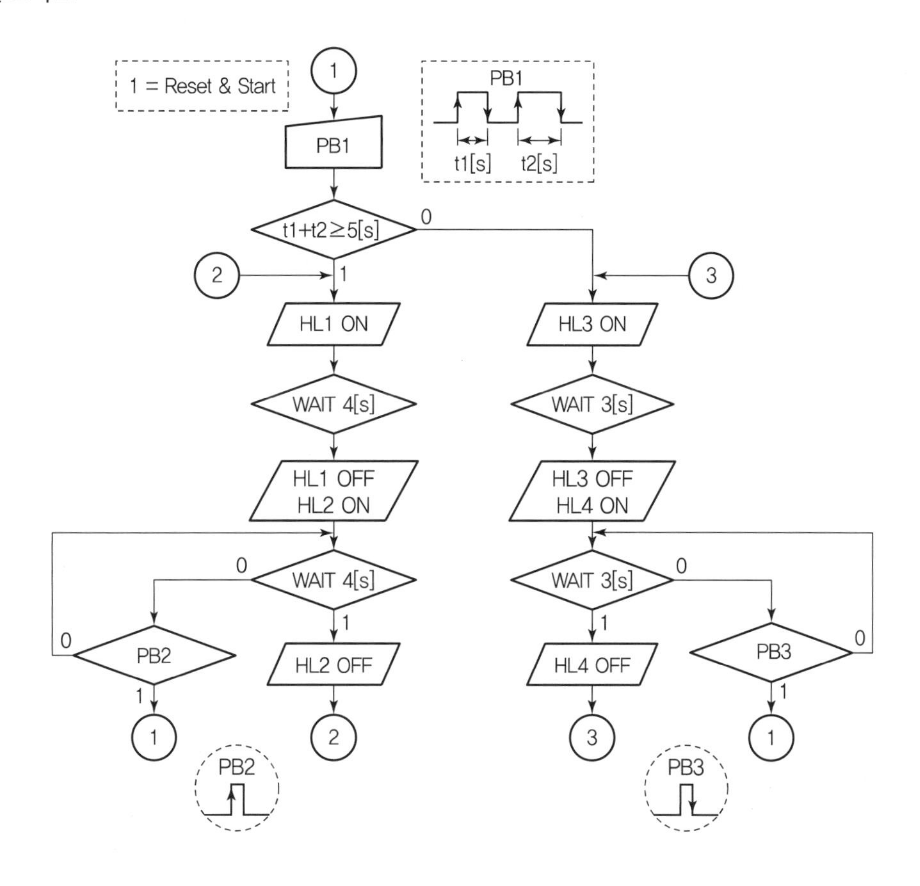

(3) 래더도

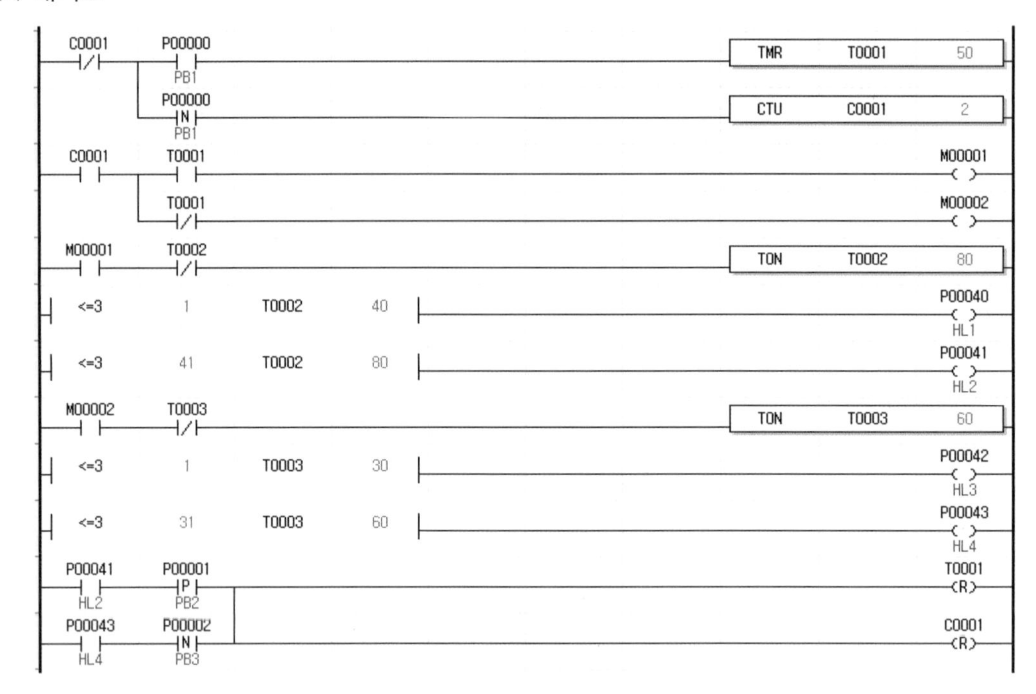

C0001
P00000
PB1
TMR
T0001
50
P00000
N
PB1
CTU
C0001
2
C0001
T0001
M00001
T0001
M00002
M00001
T0002
TON
T0002
80
<=3
1
T0002
40
P00040
HL1
<=3
41
T0002
80
P00041
HL2
M00002
T0003
TON
T0003
60
<=3
1
T0003
30
P00042
HL3
<=3
31
T0003
60
P00043
HL4
P00041
HL2
P00001
P
PB2
T0001
R
P00043
HL4
P00002
N
PB3
C0001
R

부록

전기기능장 실기 실습문제

1 PLC 기출문제(복원)

1) 65회 1일차

(1) PLC 입 · 출력표

입력				출력			
디바이스	변수	디바이스	변수	디바이스	변수	디바이스	변수
P00000	PB_A	P00004	SS_B	P00040	PL_A	P00044	PL_E
P00001	PB_B	P00005	SS_C	P00041	PL_B		
P00002	PB_C			P00042	PL_C		
P00003	SS_A			P00043	PL_D		

(2) 플로차트

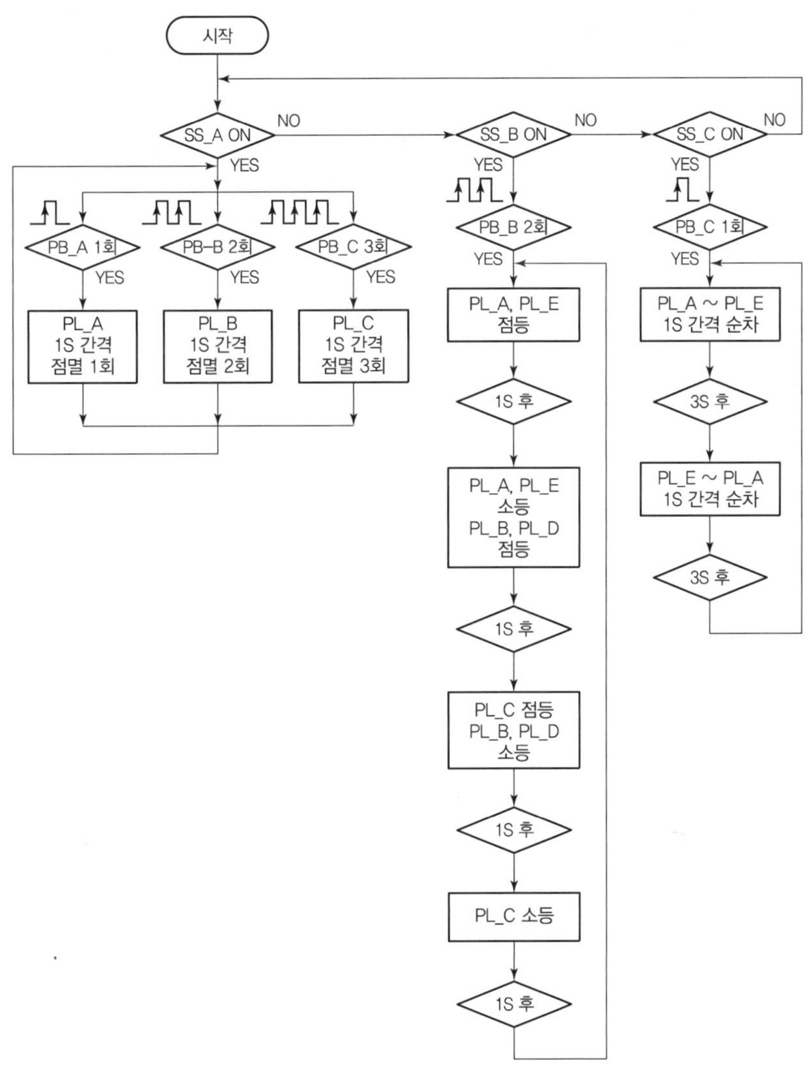

(3) 래더도

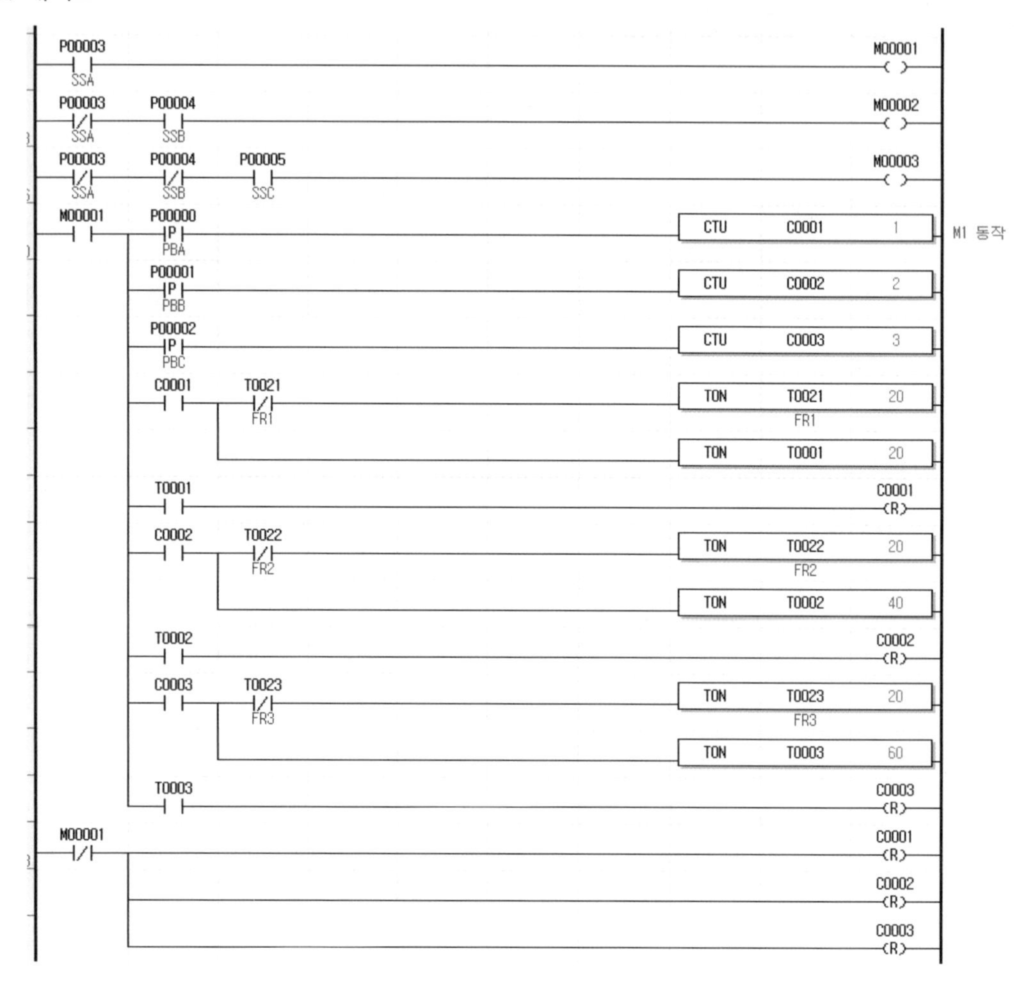
P00003
SSA
M00001
P00003
P00004
SSA
SSB
M00002
P00003
P00004
P00005
SSA
SSB
SSC
M00003
M00001
P00000
PBA
CTU
C0001
1
M1 동작
P00001
PBB
CTU
C0002
2
P00002
PBC
CTU
C0003
3
C0001
T0021
FR1
TON
T0021
20
FR1
TON
T0001
20
T0001
C0001
R
C0002
T0022
FR2
TON
T0022
20
FR2
TON
T0002
40
T0002
C0002
R
C0003
T0023
FR3
TON
T0023
20
FR3
TON
T0003
60
T0003
C0003
R
M00001
C0001
R
C0002
R
C0003
R

```
M00002   P00001                                              CTU   C0004   2     M2 동작
--| |----+--|P|------------------------------------------[                    ]
         |  PBB
         |  C0004    T0014
         +--| |------|/|-----------------------------------[ TON  T0011  10 ]
         |  T0011
         +--| |--------------------------------------------[ TON  T0012  10 ]
         |  T0012
         +--| |--------------------------------------------[ TON  T0013  10 ]
         |  T0013
         +--| |--------------------------------------------[ TON  T0014  10 ]

M00002                                                              C0004
--|/|-------------------------------------------------------------(R)

M00003   P00002                                                     M00013   M3 동작
--| |----+--|P|--+------------------------------------------------( )
         |  PBC  |
         |  M00013   T0015
         +--| |--+---|/|-----------------------------------[ TON  T0015  140 ]

M00001
--| |----[ <=3   1    T0021   10 ]--+--------------------------------P00040 ( ) PLA
                      FR1           |
M00002   C0004   T0011              |
--| |----| |-----|/|----------------+
M00003                              |
--| |----[ <=3   1    T0015   110 ]-+

M00001
--| |----[ <=3   1    T0022   10 ]--+--------------------------------P00041 ( ) PLB
                      FR2           |
M00002   T0011   T0012              |
--| |----| |-----|/|----------------+
M00003                              |
--| |----[ <=3   11   T0015   100 ]-+

M00001
--| |----[ <=3   1    T0023   10 ]--+--------------------------------P00042 ( ) PLC
                      FR3           |
M00002   T0012   T0013              |
--| |----| |-----|/|----------------+
M00003                              |
--| |----[ <=3   21   T0015   90 ]--+

M00002   T0011   T0012
--| |----| |-----|/|----------------+--------------------------------P00043 ( ) PLD
M00003                              |
--| |----[ <=3   31   T0015   80 ]--+

M00002   C0004   T0011
--| |----| |-----|/|----------------+--------------------------------P00044 ( ) PLE
M00003                              |
--| |----[ <=3   41   T0015   70 ]--+
```

2) 65회 2일차

(1) PLC 입 · 출력표

입력				출력			
디바이스	변수	디바이스	변수	디바이스	변수	디바이스	변수
P00000	PB_A	P00004	SS_B	P00040	PL_A	P00044	PL_E
P00001	PB_B	P00005	SS_C	P00041	PL_B		
P00002	PB_C			P00042	PL_C		
P00003	SS_A			P00043	PL_D		

(2) 플로차트

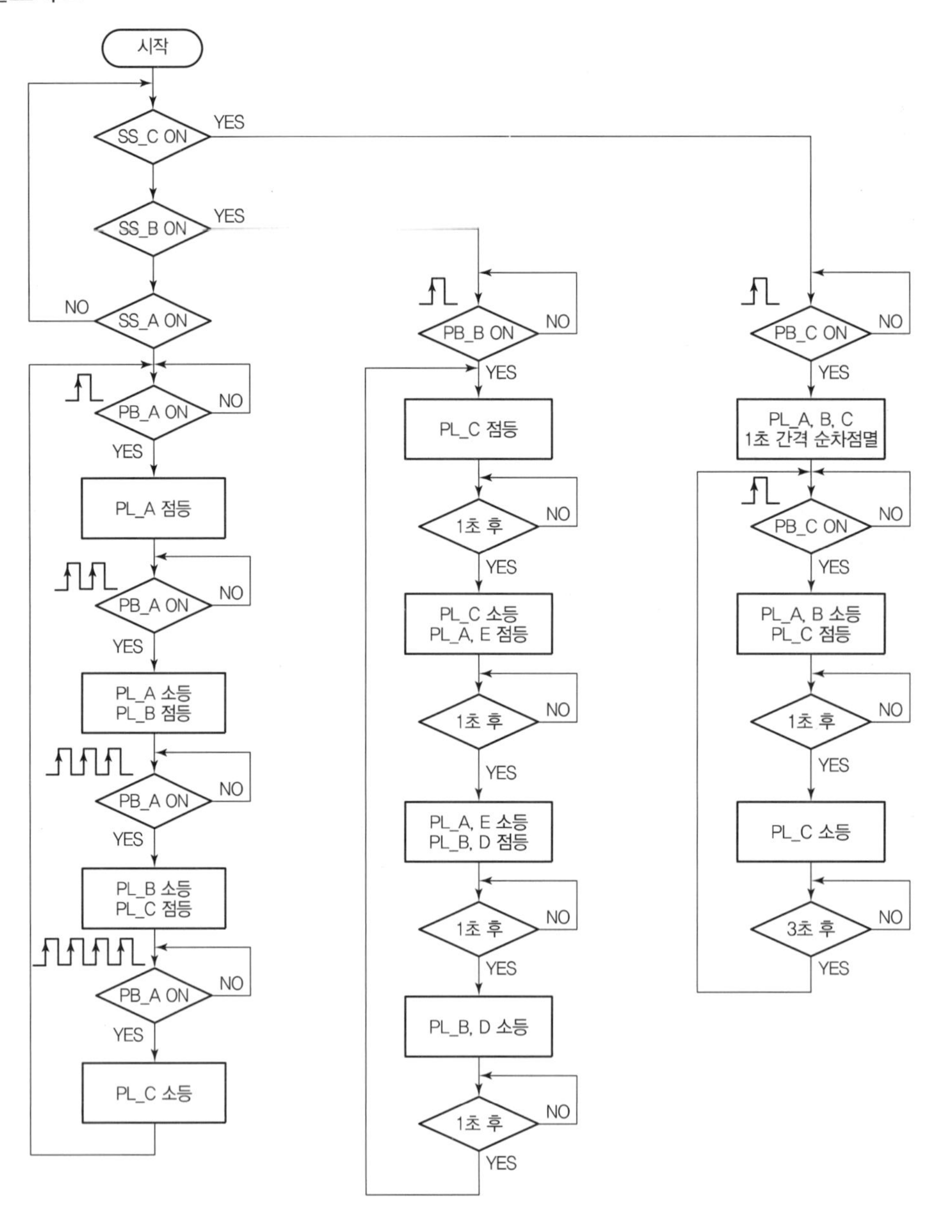

(3) 래더도

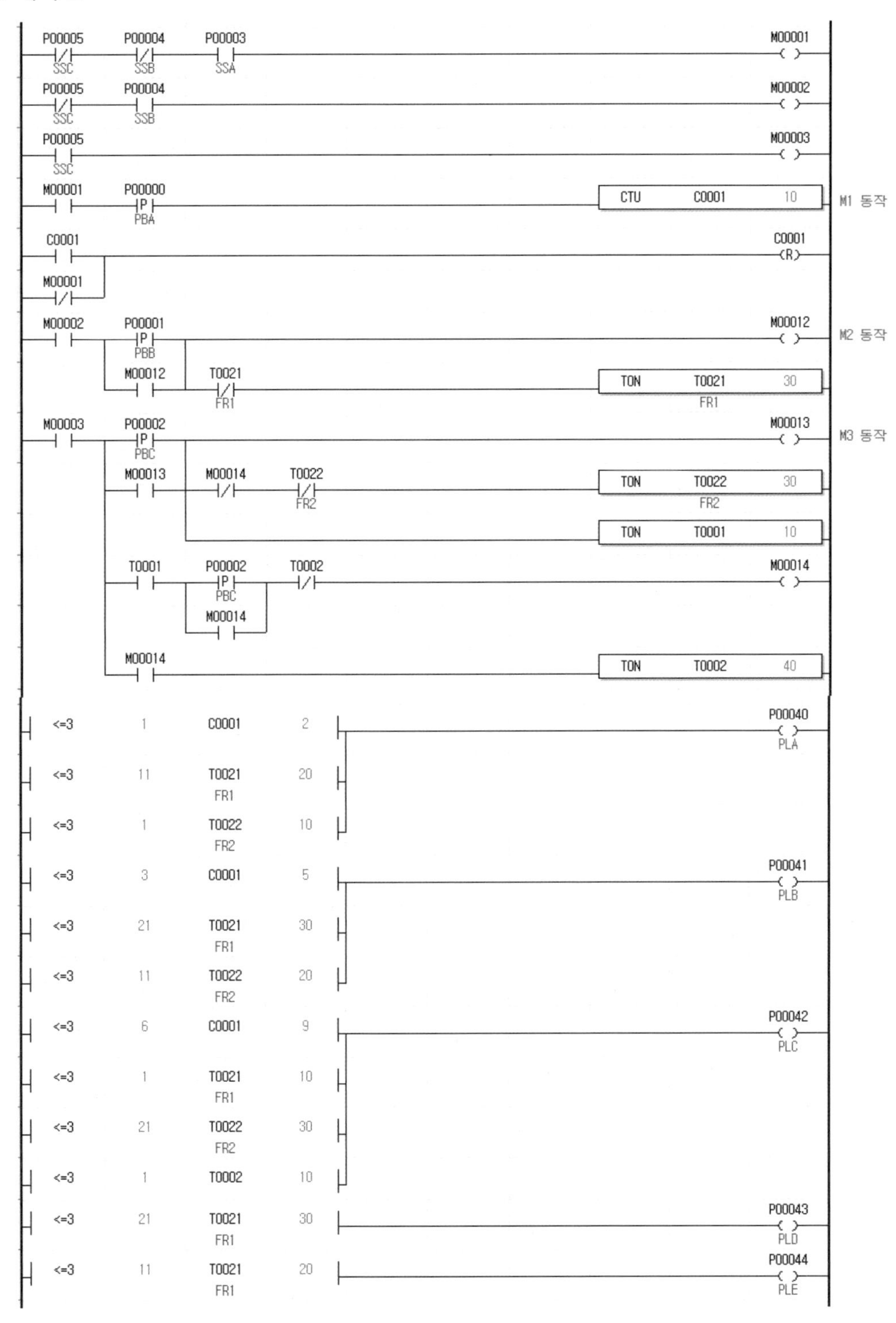
P00005
P00004
P00003
M00001
SSC
SSB
SSA
M00002
M00003
M00001
P00000
PBA
CTU
C0001
10
M1 동작
C0001
R
M00002
P00001
PBB
M00012
M2 동작
T0021
FR1
TON
30
M00003
P00002
PBC
M00013
M3 동작
M00014
T0022
FR2
T0001
T0002
40
<=3
P00040
PLA
P00041
PLB
P00042
PLC
P00043
PLD
P00044
PLE

3) 65회 3일차

(1) PLC 입 · 출력표

입력				출력			
디바이스	변수	디바이스	변수	디바이스	변수	디바이스	변수
P00000	PB_A	P00004	SS_B	P00040	PL_A	P00044	PL_E
P00001	PB_B	P00005	SS_C	P00041	PL_B		
P00002	PB_C			P00042	PL_C		
P00003	SS_A			P00043	PL_D		

(2) 플로차트

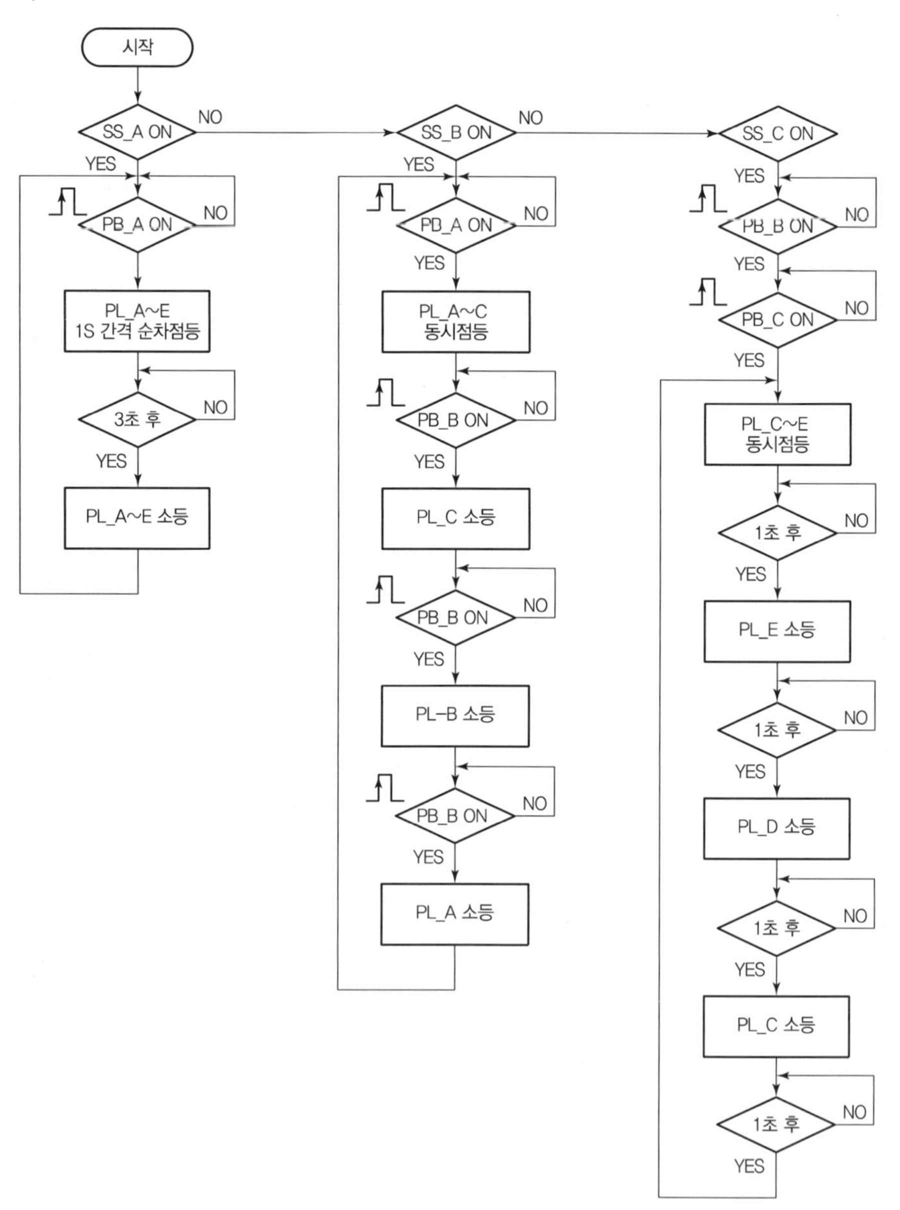

(3) 래더도

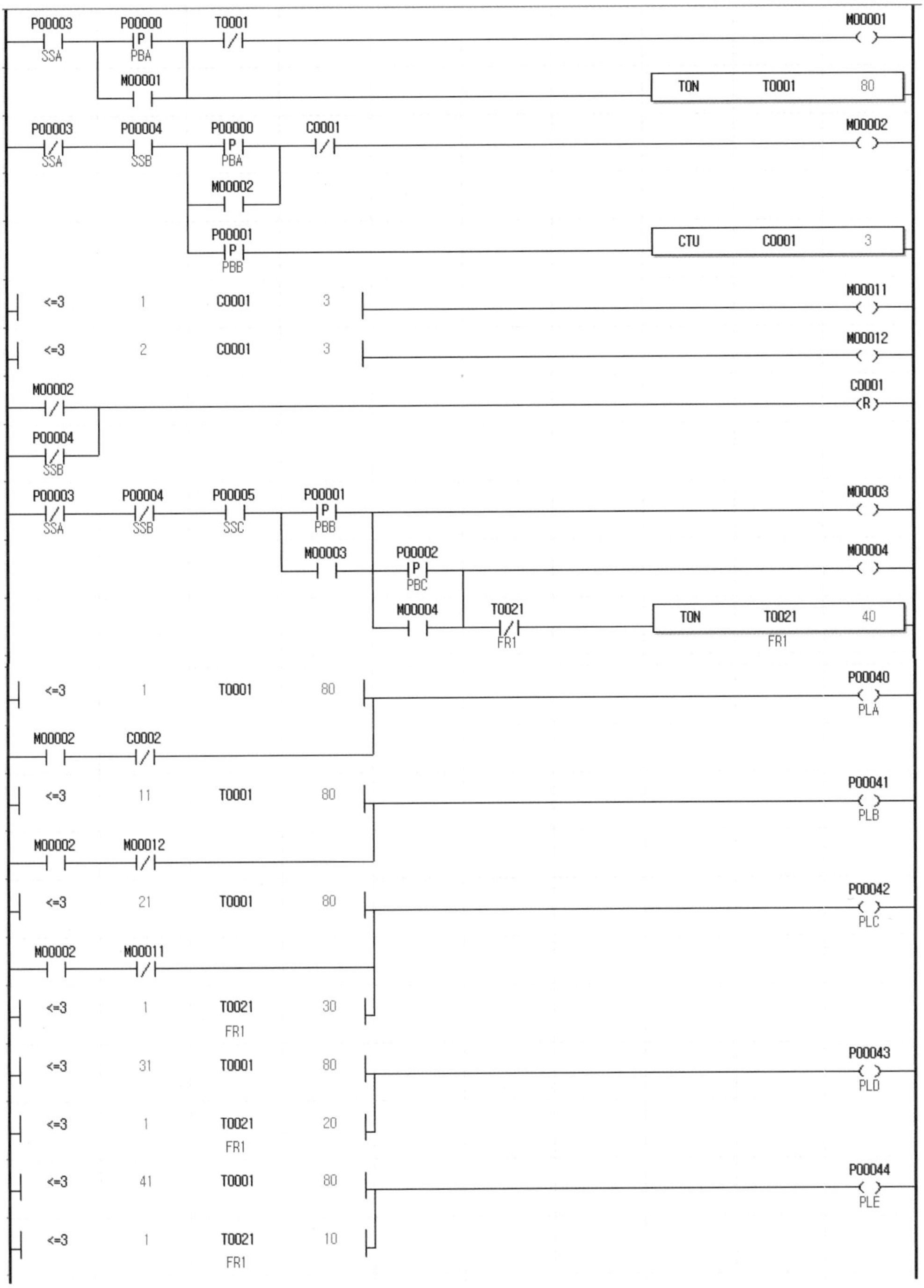

P00003 (SSA) — P00000 [P] (PBA) / M00001 — T0001 [/] — M00001 ( )

TON T0001 80

P00003 [/] (SSA) — P00004 (SSB) — P00000 [P] (PBA) / M00002 — C0001 [/] — M00002 ( )

P00001 [P] (PBB) — CTU C0001 3

<=3 1 C0001 3 — M00011 ( )

<=3 2 C0001 3 — M00012 ( )

M00002 [/] / P00004 [/] (SSB) — C0001 (R)

P00003 [/] (SSA) — P00004 [/] (SSB) — P00005 (SSC) — P00001 [P] (PBB) / M00003 — M00003 ( )

P00002 [P] (PBC) — M00004 ( )

M00004 — T0021 [/] (FR1) — TON T0021 40 (FR1)

<=3 1 T0001 80 / M00002 — C0002 [/] — P00040 ( ) PLA

<=3 11 T0001 80 / M00002 — M00012 [/] — P00041 ( ) PLB

<=3 21 T0001 80 / M00002 — M00011 [/] / <=3 1 T0021 (FR1) 30 — P00042 ( ) PLC

<=3 31 T0001 80 / <=3 1 T0021 (FR1) 20 — P00043 ( ) PLD

<=3 41 T0001 80 / <=3 1 T0021 (FR1) 10 — P00044 ( ) PLE

4) 66회 1일차

(1) PLC 입 · 출력표

입력				출력			
디바이스	변수	디바이스	변수	디바이스	변수	디바이스	변수
P00000	PB_A	P00004	SS_B	P00040	PL_A	P00044	PL_E
P00001	PB_B	P00005	SS_C	P00041	PL_B		
P00002	PB_C			P00042	PL_C		
P00003	SS_A			P00043	PL_D		

(2) 타임차트 1

① PB_A를 누른 후 5초 동안 PB_C는 입력되지 않습니다.

② PB_A(점등)와 PB_C(소등)에 의한 PL_A~PL_E는 타임차트와 같이 점등과 소등이 됩니다.

③ SS_A Off 시 동작은 리셋됩니다.

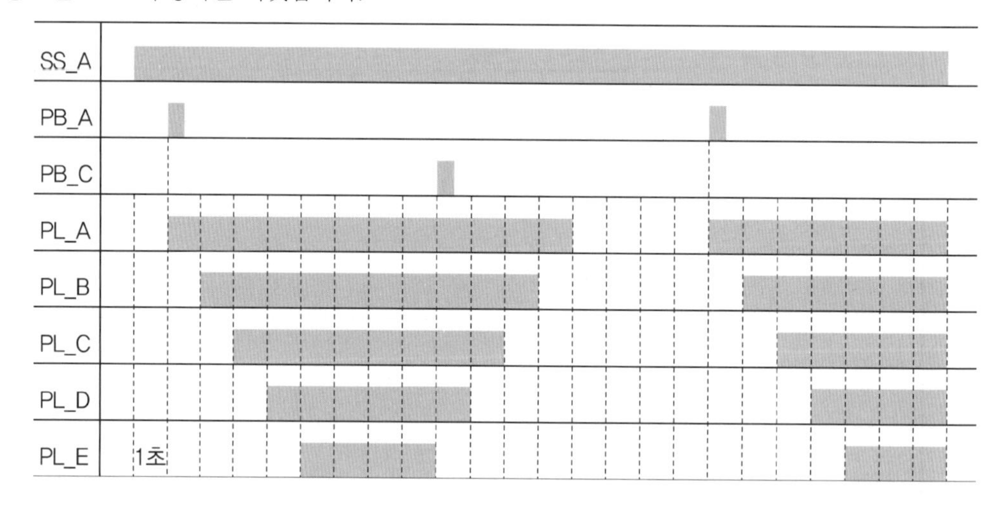

(3) 타임차트 2

① PB_A를 누른 횟수만큼 PL_A는 초로 점등됩니다.

② PB_A를 누른 횟수만큼 PL_B는 1초 지연하고 초로 점등됩니다.

③ SS_C 입력되면 PB_A 횟수는 리셋됩니다.

④ PL_A 점등이면 PL_C는 소등됩니다.

⑤ PL_B 점등이면 PL_D는 소등됩니다.

⑥ PL_C, PL_D 점등이면 PL_E는 점등됩니다.

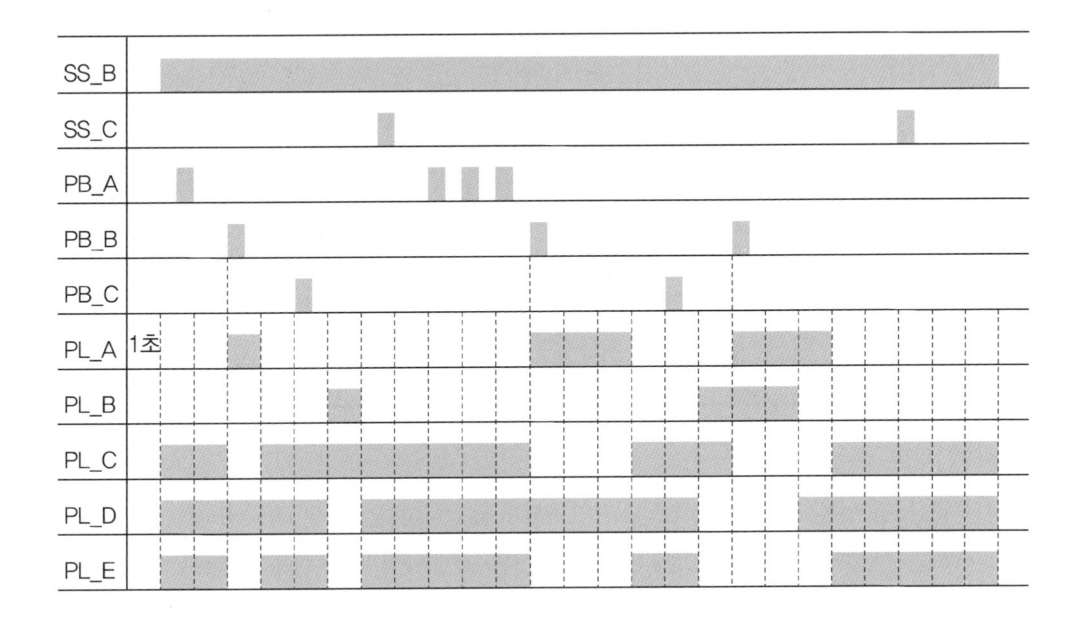
SS_B
SS_C
PB_A
PB_B
PB_C
PL_A
1초
PL_B
PL_C
PL_D
PL_E

(4) 래더도

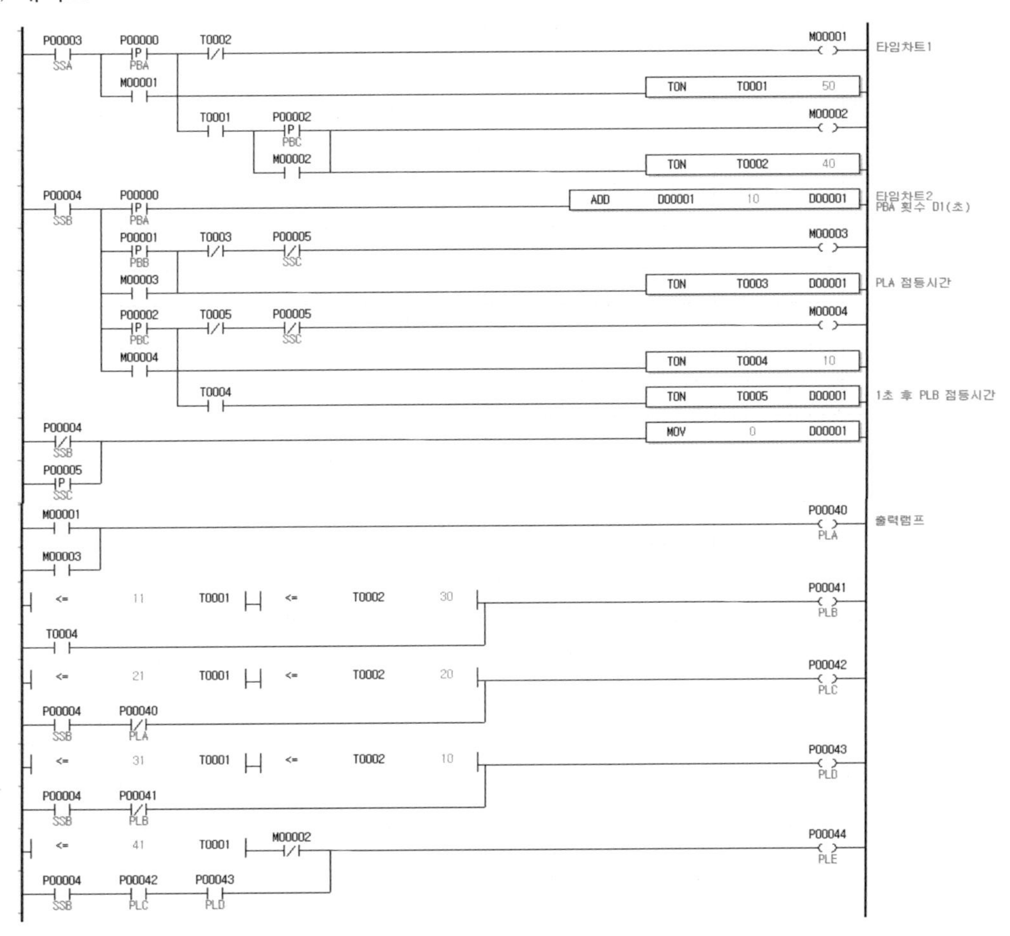
P00003 SSA
P00000 P PBA
T0002
M00001
타임차트1
M00001
TON T0001 50
T0001
P00002 P PBC
M00002
M00002
TON T0002 40
P00004 SSB
P00000 P PBA
ADD D00001 10 D00001
타임차트2
PBA 횟수 D1(초)
P00001 P PBB
T0003
P00005 SSC
M00003
M00003
TON T0003 D00001
PLA 점등시간
P00002 P PBC
T0005
P00005 SSC
M00004
M00004
TON T0004 10
T0004
TON T0005 D00001
1초 후 PLB 점등시간
P00004 SSB
MOV 0 D00001
P00005 P SSC
M00001
P00040 PLA
출력램프
M00003
<= 11 T0001
<= T0002 30
P00041 PLB
T0004
<= 21 T0001
<= T0002 20
P00042 PLC
P00004 SSB
P00040 PLA
<= 31 T0001
<= T0002 10
P00043 PLD
P00004 SSB
P00041 PLB
<= 41 T0001
M00002
P00044 PLE
P00004 SSB
P00042 PLC
P00043 PLD

5) 66회 2일차

(1) PLC 입 · 출력표

입력				출력			
디바이스	변수	디바이스	변수	디바이스	변수	디바이스	변수
P00000	PB_A	P00004	SS_B	P00040	PL_A	P00044	PL_E
P00001	PB_B	P00005	SS_C	P00041	PL_B		
P00002	PB_C			P00042	PL_C		
P00003	SS_A			P00043	PL_D		

(2) 타임차트 1

① PB_A를 누른 후 5초 동안 PB_C는 입력되지 않습니다.

② PB_A(점등)와 PB_C(소등)에 의한 PL_A~PL_E는 타임차트와 같이 점등과 소등이 됩니다.

③ SS_A Off 시 동작은 리셋됩니다.

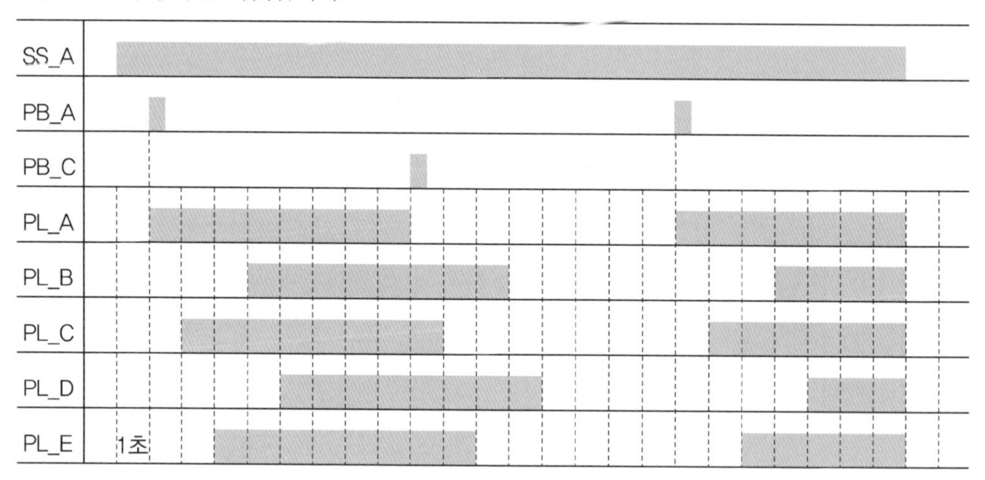

(3) 타임차트 2

① PB_A를 누른 횟수는 PL_A 점등 초, PB_B를 누른 횟수는 PL_B 점등 초입니다.

② PB_C는 동작 시작으로 PL_A 점등 후 PL_B가 점등됩니다.

③ PL_A=NOT(PL_C), PL_B=NOT(PL_D)

④ PL_E=PL_C · PL_D

⑤ SS_B Off 시 리셋, SS_C 입력 시 리셋

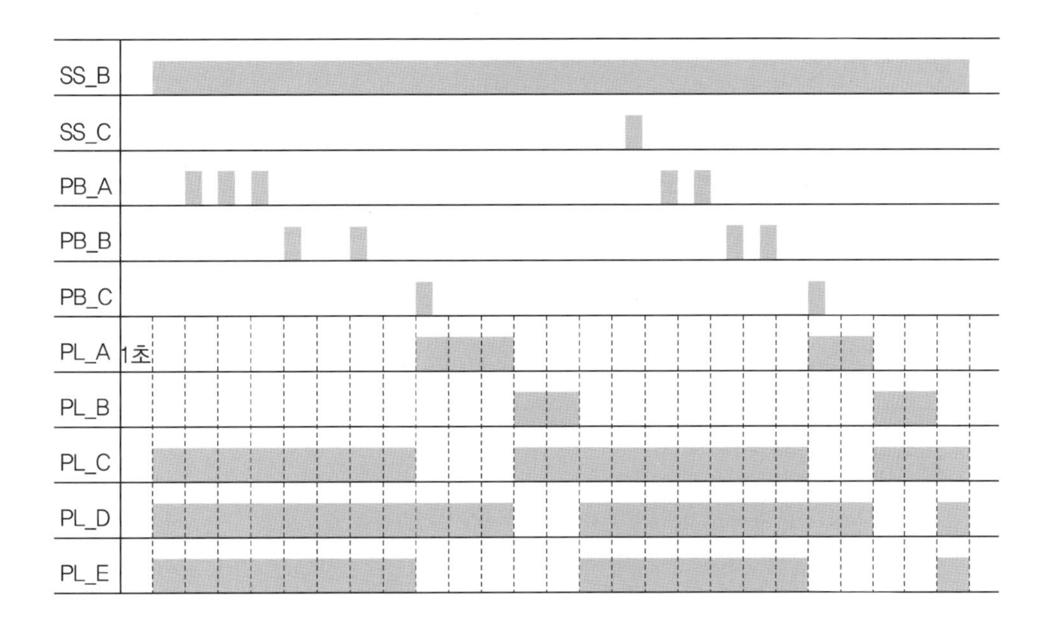
SS_B
SS_C
PB_A
PB_B
PB_C
PL_A
1초
PL_B
PL_C
PL_D
PL_E

(4) 래더도

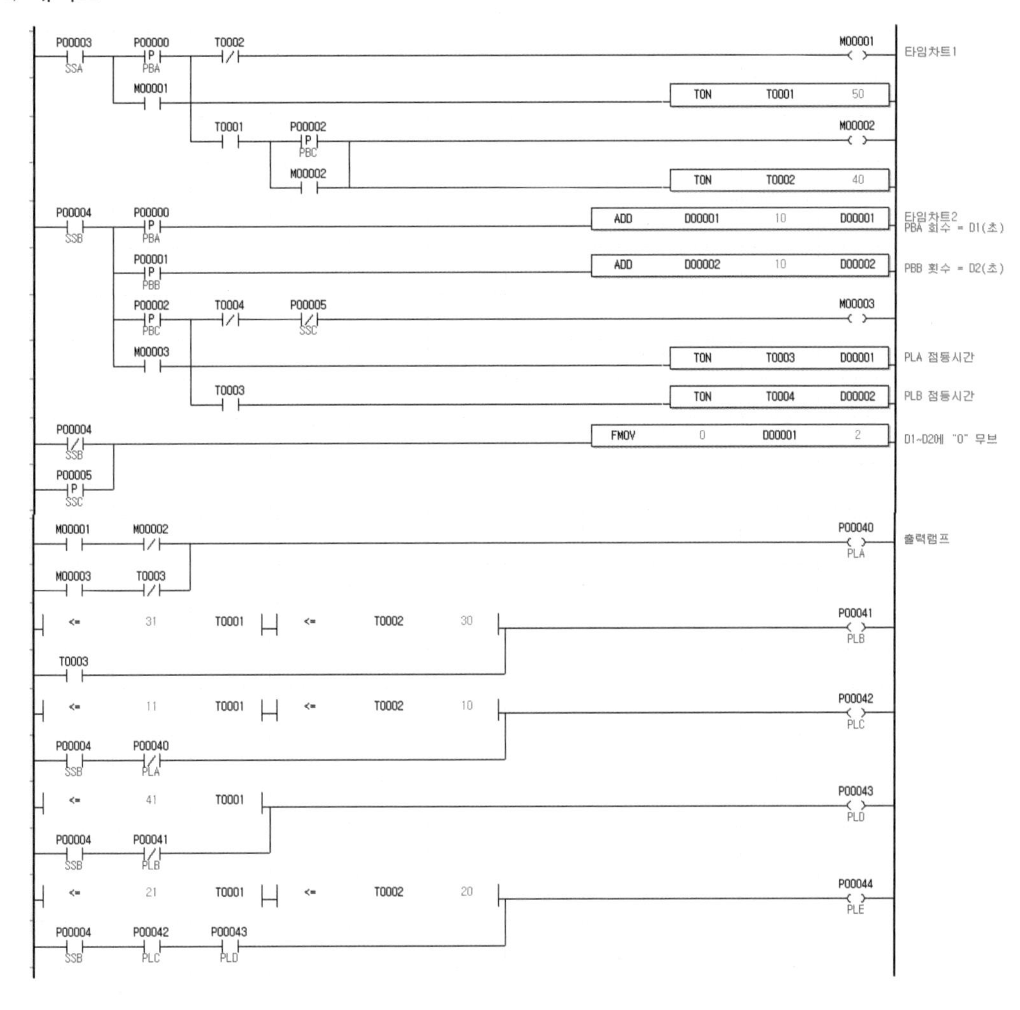
P00003
SSA
P00000
PBA
T0002
M00001
타임차트1
M00001
TON T0001 50
T0001
P00002
PBC
M00002
M00002
TON T0002 40
P00004
SSB
P00000
PBA
ADD D00001 10 D00001
타임차트2
PBA 회수 = D1(초)
P00001
PBB
ADD D00002 10 D00002
PBB 횟수 = D2(초)
P00002
PBC
T0004
P00005
SSC
M00003
M00003
TON T0003 D00001
PLA 점등시간
T0003
TON T0004 D00002
PLB 점등시간
P00004
SSB
FMOV 0 D00001 2
D1~D2에 "0" 무브
P00005
SSC
M00001
M00002
P00040
PLA
출력램프
M00003
T0003
<= 31 T0001 <= T0002 30
P00041
PLB
T0003
<= 11 T0001 <= T0002 10
P00042
PLC
P00004
SSB
P00040
PLA
<= 41 T0001
P00043
PLD
P00004
SSB
P00041
PLB
<= 21 T0001 <= T0002 20
P00044
PLE
P00004
SSB
P00042
PLC
P00043
PLD

6) 66회 3일차

(1) PLC 입 · 출력표

입력				출력			
디바이스	변수	디바이스	변수	디바이스	변수	디바이스	변수
P00000	PB_A	P00004	SS_B	P00040	PL_A	P00044	PL_E
P00001	PB_B	P00005	SS_C	P00041	PL_B		
P00002	PB_C			P00042	PL_C		
P00003	SS_A			P00043	PL_D		

(2) 타임차트 1

① PB_A를 누른 후 5초 동안 PB_C는 입력되지 않습니다.

② PB_A(점등)와 PB_C(소등)에 의한 PL_A~PL_E는 타임차트와 같이 점등과 소등이 됩니다.

③ SS_A Off 시 동작은 리셋됩니다.

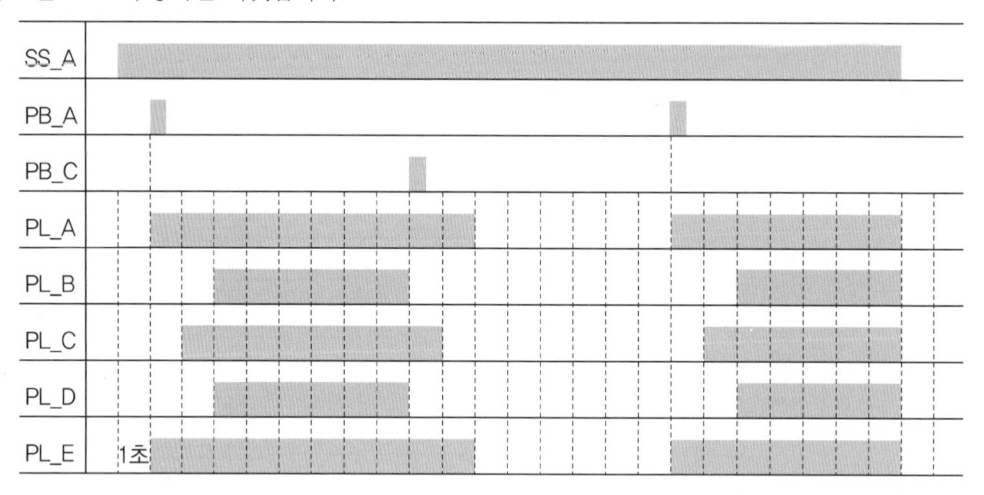

(3) 타임차트 2

① PB_A를 누른 횟수와 PB_B를 누른 횟수의 합은 PL_A 점등 초입니다.

② PB_A를 누른 횟수와 PB_B를 누른 횟수의 차는 PL_B 점등 초입니다.

③ PL_A=NOT(PL_C), PL_B=NOT(PL_D)

④ PL_E=PL_C · PL_D

⑤ SS_B Off 시 리셋, SS_C 리셋

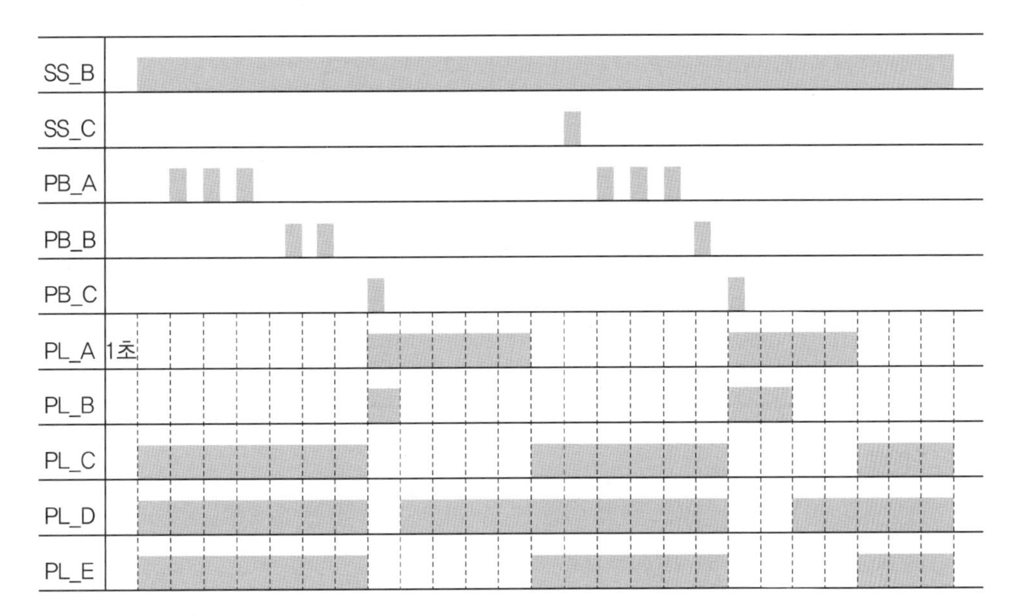
SS_B
SS_C
PB_A
PB_B
PB_C
PL_A
1초
PL_B
PL_C
PL_D
PL_E

(4) 래더도

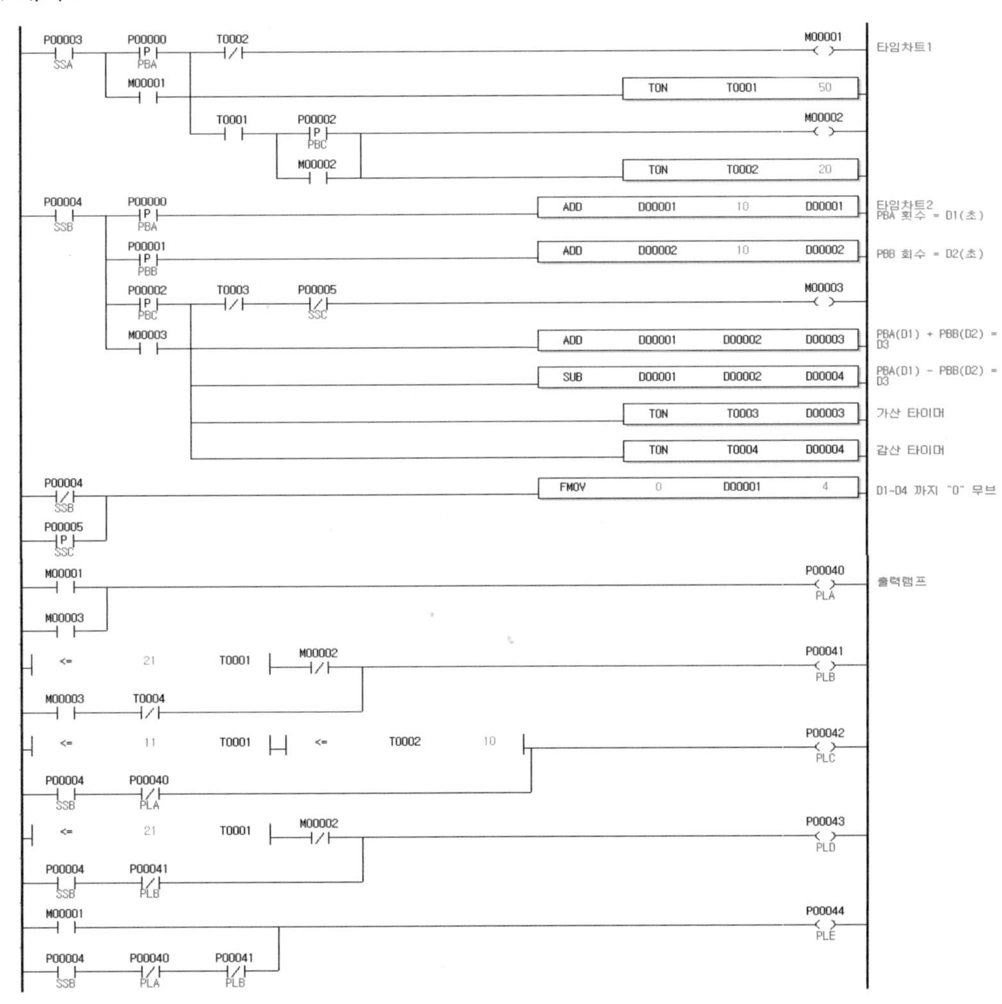
P00003
SSA
P00000
PBA
T0002
M00001
타임차트1
M00001
TON T0001 50
T0001
P00002
PBC
M00002
M00002
TON T0002 20
P00004
SSB
P00000
PBA
ADD D00001 10 D00001
타임차트2
PBA 회수 = D1(초)
P00001
PBB
ADD D00002 10 D00002
PBB 회수 = D2(초)
P00002
PBC
T0003
P00005
SSC
M00003
M00003
ADD D00001 D00002 D00003
PBA(D1) + PBB(D2) = D3
SUB D00001 D00002 D00004
PBA(D1) - PBB(D2) = D3
TON T0003 D00003
가산 타이머
TON T0004 D00004
감산 타이머
P00004
SSB
FMOV 0 D00001 4
D1-D4 까지 "0" 무브
P00005
SSC
M00001
P00040
PLA
출력램프
M00003
<= 21 T0001
M00002
P00041
PLB
M00003
T0004
<= 11 T0001
<= T0002 10
P00042
PLC
P00004
SSB
P00040
PLA
<= 21 T0001
M00002
P00043
PLD
P00004
SSB
P00041
PLB
M00001
P00044
PLE
P00004
SSB
P00040
PLA
P00041
PLB

7) 67회 1일차

(1) PLC 입 · 출력표

입력				출력			
디바이스	변수	디바이스	변수	디바이스	변수	디바이스	변수
P00000	PB_A	P00004	SS_B	P00040	PL_A	P00044	PL_E
P00001	PB_B	P00005	SS_C	P00041	PL_B		
P00002	PB_C			P00042	PL_C		
P00003	SS_A			P00043	PL_D		

(2) 타임차트 1

① PB_A(점등)와 PB_B(소등)에 의한 PL_A~PL_E는 타임차트와 같이 점등과 소등됩니다.

② SS_A Off 시 동작은 리셋됩니다.

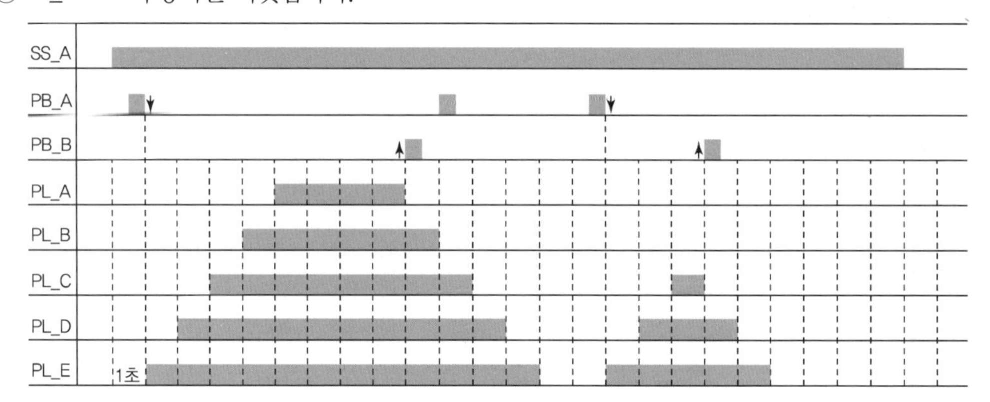

(3) 타임차트 2

① PB_A, PB_B의 입력 조건에 따라 PL_A, PL_B는 타임차트와 같이 동작합니다.

② SS_C는 카운터 리셋입니다.

③ PB_C가 입력되면 PL_A, PL_B가 동작합니다.

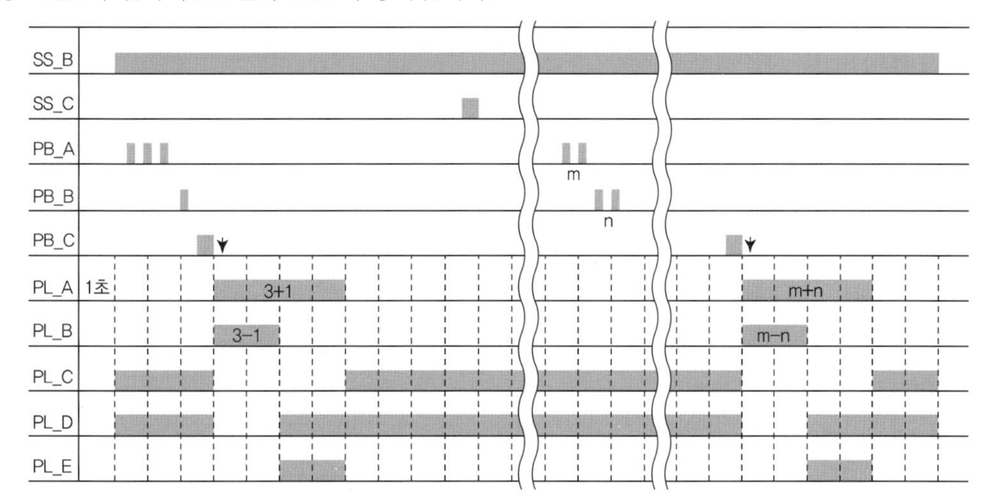

(4) 래더도

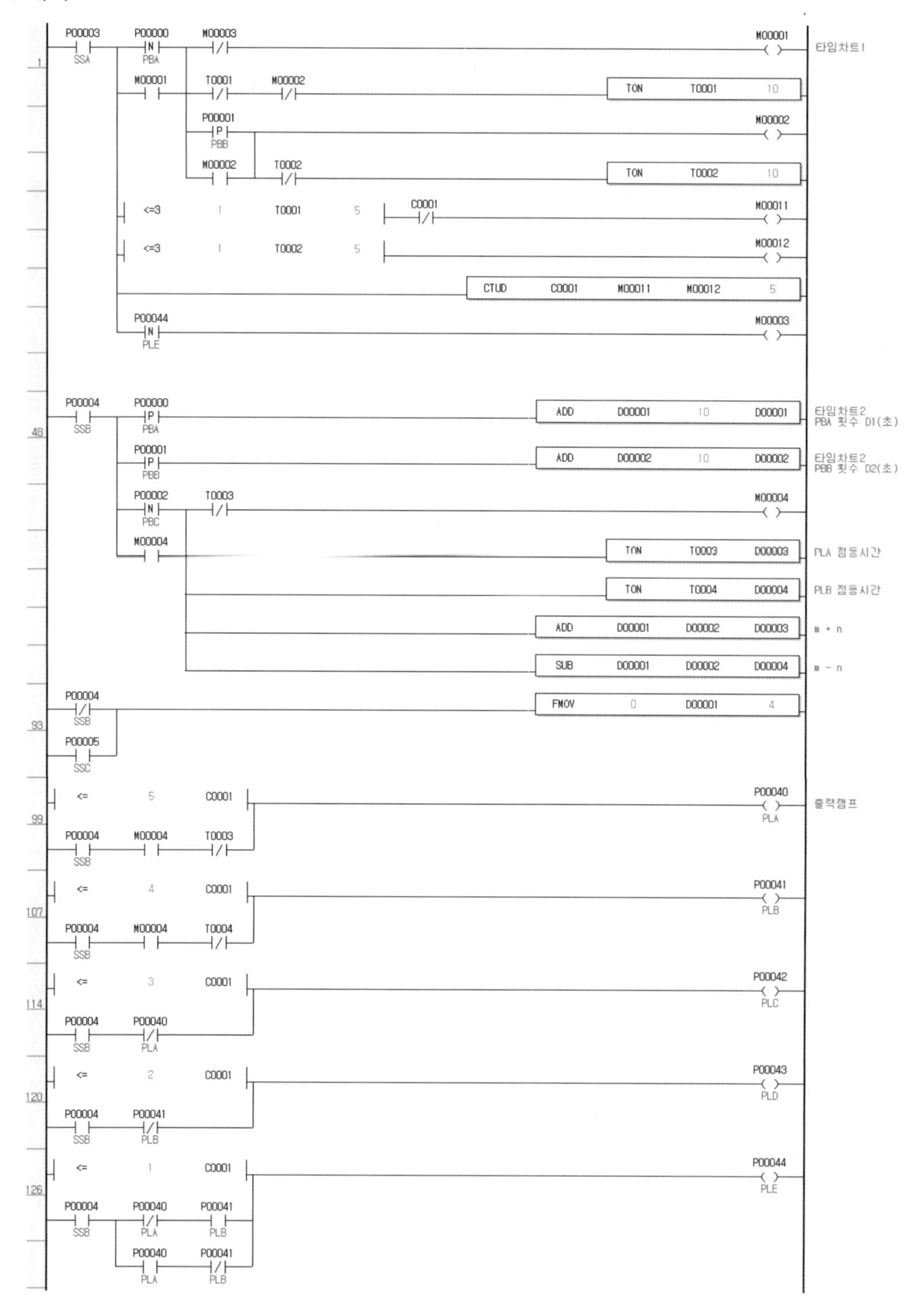
P00003
SSA
P00000
PBA
M00003
M00001
타임차트1
1
M00001
T0001
M00002
TON
T0001
10
P00001
PBB
M00002
M00002
T0002
TON
T0002
10
<=3
1
T0001
5
C0001
M00011
<=3
1
T0002
5
M00012
CTUD
C0001
M00011
M00012
5
P00044
PLE
M00003
P00004
SSB
P00000
PBA
48
ADD
D00001
10
D00001
타임차트2
PBA 횟수 D1(초)
P00001
PBB
ADD
D00002
10
D00002
타임차트2
PBB 횟수 D2(초)
P00002
PBC
T0003
M00004
M00004
TON
T0003
D00003
PLA 점등시간
TON
T0004
D00004
PLB 점등시간
ADD
D00001
D00002
D00003
m + n
SUB
D00001
D00002
D00004
m - n
P00004
SSB
93
P00005
SSC
FMOV
0
D00001
4
<=
5
C0001
P00040
PLA
출력램프
99
P00004
SSB
M00004
T0003
<=
4
C0001
P00041
PLB
107
P00004
SSB
M00004
T0004
<=
3
C0001
P00042
PLC
114
P00004
SSB
P00040
PLA
<=
2
C0001
P00043
PLD
120
P00004
SSB
P00041
PLB
<=
1
C0001
P00044
PLE
126
P00004
SSB
P00040
PLA
P00041
PLB
P00040
PLA
P00041
PLB

8) 67회 2일차

(1) PLC 입 · 출력표

입력				출력			
디바이스	변수	디바이스	변수	디바이스	변수	디바이스	변수
P00000	PB_A	P00004	SS_B	P00040	PL_A	P00044	PL_E
P00001	PB_B	P00005	SS_C	P00041	PL_B		
P00002	PB_C			P00042	PL_C		
P00003	SS_A			P00043	PL_D		

(2) 타임차트 1

① PB_A(점등)와 PB_B(소등)에 의한 PL_A~PL_E는 타임차트와 같이 점등과 소등됩니다.

② SS_A OFF 시 동작은 리셋됩니다.

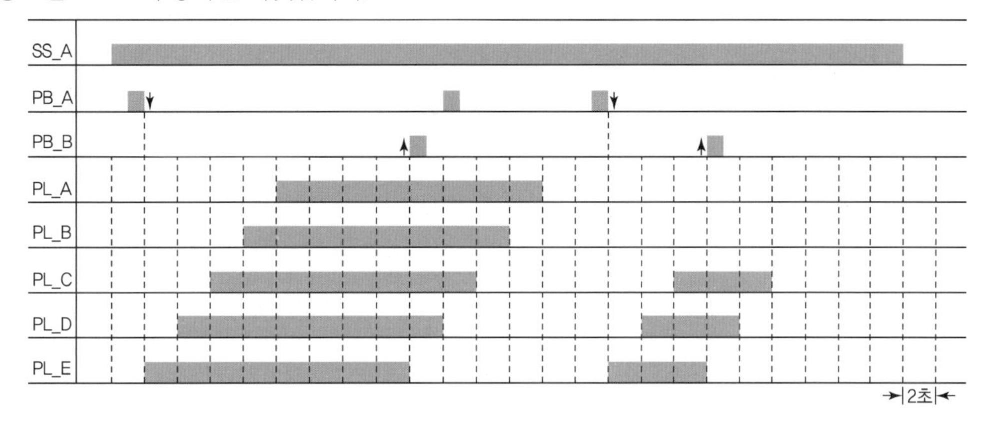

(3) 타임차트 2

① PB_A 입력 횟수는 플리커 초로 환산됩니다.

② PB_B가 입력되면 램프가 동작되며, PB_C가 입력되면 램프가 소등됩니다.

③ SS_C는 카운터 리셋입니다.

④ SS_B는 회로 전체 리셋

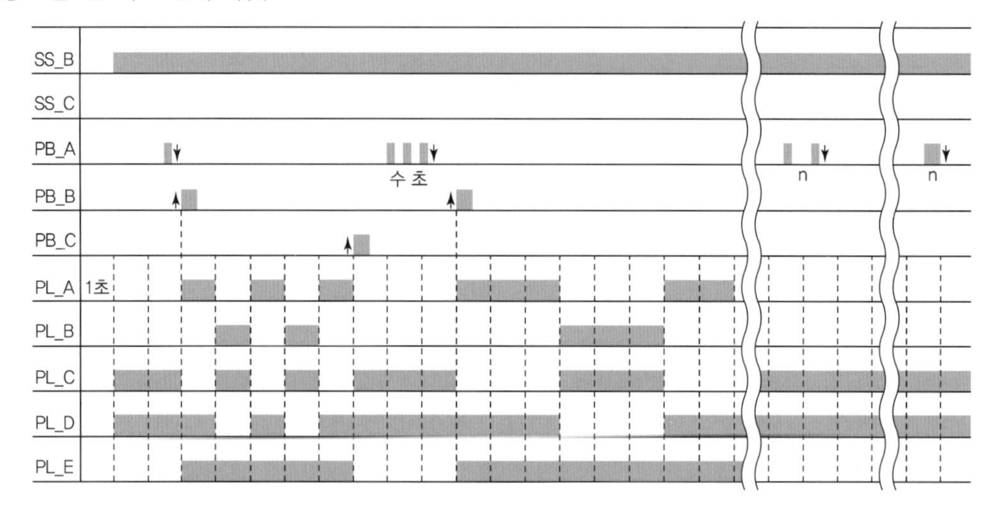

(4) 래더도

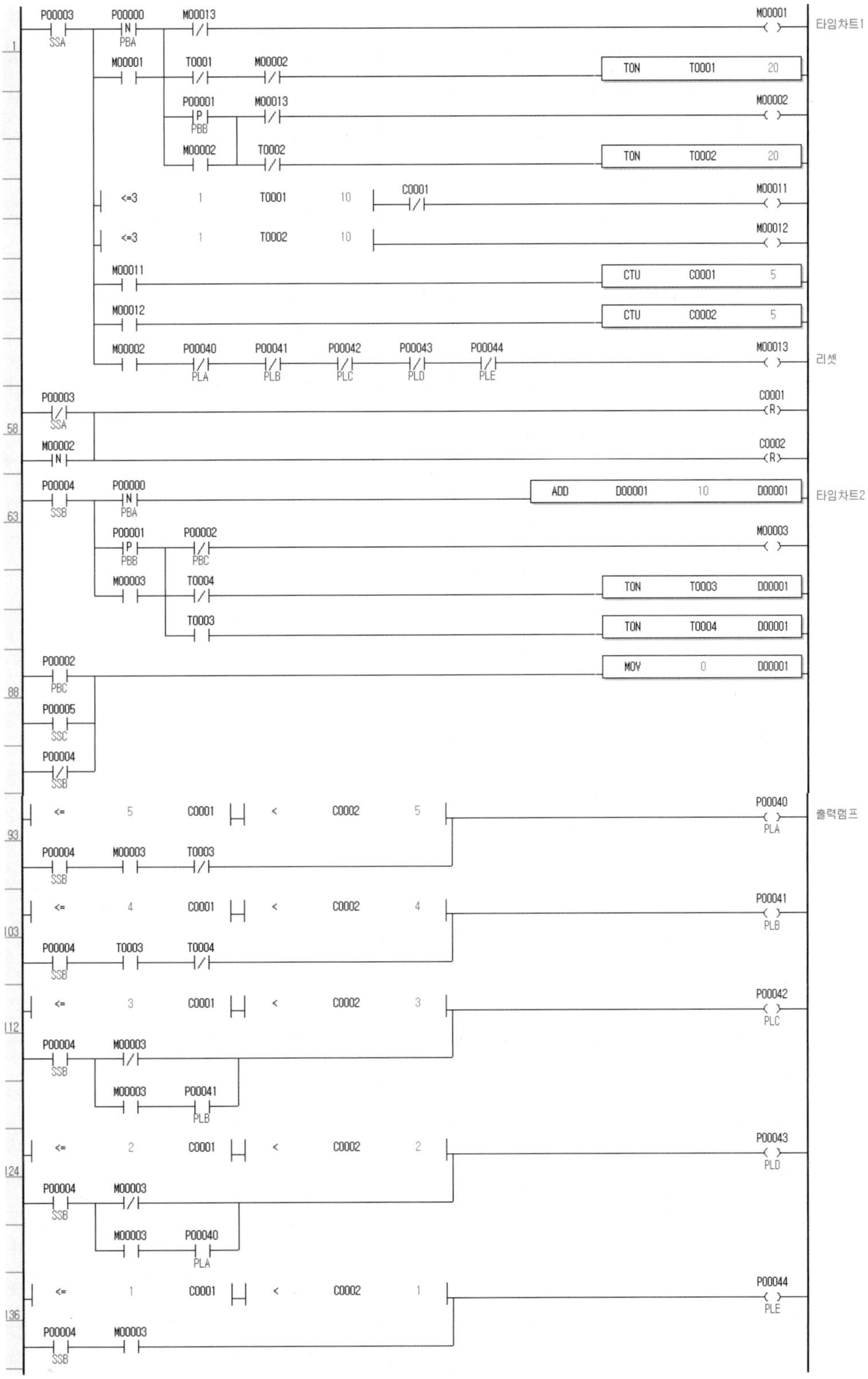

P00003 SSA P00000 N PBA M00013 M00001 타임차트1
M00001 T0001 M00002 TON T0001 20
P00001 P PBB M00013 M00002
M00002 T0002 TON T0002 20
<=3 1 T0001 10 C0001 M00011
<=3 1 T0002 10 M00012
M00011 CTU C0001 5
M00012 CTU C0002 5
M00002 P00040 PLA P00041 PLB P00042 PLC P00043 PLD P00044 PLE M00013 리셋
P00003 SSA C0001 R
M00002 N C0002 R
P00004 SSB P00000 N PBA ADD D00001 10 D00001 타임차트2
P00001 P PBB P00002 PBC M00003
M00003 T0004 TON T0003 D00001
T0003 TON T0004 D00001
P00002 PBC MOV 0 D00001
P00005 SSC
P00004 SSB
<= 5 C0001 < C0002 5 P00040 PLA 출력램프
P00004 SSB M00003 T0003
<= 4 C0001 < C0002 4 P00041 PLB
P00004 SSB T0003 T0004
<= 3 C0001 < C0002 3 P00042 PLC
P00004 SSB M00003
M00003 P00041 PLB
<= 2 C0001 < C0002 2 P00043 PLD
P00004 SSB M00003
M00003 P00040 PLA
<= 1 C0001 < C0002 1 P00044 PLE
P00004 SSB M00003

1 58 63 88 93 103 112 124 136

9) 67회 3일차

(1) PLC 입 · 출력표

입력				출력			
디바이스	변수	디바이스	변수	디바이스	변수	디바이스	변수
P00000	PB_A	P00004	SS_B	P00040	PL_A	P00044	PL_E
P00001	PB_B	P00005	SS_C	P00041	PL_B		
P00002	PB_C			P00042	PL_C		
P00003	SS_A			P00043	PL_D		

(2) 타임차트 1

① PB_A(점등)와 PB_B(소등)에 의한 PL_A~PL_E는 타임차트와 같이 점등과 소등됩니다.

② SS_A OFF 시 동작은 리셋됩니다.

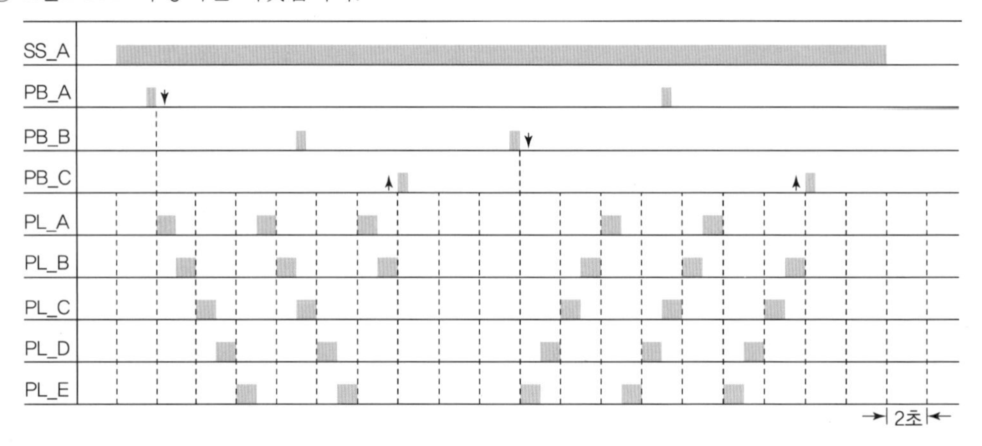

(3) 타임차트 2

① PB_A, PB_B는 램프 동작 조건입니다.

② PB_C는 램프 동작입니다.

③ SS_C는 카운터 초기화입니다.

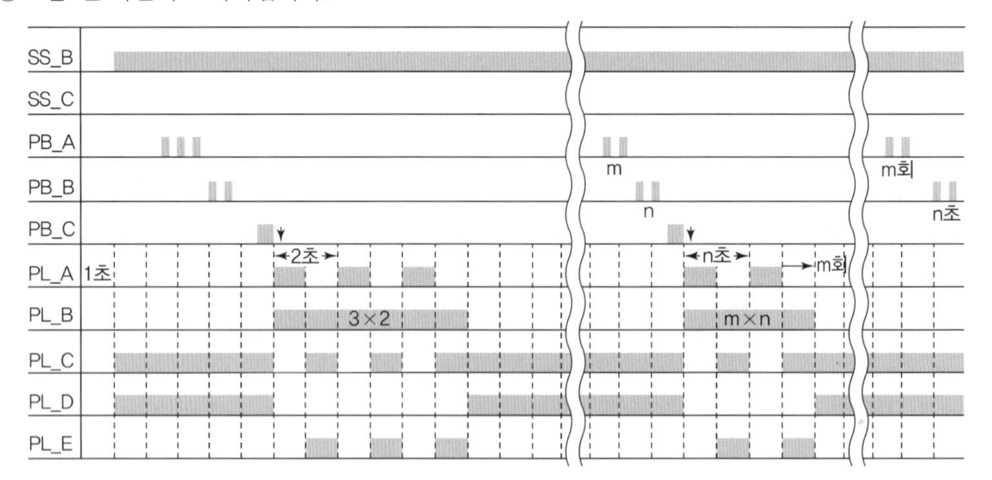

(4) 래더도

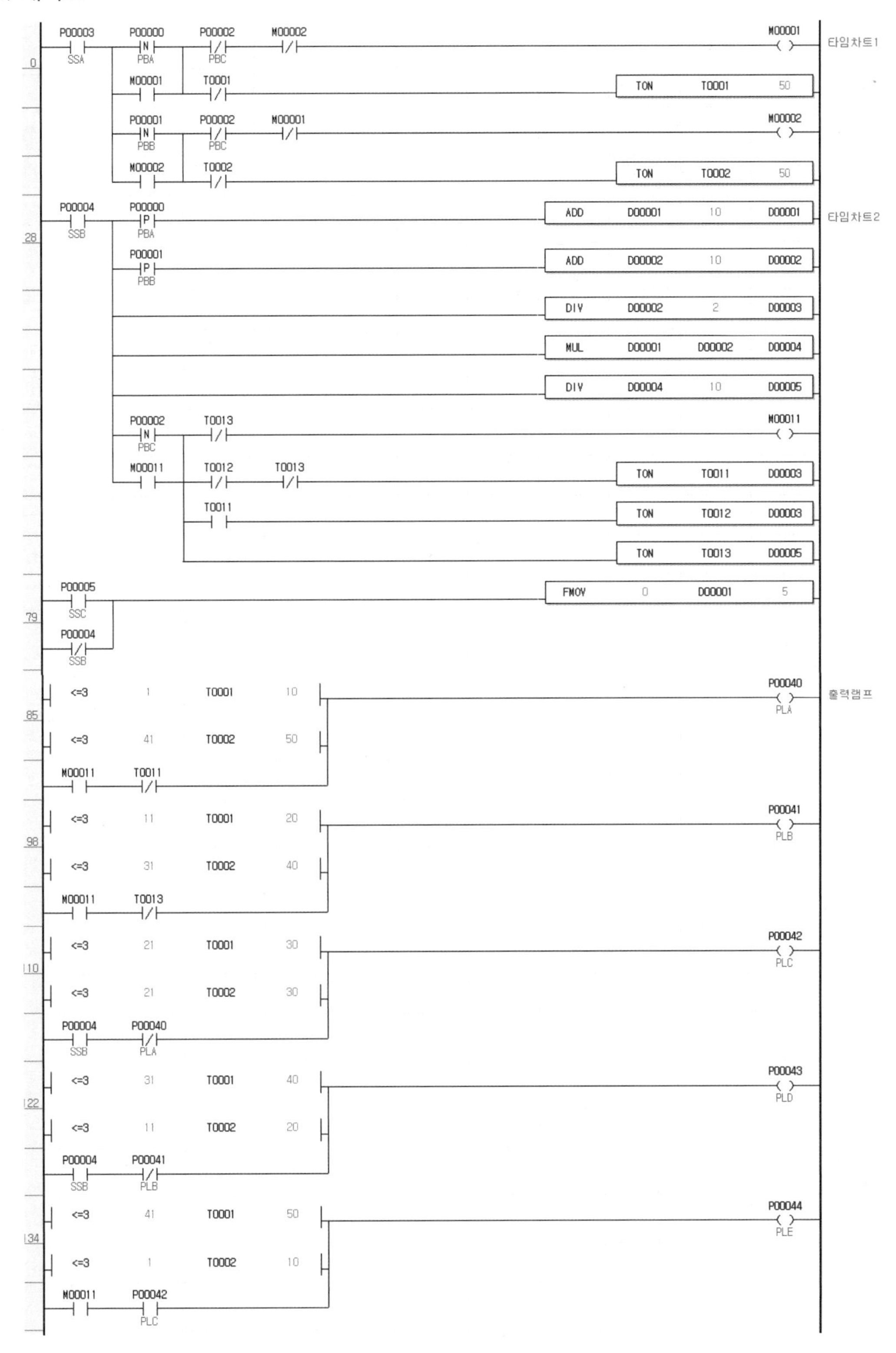

타임차트1
타임차트2
출력램프
P00003
SSA
P00000
PBA
P00002
PBC
M00002
M00001
T0001
TON
50
P00001
PBB
T0002
P00004
SSB
ADD
D00001
10
D00002
DIV
2
D00003
MUL
D00004
D00005
T0013
M00011
T0012
T0011
P00005
SSC
FMOV
0
5
<=3
P00040
PLA
P00041
PLB
P00042
PLC
P00043
PLD
P00044
PLE

10) 68회 1일차

(1) PLC 입 · 출력표

입력				출력			
디바이스	변수	디바이스	변수	디바이스	변수	디바이스	변수
P00000	PB_A	P00004	SS_B	P00040	PL_A	P00044	PL_E
P00001	PB_B	P00005	SS_C	P00041	PL_B		
P00002	PB_C			P00042	PL_C		
P00003	SS_A			P00043	PL_D		

(2) 타임차트 1

① PB_A(점등)와 PB_B(소등)에 의한 PL_A~PL_E는 타임차트와 같이 점등과 소등됩니다.

② SS_A OFF 시 동작은 리셋됩니다.

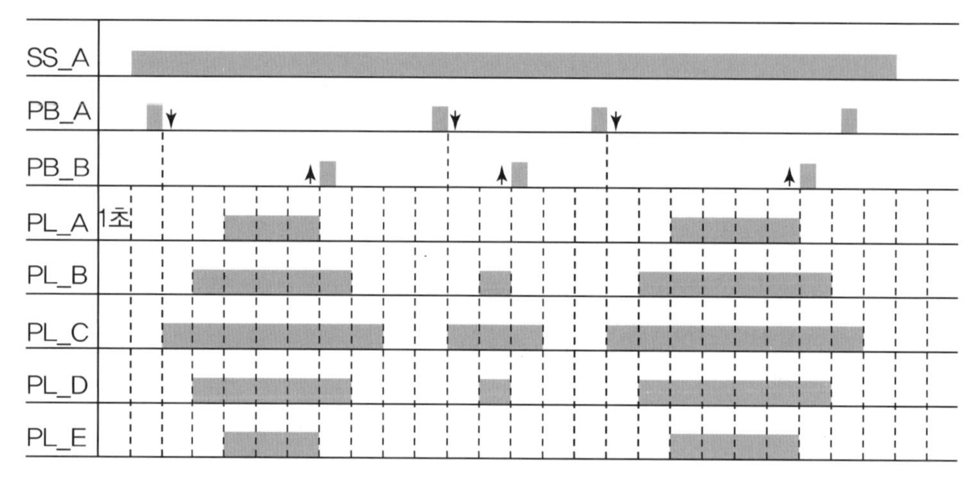

(3) 타임차트 2

① PB_A(n) , PB_B(m)는 램프 동작 조건입니다.

② PB_C는 램프 동작입니다.

③ SS_C는 카운터 초기화입니다.

④ PL_A, PL_B는 플리커 동작이며 PB_A, PB_B 입력 조건에 의해 동작합니다.

⑤ PL_C, PL_D는 PL_A, PL_B의 반대 동작($\overline{PL\_A}$, $\overline{PL\_B}$)입니다.

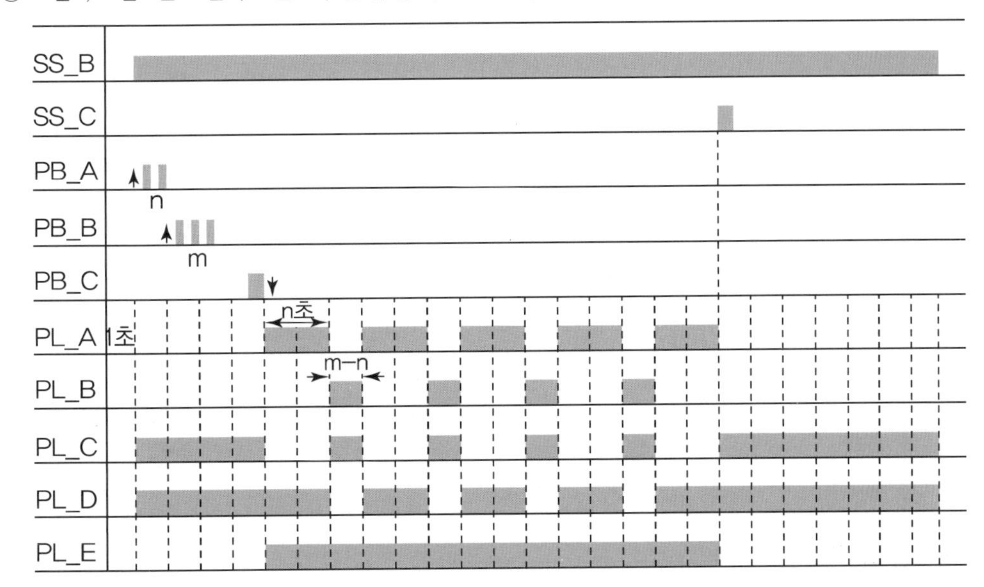

(4) 래더도

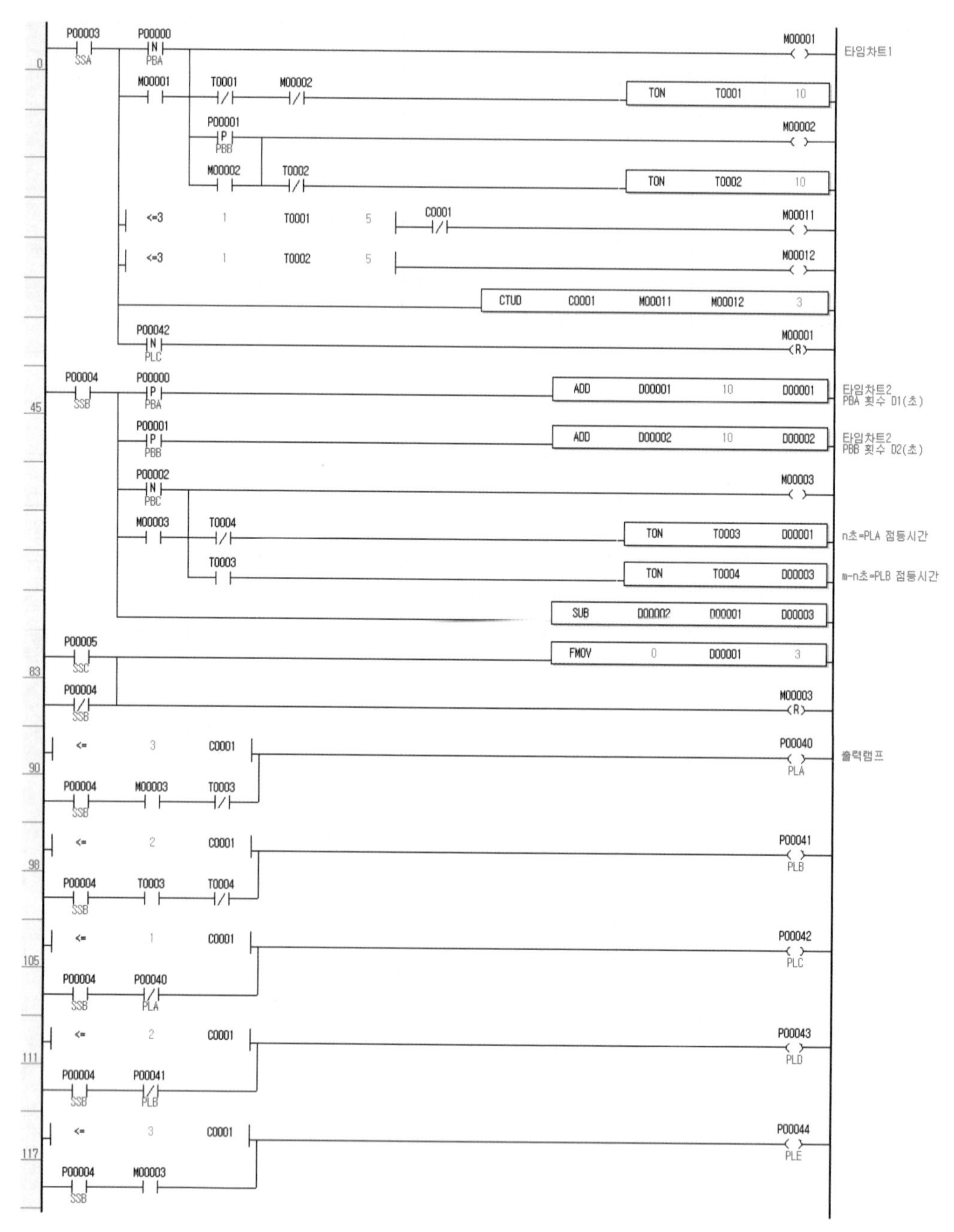

0
P00003 SSA
P00000 N PBA
M00001
타임차트1
M00001
T0001
M00002
TON T0001 10
P00001 P PBB
M00002
M00002
T0002
TON T0002 10
<=3 1 T0001 5
C0001
M00011
<=3 1 T0002 5
M00012
CTUD C0001 M00011 M00012 3
P00042 N PLC
M00001 R
45
P00004 SSB
P00000 P PBA
ADD D00001 10 D00001
타임차트2
PBA 횟수 D1(초)
P00001 P PBB
ADD D00002 10 D00002
타임차트2
PBB 횟수 D2(초)
P00002 N PBC
M00003
M00003
T0004
TON T0003 D00001
n초=PLA 점등시간
T0003
TON T0004 D00003
m-n초=PLB 점등시간
SUB D00002 D00001 D00003
83
P00005 SSC
FMOV 0 D00001 3
P00004 SSB
M00003 R
90
<= 3 C0001
P00040 PLA
출력램프
P00004 SSB
M00003
T0003
98
<= 2 C0001
P00041 PLB
P00004 SSB
T0003
T0004
105
<= 1 C0001
P00042 PLC
P00004 SSB
P00040 PLA
111
<= 2 C0001
P00043 PLD
P00004 SSB
P00041 PLB
117
<= 3 C0001
P00044 PLE
P00004 SSB
M00003

11) 68회 2일차

(1) PLC 입 · 출력표

입력				출력			
디바이스	변수	디바이스	변수	디바이스	변수	디바이스	변수
P00000	PB_A	P00004	SS_B	P00040	PL_A	P00044	PL_E
P00001	PB_B	P00005	SS_C	P00041	PL_B		
P00002	PB_C			P00042	PL_C		
P00003	SS_A			P00043	PL_D		

(2) 타임차트 1

① PB_A(점등)와 PB_B(소등)에 의한 PL_A~PL_E는 타임차트와 같이 점등과 소등됩니다.

② SS_A OFF 시 동작은 리셋됩니다.

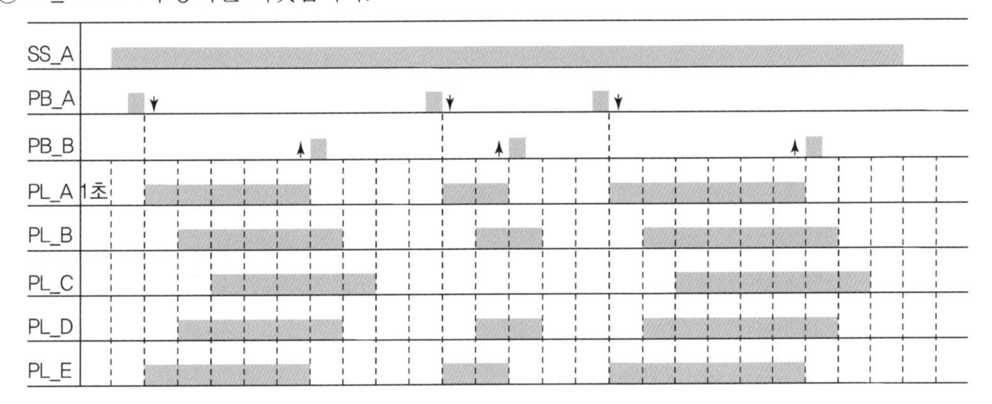

(3) 타임차트 2

① PB_A 입력 횟수에 따라 PL_A~PL_E가 동작합니다(선택 1회 : PL_A, 2회 : PL_B, 3회 : PL_C, 4회 : PL_D, 5회 : PL_E). 단, 최댓값은 5입니다.

② PB_B 입력 횟수는 PL 점등 시간(n초)입니다.

③ PB_C는 램프 동작입니다.

④ SS_C는 카운터 초기화입니다.

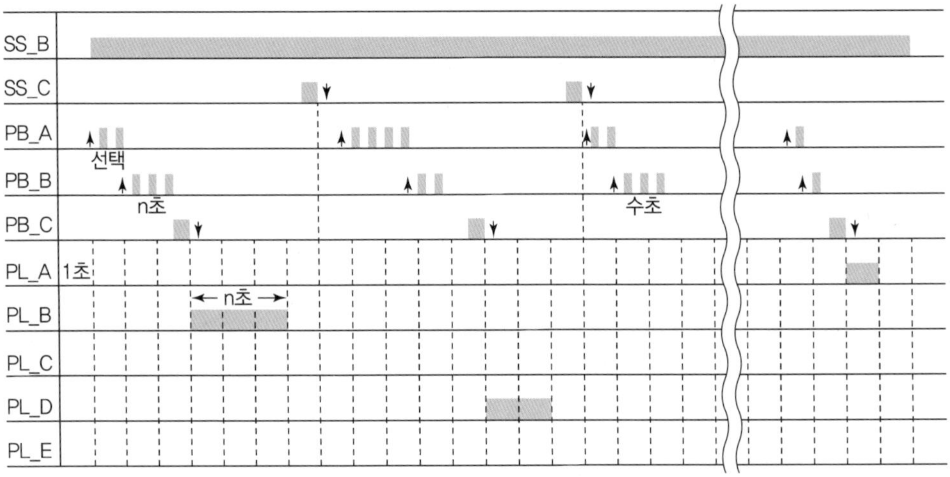

SS_B
SS_C
PB_A
선택
PB_B
n초
수초
PB_C
PL_A
1초
PL_B
n초
PL_C
PL_D
PL_E

(4) 래더도

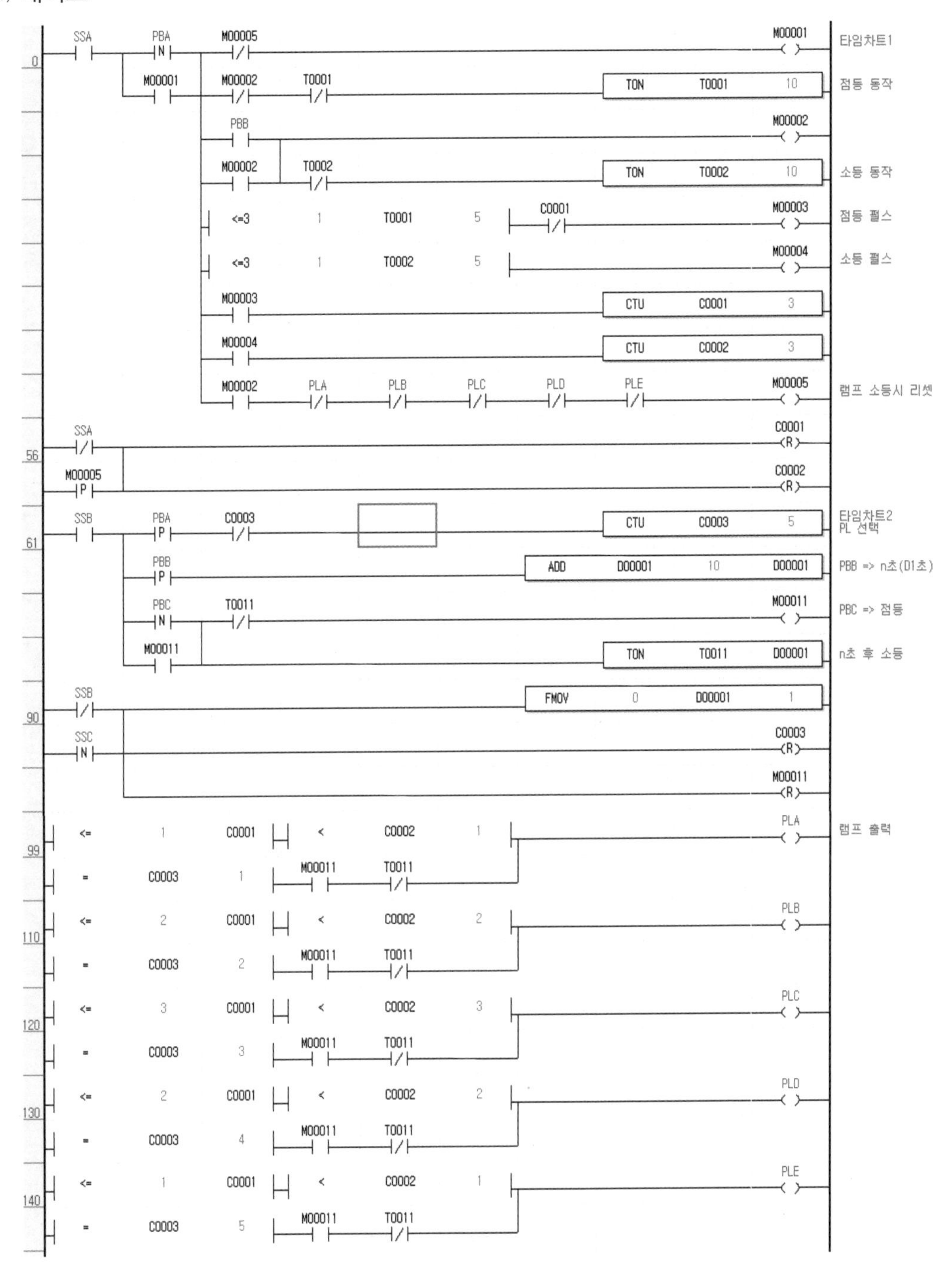

SSA PBA M00005 M00001 타임차트1
M00001 M00002 T0001 TON T0001 10 점등 동작
PBB M00002
M00002 T0002 TON T0002 10 소등 동작
<=3 1 T0001 5 C0001 M00003 점등 펄스
<=3 1 T0002 5 M00004 소등 펄스
M00003 CTU C0001 3
M00004 CTU C0002 3
M00002 PLA PLB PLC PLD PLE M00005 램프 소등시 리셋
SSA C0001
M00005 C0002
SSB PBA C0003 CTU C0003 5 타임차트2 PL 선택
PBB ADD D00001 10 D00001 PBB => n초(D1초)
PBC T0011 M00011 PBC => 점등
M00011 TON T0011 D00001 n초 후 소등
SSB FMOV 0 D00001 1
SSC C0003
M00011
<= 1 C0001 < C0002 1 PLA 램프 출력
= C0003 1 M00011 T0011
<= 2 C0001 < C0002 2 PLB
= C0003 2 M00011 T0011
<= 3 C0001 < C0002 3 PLC
= C0003 3 M00011 T0011
<= 2 C0001 < C0002 2 PLD
= C0003 4 M00011 T0011
<= 1 C0001 < C0002 1 PLE
= C0003 5 M00011 T0011
0
56
61
90
99
110
120
130
140

12) 68회 3일차

(1) PLC 입 · 출력표

입력				출력			
디바이스	변수	디바이스	변수	디바이스	변수	디바이스	변수
P00000	PB_A	P00004	SS_B	P00040	PL_A	P00044	PL_E
P00001	PB_B	P00005	SS_C	P00041	PL_B		
P00002	PB_C			P00042	PL_C		
P00003	SS_A			P00043	PL_D		

(2) 타임차트 1

① PB_A 타임차트와 같이 점등됩니다.

② PB_B 소등 동작으로 PB_B를 누르는 시점의 램프가 점등부터 1초 후 소등됩니다.

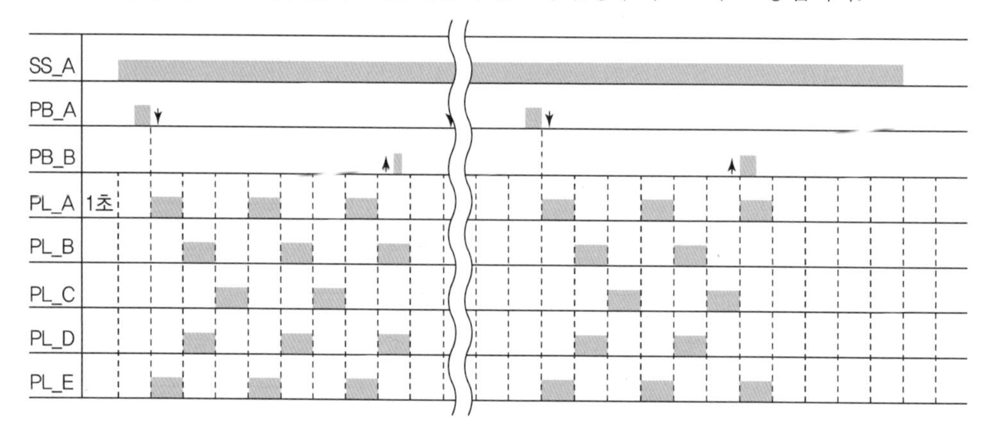

(3) 타임차트 2

① PB_A(m회)는 플리커 점멸 횟수입니다.

② PB_B(n초)는 PL_A와 PL_B 사이의 점등 시간입니다.

③ PB_C는 램프 동작입니다.

④ PL_A 2초 주기 플리커 동작으로 PB_A 입력 횟수만큼 반복 동작합니다.

⑤ PL_B 2초 주기 플리커 동작으로 PB_A 입력 횟수만큼 반복 동작합니다.

⑥ PL_A On/Off 플리커 동작(m회) → PL_A, PL_B 점등(n초) → PL_B Off/On 플리커 동작(m회)

⑦ PL_C, PL_D는 PL_A, PL_B의 반대 동작($\overline{PL\_A}$, $\overline{PL\_B}$)입니다.

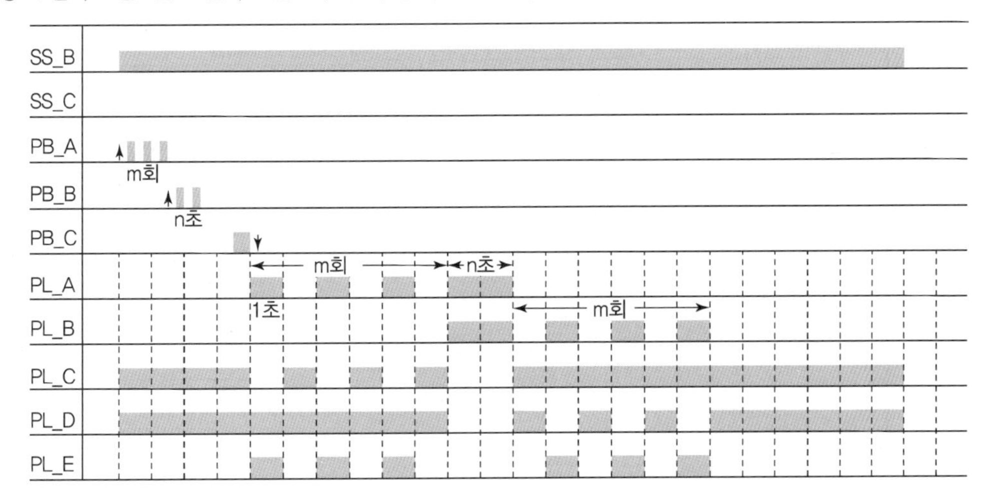

(4) 래더도

0 SSA PBA N M00001 ( ) 타임차트1
M00001 T0001 / TON T0001 30
PBB P M00002 ( ) 소등 동작
M00002 PLA N M00001 (R)
PLB N
PLC N

26 SSB PBA P ADD D00001 20 D00001 타임차트2
PBB P ADD D00002 10 D00002
PBC N M00011 ( )
M00011
M00011 TON T0011 D00001
FR1 / T0011 / TON FR1 20
T0011 TON T0012 D00002
T0012 TON T0013 D00001
FR2 / TON FR2 20

67 SSB / FMOV 0 D00001 2
SSC N M00011 (R)
T0013

76 M00001 <=3 0 T0001 10 PLA ( ) 램프 출력
M00011 <=3 0 FR1 10 T0011 /
T0011 T0012 /

93 M00001 <=3 11 T0001 20 PLB ( )
T0011 T0012 /
T0012 <=3 11 FR2 20 T0013 /

109 M00001 <=3 21 T0001 30 PLC ( )
SSB PLA /

118 M00001 <=3 11 T0001 20 PLD ( )
SSB PLB /

127 M00001 <=3 0 T0001 10 PLE ( )
M00011 <=3 0 FR1 10 T0011 /
T0012 <=3 11 FR2 20 T0013 /

13) 69회 1일차

(1) PLC 입 · 출력표

입력				출력			
디바이스	변수	디바이스	변수	디바이스	변수	디바이스	변수
P00000	PB_A	P00004	SS_B	P00040	PL_A	P00044	PL_E
P00001	PB_B	P00005	SS_C	P00041	PL_B		
P00002	PB_C			P00042	PL_C		
P00003	SS_A			P00043	PL_D		

(2) 타임차트 1

① SS_A－ON, SS_B－OFF 조건에서 동작합니다.

② PB_A가 입력되면 순차 점등됩니다.

③ PB_B가 입력되면 역차 점등됩니다.

④ PB_C가 입력되면 램프는 소등되고 회로는 초기화됩니다.

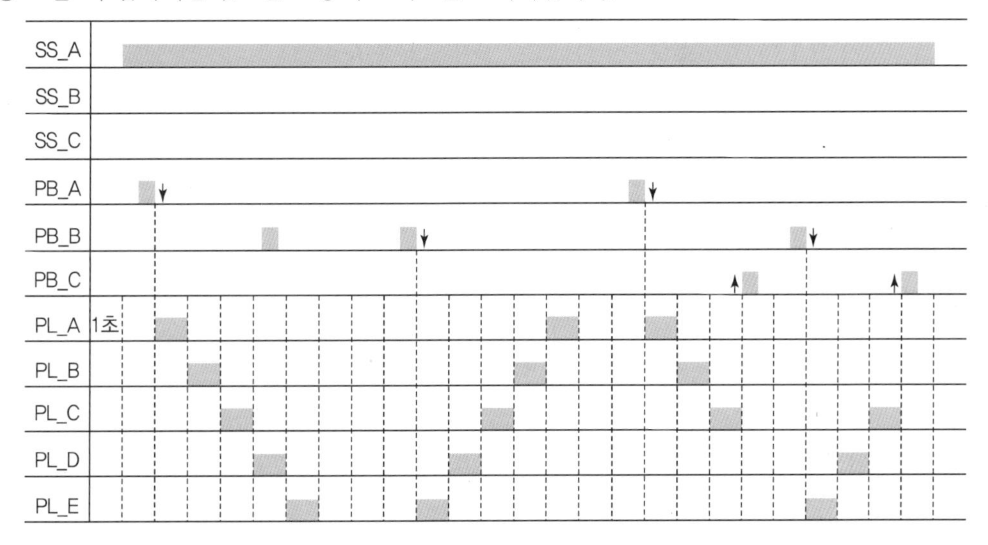

(3) 타임차트 2

① SS_B－ON, SS_A－OFF 조건에서 동작합니다.

② PB_A의 입력은 n회입니다.

③ PB_B의 입력은 m회입니다.

④ PB_C가 입력되면 타임차트와 같이 램프는 동작합니다.

⑤ SS_C가 입력되면 회로는 초기화됩니다.

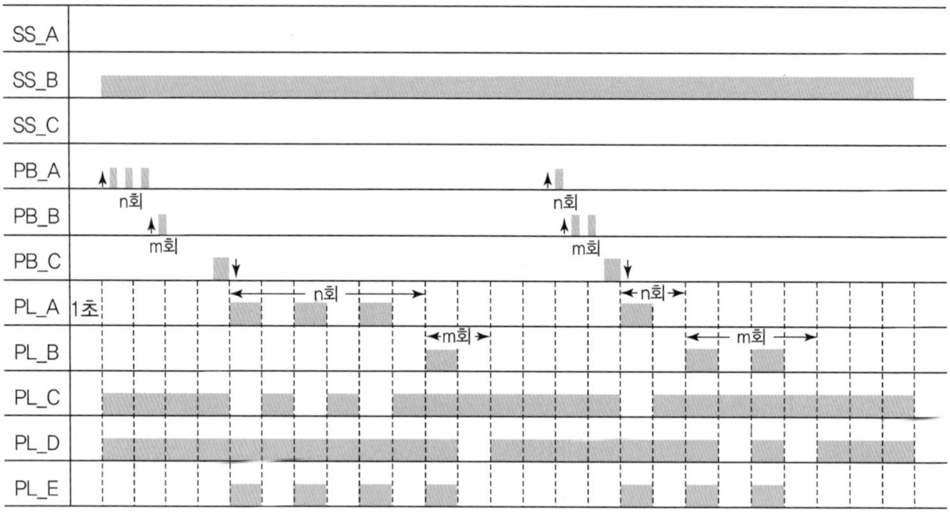

SS_A
SS_B
SS_C
PB_A
n회
n회
PB_B
m회
m회
PB_C
PL_A
1초
n회
n회
PL_B
m회
m회
PL_C
PL_D
PL_E

(4) 래더도

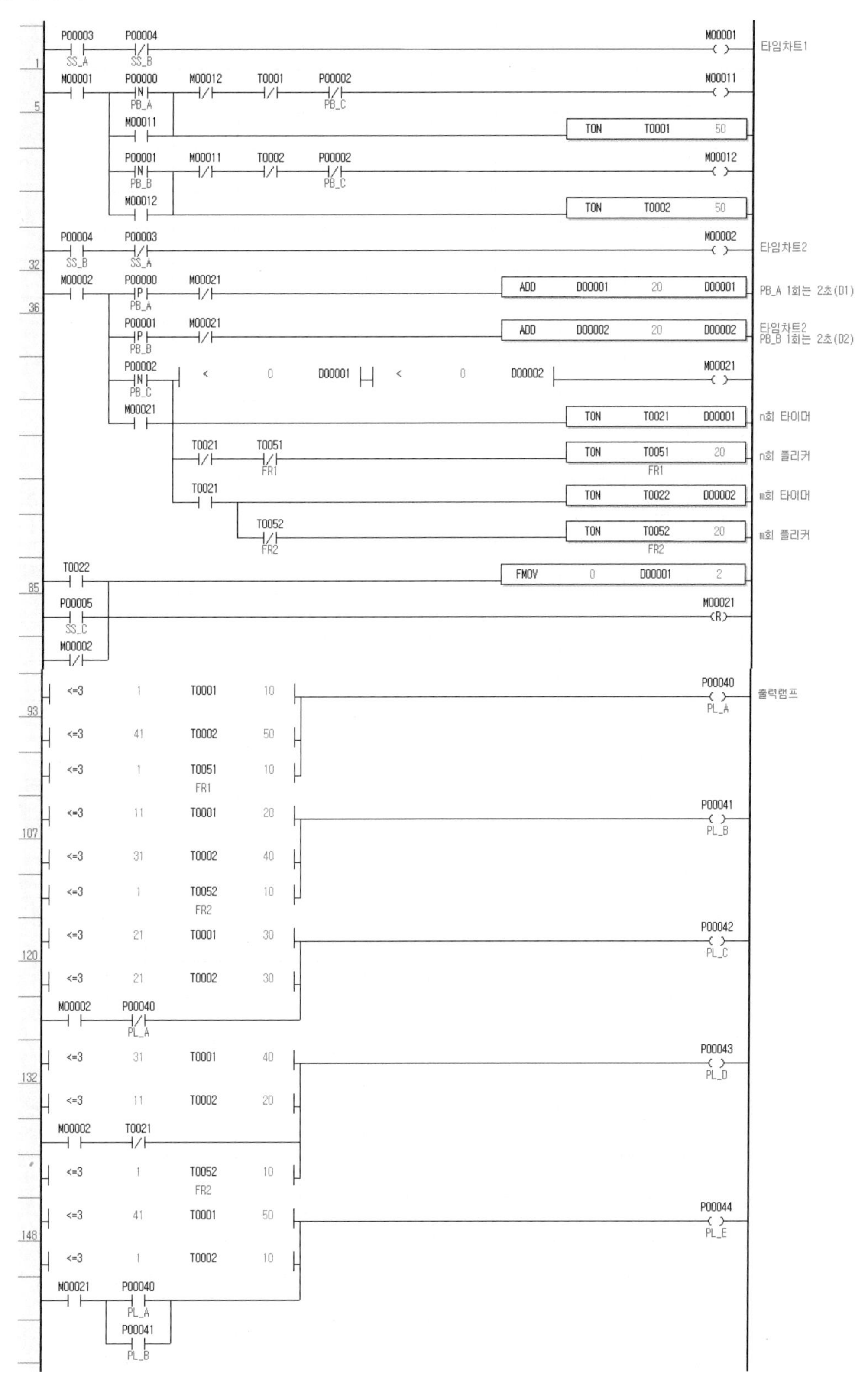
P00003
P00004
M00001
SS_A
SS_B
타임차트1
M00001
P00000
M00012
T0001
P00002
M00011
PB_A
PB_C
TON
T0001
50
P00001
M00011
T0002
M00012
PB_B
TON
T0002
50
P00004
P00003
M00002
타임차트2
M00002
M00021
ADD
D00001
20
PB_A 1회는 2초(D1)
ADD
D00002
20
타임차트2
PB_B 1회는 2초(D2)
M00021
TON
T0021
n회 타이머
T0051
FR1
n회 플리커
T0022
m회 타이머
T0052
FR2
m회 플리커
FMOV
0
2
P00005
SS_C
<=3
P00040
PL_A
출력램프
P00041
PL_B
P00042
PL_C
P00043
PL_D
P00044
PL_E

14) 69회 2일차

(1) PLC 입 · 출력표

입력				출력			
디바이스	변수	디바이스	변수	디바이스	변수	디바이스	변수
P00000	PB_A	P00004	SS_B	P00040	PL_A	P00044	PL_E
P00001	PB_B	P00005	SS_C	P00041	PL_B		
P00002	PB_C			P00042	PL_C		
P00003	SS_A			P00043	PL_D		

(2) 타임차트 1

① SS_A－ON, SS_B－OFF 조건에서 동작합니다.

② PB_A가 입력되면 램프는 점등됩니다.

③ PB_B가 입력되면 램프는 소등됩니다.

④ PB_C가 입력되면 램프는 소등되고 회로는 초기화됩니다.

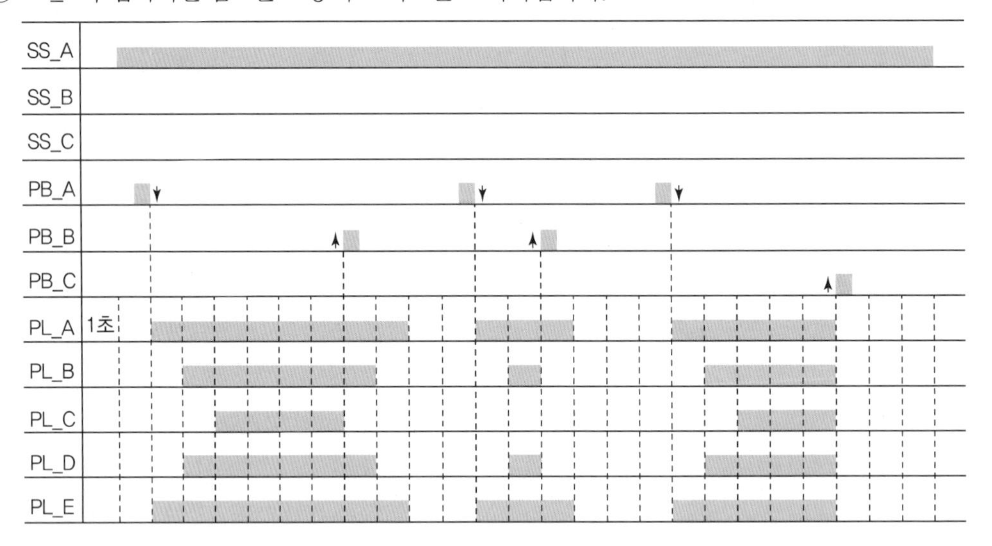

(3) 타임차트 2

① SS_B－ON, SS_A－OFF 조건에서 동작합니다.

② PB_A의 입력은 n초, PB_B의 입력은 m초입니다.

③ PB_C가 입력되면 타임차트와 같이 램프는 동작합니다.

④ SS_C가 입력되면 회로는 초기화됩니다.

⑤ PL_E는 PL_A와 PL_B의 EX－OR입니다.

SS_A
SS_B
SS_C
PB_A
PB_B
PB_C
PL_A
PL_B
PL_C
PL_D
PL_E

n초 m초 1초 n초 m초 n초×2 m초×2 n초 m초 n초 m초 n초×2 m초×2

(4) 래더도

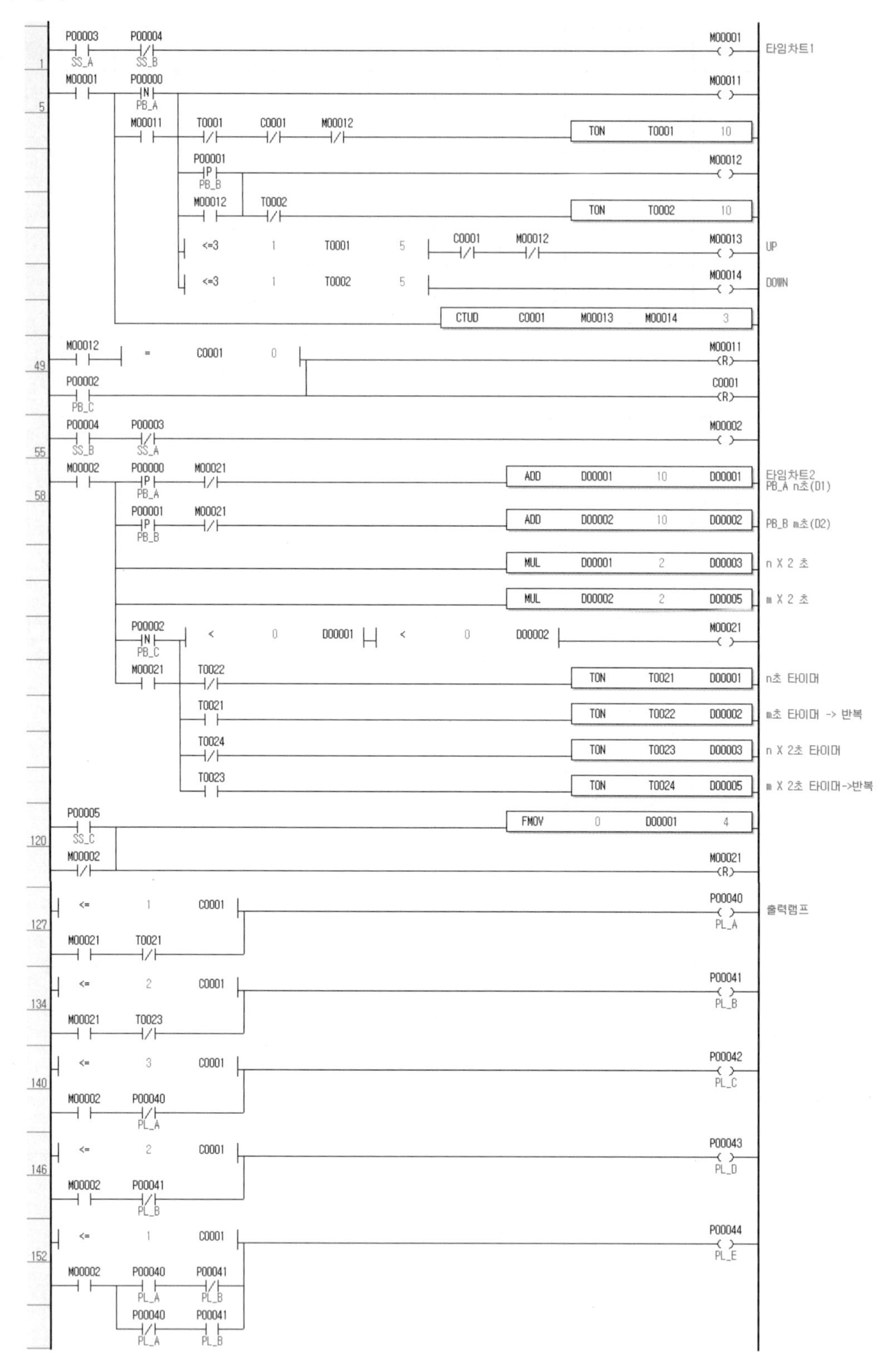
P00003
SS_A
P00004
SS_B
M00001
타임차트1
M00011
P00000
PB_A
TON T0001 10
P00001
PB_B
M00012
TON T0002 10
<=3 1 T0001 5
C0001
M00013
UP
<=3 1 T0002 5
M00014
DOWN
CTUD C0001 M00013 M00014 3
= C0001 0
P00002
PB_C
M00002
P00021
ADD D00001 10 D00001
타임차트2
PB_A n초(D1)
ADD D00002 10 D00002
PB_B m초(D2)
MUL D00001 2 D00003
n X 2 초
MUL D00002 2 D00005
m X 2 초
< 0 D00001
< 0 D00002
M00021
TON T0021 D00001
n초 타이머
TON T0022 D00002
m초 타이머 -> 반복
TON T0023 D00003
n X 2초 타이머
TON T0024 D00005
m X 2초 타이머->반복
P00005
SS_C
FMOV 0 D00001 4
<= 1 C0001
P00040
PL_A
출력램프
<= 2 C0001
P00041
PL_B
<= 3 C0001
P00042
PL_C
P00043
PL_D
P00044
PL_E

15) 69회 3일차

(1) PLC 입 · 출력표

입력				출력			
디바이스	변수	디바이스	변수	디바이스	변수	디바이스	변수
P00000	PB_A	P00004	SS_B	P00040	PL_A	P00044	PL_E
P00001	PB_B	P00005	SS_C	P00041	PL_B		
P00002	PB_C			P00042	PL_C		
P00003	SS_A			P00043	PL_D		

(2) 타임차트 1

① SS_A－ON, SS_B－OFF 조건에서 동작합니다.

② PB_A가 입력되면 타임차트와 같이 램프는 1초 간격으로 점등됩니다.

③ PB_B가 입력되면 타임차트와 같이 램프는 2초 간격으로 소등되고 회로는 초기화됩니다.

④ 소등 동작 중에는 PB_A는 입력되지 않습니다.

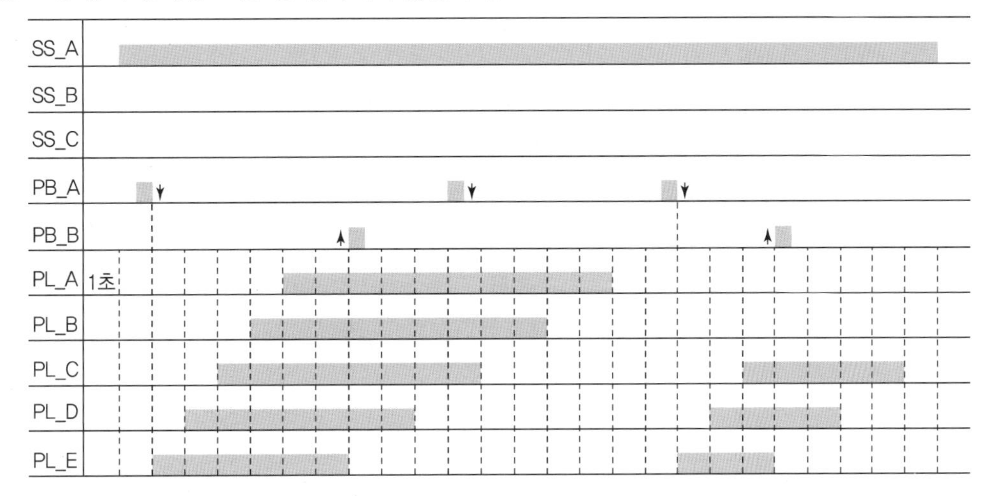

(3) 타임차트 2

① SS_B－ON, SS_A－OFF 조건에서 동작합니다.

② PB_A의 입력 횟수는 PL의 점등 시간과 점등 개수이고, 최댓값은 5회입니다.

③ PB_B가 입력되면 PB_A의 입력 조건에 의해 PL이 점등되고 1초 간격으로 역차 소등됩니다.
(예 4회 : PL_A~PL_D 점등)

④ PB_C가 입력되면 PB_A의 입력 조건에 의해 PL이 점등되고 1초 간격으로 순차 소등됩니다.
(예 4회 : PL_D~PL_E 점등)

⑤ PB_B 또는 PB_C가 입력되면 SS_C가 입력되기 전에는 PB_A는 입력되지 않으며, PB_B와 PB_C는 선 입력 우선 동작입니다.

⑥ SS_C가 입력되면 회로는 초기화됩니다.

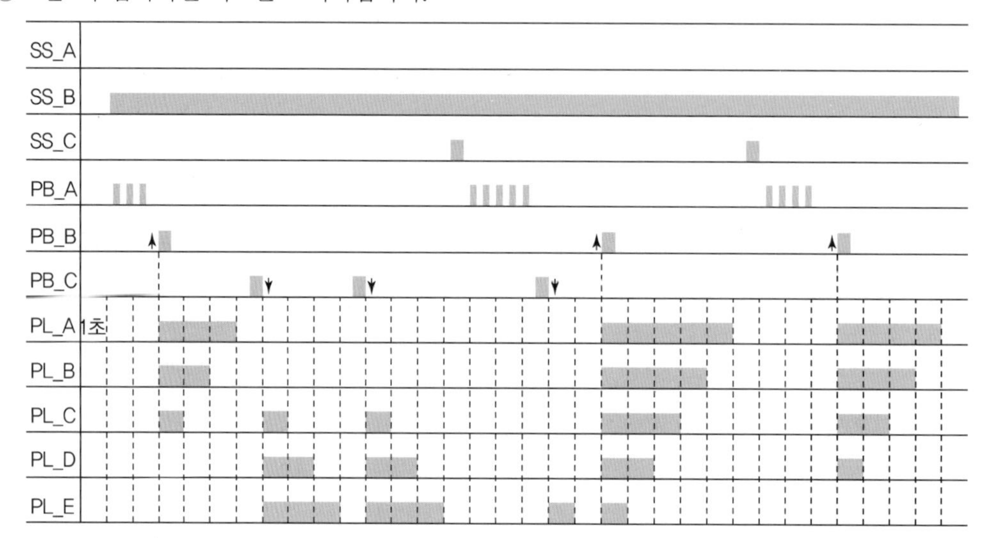

(4) 래더도

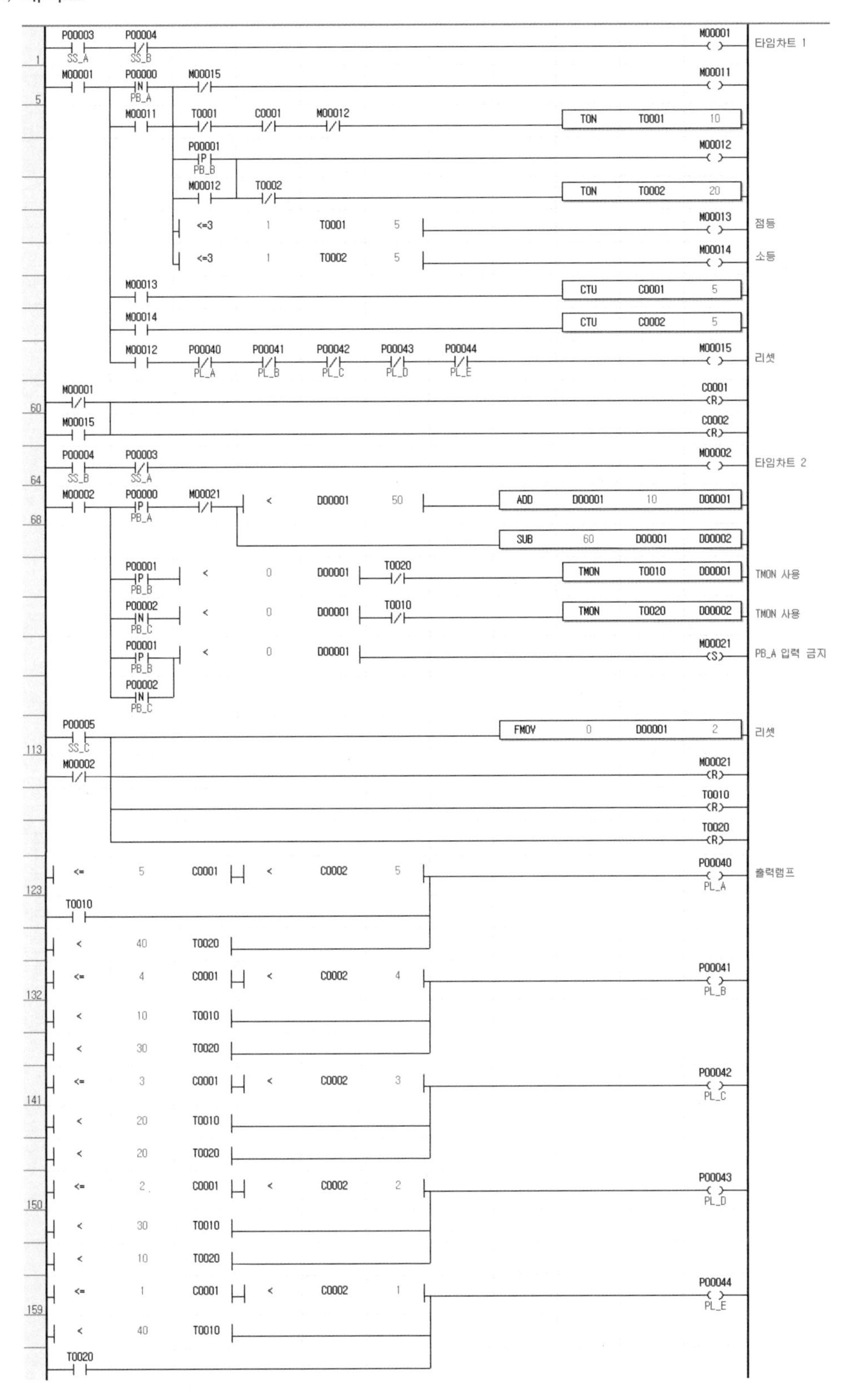

P00003
SS_A
P00004
SS_B
M00001
타임차트 1
M00001
P00000
N
PB_A
M00015
M00011
M00011
T0001
C0001
M00012
TON
T0001
10
P00001
P
PB_B
M00012
M00012
T0002
TON
T0002
20
<=3
1
T0001
5
M00013
점등
<=3
1
T0002
5
M00014
소등
M00013
CTU
C0001
5
M00014
CTU
C0002
5
M00012
P00040
PL_A
P00041
PL_B
P00042
PL_C
P00043
PL_D
P00044
PL_E
M00015
리셋
M00001
C0001
R
M00015
C0002
R
P00004
SS_B
P00003
SS_A
M00002
타임차트 2
M00002
P00000
P
PB_A
M00021
<
D00001
50
ADD
D00001
10
D00001
SUB
60
D00001
D00002
P00001
P
PB_B
<
0
D00001
T0020
TMON
T0010
D00001
TMON 사용
P00002
N
PB_C
<
0
D00001
T0010
TMON
T0020
D00002
TMON 사용
P00001
P
PB_B
<
0
D00001
M00021
S
PB_A 입력 금지
P00002
N
PB_C
P00005
SS_C
FMOV
0
D00001
2
리셋
M00002
M00021
R
T0010
R
T0020
R
<=
5
C0001
<
C0002
5
P00040
PL_A
출력램프
T0010
<
40
T0020
<=
4
C0001
<
C0002
4
P00041
PL_B
<
10
T0010
<
30
T0020
<=
3
C0001
<
C0002
3
P00042
PL_C
<
20
T0010
<
20
T0020
<=
2
C0001
<
C0002
2
P00043
PL_D
<
30
T0010
<
10
T0020
<=
1
C0001
<
C0002
1
P00044
PL_E
<
40
T0010
T0020
1
5
60
64
68
113
123
132
141
150
159

16) 70회 1일차

(1) PLC 입 · 출력표

입력				출력			
디바이스	변수	디바이스	변수	디바이스	변수	디바이스	변수
P00000	PB_A	P00004	SS_B	P00040	PL_A	P00044	PL_E
P00001	PB_B	P00005	SS_C	P00041	PL_B		
P00002	PB_C			P00042	PL_C		
P00003	SS_A			P00043	PL_D		

(2) 타임차트 1

① SS_A－ON, SS_B－OFF 조건에서 동작합니다.

② PB_A(N)가 입력되면 역차 점등됩니다.

③ PB_B(N)가 입력되면 순차 점등됩니다.

④ PB_A, PB_B 동작은 선 입력(인터록) 회로입니다.

⑤ PB_C(P)가 입력되면 램프는 소등되고 회로는 초기화됩니다.

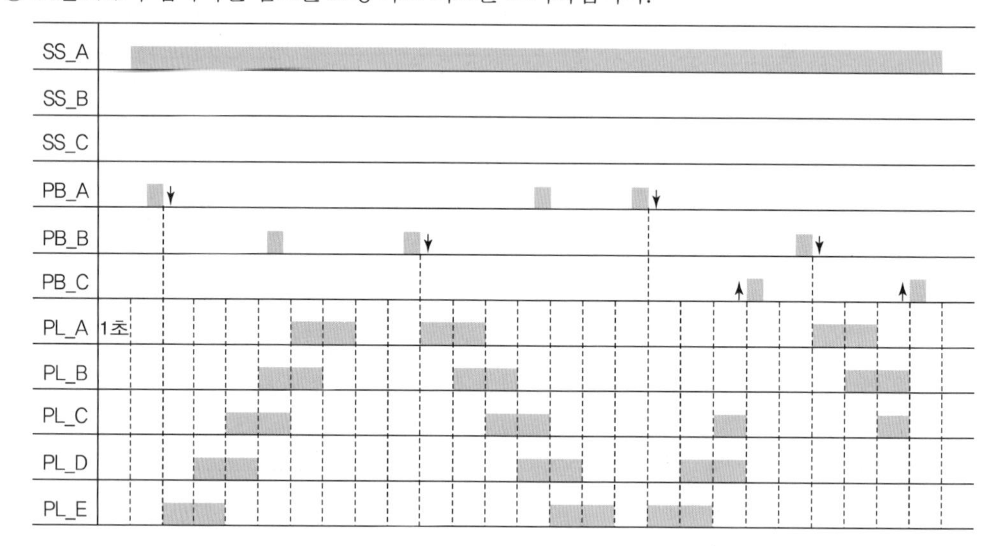

(3) 타임차트 2

① SS_B－ON, SS_A－OFF 조건에서 동작합니다.

② PB_A(M)가 On되면 누른 시간이 초로 환산됩니다.

③ PB_B(N)가 On되면 누른 시간이 초로 환산됩니다.

④ PB_C가 입력되면 타임차트와 같이 램프는 동작합니다.

⑤ SS_C가 입력되면 회로는 초기화됩니다.

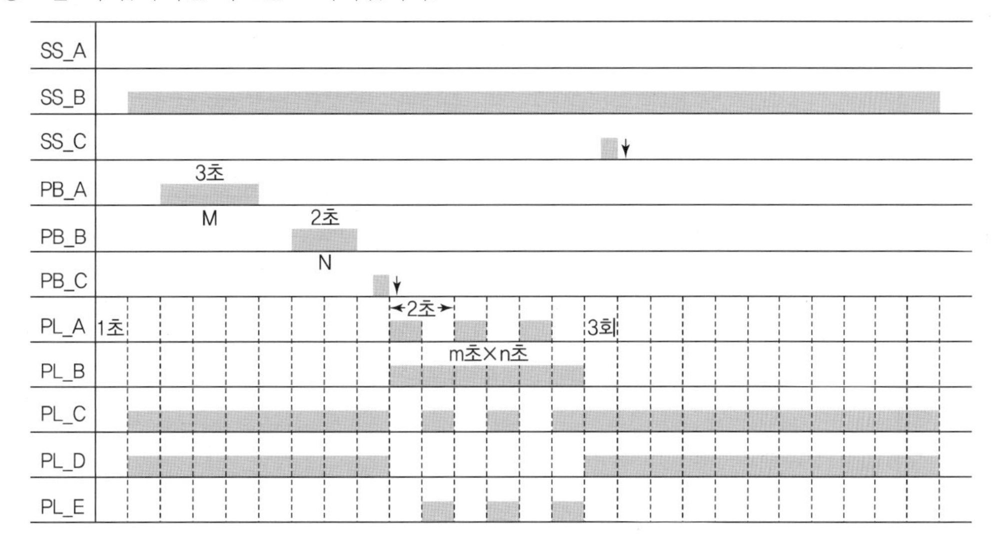

(4) 래더도

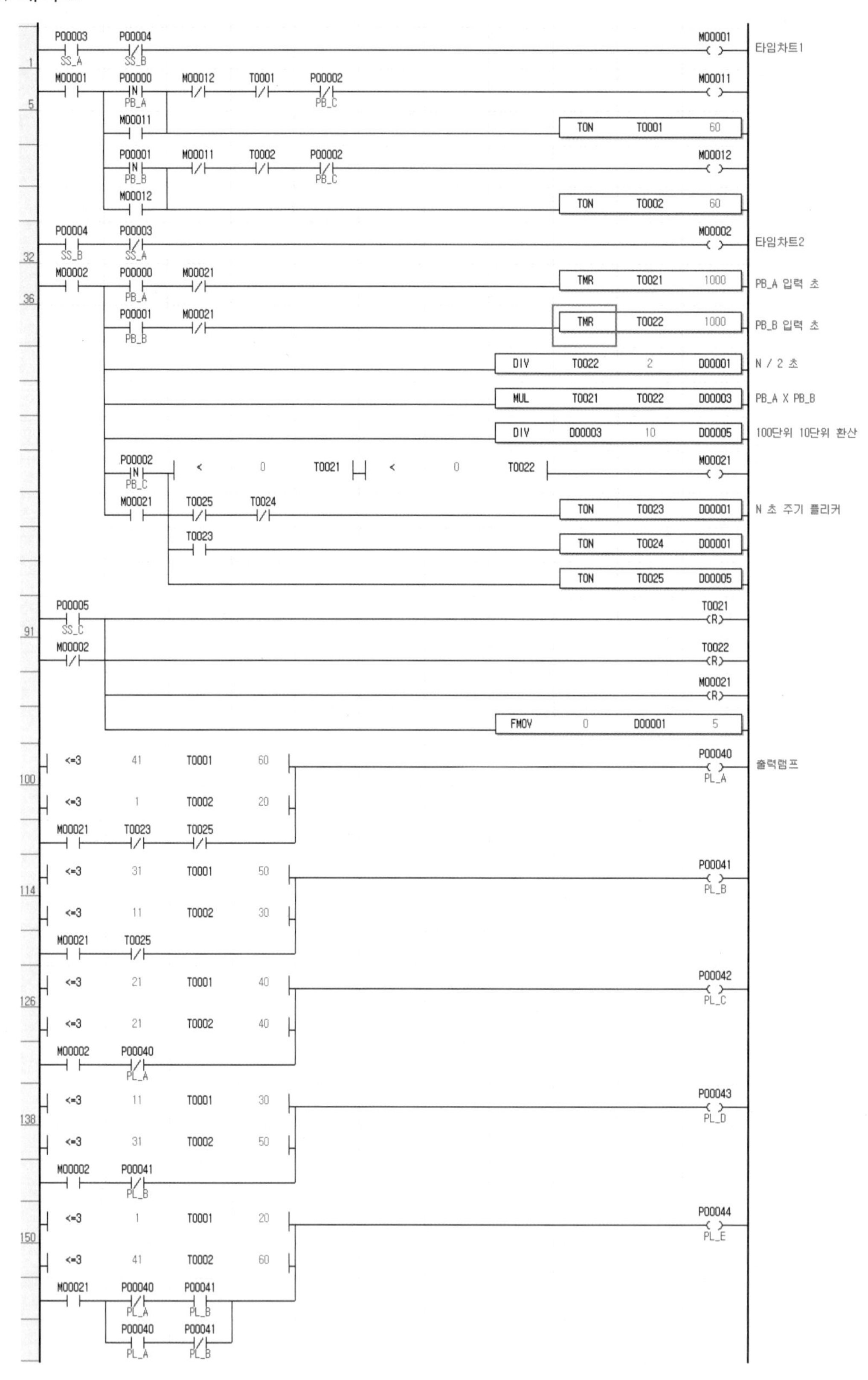

P00003 SS_A P00004 SS_B M00001 타임차트1
M00001 P00000 PB_A M00012 T0001 P00002 PB_C M00011
M00011 TON T0001 60
P00001 PB_B M00011 T0002 P00002 PB_C M00012
M00012 TON T0002 60
P00004 SS_B P00003 SS_A M00002 타임차트2
M00002 P00000 PB_A M00021 TMR T0021 1000 PB_A 입력 초
P00001 PB_B M00021 TMR T0022 1000 PB_B 입력 초
DIV T0022 2 D00001 N / 2 초
MUL T0021 T0022 D00003 PB_A X PB_B
DIV D00003 10 D00005 100단위 10단위 환산
P00002 PB_C < 0 T0021 < 0 T0022 M00021
M00021 T0025 T0024 TON T0023 D00001 N 초 주기 플리커
T0023 TON T0024 D00001
TON T0025 D00005
P00005 SS_C T0021 R
M00002 T0022 R
M00021 R
FMOV 0 D00001 5
<=3 41 T0001 60 P00040 PL_A 출력램프
<=3 1 T0002 20
M00021 T0023 T0025
<=3 31 T0001 50 P00041 PL_B
<=3 11 T0002 30
M00021 T0025
<=3 21 T0001 40 P00042 PL_C
<=3 21 T0002 40
M00002 P00040 PL_A
<=3 11 T0001 30 P00043 PL_D
<=3 31 T0002 50
M00002 P00041 PL_B
<=3 1 T0001 20 P00044 PL_E
<=3 41 T0002 60
M00021 P00040 PL_A P00041 PL_B
P00040 PL_A P00041 PL_B
1 5 32 36 91 100 114 126 138 150

17) 70회 2일차

(1) PLC 입 · 출력표

입력				출력			
디바이스	변수	디바이스	변수	디바이스	변수	디바이스	변수
P00000	PB_A	P00004	SS_B	P00040	PL_A	P00044	PL_E
P00001	PB_B	P00005	SS_C	P00041	PL_B		
P00002	PB_C			P00042	PL_C		
P00003	SS_A			P00043	PL_D		

(2) 타임차트 1

① SS_A－ON, SS_B－OFF 조건에서 동작합니다.

② PB_A(N), PB_B(N)가 입력되면 타임차트와 같이 점등과 소등됩니다.

③ PB_A, PB_B 동작은 선 입력(인터록) 회로입니다.

④ PB_C(P)가 입력되면 램프는 소등되고 회로는 초기화됩니다.

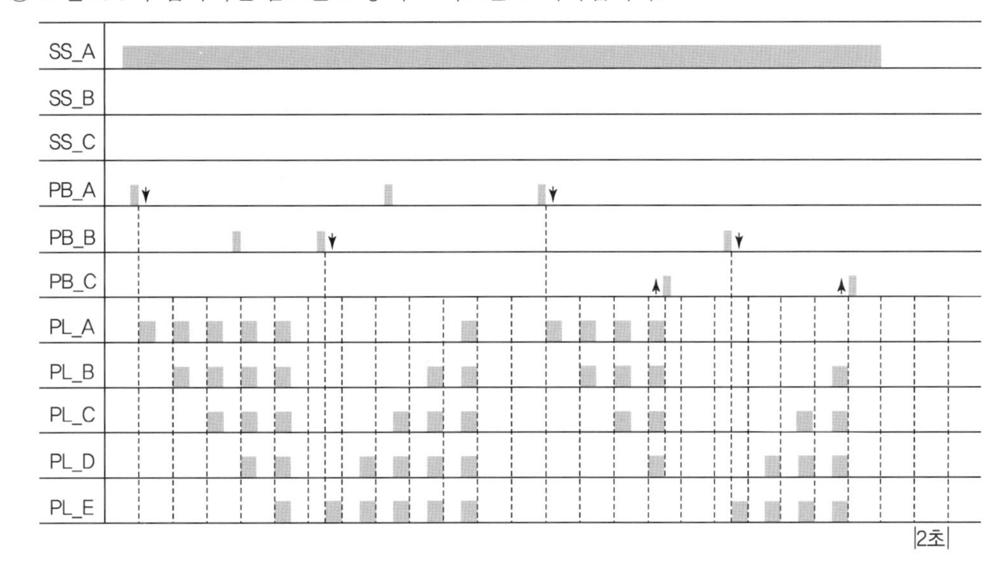

(3) 타임차트 2

① SS_B－ON, SS_A－OFF 조건에서 동작합니다.

② PB_A는 1부터 5까지입니다.

③ N＞0일 때 동작합니다.

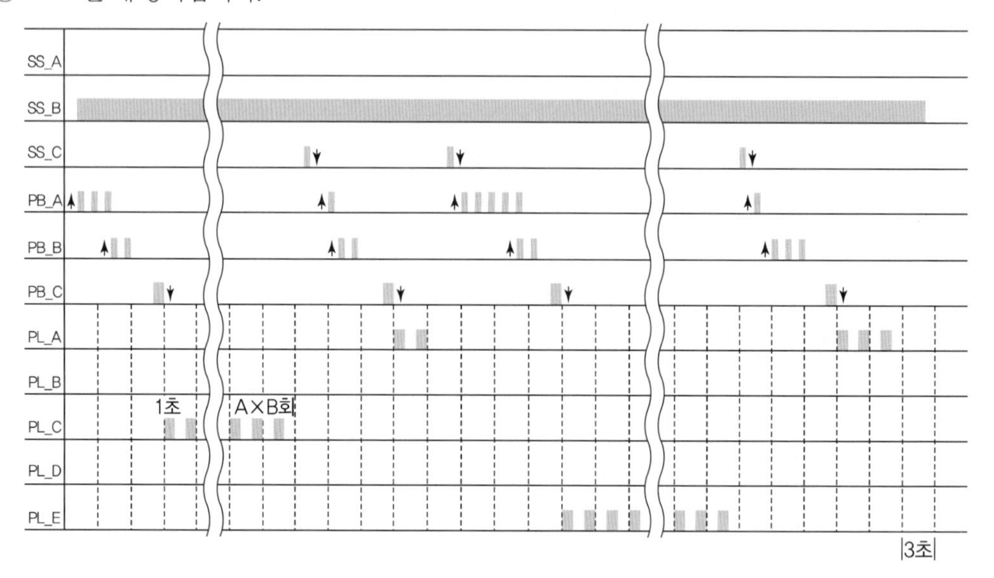

(4) 래더도

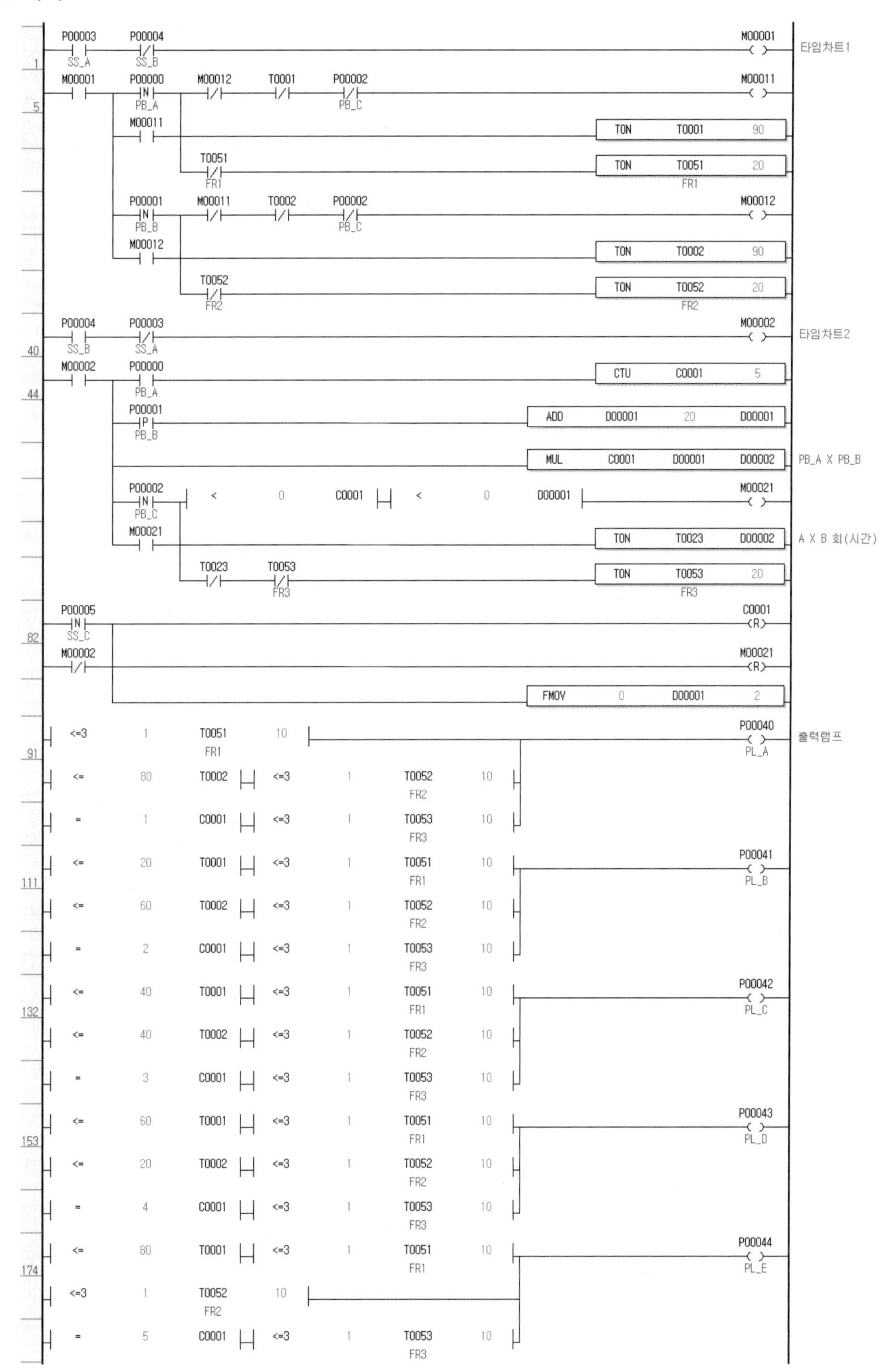

P00003
P00004
M00001
타임차트1
SS_A
SS_B
M00001
P00000
M00012
T0001
P00002
M00011
PB_A
PB_C
M00011
TON
T0001
90
T0051
TON
T0051
20
FR1
P00001
M00011
T0002
P00002
M00012
PB_B
PB_C
M00012
TON
T0002
90
T0052
TON
T0052
20
FR2
P00004
P00003
M00002
타임차트2
SS_B
SS_A
M00002
P00000
CTU
C0001
5
PB_A
P00001
ADD
D00001
20
D00001
PB_B
MUL
C0001
D00001
D00002
PB_A X PB_B
P00002
C0001
D00001
M00021
PB_C
M00021
TON
T0023
D00002
A X B 회(시간)
T0023
T0053
TON
T0053
20
FR3
P00005
C0001
SS_C
M00002
M00021
FMOV
0
D00001
2
T0051
P00040
출력램프
PL_A
T0002
T0052
C0001
T0053
T0001
P00041
PL_B
P00042
PL_C
P00043
PL_D
P00044
PL_E

18) 70회 3일차

(1) PLC 입 · 출력표

입력				출력			
디바이스	변수	디바이스	변수	디바이스	변수	디바이스	변수
P00000	PB_A	P00004	SS_B	P00040	PL_A	P00044	PL_E
P00001	PB_B	P00005	SS_C	P00041	PL_B		
P00002	PB_C			P00042	PL_C		
P00003	SS_A			P00043	PL_D		

(2) 타임차트 1

① SS_A－ON, SS_B－OFF 조건에서 동작합니다.

② PB_A(P), PB_B(P)가 입력되면 타임차트와 같이 점등과 소등됩니다.

③ PB_A, PB_B 동작은 선 입력(인터록) 회로입니다.

④ SS_C(P)가 입력되면 램프는 소등됩니다.

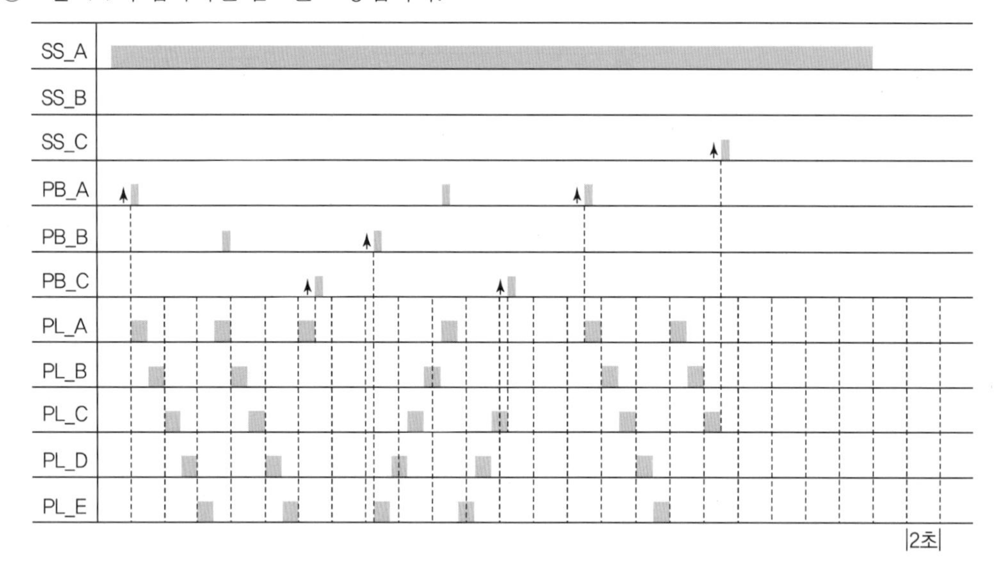

(3) 타임차트 2

① SS_B－ON, SS_A－OFF 조건에서 동작합니다.

② PB_A(P), PB_B(P)가 입력되면 타임차트와 같이 점등과 소등됩니다.

③ SS_C가 OFF이면 PB_A, PB_B는 입력되지 않습니다.

④ SS_B가 OFF되면 램프는 소등됩니다.

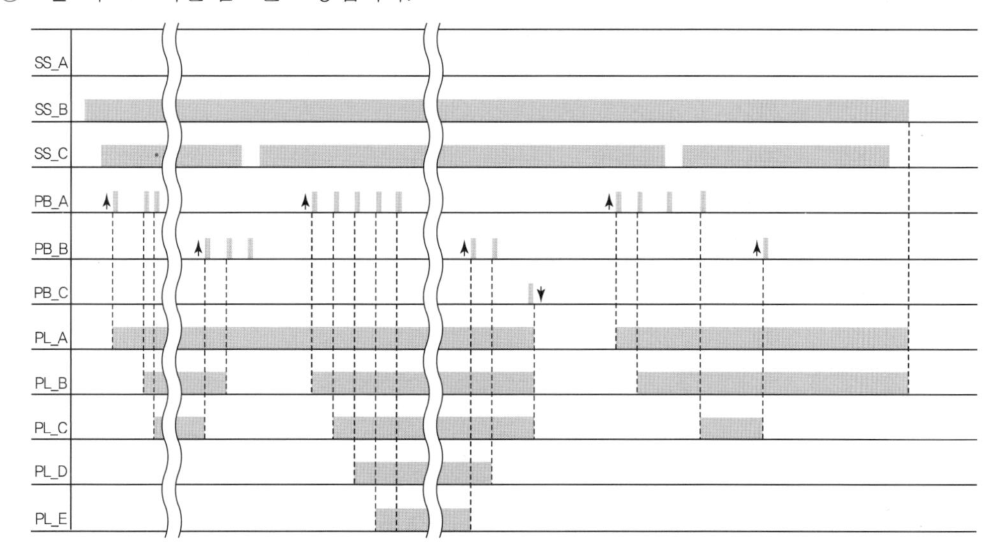

(4) 래더도

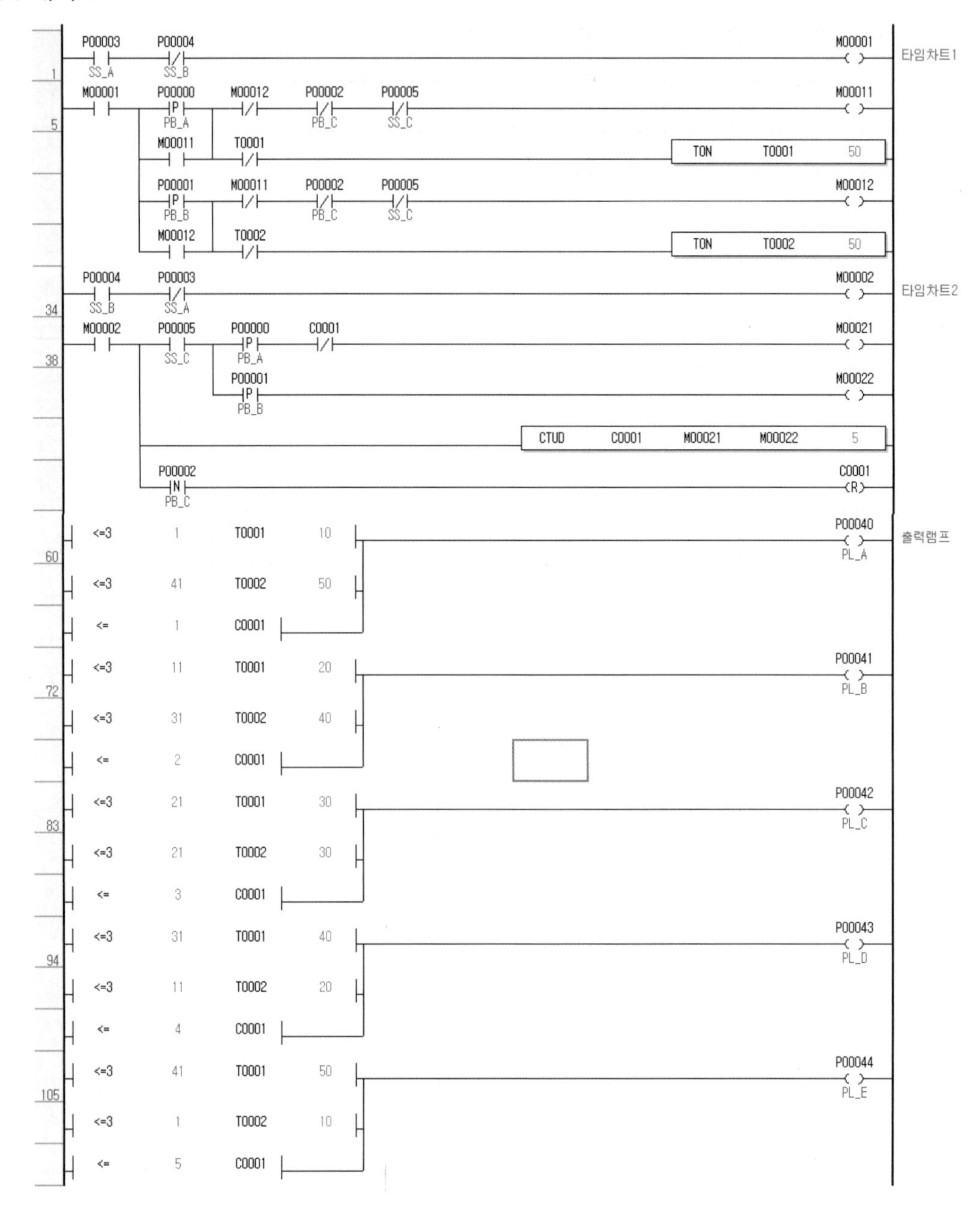

P00003
SS_A
P00004
SS_B
M00001
타임차트1
1
M00001
P00000
PB_A
M00012
P00002
PB_C
P00005
SS_C
M00011
5
M00011
T0001
TON
T0001
50
P00001
PB_B
M00011
P00002
PB_C
P00005
SS_C
M00012
M00012
T0002
TON
T0002
50
P00004
SS_B
P00003
SS_A
M00002
타임차트2
34
M00002
P00005
SS_C
P00000
PB_A
C0001
M00021
38
P00001
PB_B
M00022
CTUD
C0001
M00021
M00022
5
P00002
PB_C
C0001
<=3
1
T0001
10
P00040
PL_A
출력램프
60
<=3
41
T0002
50
<=
1
C0001
<=3
11
T0001
20
P00041
PL_B
72
<=3
31
T0002
40
<=
2
C0001
<=3
21
T0001
30
P00042
PL_C
83
<=3
21
T0002
30
<=
3
C0001
<=3
31
T0001
40
P00043
PL_D
94
<=3
11
T0002
20
<=
4
C0001
<=3
41
T0001
50
P00044
PL_E
105
<=3
1
T0002
10
<=
5
C0001

19) 71회 1일차

(1) PLC 입 · 출력표

입력				출력			
디바이스	변수	디바이스	변수	디바이스	변수	디바이스	변수
P00000	PB_A	P00004	SS_B	P00040	PL_A	P00044	PL_E
P00001	PB_B	P00005	SS_C	P00041	PL_B		
P00002	PB_C			P00042	PL_C		
P00003	SS_A			P00043	PL_D		

(2) 타임차트 1

① SS_A－ON, SS_B－OFF 조건에서 동작합니다.

② PB_A가 ON되면 램프는 타임차트와 같이 점등과 소등됩니다.

③ PB_B가 ON되면 램프는 타임차트와 같이 점등과 소등됩니다.

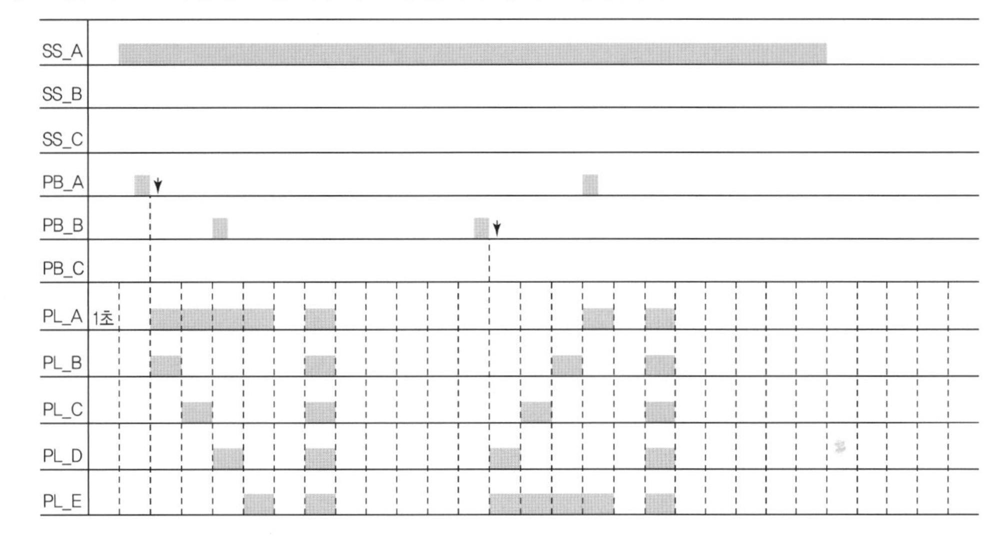

(3) 타임차트 2

① SS_B－ON, SS_A－OFF 조건에서 동작합니다.

② PB_A의 횟수에 따라 PL이 선택됩니다(상한값 5).

③ PB_B의 입력 횟수는 PL의 점등 시간으로 2^n 초입니다(상한값 5).

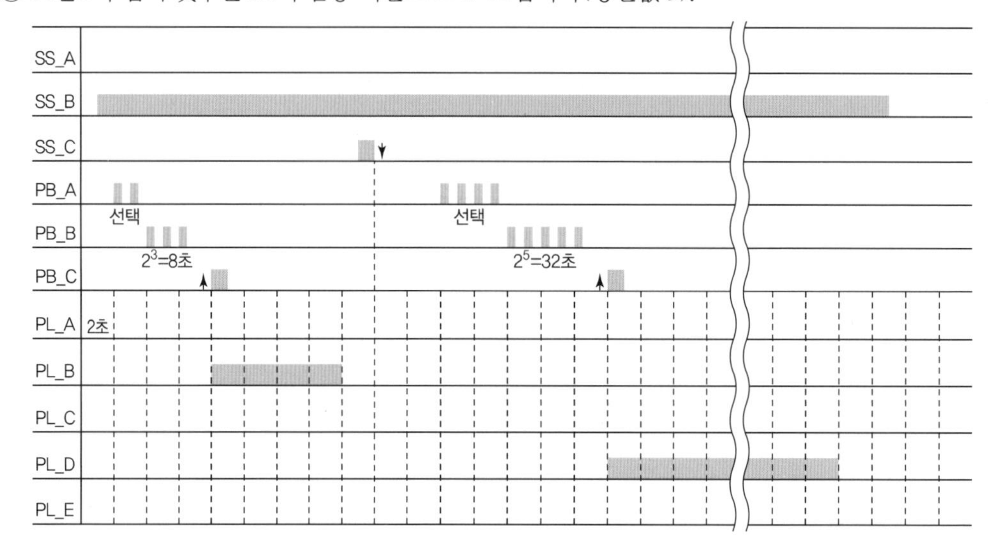

(4) 래더도

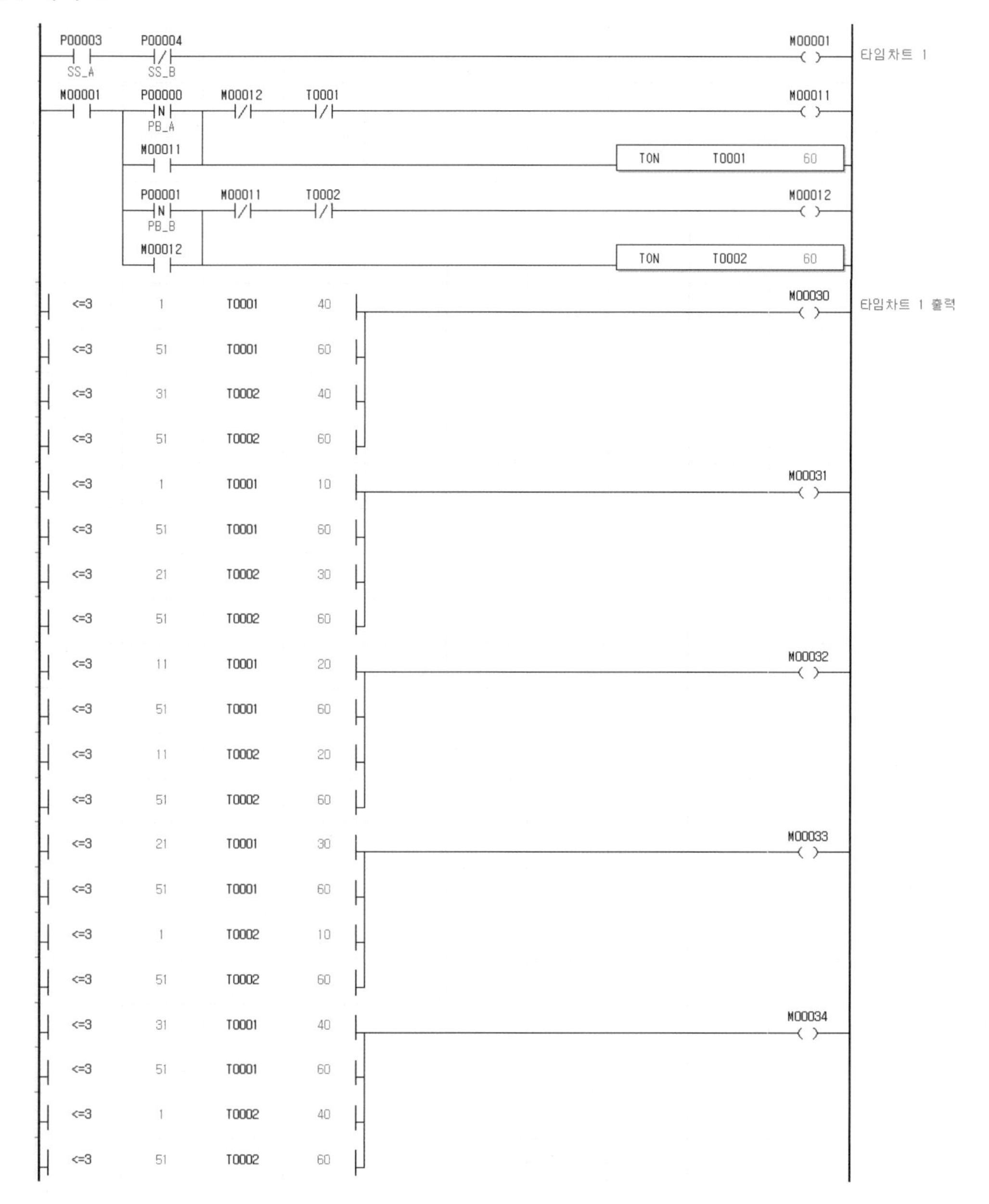
P00003
P00004
SS_A
SS_B
M00001
타임차트 1
M00001
P00000
M00012
T0001
M00011
PB_A
M00011
TON T0001 60
P00001
M00011
T0002
M00012
PB_B
M00012
TON T0002 60
<=3 1 T0001 40
M00030
타임차트 1 출력
<=3 51 T0001 60
<=3 31 T0002 40
<=3 51 T0002 60
<=3 1 T0001 10
M00031
<=3 51 T0001 60
<=3 21 T0002 30
<=3 51 T0002 60
<=3 11 T0001 20
M00032
<=3 51 T0001 60
<=3 11 T0002 20
<=3 51 T0002 60
<=3 21 T0001 30
M00033
<=3 51 T0001 60
<=3 1 T0002 10
<=3 51 T0002 60
<=3 31 T0001 40
M00034
<=3 51 T0001 60
<=3 1 T0002 40
<=3 51 T0002 60

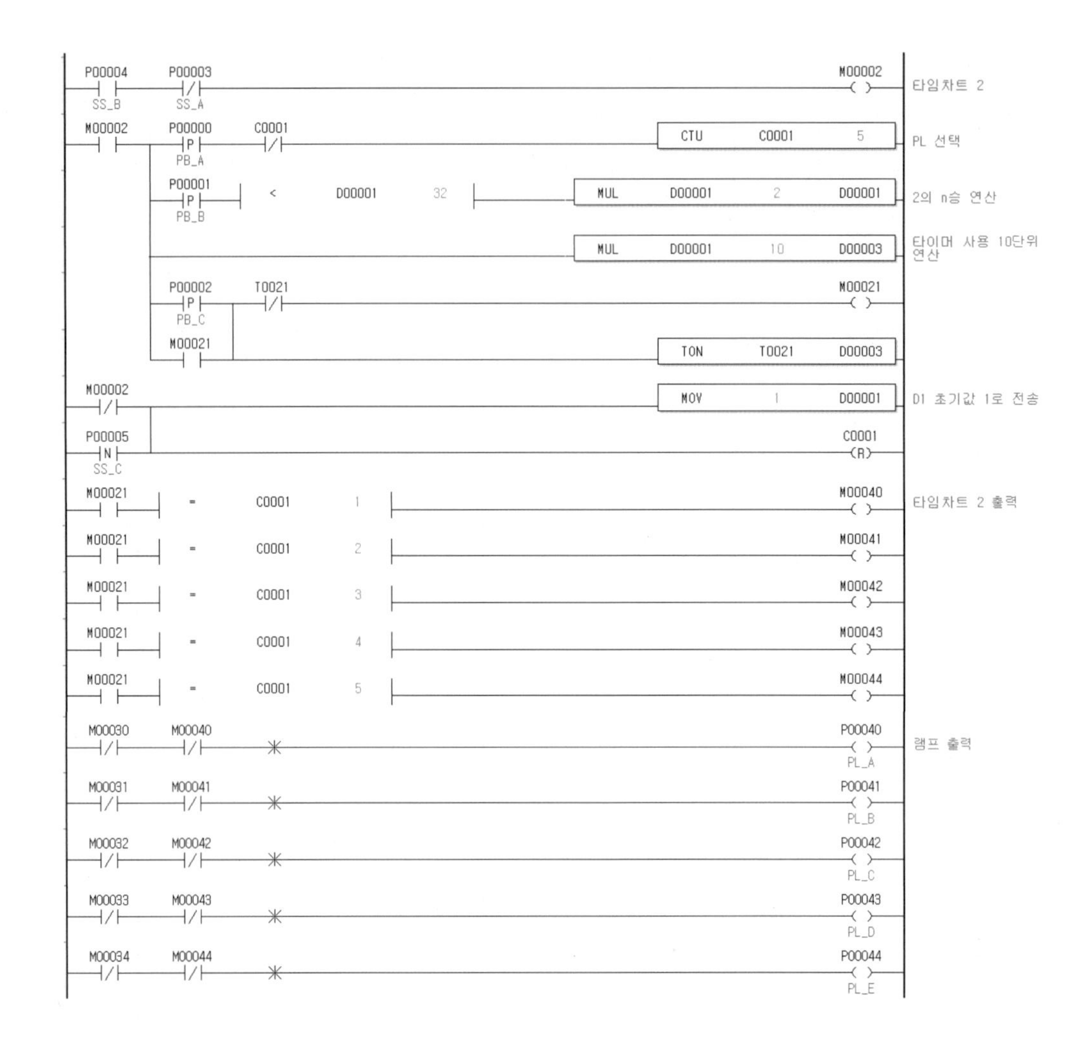

P00004 P00003 M00002 타임차트 2
SS_B SS_A
M00002 P00000 C0001 CTU C0001 5 PL 선택
PB_A
P00001 < D00001 32 MUL D00001 2 D00001 2의 n승 연산
PB_B
MUL D00001 10 D00003 타이머 사용 10단위 연산
P00002 T0021 M00021
PB_C
M00021 TON T0021 D00003
M00002 MOV 1 D00001 D1 초기값 1로 전송
P00005 C0001
SS_C
M00021 = C0001 1 M00040 타임차트 2 출력
M00021 = C0001 2 M00041
M00021 = C0001 3 M00042
M00021 = C0001 4 M00043
M00021 = C0001 5 M00044
M00030 M00040 P00040 램프 출력
PL_A
M00031 M00041 P00041
PL_B
M00032 M00042 P00042
PL_C
M00033 M00043 P00043
PL_D
M00034 M00044 P00044
PL_E

20) 71회 2일차

(1) PLC 입 · 출력표

입력				출력			
디바이스	변수	디바이스	변수	디바이스	변수	디바이스	변수
P00000	PB_A	P00004	SS_B	P00040	PL_A	P00044	PL_E
P00001	PB_B	P00005	SS_C	P00041	PL_B		
P00002	PB_C			P00042	PL_C		
P00003	SS_A			P00043	PL_D		

(2) 타임차트 1

① SS_A－ON, SS_B－OFF 조건에서 동작합니다.

② PB_A가 ON되면 램프는 타임차트와 같이 점등과 소등됩니다.

③ PB_B가 ON되면 램프는 타임차트와 같이 점등과 소등됩니다.

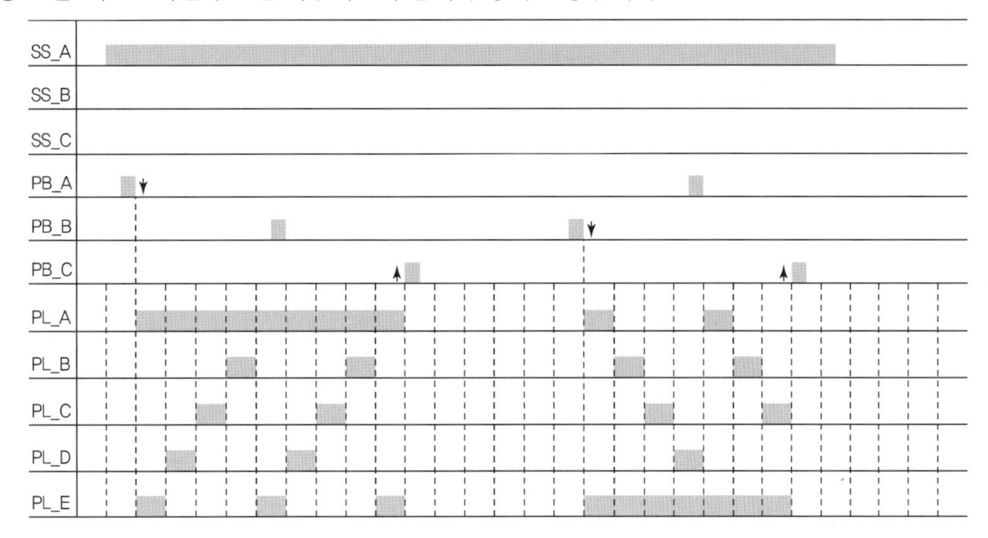

(3) 타임차트 2

① SS_B－ON, SS_A－OFF 조건에서 동작합니다.

② SS_A, SS_B가 모두 ON이거나 OFF이면 회로는 초기화됩니다.

③ 지연시간은 $\frac{n}{2}$ 초입니다.

④ PL_C는 PL_A의 반전, PL_D는 PL_B의 반전입니다.

⑤ PL_E는 PL_C, PL_D의 EX－OR입니다.

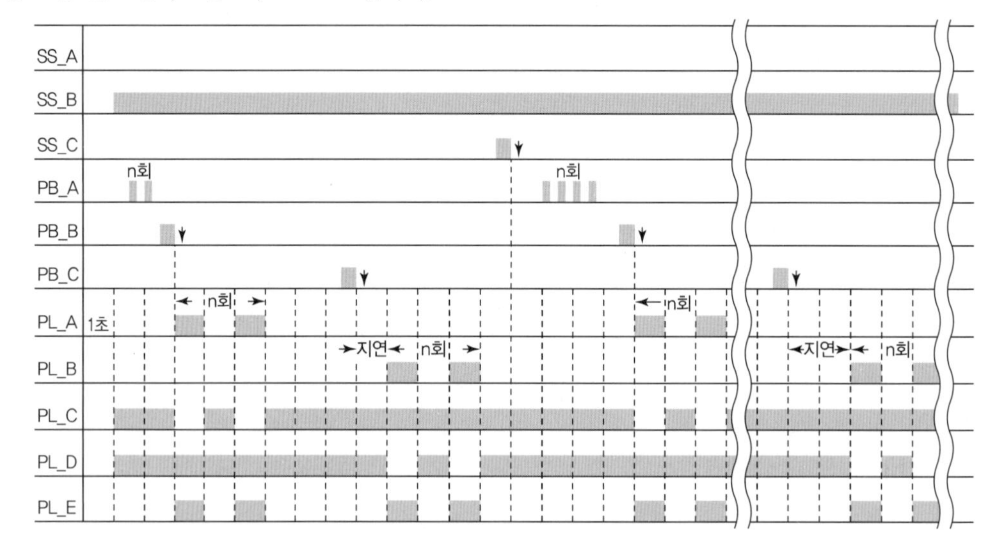

(4) 래더도

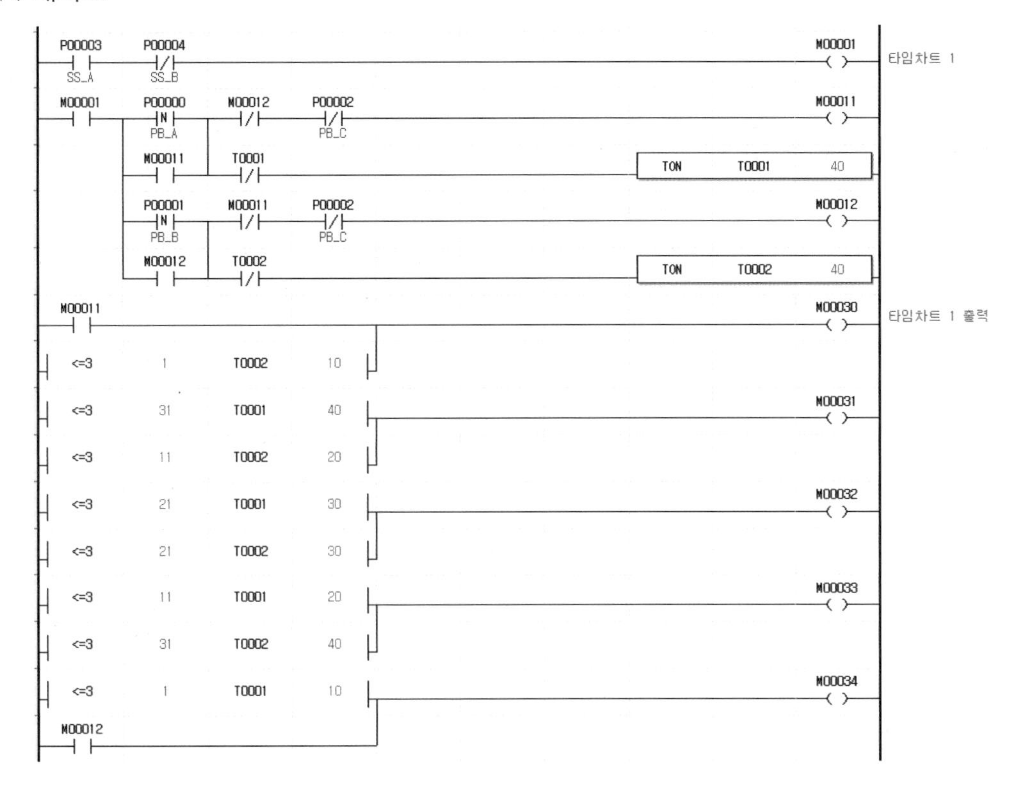
P00003
P00004
SS_A
SS_B
M00001
타임차트 1
M00001
P00000
M00012
P00002
PB_A
PB_C
M00011
M00011
T0001
TON T0001 40
P00001
M00011
P00002
PB_B
PB_C
M00012
M00012
T0002
TON T0002 40
M00011
M00030
타임차트 1 출력
<=3 1 T0002 10
<=3 31 T0001 40
M00031
<=3 11 T0002 20
<=3 21 T0001 30
M00032
<=3 21 T0002 30
<=3 11 T0001 20
M00033
<=3 31 T0002 40
<=3 1 T0001 10
M00034
M00012

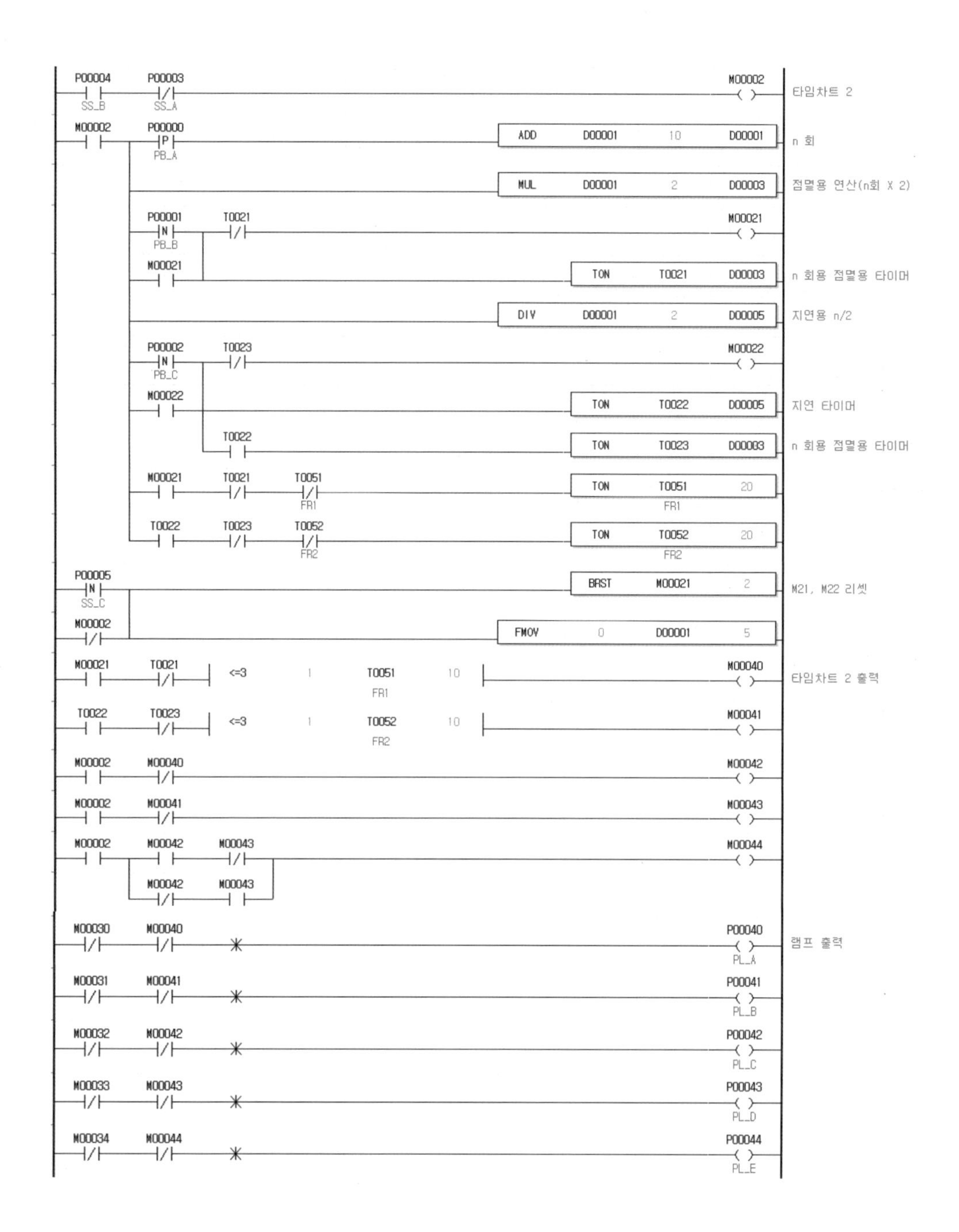
P00004
SS_B
P00003
SS_A
M00002
타임차트 2
M00002
P00000
PB_A
ADD D00001 10 D00001
n 회
MUL D00001 2 D00003
점멸용 연산(n회 X 2)
P00001
PB_B
T0021
M00021
M00021
TON T0021 D00003
n 회용 점멸용 타이머
DIV D00001 2 D00005
지연용 n/2
P00002
PB_C
T0023
M00022
M00022
TON T0022 D00005
지연 타이머
T0022
TON T0023 D00003
n 회용 점멸용 타이머
M00021 T0021 T0051
FR1
TON T0051 20
FR1
T0022 T0023 T0052
FR2
TON T0052 20
FR2
P00005
SS_C
BRST M00021 2
M21, M22 리셋
M00002
FMOV 0 D00001 5
M00021 T0021 <=3 1 T0051 10
FR1
M00040
타임차트 2 출력
T0022 T0023 <=3 1 T0052 10
FR2
M00041
M00002 M00040
M00042
M00002 M00041
M00043
M00002 M00042 M00043
M00044
M00042 M00043
M00030 M00040
P00040
PL_A
램프 출력
M00031 M00041
P00041
PL_B
M00032 M00042
P00042
PL_C
M00033 M00043
P00043
PL_D
M00034 M00044
P00044
PL_E

21) 71회 3일차

(1) PLC 입 · 출력표

입력				출력			
디바이스	변수	디바이스	변수	디바이스	변수	디바이스	변수
P00000	PB_A	P00004	SS_B	P00040	PL_A	P00044	PL_E
P00001	PB_B	P00005	SS_C	P00041	PL_B		
P00002	PB_C			P00042	PL_C		
P00003	SS_A			P00043	PL_D		

(2) 타임차트 1

① SS_A-ON, SS_B-OFF 조건에서 동작합니다.

② PB_A가 ON되면 램프는 타임차트와 같이 점등과 소등됩니다.

③ PB_B가 ON되면 램프는 타임차트와 같이 점등과 소등됩니다.

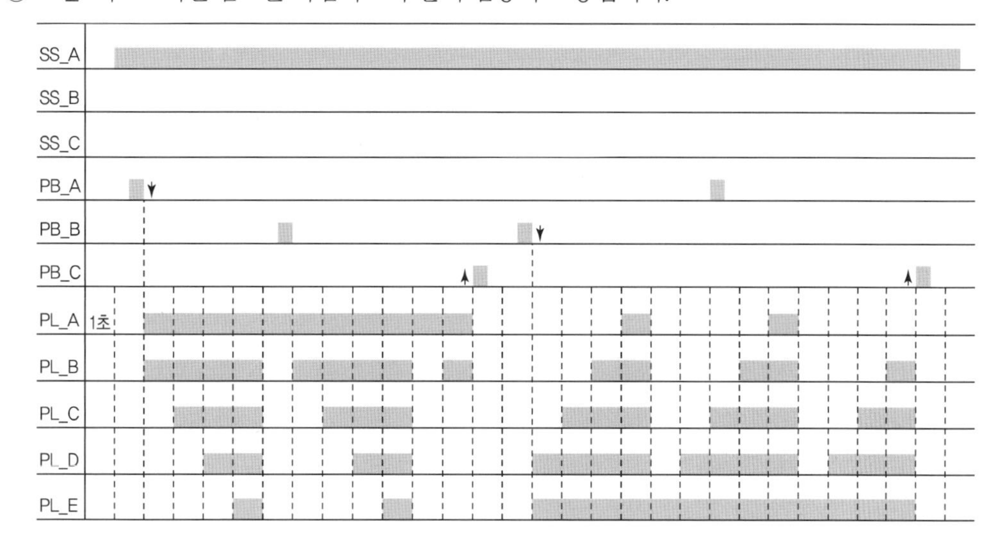

(3) 타임차트 2

① SS_B－ON, SS_A－OFF 조건에서 동작합니다.

② 타이머의 소수점은 절삭합니다(예 : 3.8초면 3초).

③ 동작은 1 ≤ n초일 때 동작합니다.

④ SS_C가 ON되면 타이머는 리셋됩니다.

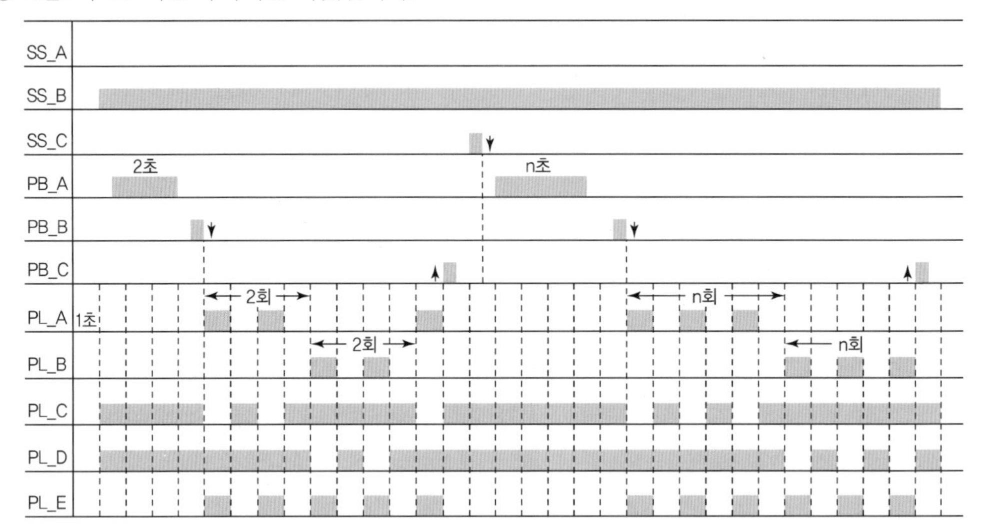

(4) 래더도

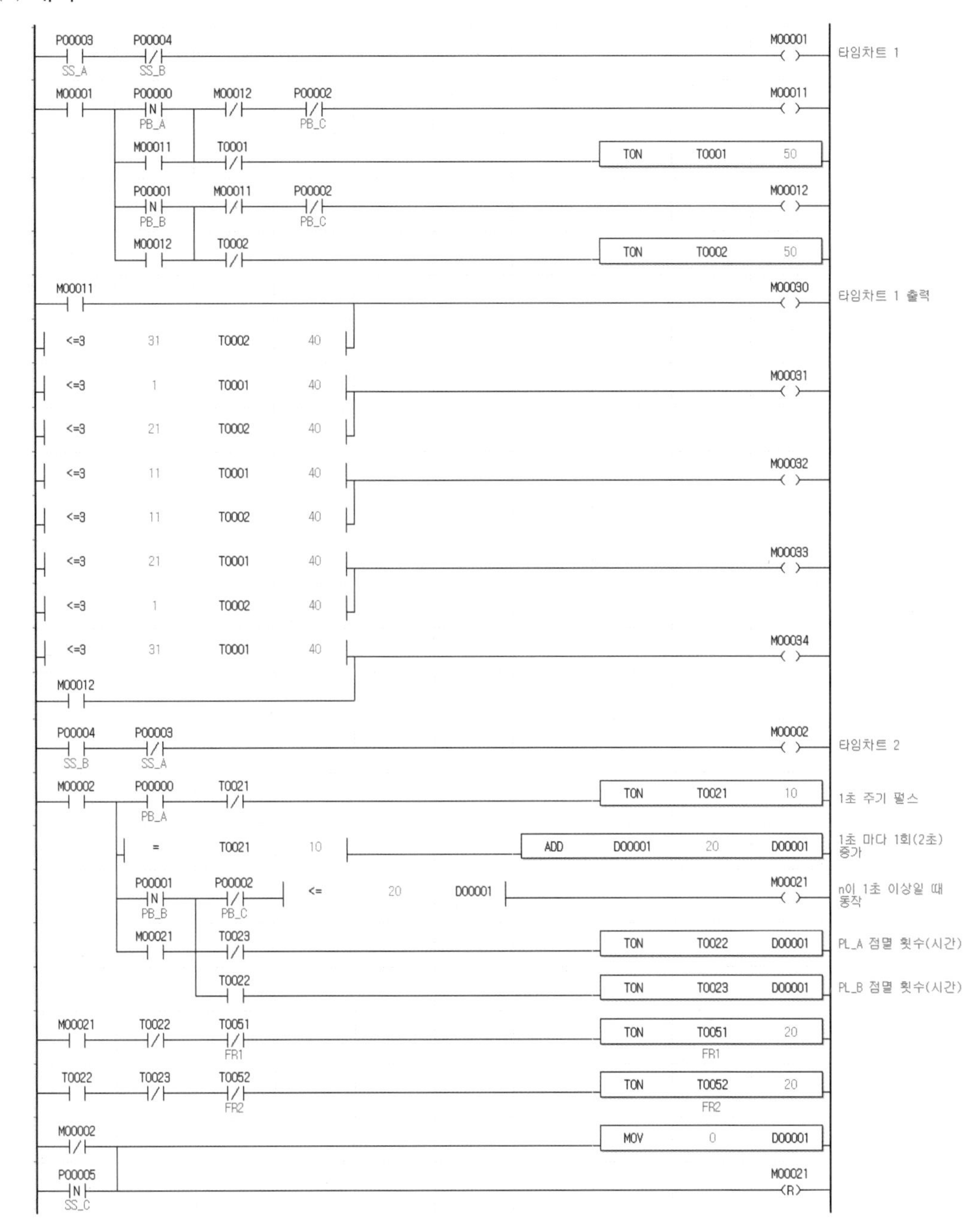

P00003
SS_A
P00004
SS_B
M00001
타임차트 1
M00001
P00000
PB_A
M00012
P00002
PB_C
M00011
M00011
T0001
TON
T0001
50
P00001
PB_B
M00011
P00002
PB_C
M00012
M00012
T0002
TON
T0002
50
M00011
M00030
타임차트 1 출력
<=3
31
T0002
40
<=3
1
T0001
40
M00031
<=3
21
T0002
40
<=3
11
T0001
40
M00032
<=3
11
T0002
40
<=3
21
T0001
40
M00033
<=3
1
T0002
40
<=3
31
T0001
40
M00034
M00012
P00004
SS_B
P00003
SS_A
M00002
타임차트 2
M00002
P00000
PB_A
T0021
TON
T0021
10
1초 주기 펄스
=
T0021
10
ADD
D00001
20
D00001
1초 마다 1회(2초) 증가
P00001
PB_B
P00002
PB_C
<=
20
D00001
M00021
n이 1초 이상일 때 동작
M00021
T0023
TON
T0022
D00001
PL_A 점멸 횟수(시간)
T0022
TON
T0023
D00001
PL_B 점멸 횟수(시간)
M00021
T0022
T0051
FR1
TON
T0051
20
FR1
T0022
T0023
T0052
FR2
TON
T0052
20
FR2
M00002
MOV
0
D00001
P00005
SS_C
M00021
R

```
M00021   T0022                                                    M00040
─┤ ├─────┤/├──┤ <=3   1   T0051   10 ├──────────────────────────( )──  타임차트 2 출력
                          FR1
T0022    T0023                                                    M00041
─┤ ├─────┤/├──┤ <=3   1   T0052   10 ├──────────────────────────( )──
                          FR2
M00002   M00040                                                   M00042
─┤ ├─────┤/├────────────────────────────────────────────────────( )──
M00002   M00041                                                   M00043
─┤ ├─────┤/├────────────────────────────────────────────────────( )──
M00021   M00040   M00041                                          M00044
─┤ ├──┬──┤ ├──────┤/├──┬────────────────────────────────────────( )──
      │  M00040   M00041│
      └──┤/├──────┤ ├──┘
M00030   M00040                                                   P00040
─┤/├─────┤/├──────*─────────────────────────────────────────────( )──  램프 출력
                                                                  PL_A
M00031   M00041                                                   P00041
─┤/├─────┤/├──────*─────────────────────────────────────────────( )──
                                                                  PL_B
M00032   M00042                                                   P00042
─┤/├─────┤/├──────*─────────────────────────────────────────────( )──
                                                                  PL_C
M00033   M00043                                                   P00043
─┤/├─────┤/├──────*─────────────────────────────────────────────( )──
                                                                  PL_D
M00034   M00044                                                   P00044
─┤/├─────┤/├──────*─────────────────────────────────────────────( )──
                                                                  PL_E
```

22) 72회 1일차

(1) PLC 입 · 출력표

입력				출력			
디바이스	변수	디바이스	변수	디바이스	변수	디바이스	변수
P00000	PB_A	P00004	SS_B	P00040	PL_A	P00044	PL_E
P00001	PB_B	P00005	SS_C	P00041	PL_B		
P00002	PB_C			P00042	PL_C		
P00003	SS_A			P00043	PL_D		

(2) 타임차트 1

① SS_A-ON, SS_B-OFF 조건에서 동작합니다.

② PB_A가 ON되면 램프는 타임차트와 같이 1초 간격으로 점등과 소등됩니다.

③ PB_B가 ON되면 램프는 타임차트와 같이 2초 간격으로 점등과 소등됩니다.

④ PB_C가 ON되면 램프는 타임차트와 같이 3초 간격으로 점등과 소등됩니다.

⑤ SS_C가 ON되면 램프는 소등되고 회로는 초기화됩니다.

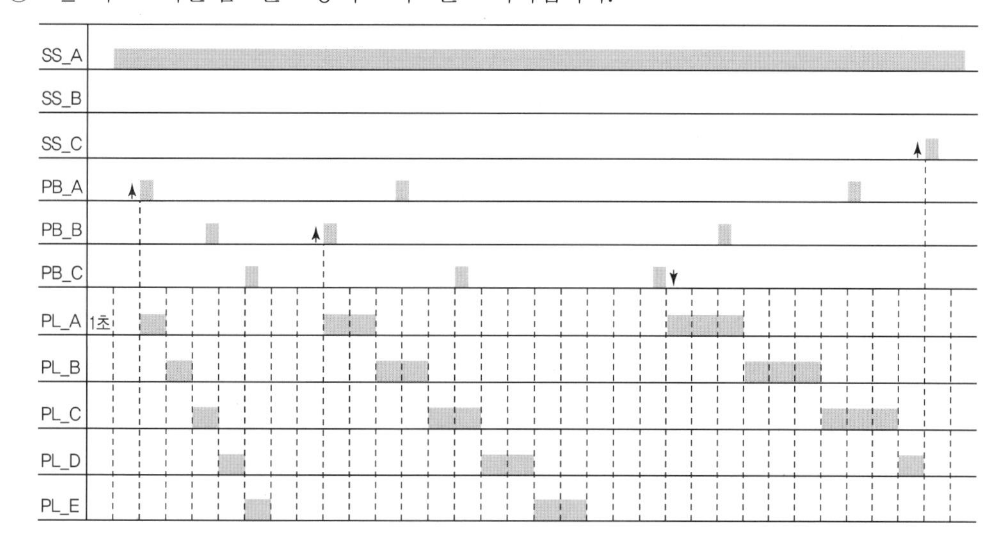

(3) 타임차트 2

① SS_B－ON, SS_A－OFF 조건에서 동작합니다.

② PB_A의 입력은 m회입니다. PB_B의 입력은 n회입니다.

③ PB_C(N)가 ON되면 PL_A는 m+n회 1초 간격 플리커 동작하고, PL_B는 m－n회 1초 간격 플리커 동작합니다.

④ PL_E는 PL_A와 PL_B의 XOR입니다.

⑤ PB_A 또는 PB_B의 입력이 "0"이면 PB_C는 동작하지 않습니다.

⑥ SS_C가 ON되면 회로는 초기화됩니다.

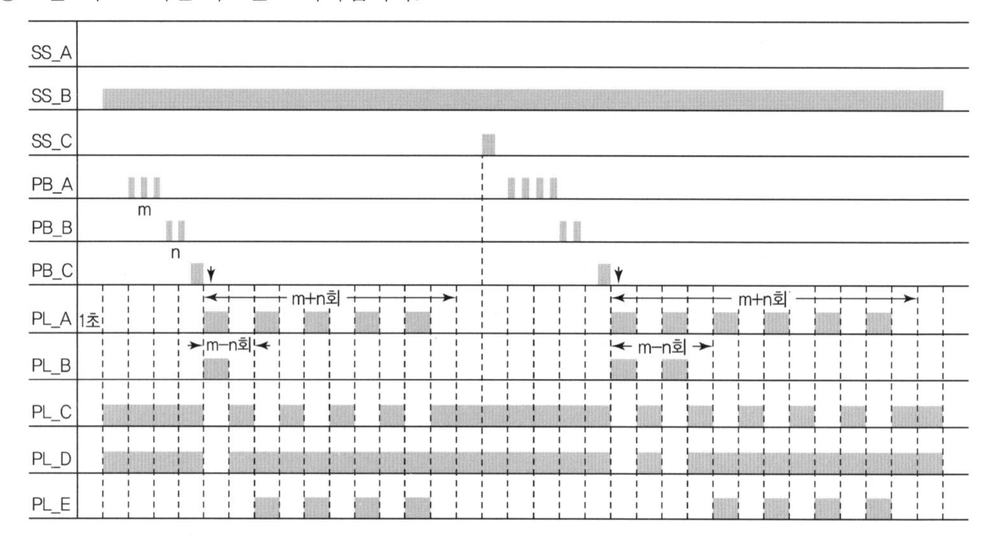

(4) 래더도

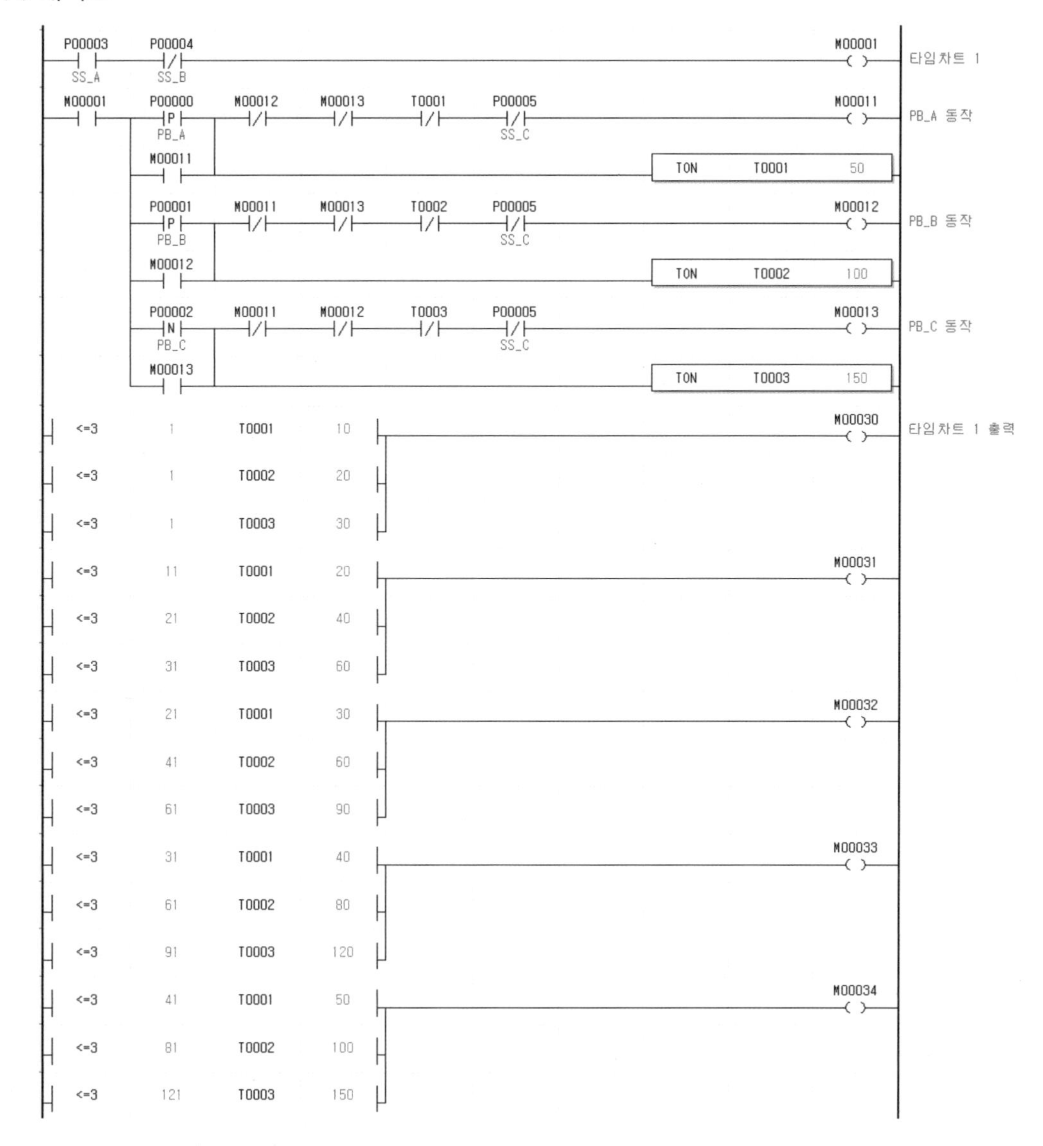

P00003
SS_A
P00004
SS_B
M00001
타임차트 1
M00001
P00000
P
PB_A
M00012
M00013
T0001
P00005
SS_C
M00011
PB_A 동작
M00011
TON
T0001
50
P00001
P
PB_B
M00011
M00013
T0002
P00005
SS_C
M00012
PB_B 동작
M00012
TON
T0002
100
P00002
N
PB_C
M00011
M00012
T0003
P00005
SS_C
M00013
PB_C 동작
M00013
TON
T0003
150
<=3 1 T0001 10
<=3 1 T0002 20
<=3 1 T0003 30
M00030
타임차트 1 출력
<=3 11 T0001 20
<=3 21 T0002 40
<=3 31 T0003 60
M00031
<=3 21 T0001 30
<=3 41 T0002 60
<=3 61 T0003 90
M00032
<=3 31 T0001 40
<=3 61 T0002 80
<=3 91 T0003 120
M00033
<=3 41 T0001 50
<=3 81 T0002 100
<=3 121 T0003 150
M00034

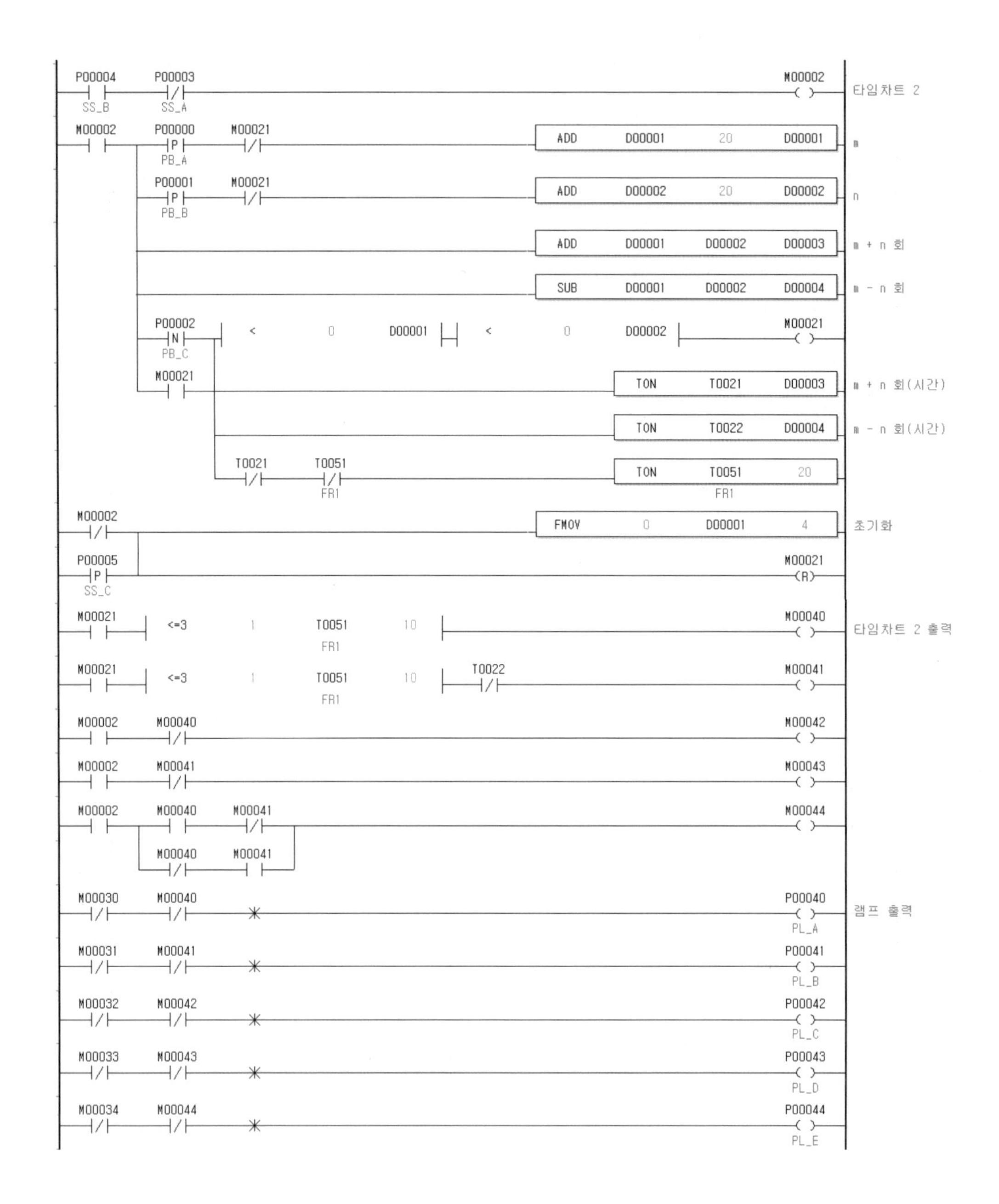
P00004
SS_B
P00003
SS_A
M00002
타임차트 2
M00002
P00000
PB_A
M00021
ADD D00001 20 D00001
m
P00001
PB_B
M00021
ADD D00002 20 D00002
n
ADD D00001 D00002 D00003
m + n 회
SUB D00001 D00002 D00004
m - n 회
P00002
PB_C
< 0 D00001
< 0 D00002
M00021
M00021
TON T0021 D00003
m + n 회(시간)
TON T0022 D00004
m - n 회(시간)
T0021
T0051
FR1
TON T0051 20
FR1
M00002
FMOV 0 D00001 4
초기화
P00005
SS_C
M00021
M00021
<=3 1 T0051 10
FR1
M00040
타임차트 2 출력
M00021
<=3 1 T0051 10
FR1
T0022
M00041
M00002
M00040
M00042
M00002
M00041
M00043
M00002
M00040
M00041
M00040
M00041
M00044
M00030
M00040
P00040
PL_A
램프 출력
M00031
M00041
P00041
PL_B
M00032
M00042
P00042
PL_C
M00033
M00043
P00043
PL_D
M00034
M00044
P00044
PL_E

23) 72회 2일차

(1) PLC 입 · 출력표

입력				출력			
디바이스	변수	디바이스	변수	디바이스	변수	디바이스	변수
P00000	PB_A	P00004	SS_B	P00040	PL_A	P00044	PL_E
P00001	PB_B	P00005	SS_C	P00041	PL_B		
P00002	PB_C			P00042	PL_C		
P00003	SS_A			P00043	PL_D		

(2) 타임차트 1

① SS_A-ON, SS_B－OFF 조건에서 동작합니다.

② PB_A가 ON되면 램프는 타임차트와 같이 1초 간격으로 점등과 소등됩니다.

③ PB_B가 ON되면 램프는 타임차트와 같이 1초 간격으로 점등과 소등됩니다.

④ PB_C가 ON되면 램프는 타임차트와 같이 1초 간격으로 점등과 소등됩니다.

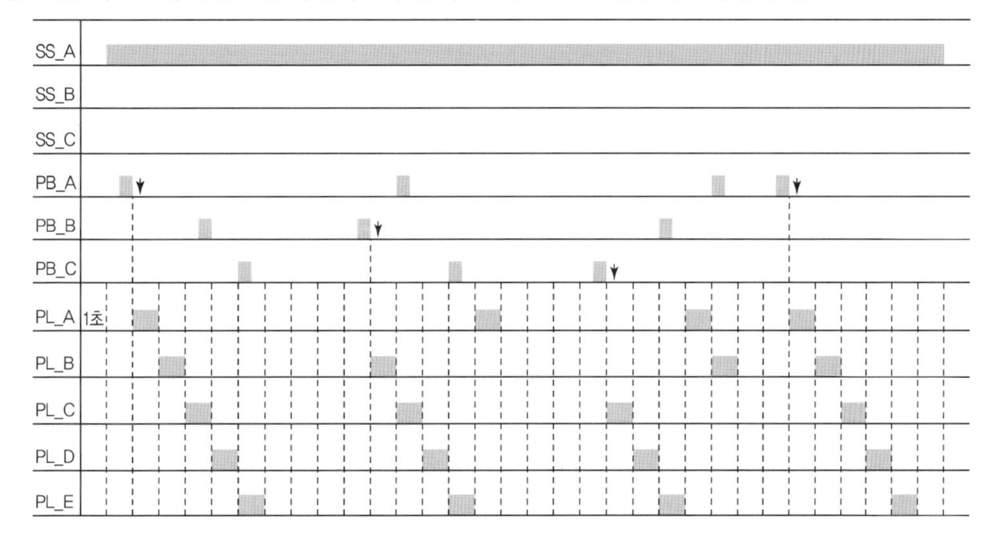

(3) 타임차트 2

① SS_B－ON, SS_A－OFF 조건에서 동작합니다.

② PB_A의 입력은 m회입니다.

③ PB_B(N)가 ON되면 PL_A와 PL_B는 타임차트와 같이 1초 간격 플리커 동작합니다.

④ PL_E는 PL_A와 PL_B의 XOR입니다.

⑤ PB_A 입력이 "0"이면 PB_B는 동작하지 않습니다.

⑥ PB_C(P) 또는 SS_C(N)가 ON되면 회로는 초기화됩니다.

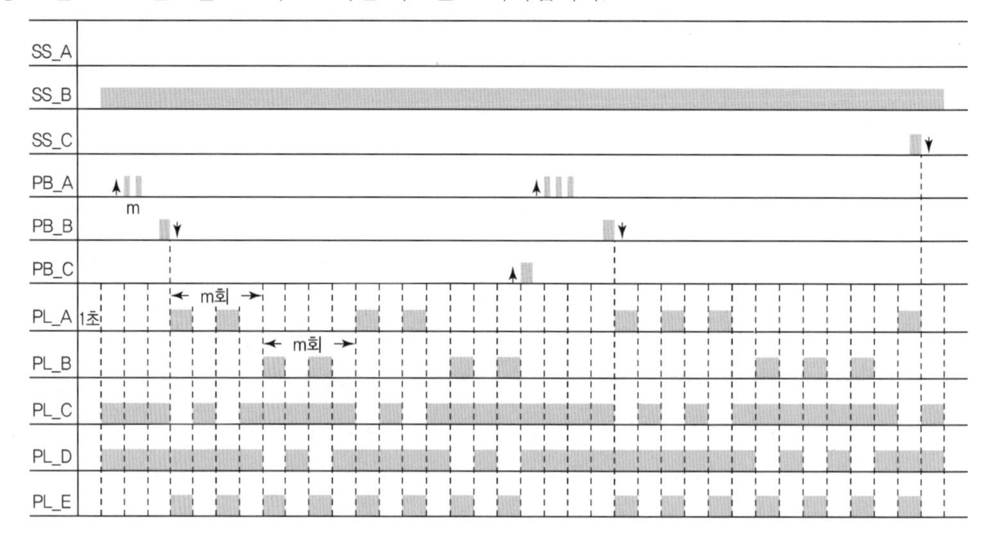

(4) 래더도

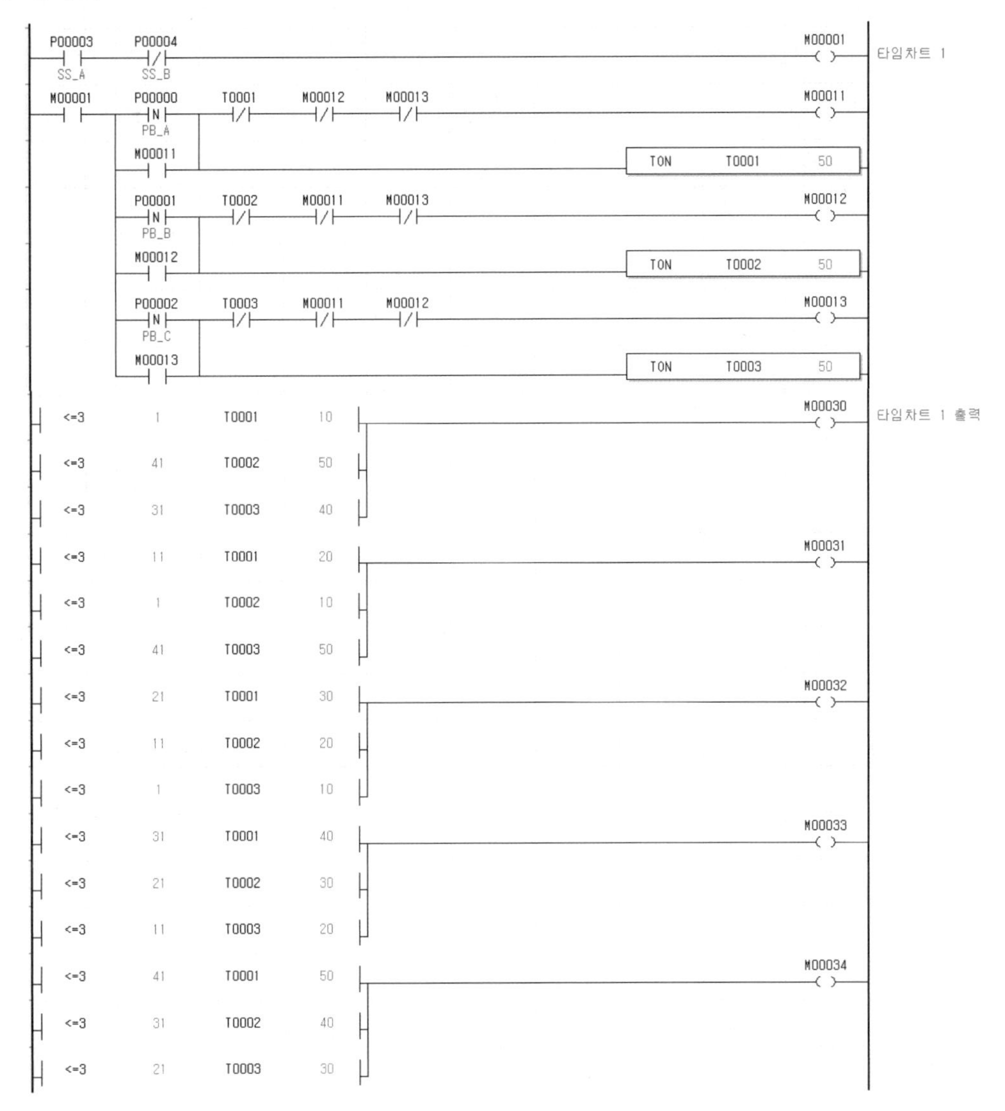

P00003
P00004
SS_A
SS_B
M00001
타임차트 1
M00001
P00000
PB_A
T0001
M00012
M00013
M00011
M00011
TON T0001 50
P00001
PB_B
T0002
M00011
M00013
M00012
M00012
TON T0002 50
P00002
PB_C
T0003
M00011
M00012
M00013
M00013
TON T0003 50
<=3 1 T0001 10
<=3 41 T0002 50
<=3 31 T0003 40
M00030
타임차트 1 출력
<=3 11 T0001 20
<=3 1 T0002 10
<=3 41 T0003 50
M00031
<=3 21 T0001 30
<=3 11 T0002 20
<=3 1 T0003 10
M00032
<=3 31 T0001 40
<=3 21 T0002 30
<=3 11 T0003 20
M00033
<=3 41 T0001 50
<=3 31 T0002 40
<=3 21 T0003 30
M00034

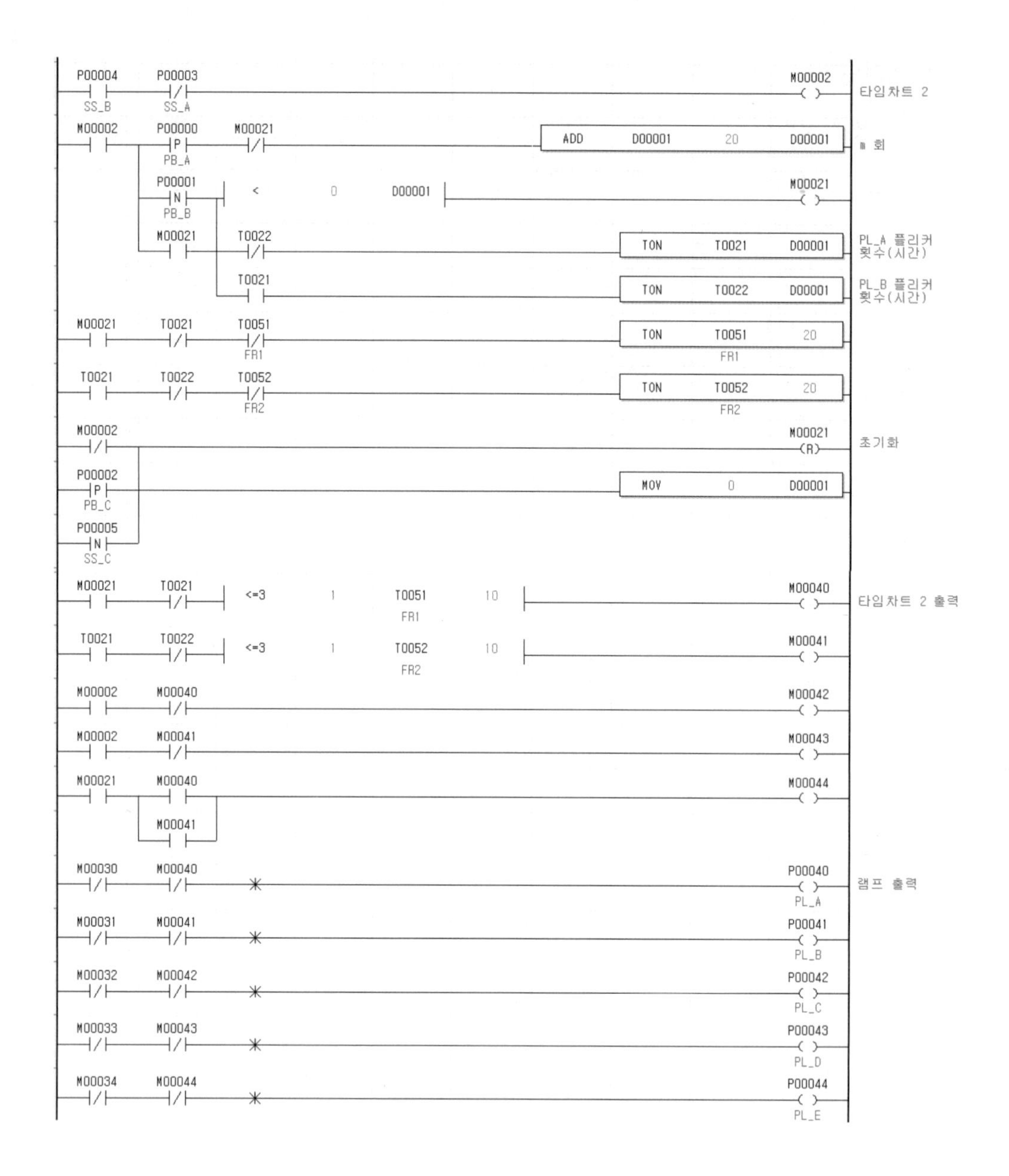
P00004
P00003
SS_B
SS_A
M00002
타임차트 2
M00002
P00000
M00021
ADD D00001 20 D00001
PB_A
m 회
P00001
< 0 D00001
M00021
PB_B
M00021
T0022
TON T0021 D00001
PL_A 플리커 횟수(시간)
T0021
TON T0022 D00001
PL_B 플리커 횟수(시간)
M00021
T0021
T0051
TON T0051 20
FR1
T0021
T0022
T0052
TON T0052 20
FR2
M00002
M00021
(R)
초기화
P00002
PB_C
MOV 0 D00001
P00005
SS_C
M00021
T0021
<=3 1 T0051 10
FR1
M00040
타임차트 2 출력
T0021
T0022
<=3 1 T0052 10
FR2
M00041
M00002
M00040
M00042
M00002
M00041
M00043
M00021
M00040
M00041
M00044
M00030
M00040
P00040
PL_A
램프 출력
M00031
M00041
P00041
PL_B
M00032
M00042
P00042
PL_C
M00033
M00043
P00043
PL_D
M00034
M00044
P00044
PL_E

24) 72회 3일차

(1) PLC 입 · 출력표

입력				출력			
디바이스	변수	디바이스	변수	디바이스	변수	디바이스	변수
P00000	PB_A	P00004	SS_B	P00040	PL_A	P00044	PL_E
P00001	PB_B	P00005	SS_C	P00041	PL_B		
P00002	PB_C			P00042	PL_C		
P00003	SS_A			P00043	PL_D		

(2) 타임차트 1

① SS_A－ON, SS_B－OFF 조건에서 동작합니다.

② PB_A(N)가 ON되면 램프는 타임차트와 같이 2초 간격으로 점등과 소등됩니다.

③ PB_B(N)가 ON되면 램프는 타임차트와 같이 2초 간격으로 점등과 소등됩니다.

④ PB_C(N)가 ON되면 램프는 타임차트와 같이 2초 간격으로 점등과 소등됩니다.

⑤ SS_C(P)가 ON되면 회로는 초기화됩니다.

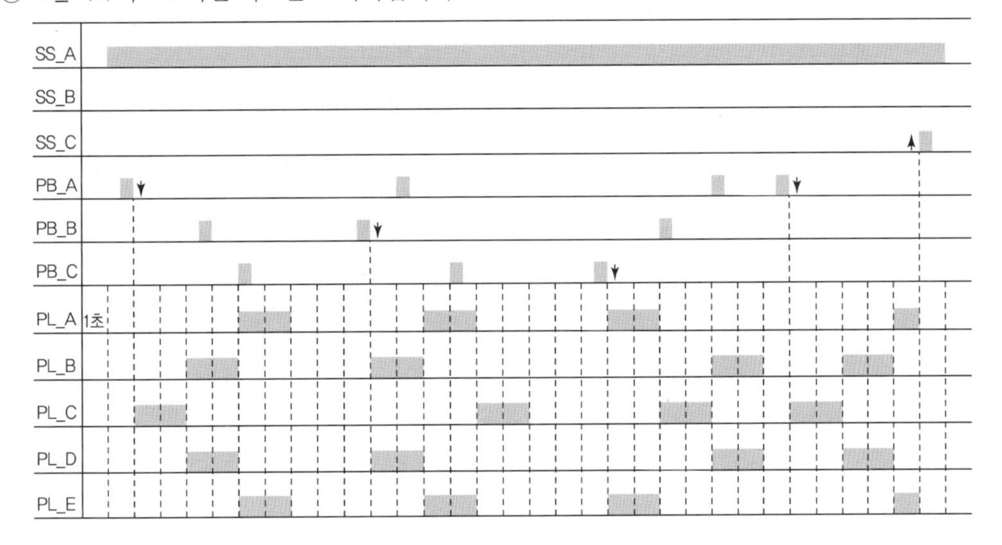

(3) 타임차트 2

① SS_B－ON, SS_A－OFF 조건에서 동작합니다.

② PB_A의 입력 횟수는 램프 선택입니다(최대 5회).

③ PB_B의 입력 횟수는 램프의 동작시간으로 램프는 동작시간의 마지막 1초만 점등됩니다.

④ PB_C(N)가 ON되면 회로는 동작합니다.

⑤ SS_C(N)가 ON되면 회로는 초기화됩니다.

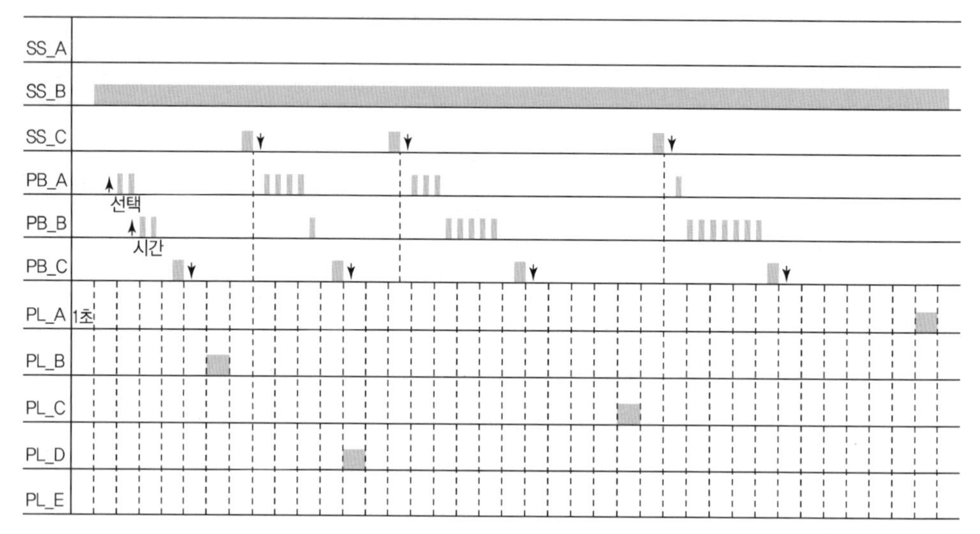

(4) 래더도

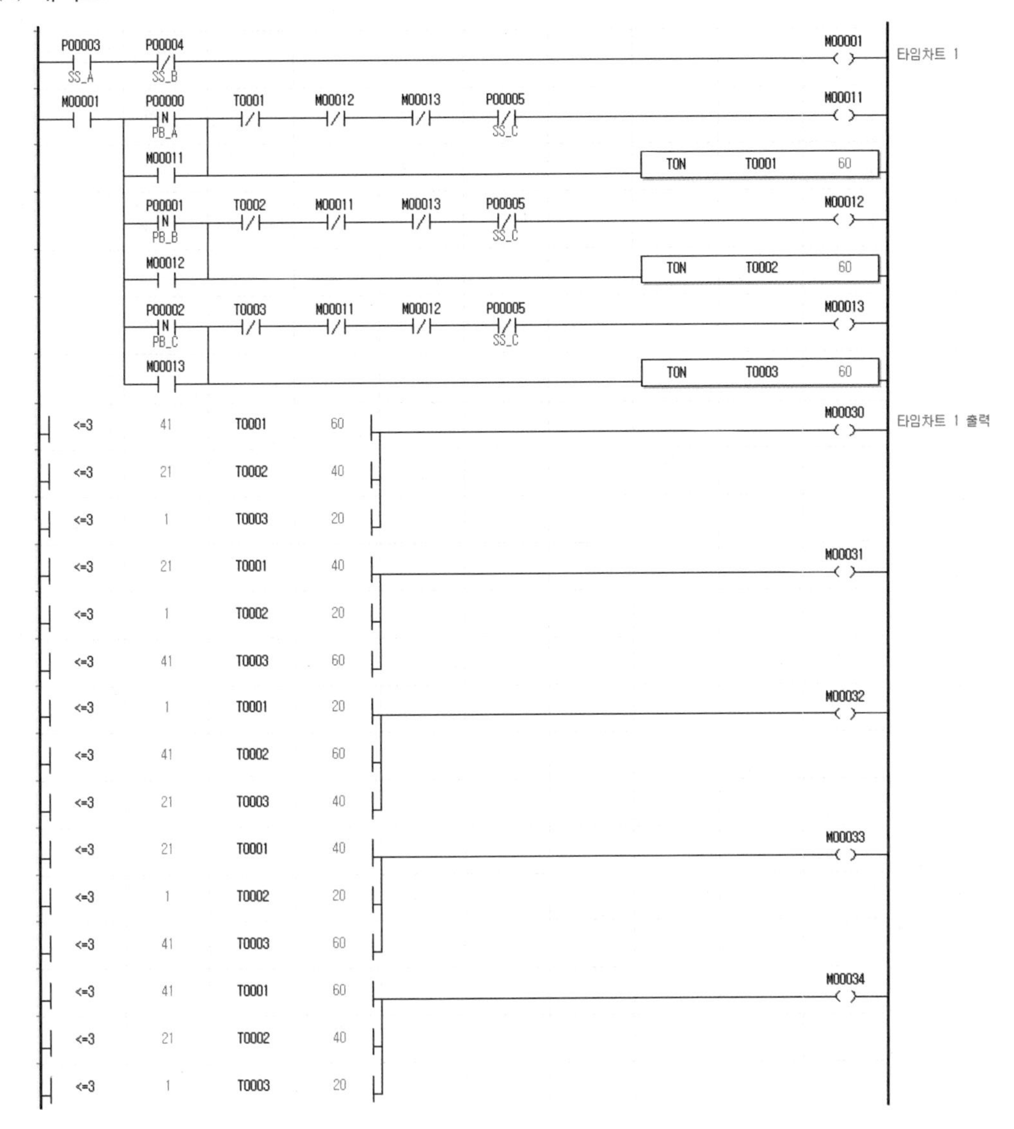

P00003
P00004
SS_A
SS_B
M00001
타임차트 1
M00001
P00000
PB_A
T0001
M00012
M00013
P00005
SS_C
M00011
M00011
TON
T0001
60
P00001
PB_B
T0002
M00011
M00013
P00005
SS_C
M00012
M00012
TON
T0002
60
P00002
PB_C
T0003
M00011
M00012
P00005
SS_C
M00013
M00013
TON
T0003
60
M00030
타임차트 1 출력
M00031
M00032
M00033
M00034

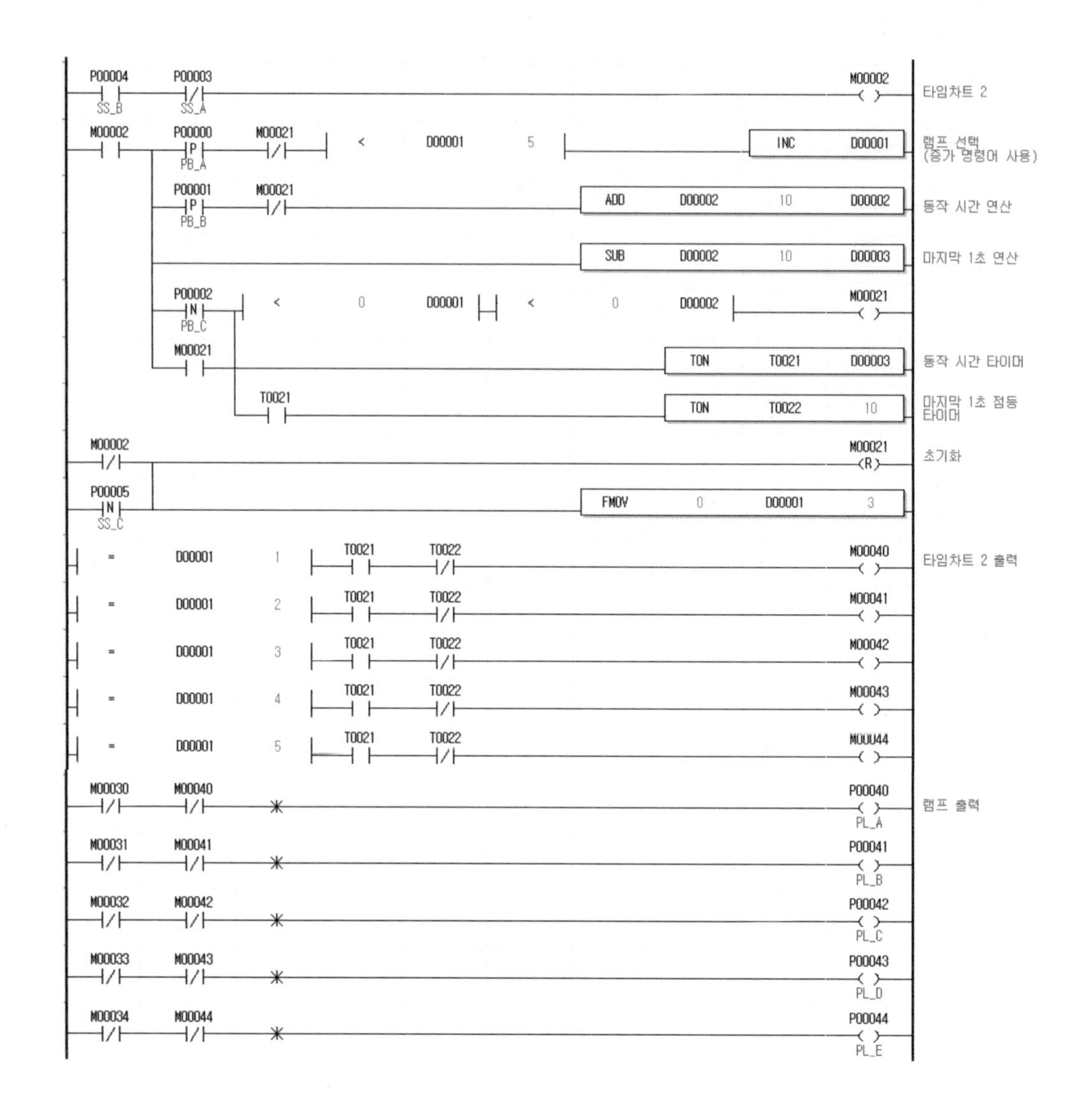
P00004
SS_B
P00003
SS_A
M00002
타임차트 2
M00002
P00000
PB_A
M00021
<
D00001
5
INC
D00001
램프 선택
(증가 명령어 사용)
P00001
PB_B
M00021
ADD
D00002
10
D00002
동작 시간 연산
SUB
D00002
10
D00003
마지막 1초 연산
P00002
PB_C
<
0
D00001
<
0
D00002
M00021
M00021
TON
T0021
D00003
동작 시간 타이머
T0021
TON
T0022
10
마지막 1초 점등
타이머
M00002
M00021
R
초기화
P00005
SS_C
FMOV
0
D00001
3
=
D00001
1
T0021
T0022
M00040
타임차트 2 출력
=
D00001
2
T0021
T0022
M00041
=
D00001
3
T0021
T0022
M00042
=
D00001
4
T0021
T0022
M00043
=
D00001
5
T0021
T0022
M00044
M00030
M00040
P00040
PL_A
램프 출력
M00031
M00041
P00041
PL_B
M00032
M00042
P00042
PL_C
M00033
M00043
P00043
PL_D
M00034
M00044
P00044
PL_E

25) 73회 1일차

(1) PLC 입 · 출력표

입력				출력			
디바이스	변수	디바이스	변수	디바이스	변수	디바이스	변수
P00000	SS_A	P00004	PB_B	P00040	PL_A	P00044	PL_E
P00001	SS_B	P00005	PB_C	P00041	PL_B		
P00002	SS_C			P00042	PL_C		
P00003	PB_A			P00043	PL_D		

(2) 타임차트 1

① SS_A ON, SS_B OFF 조건에서 동작합니다.

② PB_A가 ON되면 램프는 타임차트와 같이 2초 간격으로 점등과 소등됩니다.

③ PB_B가 ON되면 램프는 타임차트와 같이 2초 간격으로 점등과 소등됩니다.

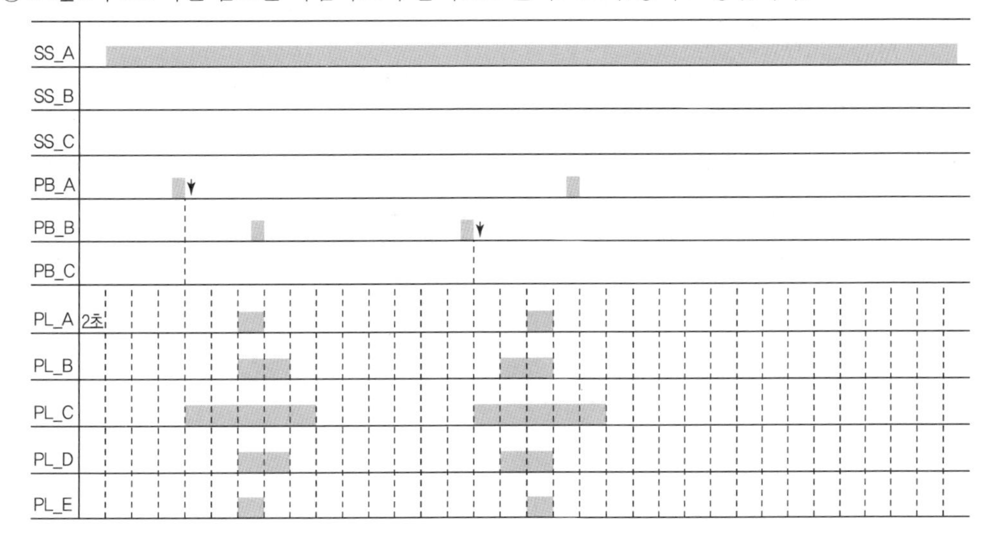

(3) 타임차트 2

① SS_B ON, SS_A OFF 조건에서 동작합니다.

② PB_A의 입력은 n회, PB_B의 입력은 m회, PB_C의 입력은 동작 시작입니다.

③ PB_C가 ON되면 $\sqrt{n^2+m^2}$ 의 연산값이 초로 환산되며, 소숫점 이하는 삭제합니다.

예 $\sqrt{2^2+2^2}=2.8284$이면 2초, $\sqrt{4^2+4^2}=5.6568$이면 5초

④ PB_A 또는 PB_B 값이 "0"이면 PB_C는 동작하지 않습니다.

⑤ SS_C가 ON되면 회로는 초기화됩니다.

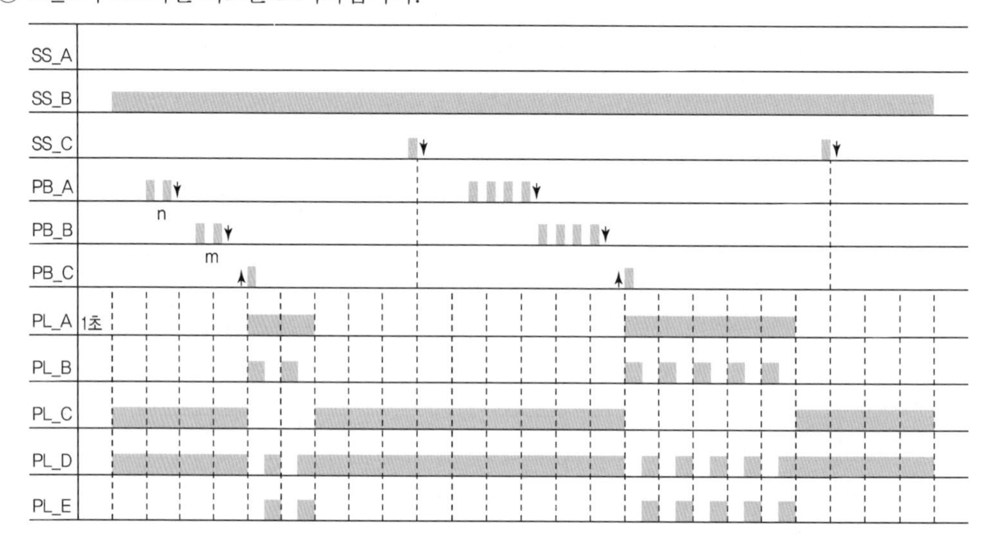

(4) 래더도

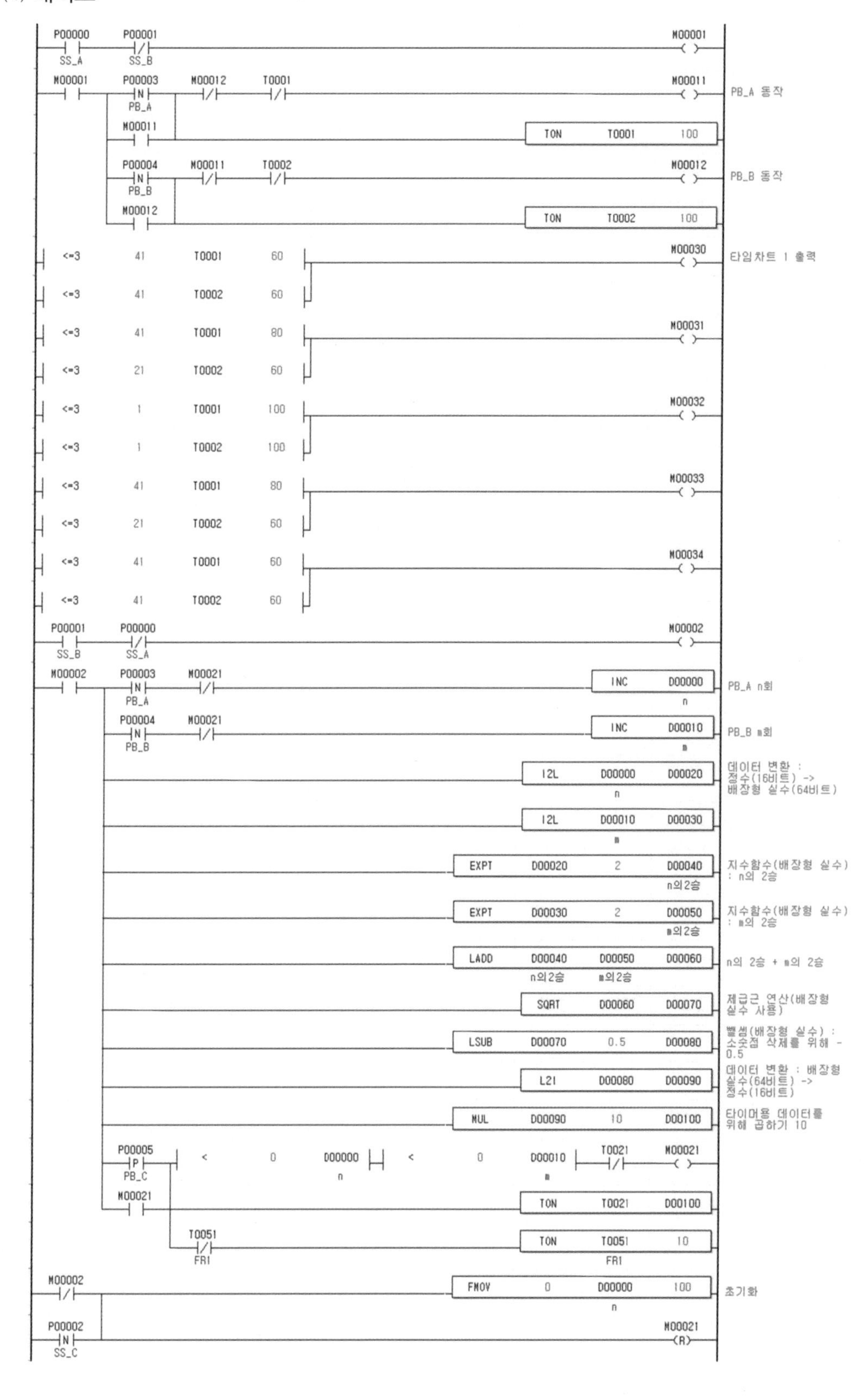

P00000
SS_A
P00001
SS_B
M00001
P00003
PB_A
M00012
T0001
M00011
PB_A 동작
TON T0001 100
P00004
PB_B
M00011
T0002
M00012
PB_B 동작
TON T0002 100
<=3 41 T0001 60
<=3 41 T0002 60
M00030
타임차트 1 출력
<=3 41 T0001 80
<=3 21 T0002 60
M00031
<=3 1 T0001 100
<=3 1 T0002 100
M00032
<=3 41 T0001 80
<=3 21 T0002 60
M00033
<=3 41 T0001 60
<=3 41 T0002 60
M00034
P00001
SS_B
P00000
SS_A
M00002
M00002
P00003
PB_A
M00021
INC D00000
n
PB_A n회
P00004
PB_B
M00021
INC D00010
m
PB_B m회
I2L D00000 D00020
n
데이터 변환 : 정수(16비트) -> 배장형 실수(64비트)
I2L D00010 D00030
m
EXPT D00020 2 D00040
n의2승
지수함수(배장형 실수) : n의 2승
EXPT D00030 2 D00050
m의2승
지수함수(배장형 실수) : m의 2승
LADD D00040 D00050 D00060
n의2승 m의2승
n의 2승 + m의 2승
SQRT D00060 D00070
제곱근 연산(배장형 실수 사용)
LSUB D00070 0.5 D00080
뺄셈(배장형 실수) : 소숫점 삭제를 위해 -0.5
L2I D00080 D00090
데이터 변환 : 배장형 실수(64비트) -> 정수(16비트)
MUL D00090 10 D00100
타이머용 데이터를 위해 곱하기 10
P00005
PB_C
< 0 D00000
n
< 0 D00010
m
T0021
M00021
M00021
TON T0021 D00100
T0051
FR1
TON T0051 10
FR1
M00002
FMOV 0 D00000 100
n
초기화
P00002
SS_C
M00021
(R)

```
M00021                                                        M00040
--| |-------------------------------------------------------( )--   타임차트 2 출력

M00021
--| |----| <=3      1      T0051      5 |-------------------M00041
                            FR1                              ( )

M00002    M00040                                              M00042
--| |------|/|----------------------------------------------( )--

M00002    M00041                                              M00043
--| |------|/|----------------------------------------------( )--

M00002    M00042    M00043                                    M00044
--| |---+--| |-------|/|---+--------------------------------( )--
        |  M00042    M00043 |
        +--|/|-------| |---+

M00030    M00040                                              P00040
--|/|------|/|-----*----------------------------------------( )--   램프 출력
                                                              PL_A
M00031    M00041                                              P00041
--|/|------|/|-----*----------------------------------------( )--
                                                              PL_B
M00032    M00042                                              P00042
--|/|------|/|-----*----------------------------------------( )--
                                                              PL_C
M00033    M00043                                              P00043
--|/|------|/|-----*----------------------------------------( )--
                                                              PL_D
M00034    M00044                                              P00044
--|/|------|/|-----*----------------------------------------( )--
                                                              PL_E
```

26) 73회 2일차

(1) PLC 입 · 출력표

입력				출력			
디바이스	변수	디바이스	변수	디바이스	변수	디바이스	변수
P00000	PB_A	P00004	SS_B	P00040	PL_A	P00044	PL_E
P00001	PB_B	P00005	SS_C	P00041	PL_B		
P00002	PB_C			P00042	PL_C		
P00003	SS_A			P00043	PL_D		

(2) 타임차트 1

① SS_A ON, SS_B OFF 조건에서 동작합니다.

② PB_A가 ON되면 램프는 타임차트와 같이 2초 간격으로 점등과 소등합니다.

③ PB_B가 ON되면 램프는 타임차트와 같이 2초 간격으로 점등과 소등합니다.

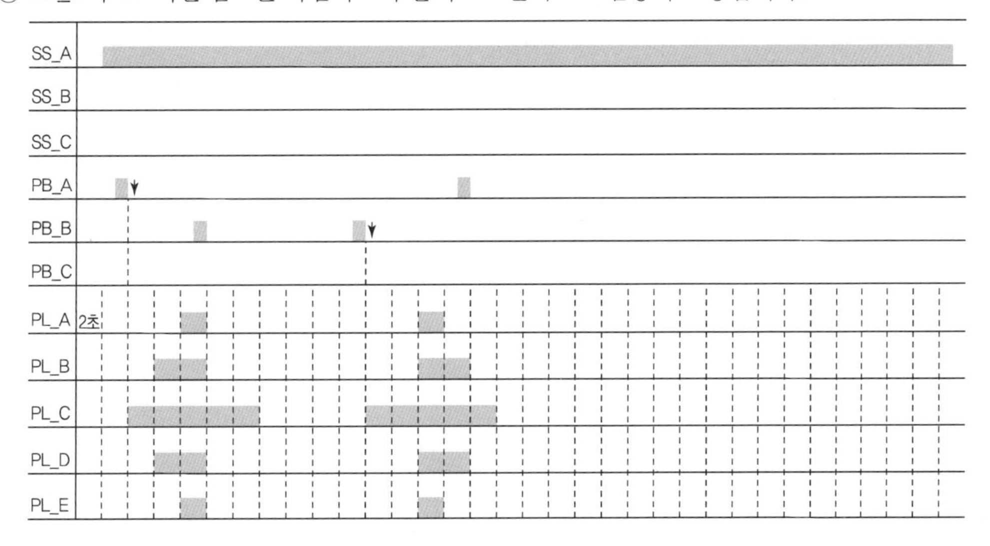

(3) 타임차트 2

① SS_B ON, SS_A OFF 조건에서 동작합니다.

② PB_A의 입력은 n회, PB_B의 입력은 m회, PB_C의 입력은 동작 시작입니다.

③ PB_C가 ON되면 $\sqrt{n \times m}$ 의 연산값이 초로 환산되며, 소숫점 이하는 삭제합니다.

예 $\sqrt{3 \times 4}$ =3.4641이면 3초, $\sqrt{4 \times 6}$ =4.8989이면 4초

④ PB_A 또는 PB_B 값이 "0"이면 PB_C는 동작하지 않습니다.

⑤ SS_C가 ON되면 회로는 초기화됩니다.

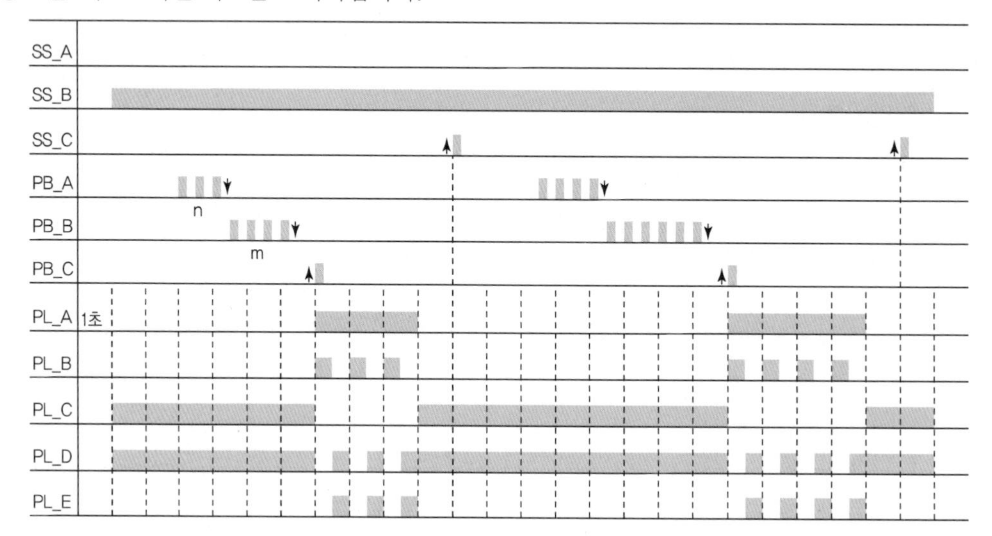

(4) 래더도

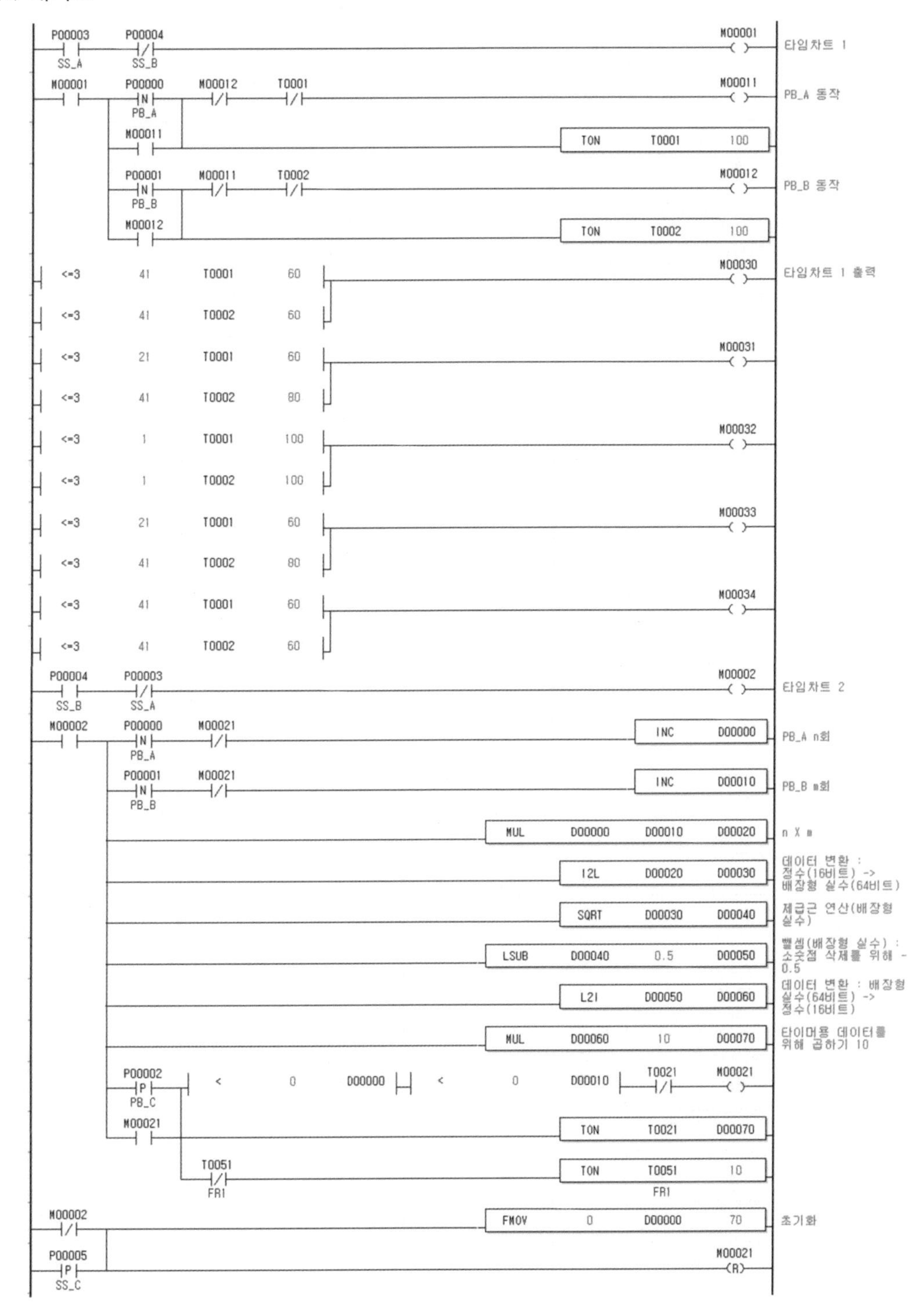
P00003
SS_A
P00004
SS_B
M00001
타임차트 1
M00001
P00000
PB_A
M00012
T0001
M00011
PB_A 동작
M00011
TON
T0001
100
P00001
PB_B
M00011
T0002
M00012
PB_B 동작
M00012
TON
T0002
100
<=3
41
T0001
60
<=3
41
T0002
60
M00030
타임차트 1 출력
<=3
21
T0001
60
<=3
41
T0002
80
M00031
<=3
1
T0001
100
<=3
1
T0002
100
M00032
<=3
21
T0001
60
<=3
41
T0002
80
M00033
<=3
41
T0001
60
<=3
41
T0002
60
M00034
P00004
SS_B
P00003
SS_A
M00002
타임차트 2
M00002
P00000
PB_A
M00021
INC
D00000
PB_A n회
P00001
PB_B
M00021
INC
D00010
PB_B m회
MUL
D00000
D00010
D00020
n X m
I2L
D00020
D00030
데이터 변환 : 정수(16비트) -> 배장형 실수(64비트)
SQRT
D00030
D00040
제곱근 연산(배장형 실수)
LSUB
D00040
0.5
D00050
뺄셈(배장형 실수) : 소숫점 삭제를 위해 -0.5
L2I
D00050
D00060
데이터 변환 : 배장형 실수(64비트) -> 정수(16비트)
MUL
D00060
10
D00070
타이머용 데이터를 위해 곱하기 10
P00002
PB_C
<
0
D00000
<
0
D00010
T0021
M00021
M00021
TON
T0021
D00070
T0051
FR1
TON
T0051
10
FR1
M00002
FMOV
0
D00000
70
초기화
P00005
SS_C
M00021
R

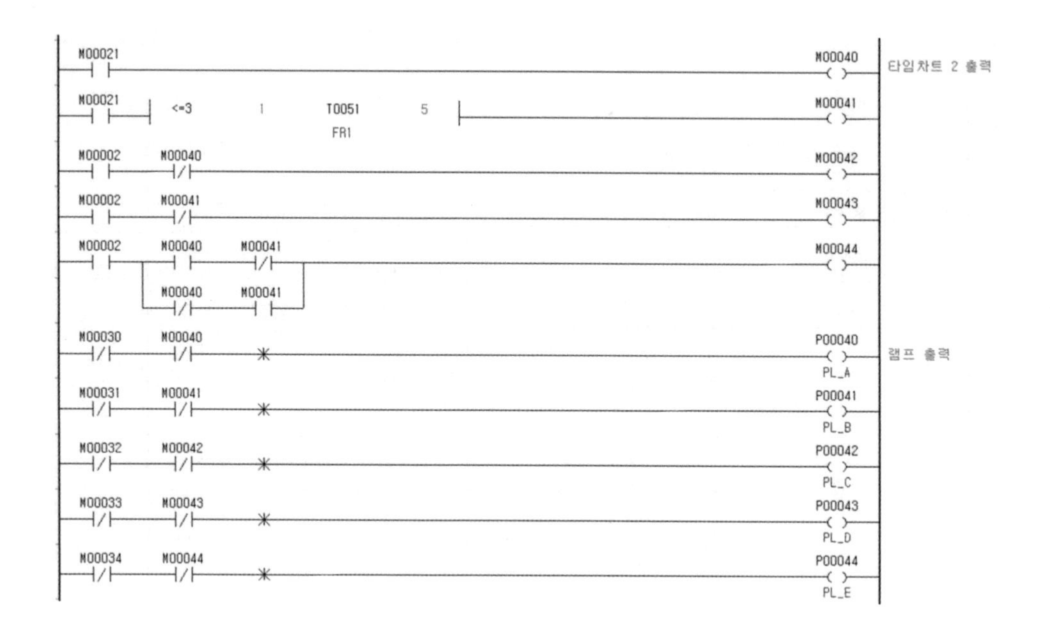
M00021
M00040
타임차트 2 출력
M00021
<=3
1
T0051
FR1
5
M00041
M00002
M00040
M00042
M00002
M00041
M00043
M00002
M00040
M00041
M00044
M00040
M00041
M00030
M00040
P00040
PL_A
램프 출력
M00031
M00041
P00041
PL_B
M00032
M00042
P00042
PL_C
M00033
M00043
P00043
PL_D
M00034
M00044
P00044
PL_E

27) 73회 3일차

(1) PLC 입 · 출력표

입력				출력			
디바이스	변수	디바이스	변수	디바이스	변수	디바이스	변수
P00000	SS_A	P00004	PB_B	P00040	PL_A	P00044	PL_E
P00001	SS_B	P00005	PB_C	P00041	PL_B		
P00002	SS_C			P00042	PL_C		
P00003	PB_A			P00043	PL_D		

(2) 타임차트 1

① SS_A ON, SS_B OFF 조건에서 동작합니다.

② PB_A가 ON되면 램프는 타임차트와 같이 2초 간격으로 점등과 소등합니다.

③ PB_B가 ON되면 램프는 타임차트와 같이 2초 간격으로 점등과 소등합니다.

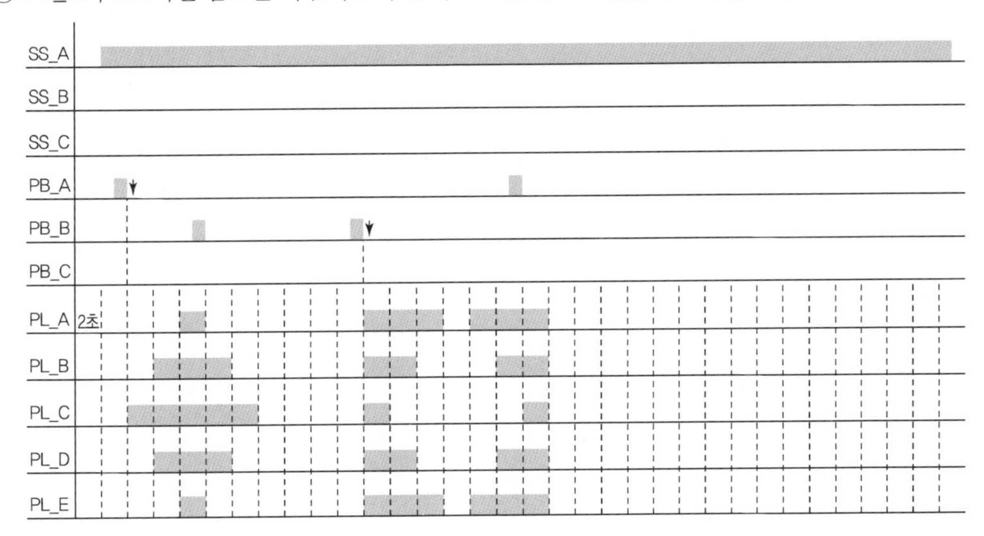

(3) 타임차트 2

① SS_B ON, SS_A OFF 조건에서 동작합니다.

② PB_A의 입력은 n회, PB_B의 입력은 m회, PB_C의 입력은 동작 시작입니다.

③ PB_C가 ON되면 $\sqrt{n}+\sqrt{m}$ 의 연산값이 초로 환산되며, 소숫점 이하는 생략합니다.

예 $\sqrt{3}+\sqrt{4}=3.7320$이면 3초, $\sqrt{4}+\sqrt{5}=4.2360$이면 4초

④ PB_A 또는 PB_B 값이 "0"이면 PB_C는 동작하지 않습니다.

⑤ SS_C가 ON되면 회로는 초기화됩니다.

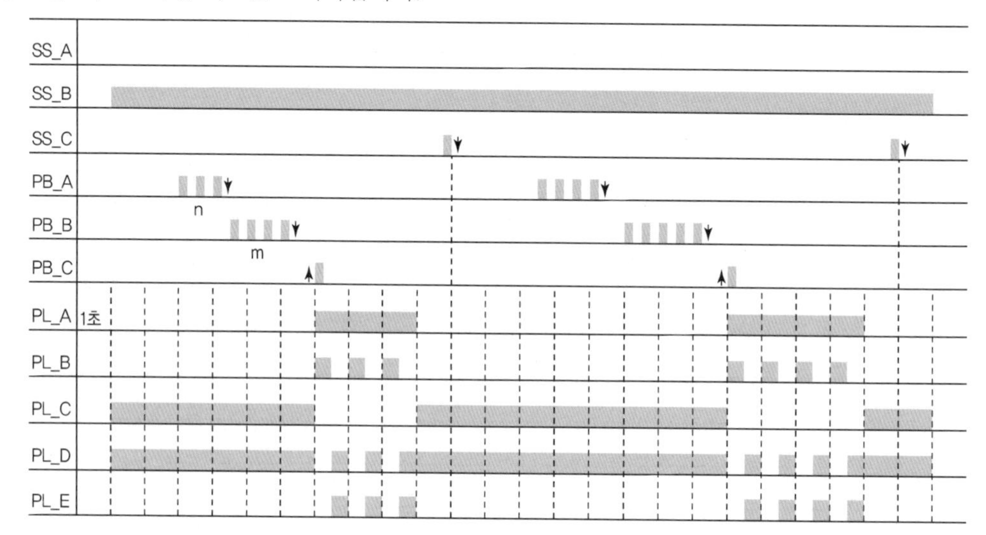

(4) 래더도

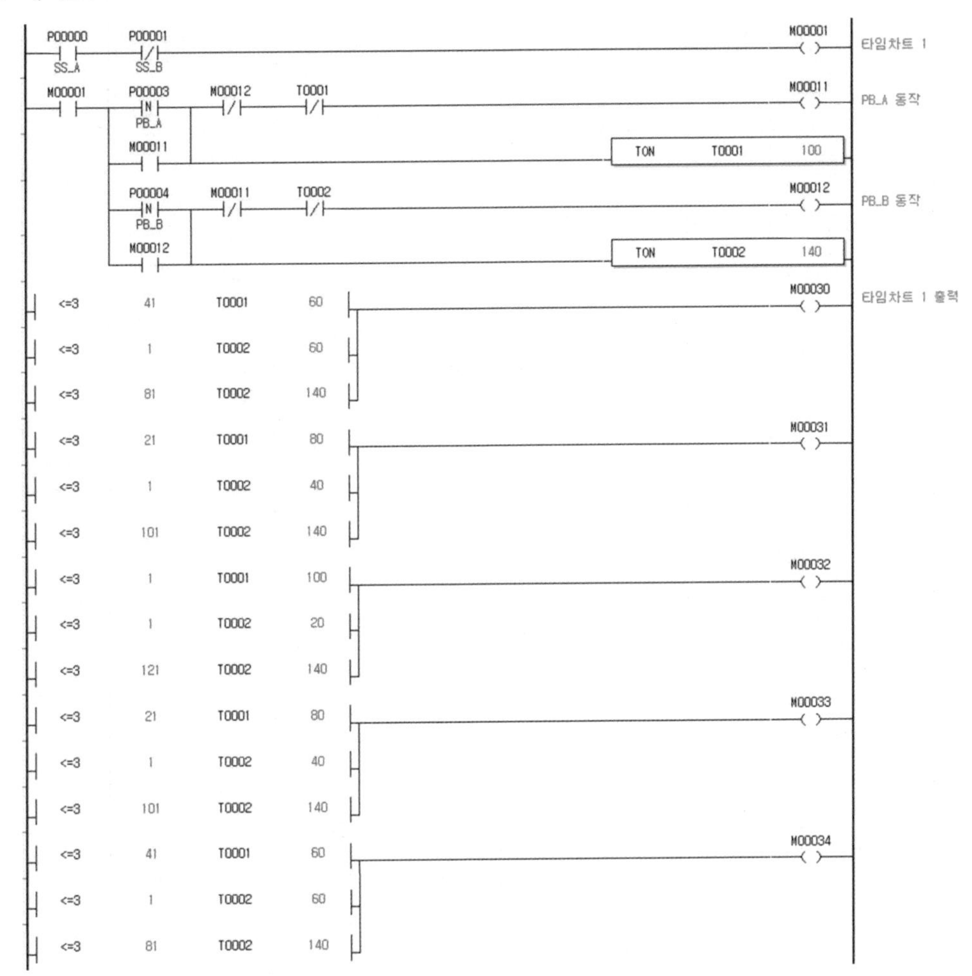
P00000
P00001
SS_A
SS_B
M00001
타임차트 1
M00001
P00003
N
PB_A
M00012
T0001
M00011
PB_A 동작
M00011
TON T0001 100
P00004
N
PB_B
M00011
T0002
M00012
PB_B 동작
M00012
TON T0002 140
<=3 41 T0001 60
M00030
타임차트 1 출력
<=3 1 T0002 60
<=3 81 T0002 140
<=3 21 T0001 80
M00031
<=3 1 T0002 40
<=3 101 T0002 140
<=3 1 T0001 100
M00032
<=3 1 T0002 20
<=3 121 T0002 140
<=3 21 T0001 80
M00033
<=3 1 T0002 40
<=3 101 T0002 140
<=3 41 T0001 60
M00034
<=3 1 T0002 60
<=3 81 T0002 140

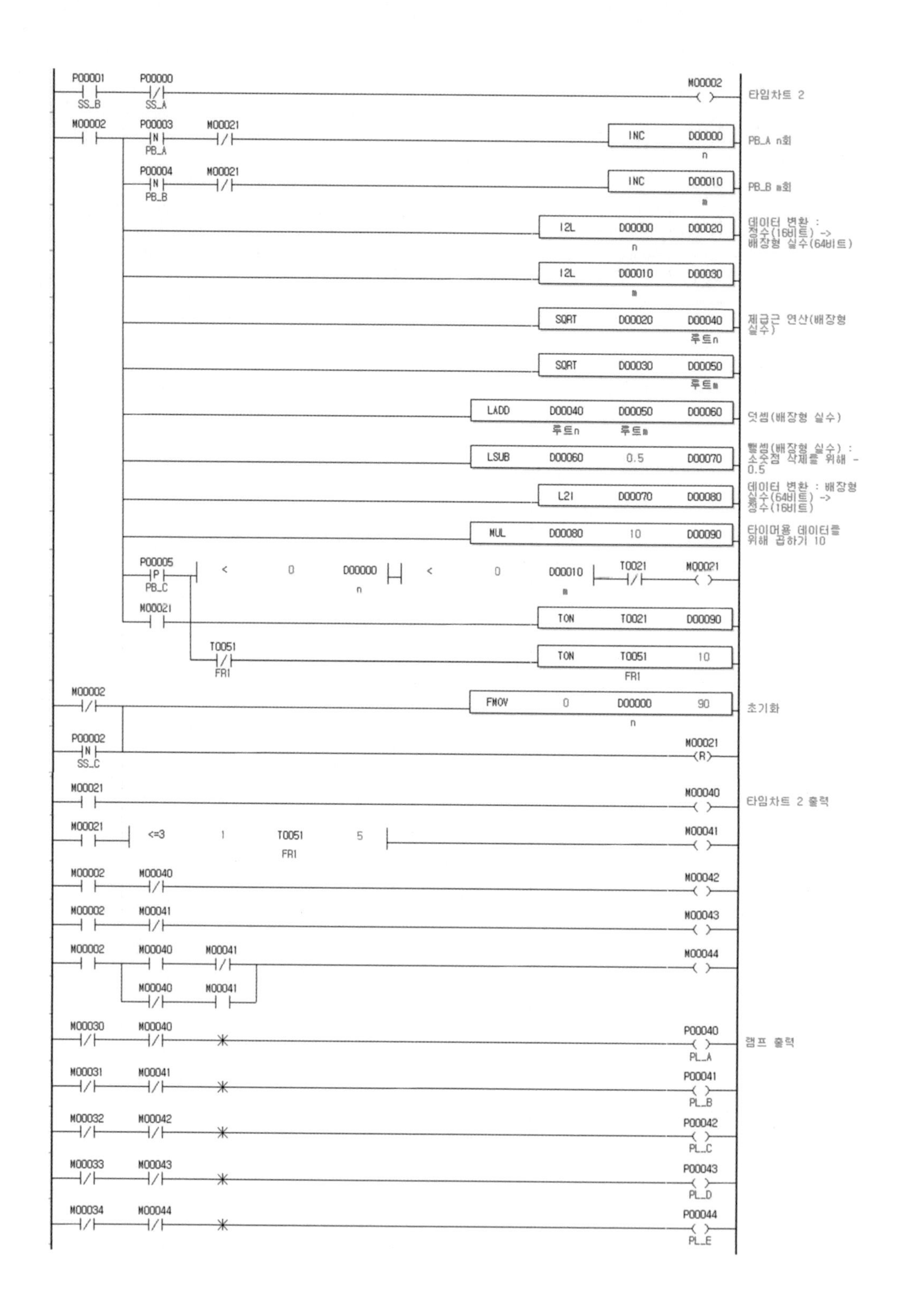

P00001
SS_B
P00000
SS_A
M00002
타임차트 2
M00002
P00003
PB_A
M00021
INC
D00000
n
PB_A n회
P00004
PB_B
M00021
INC
D00010
m
PB_B m회
I2L
D00000
D00020
n
데이터 변환 : 정수(16비트) -> 배장형 실수(64비트)
I2L
D00010
D00030
m
SQRT
D00020
D00040
루트n
제곱근 연산(배장형 실수)
SQRT
D00030
D00050
루트m
LADD
D00040
D00050
D00060
루트n
루트m
덧셈(배장형 실수)
LSUB
D00060
0.5
D00070
뺄셈(배장형 실수) : 소수점 삭제를 위해 -0.5
L2I
D00070
D00080
데이터 변환 : 배장형 실수(64비트) -> 정수(16비트)
MUL
D00080
10
D00090
타이머용 데이터를 위해 곱하기 10
P00005
PB_C
<
0
D00000
n
<
0
D00010
m
T0021
M00021
M00021
TON
T0021
D00090
T0051
FR1
TON
T0051
10
FR1
M00002
FMOV
0
D00000
90
n
초기화
P00002
SS_C
M00021
R
M00021
M00040
타임차트 2 출력
M00021
<=3
1
T0051
FR1
5
M00041
M00002
M00040
M00042
M00002
M00041
M00043
M00002
M00040
M00041
M00040
M00041
M00044
M00030
M00040
P00040
PL_A
램프 출력
M00031
M00041
P00041
PL_B
M00032
M00042
P00042
PL_C
M00033
M00043
P00043
PL_D
M00034
M00044
P00044
PL_E

28) 74회 1일차

(1) PLC 입 · 출력표

입력				출력			
디바이스	변수	디바이스	변수	디바이스	변수	디바이스	변수
P00000	PB_A	P00004	SS_B	P00040	PL_A	P00044	PL_E
P00001	PB_B	P00005	SS_C	P00041	PL_B		
P00002	PB_C			P00042	PL_C		
P00003	SS_A			P00043	PL_D		

(2) 타임차트 1

① SS_A ON, SS_B OFF일 때만 동작됩니다.

② PB_A의 폴링엣지(Falling Edge)에서 타임차트 1과 같이 동작됩니다.

③ PB_B의 폴링엣지(Falling Edge)에서 타임차트 1과 같이 동작됩니다.

④ 램프가 제어되는 동안, 또 다른 입력에 의한 동작의 변화는 없습니다.

⑤ PB_C의 폴링엣지(Falling Edge)에서 동작은 초기화됩니다.

범례			
SS_A	제어 모드 선택	PL_A	PILOT LAMP A
SS_B	제어 모드 선택	PL_B	PILOT LAMP B
SS_C	사용 안 함	PL_C	PILOT LAMP C
PB_A	제어 모드 1 시작	PL_D	PILOT LAMP D
PB_B	제어 모드 2 시작	PL_E	PILOT LAMP E
PB_C	동작 초기화		

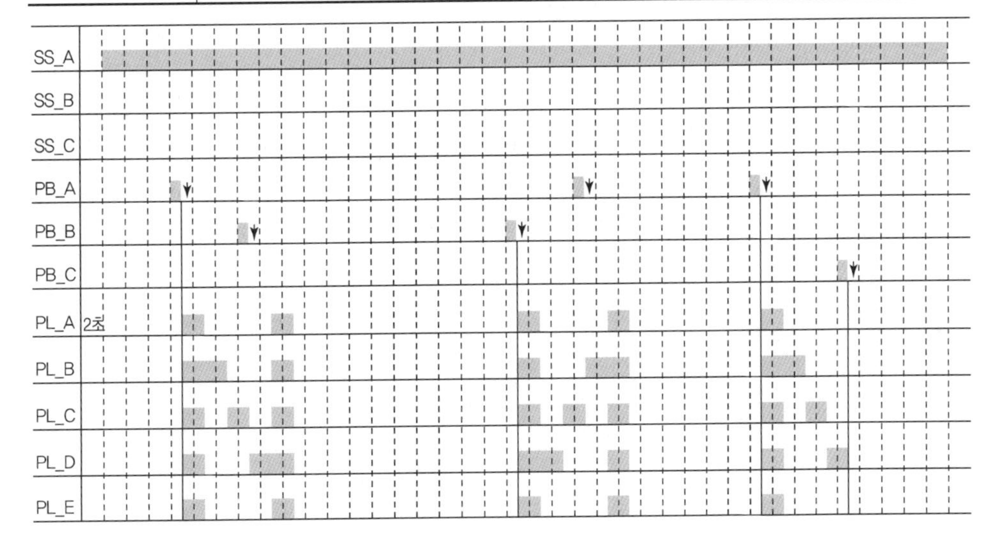

(3) 타임차트 2

① SS_B ON, SS_C OFF일 때만 동작됩니다.

② PB_A의 폴링엣지(Falling Edge)로 N회의 카운터 횟수를 입력합니다(단, 32 > N > 1).

③ PB_B의 폴링엣지(Falling Edge)로 M회의 카운터 횟수를 입력합니다(단, 32 > M > 0).

④ PB_C의 폴링엣지(Falling Edge)로 K회의 카운터 횟수를 입력합니다(단, 16 > K > 0).

⑤ SS_C가 ON되면 (M/N) + K 연산 값은 2진수로 변환됩니다(단, 소수 첫째자리를 반올림한 정수이다).

⑥ PL_A는 2^4의 수가 1이면 점등, PL_B는 2^3의 수가 1이면 점등, PL_C는 2^2의 수가 1이면 점등, PL_D는 2^1의 수가 1이면 점등, PL_E는 2^0의 수가 1이면 점등됩니다.

⑦ SS_C ON되면 동작, SS_C 폴링엣지(Falling Edge) 시 초기화됩니다.

범례			
SS_A	제어 모드 선택	PL_A	$16 = 2^4$
SS_B	제어 모드 선택	PL_B	$8 = 2^3$
SS_C	동작 및 초기화	PL_C	$4 = 2^2$
PB_A	카운터 1 입력	PL_D	$2 = 2^1$
PB_B	카운터 2 입력	PL_E	$1 = 2^0$
PB_C	카운터 3 입력		

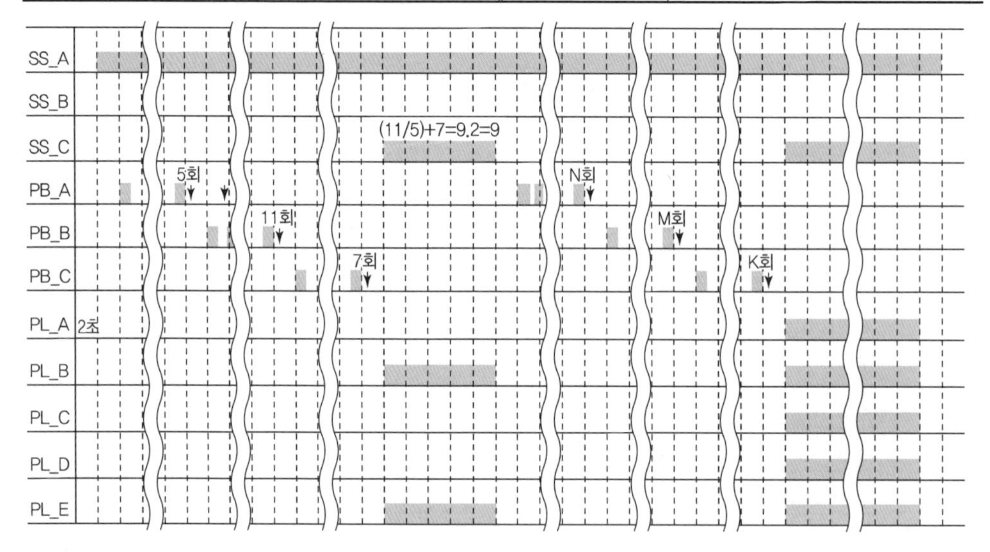

(4) 래더도

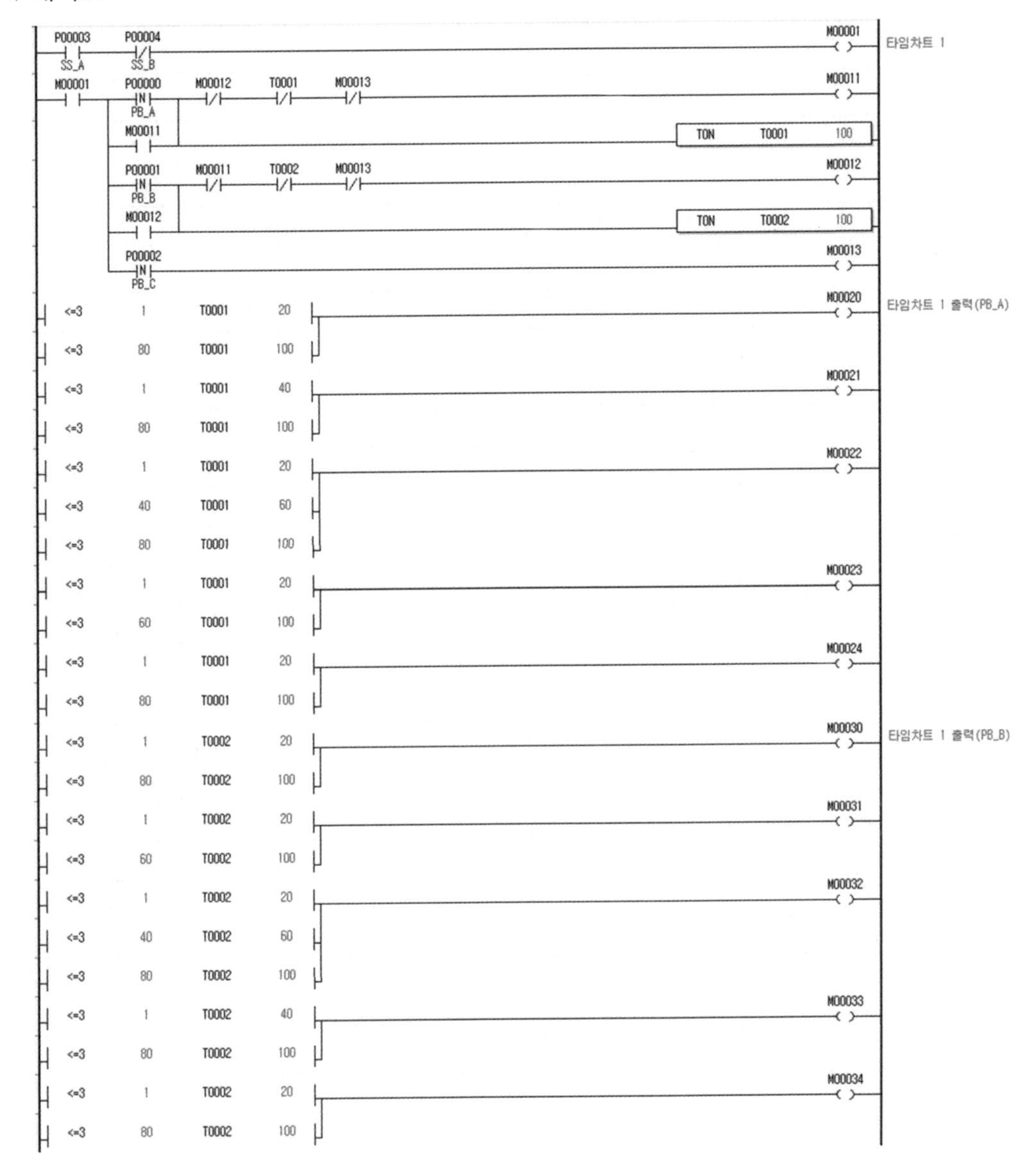

P00003 P00004 M00001
SS_A SS_B
타임차트 1
M00001 P00000 M00012 T0001 M00013 M00011
PB_A
M00011
TON T0001 100
P00001 M00011 T0002 M00013 M00012
PB_B
M00012
TON T0002 100
P00002 M00013
PB_C
<=3 1 T0001 20
M00020
타임차트 1 출력(PB_A)
<=3 80 T0001 100
<=3 1 T0001 40
M00021
<=3 80 T0001 100
<=3 1 T0001 20
M00022
<=3 40 T0001 60
<=3 80 T0001 100
<=3 1 T0001 20
M00023
<=3 60 T0001 100
<=3 1 T0001 20
M00024
<=3 80 T0001 100
<=3 1 T0002 20
M00030
타임차트 1 출력(PB_B)
<=3 80 T0002 100
<=3 1 T0002 20
M00031
<=3 60 T0002 100
<=3 1 T0002 20
M00032
<=3 40 T0002 60
<=3 80 T0002 100
<=3 1 T0002 40
M00033
<=3 80 T0002 100
<=3 1 T0002 20
M00034
<=3 80 T0002 100

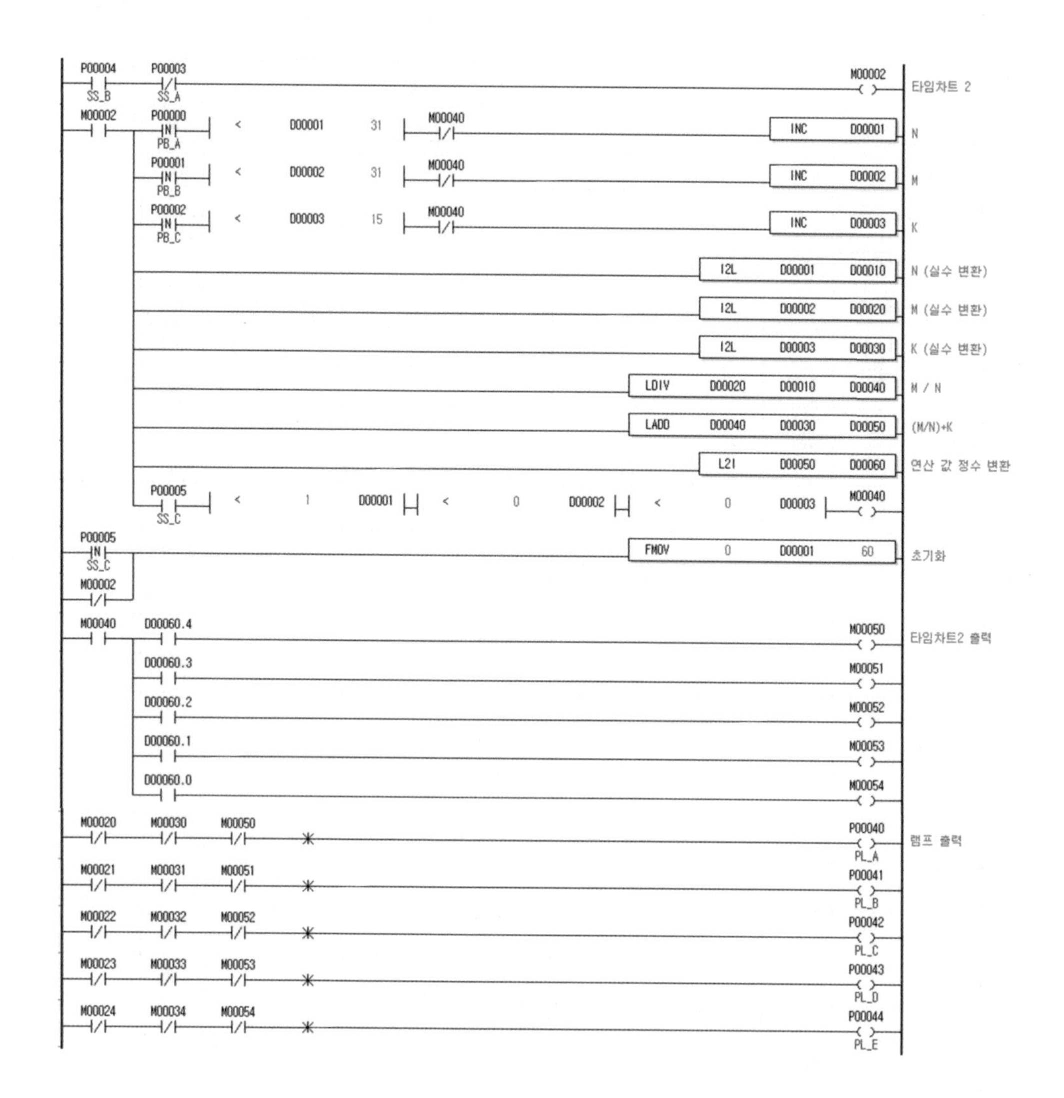
P00004
P00003
SS_B
SS_A
M00002
타임차트 2
M00002
P00000
PB_A
<
D00001
31
M00040
INC
D00001
N
P00001
PB_B
<
D00002
31
M00040
INC
D00002
M
P00002
PB_C
<
D00003
15
M00040
INC
D00003
K
I2L
D00001
D00010
N (실수 변환)
I2L
D00002
D00020
M (실수 변환)
I2L
D00003
D00030
K (실수 변환)
LDIV
D00020
D00010
D00040
M / N
LADD
D00040
D00030
D00050
(M/N)+K
L2I
D00050
D00060
연산 값 정수 변환
P00005
SS_C
<
1
D00001
<
0
D00002
<
0
D00003
M00040
P00005
SS_C
M00002
FMOV
0
D00001
60
초기화
M00040
D00060.4
M00050
타임차트2 출력
D00060.3
M00051
D00060.2
M00052
D00060.1
M00053
D00060.0
M00054
M00020
M00030
M00050
P00040
PL_A
램프 출력
M00021
M00031
M00051
P00041
PL_B
M00022
M00032
M00052
P00042
PL_C
M00023
M00033
M00053
P00043
PL_D
M00024
M00034
M00054
P00044
PL_E

29) 74회 2일차

(1) PLC 입 · 출력표

입력				출력			
디바이스	변수	디바이스	변수	디바이스	변수	디바이스	변수
P00000	PB_A	P00004	SS_B	P00040	PL_A	P00044	PL_E
P00001	PB_B	P00005	SS_C	P00041	PL_B		
P00002	PB_C			P00042	PL_C		
P00003	SS_A			P00043	PL_D		

(2) 타임차트 1

① SS_A ON, SS_B OFF일 때만 동작됩니다.

② PB_A의 폴링엣지(Falling Edge)에서 타임차트 1과 같이 동작됩니다.

③ PB_C의 라이징엣지(Rising Edge)에서 동작은 초기화됩니다.

범례			
SS_A	제어 모드 선택	PL_A	PILOT LAMP A
SS_B	제어 모드 선택	PL_B	PILOT LAMP B
SS_C	사용 안 함	PL_C	PILOT LAMP C
PB_A	제어 모드 1 시작	PL_D	PILOT LAMP D
PB_B	사용 안 함	PL_E	PILOT LAMP E
PB_C	동작 초기화		

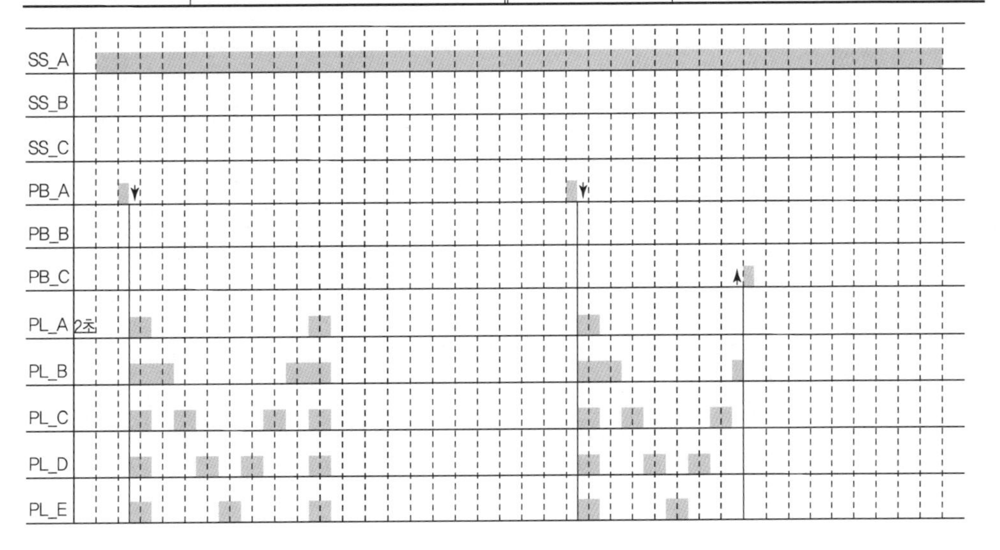

(3) 타임차트 2

① SS_B ON, SS_C OFF일 때만 동작된다.

② PB_A의 폴링엣지(Falling Edge)로 N회의 카운터 횟수를 입력합니다(단, N > 0).

③ PB_B의 폴링엣지(Falling Edge)로 M회의 카운터 횟수를 입력합니다(단, N > 0).

④ PB_C의 폴링엣지(Falling Edge)로 K회의 카운터 횟수를 입력합니다(단, K > 0).

⑤ SS_C가 ON되면 타임차트 2와 같이 해당 램프가 점등됩니다(단, N ≠ M ≠ K일 때 동작).

⑥ PL_A는 N이 3개 중 가장 작을 때 점등, PL_B는 M이 3개 중 가장 작을 때 점등, PL_C는 K가 3개 중 가장 작을 때 점등됩니다.

⑦ PL_D는 가장 작은 값을 초로 환산하여 점등됩니다.

⑧ PL_E는 가장 작은 값을 횟수로 환산하여 점멸됩니다(ON 0.5초/OFF 0.5초).

⑨ SS_C ON되면 동작, SS_C 폴링엣지(Falling Edge) 시 초기화됩니다.

범례			
SS_A	제어 모드 선택	PL_A	PILOT LAMP A
SS_B	제어 모드 선택	PL_B	PILOT LAMP B
SS_C	동작 및 초기화	PL_C	PILOT LAMP C
PB_A	카운터 1 입력	PL_D	PILOT LAMP D
PB_B	카운터 2 입력	PL_E	PILOT LAMP E
PB_C	카운터 3 입력		

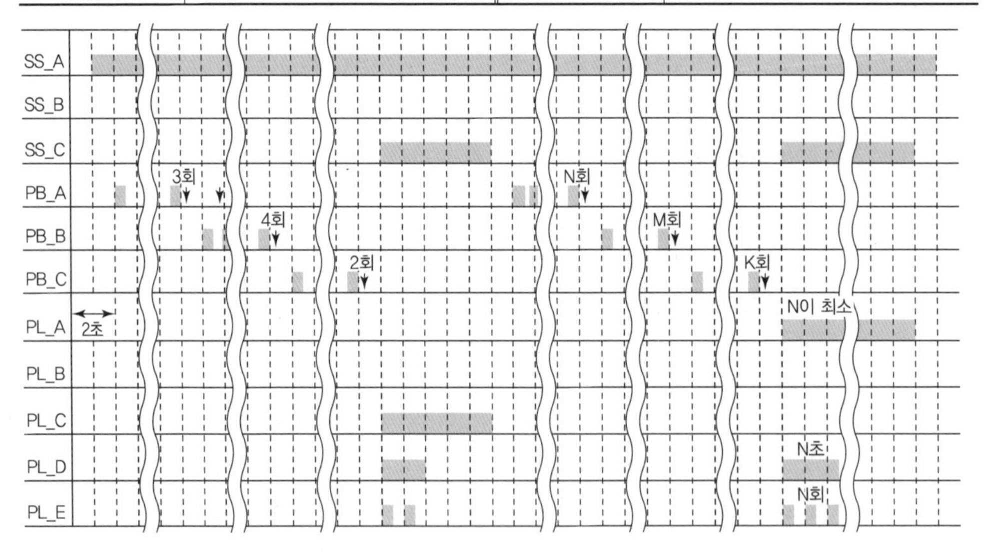

(4) 래더도

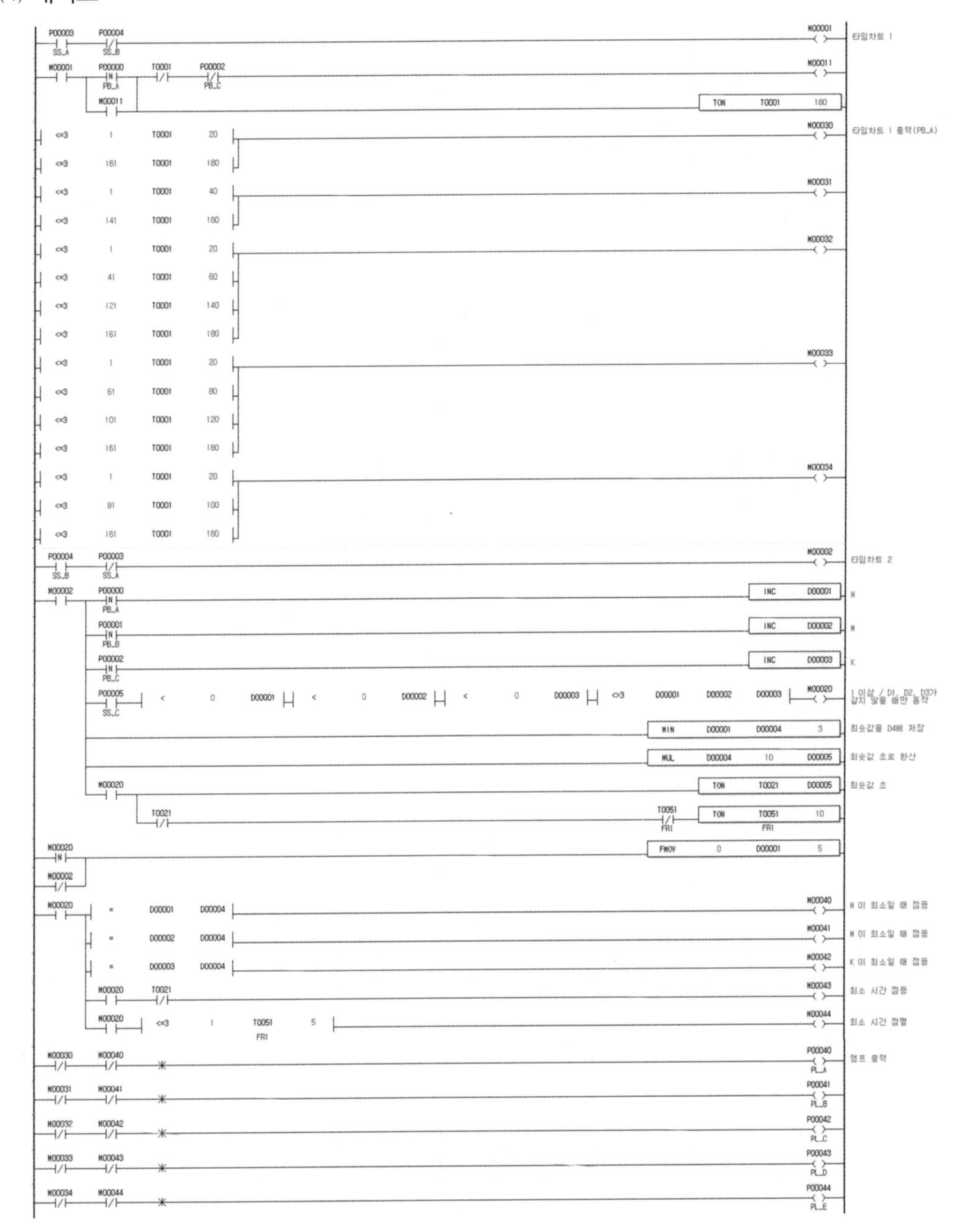
타임차트 1
타임차트 1 출력(PB_A)
타임차트 2
N
M
K
1 이상 / D1, D2, D3가 같지 않을 때만 동작
최솟값을 D4에 저장
최솟값 초로 환산
최솟값 초
N 이 최소일 때 점등
M 이 최소일 때 점등
K 이 최소일 때 점등
최소 시간 점등
최소 시간 점멸
램프 출력

30) 74회 3일차

(1) PLC 입 · 출력표

입력				출력			
디바이스	변수	디바이스	변수	디바이스	변수	디바이스	변수
P00000	PB_A	P00004	SS_B	P00040	PL_A	P00044	PL_E
P00001	PB_B	P00005	SS_C	P00041	PL_B		
P00002	PB_C			P00042	PL_C		
P00003	SS_A			P00043	PL_D		

(2) 타임차트 1

① SS_A ON, SS_B OFF일 때만 동작됩니다.

② PB_A의 폴링엣지(Falling Edge)에서 타임차트 1과 같이 동작됩니다.

③ PB_B의 폴링엣지(Falling Edge)에서 타임차트 1과 같이 동작됩니다.

④ 램프가 제어되는 동안, 또 다른 입력에 의한 동작의 변화는 없습니다.

⑤ PB_C의 라이징엣지(Rising Edge)에서 동작은 초기화됩니다.

범례			
SS_A	제어 모드 선택	PL_A	PILOT LAMP A
SS_B	제어 모드 선택	PL_B	PILOT LAMP B
SS_C	사용 안 함	PL_C	PILOT LAMP C
PB_A	제어 모드 1 시작	PL_D	PILOT LAMP D
PB_B	제어 모드 2 시작	PL_E	PILOT LAMP E
PB_C	동작 초기화		

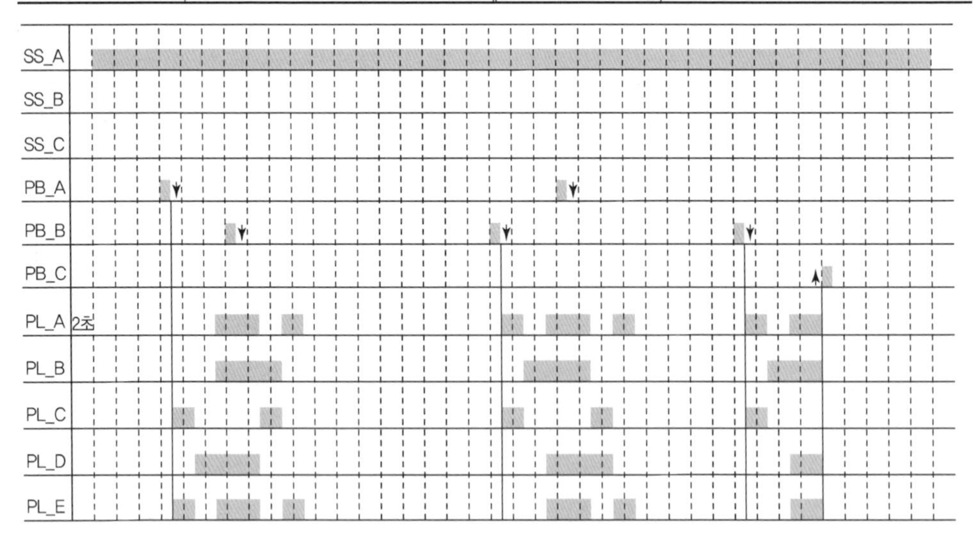

(3) 타임차트 2

① SS_B ON, SS_C OFF일 때만 동작됩니다.

② PB_A의 폴링엣지(Falling Edge)로 N회의 카운터 횟수를 입력합니다(단, N>0).

③ PB_B의 폴링엣지(Falling Edge)로 M회의 카운터 횟수를 입력합니다(단, N>0).

④ PB_C의 폴링엣지(Falling Edge)로 K회의 카운터 횟수를 입력합니다(단, K>0).

⑤ SS_C가 ON되면 타임차트 2와 같이 해당 램프가 점등됩니다(단, N≠M≠K일 때 동작).

⑥ PL_A는 N, PL_B는 M, PL_C는 K의 값을 비교하여 작은 값의 램프부터 순차적으로 1초씩 점등 후 소등됩니다.

⑦ PL_D는 가장 작은 값을 초로 환산하여 점등됩니다.

⑧ PL_E는 가장 작은 값을 횟수로 환산하여 점멸됩니다(ON 0.5초/OFF 0.5초)

⑨ SS_C ON되면 동작, SS_C 폴링엣지(Falling Edge) 시 초기화됩니다.

범례			
SS_A	제어 모드 선택	PL_A	PILOT LAMP A
SS_B	제어 모드 선택	PL_B	PILOT LAMP B
SS_C	동작 및 초기화	PL_C	PILOT LAMP C
PB_A	카운터 1 입력	PL_D	PILOT LAMP D
PB_B	카운터 2 입력	PL_E	PILOT LAMP E
PB_C	카운터 3 입력		

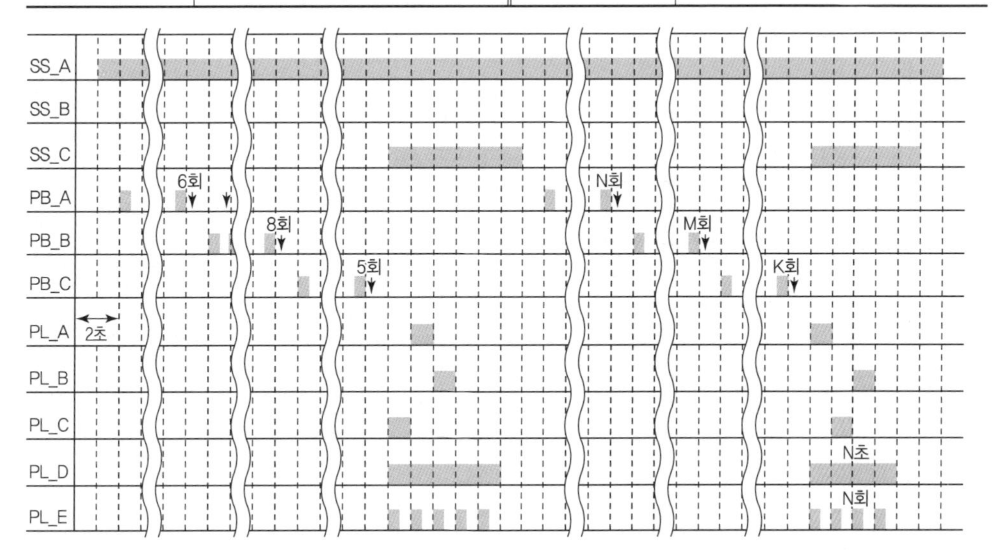

(4) 래더도

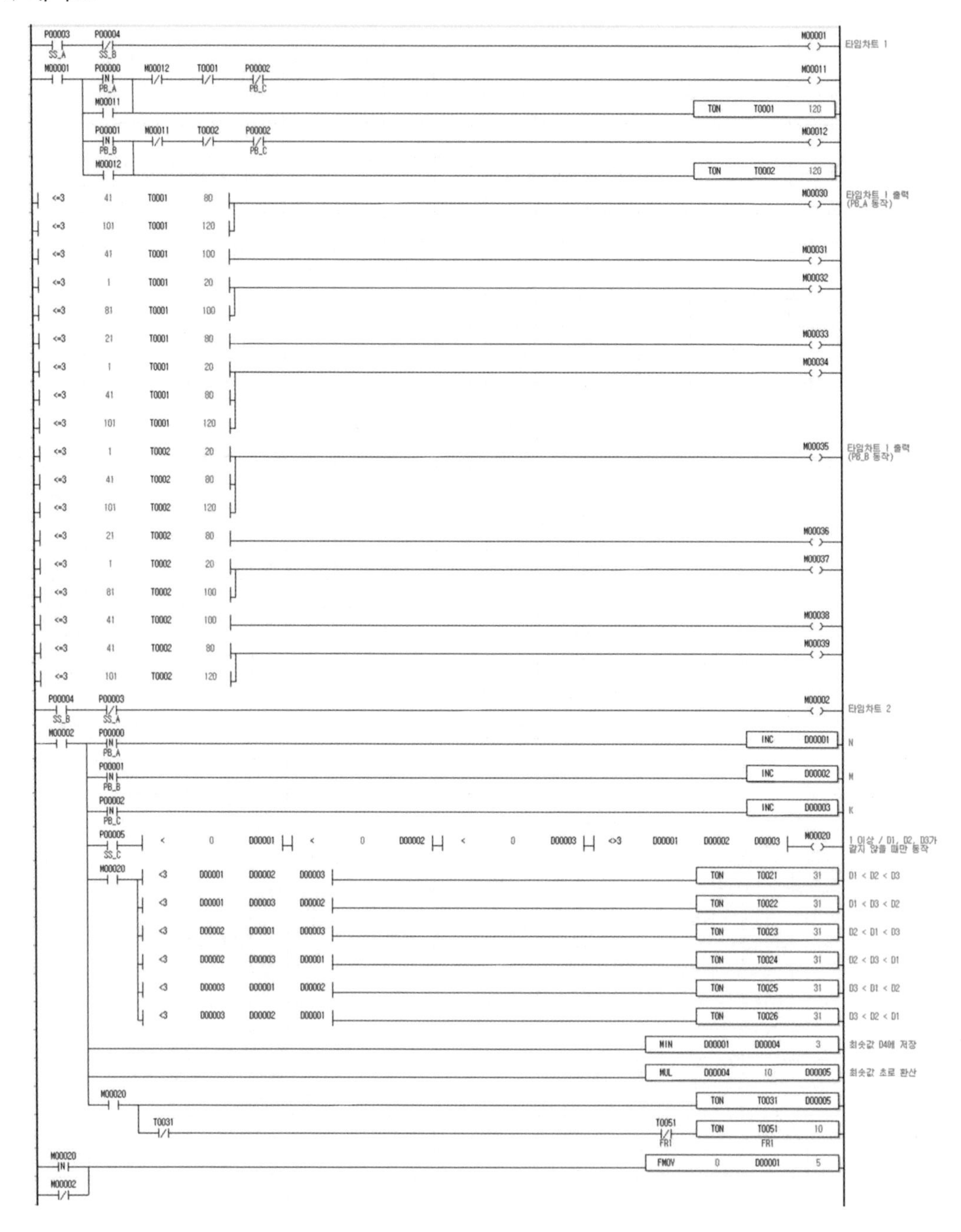

타임차트 1
타임차트 1 출력
(PB_A 동작)
타임차트 1 출력
(PB_B 동작)
타임차트 2
N
M
K
1 이상 / D1, D2, D3가
같지 않을 때만 동작
D1 < D2 < D3
D1 < D3 < D2
D2 < D1 < D3
D2 < D3 < D1
D3 < D1 < D2
D3 < D2 < D1
최솟값 D4에 저장
최솟값 초로 환산

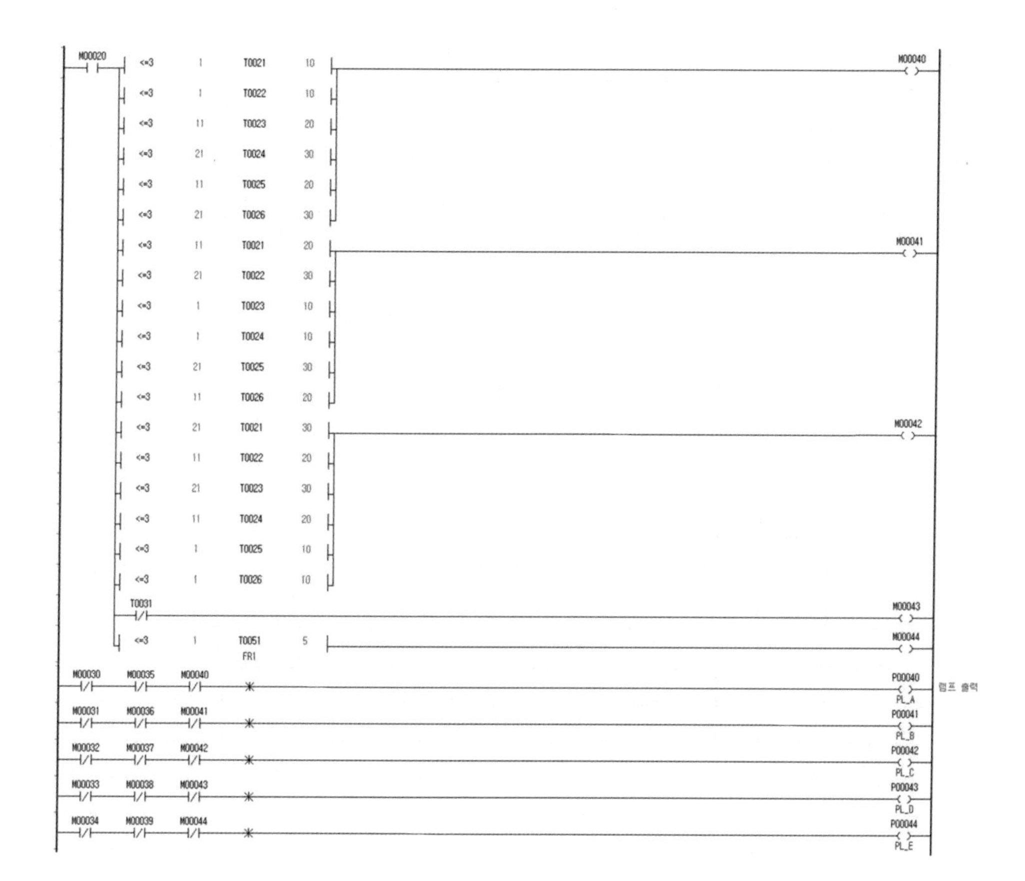
M00020
<=3 1 T0021 10
<=3 1 T0022 10
<=3 11 T0023 20
<=3 21 T0024 30
<=3 11 T0025 20
<=3 21 T0026 30
M00040
<=3 11 T0021 20
<=3 21 T0022 30
<=3 1 T0023 10
<=3 1 T0024 10
<=3 21 T0025 30
<=3 11 T0026 20
M00041
<=3 21 T0021 30
<=3 11 T0022 20
<=3 21 T0023 30
<=3 11 T0024 20
<=3 1 T0025 10
<=3 1 T0026 10
M00042
T0031
M00043
<=3 1 T0051 5
FR1
M00044
M00030 M00035 M00040
P00040
PL_A
램프 출력
M00031 M00036 M00041
P00041
PL_B
M00032 M00037 M00042
P00042
PL_C
M00033 M00038 M00043
P00043
PL_D
M00034 M00039 M00044
P00044
PL_E

31) 75회 1일차

(1) PLC 입 · 출력표

입력				출력			
디바이스	변수	디바이스	변수	디바이스	변수	디바이스	변수
P00000	PB_A	P00004	SS_B	P00040	PL_A	P00044	PL_E
P00001	PB_B	P00005	SS_C	P00041	PL_B		
P00002	PB_C			P00042	PL_C		
P00003	SS_A			P00043	PL_D		

(2) 타임차트 1

① SS_A ON, SS_B OFF일 때만 동작됩니다.

② PB_A의 폴링엣지(Falling Edge)에서 타임차트 1과 같이 램프의 순차 제어가 시작됩니다.

③ PB_B의 폴링엣지(Falling Edge)에서 타임차트 1과 같이 램프의 순차 제어가 시작됩니다.

④ 램프가 제어되는 동안, 또 다른 입력에 의한 동작의 변화는 없습니다.

범례			
SS_A	제어 모드 선택	PL_A	PILOT LAMP A
SS_B	제어 모드 선택	PL_B	PILOT LAMP B
SS_C	사용 안 함	PL_C	PILOT LAMP C
PB_A	제어 모드 1 시작	PL_D	PILOT LAMP D
PB_B	제어 모드 2 시작	PL_E	PILOT LAMP E
PB_C	사용 안 함		

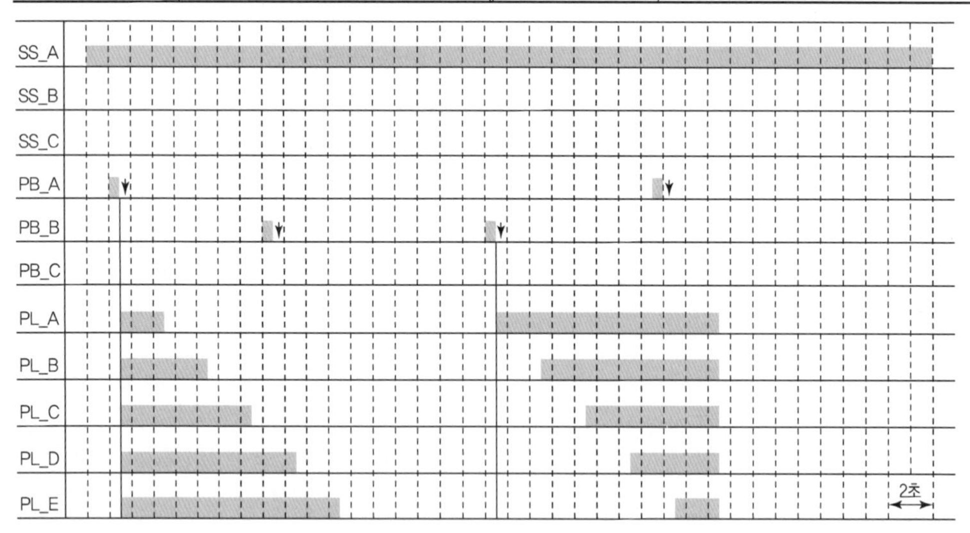

⑶ 타임차트 2

① SS_B ON, SS_A OFF일 때만 동작됩니다.

② PB_A의 폴링엣지(Falling Edge)로 n회의 카운터 횟수를 입력합니다(단, n>0).

③ PB_B의 폴링엣지(Falling Edge)로 x회의 카운터 횟수를 입력합니다(단, 입력은 1회~5회이다).

④ PB_C의 라이징엣지(Rising Edge)에서 PL_A부터 x에 횟수 램프까지 n초 간격으로 n초 동안 순차 제어가 타임차트와 같이 시작됩니다(단, X=1 → PL_A, X=2 → PL_B, X=3 → PL_C, X=4 → PL_D, X=5 → PL_E).

⑤ SS_C의 라이징엣지(Rising Edge)에서 모든 입력 값은 초기화됩니다.

범례			
SS_A	제어 모드 선택	PL_A	PILOT LAMP A
SS_B	제어 모드 선택	PL_B	PILOT LAMP B
SS_C	카운터 초기화	PL_C	PILOT LAMP C
PB_A	카운터 1 입력	PL_D	PILOT LAMP D
PB_B	카운터 2 입력	PL_E	PILOT LAMP E
PB_C	제어 시작		

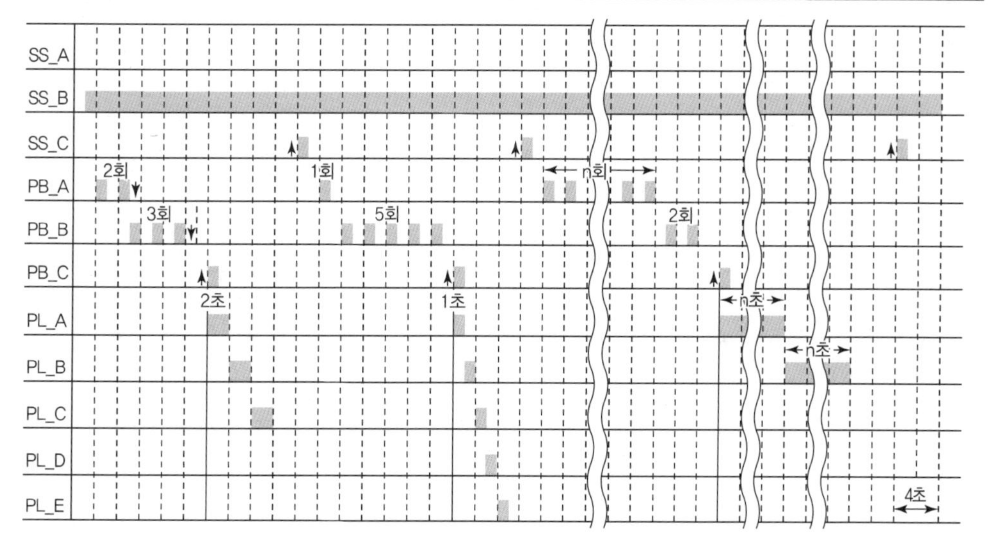

(4) 래더도

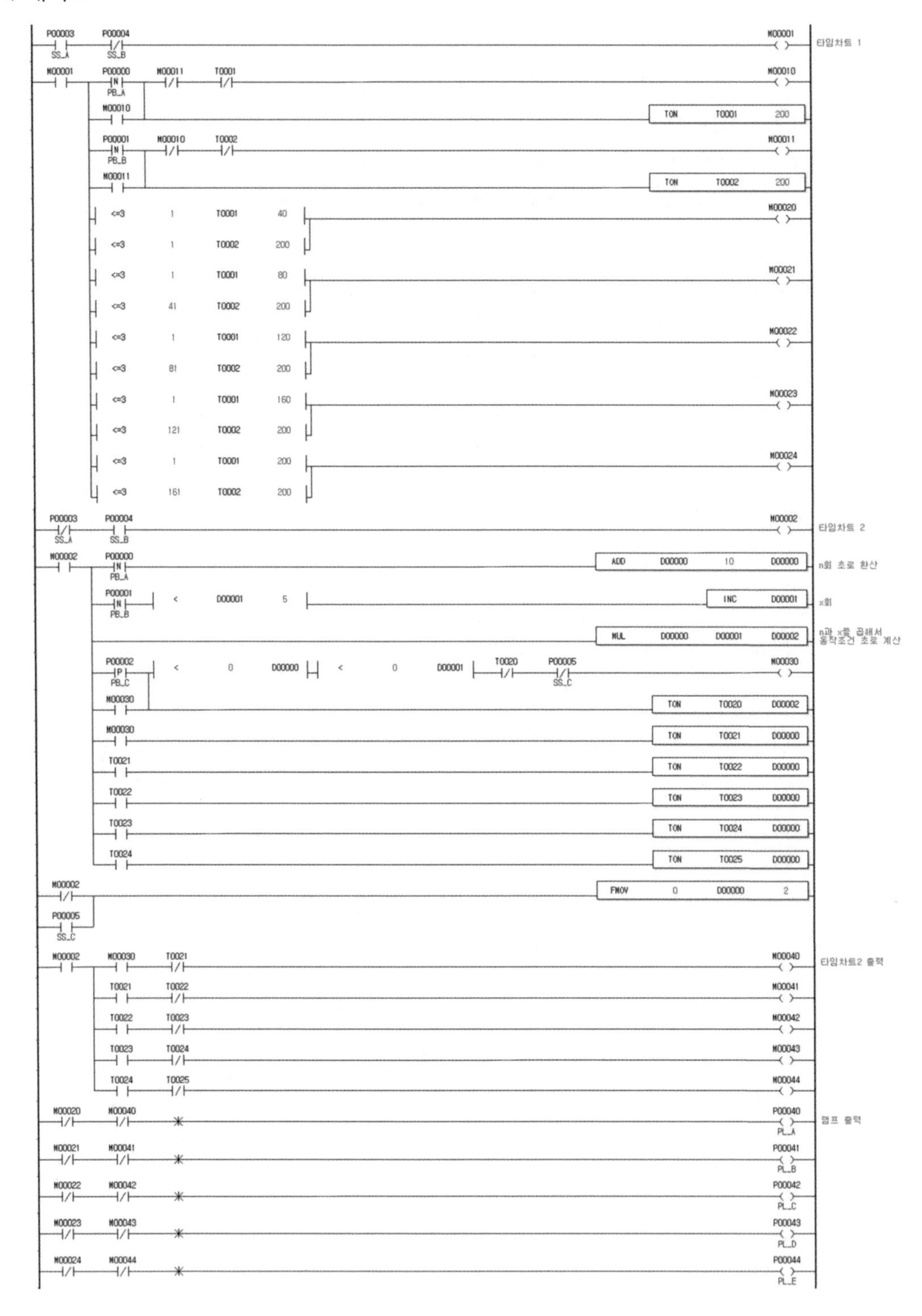

32) 75회 2일차

(1) PLC 입 · 출력표

입력				출력			
디바이스	변수	디바이스	변수	디바이스	변수	디바이스	변수
P00000	PB_A	P00004	SS_B	P00040	PL_A	P00044	PL_E
P00001	PB_B	P00005	SS_C	P00041	PL_B		
P00002	PB_C			P00042	PL_C		
P00003	SS_A			P00043	PL_D		

(2) 타임차트 1

① SS_A ON, SS_B OFF일 때만 동작됩니다.

② PB_A의 폴링엣지(Falling Edge)에서 타임차트 1과 같이 램프의 순차 제어가 시작됩니다.

③ PB_B의 폴링엣지(Falling Edge)에서 타임차트 1과 같이 램프의 순차 제어가 시작됩니다.

④ 램프가 제어되는 동안, 또 다른 입력에 의한 동작의 변화는 없습니다.

범례			
SS_A	제어 모드 선택	PL_A	PILOT LAMP A
SS_B	제어 모드 선택	PL_B	PILOT LAMP B
SS_C	사용 안 함	PL_C	PILOT LAMP C
PB_A	제어 모드 1 시작	PL_D	PILOT LAMP D
PB_B	제어 모드 2 시작	PL_E	PILOT LAMP E
PB_C	사용 안 함		

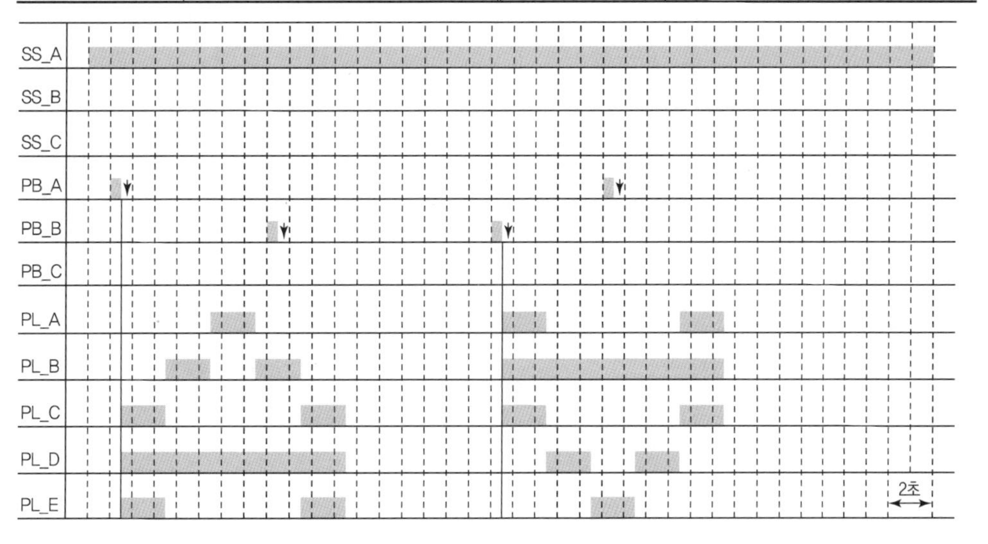

(3) 타임차트 2

① SS_B_ON, SS_A_OFF일 때만 동작됩니다.

② PB_A의 폴링엣지(Falling Edge)로 n회의 카운터 횟수를 입력합니다(단, 32 > n > 1).

③ PB_B의 폴링엣지(Falling Edge)로 m회의 카운터 횟수를 입력합니다(단, 32 > m > 0).

④ PB_C의 폴링엣지(Falling Edge)로 k회의 카운터 횟수를 입력합니다(단, 16 > k > 0).

⑤ SS_C가 ON되면 y2 값을 2진수로 변환됩니다(단, y2는 y1의 소수 첫째자리를 반올림한 정수입니다).

⑥ SS_C의 폴링엣지(Falling Edge)에서 모든 입력 값은 초기화됩니다.

범례			
SS_A	제어 모드 선택	PL_A	$16=2^4$
SS_B	제어 모드 선택	PL_B	$8=2^3$
SS_C	동작 및 초기화	PL_C	$4=2^2$
PB_A	카운터 1 입력	PL_D	$2=2^1$
PB_B	카운터 2 입력	PL_E	$1=2^0$
PB_C	카운터 3 입력		

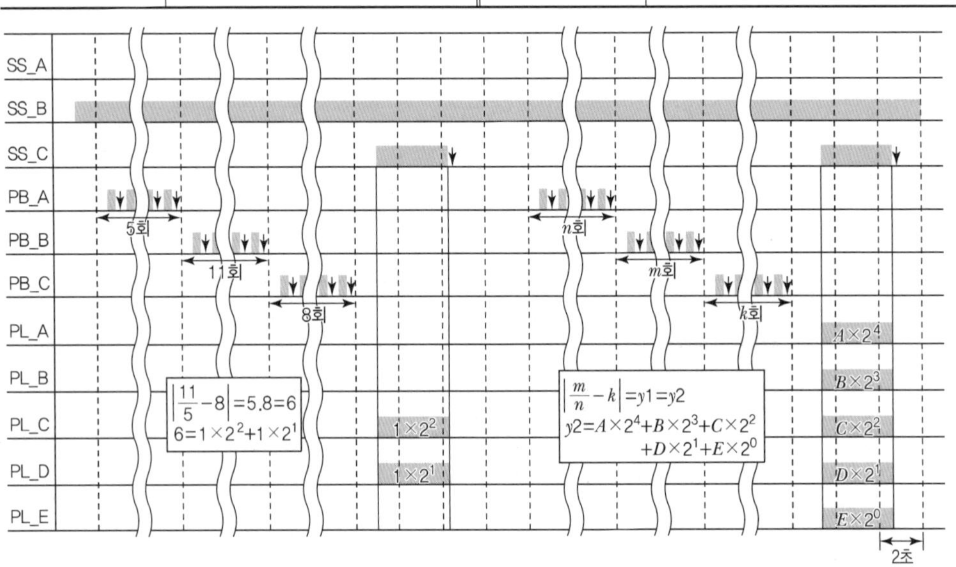

(4) 래더도

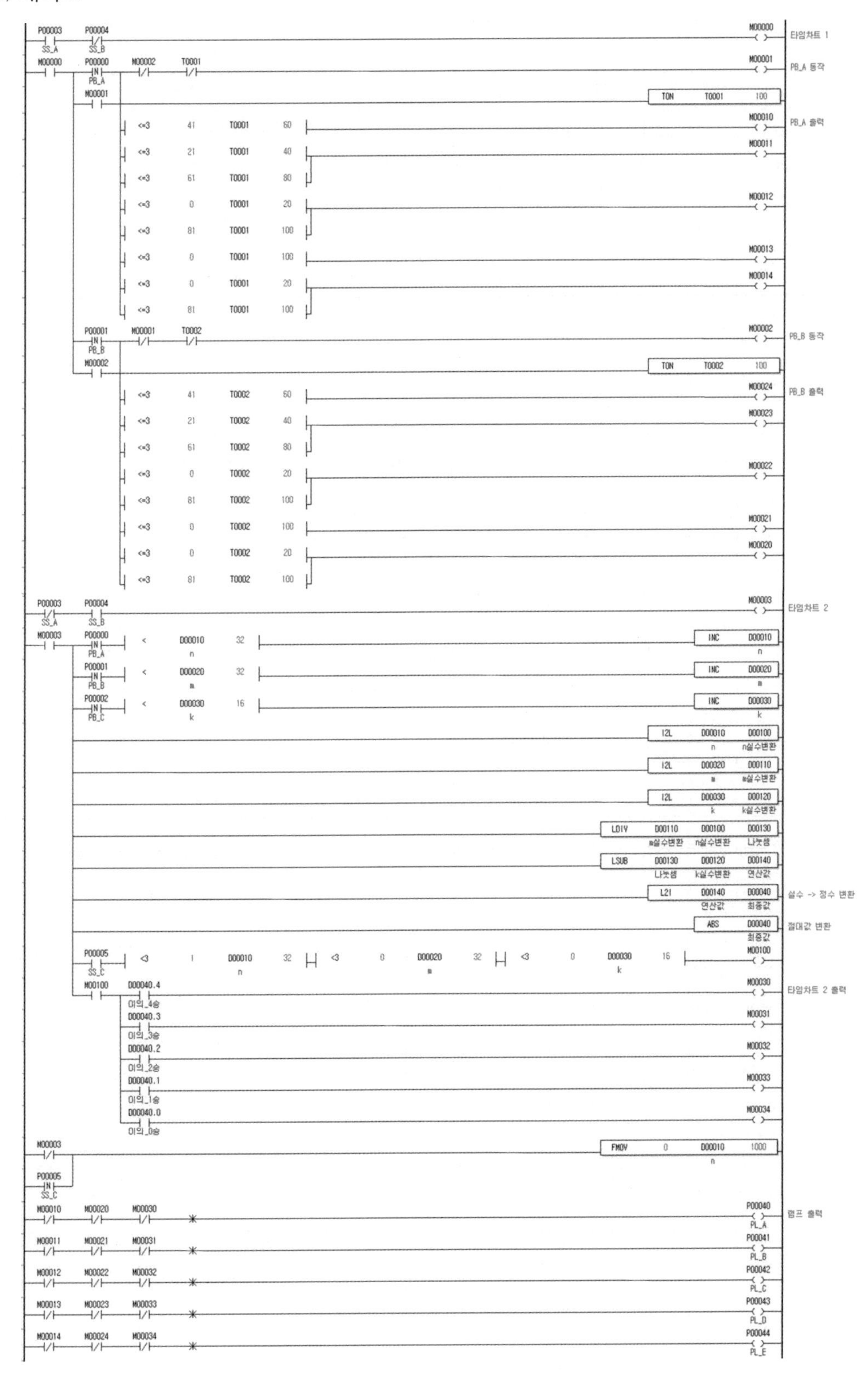
P00003 P00004 M00000 타임차트 1
SS_A SS_B
M00000 P00000 M00002 T0001 M00001 PB_A 동작
PB_A
M00001 TON T0001 100
<=3 41 T0001 60 M00010 PB_A 출력
<=3 21 T0001 40 M00011
<=3 61 T0001 80
<=3 0 T0001 20 M00012
<=3 81 T0001 100
<=3 0 T0001 100 M00013
<=3 0 T0001 20 M00014
<=3 81 T0001 100
P00001 M00001 T0002 M00002 PB_B 동작
PB_B
M00002 TON T0002 100
<=3 41 T0002 60 M00024 PB_B 출력
<=3 21 T0002 40 M00023
<=3 61 T0002 80
<=3 0 T0002 20 M00022
<=3 81 T0002 100
<=3 0 T0002 100 M00021
<=3 0 T0002 20 M00020
<=3 81 T0002 100
P00003 P00004 M00003 타임차트 2
SS_A SS_B
M00003 P00000 < D00010 32 INC D00010
PB_A n n
P00001 < D00020 32 INC D00020
PB_B m m
P00002 < D00030 16 INC D00030
PB_C k k
I2L D00010 D00100
n n실수변환
I2L D00020 D00110
m m실수변환
I2L D00030 D00120
k k실수변환
LDIV D00110 D00100 D00130
m실수변환 n실수변환 나눗셈
LSUB D00130 D00120 D00140
나눗셈 k실수변환 연산값
L2I D00140 D00040 실수 -> 정수 변환
연산값 최종값
ABS D00040 절대값 변환
최종값
P00005 <3 1 D00010 32 <3 0 D00020 32 <3 0 D00030 16 M00100
SS_C n m k
M00100 D00040.4 M00030 타임차트 2 출력
이의_4승
D00040.3 M00031
이의_3승
D00040.2 M00032
이의_2승
D00040.1 M00033
이의_1승
D00040.0 M00034
이의_0승
M00003 FMOV 0 D00010 1000
n
P00005
SS_C
M00010 M00020 M00030 P00040 램프 출력
PL_A
M00011 M00021 M00031 P00041
PL_B
M00012 M00022 M00032 P00042
PL_C
M00013 M00023 M00033 P00043
PL_D
M00014 M00024 M00034 P00044
PL_E

33) 75회 3일차

(1) PLC 입 · 출력표

입력				출력			
디바이스	변수	디바이스	변수	디바이스	변수	디바이스	변수
P00000	PB_A	P00004	SS_B	P00040	PL_A	P00044	PL_E
P00001	PB_B	P00005	SS_C	P00041	PL_B		
P00002	PB_C			P00042	PL_C		
P00003	SS_A			P00043	PL_D		

(2) 타임차트 1

① SS_A ON, SS_B OFF일 때만 동작됩니다.

② PB_A의 폴링엣지(Falling Edge)에서 타임차트 1과 같이 램프의 순차 제어가 시작됩니다.

③ PB_B의 폴링엣지(Falling Edge)에서 타임차트 1과 같이 램프의 순차 제어가 시작됩니다.

④ 램프가 제어되는 동안, 또 다른 입력에 의한 동작의 변화는 없습니다.

범례			
SS_A	제어 모드 선택	PL_A	PILOT LAMP A
SS_B	제어 모드 선택	PL_B	PILOT LAMP B
SS_C	사용 안 함	PL_C	PILOT LAMP C
PB_A	제어 모드 1 시작	PL_D	PILOT LAMP D
PB_B	제어 모드 2 시작	PL_E	PILOT LAMP E
PB_C	사용 안 함		

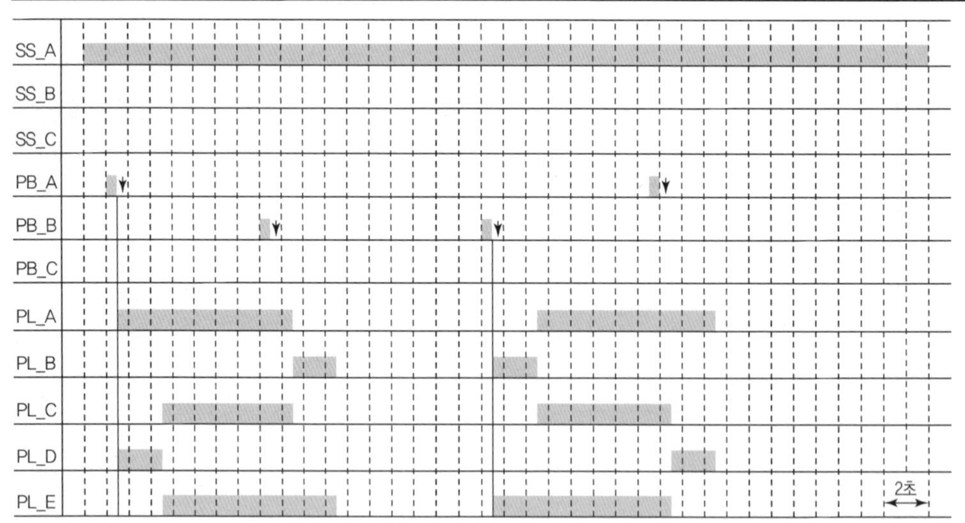

(3) 타임차트 2

① SS_B ON, SS_A OFF일 때만 동작됩니다.

② PB_A의 폴링엣지(Falling Edge)로 n회의 카운터 횟수를 입력합니다(단, n > 0).

③ PB_B의 폴링엣지(Falling Edge)로 x회의 카운터 횟수를 입력합니다(단, 입력은 1회~5회입니다).

④ PB_C의 라이징엣지(Rising Edge)에서 n에 따라 타임차트와 같이 제어가 시작된다. PL_A부터 x에 해당하는 램프까지 1초 간격으로 ON되고, n회만큼 반복동작됩니다(단, X = 1 → PL_A, X = 2 → PL_B, X = 3 → PL_C, X = 4 → PL_D, X = 5 → PL_E).

⑤ SS_C의 라이징엣지(Rising Edge)에서 모든 입력값은 초기화됩니다.

범례			
SS_A	제어 모드 선택	PL_A	PILOT LAMP A
SS_B	제어 모드 선택	PL_B	PILOT LAMP B
SS_C	카운터 초기화	PL_C	PILOT LAMP C
PB_A	카운터 1 입력	PL_D	PILOT LAMP D
PB_B	카운터 2 입력	PL_E	PILOT LAMP E
PB_C	제어 시작		

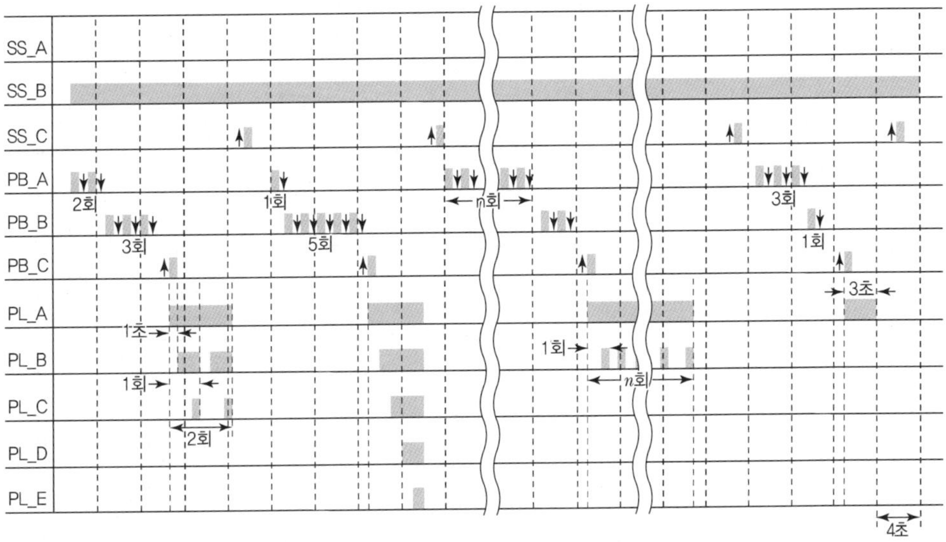

(4) 래더도

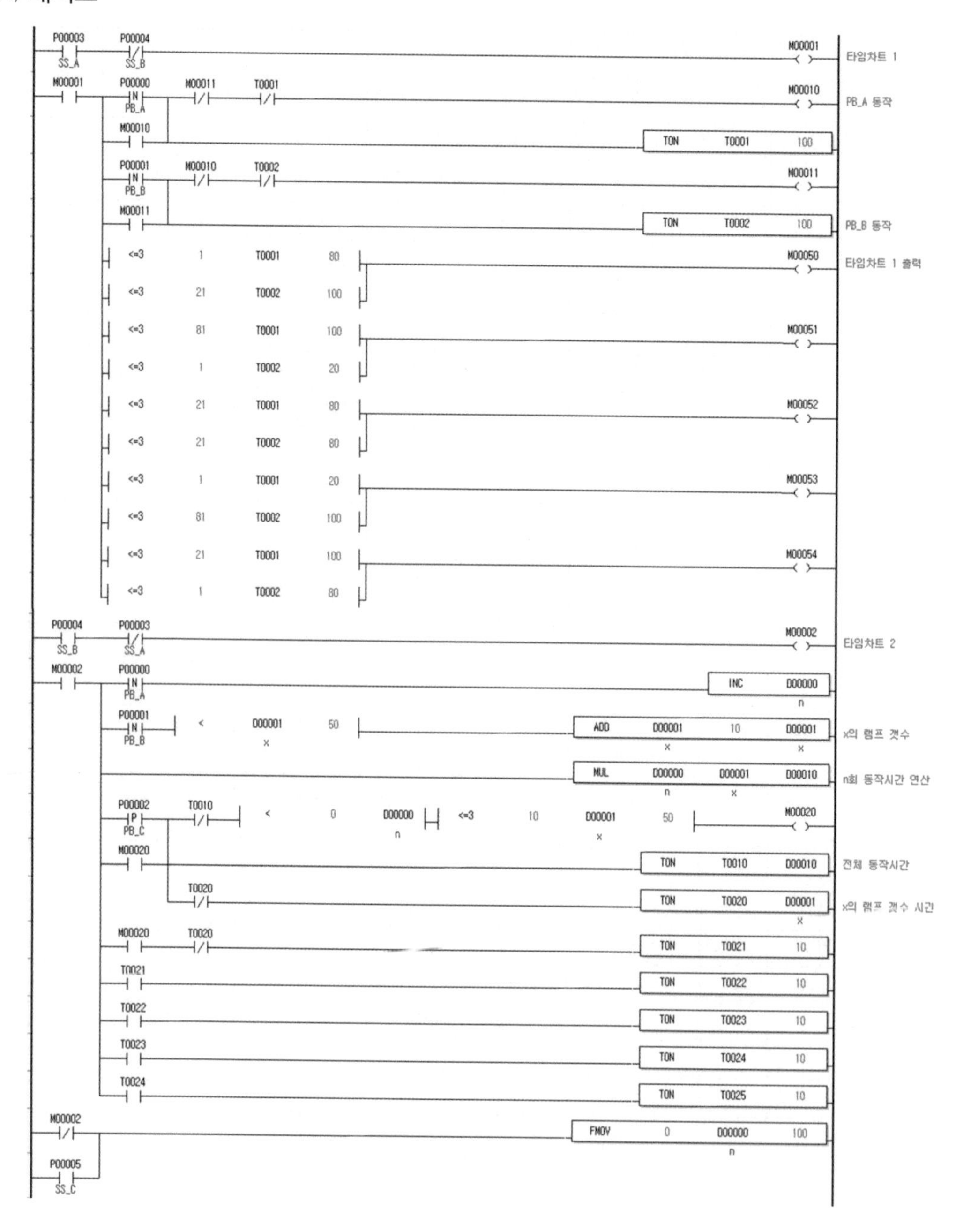

P00003
SS_A
P00004
SS_B
M00001
타임차트 1
M00001
P00000
PB_A
M00011
T0001
M00010
PB_A 동작
M00010
TON T0001 100
P00001
PB_B
M00010
T0002
M00011
M00011
TON T0002 100
PB_B 동작
<=3 1 T0001 80
M00050
타임차트 1 출력
<=3 21 T0002 100
<=3 81 T0001 100
M00051
<=3 1 T0002 20
<=3 21 T0001 80
M00052
<=3 21 T0002 80
<=3 1 T0001 20
M00053
<=3 81 T0002 100
<=3 21 T0001 100
M00054
<=3 1 T0002 80
P00004
SS_B
P00003
SS_A
M00002
타임차트 2
M00002
P00000
PB_A
INC D00000
n
P00001
PB_B
< D00001 50
x
ADD D00001 10 D00001
x x
x의 램프 갯수
MUL D00000 D00001 D00010
n x
n회 동작시간 연산
P00002
PB_C
T0010
< 0 D00000
n
<=3 10 D00001 50
x
M00020
M00020
TON T0010 D00010
전체 동작시간
T0020
TON T0020 D00001
x
x의 램프 갯수 시간
M00020
T0020
TON T0021 10
T0021
TON T0022 10
T0022
TON T0023 10
T0023
TON T0024 10
T0024
TON T0025 10
M00002
FMOV 0 D00000 100
n
P00005
SS_C

접점 1	접점 2	출력	비고
M00020 ─┤ ├─		M00060 ─( )─	타임차트 2 출력
T0021 ─┤ ├─		M00061 ─( )─	
T0022 ─┤ ├─		M00062 ─( )─	
T0023 ─┤ ├─		M00063 ─( )─	
T0024 ─┤ ├─		M00064 ─( )─	
M00050 ─┤/├─	M00060 ─┤/├─ *	P00040 ─( )─ PL_A	램프 출력
M00051 ─┤/├─	M00061 ─┤/├─ *	P00041 ─( )─ PL_B	
M00052 ─┤/├─	M00062 ─┤/├─ *	P00042 ─( )─ PL_C	
M00053 ─┤/├─	M00063 ─┤/├─ *	P00043 ─( )─ PL_D	
M00054 ─┤/├─	M00064 ─┤/├─ *	P00044 ─( )─ PL_E	

2 전기기능장 실기 실전 예제

1) 예제 1

(1) PLC 프로그램

- PLC 입출력 배치도와 같은 순으로 입출력 단자를 결선하여 시퀀스도의 동작사항과 일치하는 PLC 회로를 프로그램하시오.
- 전원선 및 공통선(COM)은 지참한 PLC 기종에 알맞게 결선하여야 하며, 지급재료 이외의 부품(플리커, 타이머, 카운터, 보조릴레이 등)은 PLC 내부 데이터를 이용하여 프로그램하시오(회로구성을 위하여 내부데이터 추가 및 회로변경 가능).

① PLC 입출력단자 배치도

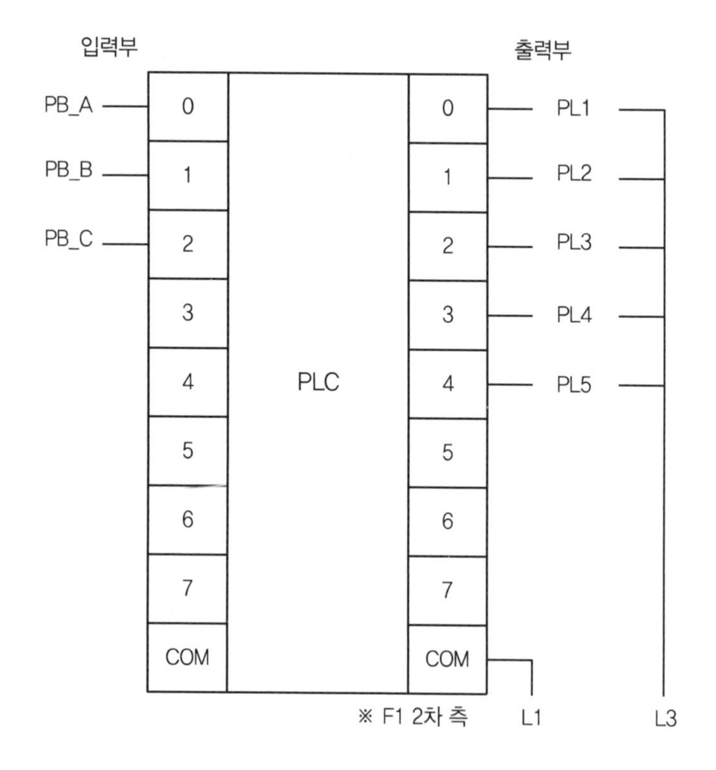

② PLC 과제

아래의 시퀀스회로와 연계하여 동작조건에 알맞은 PLC 프로그램을 하시오.

(↑) : 양 변환 접점, (↓) : 음 변환 접점

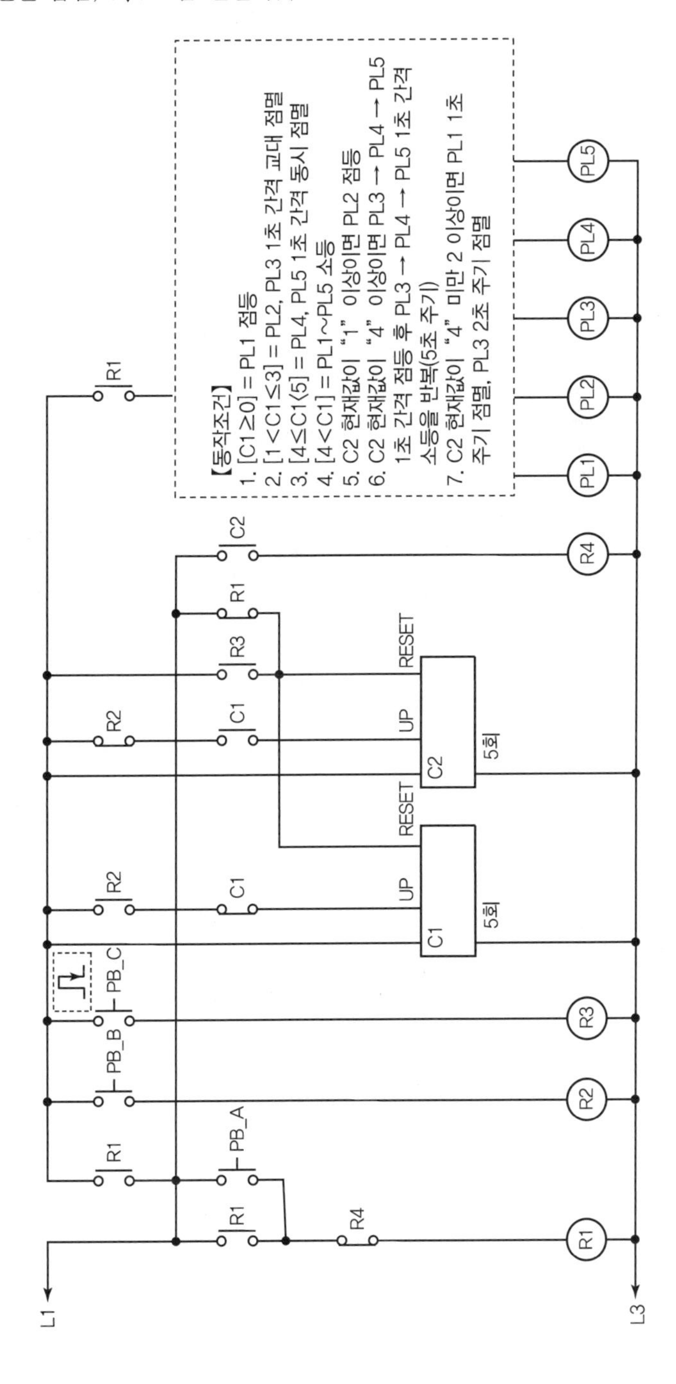

【동작조건】
1. [C1≥0] = PL1 점등
2. [1<C1≤3] = PL2, PL3 1초 간격 교대 점멸
3. [4≤C1<5] = PL4, PL5 1초 간격 동시 점멸
4. [4<C1] = PL1~PL5 소등
5. C2 현재값이 "1" 이상이면 PL2 점등
6. C2 현재값이 "4" 이상이면 PL3 → PL4 → PL5
1초 간격 점등 후 PL3 → PL4 → PL5 1초 간격
소등을 반복(5초 주기)
7. C2 현재값이 "4" 미만 2 이상이면 PL1 1초
주기 점멸, PL3 2초 주기 점멸
L1
L3
R1
R4
PB_A
R2
PB_B
PB_C
R3
C1
C2
UP
RESET
5회
PL1
PL2
PL3
PL4
PL5

(2) 전기공사

① 배관 및 기구 배치도

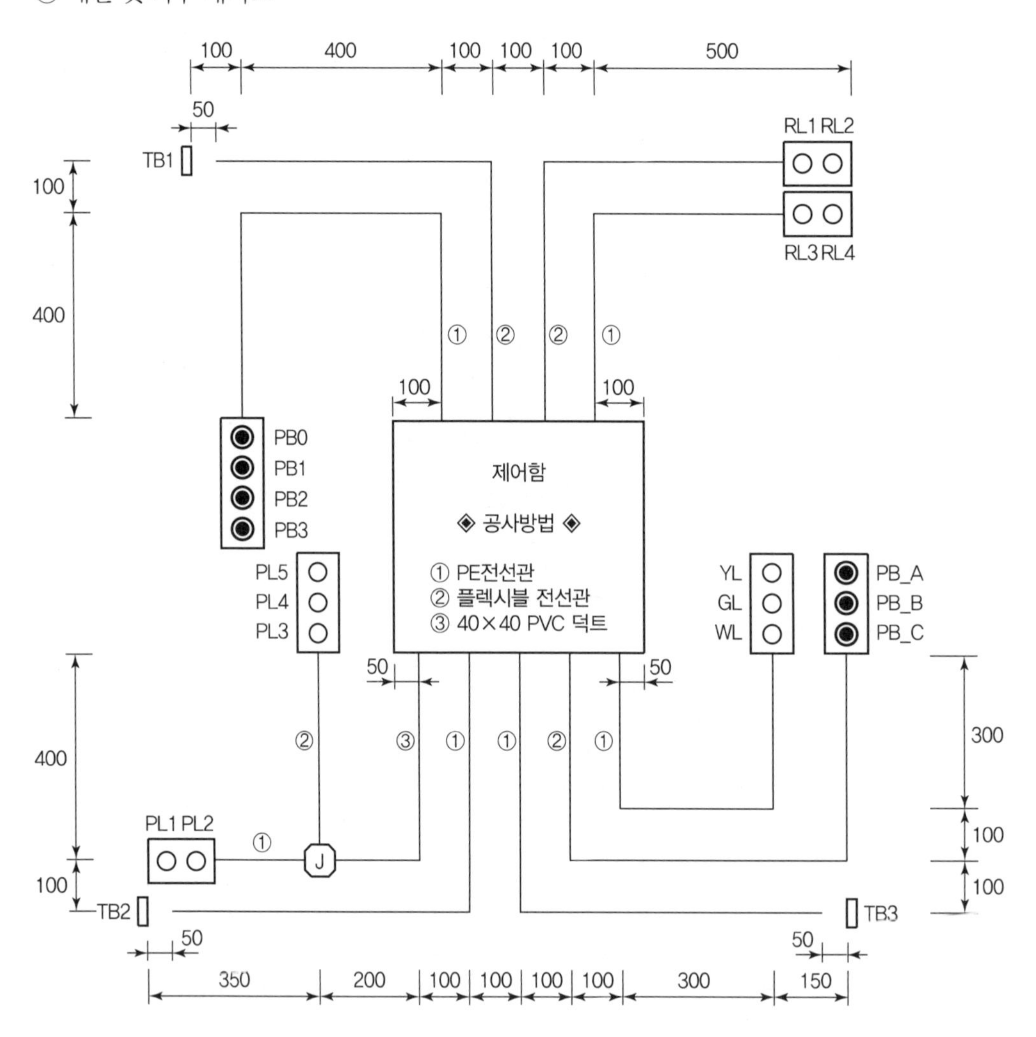

② 제어판 내부 기구 배치도 및 범례

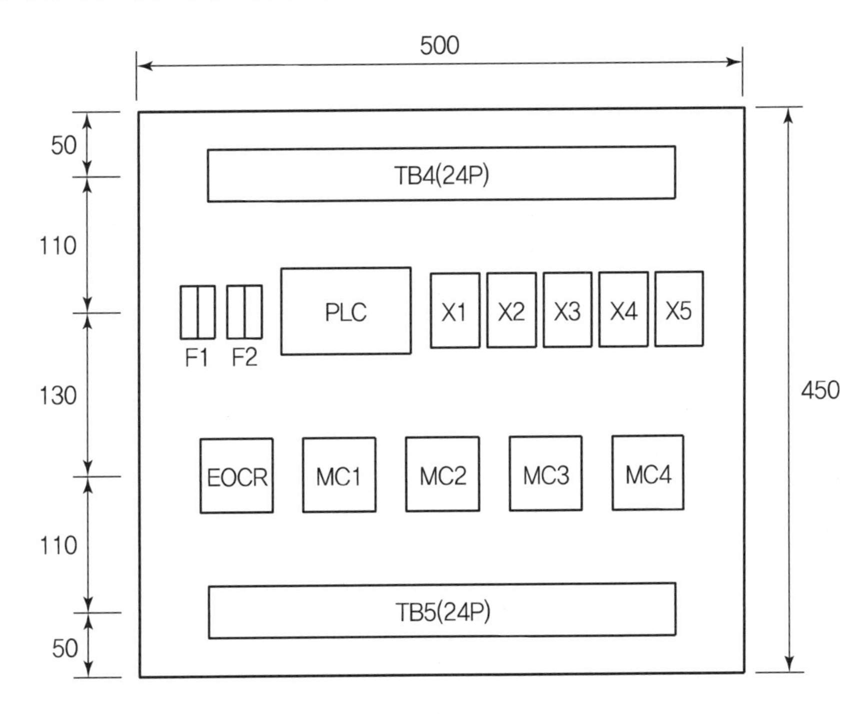

[범례]

기호	명칭	기호	명칭	기호	명칭
MC1～2	전자개폐기(12P)	RL1～4	파이롯램프(적)	TB1～3	단자대(4P)
EOCR	과부하계전기(12P)	PL1～5	파이롯램프(백)	TB4～5	단자대(24P)
X1～X5	릴레이/AC220V(14P)	GL	파이롯램프(녹)	J	8각 박스
PB0, 3	푸시버튼SW(적)	YL	파이롯램프(황)	F	휴즈홀더(2구)
PB1, 2	푸시버튼SW(녹)				
PB_A～PB_C	푸시버튼SW(녹)				

③ 시퀀스도

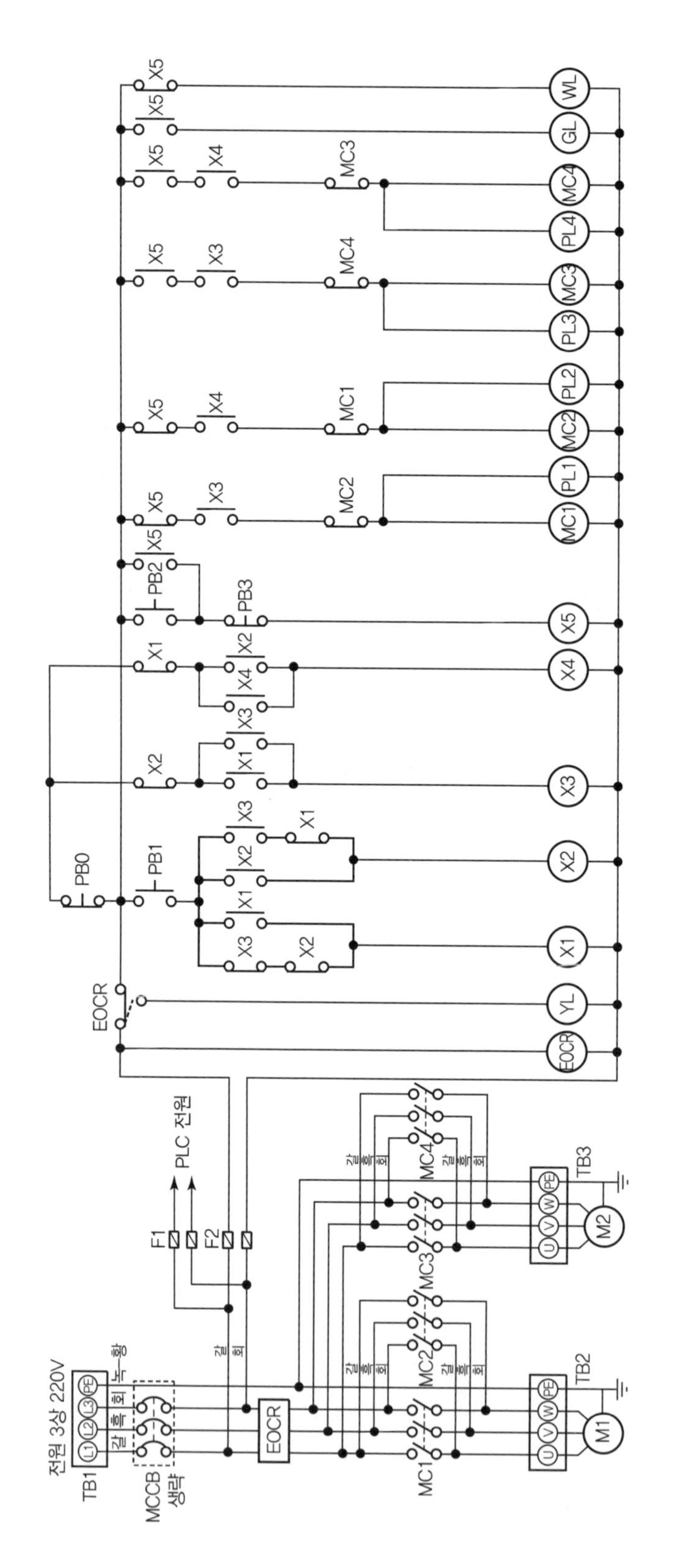

전원 3상 220V
TB1
MCCB 생략
EOCR
F1
F2
PLC 전원
MC1
MC2
MC3
MC4
TB2
TB3
M1
M2
PB0
PB1
PB2
PB3
X1
X2
X3
X4
X5
YL
GL
WL
PL1
PL2
PL3
PL4

④ 래더도

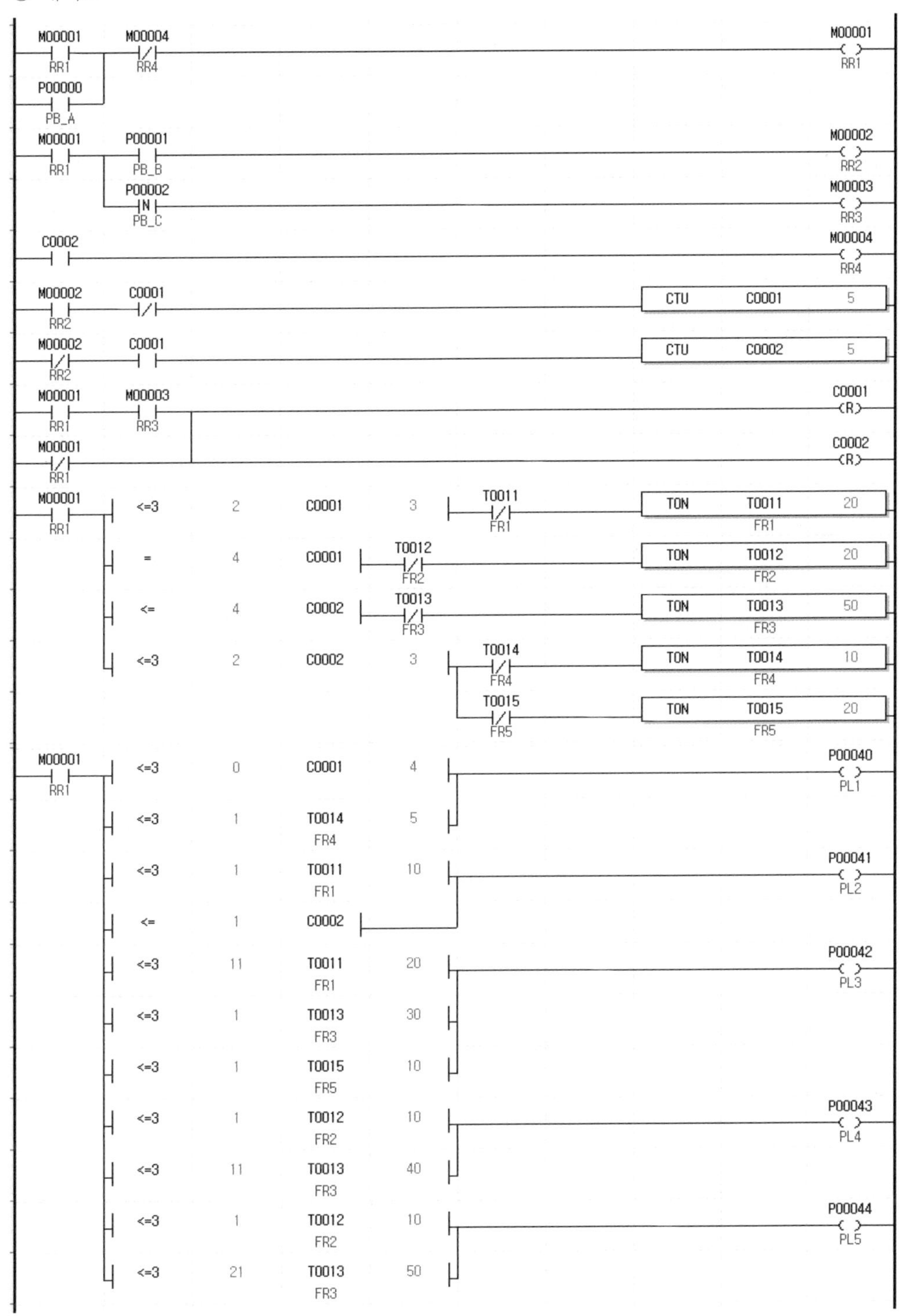

M00001
RR1
M00004
RR4
M00001
RR1
P00000
PB_A
M00001
RR1
P00001
PB_B
M00002
RR2
P00002
N
PB_C
M00003
RR3
C0002
M00004
RR4
M00002
RR2
C0001
CTU C0001 5
M00002
RR2
C0001
CTU C0002 5
M00001
RR1
M00003
RR3
C0001
R
M00001
RR1
C0002
R
M00001
RR1
<=3 2 C0001 3
T0011
FR1
TON T0011 20
FR1
= 4 C0001
T0012
FR2
TON T0012 20
FR2
<= 4 C0002
T0013
FR3
TON T0013 50
FR3
<=3 2 C0002 3
T0014
FR4
TON T0014 10
FR4
T0015
FR5
TON T0015 20
FR5
M00001
RR1
<=3 0 C0001 4
P00040
PL1
<=3 1 T0014 5
FR4
<=3 1 T0011 10
FR1
P00041
PL2
<= 1 C0002
<=3 11 T0011 20
FR1
P00042
PL3
<=3 1 T0013 30
FR3
<=3 1 T0015 10
FR5
<=3 1 T0012 10
FR2
P00043
PL4
<=3 11 T0013 40
FR3
<=3 1 T0012 10
FR2
P00044
PL5
<=3 21 T0013 50
FR3

2) 예제 2

(1) PLC 프로그램

- PLC 입 · 출력 배치도와 같은 순으로 입출력 단자를 결선하여 시퀀스도의 동작사항과 일치하는 PLC 회로를 프로그램하시오.
- 전원선 및 공통선(COM)은 지참한 PLC 기종에 알맞게 결선하여야 하며, 지급재료 이외의 부품(플리커, 타이머, 카운터, 보조릴레이 등)은 PLC 내부 데이터를 이용하여 프로그램하시오(회로구성을 위하여 내부 데이터 추가 및 회로변경 가능).

① PLC 입 · 출력단자 배치도

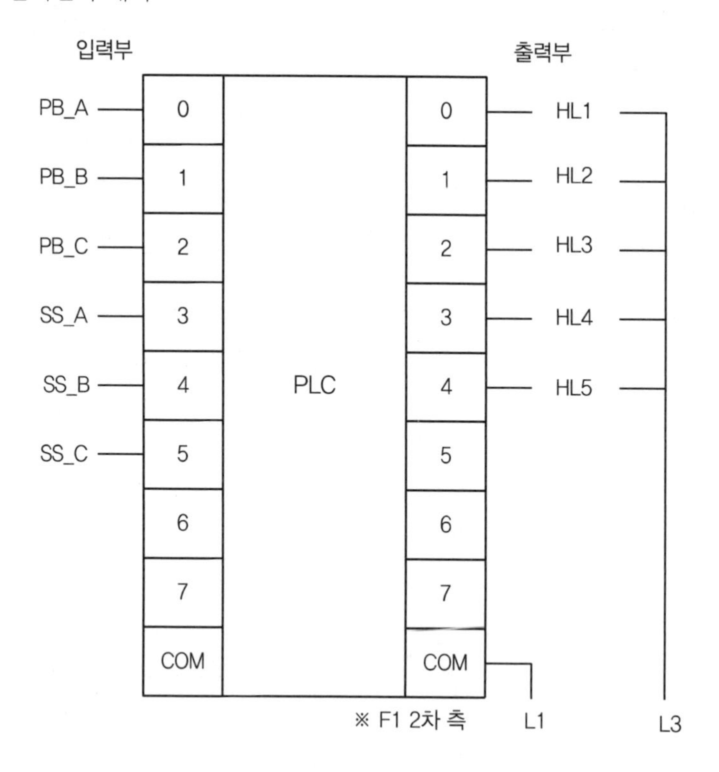

② PLC 과제

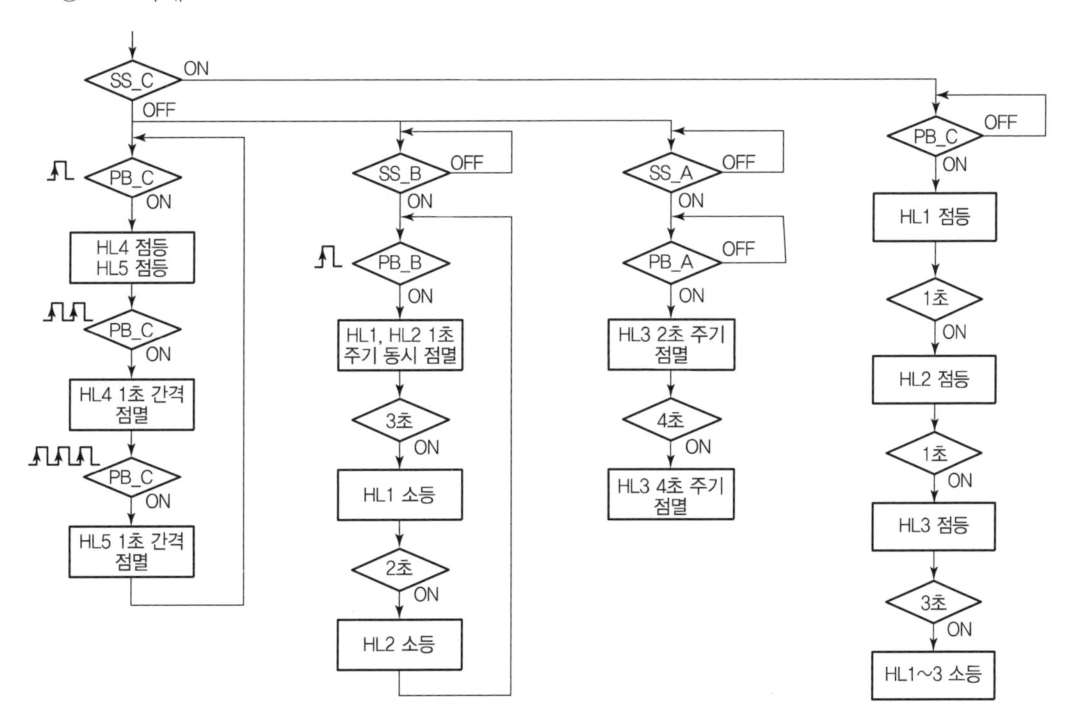
SS_C
ON
OFF
PB_C
ON
HL4 점등
HL5 점등
PB_C
ON
HL4 1초 간격 점멸
PB_C
ON
HL5 1초 간격 점멸
SS_B
OFF
ON
PB_B
ON
HL1, HL2 1초 주기 동시 점멸
3초
ON
HL1 소등
2초
ON
HL2 소등
SS_A
OFF
ON
PB_A
OFF
ON
HL3 2초 주기 점멸
4초
ON
HL3 4초 주기 점멸
PB_C
OFF
ON
HL1 점등
1초
ON
HL2 점등
1초
ON
HL3 점등
3초
ON
HL1~3 소등

(2) 전기공사

① 배관 및 기구 배치도

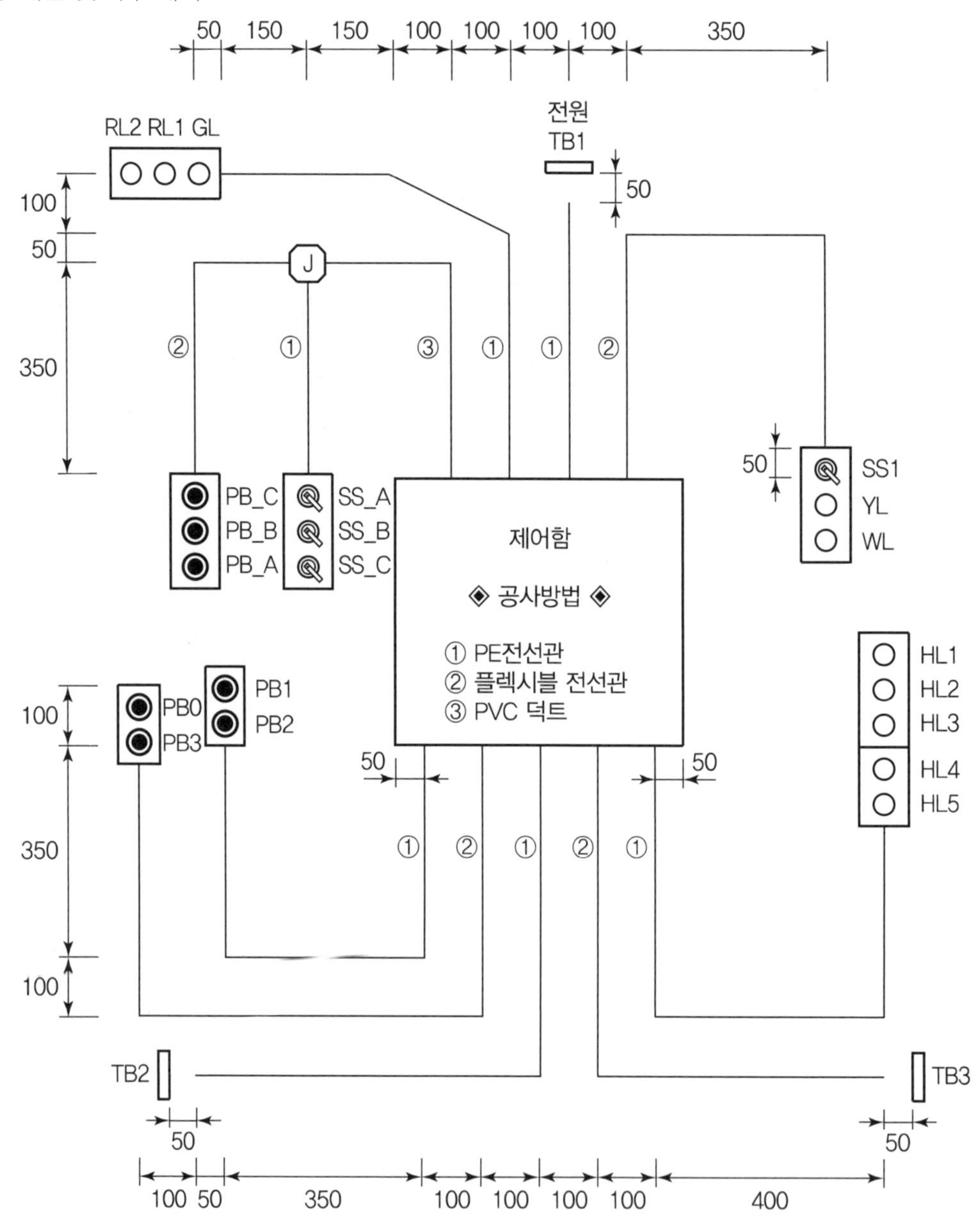

② 제어판 내부 기구 배치도 및 범례

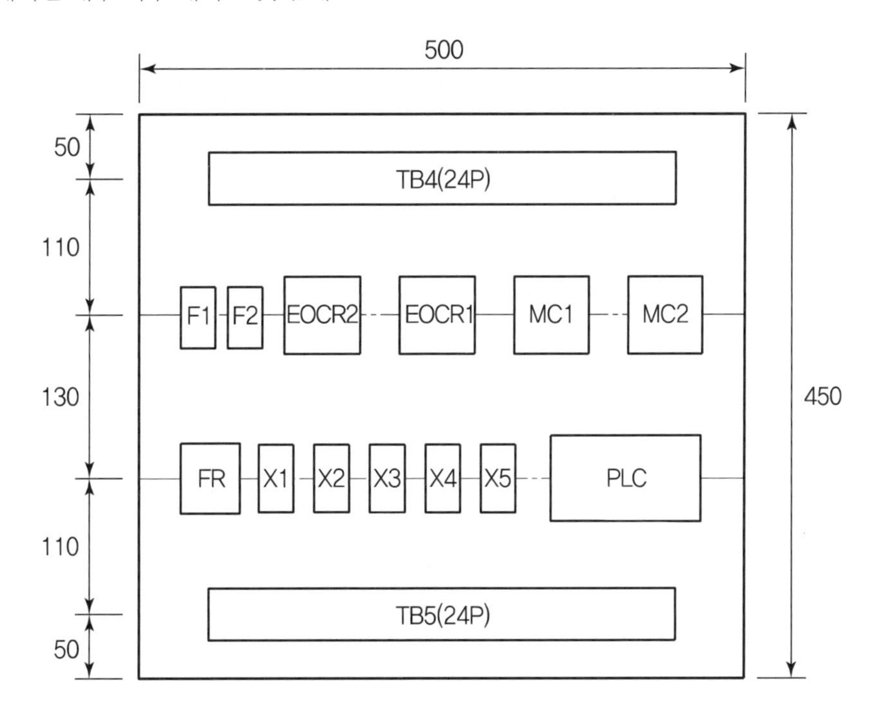

[범례]

기호	명칭	기호	명칭	기호	명칭
EOCR1～2	과전류계전기(12P)	SS_A～SS_C	셀렉터SW(2단)	TB1～TB3	단자대(4P)
MC1～2	전자개폐기(12P)	SS1	셀렉터SW(2단)	TB4	단자대(24P)
X1～X5	릴레이/AC220V(14P)	RL1～2	파이롯램프(적)	TB5	단자대(24P)
FR	플리커 릴레이(8P)	GL	파이롯램프(녹)	F1, F2	휴즈홀더(2구)
PB0,1,3	푸시버튼SW(적)	YL	파이롯램프(황)	J	정크션박스
PB2	푸시버튼SW(녹)	WL	파이롯램프(백)		
PB_A～PB_C	푸시버튼SW(녹)	HL1～HL5	파이롯램프(백)		

③ 시퀀스도

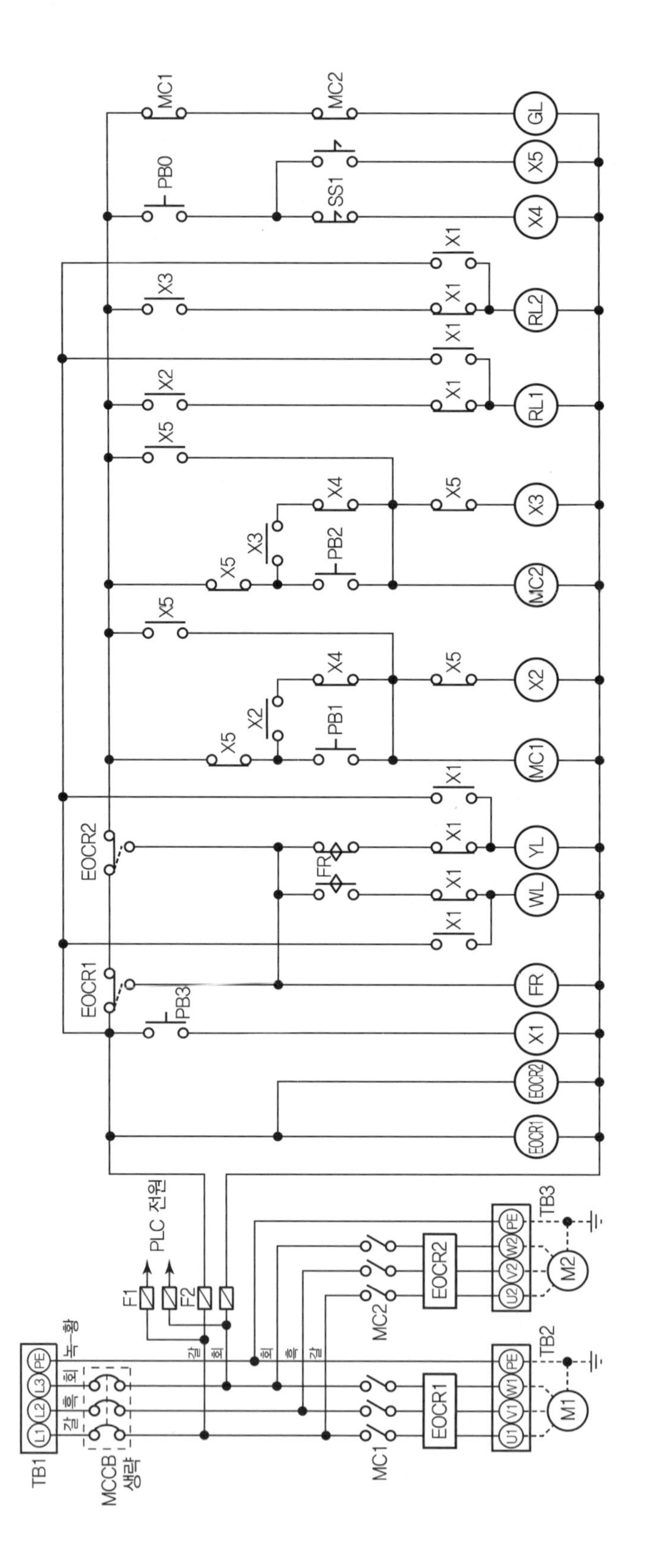

MC1
MC2
GL
PB0
SS1
X5
X4
X1
X3
RL2
X2
RL1
PB2
X3
MC2
PB1
X2
MC1
EOCR2
FR
YL
WL
EOCR1
PB3
X1
EOCR2
EOCR1
PLC 전원
F1
F2
TB1
L1
L2
L3
PE
갈
흑
회
녹-황
MCCB
생략
MC1
MC2
EOCR1
EOCR2
TB2
TB3
U1
V1
W1
U2
V2
W2
M1
M2

④ 래더도

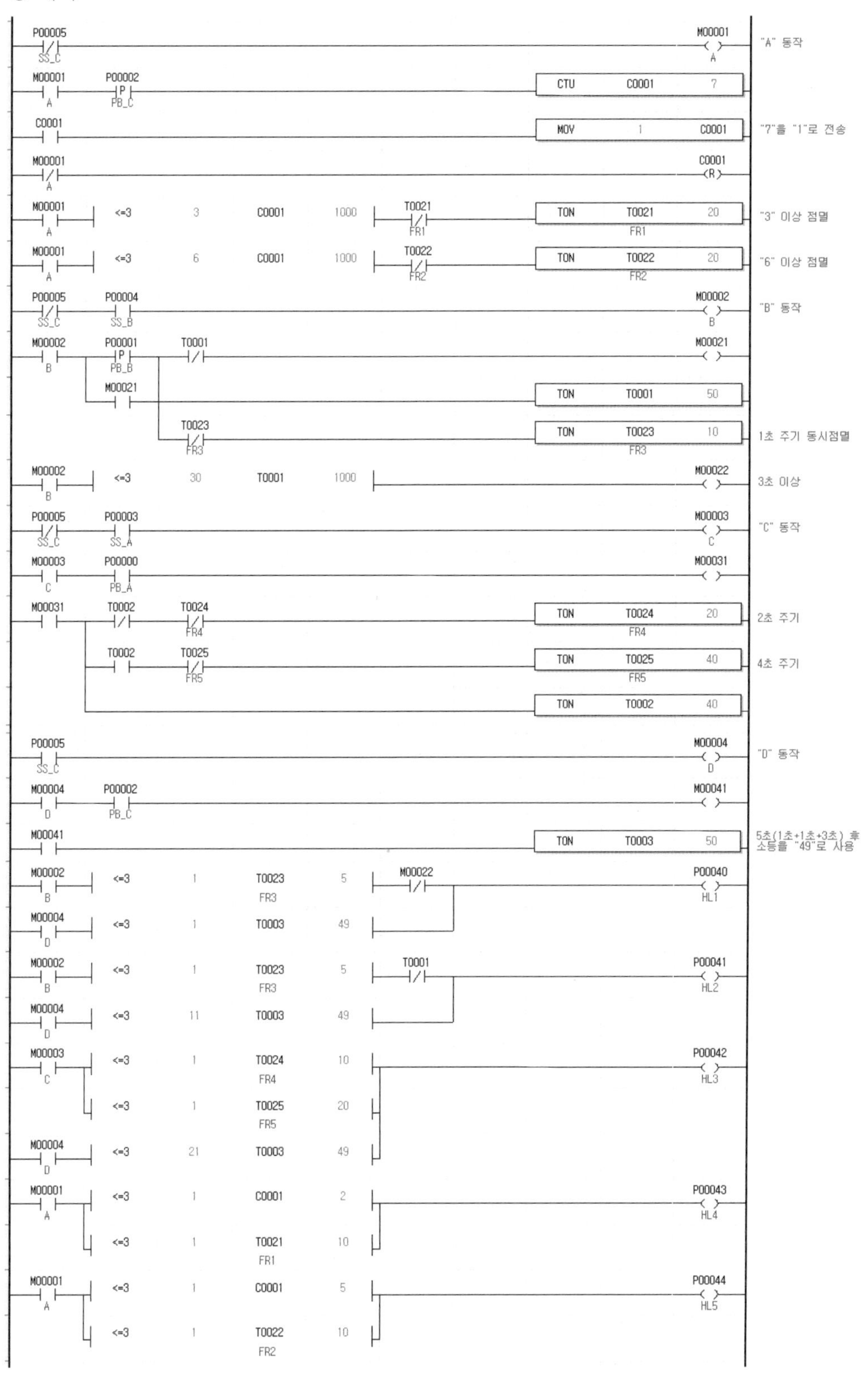

P00005
SS_C
M00001
A
"A" 동작
M00001
A
P00002
P
PB_C
CTU
C0001
7
C0001
MOV
1
C0001
"7"를 "1"로 전송
M00001
A
C0001
R
M00001
A
<=3
3
C0001
1000
T0021
FR1
TON
T0021
20
FR1
"3" 이상 점멸
M00001
A
<=3
6
C0001
1000
T0022
FR2
TON
T0022
20
FR2
"6" 이상 점멸
P00005
SS_C
P00004
SS_B
M00002
B
"B" 동작
M00002
B
P00001
P
PB_B
T0001
M00021
M00021
TON
T0001
50
T0023
FR3
TON
T0023
10
FR3
1초 주기 동시점멸
M00002
B
<=3
30
T0001
1000
M00022
3초 이상
P00005
SS_C
P00003
SS_A
M00003
C
"C" 동작
M00003
C
P00000
PB_A
M00031
M00031
T0002
T0024
FR4
TON
T0024
20
FR4
2초 주기
T0002
T0025
FR5
TON
T0025
40
FR5
4초 주기
TON
T0002
40
P00005
SS_C
M00004
D
"D" 동작
M00004
D
P00002
PB_C
M00041
M00041
TON
T0003
50
5초(1초+1초+3초) 후
소등를 "49"로 사용
M00002
B
<=3
1
T0023
5
FR3
M00022
P00040
HL1
M00004
D
<=3
1
T0003
49
M00002
B
<=3
1
T0023
5
FR3
T0001
P00041
HL2
M00004
D
<=3
11
T0003
49
M00003
C
<=3
1
T0024
10
FR4
P00042
HL3
<=3
1
T0025
20
FR5
M00004
D
<=3
21
T0003
49
M00001
A
<=3
1
C0001
2
P00043
HL4
<=3
1
T0021
10
FR1
M00001
A
<=3
1
C0001
5
P00044
HL5
<=3
1
T0022
10
FR2

3) 예제 3

(1) PLC 프로그램

- PLC 입 · 출력 배치도와 같은 순으로 입 · 출력 단자를 결선하여 시퀀스도의 동작사항과 일치하는 PLC 회로를 프로그램하시오.
- 전원선 및 공통선(COM)은 지참한 PLC 기종에 알맞게 결선하여야 하며, 지급재료 이외의 부품(플리커, 타이머, 카운터, 보조릴레이 등)은 PLC 내부 데이터를 이용하여 프로그램하시오(회로구성을 위하여 내부 데이터 추가 및 회로변경 가능).

① PLC 입 · 출력단자 배치도

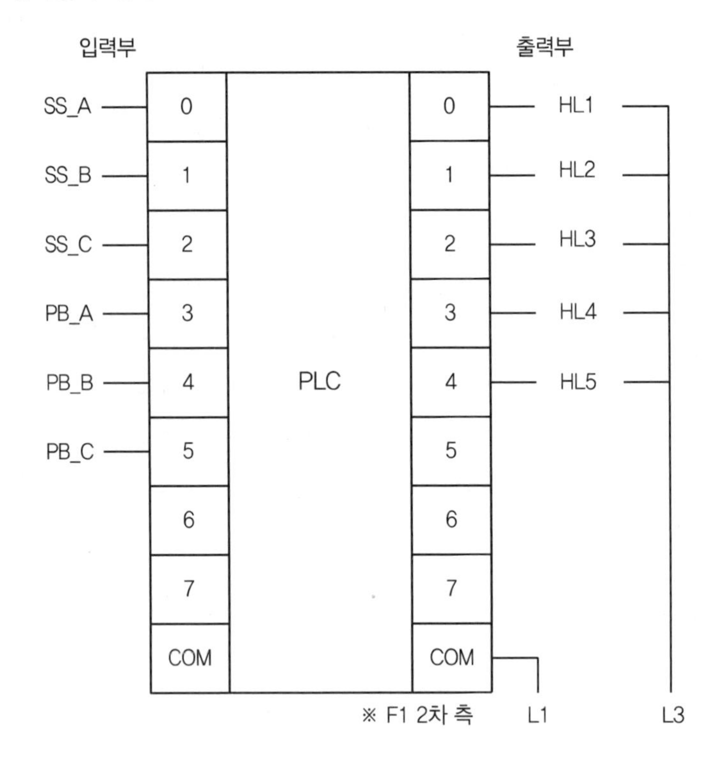

② PLC 과제

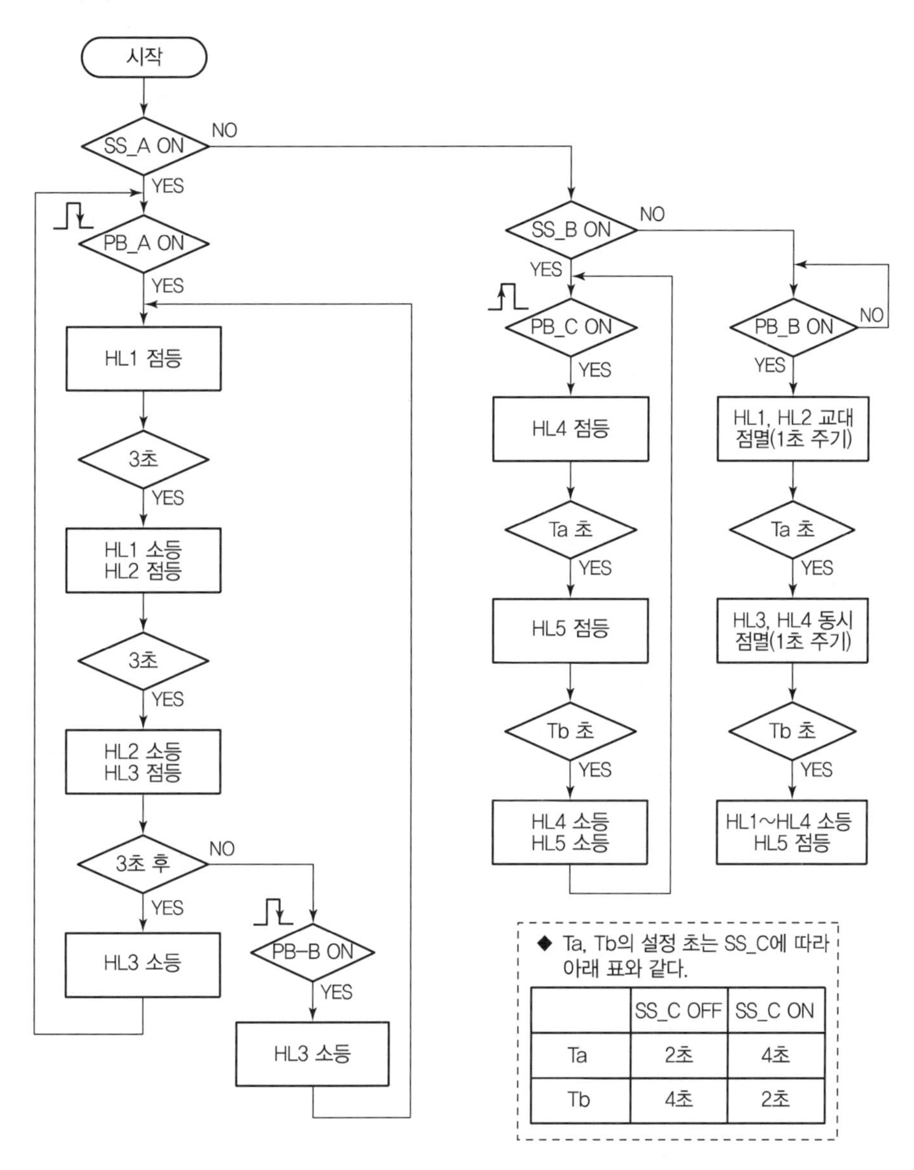

	SS_C OFF	SS_C ON
Ta	2초	4초
Tb	4초	2초

(2) 전기공사

① 배관 및 기구 배치도

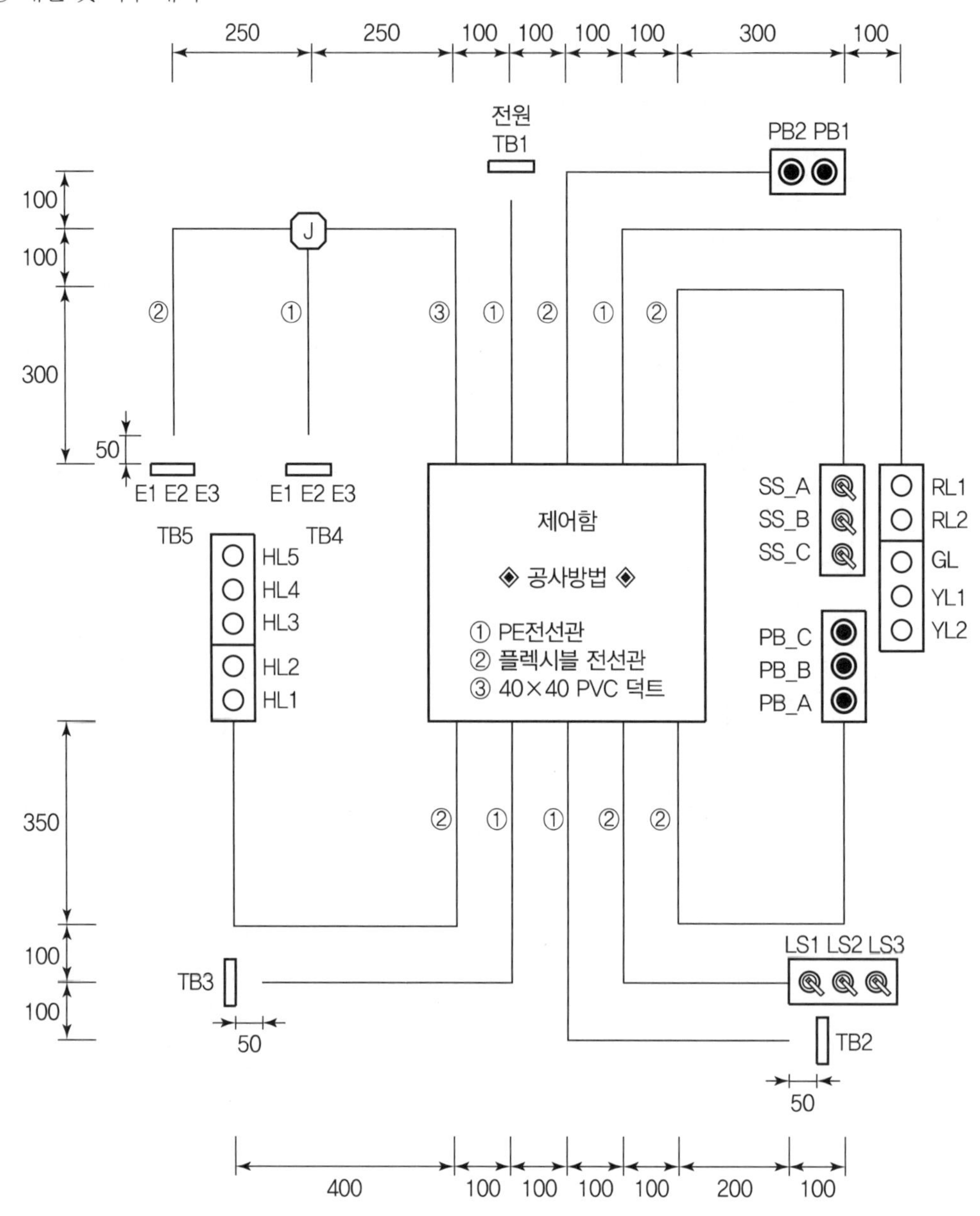

② 제어판 내부 기구 배치도 및 범례

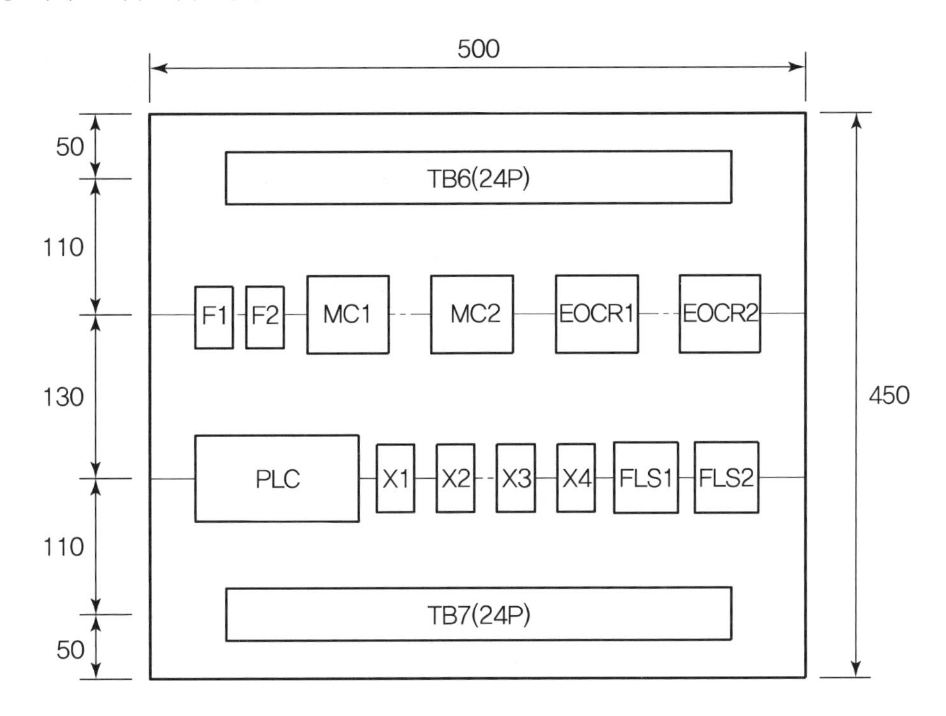

[범례]

기호	명칭	기호	명칭	기호	명칭
EOCR1～2	과전류계전기(12P)	SS_A～SS_C	셀렉터SW(2단)	YL1～YL2	파이롯램프(황)
MC1～MC2	전자개폐기(12P)	PB_A～PB_C	푸시버튼SW(청)	HL1～HL5	파이롯램프(백)
X1～X4	릴레이/AC220V(14P)	PB1	푸시버튼SW(녹)	TB1～5	단자대(4P)
FLS1～FLS2	플로트리스 릴레이(8P)	PB2	푸시버튼SW(적)	TB6	단자대(24P)
		RL1～RL2	파이롯램프(적)	TB7	단자대(24P)
		GL	파이롯램프(녹)	F1, F2	휴즈홀더(2구)

③ 시퀀스도

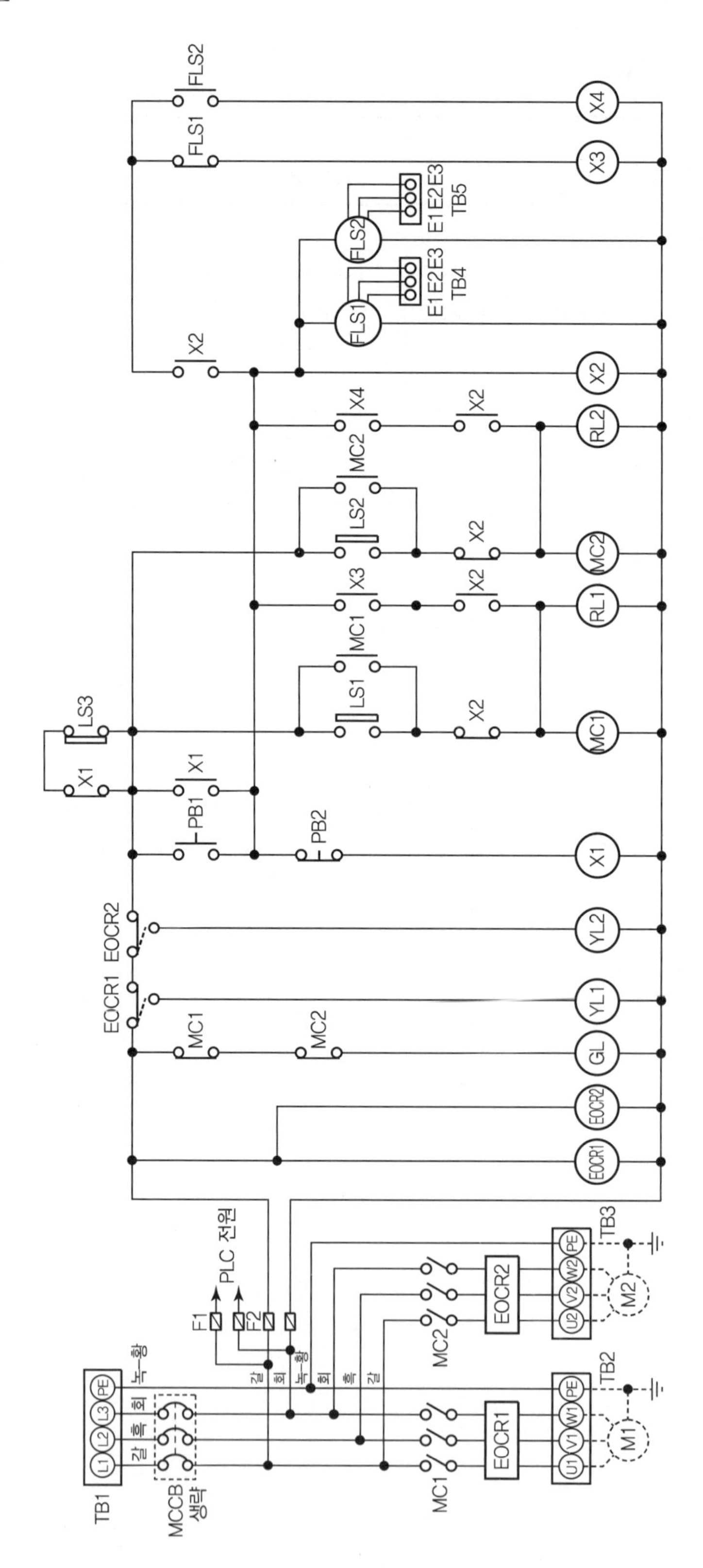

TB1
L1 L2 L3 PE
갈 흑 회 녹-황
MCCB
생략
F1
F2
PLC 전원
갈 회 녹-황 회 흑 갈
MC1
MC2
EOCR1
EOCR2
U1 V1 W1 PE
U2 V2 W2 PE
TB2
TB3
M1
M2
EOCR1 EOCR2 GL YL1 YL2 X1 MC1 RL1 MC2 RL2 X2 X3 X4
EOCR1 EOCR2
PB1
PB2
X1
LS3
LS1
LS2
X2
X3
X4
FLS1
FLS2
E1 E2 E3
TB4
TB5

④ 래더도

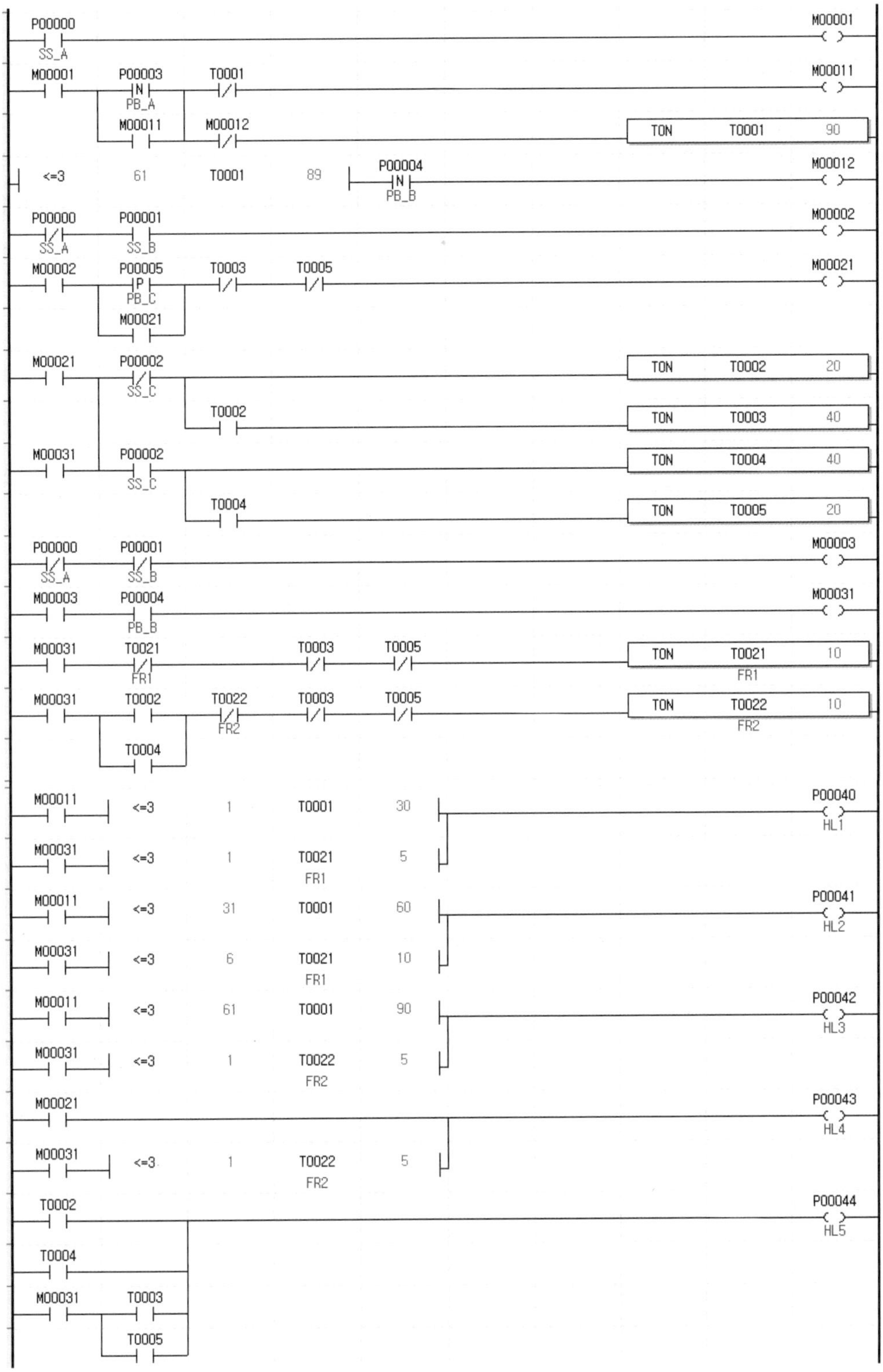

```
P00000(SS_A) ---------------------------------------------- M00001 ( )
M00001 -- [P00003 |N| (PB_A) / M00011] -- T00001 /  ----------- M00011 ( )
                                       -- M00012 /  ----------- TON T0001 90
<=3 61 T0001 89 -- P00004 |N| (PB_B) ------------------------- M00012 ( )
P00000 / (SS_A) -- P00001 (SS_B) ----------------------------- M00002 ( )
M00002 -- [P00005 |P| (PB_C) / M00021] -- T0003 / -- T0005 / -- M00021 ( )
M00021 -- P00002 / (SS_C) ------------------------------------ TON T0002 20
                          -- T0002 --------------------------- TON T0003 40
M00031 -- P00002 (SS_C) -------------------------------------- TON T0004 40
                          -- T0004 --------------------------- TON T0005 20
P00000 / (SS_A) -- P00001 / (SS_B) --------------------------- M00003 ( )
M00003 -- P00004 (PB_B) -------------------------------------- M00031 ( )
M00031 -- T0021 / (FR1) -- T0003 / -- T0005 / ---------------- TON T0021 10 (FR1)
M00031 -- [T0002 / T0004] -- T0022 / (FR2) -- T0003 / -- T0005 / -- TON T0022 10 (FR2)
M00011 -- <=3 1 T0001 30 --+
M00031 -- <=3 1 T0021 (FR1) 5 --+----------------------------- P00040 ( ) HL1
M00011 -- <=3 31 T0001 60 --+
M00031 -- <=3 6 T0021 (FR1) 10 --+---------------------------- P00041 ( ) HL2
M00011 -- <=3 61 T0001 90 --+
M00031 -- <=3 1 T0022 (FR2) 5 --+----------------------------- P00042 ( ) HL3
M00021 --+
M00031 -- <=3 1 T0022 (FR2) 5 --+----------------------------- P00043 ( ) HL4
T0002 --+
T0004 --+
M00031 -- [T0003 / T0005] --+--------------------------------- P00044 ( ) HL5
```

4) 예제 4

(1) PLC 프로그램

- PLC 입출력 배치도와 같은 순으로 입출력 단자를 결선하여 시퀀스도의 동작사항과 일치하는 PLC 회로를 프로그램하시오.
- 전원선 및 공통선(COM)은 지참한 PLC 기종에 알맞게 결선하여야 하며, 지급재료 이외의 부품(플리커, 타이머, 카운터, 보조릴레이 등)은 PLC 내부 데이터를 이용하여 프로그램하시오(회로 구성을 위하여 내부 데이터 추가 및 회로변경 가능).

① PLC 입출력단자 배치도

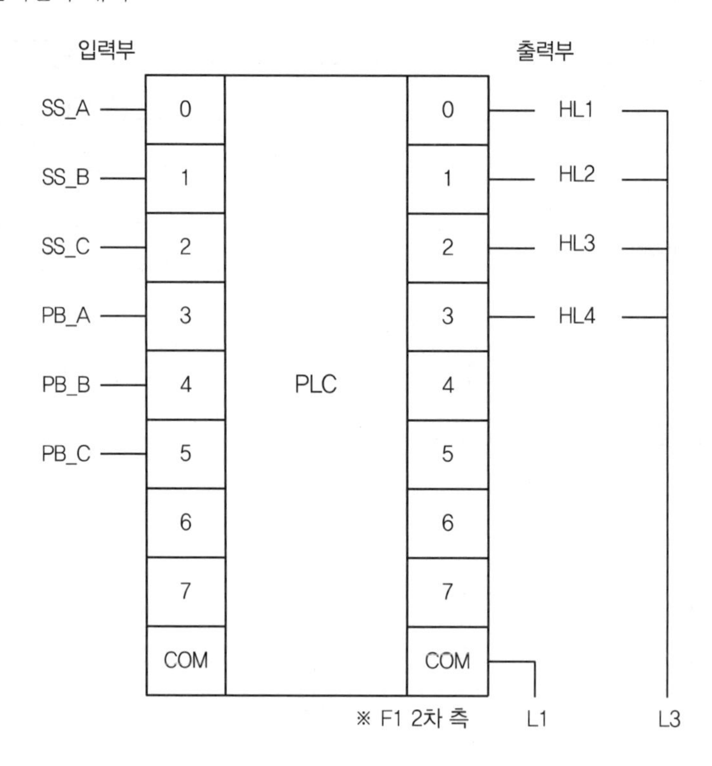

② PLC 과제

- PB_A로 HL1 동작, PB_B로 HL2 동작, PB_C로 HL3 동작되며, HL1~HL3 동작은 타임차트와 같습니다.
- HL1, HL2, HL3이 모두 동작되면 HL4는 점등됩니다.
- HL이 모두 점등되고 나서 SS_A~SS_B는 입력됩니다.

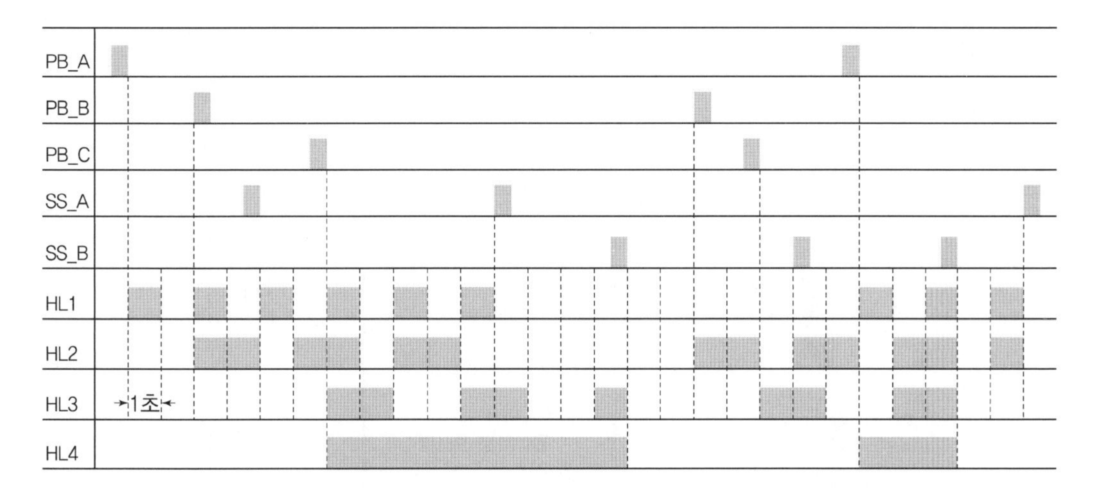

(2) 전기공사

① 배관 및 기구 배치도

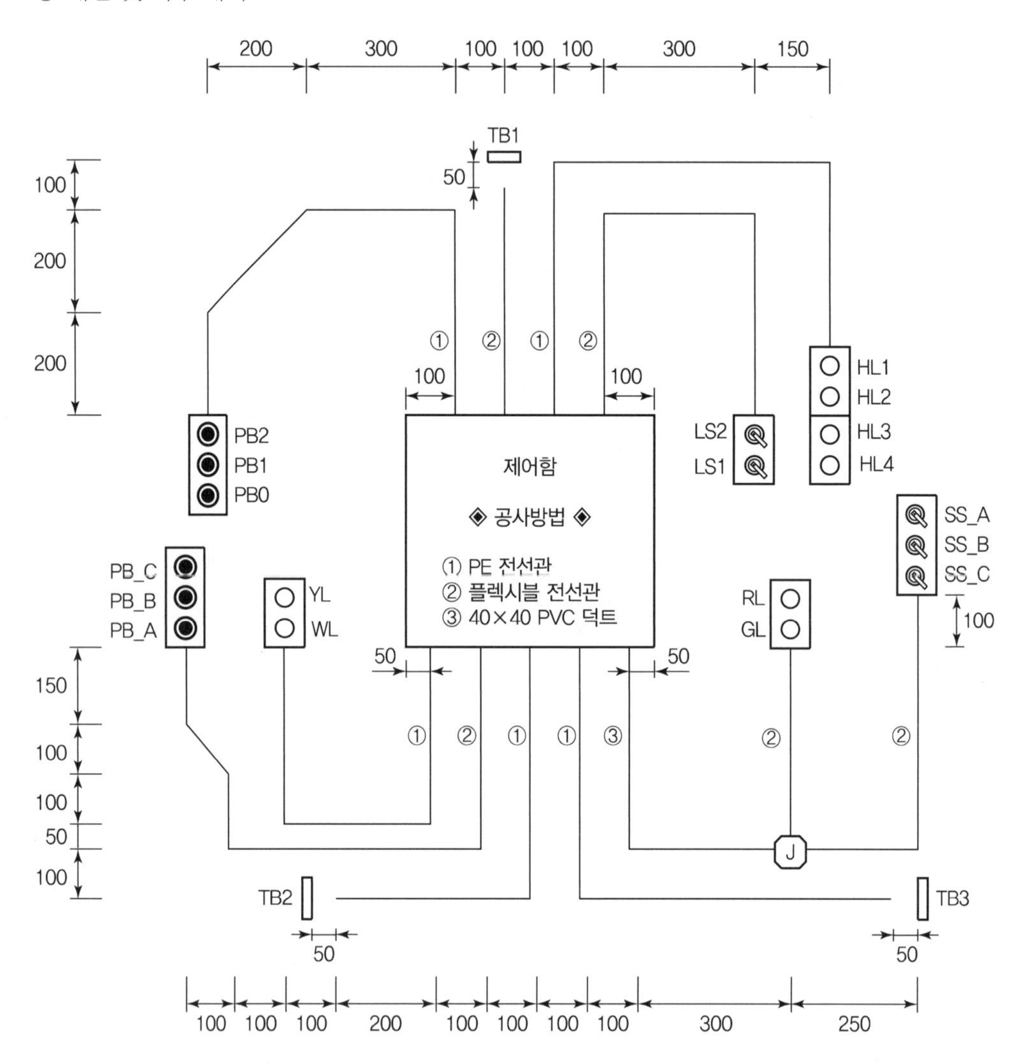

② 제어판 내부 기구 배치도 및 범례

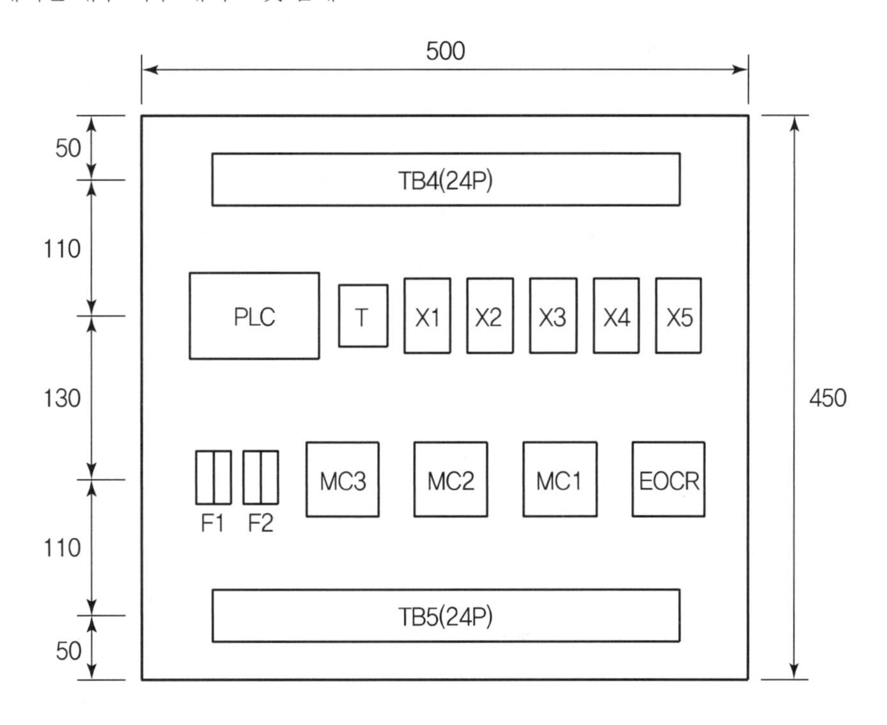

[범례]

기호	명칭	기호	명칭	기호	명칭
EOCR	과전류계전기(12P)	LS1~LS2	셀렉터SW(2단)	TB1~TB3	단자대(4P)
MC1~MC3	전자개폐기(12P)	SS_A~SS_C	셀렉터SW(2단)	TB4	단자대(24P)
X1~X5	릴레이/AC220V(14P)	RL	파이롯램프(적)	TB5	단자대(24P)
T	타이머(8P)	GL	파이롯램프(녹)	F1, F2	휴즈홀더(2구)
PB0	푸시버튼SW(적)	YL	파이롯램프(황)	J	정크션박스
PB1~PB2	푸시버튼SW(녹)	WL	파이롯램프(백)		
PB_A~PB_C	푸시버튼SW(적)	HL1~HL4	파이롯램프(백)		

③ 시퀀스도

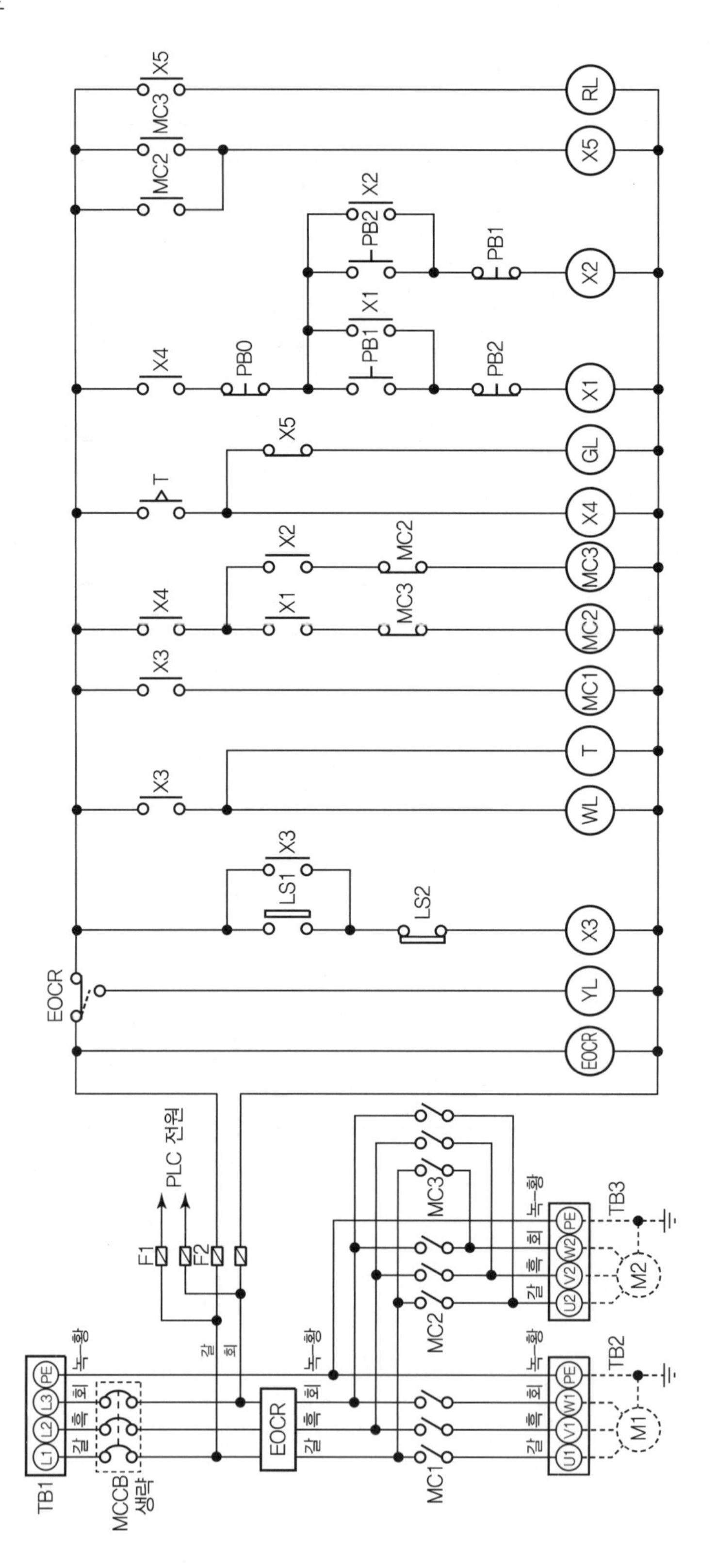

X5
MC3
MC2
X2
PB2
PB1
X1
X4
PB0
X5
T
X2
MC2
X4
X1
MC3
X3
X3
X3
LS1
LS2
EOCR
RL
X5
X2
X1
GL
X4
MC3
MC2
MC1
T
WL
X3
YL
EOCR
PLC 전원
F1
F2
TB1
MCCB 생략
EOCR
MC1
MC2
MC3
TB2
TB3
M1
M2
L1
L2
L3
PE
U1
V1
W1
U2
V2
W2
갈
흑
회
녹-황

④ 래더도

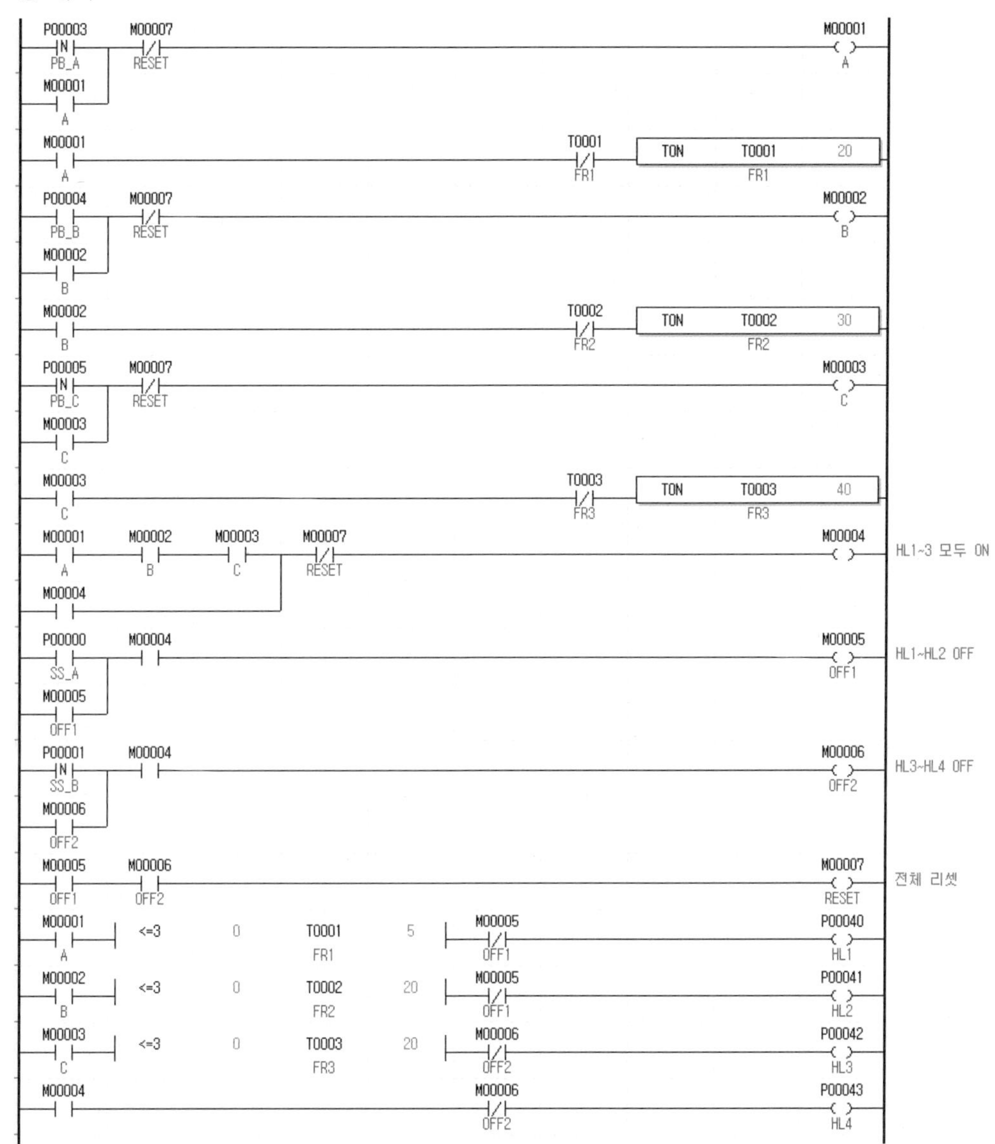

P00003
M00007
M00001
PB_A
RESET
A
M00001
T0001
TON
T0001
20
FR1
P00004
M00002
PB_B
B
M00002
T0002
TON
T0002
30
FR2
P00005
M00003
PB_C
C
M00003
T0003
TON
T0003
40
FR3
M00004
HL1~3 모두 ON
P00000
M00005
SS_A
OFF1
HL1~HL2 OFF
P00001
M00006
SS_B
OFF2
HL3~HL4 OFF
M00007
전체 리셋
<=3
0
5
P00040
HL1
P00041
HL2
P00042
HL3
P00043
HL4

5) 예제 5

(1) PLC 프로그램

- PLC 입출력 배치도와 같은 순으로 입출력 단자를 결선하여 시퀀스도의 동작사항과 일치하는 PLC 회로를 프로그램하시오.
- 전원선 및 공통선(COM)은 지참한 PLC 기종에 알맞게 결선하여야 하며, 지급재료 이외의 부품(플리커, 타이머, 카운터, 보조릴레이 등)은 PLC 내부 데이터를 이용하여 프로그램하시오(회로구성을 위하여 내부 데이터 추가 및 회로변경 가능).

① PLC 입 · 출력단자 배치도

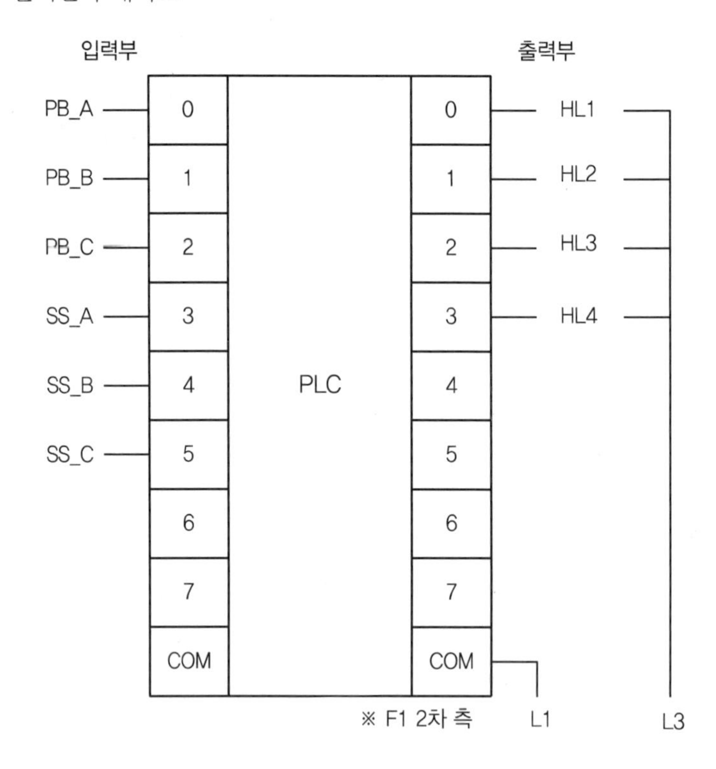

② PLC 과제

- SS_A～SS_C에 의해 t1～t3의 값을 한 개 선택하고 PB_A～PB_C 입력에 따라 HL1～HL4는 점등과 소등됩니다.
- SS_A～SS_C가 모두 Off이면 HL1～HL4는 동작하지 않습니다.

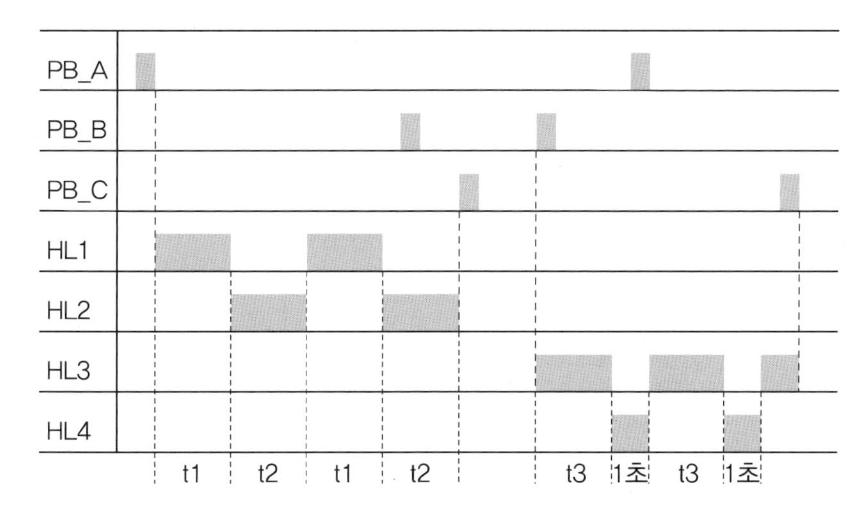

	t1	t2	t3
SS_A On	1초	1초	1초
SS_B On	2초	2초	2초
SS_C On	3초	3초	3초

(2) 전기공사

① 배관 및 기구 배치도

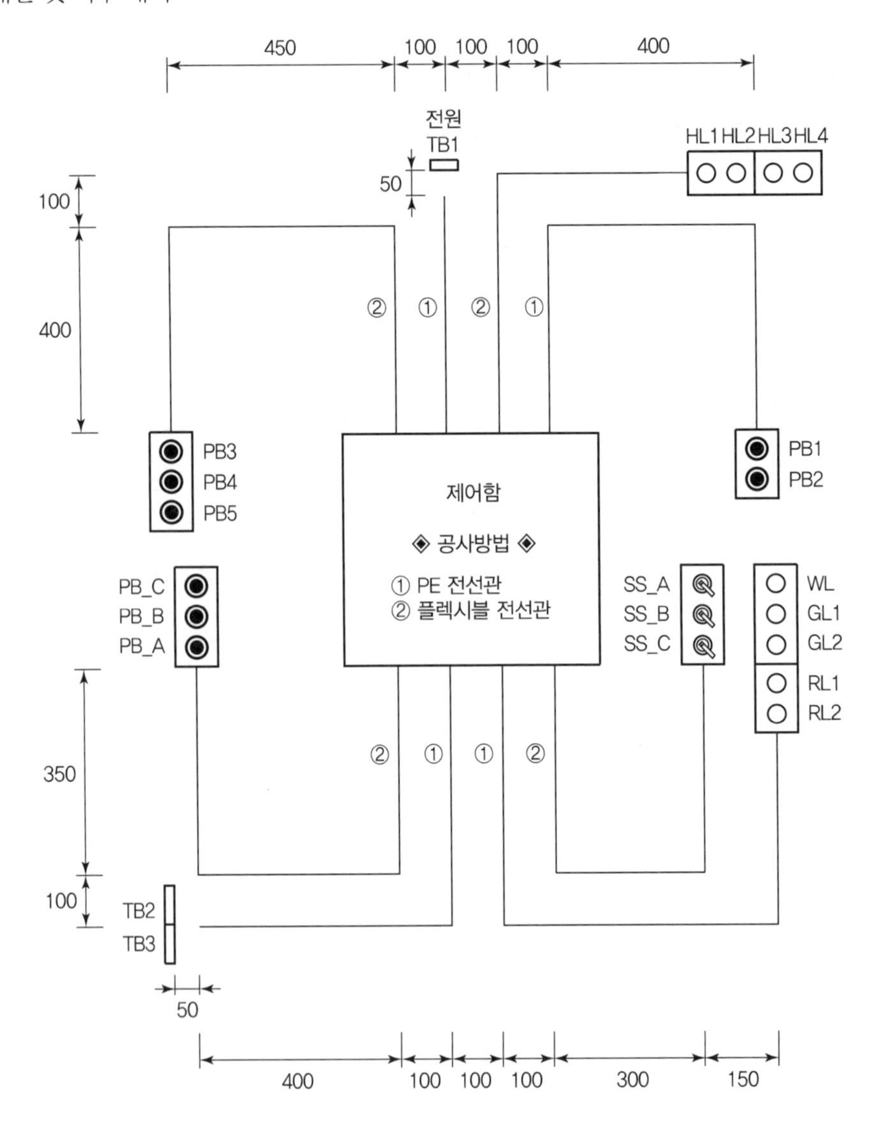

② 제어판 내부 기구 배치도 및 범례

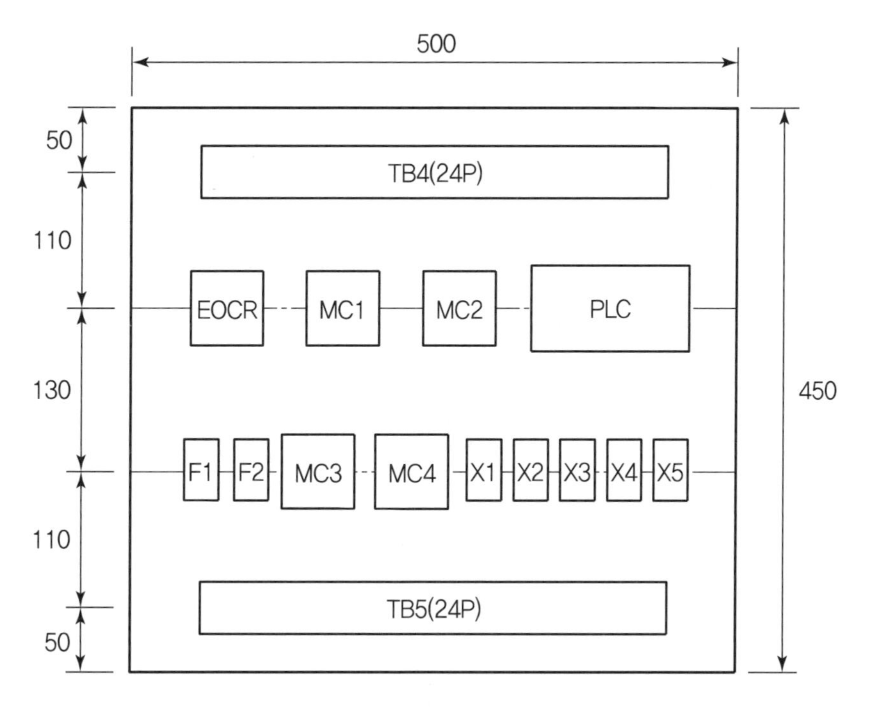

[범례]

기호	명칭	기호	명칭	기호	명칭
MC1～MC4	전자개폐기(12P)	HL1～HL4	파이롯램프(적)	TB1～3	단자대(4P)
EOCR	과전류계전기(12P)	RL1～RL2	파이롯램프(적)	TB4	단자대(24P)
X1～X5	릴레이/AC220V(14P)	GL1～GL2	파이롯램프(녹)	TB5	단자대(24P)
PB1, PB5	푸시버튼SW(녹)	WL	파이롯램프(백)		
PB2, PB3, PB4	푸시버튼SW(적)	F1～F2	휴즈홀더(2구)		
PB_A～PB_C	푸시버튼SW(청)				
SS_A～SS_C	셀렉터SW(2단)				

③ 시퀀스도

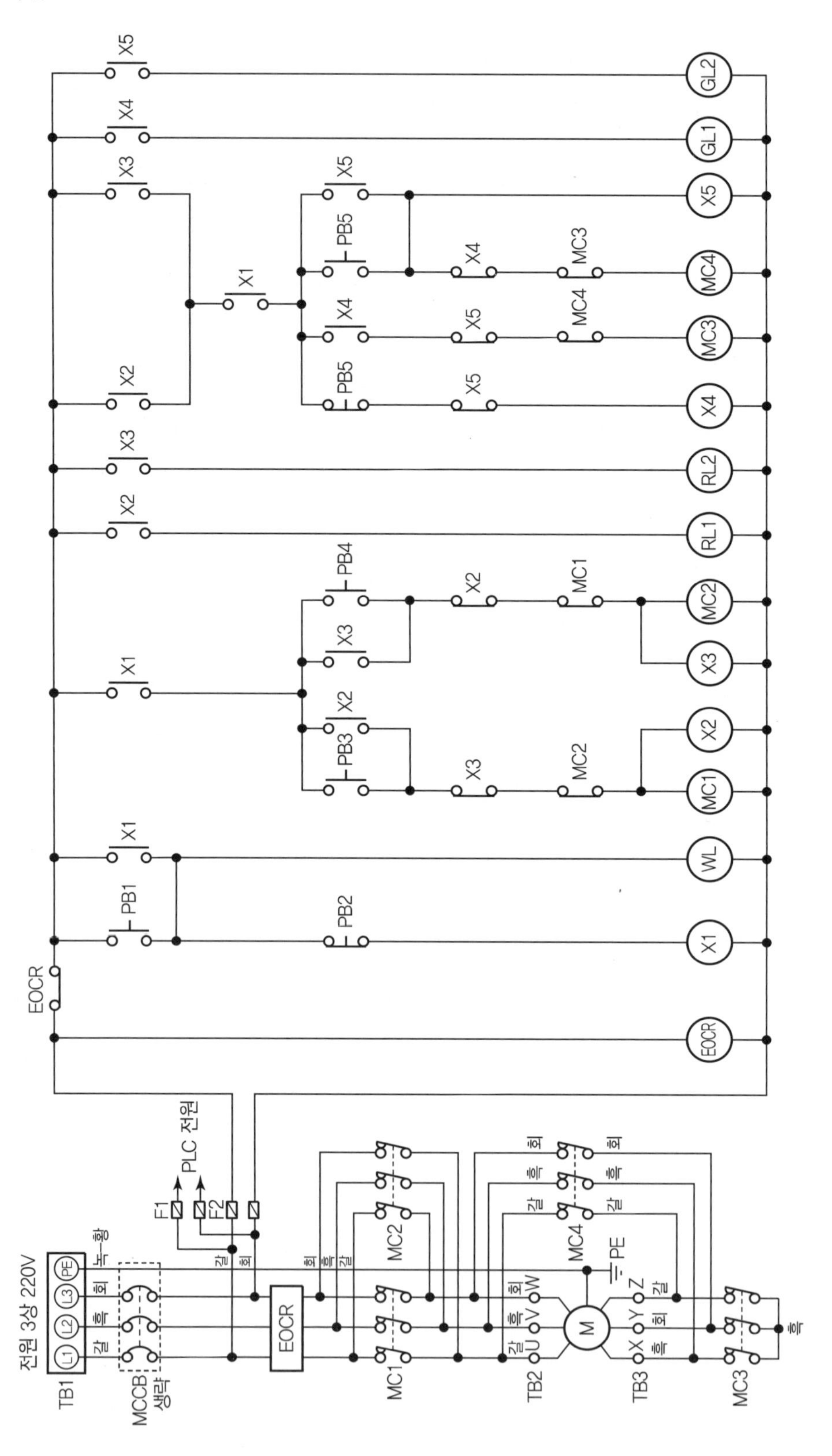

X5
X4
X3
X2
X1
PB1
PB2
PB3
PB4
PB5
MC1
MC2
MC3
MC4
GL1
GL2
RL1
RL2
WL
EOCR
PLC 전원
F1
F2
전원 3상 220V
TB1
MCCB 생략
TB2
TB3
PE
M

④ 래더도

접점 1	접점 2	접점 3	출력
P00003 (SS_A) -| |- ; OR P00004 (SS_B) -| |- ; OR P00005 (SS_C) -| |-	P00000 (PB_A) -|N|-	M00002 -|/|-	M00001 (S)
(위 OR 회로)	P00001 (PB_B) -| |-	M00001 -|/|-	M00002 (S)
P00002 (PB_C) -| |-			M00001 (R)
P00002 (PB_C) -|N|-			M00002 (R)
P00003 (SS_A) -|/|-	P00004 (SS_B) -|/|-	P00005 (SS_C) -|/|-	M00001 (R), M00002 (R)
P00003 (SS_A) -|P|-	P00004 (SS_B) -|/|-	P00005 (SS_C) -|/|-	MOV 10 D00000
P00004 (SS_B) -|P|-	P00003 (SS_A) -|/|-	P00005 (SS_C) -|/|-	MOV 20 D00000
P00005 (SS_C) -|P|-	P00003 (SS_A) -|/|-	P00004 (SS_B) -|/|-	MOV 30 D00000
M00001 -| |-	T0002 -|/|-		TON T0001 D00000
T0001 -| |-			TON T0002 D00000
M00002 -| |-	T0004 -|/|-		TON T0003 D00000
T0003 -| |-			TON T0004 10
M00001 -| |-	T0001 -|/|-		P00040 ( ) HL1
(M00001)	T0001 -| |-		P00041 ( ) HL2
M00002 -| |-	T0003 -|/|-		P00042 ( ) HL3
(M00002)	T0003 -| |-		P00043 ( ) HL4

6) 예제 6

(1) PLC 프로그램

- PLC 입출력 배치도와 같은 순으로 입출력 단자를 결선하여 시퀀스도의 동작사항과 일치하는 PLC 회로를 프로그램하시오.
- 전원선 및 공통선(COM)은 지참한 PLC 기종에 알맞게 결선하여야 하며, 지급재료 이외의 부품(플리커, 타이머, 카운터, 보조릴레이 등)은 PLC 내부 데이터를 이용하여 프로그램하시오(회로구성을 위하여 내부 데이터 추가 및 회로변경 가능).

① PLC 입 · 출력단자 배치도

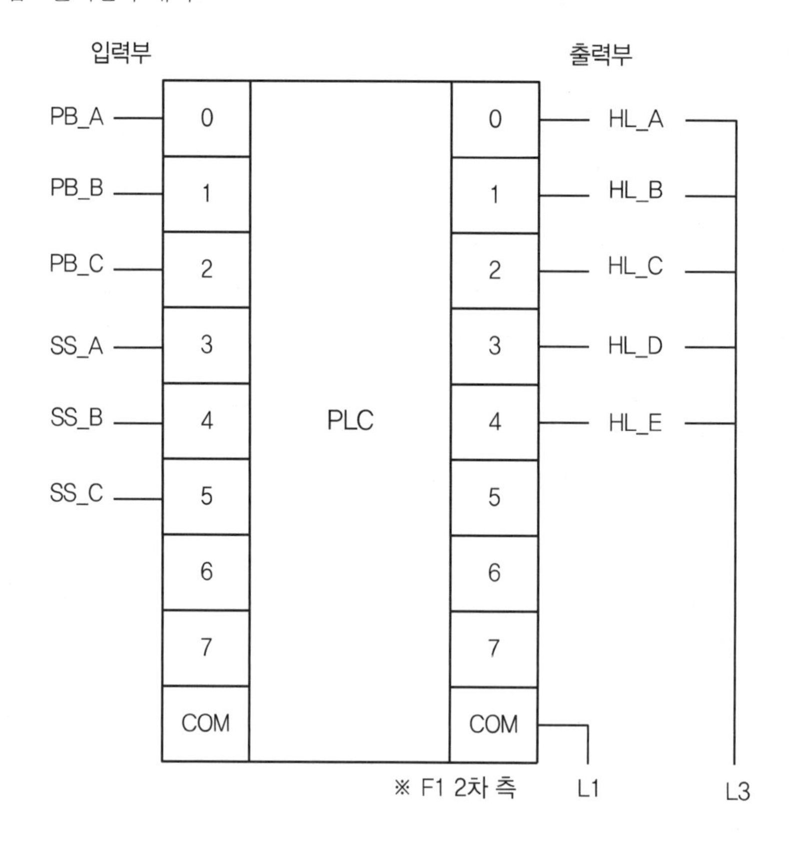

② PLC 과제

㉠ 타임차트 1

- PB_A, PB_B : 점등, 소등(점등 동작, 소등 동작은 인터록됩니다.)
- SS_A OFF 시 동작은 리셋됩니다.

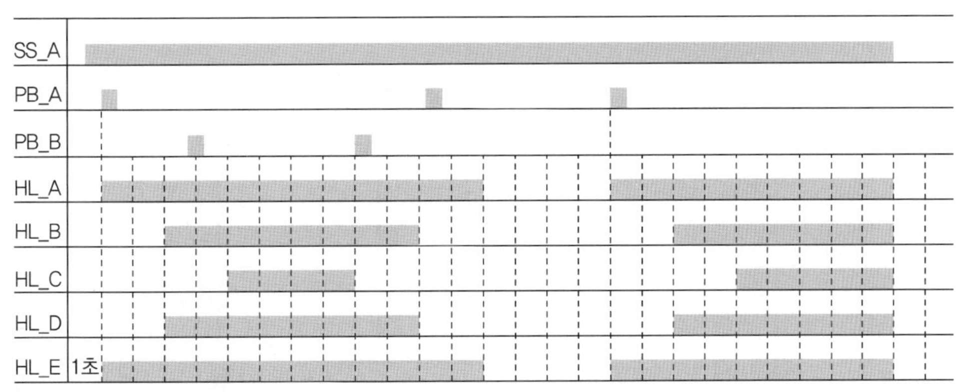

㉡ 타임차트 2

- PB_B, PB_C : HL 순차 점등
- SS_C : 점등, 소등
- SS_B OFF 시 동작은 리셋됩니다.

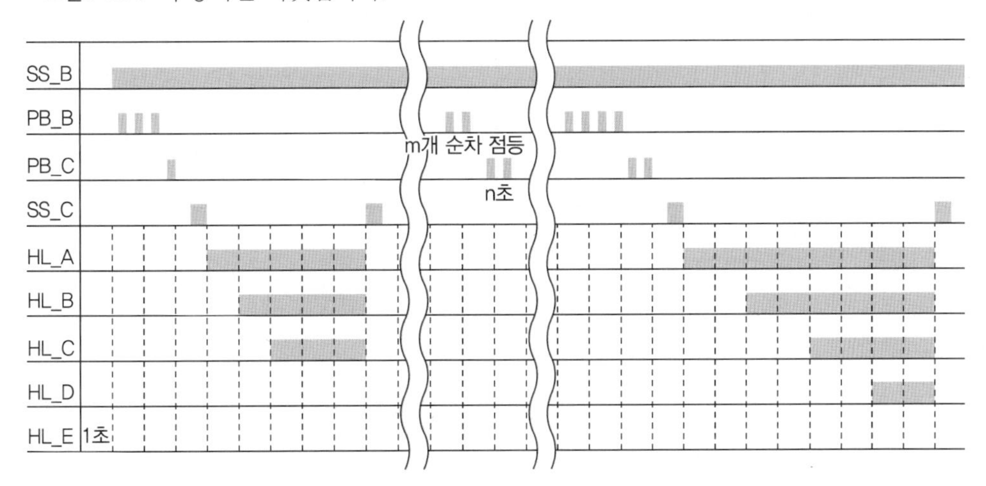

(2) 전기공사

① 배관 및 기구 배치도

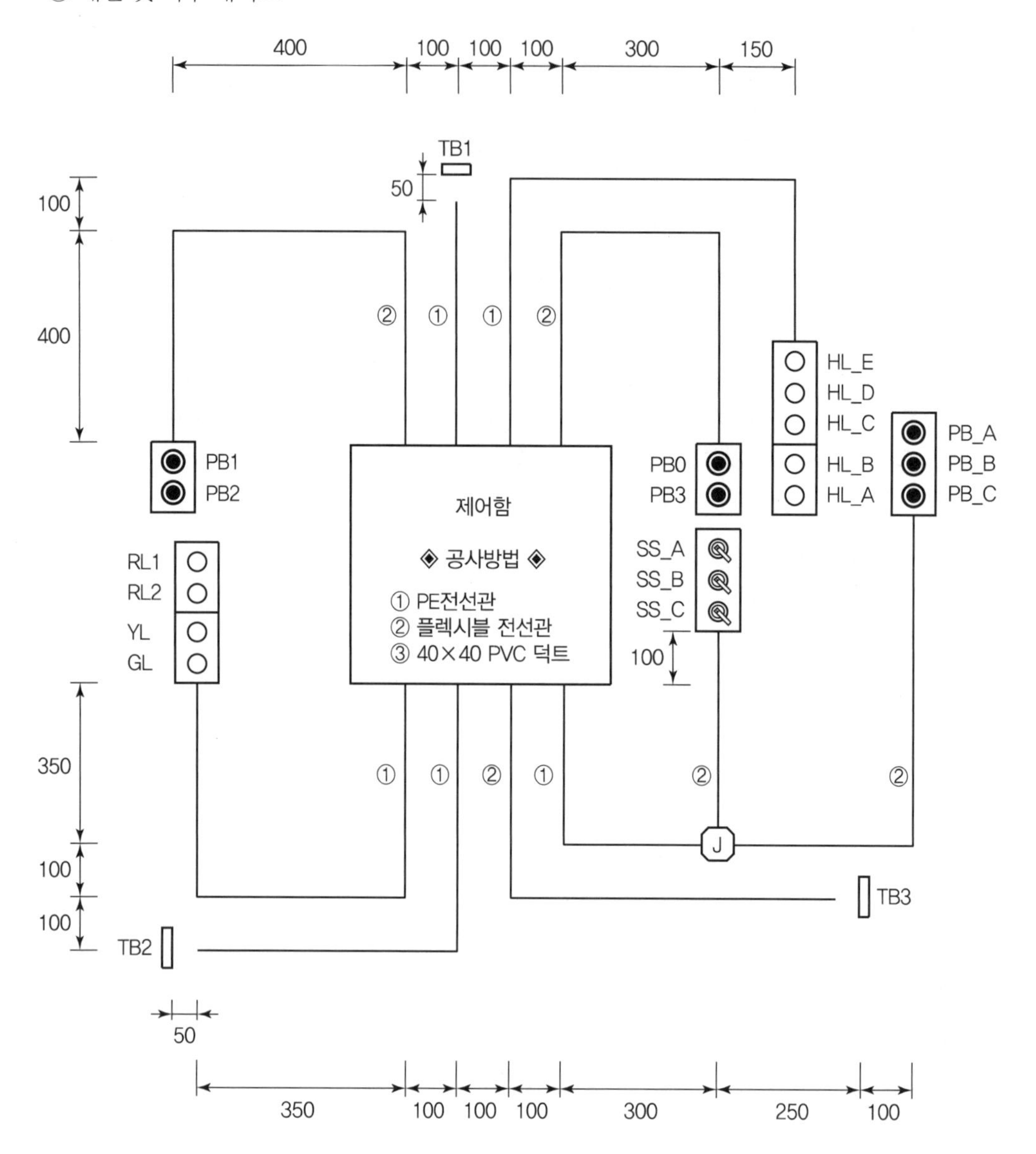

② 제어판 내부 기구 배치도 및 범례

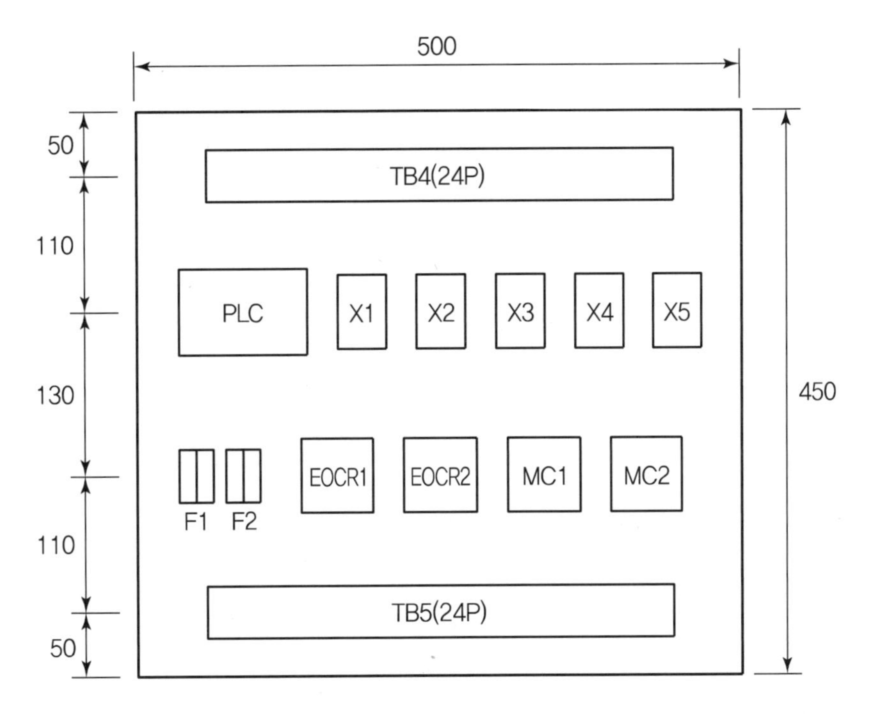

[범례]

기호	명칭	기호	명칭	기호	명칭
MC1~2	전자개폐기(12P)	YL	파이롯램프(황)	F	휴즈홀더(2구)
EOCR1~2	과부하계전기(12P)	RL1~RL2	파이롯램프(적)	TB1~TB3	단자대(4P)
X1~X5	릴레이/AC220V(14P)	GL	파이롯램프(녹)	TB4~TB5	단자대(24P)
PB0, PB1	푸시버튼SW(적)	HL_A~HL_E	파이롯램프(백)		
PB2, PB3	푸시버튼SW(녹)				
PB_A~PB_C	푸시버튼SW(녹)				
SS_A~SS_C	셀렉터SW(2단)				

③ 시퀀스도

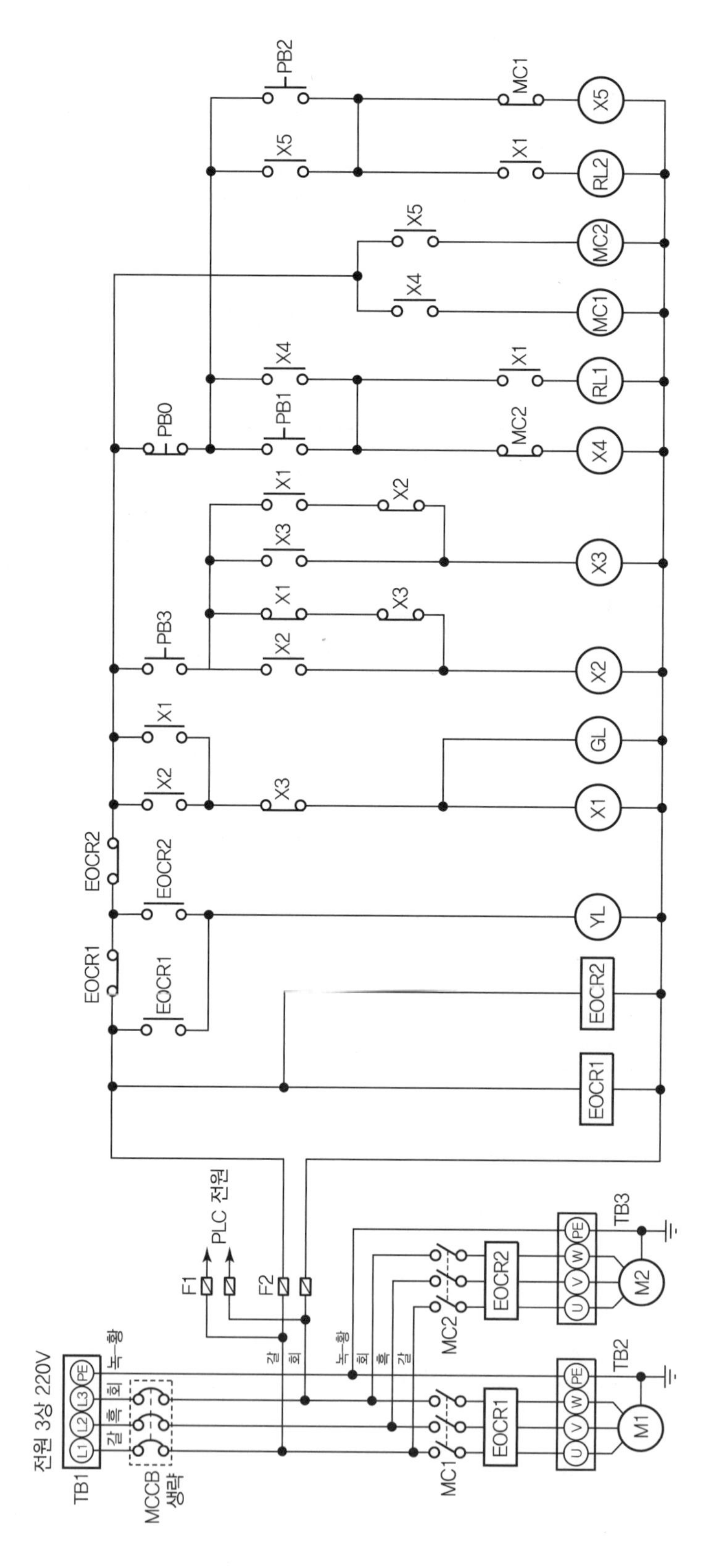

PB2
MC1
X5
X1
RL2
MC2
X4
RL1
PB0
PB1
X3
X2
PB3
GL
EOCR2
EOCR1
YL
F1
F2
PLC 전원
TB3
TB2
M2
M1
U
V
W
PE
전원 3상 220V
L1
L2
L3
TB1
MCCB 생략
갈
흑
회
녹-황

④ 래더도

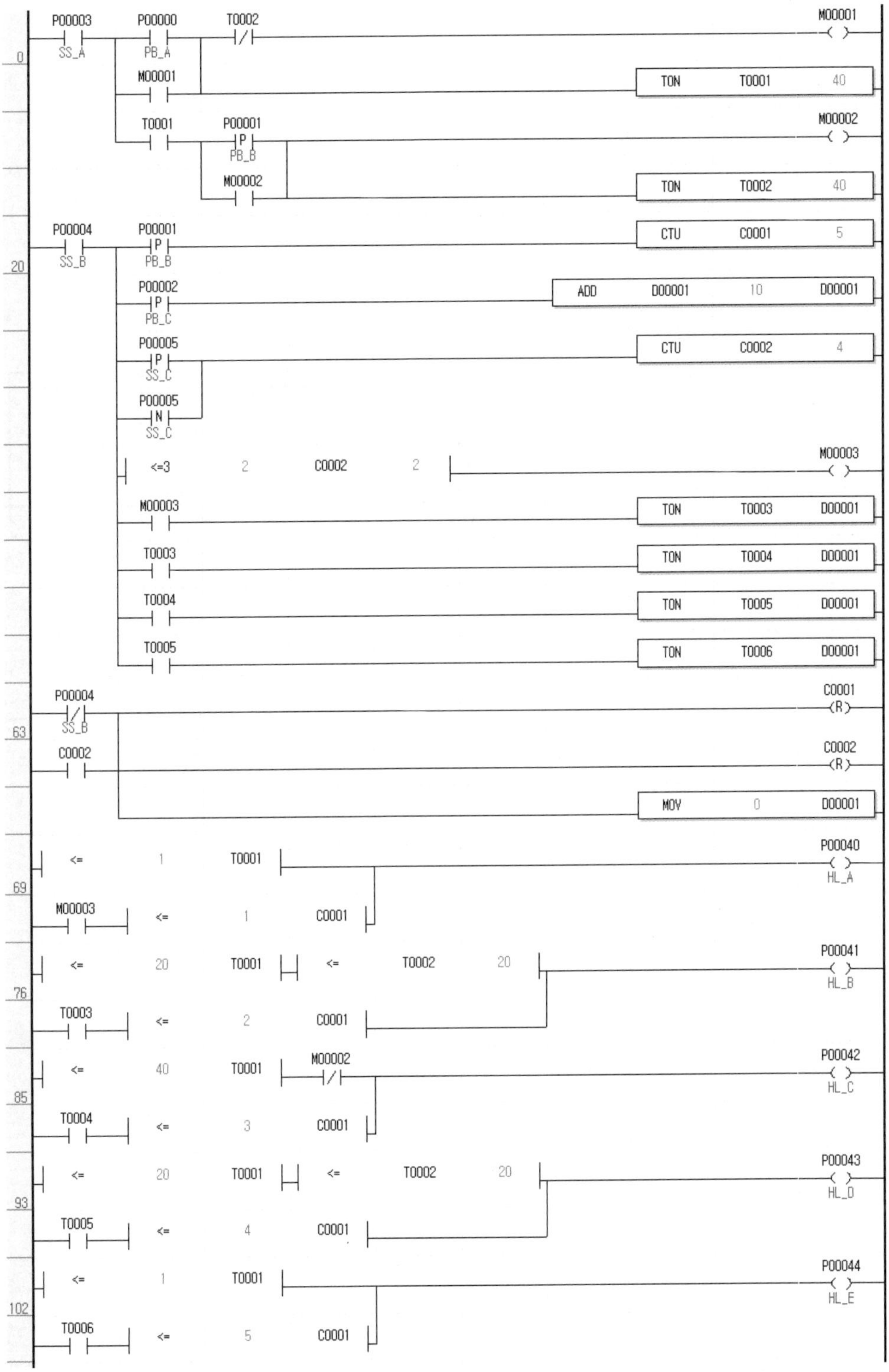

0
P00003 SS_A | P00000 PB_A | T0002 | M00001 ( )
M00001 | TON T0001 40
T0001 | P00001 P PB_B | M00002 ( )
M00002 | TON T0002 40

20
P00004 SS_B | P00001 P PB_B | CTU C0001 5
P00002 P PB_C | ADD D00001 10 D00001
P00005 P SS_C | CTU C0002 4
P00005 N SS_C
<=3 2 C0002 2 | M00003 ( )
M00003 | TON T0003 D00001
T0003 | TON T0004 D00001
T0004 | TON T0005 D00001
T0005 | TON T0006 D00001

63
P00004 SS_B | C0001 (R)
C0002 | C0002 (R)
MOV 0 D00001

69
<= 1 T0001 | P00040 ( ) HL_A
M00003 | <= 1 C0001

76
<= 20 T0001 | <= T0002 20 | P00041 ( ) HL_B
T0003 | <= 2 C0001

85
<= 40 T0001 | M00002 | P00042 ( ) HL_C
T0004 | <= 3 C0001

93
<= 20 T0001 | <= T0002 20 | P00043 ( ) HL_D
T0005 | <= 4 C0001

102
<= 1 T0001 | P00044 ( ) HL_E
T0006 | <= 5 C0001

7) 예제 7

(1) PLC 프로그램

- PLC 입출력 배치도와 같은 순으로 입출력 단자를 결선하여 시퀀스도의 동작사항과 일치하는 PLC 회로를 프로그램하시오.
- 전원선 및 공통선(COM)은 지참한 PLC 기종에 알맞게 결선하여야 하며, 지급재료 이외의 부품(플리커, 타이머, 카운터, 보조릴레이 등)은 PLC 내부 데이터를 이용하여 프로그램하시오(회로구성을 위하여 내부 데이터 추가 및 회로변경 가능).

① PLC 입 · 출력단자 배치도

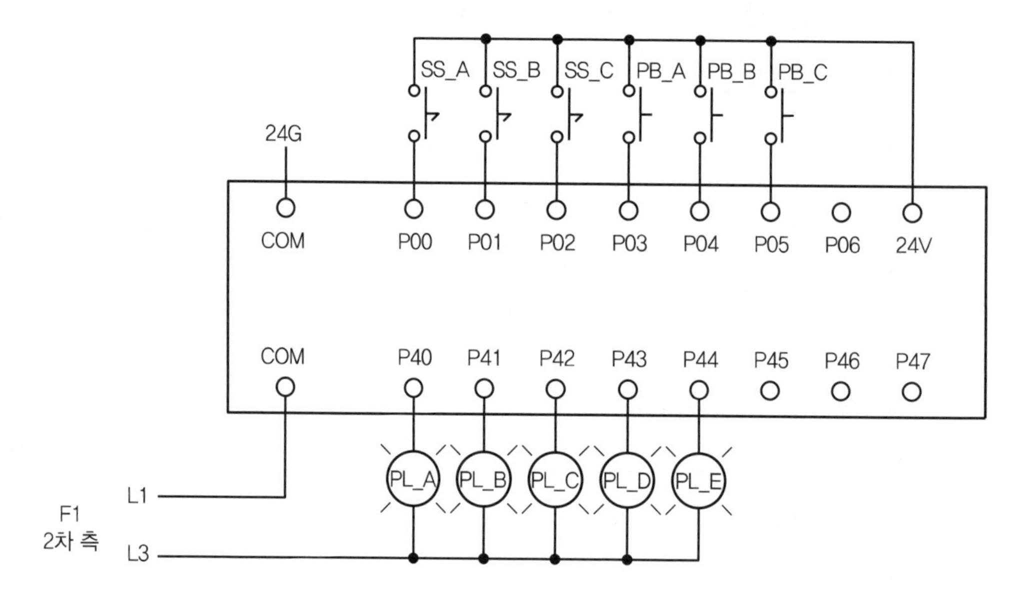

② PLC 과제

㉠ 플로차트

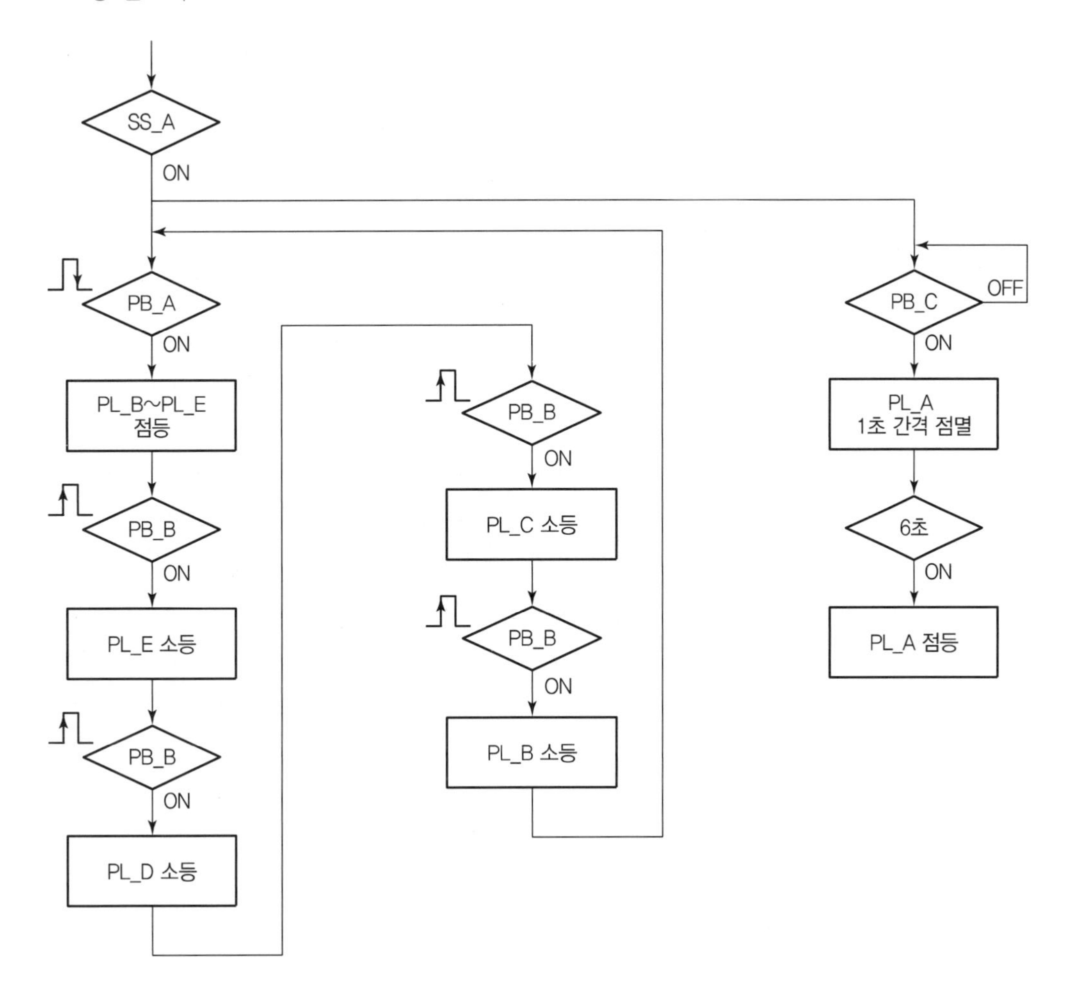
SS_A
ON
PB_A
ON
PL_B~PL_E
점등
PB_B
ON
PL_E 소등
PB_B
ON
PL_D 소등
PB_B
ON
PL_C 소등
PB_B
ON
PL_B 소등
PB_C
OFF
ON
PL_A
1초 간격 점멸
6초
ON
PL_A 점등

㉡ 타임차트(SS_A Off 동작)

- PB_A 1회 입력 때마다 PL_A 점등시간은 2초씩 증가합니다.(x초)
- PB_B가 입력되면 PB_A 입력 횟수(초)만큼 점등 후 소등됩니다.
- PL_B는 PL_A 점등시간의 1/2초 점등 후 소등됩니다.(y초)
- SS_B가 On되면 PL_C가 동작되며, SS_C가 On되면 PL_D가 동작됩니다.
- PL_A~PL_D 점등 후 마지막 램프가 소등되면 타이머가 초기화됩니다.
- PB_C 입력 시 회로는 초기화됩니다.

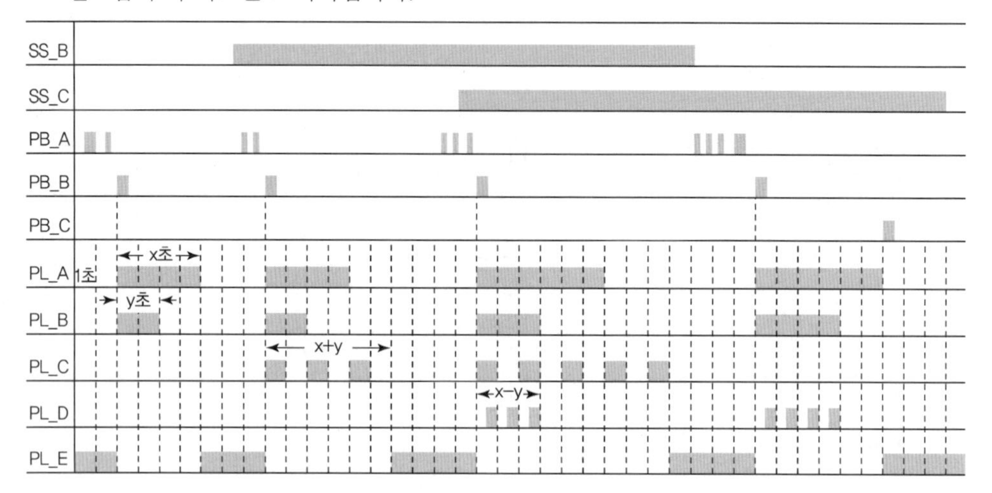

(2) 전기공사

① 배관 및 기구 배치도

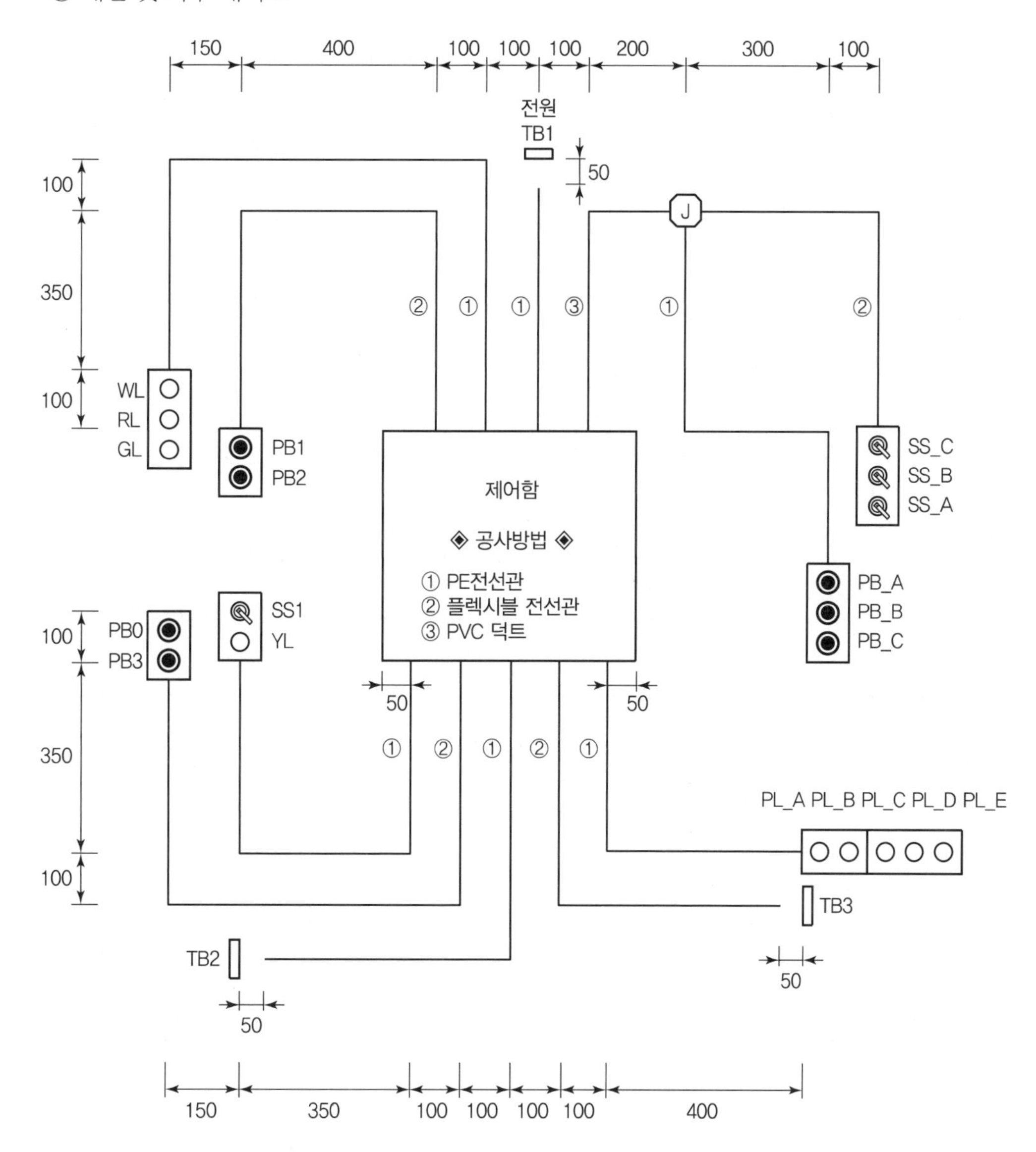

② 제어판 내부 기구 배치도 및 범례

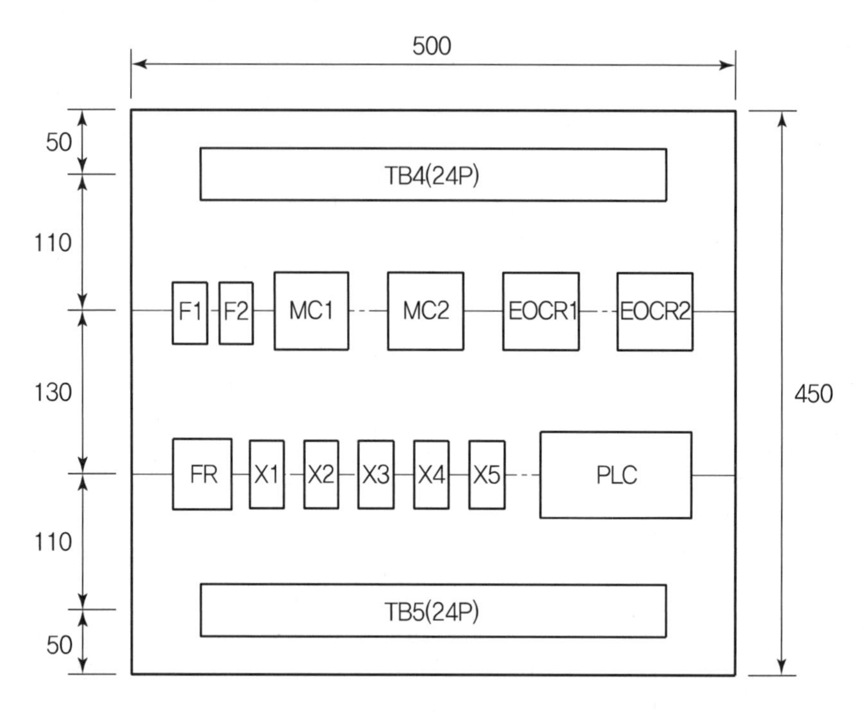

[범례]

기호	명칭	기호	명칭	기호	명칭
EOCR1~2	과전류계전기(12P)	SS_A~SS_C	셀렉터SW(2단)	TB1~TB3	단자대(4P)
MC1~2	전자개폐기(12P)	SS1	셀렉터SW(2단)	TB4	단자대(24P)
X1~X5	릴레이/AC220V(14P)	RL	파이롯램프(적)	TB5	단자대(24P)
FR	플리커릴레이(8P)	GL	파이롯램프(녹)	F1, F2	휴즈홀더(2구)
PB0, 1, 3	푸시버튼SW(적)	YL	파이롯램프(황)	J	정크션박스
PB2	푸시버튼SW(녹)	WL	파이롯램프(백)		
PB_A~PB_C	푸시버튼SW(녹)	PL_A~PL_E	파이롯램프(백)		

③ 시퀀스도

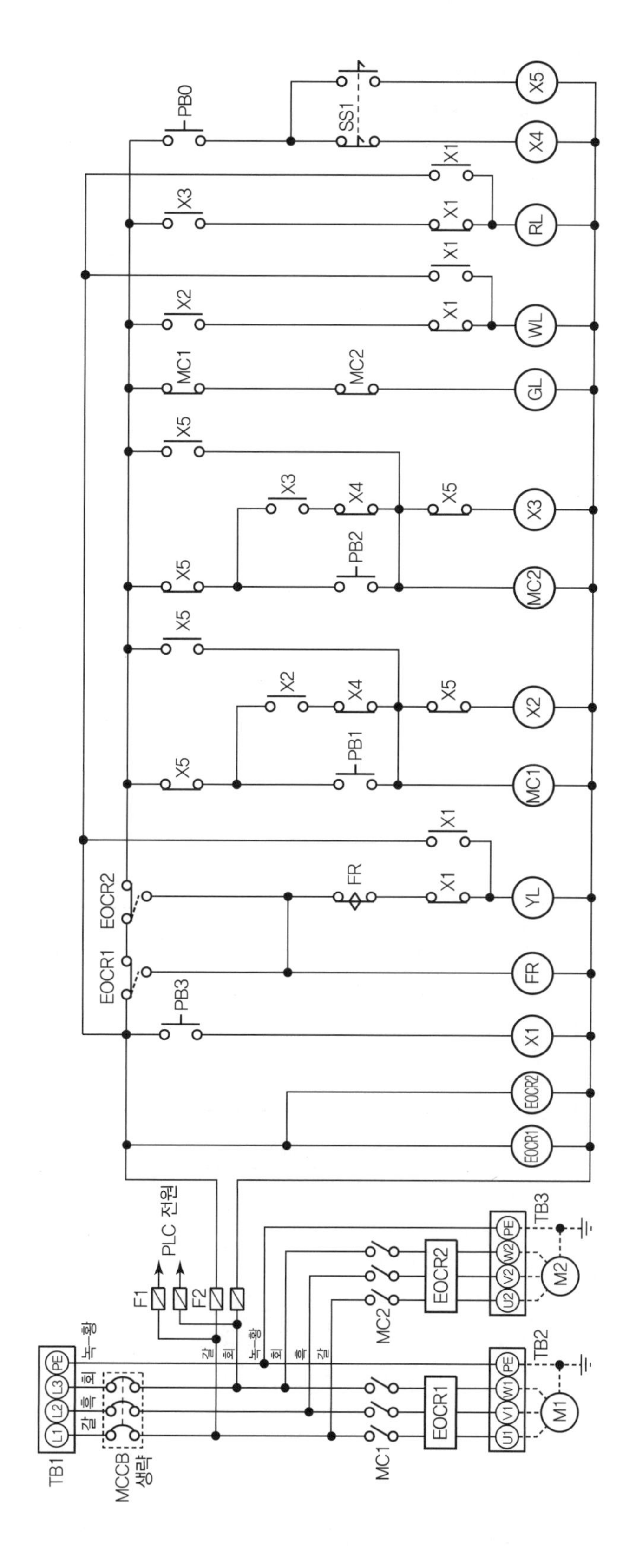
PB0
SS1
X1
X3
X2
MC1
MC2
X5
X4
PB2
PB1
EOCR2
EOCR1
FR
PB3
X4
RL
WL
GL
X3
X2
YL
EOCR
PLC 전원
F1
F2
TB1
TB2
TB3
MCCB 생략
M1
M2

④ 래더도

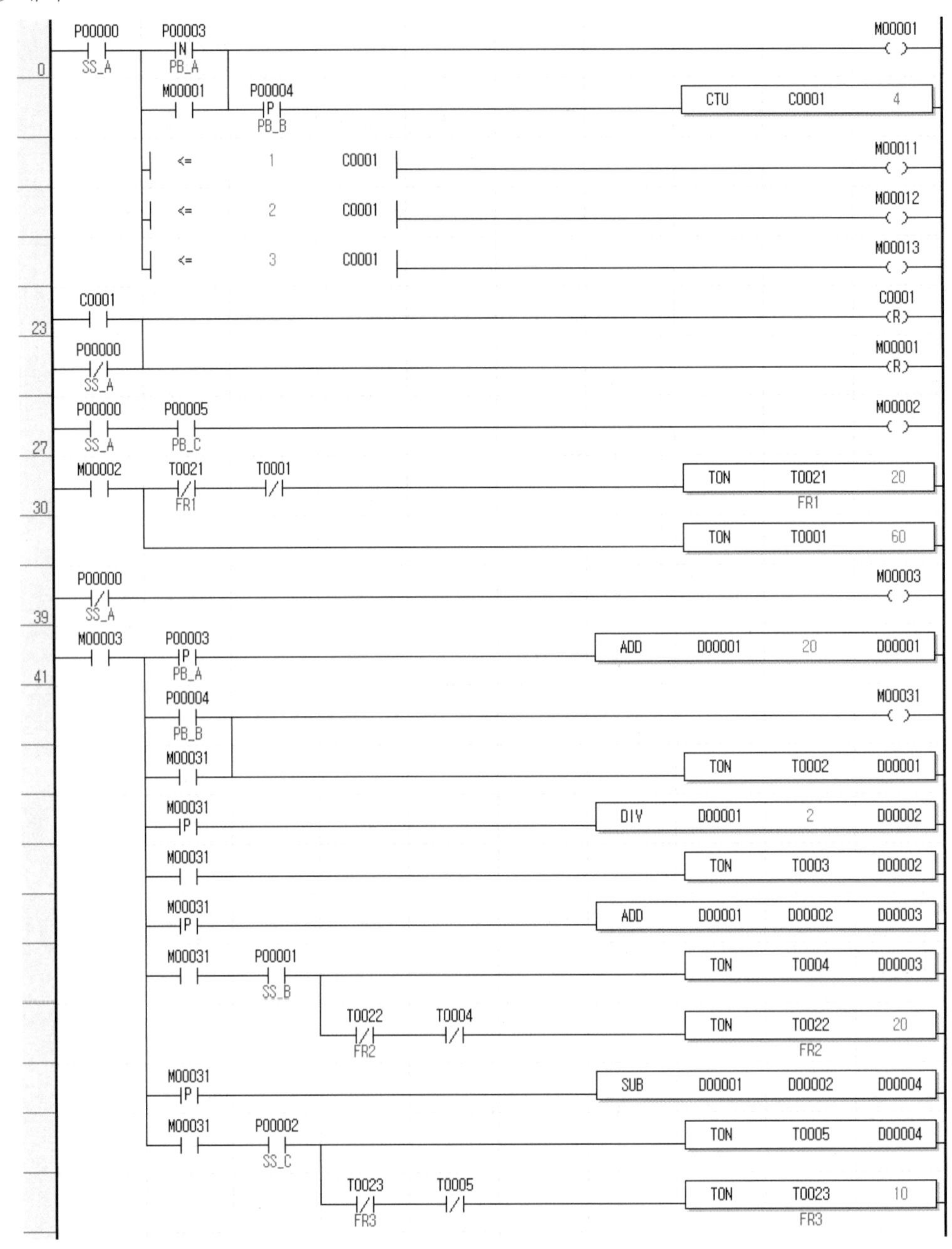
P00000
P00003
M00001
0
SS_A
PB_A
M00001
P00004
CTU
C0001
4
PB_B
<=
1
C0001
M00011
<=
2
C0001
M00012
<=
3
C0001
M00013
C0001
C0001
23
R
P00000
M00001
SS_A
R
P00000
P00005
M00002
27
SS_A
PB_C
M00002
T0021
T0001
TON
T0021
20
30
FR1
FR1
TON
T0001
60
P00000
M00003
39
SS_A
M00003
P00003
ADD
D00001
20
D00001
41
PB_A
P00004
M00031
PB_B
M00031
TON
T0002
D00001
M00031
DIV
D00001
2
D00002
M00031
TON
T0003
D00002
M00031
ADD
D00001
D00002
D00003
M00031
P00001
TON
T0004
D00003
SS_B
T0022
T0004
TON
T0022
20
FR2
FR2
M00031
SUB
D00001
D00002
D00004
M00031
P00002
TON
T0005
D00004
SS_C
T0023
T0005
TON
T0023
10
FR3
FR3

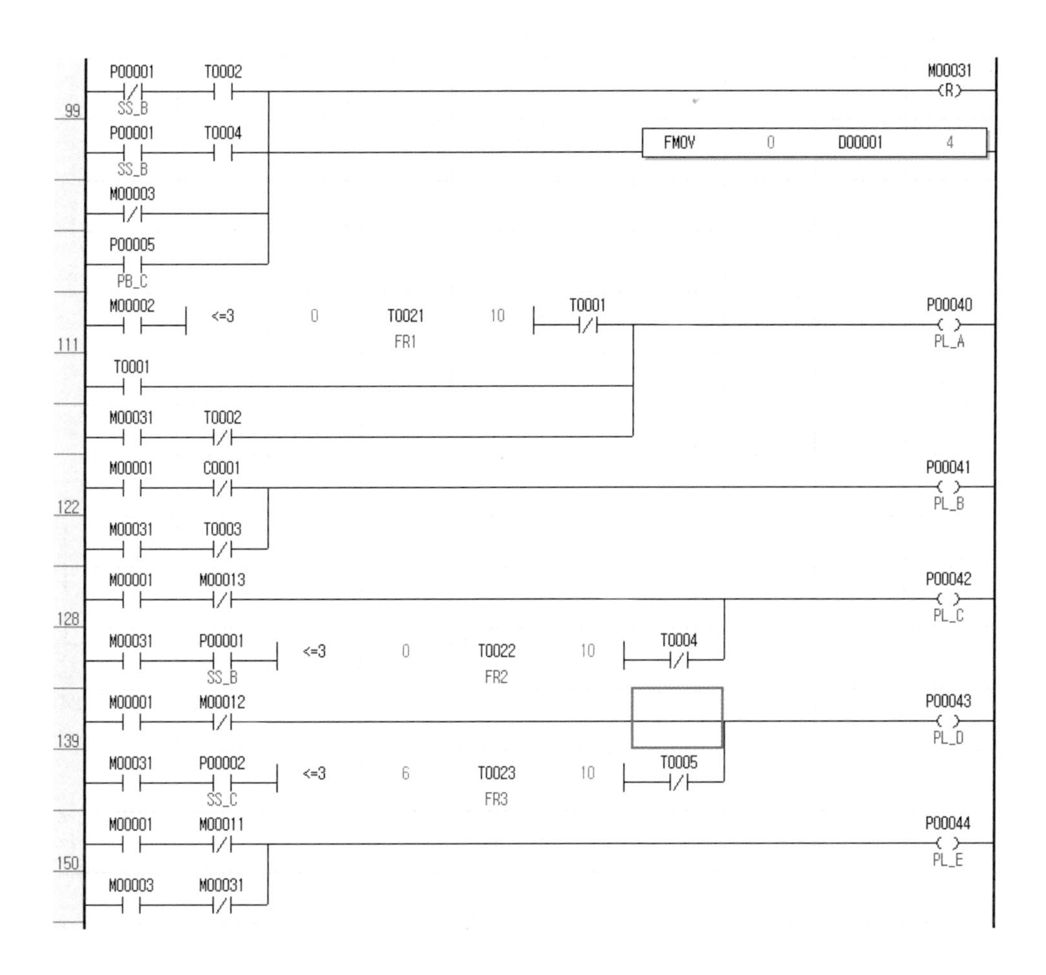
P00001
SS_B
T0002
M00031
R
99
P00001
SS_B
T0004
FMOV
0
D00001
4
M00003
P00005
PB_C
M00002
<=3
0
T0021
FR1
10
T0001
P00040
PL_A
111
T0001
M00031
T0002
M00001
C0001
P00041
PL_B
122
M00031
T0003
M00001
M00013
P00042
PL_C
128
M00031
P00001
SS_B
<=3
0
T0022
FR2
10
T0004
M00001
M00012
P00043
PL_D
139
M00031
P00002
SS_C
<=3
6
T0023
FR3
10
T0005
M00001
M00011
P00044
PL_E
150
M00003
M00031

8) 예제 8

(1) PLC 프로그램

- PLC 입출력 배치도와 같은 순으로 입출력 단자를 결선하여 시퀀스도의 동작사항과 일치하는 PLC 회로를 프로그램하시오.
- 전원선 및 공통선(COM)은 지참한 PLC 기종에 알맞게 결선하여야 하며, 지급재료 이외의 부품(플리커, 타이머, 카운터, 보조릴레이 등)은 PLC 내부 데이터를 이용하여 프로그램하시오(회로구성을 위하여 내부 데이터 추가 및 회로변경 가능).

① PLC 입 · 출력단자 배치도

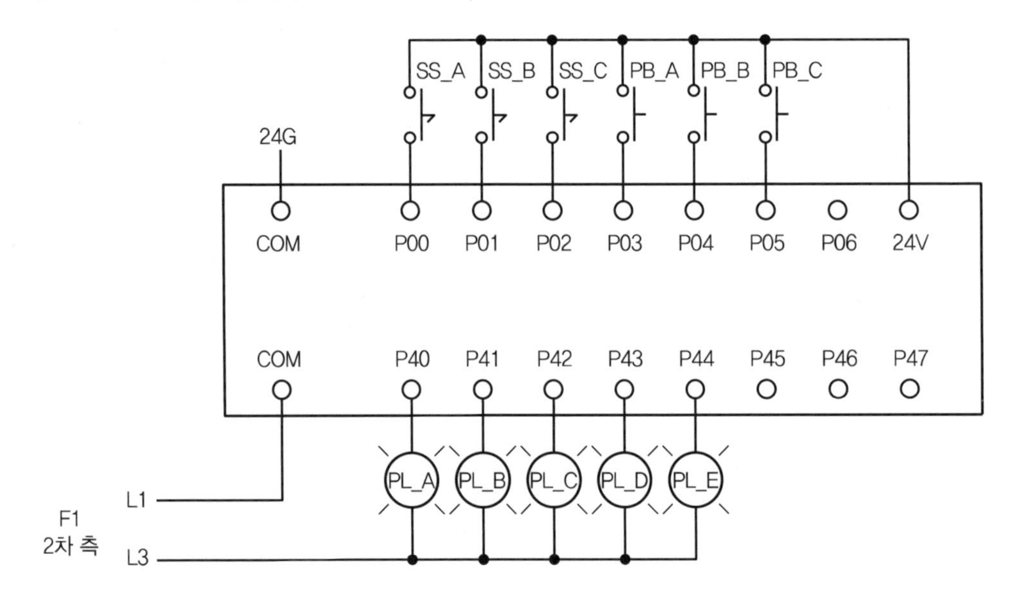

② PLC 과제

※ 아래의 플로차트에 알맞은 PLC 프로그램을 하시오.

(↑) : 양변환 접점, (↓) : 음변환 접점

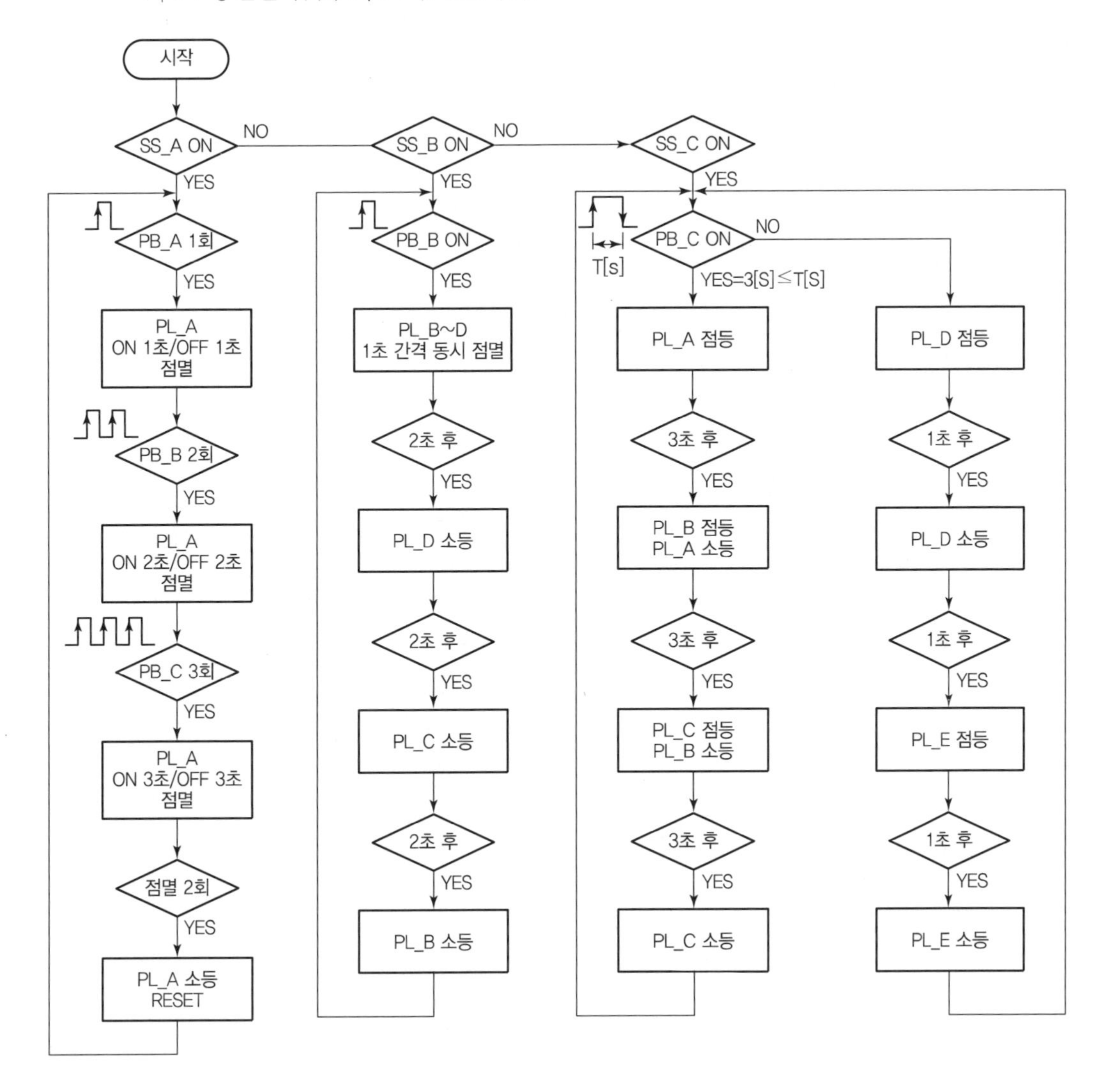

(2) 전기공사

① 배관 및 기구 배치도

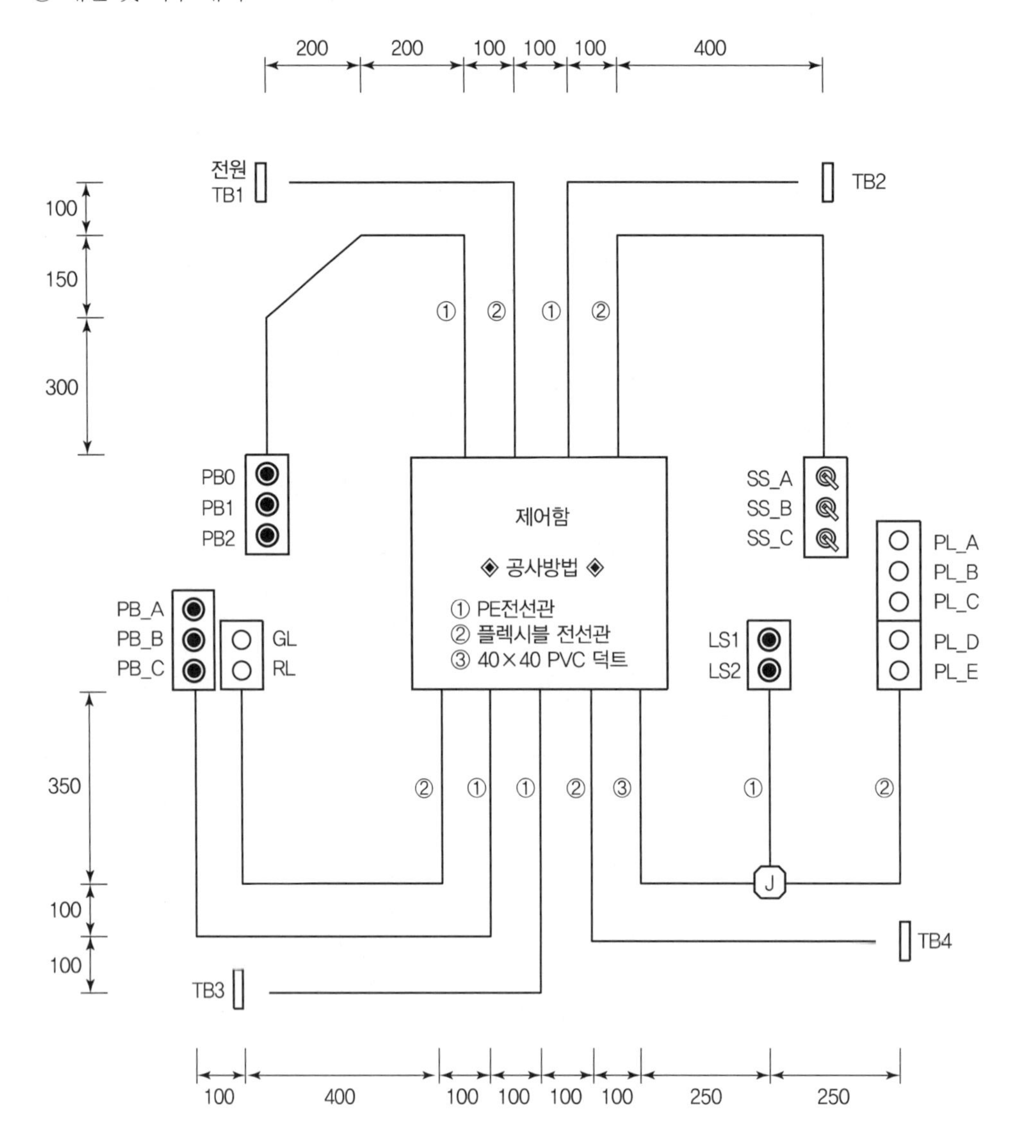

② 제어판 내부 기구 배치도 및 범례

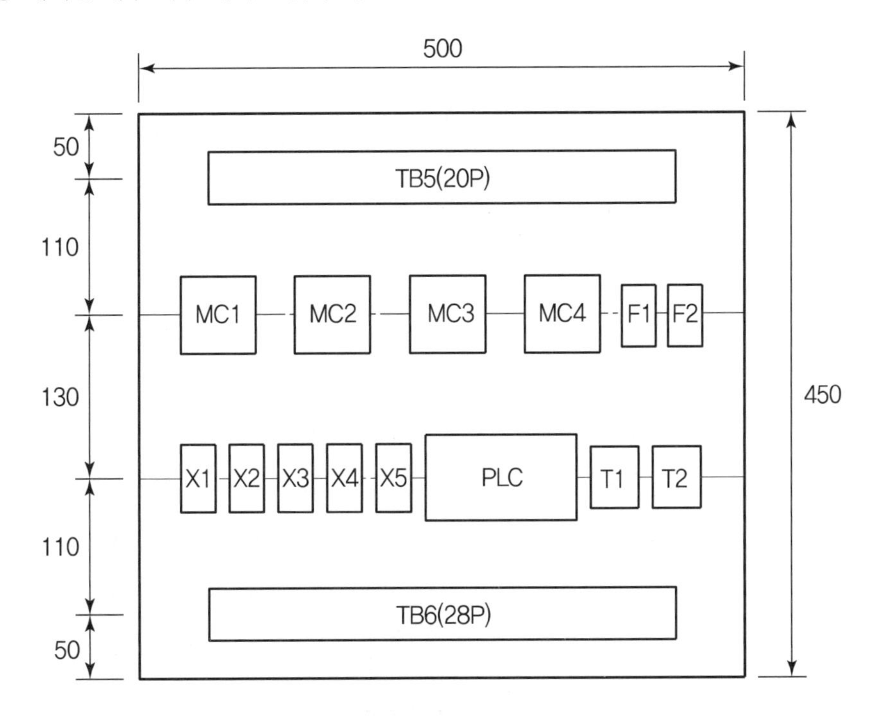

[범례]

기호	명칭	기호	명칭	기호	명칭
MC1~MC4	전자개폐기(12P)	PB0	푸시버튼SW(녹)	TB1~4	단자대(4P)
X1~X5	릴레이/AC220V(14P)	PB1, 2	푸시버튼SW(적)	TB5	단자대(20P)
T1~T2	타이머/AC220V(8P)	RL	파이롯램프(적)	TB6	단자대(28P)
SS_A~SS_C	셀렉터SW(2단)	GL	파이롯램프(녹)	F1, F2	휴즈홀더(2구)
PB_A~PB_C	푸시버튼SW(청)	PL_A~PL_E	파이롯램프(백)		

③ 시퀀스도

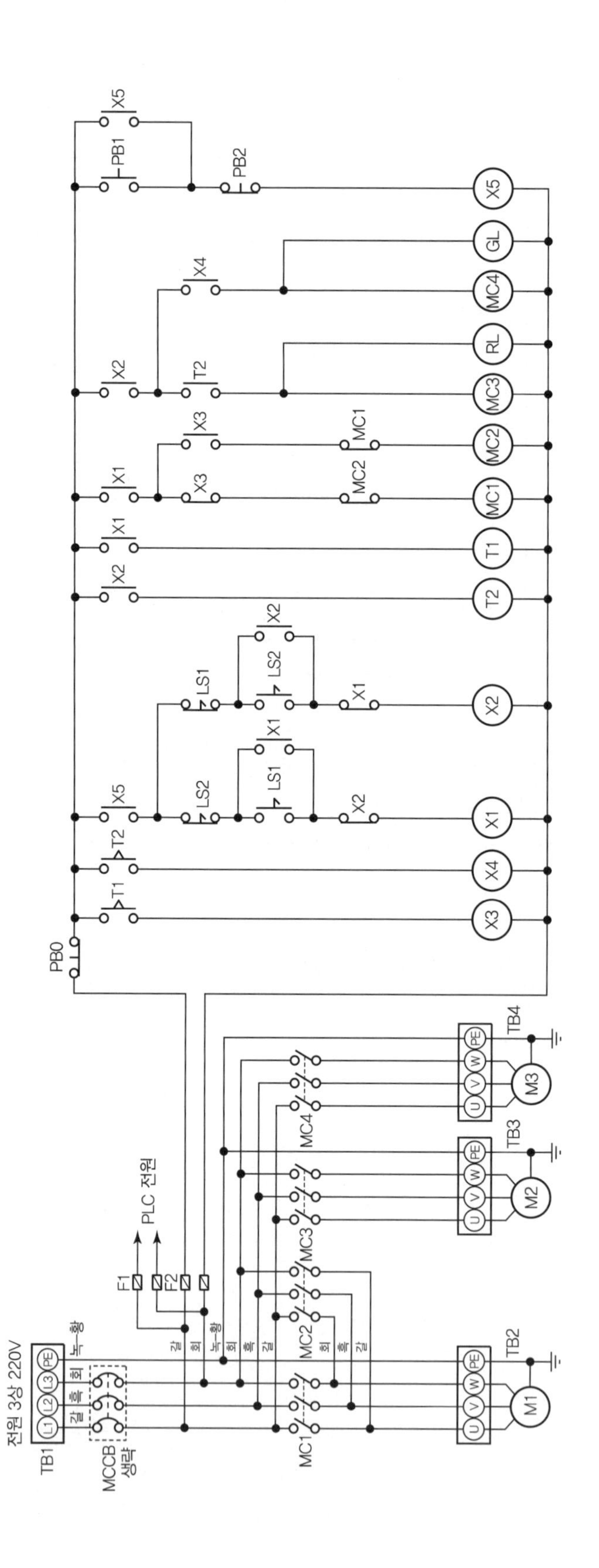

X5
PB1
PB2
X4
X2
T2
X3
MC1
X1
MC2
LS1
LS2
PB0
T1
GL
MC4
RL
MC3
TB4
TB3
TB2
TB1
M1
M2
M3
U V W PE
MC4
MC3
MC2
MC1
PLC 전원
F1
F2
전원 3상 220V
L1 L2 L3 PE
갈 흑 회 녹-황
MCCB 생략

④ 래더도

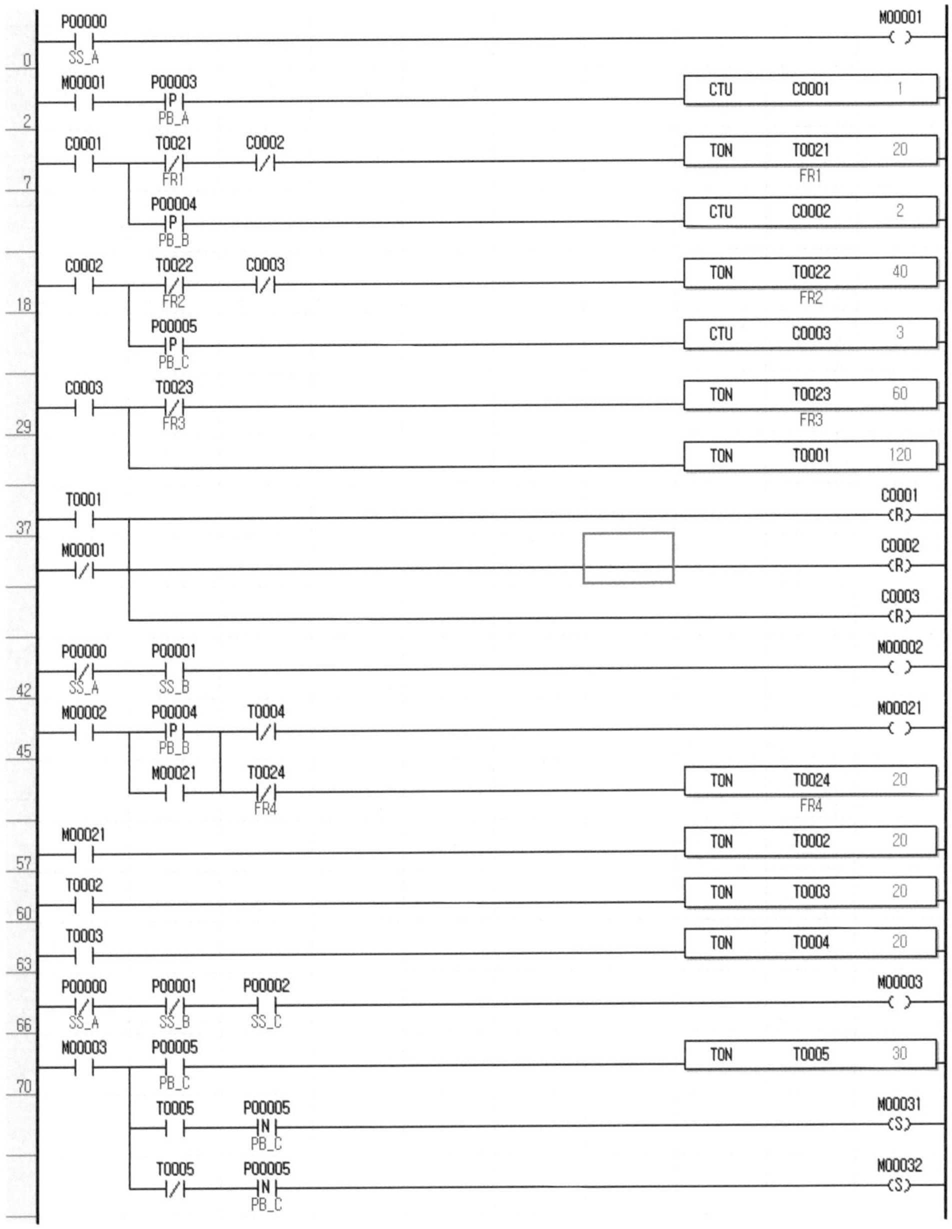

0
P00000 SS_A — M00001 ( )

2
M00001 — P00003 (P) PB_A — CTU C0001 1

7
C0001 — T0021 (/) FR1 — C0002 (/) — TON T0021 20 FR1
P00004 (P) PB_B — CTU C0002 2

18
C0002 — T0022 (/) FR2 — C0003 (/) — TON T0022 40 FR2
P00005 (P) PB_C — CTU C0003 3

29
C0003 — T0023 (/) FR3 — TON T0023 60 FR3
TON T0001 120

37
T0001 — C0001 (R)
M00001 (/) — C0002 (R)
C0003 (R)

42
P00000 (/) SS_A — P00001 SS_B — M00002 ( )

45
M00002 — P00004 (P) PB_B — T0004 (/) — M00021 ( )
M00021 — T0024 (/) FR4 — TON T0024 20 FR4

57
M00021 — TON T0002 20

60
T0002 — TON T0003 20

63
T0003 — TON T0004 20

66
P00000 (/) SS_A — P00001 (/) SS_B — P00002 SS_C — M00003 ( )

70
M00003 — P00005 PB_C — TON T0005 30
T0005 — P00005 (N) PB_C — M00031 (S)
T0005 (/) — P00005 (N) PB_C — M00032 (S)

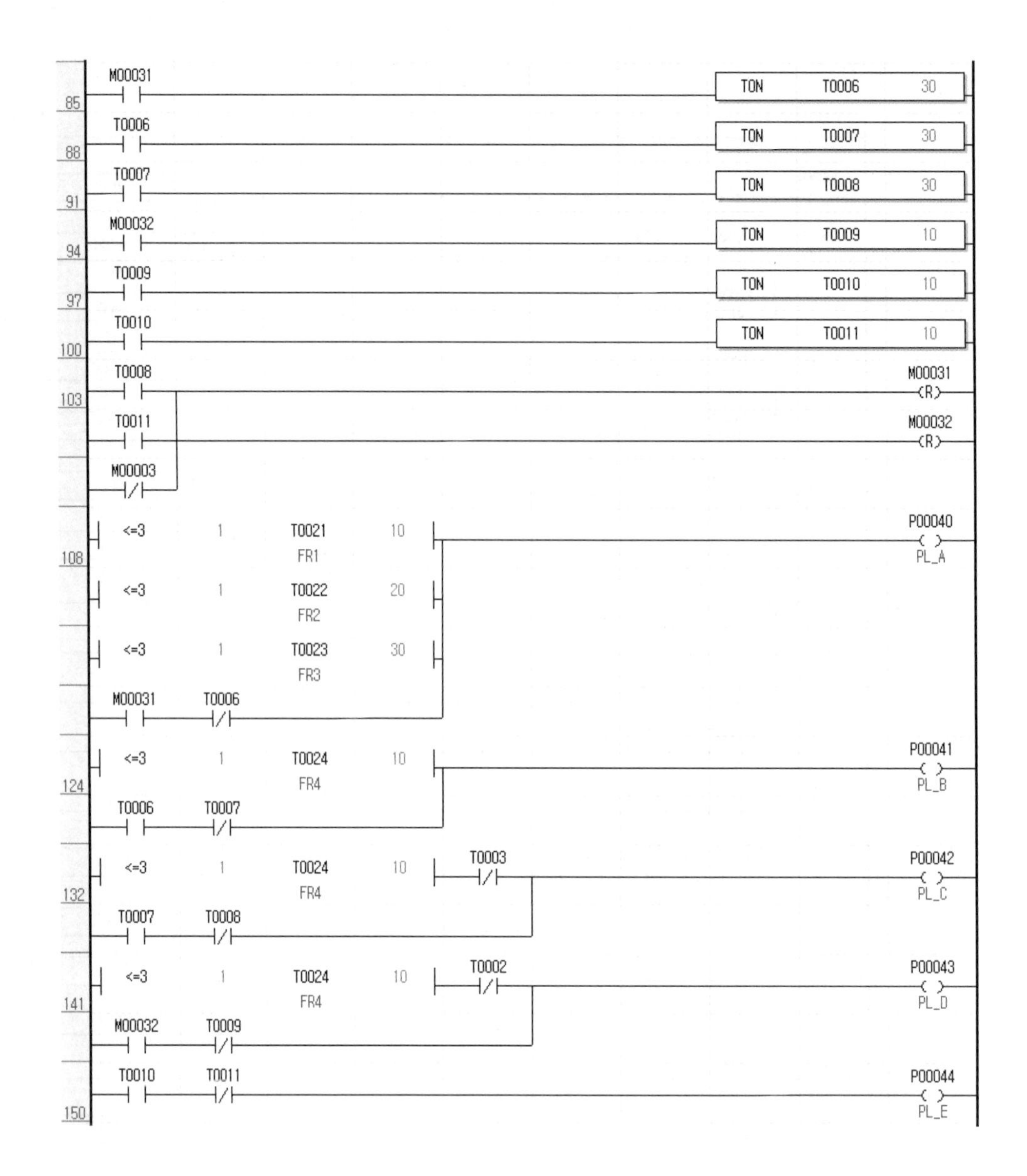

85
M00031
TON T0006 30
88
T0006
TON T0007 30
91
T0007
TON T0008 30
94
M00032
TON T0009 10
97
T0009
TON T0010 10
100
T0010
TON T0011 10
103
T0008
M00031
(R)
T0011
M00032
(R)
M00003
108
<=3 1 T0021 10
FR1
P00040
PL_A
<=3 1 T0022 20
FR2
<=3 1 T0023 30
FR3
M00031 T0006
124
<=3 1 T0024 10
FR4
P00041
PL_B
T0006 T0007
132
<=3 1 T0024 10
FR4
T0003
P00042
PL_C
T0007 T0008
141
<=3 1 T0024 10
FR4
T0002
P00043
PL_D
M00032 T0009
150
T0010 T0011
P00044
PL_E

9) 예제 9

(1) PLC 프로그램

- PLC 입출력 배치도와 같은 순으로 입출력 단자를 결선하여 시퀀스도의 동작사항과 일치하는 PLC 회로를 프로그램하시오.
- 전원선 및 공통선(COM)은 지참한 PLC 기종에 알맞게 결선하여야 하며, 지급재료 이외의 부품(플리커, 타이머, 카운터, 보조릴레이 등)은 PLC 내부 데이터를 이용하여 프로그램하시오(회로구성을 위하여 내부 데이터 추가 및 회로변경 가능).

① PLC 입 · 출력단자 배치도

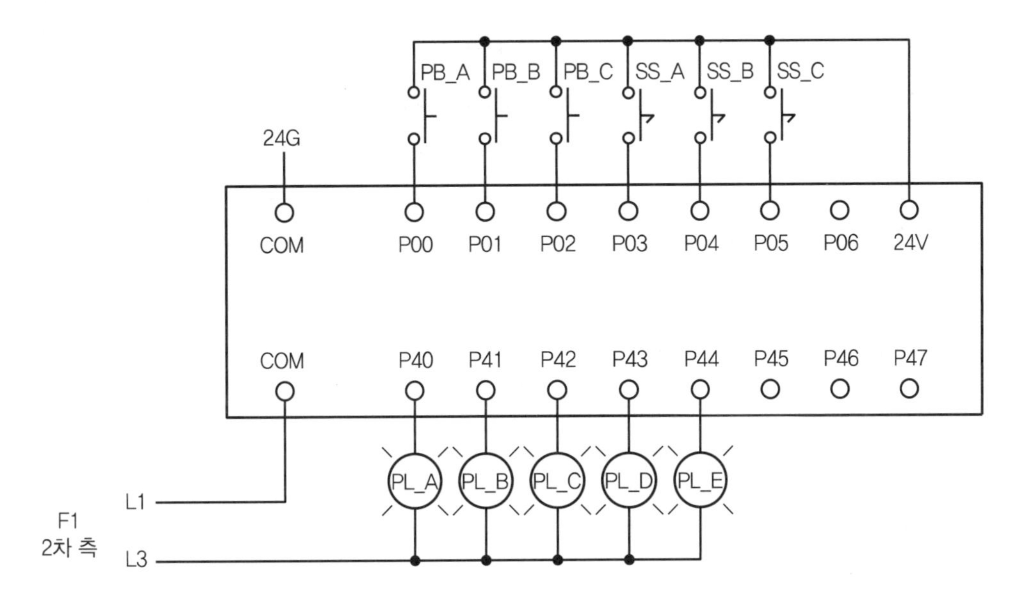

② PLC 과제

㉠ 타임차트 1

• PB_A : PL_A ~ PL_E 점등 조건

• PB_B : 순차 점등

• PB_C : 순차 소등, 회로 초기화

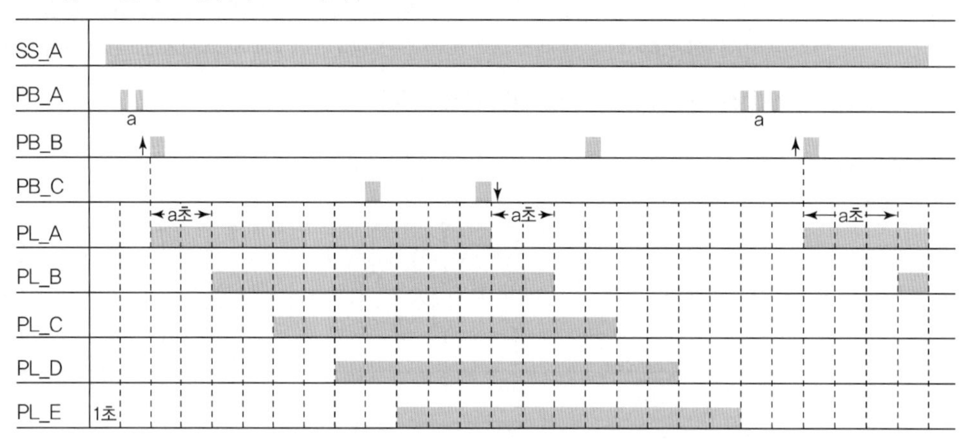

㉡ 타임차트 2

• PB_A, PB_B : PL_A ~ PL_E 점등 조건

• PB_C : PL_A ~ PL_E 동작

• SS_C : 카운터 리셋

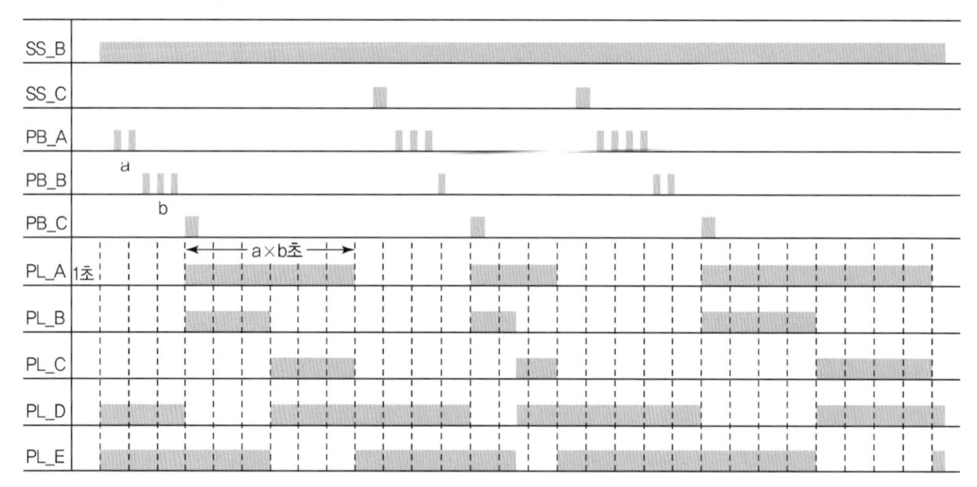

(2) 전기공사

① 배관 및 기구 배치도

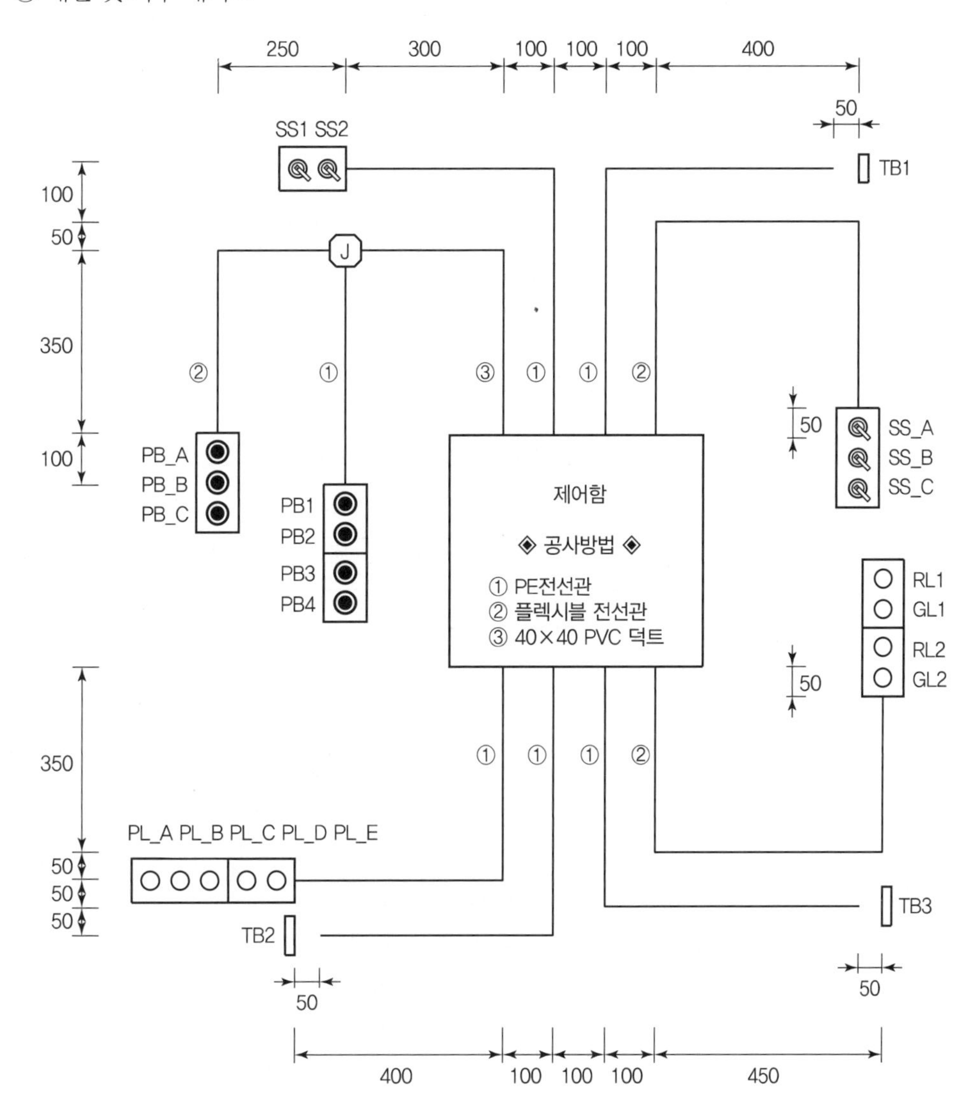

② 제어판 내부 기구 배치도 및 범례

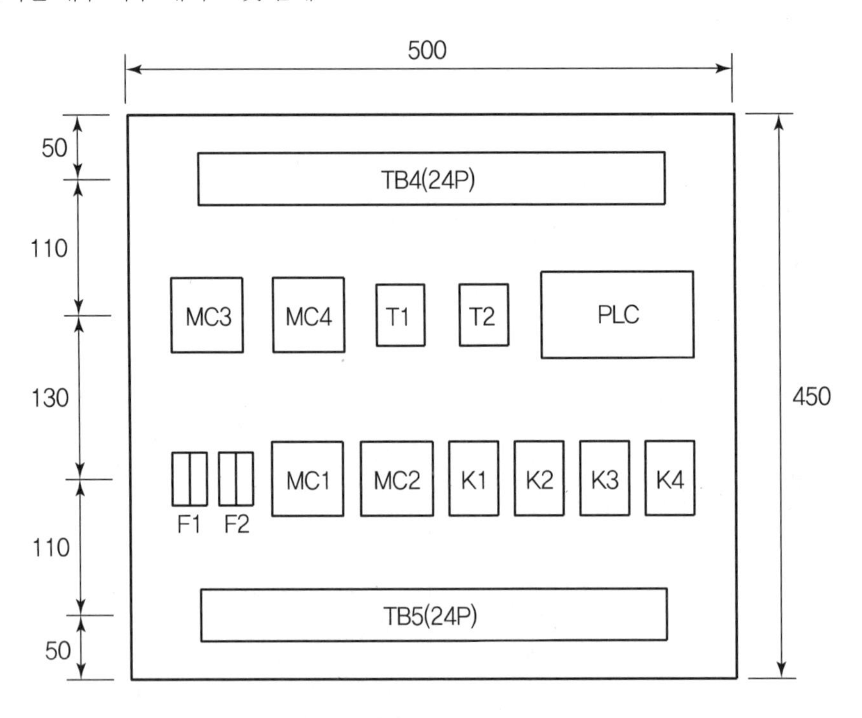

[범례]

기호	명칭	기호	명칭	기호	명칭
MC1~MC4	전자개폐기(12P)	PB1, PB3	푸시버튼SW(적)	TB1~3	단자대(4P)
K1~K4	릴레이/AC220V(14P)	PB2, PB4	푸시버튼SW(녹)	TB4~5	단자대(24P)
T1~T2	타이머/AC220V(8P)	PB_A~PB_C	푸시버튼SW(청)	J	8각 박스
SS1~SS2	셀렉터SW(2단)	PL_A~PL_F	파이롯램프(백)	F1, F2	휴스홀더(2구)
SS_A~SS_C	셀렉터SW(2단)	GL1~GL2	파이롯램프(녹)		
		RL1~RL2	파이롯램프(적)		

③ 시퀀스도

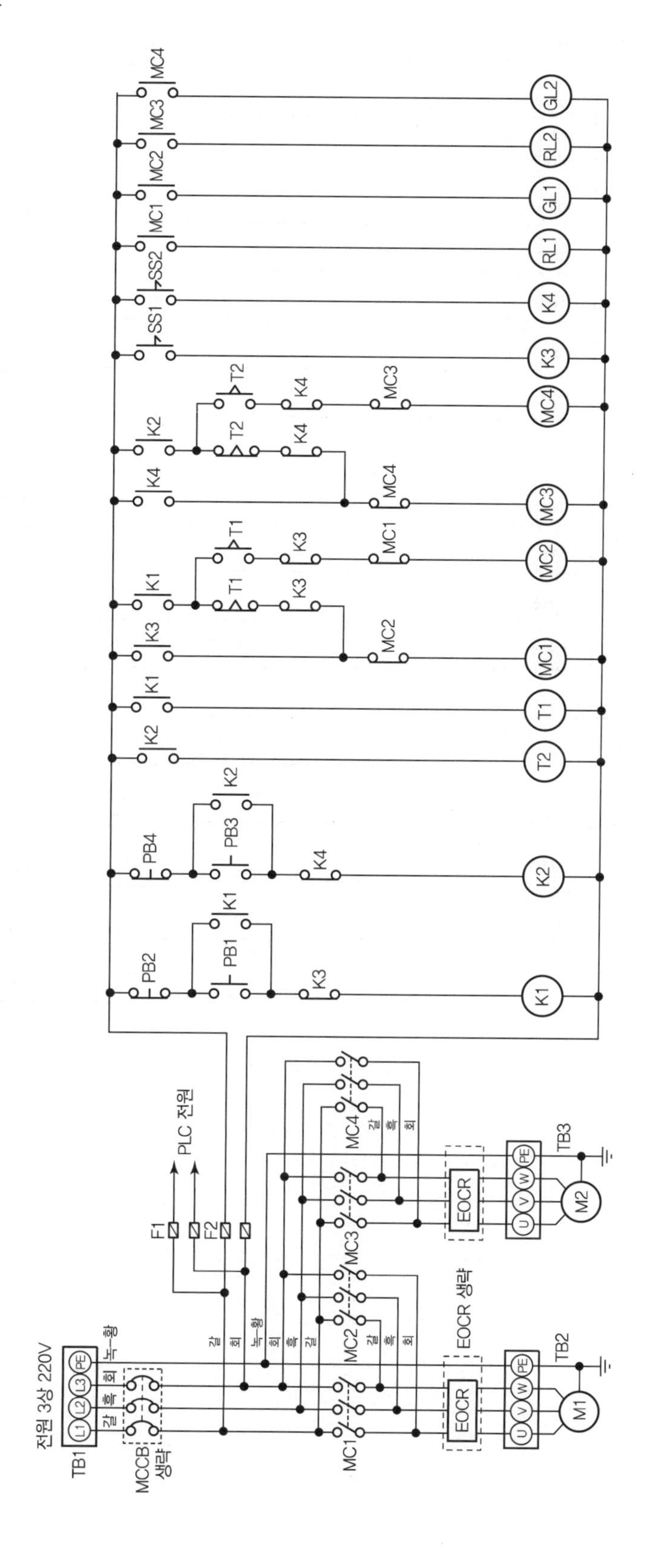

전원 3상 220V
TB1
L1
L2
L3
PE
갈
흑
회
녹-황
MCCB 생략
PLC 전원
F1
F2
MC1
MC2
MC3
MC4
EOCR
EOCR 생략
TB2
TB3
U
V
W
M1
M2
PB1
PB2
PB3
PB4
K1
K2
K3
K4
T1
T2
SS1
SS2
RL1
GL1
RL2
GL2

④ 래더도

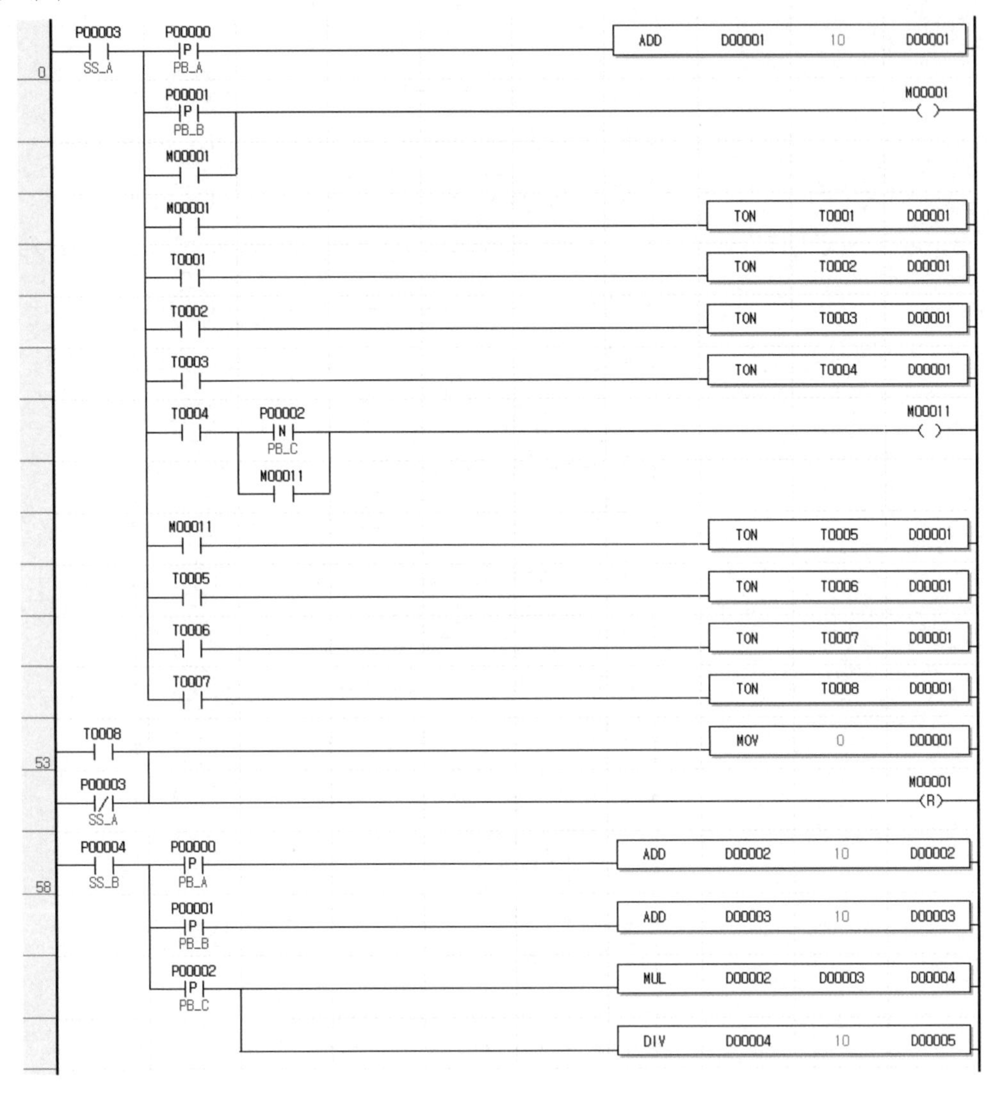

P00003
SS_A
P00000
PB_A
ADD D00001 10 D00001
P00001
PB_B
M00001
M00001
M00001
TON T0001 D00001
T0001
TON T0002 D00001
T0002
TON T0003 D00001
T0003
TON T0004 D00001
T0004
P00002
PB_C
M00011
M00011
M00011
TON T0005 D00001
T0005
TON T0006 D00001
T0006
TON T0007 D00001
T0007
TON T0008 D00001
T0008
MOV 0 D00001
P00003
SS_A
M00001
P00004
SS_B
P00000
PB_A
ADD D00002 10 D00002
P00001
PB_B
ADD D00003 10 D00003
P00002
PB_C
MUL D00002 D00003 D00004
DIV D00004 10 D00005
0
53
58

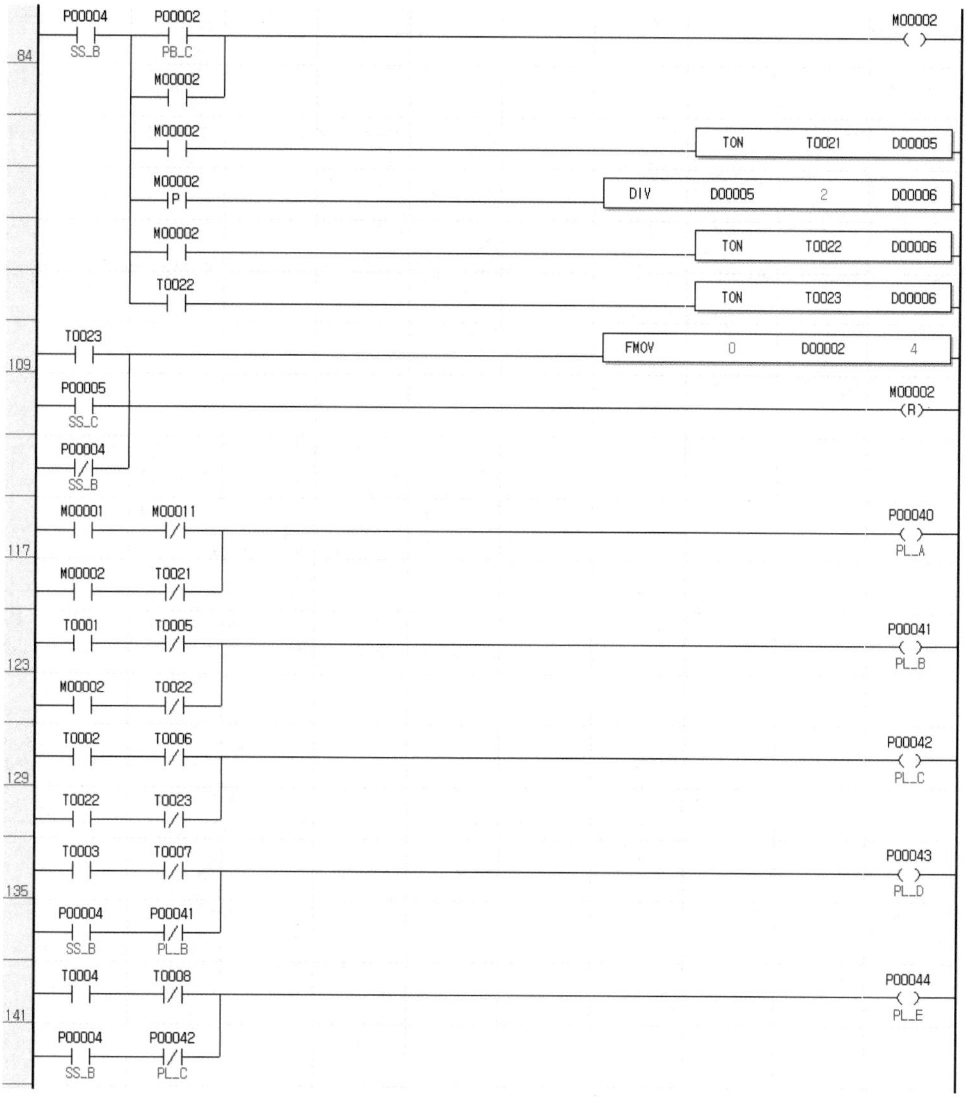

84
P00004 SS_B — P00002 PB_C — M00002 ( )
M00002
M00002 — TON T0021 D00005
M00002 P — DIV D00005 2 D00006
M00002 — TON T0022 D00006
T0022 — TON T0023 D00006

109
T0023 — FMOV 0 D00002 4
P00005 SS_C — M00002 (R)
P00004 / SS_B

117
M00001 — M00011 / — P00040 ( ) PL_A
M00002 — T0021 /

123
T0001 — T0005 / — P00041 ( ) PL_B
M00002 — T0022 /

129
T0002 — T0006 / — P00042 ( ) PL_C
T0022 — T0023 /

135
T0003 — T0007 / — P00043 ( ) PL_D
P00004 SS_B — P00041 / PL_B

141
T0004 — T0008 / — P00044 ( ) PL_E
P00004 SS_B — P00042 / PL_C

10) 예제 10

(1) PLC 프로그램

- PLC 입출력 배치도와 같은 순으로 입출력 단자를 결선하여 시퀀스도의 동작사항과 일치하는 PLC 회로를 프로그램하시오.
- 전원선 및 공통선(COM)은 지참한 PLC 기종에 알맞게 결선하여야 하며, 지급재료 이외의 부품(플리커, 타이머, 카운터, 보조릴레이 등)은 PLC 내부 데이터를 이용하여 프로그램하시오(회로구성을 위하여 내부 데이터 추가 및 회로변경 가능).

① PLC 입 · 출력단자 배치도

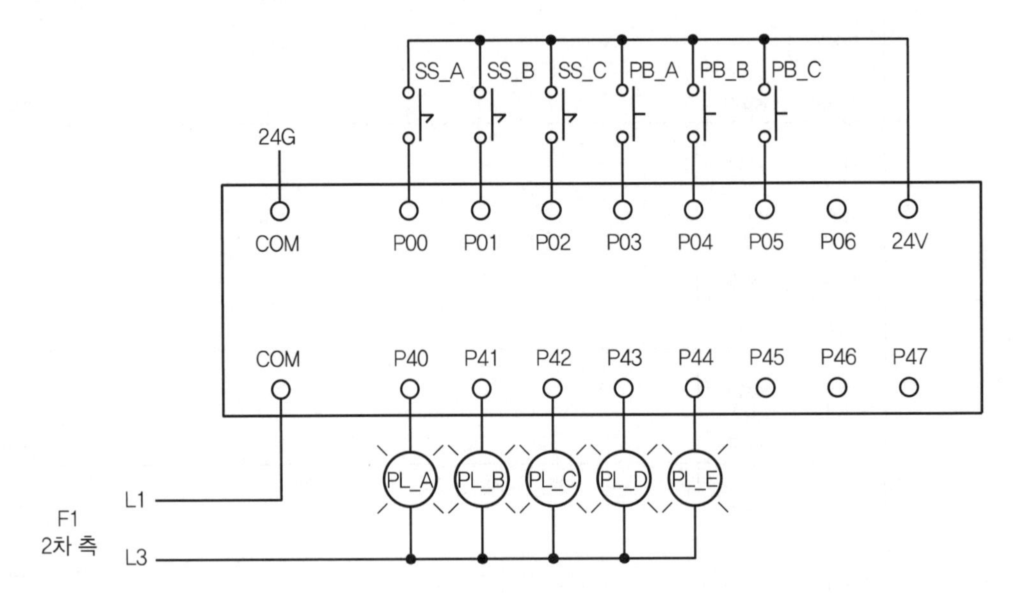

② PLC 과제

㉠ 타임차트 1

• PB_A, PB_B, PB_C에 의해 점등과 소등됩니다.

• SS_A OFF 시 동작은 리셋됩니다.

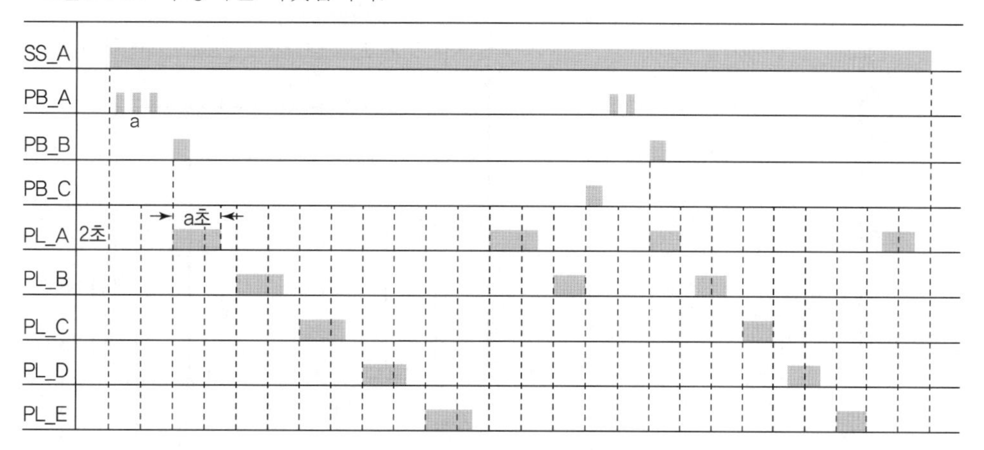

㉡ 타임차트 2

• PB_A(a), PB_B(b) 램프 동작 조건(Ta=a>b, Tb=a<b)

• PB_C 램프가 동작합니다.

• SS_C 카운터가 초기화됩니다.

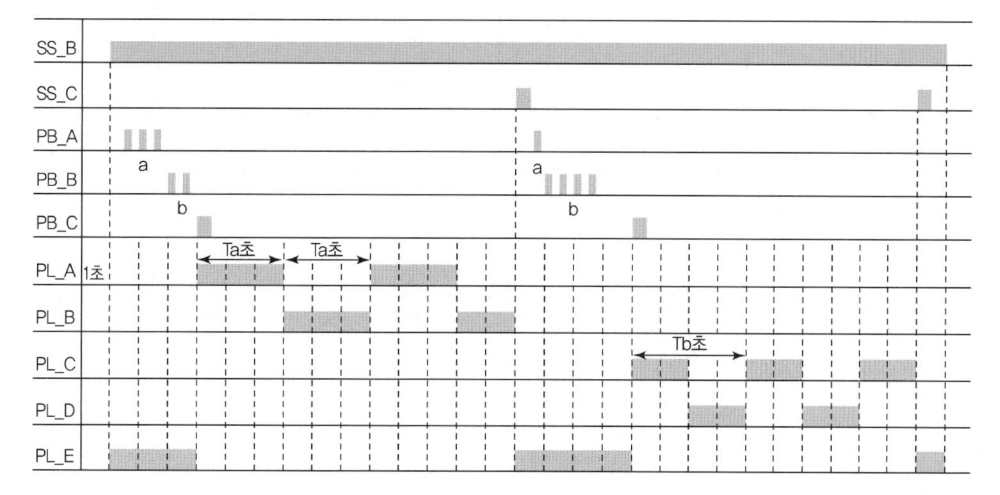

(2) 전기공사

① 배관 및 기구 배치도

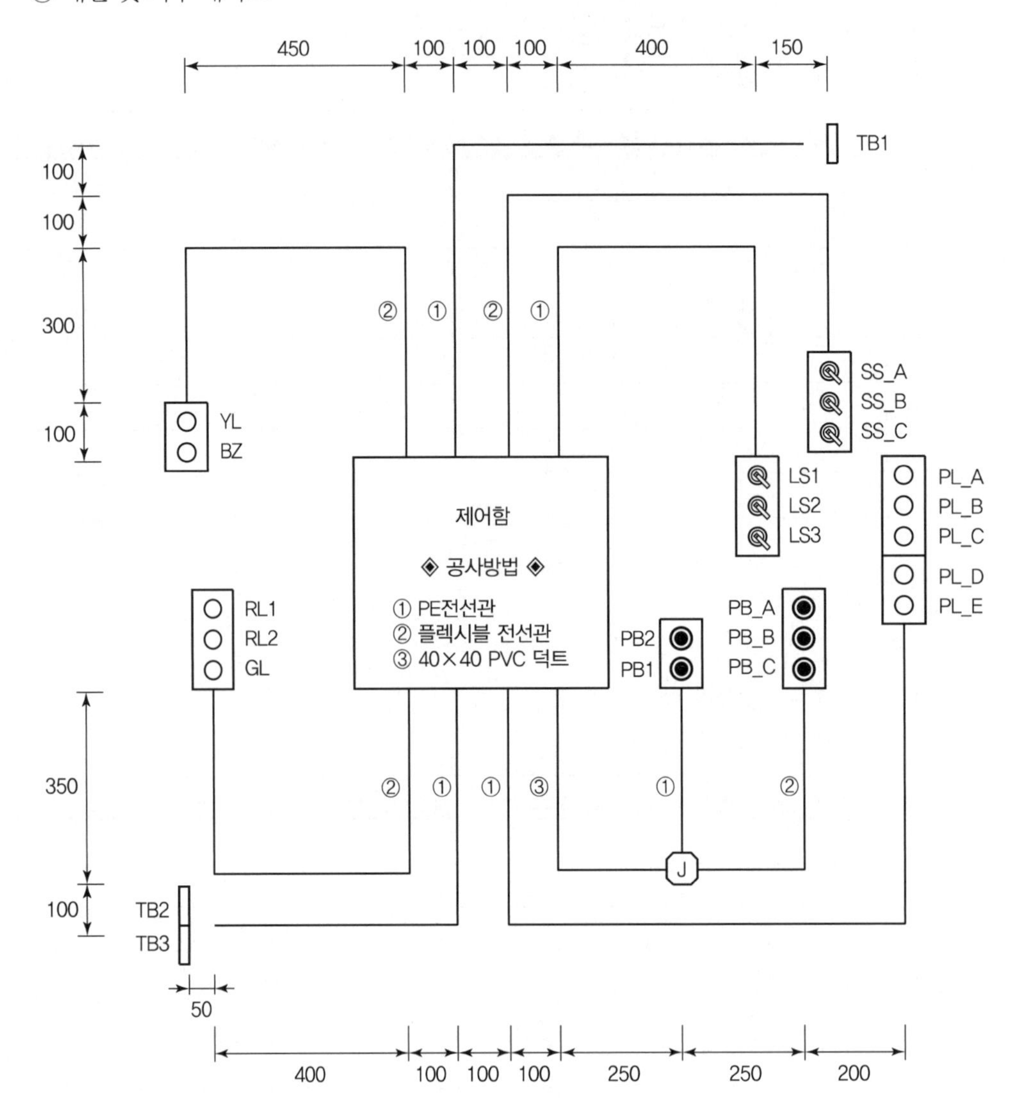

② 제어판 내부 기구 배치도 및 범례

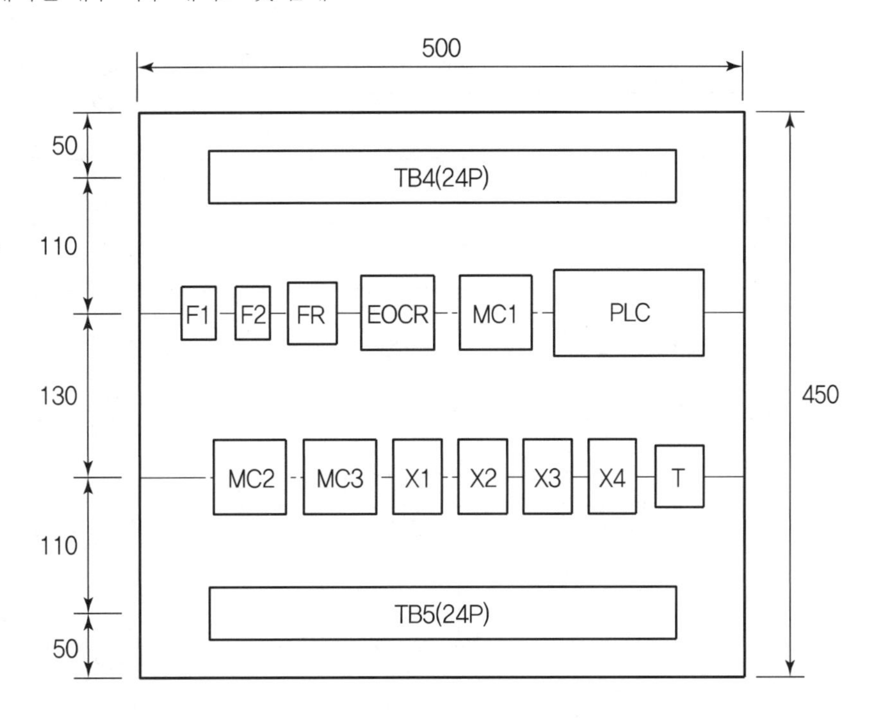

[범례]

기호	명칭	기호	명칭	기호	명칭
EOCR	과전류계전기(12P)	PB_A~PB_C	푸시버튼SW(청)	BZ	부저
MC1~MC3	전자개폐기(12P)	RL1~RL2	파이롯램프(적)	TB1~TB3	단자대(4P)
X1~X4	릴레이/AC220V(14P)	GL	파이롯램프(녹)	TB4	단자대(24P)
FR	플리커릴레이(8P)	YL	파이롯램프(황)	TB5	단자대(24P)
T	타이머(8P)	PL_A~PL_E	파이롯램프(백)	F1, F2	휴즈홀더(2구)
PB1	푸시버튼SW(녹)	SS_A~SS_C	셀렉터SW(2단)		
PB2	푸시버튼SW(적)	LS1~LS3	셀렉터SW(2단)		

③ 시퀀스도

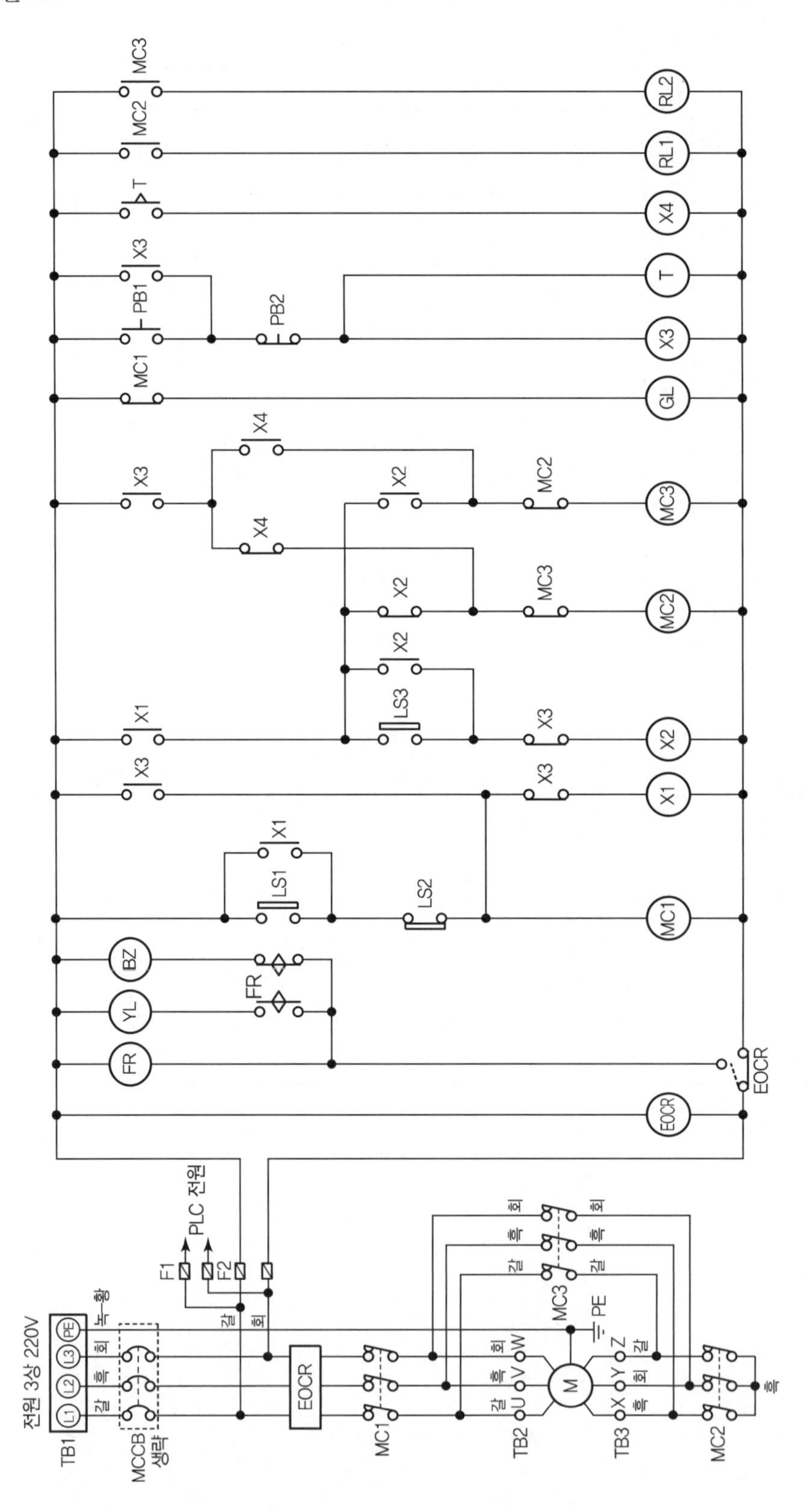
MC3
MC2
T
X3
PB1
PB2
MC1
X4
X2
LS3
X1
LS1
LS2
FR
BZ
YL
RL2
RL1
GL
EOCR
PLC 전원
F1
F2
전원 3상 220V
TB1
L1
L2
L3
PE
갈
흑
회
녹-황
MCCB
생략
TB2
U
V
W
M
TB3
X
Y
Z

④ 래더도

```
0   P00000 (SS_A)  P00003 -|P|- (PB_A)                       ADD  D00001  10  D00001
                   P00004 (PB_B)                                          M00001 ( )
                   M00001
                   M00001  T0010 -|/|-                       TON  T0001  D00001
                   T0001                                     TON  T0002  10
                   T0002                                     TON  T0003  D00001
                   T0003                                     TON  T0004  10
                   T0004                                     TON  T0005  D00001
                   T0005                                     TON  T0006  10
                   T0006                                     TON  T0007  D00001
                   T0007                                     TON  T0008  10
                   T0008                                     TON  T0009  D00001
                   T0009                                     TON  T0010  10
54  P00005 (PB_C)                                                         M00001 (R)
    P00000 -|/|- (SS_A)                                      MOV  0  D00001
59  P00001 (SS_B)  P00003 -|P|- (PB_A)                       ADD  D00002  10  D00002
                   P00004 -|P|- (PB_B)                       ADD  D00003  10  D00003
```

```
P00005 (PB_C) ─┤ ├─────────────────────────────────── M00002 ( )
M00002 ─┤ ├─┬─[ > D00002 D00003 ]──────────────────── M00021 ( )
            └─[ < D00002 D00003 ]──────────────────── M00022 ( )
M00021 ─┤ ├─ T0022 ─┤/├──────────────── [ TON T0021 D00002 ]
T0021 ─┤ ├───────────────────────────── [ TON T0022 D00002 ]
M00022 ─┤P├──────────────────── [ DIV D00003 2 D00004 ]
M00022 ─┤ ├─ T0024 ─┤/├──────────────── [ TON T0023 D00004 ]
T0023 ─┤ ├───────────────────────────── [ TON T0024 D00004 ]

112  P00002 (SS_C) ─┤ ├─┬──────────────────────────── M00002 (R)
     P00001 (SS_B) ─┤/├─┴──────────── [ FMOV 0 D00002 3 ]

119  M00001 ─┤ ├─ T0001 ─┤/├─┬──────────────────────── P00040 ( ) HL_A
     M00021 ─┤ ├─ T0021 ─┤/├─┘

125  T0002 ─┤ ├─ T0003 ─┤/├─┬───────────────────────── P00041 ( ) HL_B
     T0021 ─┤ ├─ T0022 ─┤/├─┘

131  T0004 ─┤ ├─ T0005 ─┤/├─┬───────────────────────── P00042 ( ) HL_C
     M00022 ─┤ ├─ T0023 ─┤/├─┘

137  T0006 ─┤ ├─ T0007 ─┤/├─┬───────────────────────── P00043 ( ) HL_D
     T0023 ─┤ ├─ T0024 ─┤/├─┘

143  P00001 (SS_B) ─┤ ├─ M00021 ─┤/├─ M00022 ─┤/├───── P00044 ( ) HL_E
```

MEMO

MEMO

김 진 태
IS전기학원 원장
한국폴리텍대학 전기과 외래교수
(주)제이엠테크 대표이사

이 현 옥
전기공학 박사
한국폴리텍대학 전기과 교수

탄탄한 기초를 위한

PLC 프로그래밍(XGB series)

발행일 | 2020. 7. 31 초판 발행
2021. 3. 10 개정 1판1쇄
2022. 1. 25 개정 2판1쇄
2022. 11. 30 개정 3판1쇄
2024. 5. 30 개정 4판1쇄

저 자 | 김진태 · 이현옥
발행인 | 정용수
발행처 | 예문사

주 소 | 경기도 파주시 직지길 460(출판도시) 도서출판 예문사
TEL | 031) 955－0550
FAX | 031) 955－0660
등록번호 | 11－76호

정가 : 28,000원

ISBN 978-89-274-5467-0 13560